# 北京标准化年鉴

ALMANAC OF BEIJING STANDARDIZATION

2024

北京市市场监督管理局
首都标准化委员会办公室 ◎编

中国标准出版社

北 京

**图书在版编目（CIP）数据**

北京标准化年鉴. 2024 / 北京市市场监督管理局，首都标准化委员会办公室编. -- 北京：中国质量标准出版传媒有限公司，2024. 8. --ISBN 978-7-5026-5394-1

Ⅰ. G307.72-54

中国国家版本馆 CIP 数据核字第 20248BF192 号

中国标准出版社出版发行

北京市朝阳区和平里西街甲 2 号（100029）

北京市西城区三里河北街 16 号（100045）

网址：www. spc. net. cn

总编室：（010）68533533　发行中心：（010）51780238

读者服务部：（010）68523946

北京联兴盛业印刷股份有限公司印刷

各地新华书店经销

*

开本 787×1092　1/16　印张 37.75　字数 860 千字

2024 年 8 月第一版　　2024 年 8 月第一次印刷

*

定价：220.00 元

**如有印装差错　由本社发行中心调换**

**版权专有　侵权必究**

**举报电话：（010）68510107**

# 《北京标准化年鉴》编纂委员会


**主　任**　高念东

**副主任**（按姓氏笔画排序）

马丽英　王玮　王鑫　王小平　王肇嘉　叶小敏　朱炳文
刘强　刘贤姝　刘洪昌　齐慧超　闫巍　李亚宁　杨进怀
吴仕仲　宋同飞　张钢　张亚芹　张宇蕾　张丽丽　张祖德
陈世坤　周小丰　周立权　周立新　庞江倩　贾明雁　戚书平
阎军　葛军　葛巨众　暴瑞冰　潘锋

**委　员**（按姓氏笔画排序）

卜大龙　于策　于建平　马哲军　王伟　王小强　王立兵
王宏镭　王春艳　王艳霞　卢跃　白文杰　仝海威　刘雪涛
刘瑞峰　许焱　许立新　杜明翠　李泽　李珂　杨鹏宇
吴晓昱　何光明　况海涛　张刚　张克　张燕　张乃娟
张宇泉　张丽丽　张敬军　张景山　陈春　陈为波　陈连武
陈振平　武斌　卓娜　呼建梅　周斌　郑延宏　赵现平
胡伟　姜英淑　徐卫东　郭鹏　唐红　崔岩　韩更
韩涛　程静轩　谢翔燕　蔡晋昌　廖平安　熊政　戴贺霞
魏富江

# 《北京标准化年鉴》编辑部

**主　　编**　高念东

**副 主 任**　宋同飞

**组稿人员**　（按姓氏笔画排序）

于寒冰　马国柱　王　迪　王　娜　王　瑛　王　熙　王小舫
王怀南　王雨欣　王佳丽　王建军　王柏彰　王海春　王海虹
孔维佳　邓丹丹　石海明　卢　锐　田　川　付　敏　邢海龙
吕荷花　朱　江　朱忠良　朱俊艳　任　娜　任新颖　刘　怡
刘　虹　刘小青　刘文菊　刘珊珊　闫　涛　闫　琪　闫大为
许　诺　孙晓娜　苏双俭　李　燕　李文峰　李如箭　李明海
李晓波　李悦菱　李婷立　杨亚平　杨旭辉　肖　颖　吴　茜
吴美静　吴家仁　沙品洁　张　宇　张　君　张　嵩　张丁晗
张少阳　张秀英　陈为波　陈冬鑫　陈莉莉　邵迎东　尚新月
罗明臣　郄　言　周韦炜　周景哲　郑　彤　孟凡蕊　孟德兴
赵　芮　赵　磊　赵超越　郝　晴　郝建强　胡光宇　胡芳芳
钟　苑　钟锌章　侯　伟　姜　薇　姚　宁　贾　博　贾利君
贾佩瑾　钱洁凡　高　伟　高　勇　高　逾　高建华　高喜超
郭淑华　唐金洪　黄晓晰　龚　晨　庾　婧　康海燕　韩　冬
韩　洋　韩　蓓　曾利新　谢佳琪　蔡京蓉　阚睿斌　翟　承
魏知今　魏彦丹

2023 年 3 月 20 日，首都标准化委员会第十一次全体（扩大）会议召开

2023 年 5 月 28 日，2023 中关村论坛标准化与创新发展论坛在中关村国家自主创新示范区展示中心举办（北京、天津、河北、山西、内蒙古五省市自治区市场监管部门共同签署《华北区域“3+2”标准化战略协作框架协议》）

# 目　　录

# 特　载

## 2023年首都标准化工作总结

2023年，首都标准化工作坚持以习近平新时代中国特色社会主义思想为指导，深入贯彻落实《国家标准化发展纲要》和《首都标准化发展纲要2035》，紧密围绕市委市政府重点任务，高质量完成全年工作任务，为服务新时代首都发展提供有力支撑。

### 一、强化统筹部署，扎实推进重点任务落实落地

一是制定年度计划。对标首都《纲要2035》提出的定性、定量目标，制定《2023年落实〈首都标准化发展纲要2035〉行动计划》。行动计划9个方面46项具体任务均已全部完成，在标准体系建设方面，发布智慧城市、卫生健康等领域标准体系，印发碳达峰碳中和标准计量体系实施方案，累计发布标准体系20个；在标准制定方面，围绕城市治理、生态环境、农业农村等领域发布地方标准258项，累计2101项。在推动标准化理念应用方面，在建国家级标准化试点50个，公开团体标准3万项、企业标准5万项。

二是创新工作举措。聚焦市政府工作报告11个方面138项具体任务，从标准组织、标准体系、标准研制、标准化活动4个方面梳理出95项标准化任务，并制定《标准化推动落实2023年市政府工作报告重点任务行动方案》，以标准化为支撑、助力市政府工作报告各项任务推进落实。

三是加强统筹协调。召开首标委第十一次全体（扩大）会议，研究部署全市标准化重点任务。落实《关于加强标准化工作统筹协调机制建设的意见》，开展国际消费中心城市等标准体系建设。强化央地协力，工信部结合首都市场监管需求，加快推进电动自行车电池强制性国家标准研制；国家卫健委调集全国卫生健康领域标准化技术委员会专家资源，支撑首都卫生健康地方标准制定。加强市区联动，指导7个区政府出台本区域首都《纲要2035》实施意见。

四是完善政策制度。贯彻落实《北京市标准化办法》，修订发布《北京市地方标准管理办法》，进一步加强本市地方标准管理，强化标准宣贯和实施应用。积极推进《实施首都标

准化战略补助资金管理办法》修订，进一步提高补助资金影响力和示范引领作用。2023年围绕人工智能、卫星导航、可持续发展等重点领域和产业方向，对65家单位的74个项目给予1500万元财政资金补助，市区两级累计投入标准化经费1.1亿元。

五是服务区域发展。围绕消防安全、工程建设、文化旅游和交通运输等领域发布京津冀区域协同地方标准7项。加快建立完善城市副中心绿色发展标准体系，首次发布城市副中心新型电力系统地方标准，助力城市副中心国家绿色发展示范区建设。开展通州区与北三县高质量一体化标准体系初步建设，探索通州区与北三县一体化标准工作机制，联合廊坊市共同制定商业秘密保护指南标准。高标准推进“两区”建设，完成北京天竺综合保税区跨境贸易便利化标准化试点建设，支撑综合保税区打造开放型经济创新发展高地。

## 二、聚焦重点领域，助推产业高质量发展

一是支撑高精尖产业发展。开展国家技术标准创新基地、国家高新技术产业标准化试点示范项目征集，以标准化助力高技术创新。坚持“四个面向”，持续加大医药健康、人工智能、新材料等高精尖产业领域的关键核心技术攻关布局和支持力度，通过标准化与科技创新发展，在AI算法和模型、区块链自主可控软硬件系统、关键基础材料等领域产出了一批有重要影响力的技术成果。

二是支撑数字经济标杆城市建设。发挥北京市数字经济标准化技术委员会作用，发布车路云一体化车载单元和路侧智能基础设施相关应用标准，通过统一标准，助力本市高级别自动驾驶示范区3.0阶段扩区建设。发布数据交易通用要求及安全评估指南，发挥数据要素作用，助力国际大数据交易所能级提升。制定“多杆合一”建设与管理规范、网格化城市管理系统系列标准，支撑城市数字基础设施建设，推进“一网通管”。

三是推动氢能产业提质升级。落实北京市氢燃料电池汽车车用加氢站发展规划、氢燃料电池汽车产业发展规划等文件要求，完成《加氢站运营管理规范》，确保加氢站安全稳定运行；将《燃料电池电动汽车 液氢加注规程》《燃料电池汽车 车载液氢供气系统安全技术规范》等纳入地方标准制定项目计划，为氢燃料电池汽车示范城市群建设提供技术支撑。

四是全力护驾医药健康产业发展。聚焦创新药、高端医疗设备、生物技术等高精尖产业和前沿领域，加强“卡脖子”技术攻关与标准研制，实质性参与硼中子俘获治疗设备国际标准起草，推动我国放疗领域新设备新技术的国际标准化工作迈向更高台阶。引进国际先进制冷设备安全标准，完成《测量、控制和实验室用电气设备的安全要求第3部分：制冷设备的特殊要求》国家标准编制，填补我国医用实验室制冷设备专用安全标准的空白。

五是支撑乡村振兴战略实施。积极开展市级标准化基地建设和等级评定，新增农业标准化基地43家，全市备案农业标准化基地达到1096家，同步开展37家市级全产业链标准化示范基地创建，通过搭建实施标准体系引领全市农业农村高质量发展，培育了“土字号”“乡字号”等一批特色品牌。发布《乡村地区交通设施规划设计标准》《连栋温室建造技术规范》等农业农村地方标准二十余项，为推进首都农业农村工作高质量发展提供了技术支撑。

## 三、强化城市治理标准供给，服务高品质宜居城市建设

一是深入落实城市总体规划。围绕城市更新，制定《老旧工业厂房保护利用规划设计标准》，为老旧厂房更新改造提供标准依据；围绕站城一体化，发布《站城一体化工程规划设计标准》，解决站城在功能复合、空间融合、与周边用地整合层面缺乏设计标准以及设计标准不统一的问题。围绕城市基础设施建设，发布《城市轨道交通工程盾构法施工技术规程》等5项地方标准，有力支撑城市轨道交通建设工作顺利开展。

二是提升交通综合治理能力。围绕首都交通中心工作，适应新形势、新要求，修订完善交通标准体系，优化安全、智慧、绿色等18个交通专业领域标准内容，有效支撑交通行业服务管理。落实《北京市非机动车管理条例》，发布《城市道路空间非机动车停车设施设置规范》，全面指导我市城市道路空间非机动车停车设施设置，促进我市互联网租赁自行车行业健康有序发展。

三是持续提升城市精细化治理水平。完善城市运行安全标准，发布《电动自行车充电设施运营管理服务规范》，为近500万辆电动自行车提供安全可靠的充电服务，不断提升群众获得感、幸福感、安全感。加强环境卫生标准建设，发布国内首个《可回收物体系建设管理规范》，进一步提升可回收物体系全链条规范化建设管理水平。健全城市智慧化管理标准，发布《供热系统智能化改造技术规程》系列标准，为推动供热运行调控模式加快转变、推进智慧供热应用示范提供了标准支撑。

## 四、完善绿色发展标准化保障，推动绿色北京建设

一是扎实推进碳达峰碳中和。联合市发展改革委等12部门出台《北京市建立健全碳达峰碳中和标准计量体系实施方案》，纳入本市“1+30”碳达峰碳中和政策体系。发布国内首个《特定地域单元生态产品价值核算及应用指南》地方标准，打通生态产品价值实现市场化路径，实现绿水青山向金山银山转化。

二是深入打好污染防治攻坚战。修订储油库、加油站、油罐车三项油气地方标准，进一步强化成品油储运销系统VOCs全过程治理，三项标准合计年减少VOCs排放189.1吨。按照全过程管控思路，从含VOCs原辅材料、有组织和无组织排放控制、台账等方面，对汽车制造业、印刷工业大气污染物排标准进行修订，进一步推动源头替代，改善环境和空气质量。

三是持续推进节能低碳和循环经济标准专项工程。落实国家《碳达峰碳中和标准体系建设指南》要求，结合本市节能降碳工作需求，制定《2023年度节能降碳标准制修订工作安排》，进一步加强标准对本市碳达峰碳中和工作支撑作用。发布《文化场馆能源消耗定额》《居民用户室内供暖系统改造规范》等15项地方标准，为各行业节能降碳管理提供技术支撑。

四是圆满完成百项节水标准专项工程。按照《北京市百项节水标准规范提升工程实施方案（2020—2023年）》，对标国际、国内先进水平，累计完成90项节水标准规范的修制订工作，基本实现主要用水行业用水定额标准全覆盖、主要用水领域节水评价全施行、非常规

水利用标准全面推进的目标，有力支撑本市用水计划管理、节水考核等政策制定实施。

五是助力首都园林绿化高质量发展。强化示范引领作用，高标准推进国家园林绿化苗木种质资源保护与繁育标准化示范区建设，为林木种质资源库建设提供标准化模式、为全国提供典型示范。筑牢种苗建设基础，加强《栎属植物苗木繁育与栽培技术规程》标准实施，累计生产苗木532余万株，助推“十四五”期间林下补栎专项行动1000万株栎树栽植计划实施，促进北京市森林高质量发展，助力北京建设全域森林城市。

六是扎实推进全链条粮食减损。强化标准引领，发布《粮食节约减损规范》系列标准，为粮食储存、运输和加工环节节约减损提供技术指导，解决了因缺乏评价方法而无法对粮食损失浪费进行定量分析和评价的问题，对提升企业规范化管理水平、促进节约减损技术推广应用、树立适度加工理念、推动行业工艺改进和装备升级具有重要意义。

七是促进生产生活方式绿色转型。按照市场监管总局制止餐饮浪费专项行动安排，组织全市各餐饮服务单位、外卖平台等8800余家企业参加制止餐饮浪费相关国家标准宣贯活动，制作一图读懂，多种方式广泛宣传，营造浪费可耻节约为荣的社会氛围。组织限制茶叶过度包装标准宣贯解读培训，促进企业加强产品包装管理，提升执法人员监管业务能力。

## 五、加强服务业标准化建设，保障和改善民生

一是助推基本公共服务事项优质均衡发展。完成通武廊医疗卫生协调联动国家基本公共服务标准化试点建设，构建通武廊三地代谢性疾病的治疗检验、转诊、并发症筛查、健康教育、病人随访、医护人员服务统一标准体系，编制20项关键协同标准，实现一个中心、一个标准、一站式服务的跨地区统一，有效促进了通武廊三地医疗卫生资源配置和服务质量协同均质。

二是服务健康北京战略实施。发布首都卫生健康标准体系实施意见，围绕卫生健康发展瓶颈问题和京津冀卫生健康事业协同发展需要，结合首都卫生健康特点，从卫生健康管理、公共卫生服务、医疗卫生服务、卫生应急与重大活动保障、中医药等6个维度构建标准体系，推进卫生健康基本公共服务规范化、均等化建设，支撑首都卫生健康事业高质量发展。

三是推动“一老一小”服务体系建设。发布《婴幼儿托育机构服务规范》，更好引导全市500余家托育机构规范化建设，助力婴幼儿托育服务健康、高质量发展。完成海淀区和熹会老年公寓等4家国家级服务业标准化试点建设，以推动标准实施持续为我市养老服务的提档升级注入活力。发布《残疾人温馨家园服务规范》，全面提升673个温馨家园服务效能，促进本市残疾人事业高质量发展。指导北京家政服务行业协会组织召开标准规范宣贯会，发布《家政母婴护理服务接本规范》等6项家政团体标准。

四是提升知识产权和就业服务质量。开展知识产权公共服务标准化城市建设试点，发布《知识产权公共服务规范》团体标准，促进创新成果更好利企便民。修订《公共职业介绍和职业指导服务规范》，推动落实人力社保服务“全城办、同标办”，确保服务对象就近就地享受到优质、高效、便捷、均等的公共就业服务。

五是推进文旅融合发展。推动颐和园旅游服务标准化等2个项目入选全国文化和旅游标准化示范典型经验名单，向全国提供“北京经验”。发布《主题酒店等级划分与评定规范》

标准，推进主题酒店向品牌化、特色化、高品质方向发展，推动主题酒店成为文旅深度融合的优质产品。修订发布《“北京礼物”旅游商品店基本要求及评定》标准，进一步推动首都旅游文创企业发展，满足市民和游客日益增长的文化旅游消费需求。

## 六、深化平安北京标准化建设，筑牢首都安全防线

一是推进防汛隐患排查治理。积极落实习近平总书记在北京、河北考察灾后恢复重建工作指示精神，按照《北京市防汛隐患排查治理及水毁修复办法（试行）》要求，发布《防汛隐患排查治理规范》7 项系列地方标准，首次提出适用于北京地区防汛隐患排查治理规范，为基层运行管理单位、全市各级防汛指挥机构或有防汛工作任务的部门开展工作提供有力技术支撑，有效提升我市防汛隐患排查治理规范化管理水平。

二是有力保障首都安全稳定大局。推进全市重点行业领域消防安全管理标准专项行动，发布《社会单位和重点场所消防安全管理规范》等 5 项系列标准，强化消防安全主体责任。提升养老机构、密室逃生场所等行业领域消防安全管理水平。加强应急避难基础设施建设，发布《应急避难场所 分级和分类》3 项应急避难场所相关地方标准，分行业、分场所实行消防安全标准化管理，现已应用到门头沟、昌平等 10 个区 981 处应急避难场所评估工作。进一步强化古建筑保护，发布《古建筑安全防范技术规范》，规范古建筑安全防范管理，坚守古建筑保护生命线。

三是加快韧性城市建设。落实《关于加快推进韧性城市建设的指导意见》，在全面梳理国内外韧性城市建设相关的标准规范基础上，研究构建北京市韧性城市建设标准体系框架，稳步推进《城市韧性评价导则》《社区韧性评价导则》标准制定，不断提升首都抗御重大灾害能力、适应能力和快速恢复能力。

四是推进新时代军民融合深度发展。制定《专项体检服务规范 征兵体检》，对征兵体检工作流程进行规范，助力征兵体检服务质量和满意度提升，支撑征兵体检服务品牌创建。

## 七、汇集首都优势资源，提升标准国际化水平

一是培育国际标准组织。积极推进国际标准化技术机构秘书处落户北京，2023 年新增秘书处 4 个，新增任职主席副主席数量 5 人，占全国一半以上，累计 50 个。积极推进在京建设国际性产业和标准组织工作，开展项目申报单位进行座谈，并对首批申报项目组织专家论证。

二是搭建国际标准化交流平台。在市场监管总局指导下，以中关村论坛为载体，首次创办标准化与创新发展平行论坛，共享标准化创新发展经验、共建国际标准化开放合作全新平台；签署华北区域“3+2”标准化战略协作框架协议，进一步创新标准化工作机制，推动华北区域标准化协调发展、共享发展。

三是充分发挥首都优势资源。通过政策资金支持，鼓励在京单位牵头创制国际标准 39 项，推动绿色建筑评价团体标准在“一带一路”共建国家应用，逐步扩大中国标准的影响力。开展在京全国专业标准化技术委员会与北京市重点产业协同发展能力评价，系统梳理在京标准化资源及服务能力，更好服务新时代首都发展。

四是推动重点领域合作交流。积极推动国际商事争端与预防解决组织（ICDPASO）、国际氢能燃料电池协会等国际组织成为国际标准化组织（ISO）相关技术委员会的A类联络组织。组织北京专家为14个发展中国家的38名官员就农业标准化合作进行授课，为“一带一路”发展中国家提供“北京经验”。

## 八、夯实工作基础，强化标准实施应用

一是加强地方标准管理。组织2023年度地方标准复审和实施情况评估，完成755项地方标准复审，开展259项地方标准实施情况评估。开展地方标准实施评价机制课题研究，探索建立标准实施评价指标体系，进一步推动地方标准实施应用和实施评价。

二是规范团企标准健康发展。开展加强团体标准助力首都高质量发展课题研究，形成专项课题调研报告并报市政府。联合市民政局面向1000余家社会团体开展团体标准政策宣讲培训，促进本市团体标准规范优质发展。加强标准自我声明公开监督检查，开展全市年度团体标准、企业标准和商品条码双随机监督检查，全年共检查企业987家、企业执行标准1129项，社会团体82家、团体标准114项，商品条码抽查3422家。

三是科学指导区局标准化工作。组织召开全系统2023年标准化区局工作会，安排部署2023年工作。指导区局落实企业标准领跑者制度和对标达标行动，共完成对标企业62家，累计759家，形成对标结果90项，累计1343项。

四是提升标准化技术委员会技术支撑能力。成立北京市预制菜质量标准化技术委员会，增补北京市氢能质量标准化技术委员会委员，加强标准研制，推动预制菜和氢能产业高质量发展。完成20家技术委员会年度工作评估，加强技术委员会在标准体系建设、标准制修订、宣贯实施等方面的技术支撑作用。

五是强化宣传引导。坚持主动发声，加大信息宣传，共报送宣传信息56篇，省级及以上媒体采用信息14次，积极开展主题宣传策划3次。其中，《中关村论坛首设标准化与创新发展平行论坛》等文章被中国新闻网、央广网、新华网、法治网、中国质量新闻网、北京日报等权威媒体宣传报道，相关微博阅读量达85万人次。举办“标准化助力自动驾驶走进百姓生活”世界标准日主题活动，以标准化推进高级别自动驾驶示范区扩区建设。

# 首都标准化委员会关于印发《标准化推动落实 2023 年市政府工作报告重点任务行动方案》的通知

各成员单位、各区人民政府：

现将《标准化推动落实 2023 年市政府工作报告重点任务行动方案》印发给你们，请结合实际贯彻落实。

首都标准化委员会

2023 年 3 月 2 日

# 标准化推动落实 2023 年市政府工作报告重点任务行动方案

为贯彻落实《首都标准化发展纲要 2035》，以标准化助力市政府年度重点任务，制定本方案。

## 一、总体思路

以习近平新时代中国特色社会主义思想为指导，深入贯彻党的二十大和中央经济工作会议精神，全面落实市第十三次党代会工作部署，立足首都城市战略定位，坚持“五子”联动服务和融入新发展格局，坚持以标准化引领质量工作，强化经济社会全域标准化深度发展，以“标准化 +”行动助力市政府年度相关重点任务，优化提升首都功能，助力首都高质量发展。

## 二、重点任务

（一）重点标准组织建设

1. 积极培育国际性专业标准组织。助力中关村国家自主创新示范区新一轮改革试点，聚焦北京优势领域、科技前沿和未来产业领域，推动培育具有国际影响力的国际性专业标准组织，发挥团体标准技术优势，将“卡脖子”关键核心技术转化为技术标准，提升首都创制标准的国际影响力。

责任单位：市市场监管局、市科委、中关村管委、市经济和信息化局、市民政局、市政府外办

完成时限：2023 年底前

2. 吸引国家级标准化技术委员会落户在京。立足科技资源优势，发挥政策导向作用，聚焦人工智能、集成电路等新型技术研发领域，支持在京组建全国集成电路标准化技术委员会、全国智能技术社会化应用与评估基础标准化工作组等技术组织。以国家级标准化技术委员会为带动，强化人才引领驱动，增强人才聚集能力。

责任单位：市市场监管局

完成时限：2023 年底前

3. 发挥体外诊断系统、放射治疗设备等标准化技术委员会作用。利用我市全国领先的药械检验技术水平和科研能力，大力开展医用生物防护用品、体外诊断系统、放射治疗设备、实验室医用电器设备等领域医疗器械标准研究；围绕抗原检测和基因测序方面，积极推进核酸提取仪、数字聚合酶链反应分析系统、免疫层析试剂盒实验室检验通则等国家及行业标准的制定工作，进一步提升相关领域产品质量；主动承担国家药典委中药风险评估、性状显微鉴别项梳理、药品及药用辅料标准制修订等任务，夯实质量安全基础，支撑和引领生物医药和高端医疗器械产业发展。

责任单位：市药监局

完成时限：2023 年底前

4. 发挥数字经济标准化技术委员会作用。助力全球数字经济标杆城市建设，开展数字经济领域标准化研究，推进数字产业化和产业数字化，赋能传统产业转型升级，数字经济产业科技创新生态，助力具有国际竞争力的数字产业集群的发展。

责任单位：市经信和信息化局、市市场监管局

完成时限：2023 年底前

5. 树立社会团体标准品牌。培育发展团体标准组织，激发人工智能、区块链、生命科学、生物医药等领域团体标准、企业标准创制活力，形成具有国际影响力的标准品牌价值，在国际竞争中大显身手，以创新链带动产业链供应链，形成良好的创新创业生态环境，助力国际科技创新中心建设。

责任单位：市市场监管局、市科委、中关村管委会、海淀区政府、昌平区政府、大兴区政府

完成时限：2023 年底前

**专栏 1　重点标准组织建设表**

| 政府工作报告内容 | | 组织建设项目 |
| --- | --- | --- |
| (一)坚持规划引领，持续优化提升首都功能 | 完善国际交往中心功能体系。加大对国际组织、国际机构落地支持 | 推动培育具有国际影响力的国际性专业标准组织，提升首都创制标准的国际影响力 |
| (三)强化教育、科技、人才支撑，加快建设国际科技创新中心 | 发展巩固高精尖产业。加强集成电路系列重要研发产业项目建设 | 吸引在京组建全国集成电路的国家标准化技术委员会落地在京，强化人才引领驱动 |
| | 打造世界主要科学中心和创新高地。支持新型研发机构在人工智能、区块链、量子信息、生命科学、网络安全等领域取得更多创新应用成果。全面增强首都人才凝聚力 | 吸引全国智能技术社会化应用与评估基础标准化工作组等技术组织落地在京，强化人才引领驱动 |
| | 发展巩固高精尖产业。聚焦新型抗体、细胞和基因治疗等前沿领域，做强医药健康产业 | 发挥体外诊断系统、放射治疗设备等标准化技术委员会作用 |
| (四)着力扩大内需，积极促进经济运行整体好转和高质量发展 | 发展巩固高精尖产业 | 培育发展团体标准组织，在人工智能、区块链、生命科学等领域创制团体标准 |
| | 加快建设全球数字经济标杆城市 | 数字经济标准化技术委员会开展数字经济领域标准化研究 |

（二）重点领域标准体系建设

6. 城市副中心绿色发展标准体系建设。启动城市副中心绿色发展标准体系研究，助力可再生能源优先发展，为地热、光伏等可再生能源的利用提出绿色发展技术路径，助力国家绿色发展示范区建设，强化绿色理念。

责任单位：城市副中心管委会、市发展改革委、市市场监管局、通州区政府

完成时限：2023 年底前

7. 通州区与北三县一体化标准体系建设。开展通州区与北三县一体化标准体系研究，逐步推进通州区与北三县基础设施互联互通、生态环境联控联治、产业发展协同协作、公共服务共建共享的标准统一，促进区域一体化发展水平，全面推动高质量发展示范区建设。

责任单位：城市副中心管委会、市市场监管局、市发展改革委、通州区政府

完成时限：2023 年底前

8. 氢能标准体系建设。研究氢能标准体系，覆盖制氢、储运、加注等重要环节，推动氢能领域科技创新、产业落地、示范应用，全面提高资源利用效率，支撑本市双碳战略目标和高精尖产业可持续发展。

责任单位：市经济和信息化局、市科委、中关村管委会、市市场监管局

完成时限：2023 年底前

9. 碳达峰碳中和标准体系建设。制定碳达峰碳中和标准计量体系实施方案，围绕本市碳达峰碳中和时间表、路线图重点任务，在节能低碳、新能源与可再生能源、生态环境保护等重点领域加强标准制修订，统筹推进碳达峰碳中和标准体系建设。

责任单位：市市场监管局、市发展改革委、市生态环境局

完成时限：2023 年 9 月底前

10. 市场监管数字化标准体系建设。研究市场监管数字化标准体系，优化市场监管主体准入、监管、执法、服务等全链条数字化工作规范，提升市场监管数字化、智慧化水平，支撑全国市场监管数字化试验区建设。

责任单位：市市场监管局

完成时限：2023 年底前

11. 交通标准体系建设。健全完善交通标准体系，进一步提高交通规划、建设、管理和服务水平，着力提升交通综合治理能力，优化城市轨道交通与市郊铁路、地面公交的换乘衔接，持续提升慢行系统服务品质，加速构建多网融合的一体化绿色出行体系。

责任单位：市交通委、市规划自然资源委员会、市公安局、市市场监管局

完成时限：2023 年底前

12. 智慧城市标准体系建设。发布试行智慧城市标准体系框架，重点围绕“一网通办”“一网统管”“一网慧治”完善相关技术标准及服务规范，支撑公众服务、政务服务和决策服务，实现智慧城市互联互通，防范各类技术风险，保障数字生态体系构建，提升智慧城市典型综合应用建设管理效能。

责任单位：市经济和信息化局、市市场监管局

完成时限：2023 年底前

13. 卫生健康标准体系建设。加快研究建立首都卫生健康标准体系，统筹卫生健康管理、公共卫生服务、医疗卫生服务、卫生应急与重大活动保障、中医药等多个维度发展需求，制定实施意见，重点为完善分级诊疗体系、社区卫生服务体系提供技术支持，推进卫生健康基本公共服务规范化、均等化建设，保障首都群众健康。

责任单位：市卫生健康委、市市场监管局

完成时限：2023 年 9 月前

14. 韧性城市标准体系建设。启动韧性城市标准体系研究工作，摸清首都韧性现状，系统分析城市弱点、漏洞和优势，在对城市脆弱性进行论证评估的基础上，梳理标准体系框架，为建成具有抗御重大灾害能力、适应能力和快速恢复能力的韧性城市建设提供科学的技术解决方案，有效防范各种风险挑战。

责任单位：市应急管理局、市规划自然资源委员会、市市场监管局

完成时限：2023 年底前

**专栏 2　重点标准体系建设表**

<table>
<tr><th colspan="2">政府工作报告内容</th><th>标准体系建设项目</th></tr>
<tr><td rowspan="2">（二）深化非首都功能疏解，推动构建更加紧密的京津冀协同发展格局</td><td rowspan="2">全面推动城市副中心高质量发展</td><td>城市副中心绿色发展标准体系建设</td></tr>
<tr><td>通州区与北三县一体化标准体系建设</td></tr>
<tr><td>（四）着力扩大内需，积极促进经济运行整体好转和高质量发展</td><td>发展巩固高精尖产业</td><td>氢能标准体系建设</td></tr>
<tr><td>（五）全面深化改革开放，大力提振市场信心</td><td>更大力度优化营商环境</td><td>市场监管数字化标准体系建设</td></tr>
</table>

续表

| 政府工作报告内容 | | 标准体系建设项目 |
|---|---|---|
| （八）用绣花功夫治理城市，不断提升首都城市治理现代化水平 | 强化交通综合治理 | 交通标准体系建设 |
| | 加快智慧城市建设 | 智慧城市标准体系建设 |
| （九）深入推进绿色低碳发展，努力实现生态环境持续向好 | 有序推进碳达峰碳中和 | 碳达峰碳中和标准体系建设 |
| （十）紧扣“七有”要求和“五性”需求，着力增进民生福祉 | 做好新阶段疫情防控 | 卫生健康标准体系建设 |
| （十一）更好统筹发展和安全，全力维护首都和谐稳定 | 深入开展韧性城市建设 | 韧性城市标准体系建设 |

（三）重点地方标准建设

15. 研究制定修订一批重点地方标准。持续发挥技术标准在社会经济发展、生态文明建设、百姓日常生活中的支撑和保障作用，开展60项以上地方标准研制工作。

责任单位：首都标准化委员会相关成员单位

完成时限：2023年底前

**专栏3　重点地方标准研制表**

| 政府工作报告内容 | | 研制地方标准项目 |
|---|---|---|
| （一）坚持规划引领，持续优化提升首都功能 | 高标准做好国家主场外交服务保障 | 重大活动应急预案编制指南；<br>大型活动医疗保障筹备通用要求 |
| （二）深化非首都功能疏解，推动构建更加紧密的京津冀协同发展格局 | 推动北京绿色交易所升级为国家级平台 | 低碳出行碳减排量核算技术规范；<br>碳市场核查技术规程 |
| | 建立生态产品价值实现机制 | 特定地域单元生态产品价值核算评估及应用指南 |
| | 推进燃料电池汽车示范城市群等产业协同项目发展 | 液氢燃料电池电动商用车 车载液氢系统通用技术规范；<br>燃料电池汽车 车载液氢供气系统安全技术规范 |
| （四）着力扩大内需，积极促进经济运行整体好转和高质量发展 | 推进高级别自动驾驶示范区扩区建设 | 车路云一体化系列标准 |
| | 提升国际大数据交易所能级 | 数据交易服务指南 |
| （五）全面深化改革开放，大力提振市场信心 | 优化企业准入、准营、注销等事项办理流程 | 电子证照共享服务系统接入规范 |
| （六）扎实推进全国文化中心建设，增强大国首都文化软实力 | 重现重点文物建筑群历史文化风貌 | 文物建筑消防设施设置规范 |

续表

| 政府工作报告内容 | | 研制地方标准项目 |
|---|---|---|
| （七）有效促进城乡融合发展，全面推进乡村振兴 | 全面推进乡村振兴 | 乡村振兴大数据系列标准 |
| | 促进设施农业绿色高效发展 | 设施渔业养殖场建设技术规范；<br>连栋温室建造技术规范；<br>塑料大棚建造技术规范 |
| | 统筹乡村基础设施和公共服务布局 | 乡村地区交通设施规划设计标准 |
| | 改造提升农村户厕1000座 | 农村公厕、户厕建设基本要求 |
| | 完成山区村1.5万户农户清洁取暖改造 | 农村住宅空气源热泵供暖系统节能运行技术规程 |
| （八）用绣花功夫治理城市，不断提升首都城市治理现代化水平 | 老旧小区综合整治 | 老旧小区综合整治评价标准 |
| | 推进步行和自行车系统示范段工程建设，改善慢行系统品质 | 城市道路慢行交通系统服务评价规程；<br>城市道路慢行系统、绿道与滨水慢行路融合规划设计标准 |
| | 统筹各类公众服务、政务服务和决策服务 | 政务数据质量评估规范；<br>政务数据安全评估要求；<br>政务数据溯源技术规范 |
| （九）深入推进绿色低碳发展，努力实现生态环境持续向好 | 强化土壤污染风险管控和修复 | 关停工业企业原址用地土壤污染风险筛查指南；<br>工业园区土壤污染防治方案编制指南；<br>重点建设用地土壤污染遥感监测技术规范 |
| | 促进各类园区绿色低碳循环化改造升级 | 产业园区规划环境影响评价技术指南 碳排放；<br>建设项目环境影响评价技术指南 碳排放 |
| | 因地制宜建设口袋公园、小微绿地 | 口袋公园建设和养护规范；<br>小微绿地建设和养护规范 |
| | 加快宜林荒山绿化 | 退化林修复技术规程 |
| | 统筹推动绿隔地区拆建联动，实现“绿地连片、绿道连通” | 绿化隔离地区公园建设与管理规范；<br>森林健康经营与生态系统健康评价规程 |
| （十）紧扣“七有”要求和“五性”需求，着力增进民生福祉 | 提升普惠性养老服务 | 老年人能力综合评估规范；<br>老年人家居环境适老化改造服务规范 |
| | 保障妇女儿童合法权益 | 儿童福利机构常见病患儿养护技术规范 |
| | 加强中医药传承和作用发挥 | 中药饮片再加工服务规范 |
| | 加强青少年体育工作 | 青少年体育培训机构服务规范 |
| | 广泛开展全民健身活动 | 健身房服务规范 |
| （十一）更好统筹发展和安全，全力维护首都和谐稳定 | 加快海绵城市建设和积水点治理 | 防汛隐患排查治理规范系列标准 |
| | 加强公共消防基础设施和消防队伍建设 | 微型消防站建设与管理规范 |
| | 强化网络数据安全 | 信息安全 人工智能数据安全通用要求 |

16. 发布一批重点地方标准。围绕本年度市政府中心工作在涉及信息技术、绿色发展、城市精细化管理、公共服务、安全生产等重要领域发布不少于 40 项地方标准。

责任单位：首都标准化委员会相关成员单位

完成时限：2023 年底前

**专栏 4　重点地方标准发布表**

<table>
<tr><th colspan="2">政府工作报告内容</th><th>发布地方标准项目</th></tr>
<tr><td>（一）坚持规划引领，持续优化提升首都功能</td><td>深入实施北京城市总体规划</td><td>国土空间调查、规划、用途管制用地分类标准</td></tr>
<tr><td rowspan="2">（二）深化非首都功能疏解，推动构建更加紧密的京津冀协同发展格局</td><td>建设宜居宜业和美乡村</td><td>乡村地区交通设施规划设计标准</td></tr>
<tr><td>推进燃料电池汽车示范城市群等产业协同项目发展</td><td>加氢站运营管理规范</td></tr>
<tr><td>（三）强化教育、科技、人才支撑，加快建设国际科技创新中心</td><td>加快建设高质量教育体系</td><td>健康促进学校评定规范</td></tr>
<tr><td>（四）着力扩大内需，积极促进经济运行的整体好转和高质量发展</td><td>促进非物质文化遗产、老字号保护传承和创新发展</td><td>“北京礼物”旅游商品店基本要求及评定</td></tr>
<tr><td>（六）扎实推进全国文化中心建设，增强大国首都文化软实力</td><td>重现重点文物建筑群历史文化风貌</td><td>古建筑安全防范技术规范</td></tr>
<tr><td rowspan="2">（七）有效促进城乡融合发展，全面推进乡村振兴</td><td>促进设施农业绿色高效发展</td><td>设施农业节水灌溉工程技术规程</td></tr>
<tr><td>实施 150 个村庄污水收集处理</td><td>农村污水处理厂站运行维护技术规程</td></tr>
<tr><td rowspan="5">（八）用绣花功夫治理城市，不断提升首都城市治理现代化水平</td><td>推动老旧厂房、低效产业园区、老旧低效楼宇提质增效</td><td>既有居住建筑节能改造技术规程</td></tr>
<tr><td>完善社区可回收物、大件垃圾、装修垃圾回收体系</td><td>生活垃圾收集运输管理规范；<br>可回收物体系建设管理规范；<br>建筑垃圾消纳处置场所设置运行规范</td></tr>
<tr><td>全面实施智慧城市建设规划</td><td>智慧城市 实体时空标识编码规范</td></tr>
<tr><td>完善大数据平台</td><td>信息技术系统运行维护服务 用户单位实施规范；<br>政务数据溯源技术规范</td></tr>
<tr><td>统筹各类公众服务、政务服务和决策服务</td><td>政务云平台建设技术规范 服务云节点</td></tr>
<tr><td rowspan="3">（九）深入推进绿色低碳发展，努力实现生态环境持续向好</td><td>改善空气质量</td><td>汽车制造业大气污染物排放标准；<br>印刷工业大气污染物排放标准</td></tr>
<tr><td>加强五大流域水生态保护修复和空间管控</td><td>水生态修复技术导则</td></tr>
<tr><td>新增城市绿地 200 公顷</td><td>城市附属绿地设计规范</td></tr>
<tr><td>（十）紧扣“七有”要求和“五性”需求，着力增进民生福祉</td><td>增加高质量养老服务供给</td><td>养老服务志愿者服务管理规范；<br>社区卫生服务机构老年健康教育服务规范</td></tr>
</table>

续表

| 政府工作报告内容 | | 发布地方标准项目 |
|---|---|---|
| （十）紧扣"七有"要求和"五性"需求，着力增进民生福祉 | 优化生育配套支持措施和妇幼健康服务 | 儿童早期健康发展服务规范 |
| | 加快普惠托育服务体系建设 | 婴幼儿托育机构服务规范 |
| （十一）更好统筹发展和安全，全力维护首都和谐稳定 | 深入落实安全生产责任制 | 危险化学品全流程追溯管理技术规范；危险化学品经营企业分装作业安全管理规范 |
| | 深入开展火灾隐患治理 | 社会单位和重点场所消防安全管理规范系列标准 |
| | 深化食品药品全链条安全监管 | 冷链食品协同追溯技术规范；农村集体聚餐餐饮加工管理指南 |
| | 推进新时代军民融合深度发展 | 专项体检服务规范 征兵体检 |

（四）重点标准化活动建设

17. 筹办首届标准化与创新发展国际论坛。立足标准制度型开放，依托中关村论坛，举办标准化与创新发展论坛，提升国内企业标准化国际参与度，汇聚国内外标准化人才，共商共建共享科技标准化成果，展示中国标准化成效，提升标准化国际影响力。

责任单位：市市场监管局、市科委、中关村管委会

完成时限：2023 年 6 月前

18. 完成通武廊医疗卫生协调联动基本公共服务标准化试点建设。积极组织开展国家基本公共服务标准化试点，构建通武廊代谢性疾病医疗公共服务标准体系，推动代谢性疾病卫生资源配置公平性，切实提高代谢性疾病公共卫生领域京津冀地区基本公共服务均等化水平。

责任单位：通州区政府、市市场监管局、市发展改革委、市财政局、市卫生健康委

完成时限：2023 年 6 月前

19. 完成国家级消费品标准化试点建设。在智能健康家居、消费类电子产品、服装服饰产品、文教体育休闲用品等领域推进国际化、现代化的标准研制，以先进标准引领消费品质量提升，发挥龙头企业作用助力消费品产业升级，助力国际消费中心城市建设。

责任单位：市市场监管局

完成时限：2023 年底前

20. 开展国家级服务业标准化示范项目建设。有序推进北京基金小镇基金机构服务标准化示范项目建设，通过打造标准化精品展示、实践验证、创新研究和宣传培训四个基地，系统化整合基金机构服务资源，向全国、全行业输出可复制、可推广的经验，有效促进区域金融服务创新，引导、规范并带动基金产业安全发展。

责任单位：房山区政府、市市场监管局

完成时限：2023 年底前

21. 开展国家级首批智能制造标准应用标准化试点建设。在生物医药智能车间建设、个性化定制、平台化智慧供应链等领域，全面启动国家首批智能制造标准应用标准化试点建

设，为本市智能制造典型场景应用提供标准路径，加快形成智能化、集约化生产模式，支撑制造业企业转型升级，助力企业提升产业链供应链智慧化水平。

责任单位：市市场监管局、市经济和信息化局

完成时限：2023 年底前

22. 完成国家级天竺综合保税区跨境贸易便利化标准化试点建设。积极打造“全流程”、便利化跨境贸易营商环境，为企业提供全方位、专业化、精准化、规范化服务，建成高水平开放、高质量发展示范区和首都对外开放新高地，助力“两区”建设。

责任单位：顺义区政府、市市场监管局、市商务局

完成时限：2023 年底前

23. 探索开展农业中关村标准化场景应用试点。助力建设农业科技创新高地，推动平谷区加快农业中关村标准体系研制，形成具备研发、创新孵化、共享试验、共享展示和公服配套的标准化应用场景，破解种业振兴中的“卡脖子”难题，助力都市型现代农业发展。

责任单位：平谷区政府、市市场监管局、市农业农村局

完成时限：2023 年底前

24. 开展国家级农村综合改革标准化试点建设。有序推进平谷区农村综合改革标准化试点（农村户用光伏建设）项目建设和怀柔区农村综合改革标准化试点（农业社会化服务）项目建设。通过大力培育新型农业经营主体和社会化服务组织，提升区域特色农产品标准化生产、社会化服务能力，激发农业经营主体活力。通过推动乡村基础设施标准化建设，提升农村可再生能源利用率，建设宜居宜业和美乡村。

责任单位：平谷区政府、怀柔区政府、市市场监管局、市农业农村、市园林绿化局

完成时限：2023 年底前

25. 完成国家级服务业标准化试点建设。在儿童福利机构和养老机构推进 3 项国家级标准化试点建设，强化孤残儿童养教服务和社区养老服务的规范化管理，构建形成“一老一小”服务保障体系，助力完善社会救助制度，提升普惠性养老服务能力，切实兜牢民生底线。

责任单位：市市场监管局、市民政局

完成时限：2023 年 9 月前

**专栏 5　重点标准化活动及试点建设表**

<table>
<tr><th colspan="2">政府工作报告内容</th><th>标准化活动及试点建设项目</th></tr>
<tr><td>（二）深化非首都功能疏解，推动构建更加紧密的京津冀协同发展格局</td><td>深化重点领域协同联动</td><td>通武廊医疗卫生协调联动基本公共服务标准化试点建设</td></tr>
<tr><td rowspan="3">（四）着力扩大内需，积极促进经济运行整体好转和高质量发展</td><td>把恢复和扩大消费摆在优先位置</td><td>国家级消费品标准化试点（消费类电子产品、家用电器、服装服饰产品、文教体育休闲用品）</td></tr>
<tr><td>发挥投资对优化供给结构的关键作用</td><td>国家级北京基金小镇基金机构服务标准化示范项目建设</td></tr>
<tr><td>发展巩固高精尖产业</td><td>国家级智能制造标准应用标准化试点建设（工业控制系统大规模个性化定制标准应用试点；基于平台化的智慧供应链标准应用试点；生物医药智能车间 / 工厂建设标准应用试点；制导舱智能柔性化装配智能工厂标准应用试点）</td></tr>
</table>

续表

| 政府工作报告内容 | | 标准化活动及试点建设项目 |
|---|---|---|
| （五）全面深化改革开放，大力提振市场信心 | 高标准建设“两区”“三平台” | 筹办首届中关村科技创新与标准化国际论坛 |
| | | 国家级天竺综合保税区跨境贸易便利化标准化试点建设 |
| （七）有效促进城乡融合发展，全面推进乡村振兴 | 加快农业现代化步伐 | 农业中关村标准化场景应用试点建设 |
| | 建设宜居宜业和美乡村 | 平谷区农村综合改革标准化试点（农村户用光伏建设）建设；<br>怀柔区农村综合改革标准化试点（农业社会化服务）建设 |
| （十）紧扣“七有”要求和“五性”需求，着力增进民生福祉 | 健全社会保障体系 | 国家级福利院养教服务标准化试点建设；国家级驿站养老服务标准化试点建设；国家级养老机构服务标准化试点建设 |

## 三、工作要求

高度重视，精心组织。充分发挥首都标准化委员会协调机制作用，统筹推进重点领域标准化工作。市有关部门、各区政府要加强沟通，精心组织，密切协作，确保完成年度目标任务。

细化方案，扎实推进。各责任单位要将重点标准化工作任务与本领域、本地区重点工作统筹考虑，一体谋划，强化对标准化工作的政策、资金等投入保障，引导和鼓励社会单位、团体积极参与，提高计划行动的整合力和执行力。

加强指导，典型示范。各责任单位结合任务开展工作，进一步提高开展首都标准化工作的能力和水平。强化效果，树立先进典型，采取多种形式进行宣传，营造良好的标准化氛围。

强化督查，狠抓落实。各责任单位每季度要反馈任务进度，年末做好工作总结，确保工作取得实效。首都标准化委员会办公室跟踪评估，加强督查督办。

# 首都标准化委员会关于印发《2023年落实〈首都标准化发展纲要2035〉行动计划》的通知

各成员单位、各区人民政府、各有关单位：

为贯彻落实《国家标准化发展纲要》，积极实施首都标准化战略，现将《2023年落实〈首都标准化发展纲要2035〉行动计划》印发给你们，请结合实际贯彻落实。

首都标准化委员会

2023年3月30日

# 2023年落实《首都标准化发展纲要2035》行动计划

为贯彻落实《首都标准化发展纲要2035》，持续构建高质量发展标准体系，以标准化助力首都经济社会高质量发展，特制定本年度行动计划。

## 一、工作目标

2023年，夯实标准化服务“四个中心”功能建设基础，积极开展国际标准化活动，制定国际标准20项以上；助力京津冀协同发展，制定区域协同地方标准5项；逐步缩短地方标准平均制定周期至18个月以内，发布地方标准160项以上；开展国家技术标准创新基地建设，完成10项国家级标准化试点示范项目建设；推动科技项目形成标准研究成果，不断提升社会团体、企业标准创制能力。

## 二、重点任务

（一）深化首都标准化战略实施

1. 抓好《首都标准化发展纲要2035》宣贯实施，充分运用媒体宣传、培训研讨等多种形式，宣传解读好《首都标准化发展纲要2035》。推动各区人民政府出台《首都标准化发展纲要2035》实施方案。（责任单位：首标委各成员单位、各区政府）

2. 助力市政府年度重点任务落地见效，制定“标准化＋行动”方案，更加突显标准化系统性谋划、针对性建设，从标准化组织、体系、标准、活动等方面明确支撑市政府重点任务的专项工作，有效发挥标准在经济社会中的基础性、引领性作用。（责任单位：首标委相关成员单位）

3. 加强首都标准化委员会议事协调职能，强化央地协同，发挥国家标准化管理委员会及国家相关部委对本市重点领域标准化工作指导作用，优化完善标准化创新发展机制。强化统一管理、分工负责，持续推进各行政主管部门在各领域的标准体系建设，不断优化标准化工作协调机制。强化市区联动、社会共治的工作局面，加强与各区政府的标准化工作联动机制，共同推动首都标准化发展。（责任单位：首标委各成员单位）

4. 加强《北京市标准化办法》实施，各行业领域抓好标准化工作落实，保障首都标准化战略政策有效实施，全面提升标准制定、实施、监管水平，为促进首都高质量发展提供有力支撑。（责任单位：首标委相关成员单位）

（二）标准化支撑“四个中心”功能建设，助力京津冀协同发展

5. 助力国际科技创新中心建设，积极推动创建质量标准实验室和标准验证点。持续发挥国家技术标准创新基地作用，以标准化助推创新技术和产品市场化、产业化、国际化。（责任单位：市市场监管局、市科委中关村管委会、市经济和信息化局）

6. 着力推进全国文化中心建设，持续推进文物保护标准体系建设，聚焦“一轴一城、两园三带、一区一中心”重点工作，持续完善文物保护标准，强化标准实施，推进文化遗产保护标准化进程。（责任单位：北京市文物局）

7. 全力营造安全优良的政务环境，制定重大活动应急预案编制、大型活动医疗保障筹备等标准项目，提升首都重大活动的应急保障能力。（责任单位：市应急局、市卫生健康委）

8. 落实《推进京津冀区域协同标准化工作实施方案》，深化“3+X”协作模式，聚焦交通一体化、自驾旅游、人力资源服务等领域的协同地方标准研制，发布5项以上京津冀区域协同地方标准。强化京津冀协同标准实施和监督，助力京津冀一体化建设。（责任单位：北京市市场监管局、天津市市场监管委、河北省市场监管局、北京市交通委、北京市文化和旅游局、北京市人力资源社会保障局等首标委相关成员单位）

9. 积极开展京津冀区域联动，在医疗卫生领域完成国家基本公共服务标准化试点建设任务，总结通武廊地区基本公共服务均等化水平试点成效，推动基本公共服务资源向基层延伸，服务京津冀协同发展。（责任单位：北京市市场监管局、河北省市场监管局、北京市发展改革委、北京市财政局、北京市卫生健康委、北京市通州区政府）

10. 落实城市副中心控规和高质量发展意见，以研制电力系统地方标准为切入点，助力城市副中心重大项目高水平建设。以北京城市副中心建设国家绿色发展示范区为契机，建

立完善节能减污降碳领跑者标准体系，积极服务和支撑副中心绿色发展。（责任单位：城市副中心管委会、市发展改革委、市市场监管局、通州区政府）

（三）标准化助推产业高质量发展

11. 支撑打造全球数字经济标杆城市，依托数字经济标准化技术委员会探索开展数字经济标准化示范建设，推进数字产业化和产业数字化，赋能传统产业转型升级，助力打造具有国际竞争力的数字产业集群。开展智慧城市相关标准研制，支撑智慧城市应用场景开放试点建设。（责任单位：市经济和信息化局、市市场监管局）

12. 推动高精尖产业标准化建设，积极推进智能网联汽车、智能制造与装备等领域标准研制。推动医药研发制造、医疗器械、医药健康服务标准研制。依托新型研发机构和人工智能领域头部企业，积极推动人工智能相关团体、行业或国家标准建设，开展人工智能相关方向的能力认证，助力人工智能在行业内的应用示范。（责任单位：市经济和信息化局、市药监局、市科委中关村管委会）

13. 以“三城一区”为依托，集聚标准创新主体、资源、平台建设，对标国际，聚焦前沿信息领域，充分发挥标准化的基础性、引领性作用。重点布局中关村标准等，加大政策宣贯力度和资金支持力度，讲好标准故事，鼓励“走出去”技术（服务）企业开展相关工作，深化“中关村品牌”影响力。（责任单位：海淀区政府、昌平区政府、怀柔区政府、经开区管委会、市科委中关村管委会）

14. 健全知识产权服务标准体系，支持行业协会研究商标代理服务规范。在具有技术和市场优势的产业领域，探索利用自主知识产权成果研制标准项目的机制，增强利用自主知识产权成果研制标准的能力。（责任单位：市知识产权局）

15. 聚焦金融科技创新中心建设，指导北京金融科技产业联盟组织创制国内领先的金融科技相关标准，进一步深化金融安全产业园服务标准化试点成果，持续打造金融科技安全行业服务管理标杆。（责任单位：市金融监管局）

16. 推动国有企业在企业负责人经营业绩考核中加大对标准制定和发布的激励力度，提升标准研制质量。进一步优化民营企业标准化发展环境，激发企业标准化创新活力，持续打造企业标准“领跑者”，提升产品和服务质量。（责任单位：市国资委、市工商联、市市场监管局）

17. 探索建立标准创新型企业，激发企业在标准、技术、服务及管理创新互动支撑方面的创新活力。助力北京国际消费中心城市建设，积极开展国家级消费品试点建设，加快与国际标准接轨，以先进标准引领消费品品质提升。（责任单位：市市场监管局）

18. 全面推进乡村振兴，加快乡村振兴大数据标准体系研制，推动农业农村基础数据整合共享。总结国家级农村综合改革标准化试点建设成效，探索形成助力产业兴旺、生态宜居、乡风文明、治理有效、生活富裕的乡村振兴之路。推动平谷区加快农业中关村标准体系研制，助力我市建设农业科技创新高地。（责任单位：市农业农村局、平谷区政府、市市场监管局）

19. 完善现代农业标准体系建设，推进新兴产业、特色产业，以及休闲农业、农业文化创意等标准制定，支撑乡村产业发展带动农民稳步增收。持续加强农业标准化基地建设并实施动态管理，开展现代农业全产业链标准化示范基地建设，提升农产品稳定安全供给能力。（责任单位：市农业农村局）

（四）标准化服务高品质宜居城市建设

20. 落实好城市总规实施第二阶段重点任务，发布实施规划和自然资源标准体系，开展国土空间规划基础类标准研究，加快老旧工业厂房保护利用规划设计标准制定，有效实施既有建筑加固改造工程勘察技术标准。积极开展人民防空标准化建设，完善人民防空设施建设标准体系。（责任单位：市规划自然资源委员会、市国动办）

21. 围绕支持城市更新行动计划，推进老旧小区改造，制定老旧小区综合整治评价标准。完善住房保障相关标准，切实提高房屋质量。加快住宅物业服务标准修订，不断提升物业服务品质。（责任单位：市住房城乡建设委）

22. 健全完善交通标准体系，制定慢行交通系统服务评价和城市轨道交通领域相关标准，支撑交通综合治理能力建设。修订实施道路交通管理设施设置系列标准，提高首都道路通行能力水平。（责任单位：市交通委、市公安局）

23. 持续提升城市精细化治理水平，制定城市综合管廊数据规范，强化城市基础设施运行。加强生活垃圾全流程精细化管理，加快研究废塑料回收与再生利用管理规范。（责任单位：市城市管理委）

24. 提升政务服务能力，加强对政务服务中心服务评价和公众参与政务服务“好差评”的标准化管理。深化接诉即办工作，加强《12345市民服务热线服务与管理规范》宣贯实施，强化主动治理、未诉先办。（责任单位：市政务服务局）

（五）标准化推动绿色北京建设

25. 加快节能低碳和循环经济标准专项工程实施，推动园区能效评价指南、节能量审核指南等标准制修订，启动碳达峰、碳中和标准体系研究，推进各类资源节约集约利用。（责任单位：市发展改革委、市市场监管局）

26. 坚持减量发展，做好百项节水标准规范提升工程收官工作，实现主要用水行业用水定额标准全覆盖、主要用水领域节水评价全施行的目标，强化定额约束作用。推动北京市水生态保护修复技术标准体系研究，突出本市特色，构建涵盖水生态空间管控、水环境维持改善、水生生境保护提升、水生生物多样性保护等方面的标准体系，逐年开展水生态修复技术、河湖岸线、栖息地构建、水生态监测等标准制定，科学指导全市水生态保护修复工作。（责任单位：市水务局、市市场监管局）

27. 加强生态环境标准体系建设，打好蓝天碧水净土保卫战，发布印刷工业和汽车制造工业大气污染物排放标准，持续改善环境空气质量。不断扩大绿色生态空间，有效实施生态产品总值核算技术规范，促进生态涵养区生态保护和绿色发展。（责任单位：市生态环境局）

28. 促进森林质量提升、加强生态安全保护，发布实施森林经营方案编制技术导则、乡土植物栎属苗木繁育技术规范等。保护、丰富生物多样性，开展生态保育小区、湿地生态系统碳储量计量相关标准研制。推进废弃物资源化利用，研制实施污泥产品林地施用技术规程。（责任单位：市园林绿化局）

29. 促进生产生活方式绿色转型，加强限制商品过度包装强制性国家标准实施宣贯培训，鼓励社会团体、企业开展制止餐饮浪费相关标准研制，推动相关行业协会在全国团体标准信息平台上发布倡议书。（责任单位：市市场监管局、市商务局）

（六）标准化持续保障和改善民生

30. 制定卫生健康标准体系实施方案，强化医疗服务和公共卫生标准化、规范化能力。

以国家级基本公共服务标准化建设为基础，不断提升基层医疗卫生公共服务水平。加快研究互联网医院药品调剂、心理援助热线、中药饮片再加工等一批医疗服务标准，为市民群众提供更加优质便捷的服务。（责任单位：市卫生健康委）

31. 做优做响"双奥之城"品牌，开展健身房服务规范、青少年体育培训机构服务规范等标准研制，健全完善体育标准体系建设。有效发挥各类运动协会作用，加强运动技能、赛事活动、体育教育培训等体育活动团体标准研制。（责任单位：市体育局）

32. 扩大普惠性养老供给，制定家居环境适老化改造服务等标准，研究推进京津冀养老领域的标准化协同。提高公共服务水平，制定供热系统入户巡检等标准，研究社区菜市场智慧化设置、居民小区排水服务等标准。（责任单位：市民政局、市城市管理委、市商务局、市水务局）

（七）标准化筑牢首都安全防线

33. 着力推进高质量平安北京建设，纵深推进社会治安防控、图像信息系统的深度应用、交通安全管理等方面的标准化工作，营造首都更加和谐稳定的社会环境和安全有序的治安环境。（责任单位：市公安局）

34. 立足预防在先，健全气象灾害防御标准体系和防震减灾地方标准体系，研究气象观测铁塔运行维护、地震台站建设等标准，进一步增强灾害防御基础设施运行能力。（责任单位：市气象局、市地震局）

35. 支撑韧性城市建设，制定韧性城市评价、应急避难场所、防汛隐患排查治理等相关标准，实施应急物资信息采集、救灾物资储备管理等规范，提高城市安全运行水平。（责任单位：市应急局、市粮食和物资储备局）

36. 防范重大安全事故，加快养老服务机构、医院等公共机构的应急管理体系建设，压实安全生产责任，制定完善危险化学品安全管理相关标准，开展企业安全生产信用评价规范系列标准研究。（责任单位：市应急局、市民政局、市卫生健康委）

37. 实施消防安全管理标准专项行动，加快制定发布社会单位和重点场所消防安全管理系列标准，提升社会单位日常消防管理水平。（责任单位：市消防救援总队）

（八）标准化提升国际影响力

38. 落实标准国际化跃升工程，积极参与国际标准化活动，国际标准制定不少于20项。鼓励有能力的单位承担国际标准组织技术机构。聚焦北京优势领域、科技前沿和未来产业领域，努力培养具有国际影响力的团体标准组织。（责任单位：市市场监管局）

39. 搭建国际标准化交流平台，积极筹办以标准化为主题的中关村论坛、全球数字经济大会等活动，深化国际标准化交流合作。助力企业参与国际标准化活动，鼓励外商投资企业依法平等参与标准制定。（责任单位：市市场监管局、市科委中关村管委会、市经济和信息化局）

40. 推进贸易便利化标准化试点建设，逐步打造高水平开放、高质量发展的天竺综合保税区平台。探索建立技贸措施预警机制，指导企业建立合规体系。（责任单位：市市场监管局、市商务局）

41. 支持依托重大项目建设，在共建"一带一路"国家积极推动中国标准海外应用。持续开展对标达标工作，在优势技术、产品出口和工程合作等领域积极与国际或国外先进标准进行比对研究，促进企业产品标准提档升级，增强产品在国际国内市场核心竞争力。（责任

单位：市市场监管局、市科委中关村管委会）

（九）夯实标准化基础

42. 优化地方标准管理，修订《北京市地方标准管理办法》，提升18个月以内制定地方标准的能力，强化标准复审工作，发布地方标准160项以上。强化标准监督检查，开展地方标准实施效果评价课题研究，提升地方标准管理全生命周期管理的科学性。优化地方标准信息系统，提升标准制定信息化水平。（责任单位：市市场监管局）

43. 强化标准化市场供给，实施《关于加快培育实施高质量团体标准的意见》，鼓励社会团体制定原创、市场急需的团体标准。持续加大政府采信应用团体标准力度，支撑城市建设与城市治理需求。加强对《企业标准化促进办法》宣贯实施，提升企业标准化工作水平。（责任单位：市市场监管局）

44. 研究制定标准化试点示范建设管理办法，强化各行业、各区政府对标准化试点示范建设指导，加强全过程管理，积极鼓励企业、社会团体等广泛参与各级各类标准化试点示范建设，完成10项国家级标准化试点项目建设，形成标准化生动实践。（责任单位：市市场监管局）

45. 完善专业标准化技术委员会管理工作机制，做好新增标准化技术委员会审核批准和已有标准化技术委员会换届改选工作。细化对市级标准化技术委员会考核管理，强化标准化技术委员会职能履行，提升标准化技术委员会对重点领域重点标准项目研制的技术支撑能力。（责任单位：市市场监管局）

46. 加强标准化人才队伍建设。凝聚首都资源优势，完善标准化专家库。积极开展各类标准化公益培训，有效依托标准制修订、试点示范建设打造梯次合理的“专业化＋标准化”人才队伍，优化人才发展环境。加强基层标准化管理人员队伍建设，提升标准化队伍能力。（责任单位：首标委各成员单位）

47. 深化复合型技术技能人才培养，建立健全标准化领域人才的职业能力评价和激励机制，鼓励有能力的社会机构承担“1+X”标准编审职业技能培训工作，推动各企事业单位和社会组织人员参加标准化职业教育培训并考取证书。（责任单位：市市场监管局）

48. 强化标准化宣传，积极总结各领域标准化工作典型经验和成果，加大宣传推介力度。用好“世界标准日”等重要节点，普及标准化理念和方法，营造知标准、守标准、用标准的浓厚氛围。（责任单位：首标委各成员单位）

## 三、保障措施

（一）加强组织领导。在首都标准化委员会的全面统筹下，完善横向协同、纵向联动的协调机制，全面推动行动计划落实。

（二）加强任务落实。首都标准化委员会办公室协调各成员单位开展标准化工作，各成员单位要细化工作任务，明确工作措施，加大落实力度，全力推动行动计划有效实施。

（三）加强督导宣传。首都标准化委员会办公室要进行工作任务跟踪、督促指导，发现问题，及时协调解决。各成员单位要认真总结推广标准化工作的好做法、好经验、好案例，充分利用新闻媒体开展宣传引导。

附件：2023年落实《首都标准化战略纲要2035》行动计划责任分解

附件

# 2023年落实《首都标准化战略纲要2035》行动计划责任分解

| 序号 | 内容 | | 责任单位 |
|---|---|---|---|
| 1 | （一）深化首都标准化战略实施 | 抓好《首都标准化发展纲要2035》宣贯实施，充分运用媒体宣传、培训研讨等多种形式，宣传解读好《首都标准化发展纲要2035》。推动各区人民政府出台《首都标准化发展纲要2035》实施方案 | 首标委各成员单位、各区政府 |
| 2 | | 助力市政府年度重点任务落地见效，制定“标准化＋行动”方案，更加突显标准化系统性谋划、针对性建设，从标准化组织、体系、标准、活动等方面明确支撑市政府重点任务的专项工作，有效发挥标准在经济社会中的基础性、引领性作用 | 首标委相关成员单位 |
| 3 | | 加强首都标准化委员会议事协调职能，强化央地协同，发挥国家标准化管理委员会及国家相关部委对本市重点领域标准化工作指导作用，优化完善标准化创新发展机制。强化统一管理、分工负责，持续推进各行政主管部门在各领域的标准体系建设，不断优化标准化工作协调机制。强化市区联动、社会共治的工作局面，加强与各区政府的标准化工作联动机制，共同推动首都标准化发展 | 首标委各成员单位 |
| 4 | | 加强《北京市标准化办法》实施，各行业领域抓好标准化工作落实，保障首都标准化战略政策有效实施，全面提升标准制定、实施、监管水平，为促进首都高质量发展提供有力支撑 | 首标委相关成员单位 |
| 5 | （二）标准化支撑“四个中心”功能建设，助力京津冀协同发展 | 助力国际科技创新中心建设，积极推动创建质量标准实验室和标准验证点。持续发挥国家技术标准创新基地作用，以标准化助推创新技术和产品市场化、产业化、国际化 | 市市场监管局、市科委中关村管委会、市经济和信息化局 |
| 6 | | 着力推进全国文化中心建设，持续推进文物保护标准体系建设，聚焦“一轴一城、两园三带、一区一中心”重点工作，持续完善文物保护标准，强化标准实施，推进文化遗产保护标准化进程 | 北京市文物局 |
| 7 | | 全力营造安全优良政务环境，制定重大活动应急预案编制、大型活动医疗保障筹备等标准项目，提升首都重大活动的应急保障能力 | 市应急局、市卫生健康委 |
| 8 | | 落实《推进京津冀区域协同标准化工作实施方案》，深化“3+X”协作模式，聚焦交通一体化、自驾旅游、人力资源服务等领域的协同地方标准研制，发布5项以上京津冀区域协同地方标准。强化京津冀协同标准实施和监督，助力京津冀一体化建设 | 北京市市场监管局、天津市市场监管委、河北省市场监管局、北京市交通委、北京市文化和旅游局、北京市人力资源社会保障局等首标委相关成员单位 |

续表

| 序号 | 内容 | | 责任单位 |
|---|---|---|---|
| 9 | （二）标准化支撑“四个中心”功能建设，助力京津冀协同发展 | 积极开展京津冀区域联动，在医疗卫生领域完成国家基本公共服务标准化试点建设任务，总结通武廊地区基本公共服务均等化水平试点成效，推动基本公共服务资源向基层延伸，服务京津冀协同发展 | 北京市市场监管局、河北省市场监管局、北京市发展改革委、北京市财政局、北京市卫生健康委、北京市通州区政府 |
| 10 | | 落实城市副中心控规和高质量发展意见，以研制电力系统地方标准为切入点，助力城市副中心重大项目高水平建设。以北京城市副中心建设国家绿色发展示范区为契机，建立完善节能减污降碳领跑者标准体系，积极服务和支撑副中心绿色发展 | 城市副中心管委会、市发展改革委、市市场监管局、通州区政府 |
| 11 | （三）标准化助推产业高质量发展 | 支撑打造全球数字经济标杆城市，依托数字经济标准化技术委员会探索开展数字经济标准化示范建设，推进数字产业化和产业数字化，赋能传统产业转型升级，助力打造具有国际竞争力的数字产业集群。开展智慧城市相关标准研制，支撑智慧城市应用场景开放试点建设 | 市经济和信息化局、市市场监管局 |
| 12 | | 推动高精尖产业标准化建设，积极推进智能网联汽车、智能制造与装备等领域标准研制。推动医药研发制造、医疗器械、医药健康服务标准研制。依托新型研发机构和人工智能领域头部企业，积极推动人工智能相关团体、行业或国家标准建设，开展人工智能相关方向的能力认证，助力人工智能在行业内的应用示范 | 市经济和信息化局、市药监局、市科委中关村管委会 |
| 13 | | 以“三城一区”为依托，集聚标准创新主体、资源、平台建设，对标国际，聚焦前沿信息领域，充分发挥标准化的基础性、引领性作用。重点布局中关村标准等，加大政策宣贯力度和资金支持力度，讲好标准故事，鼓励“走出去”技术（服务）企业开展相关工作，深化“中关村品牌”影响力 | 海淀区政府、昌平区政府、怀柔区政府、经开区管委会、市科委中关村管委会 |
| 14 | | 健全知识产权服务标准体系，支持行业协会研究商标代理服务规范。在具有技术和市场优势的产业领域，探索利用自主知识产权成果研制标准项目的机制，增强利用自主知识产权成果研制标准的能力 | 市知识产权局 |
| 15 | | 聚焦金融科技创新中心建设，指导北京金融科技产业联盟进一步深化金融科技创新服务标准化试点成果，组织创制国内领先的金融科技相关标准；指导北京金融安全产业园进一步深化服务标准化试点成果，持续打造金融科技安全行业服务管理标杆 | 市金融监管局 |
| 16 | | 推动国有企业在企业负责人经营业绩考核中加大对标准制定和发布的激励力度，提升标准研制质量。进一步优化民营企业标准化发展环境，激发企业标准化创新活力，持续打造企业标准“领跑者”，提升产品和服务质量 | 市国资委、市工商联、市市场监管局 |

续表

| 序号 | 内容 | | 责任单位 |
|---|---|---|---|
| 17 | （三）标准化助推产业高质量发展 | 探索建立标准创新型企业，激发企业在标准、技术、服务及管理创新互动支撑方面的创新活力。助力北京国际消费中心城市建设，积极开展国家级消费品试点建设，加快与国际标准接轨，以先进标准引领消费品品质提升 | 市市场监管局 |
| 18 | | 全面推进乡村振兴，加快乡村振兴大数据标准体系研制，推动农业农村基础数据整合共享。总结国家级农村综合改革标准化试点建设成效，探索形成助力产业兴旺、生态宜居、乡风文明、治理有效、生活富裕的乡村振兴之路。推动平谷区加快农业中关村标准体系研制，助力我市建设农业科技创新高地 | 市农业农村局、平谷区政府、市市场监管局 |
| 19 | | 完善现代农业标准体系建设，推进新兴产业、特色产业，以及休闲农业、农业文化创意等标准制定，支撑乡村产业发展带动农民稳步增收。持续加强农业标准化基地建设并实施动态管理，开展现代农业全产业链标准化示范基地建设，提升农产品稳定安全供给能力 | 市农业农村局 |
| 20 | （四）标准化服务高品质宜居城市建设 | 落实好城市总规实施第二阶段重点任务，发布实施规划和自然资源标准体系，开展国土空间规划基础类标准研究，加快老旧工业厂房保护利用规划设计标准制定，有效实施既有建筑加固改造工程勘察技术标准。积极开展人民防空标准化建设，完善人民防空设施建设标准体系 | 市规划自然资源委员会、市国动办 |
| 21 | | 围绕支持城市更新行动计划，推进老旧小区改造，制定老旧小区综合整治评价标准。完善住房保障相关标准，切实提高房屋质量。加快住宅物业服务标准修订，不断提升物业服务品质 | 市住房城乡建设委 |
| 22 | | 健全完善交通标准体系，制定慢行交通系统服务评价和城市轨道交通领域相关标准，支撑交通综合治理能力建设。修订实施道路交通管理设施设置系列标准，提高首都道路通行能力水平 | 市交通委、市公安局 |
| 23 | | 持续提升城市精细化治理水平，制定城市综合管廊数据规范，强化城市基础设施运行。加强生活垃圾全流程精细化管理，加快研究废塑料回收与再生利用管理规范 | 市城市管理委 |
| 24 | | 提升政务服务能力，加强对政务服务中心服务评价和公众参与政务服务“好差评”的标准化管理。深化接诉即办工作，加强《12345市民服务热线服务与管理规范》宣贯实施，强化主动治理、未诉先办 | 市政务服务局 |
| 25 | （五）标准化推动绿色北京建设 | 加快节能低碳和循环经济标准专项工程实施，推动园区能效评价指南、节能量审核指南等标准制修订，启动碳达峰、碳中和标准体系研究，推进各类资源节约集约利用 | 市发展改革委、市市场监管局 |

续表

| 序号 | 内容 | | 责任单位 |
|---|---|---|---|
| 26 | （五）标准化推动绿色北京建设 | 坚持减量发展，做好百项节水标准规范提升工程收官工作，实现主要用水行业用水定额标准全覆盖、主要用水领域节水评价全施行的目标，强化定额约束作用。推动北京市水生态保护修复技术标准体系研究，突出本市特色，构建涵盖水生态空间管控、水环境维持改善、水生生境保护提升、水生生物多样性保护等方面的标准体系，逐年开展水生态修复技术、河湖岸线、栖息地构建、水生态监测等标准制定，科学指导全市水生态保护修复工作 | 市水务局、市市场监管局 |
| 27 | | 加强生态环境标准体系建设，打好蓝天碧水净土保卫战，发布印刷工业和汽车制造工业大气污染物排放标准，持续改善环境空气质量。不断扩大绿色生态空间，有效实施生态产品总值核算技术规范，促进生态涵养区生态保护和绿色发展 | 市生态环境局 |
| 28 | | 促进森林质量提升、加强生态安全保护，发布实施森林经营方案编制技术导则、乡土植物栎属苗木繁育技术规范等。保护、丰富生物多样性，开展生态保育小区、湿地生态系统碳储量计量相关标准研制。推进废弃物资源化利用，研制实施污泥产品林地施用技术规程 | 市园林绿化局 |
| 29 | | 促进生产生活方式绿色转型，加强限制商品过度包装强制性国家标准实施宣贯培训，鼓励社会团体、企业开展制止餐饮浪费相关标准研制，推动相关行业协会在全国团体标准信息平台上发布倡议书 | 市市场监管局、市商务局 |
| 30 | （六）标准化持续保障和改善民生 | 制定卫生健康标准体系实施方案，强化医疗服务和公共卫生标准化、规范化能力。以国家级基本公共服务标准化建设为基础，不断提升基层医疗卫生公共服务水平。加快研究互联网医院药品调剂、心理援助热线、中药饮片再加工等一批医疗服务标准，为市民群众提供更加优质便捷的服务 | 市卫生健康委 |
| 31 | | 做优做响“双奥之城”品牌，开展健身房服务规范、青少年体育培训机构服务规范等标准研制，健全完善体育标准体系建设。有效发挥各类运动协会作用，加强运动技能、赛事活动、体育教育培训等体育活动团体标准研制 | 市体育局 |
| 32 | | 扩大普惠性养老供给，制定家居环境适老化改造服务等标准，研究推进京津冀养老领域的标准化协同。提高公共服务水平，制定供热系统入户巡检等标准，研究社区菜市场智慧化设置、居民小区排水服务等标准 | 市民政局、市城市管理委、市商务局、市水务局 |
| 33 | （七）标准化筑牢首都安全防线 | 着力推进高质量平安北京建设，纵深推进社会治安防控、图像信息系统的深度应用、交通安全管理等方面的标准化工作，营造首都更加和谐稳定的社会环境和安全有序的治安环境 | 市公安局 |

续表

| 序号 | | 内容 | 责任单位 |
|---|---|---|---|
| 34 | （七）标准化筑牢首都安全防线 | 立足预防在先，健全气象灾害防御标准体系和防震减灾地方标准体系，研究气象观测铁塔运行维护、地震台站建设等标准，进一步增强灾害防御基础设施运行能力 | 市气象局、市地震局 |
| 35 | | 支撑韧性城市建设，制定韧性城市评价、应急避难场所、防汛隐患排查治理等相关标准，实施应急物资信息采集、救灾物资储备管理等规范，提高城市安全运行水平 | 市应急局、市粮食和物资储备局 |
| 36 | | 防范重大安全事故，加快养老服务机构、医院等公共机构的应急管理体系建设，压实安全生产责任，制定完善危险化学品安全管理相关标准，开展企业安全生产信用评价规范系列标准研究 | 市应急局、市民政局、市卫生健康委 |
| 37 | | 实施消防安全管理标准专项行动，加快制定发布社会单位和重点场所消防安全管理系列标准，提升社会单位日常消防管理水平 | 市消防救援总队 |
| 38 | （八）标准化提升国际影响力 | 落实标准国际化跃升工程，积极参与国际标准化活动，国际标准制定不少于20项。鼓励有能力的单位承担国际标准组织技术机构。聚焦北京优势领域、科技前沿和未来产业领域，努力培养具有国际影响力的团体标准组织 | 市市场监管局 |
| 39 | | 搭建国际标准化交流平台，积极筹办以标准化为主题的中关村论坛、全球数字经济大会等活动，深化国际标准化交流合作。助力企业参与国际标准化活动，鼓励外商投资企业依法平等参与标准制定 | 市市场监管局、市科委中关村管委会、市经济和信息化局 |
| 40 | | 推进贸易便利化标准化试点建设，逐步打造高水平开放、高质量发展的天竺综合保税区平台。探索建立技贸措施预警机制，指导企业建立合规体系 | 市市场监管局、市科委中关村管委会、市经济和信息化局 |
| 41 | | 支持依托重大项目建设，在共建“一带一路”国家积极推动中国标准海外应用。持续开展对标达标工作，在优势技术、产品出口和工程合作等领域积极与国际或国外先进标准进行比对研究，促进企业产品标准提档升级，增强产品在国际国内市场核心竞争力 | 市市场监管局、市科委中关村管委会、市经济和信息化局 |
| 42 | （九）夯实标准化基础 | 优化地方标准管理，修订《北京市地方标准管理办法》，提升18个月以内制定地方标准的能力，强化标准复审工作，发布地方标准160项以上。强化标准监督检查，开展地方标准实施效果评价课题研究，提升地方标准全生命周期管理的科学性。优化地方标准信息系统，提升标准制定信息化水平 | 市市场监管局 |
| 43 | | 强化标准化市场供给，实施《关于加快培育实施高质量团体标准的意见》，鼓励社会团体制定原创、市场急需的团体标准。持续加大政府采信应用团体标准力度，支撑城市建设与城市治理需求。加强对《企业标准化促进办法》宣贯实施，提升企业标准化工作水平 | 市市场监管局 |

续表

| 序号 | | 内容 | 责任单位 |
|---|---|---|---|
| 44 | （九）夯实标准化基础 | 研究制定标准化试点示范建设管理办法，强化各行业、各区政府对标准化试点示范建设指导，加强全过程管理，积极鼓励企业、社会团体等广泛参与各级各类标准化试点示范建设，完成10项国家级标准化试点项目建设，形成标准化生动实践 | 市市场监管局 |
| 45 | | 完善专业标准化技术委员会管理工作机制，做好新增标准化技术委员会审核批准和已有标准化技术委员会换届改选工作。细化对市级标准化技术委员会考核管理，强化标准化技术委员会职能履行，提升标准化技术委员会对重点领域重点标准项目研制的技术支撑能力 | 市市场监管局 |
| 46 | | 加强标准化人才队伍建设。凝聚首都资源优势，完善标准化专家库。积极开展各类标准化公益培训，有效依托标准制修订、试点示范建设打造梯次合理的“专业化＋标准化”人才队伍，优化人才发展环境。加强基层标准化管理人员队伍建设，提升标准化队伍能力 | 首标委各成员单位 |
| 47 | | 深化复合型技术技能人才培养，建立健全标准化领域人才的职业能力评价和激励机制，鼓励有能力的社会机构承担“1+X”标准编审职业技能培训工作，推动各企事业单位和社会组织人员参加标准化职业教育培训并考取证书 | 市市场监管局 |
| 48 | | 强化标准化宣传，积极总结各领域标准化工作典型经验和成果，加大宣传推介力度。用好“世界标准日”等重要节点，普及标准化理念和方法，营造知标准、守标准、用标准的浓厚氛围 | 首标委各成员单位 |

# 大事记

1月5日，市市场监管局启动实施首都标准化战略补助资金受理工作。

1月16日，市市场监管局发布2023年地方标准制定项目计划，涉及项目211项。

2月9日，市市场监管局和房山区市场监管局共同组织召开国家级服务业标准化试点示范项目启动会。会上启动北京市基金小镇基金机构服务、欢乐谷旅游服务、泰康之家养老服务和国联汽车动力电池检测服务四个项目。

2月15日，北京市启动国家农业农村标准化试点示范项目建设，北京市7个项目入选。

3月20日，首都标准化委员会召开第十一次全体（扩大）会议，听取2022年首都标准化工作总结，部署《标准化推动落实2023年市政府工作报告重点任务行动方案》，审议通过《2023年落实〈首都标准化发展纲要2035〉行动计划》。

3月30日，北京市发布地方标准33项，其中，首次制定20项，修订13项。

5月11日，北京市预制菜质量标准化技术委员会成立大会暨第一次全体会议召开。

5月28日，2023中关村论坛标准化与创新发展论坛在中关村国家自主创新示范区展示中心举办。

6月25日，北京市批准发布地方标准40项，其中，首次制定31项，修订9项。

7月4日，市市场监督管理局公布2023年实施首都标准化战略补助资金项目，对65家单位的74个项目给予1500万元补助。

7月4日，在全国伴侣动物（宠物）标准化技术委员会（SAC/TC 541）换届大会暨第二届第一次全体委员大会上，市检验检测认证中心所属市标准化研究院与全国伴侣动物（宠物）标准化技术委员会、中国畜牧业协会、北京市动物疫病预防控制中心共同组建成立宠物标准化促进中心。

7月14日，市市场监督管理局举办北京市地方标准制修订培训，培训采取线上线下同步的方式进行，600余名同志参加培训。

8月6日，由市检验检测认证中心所属市标准化研究院牵头制定的4项国家标准GB/T 42873—2023《城市公共设施　城市家具　术语》、GB/T 42874—2023《城市公共设施服务　城市家具　系统建设实施评价规范》、GB/T 42875—2023《城市公共设施　城市家具　分类》、GB/T 42876—2023《城市公共设施　城市家具　系统建设指南》发布实施。

8月22日，国家标准化管理委员会公布首批国家强制性标准实施情况统计分析点，北京市“国家强制性标准实施情况统计分析点（仪器仪表领域）”入选。

9月1日，市市场监管局会同市级有关部门召开北京市国家级社会管理和公共服务综合标准化试点启动会暨培训会，推进我市2023年获批建设的6项标准化试点建设。

9月19日—21日，市市场监管局先后在昌平、顺义、丰台区市场监管局，组织人员对2022年度各区市场监管部门团体标准、企业标准自我声明公开监督检查结果进行评查。

9月25日，北京市批准发布地方标准42项，其中，首次制定25项，修订17项。

10月13日，围绕世界标准日中国主题“标准塑造美好生活”，结合北京市高级别自动驾驶示范区建设，市市场监督管理局会同北京经济技术开发区管理委员会，通过专家授课、展厅讲解、试乘体验等环节，举办以自动驾驶为主题的世界标准日宣传活动。

10月14日，市检验检测中心所属市标准化研究院联合门头沟区市场监管局走进中关村科技园区，共同举办门头沟区2023年世界标准日主题活动。

10月14日，京津冀三地于2023年世界标准日发布2项协同地方标准《救助保护和儿童福利机构未成年人心理评估规范》和《高速公路入口称重检测工程建设导则》。

10月18日，市市场监管局采取线上线下相结合的方式召开企业标准化有关法规政策宣讲会。

10月20日，市市场监管局联合市发展改革委，市科委、中关村管委会，市经信局，市财政局，市规划自然资源委，市生态环境局，市住房城乡建设委，市交通委，市气象局，市园林绿化局，市机关事务局共同出台《北京市建立健全碳达峰碳中和标准计量体系实施方案》。

11月8日，海淀区第二届标准创新论坛在中关村自主创新示范区展示中心会议举办。本次论坛由区市场监管局主办，主题为“全面实施标准化战略 推动海淀高质量发展”。

12月27日，北京市批准发布地方标准107项，其中首次制定69项，修订38项。此外，为加强地方标准全生命周期管理，62项地方标准经年度复审予以废止。

# 综　述

**【2023年度首都标准化战略补助资金申请受理工作启动】** 2023年1月5日，市市场监管局启动实施首都标准化战略补助资金受理工作。向社会各单位启动申报，符合申报要求的企事业单位均可申报。聚焦北京市重点领域和产业发展方向，按照重点突出、创新引领、国际视野的原则，推动补助资金从量多面广向提质增效转变，支撑科技成果转化和社会治理。进一步减轻企业申报负担，精简申报材料，延长申报受理时限，实现全程网办。加大标准制度型开放，压缩政府颁布标准补助数量，对市场主体参与制定并被采信应用的团体标准补助数量不设上限，持续激发市场主体活力创造力。

（陈　杰）

**【市市场监管局发布2023年地方标准制定项目计划】** 2023年1月16日，市市场监管局发布2023年地方标准制定项目计划，涉及项目211项。做好医疗服务保障，制定急救车洗消站运行、心理援助、中药饮片再加工等服务标准。提升政务服务水平，制定政务服务评价、电子证照共享等标准。促进全民健身，制定健身房服务等标准。推动区域能源结构低碳化转型，制定低碳出行碳减排量核算京津冀协同标准。支撑城市副中心高水平建设，制定城市副中心配电网设施技术规范。发展数字经济，制定数据交易、车路云一体化等标准。支撑智慧城市建设，制定通用地图服务、城市运行监测、物联感知数据等标准。全面推进乡村振兴，制定乡村振兴大数据系列标准。提高公共服务水平，制定供热系统入户巡检等标准，研究社区菜市场智慧化设置、居民小区排水服务等标准。扩大普惠性养老供给，制定家居环境适老化改造服务等标准。推进老旧小区改造，制定老旧小区综合整治评价标准。

（陈冬鑫）

**【北京市获批智能制造标准应用试点项目】** 2023年1月17日，国家标准委、工业和信息化部联合遴选公布全国59个智能制造标准应用试点项目名单，北京市4个项目入选。

（陈冬鑫）

**【标准化支撑北京市商贸物流业高效运行】** 2023年1月19日，北京市开展的国家级商贸流通领域标准化建设项目优秀经验由商务部和市场监管总局向全国推广。强化商贸物流业全业务链管理，构建全流程标准体系，实施应用物流装备技术、服务流程、内部管理等标准，实现产地运输、干线运输、仓储、终端配送全过程无缝衔接，提高交易效率，降低物流成本，打造北京市商贸物流业集约化管理、规模化经营、专业化配送、标准化服务联动发展样板。

（孟凡蕊）

**【四个国家级服务业标准化试点示范项目落户北京并启动建设】** 2023年2月9日，市市场监管局和房山区市场监管局共同组织召开国家级服务业标准化试点示范项目启动会。北京市组织申报的北京基金小镇基金机构服务、欢乐谷旅游服务、泰康之家养老服务和国联汽车动力电池检测服务四个项目获批2022年度国家级服务业标准化试点示范项目，项目建设期2年。启动会上布置建设任务，明确建设要求，市文化和旅游局、市民政局、市经济和信息化局、昌平区市场监管局、怀柔区市场监管局以及项目承担单位相关人员参加会议。

（孟凡蕊）

**【北京市7项国家农业农村标准化试点示范项目启动建设】** 2023年2月15日，北京市启动国家农业农村标准化试点示范项目建设。在国家标准委公布农业农村领域标准化试点示范项目名单，北京共7个项目入选。来自农业中关村的2个项目，聚焦禽业资源保护和数字桃园建设，构建从育种到养殖全链条数字化管理体系。平谷区推行农村户光伏基础设施标准化建设，以点带面提升农村地区可再生能源利用率。怀柔区围绕板栗特色农产品生产，提升合作社标准化生产、社会化服务能力，激发农业经营主体活力。

（孟凡蕊）

**【通武廊医疗卫生协调联动基本公共服务标准化试点项目通过验收】** 2023年3月1日，通武廊医疗卫生协调联动基本公共服务标准化试点项目通过专家验收。考核评估会上，评审专家专题听取“通武廊”医疗卫生领域开展区域联动工作试点工作报告，现场查验反映试点工作情况的文件、记录、标准文本，并对通州区潞河医院代谢性疾病管理中心试点进行实地考核。通过专家的现场打分，经由专家组审核决议，通武廊医疗卫生协调联动基本公共服务标准化试点顺利通过考核评估。

（曾利新）

**【北京市西城区巡视探访基本公共服务标准化专项试点项目顺利通过验收】** 2023年3月2日，受市场监管总局、发展改革委、财政部委托，市市场监管局会同市发展改革委、市财政局对“西城区巡视探访基本公共服务标准化专项试点”开展考核评估，试点通过建机制、列事项、建体系、促实施和建立完善基础信息数据库等，从“巡出实情、视出问题、探出诉求、访出温度”四个方面全方位推进标准化试点建设。试点建设获得评估组专家的肯定与高度评价，通过验收。

（曾利新）

**【北京市启动“标准化+”行动，助力“五子”联动服务高质量发展】** 2023年3月2日，出台“标准化+”行动方案。聚焦人工智能、集成电路、氢能等优势产业，加快科技成果转化标准化、产业化进程，培育国际性专业标准组织，吸引国家级标准化机构落驻北京，抢抓科技创新发展先机。筹办首届标准化与创新发展国际论坛，开展国家级天竺跨境贸易便利化服务试点建设，参与国际标准创制，扩大标准制度型开放。发挥数字经济标准化技术委员会作用，构建数字经济领域标准体系，研制车路云一体化、数据交易服务等地方标准，支撑全球数字经济标杆城市建设。发布北京礼物、养老志愿者服务、儿童早期健康发展服务等领域地方标准，建设文教体育、服装服饰等国家级消费品试点和服务业试点，助力国际消费中心城市建设。在工程建设、消防等领域发布5项京津冀协同地方标准，建成通武廊国家级医疗基本公共服务标准化试点，提升三地协调联动发展水平。

（李凌松）

**【北京市丰台区养老服务基本公共服务标准化专项试点项目通过验收】** 2023年3月3日，北京市丰台区养老服务基本公共服务标准化专项试点作为全国首批基本公共服务标准化试点通过考核评估。试点建立跨部门、跨行业的协调管理机制。通过“互联网+”手段，完善老年健康信息平台和智慧终端管理标准，打破传统地域和时间的限制，破解资源“配置不均衡”的关键问题，加快信息的整合与协同，实现老年健康服务的“数据清晰、事项明确”，推动服务方便可及。通过“标准化+”的方法，将智慧家医、老年福利补贴等工作经验总结固化，制定标准并在全区21家社区卫生服务中心、48家养老机构、75个社区养老驿站有效实施，规范服务流程和要求，支撑并引领养老助老和公共卫生服务七类事项的普惠化和便捷化，支撑养老基本公共服务质量、服务效益的全面均衡发展，相关经验受到社会媒体广泛关注，社会满意度比试点建设前增长5个百分点。

（曾利新）

**【首都标准化委员会第十一次全体（扩大）会议召开】** 2023年3月20日，首都标准化委员会第十一次全体（扩大）会议召开。总结2022年首都标准化工作在加快国际标准化进程、推动京津冀协同发展、完善战略法治政策布局等方面取得的显著成效，部署《标准化推动落实2023年市政府工作报告重点任务行动方案》，审议通过《2023年落实〈首都标准化发展纲要2035〉行动计划》。

（钟锌章）

**【“北京标准”成为唯一荣获中国标准创新贡献奖的地方标准】** 2023年3月30日，中国标准创新贡献奖揭晓，北京市提名推荐的地方标准DB11/T 1606—2018《绿色雪上运动场馆评价标准》，在与众多国际标准、国家标准、行业标准竞争中，成为唯一荣获该奖项的地方标准，也是全国范围内地方标准取得的历史最好成绩。该标准是国内外首个雪上运动场馆的绿色评价标准，全程应用于北京2022冬奥会和冬残奥会室外冰雪场馆，实现非传统水源造雪率100%，绿色建材使用率100%，本地植物保护率100%，节能65%，标准为绿色冬奥、实现“三亿人上冰雪”目标提供技术支撑，后续将落实“实现冬奥遗产利用效益最大化”要求，持续推动我国冰雪产业高质量发展。

（孟凡蕊）

**【推动落实2023年北京市政府工作报告重点任务】** 2023年3月30日，为推动落实2023年市政府工作报告重点任务，北京市发布一批地方标准。助力副中心国家绿色发展示范区建设，对标国际一流，制定DB11/T 2077—2023《城市副中心　新型电力系统10kV及以下配电网设施配置技术规范》，为建设智能高效的新型电力系统提供技术支撑。落实电动自行车全链条管控实施方案要求，制定DB11/T 2079—2023《电动自行车充电设施运营管理服务规范》，逐步推动北京市电动自行车充电设施接口统一接入市级管理平台，为近500万辆电动自行车提供安全可靠的充电服务，不断提升群众获得感、幸福感、安全感。围绕着力扩大内需，修订DB11/T 1242—2023《“北京礼物”旅游商品店基本要求及评定》，进一步推动首都旅游文创企业发展，满足市民和游客日益增长的文化旅游消费需求，助力国际消费中心城市建设。支撑宜居宜业和美乡村建设，制定DB11/T 2085—2023《农村污水处理厂站运行维护技术规程》，为北京市1200余座农村污水处理设施安全稳定运行、提升农村人居环境水平奠定坚实基础。

（陈冬鑫）

**【首部消防领域京津冀区域协同地方标准正式发布实施】** 2023年4月3日，在京津冀三地市场监管部门和消防救援部门的共同努力下，首次在消防领域发布《建筑消防设施检测服务规范》《建筑消防设施维护保养技术规范》等2项京津冀区域协同地方标准。标准的发布加强三地技术服务机构检测服务质量监管，提高京津冀地区技术服务机构服务水平，促进市场合理竞争，推动三地消防行业高质量发展深度融合。

（李凌松　陈冬鑫）

**【北京市预制菜质量标准化技术委员会获批成立】** 2023年5月11日，市市场监管局批准组建的北京市预制菜质量标准化技术委员会成立。该标准化技术委员会由预制菜相关行业部门、北京市检验检测认证中心下属相关研究院，以及相关高校、科研院所和产业链骨干企业共同发起，秘书处承担单位为北京市食品检验研究院。标准化技术委员会将聚焦预制菜全产业链技术规范、质量控制和质量提升三个重点方面，构建北京市预制菜地方标准体系框架，加快制定相关地方标准，并开展标准实施与推广、标准化人才培育等方面工作，突破预制菜产业发展的瓶颈短板，促进首都预制菜产业健康有序发展。

（陈冬鑫）

**【2023 中关村论坛标准化与创新发展论坛在京举办】** 2023 年 5 月 28 日，2023 中关村论坛标准化与创新发展论坛在中关村国家自主创新示范区展示中心举办。本届中关村论坛首次设立标准化专题平行论坛，围绕“标准化与科技创新互动发展的模式和趋势”“如何在全球标准化发展中做出中国贡献”等热点议题，邀请全球标准化业界专家分享未来发展趋势，探讨标准化发展新动向，共同描绘以高标准助力高技术创新未来愿景。会上，围绕“国际标准化战略与未来科技变革”“ISO 战略 2030 与科技创新”“以标准助力创新发展”“致力于创新与成长的全球标准”等议题发表主旨演讲。会上，北京、天津、河北、山西、内蒙古五省（区、市）市场监管部门共同签署《华北区域“3+2”标准化战略协作框架协议》；大会还推介《首都标准化发展纲要 2035》。

（张少阳）

**【北京世纪坛医院“高原病风险筛查和适应性体检服务标准化试点”入选国家级社会管理和公共服务综合标准化试点（卫生健康领域）项目】** 2023 年 6 月 2 日，国家标准委与国家卫生健康委联合《关于下达 2023 年度社会管理和公共服务综合标准化试点（卫生健康领域）项目的通知》，全国共 11 个项目，北京世纪坛医院“高原病风险筛查和适应性体检服务标准化试点”入选。旨在围绕“2030 年健康中国”目标，聚焦国家向高原输送援建队伍和高风险人群的健康需求，建立高原病筛查、评估、适应性生存健康指导和适应性训练全链条标准体系，为援建高原地区的人群提供更专业、更全面的健康宣教、风险筛查、适应性训练和适应性体检服务，缓解援建高原地区人群的健康顾虑、保障安全健康。通过试点建设，打造标准化、特色化的健康体检服务品牌，在行业内交流、推广，助推医疗卫生服务高质量发展、助力“健康中国”目标实现。

（曾利新）

**【市市场监管局、市民政局联合开展团体标准政策宣讲暨地方标准宣贯培训会】** 2023 年 6 月 21 日，为贯彻落实好《国家标准化发展纲要》和《首都标准化发展纲要 2035》有关促进团体标准发展的工作要求，有效实施 DB11/T 2020—2022《高质量团体标准评价评价规范》地方标准，市市场监管局、市民政局联合开展团体标准政策宣讲暨地方标准宣贯培训会。培训会邀请市场监管总局标准创新管理司团体和企业标准化处负责同志重点对团体标准的政策体系、当前的主要问题与挑战以及下一步工作进行宣讲，提出团体标准的制定要有系统思维、立足市场、具有国际视野、并注重知识产权保护，同时不能利用团体标准实施排除、限制市场竞争行为。地方标准起草人对该地方标准的研制目的、主要内容进行了宣贯解读，并着重对高质量标准等级评价的条件、内容、指标、程序等进行细致讲解。市市场监管局标准化处和市民政局社会组织工作处、标准化专项工作组负责同志进一步强调团体标准在推进本市产业技术创新、助力社会经济发展、支撑治理体系和治理能力现代化建设、助力首都高质量发展方面的作用，要求各社会团体要充分发挥聚合作用，更加关注国际国内发展趋势，开展团体标准制定工作，促进团体标准向国家标准、国际标准转化；各区市场监管部门、民政部门要发挥属地协作机制，支持社会团体以市场为导向制定团体标准，加强团体标准场景化应用，促进北京市团体标准的规范优质发展；要加大宣传力度，让社会各界了解标准化工作，形成知标准、用标准的良好氛围。各区市场监管部门、民政部门，2000余家市级、区级社会团体通过视频系统参加培训。

（李凌松）

**【首批消防安全管理系列标准发布】** 2023年6月25日，由市消防救援总队牵头组织制定，市市场监管局发布《社会单位和重点场所消防安全管理规范》等5项系列标准，涉及养老机构、大型商业综合体、密室逃脱类场所、轨道交通施工现场等高风险、新业态场所消防安全管理。该系列标准规定消防安全管理的组织、管理责任、制度建设、管理要素等内容，强化单位消防安全主体责任。

（李凌松）

**【市市场监管局公布2023年实施首都标准化战略补助资金项目】** 2023年7月4日，市市场监管局按照优中选优、重点突出、示范引领原则，经过严格评审，确定了补助结果，对65家单位的74个项目给予1500万元补助，其中：对1个参与国际标准组织项目给予50万元补助和1个创制标准海外示范应用项目给予15万元补助；对10个国家级标准化试点示范和3个市级标准化试点项目给予276万元补助；对59项标准项目给予1159万元补助。

（张少阳）

**【市市场监管局组织召开地方标准制修订培训】** 2023年7月14日，为贯彻落实《首都标准化发展纲要2035》，持续提升标准化管理人员业务水平，服务首都高质量发展，市市场监管局举办北京市地方标准制修订培训。培训采取线上线下同步的方式进行，北京市相关委办局、市市场监督管理局相关业务处室、北京市标准化技术委员会、2023年地方标准制修订项目主要起草单位等600余名同志参加培训。本次培训以“实施标准化战略，助力首都高质量发展”为主题，对《首都标准化发展纲要2035》《北京市地方标准管理办法》进行解读，对标准化管理信息系统使用、如何编写地方标准进行了讲解。

（陈冬鑫）

**【市市场监管局举办企业标准“领跑者”及对标达标培训会】** 2023年7月25日，为贯彻落实《国家标准化发展纲要》和《首都标准化发展纲要2035》，推动《北京市标准化办法》实施，持续推进企业标准“领跑者”及对标达标工作开展，提升企业标准规范化水平，促进企业全面提升产品和服务质量，市市场监管局以网络视频形式举办全市企业标准“领跑者”及对标达标培训，市级有关行政主管部门、区级市场监管部门及有关行政主管部门、相关企事业单位1400余人线上参加培训。培训会上企业标准“领跑者”工作办公室相关工作负责人讲解“领跑者”制度及实施情况，并介绍企业自主申报企业标准“领跑者”参与途径。对标达标专项日常办公室相关工作负责人宣讲对标达标的背景意义，工作成效、机制流程等政策，并演示对标达标平台升级后的具体操作。市市场监管局标准化处相关工作人员对《北京市标准化办法》进行宣贯，并介绍拟开展的标准创新型企业梯度培育工作。

（曾利新）

**【北京市在仪器仪表领域获批首批国家强制性标准实施情况统计分析点】** 2023年8月22日，北京市在仪器仪表领域首次入选国家强制性标准实施情况统计分析点，填补该领域强制性国家标准统计分析点空白。通过开展强制性国家标准实施全过程监测和评估，定期统计分析、总结实施成效和问题，以及提供专业标准化技术服务，提升北京市仪器仪表制造企业达标能力和水平，助推优质制造普及和高端仪器装备产业发展。

（陈冬鑫）

**【国家级跨境贸易便利化标准化试点项目通过验收】** 2023年8月23日，受国家标准委委托，市市场监管局会同市商务局组织专家，按照《社会管理和公共服务综合标准化试点实施细则（试行）》的要求，对第七批社会管理和公共服务综合标准化试点项目——北京首都国际机场临空经济区管理委员会承担的跨境贸易便利化标准化试点进行考核评估。试点建设过程中，聚焦药品和器械贸易便利化服务，对货物流和监管信息、单证信息等相关信息流的互相支持和配合进行需求分析，从实现便利化服务出发，构建覆盖业务流程的标准体系，涵盖运行保障、通关便利服务、保税服务、企业服务等领域。强化标准实施，总结建设经验，参与编制国家标准《国际贸易术语解释通则缩写代码》，"以标准化促进药品跨境贸易便利化新方式"推荐纳入北京市"两区"建设第一批改革创新实践案例。专家组一致认为项目承担单位完成了计划任务，试点工作符合建设要求，通过考核评估。

（曾利新）

**【北京房山智慧政务服务标准化试点通过验收】** 2023年8月25日，受国家标准委委托，市市场监管局会同北京市政务服务管理局组织专家，按照《社会管理和公共服务综合标准化试点实施细则（试行）》的要求，对北京市房山区政务服务管理局承担的第七批国家级社会管理和公共服务综合标准化试点——北京房山智慧政务服务标准化试点进行考核评估。试点承担单位以响应政务服务改革新要求为宗旨，聚焦企业群众办事需求和难点，围绕房山区"三区一节点"功能定位，以房山区政务服务管理局实践总结为基础，构建了北京房山智慧政务服务标准体系。北京房山智慧政务服务标准体系体现房山区"5G+远程帮办＋应用场景"服务模式，"智搜、智问、智办、智检、智审、智督"的全流程服务机制和"文化出版、园区专属"等典型服务场景。将试点建设经验转化为北京市地方标准《政务服务中心服务与管理规范》《政务服务综合窗口人员能力与服务规范》内容，同时多方位宣传，推广房山智慧政务的成功经验，房山模式获得了进一步的推广。专家组一致认为项目承担单位完成计划任务，通过试点考核评估，该项目成果在国家数字政府的基层建设中具有创新性。试点承担单位强化标准化思维、运用标准化手段，促进了智慧政务服务便利化水平提升，增强了办事企业、群众的幸福感和获得感，塑造了房山政务服务品牌。

（曾利新）

**【北京市首个国家级公证服务社会管理和公共服务综合标准化试点启动建设】** 2023年8月28日，北京市首个国家级公证服务社会管理和公共服务综合标准化试点——北京市东方公证处的"公证服务标准化试点"正式启动。市市场监管局、市司法局，东城区市场监管局、东城区司法局等有关人员参加启动仪式。北京市东方公证处将在市场监管部门的指导下，从三个方面开展公证服务标准化试点创建工作。对窗口服务人员进行标准化管理，充分运用信息化、数字化、区块链、人脸识别、电子签章等技术和手段，围绕服务事项和重要节点，研制技术标准，推动"服务标准化、标准数字化、数字可视化"。重点开展"在线咨询、在线受理和在线办证""网络接待室"等线上公证服务标准研制与实施，提供专业化、标准化、规范化服务。围绕公证服务职能服务范围拓展、服务流程优化、服务方式创新、服务质效提升等核心问题，进一步优化线上线下“全方位、一站式”服务模式，以服务事项清单化、服务流程统一化、线上线下一体化、管理评价效能化为主线，建立公证服务全流程标准体系，全面提升公证服务的标准化、专业化、精细化、智慧化水平。结合北京市东方公证处管理与服务实际，确保标准体系有效运行。推动公证服务事项清单化管理，健全“申请—受理—审查—审批—出证—送达”服务流程；加快窗口服务、驻场服务、网上服务、上门服务等一体化发展，做精做细特色公证业务，推行“公证服务周末不打烊”、特殊群体绿色通道和公证帮扶等便民服务；实现公证利企便民综合服务体系更加完善，公证服务供给能力明显增强，公证服务质量和社会满意度显著提升。

（李凌松）

**【全链条标准化助推首都殡仪服务高质量发展】** 2023年8月31日，由北京市八宝山殡仪馆承担的国家级服务业标准化试点项目——北京八宝山殡仪馆殡仪服务标准化试点通过考核评估。深入开展需求调研，构建并实施殡葬服务全流程标准体系。采取交流座谈、现场走访、专题讨论等多种形式，开展需求调研分析，将标准化理念方法与业务管理流程深度融合，构建涵盖服务通用基础、服务提供、服务保障以及岗位标准4个方面的标准体系，体系包括国家标准、行业标准、企业标准共169项，其中，创制167项企业标准，健全规范殡葬全链条一条龙标准化服务流程。打造“整体联动”标准实施模式，推动殡葬服务质量整体跃升。项目承担单位全面整合既有资源，统筹协调，高效推进项目建设的同时提高殡葬服务效率。比如《重大治丧活动服务规范》整合大礼堂服务管理办公室、殡仪服务管理办公室、汽车队、保卫科、火化室等多部门资源，为高标准完成重大治丧活动提供保障。牢记公益理念创制实施标准，推动惠民措施做到实处。制定《服务公开管理规范》，对外公示服务项目、服务价格，推动实现基本殡仪服务均等化。突破现有服务局限，扩大惠民覆盖范围，较项目建设前，惠民政策举措增加200%，达到63项。其中57%为免费服务项目，43%为便民措施，覆盖治丧服务的各个环节。

（孟凡蕊）

**【北京市新获批建设国家级社会管理和公共服务综合标准化试点工作全面启动】** 2023年9月1日，市市场监管局会同市级有关委办局召开北京市国家级社会管理和公共服务综合标准化试点启动会暨培训会，推进北京市2023年获批建设的6项标准化试点建设。市司法局、市交通委、市卫生健康委，试点项目承担单位等相关单位参加会议。会上，市市场监管局、市司法局、市交通委、市卫生健康委对标准化试点建设工作提出要求。专家就标准化基础知识、标准体系构建方法、试点建设过程及要点等内容进行培训，并进行现场答疑。是年，市市场监管局将会同市级有关部门，继续在轨道交通、营商环境、卫生健康、司法行政等领域推动标准化建设，构建标准体系，有效实施相关标准，推广试点建设成果，推进提升社会管理和公共服务水平。

（曾利新）

**【全国首家金融科技创新服务标准化试点通过验收】** 2023年9月5日，北京金融科技产业联盟承担的国家级服务业标准化试点经过两年建设，通过验收。该试点构建金融科技创新服务标准体系，保障金融科技监管的规范性、有效性。通过标准实施，搭建完善金融科技创新服务管理平台，服务29个地区、107家金融机构、38家科技公司的169个金融科技创新应用在平台内流转，支撑人民银行“金融科技创新监管工具”的有效运行，有效平衡科技创新与金融安全。

（孟凡蕊）

**【朝阳区望京小街成功打造全国首个“商业服务”领域标准化建设街区】** 2023年9月6日，北京朝阳区望京小街商业服务标准化试点项目通过国家标准委最终验收。经过2年建设，成为全国首个“商业服务”领域标准化建设街区。试点建设期间，朝阳区市场监管局多次走访企业，指导望京小街深入梳理服务事项范围，构建商业服务标准体系，涵盖服务保障、服务提供和岗位工作等子体系，首创“标准化+艺术+特色商业”全场景融合模式，在餐饮、文化、休闲娱乐、夜间消费等全业态服务场景推动标准全过程应用，提升商业品牌影响力。

（孟凡蕊）

**【市市场监管局开展团体标准、企业标准自我声明公开评查工作】** 2023年9月19日—21日，为进一步规范团体标准、企业标准自我声明公开，加强事中事后监管，提升市场类标准监管执法质量，市市场监管局先后在昌平、顺义、丰台区市场监管局组织人员对2022年度各区市场监管部门团体标准、企业标准自我声明公开监督检查结果进行评查。有关领域专家，市标准化研究院、各区局分局人员组成互评小组参与此次评查工作。此次评查围绕标准文本的检查结果及区局分局的执法工作程序，重点查验自我声明公开的团体标准、企业标准技术指标是否符合强制性国家标准等内容。通过评查发现，各区局分局执法活动适用法律法规正确，工作程序符合要求，同时对自我声明公开标准存在的不足提出改进意见。

（曾利新）

**【世界标准日活动举行】** 2023年10月13日，在第54个世界标准日来临之际，围绕世界标准日中国主题“标准塑造美好生活”，结合北京市高级别自动驾驶示范区建设，市市场监管局会同北京经济技术开发区管理委员会，以自动驾驶为主题，通过专家授课、展厅讲解、试乘体验等环节，举办具有北京特色的世界标准日宣传活动。市市场监管局相关同志指出，标准是经济活动和社会发展的技术支撑，是国家基础性制度的重要方面。标准化在促进首都科技创新、引领产业升级、支撑对外开放、规范社会治理中的作用愈发突出。

（陈冬鑫）

**【举办2023年国际标准化培训】** 2023年11月30日，市市场监管局举办2023年国际标准化培训会。邀请权威国际标准化专家和企业代表对国际标准制定进行授课，相关企事业单位400余人参会。搭建国际标准化培训交流平台，强化首都国际标准化人才队伍建设。

（刘珊珊）

**【市市场监管局组织开展《商品条码管理办法》实施座谈会】** 2023年12月8日，为进一步做好商品条码执法领域行风工作，探索建立对基础“业务+行风”督导机制，规范商品条码市场监管，结合国家市场监管总局处级干部进修班“同工作、同学习、同研究”调研实践活动，市市场监管局标准化处和北京市检验检测认证中心所属市标准化院联合组织召开《商品条码管理办法》座谈会，邀请中国物品编码中心（以下简称“编码中心”）有关负责人员，与东城、西城、朝阳、海淀、丰台等区市场监管局执法人员共同探讨《商品条码管理办法》实施应用，深入解决基层执法过程中遇到的具体问题。编码中心介绍物品编码与标识管理办法的编制情况，结合《商品条码管理办法》要求，与会人员共同探讨了商品条码执法具体案例，针对检查对象、违法行为、处罚依据及检查方法等内容进行沟通。

（李凌松）

# 科技创新

## 标准化工作综述

（北京市科学技术委员会、
中关村科技园区管理委员会）

北京市科学技术委员会、中关村科技园区管理委员会（以下简称“市科委、中关村管委会”）作为首都标准化委员会成员单位，始终把标准化工作放在重要位置，发挥中关村科技企业的创新主体作用和产业联盟等社会组织在标准创制中的积极作用，坚持高标准推动技术标准创新，特别是推动国际标准创制应用。

**一、发挥科技对高精尖产业标准创新能力的支撑作用**

坚持“四个面向”，加大医药健康、人工智能、新材料等高精尖产业领域的关键核心技术攻关布局和支持力度，近年来在原创药、细胞基因治疗、AI 算法和模型、区块链自主可控软硬件系统、关键基础材料等领域产出一批有重要影响的技术成果，支撑标准创新能力建设。

**二、标准创制能力提升，推出一批高质量标准**

截至 2023 年底，中关村企业和产业联盟累计参与制定发布各类标准 23768 项，其中国际标准 834 项，国家标准 9649 项，行业标准 4159 项，地方标准 705 项，团体标准 8421 项（其中中关村标准 221 项）。中关村从标准化的“跟随者”逐步转变成“同行者”，在一些新兴领域甚至成为“领跑者”。如北京市闪联信息产业协会牵头制定的 1 项团体标准今年由 ISO/IEC 发布成为国际标准，标准号为 ISO/IEC 14543-5-103：2023。该标准通过对现有技术的标准化，创新引领智能音频技术的发展方向，先转化成为国家标准而后进一步转化为先进的国际标准，这表明中国技术实力和创新能力得到国际认可，预示着中国信息技术产业国际地位和影响力不断提升。

**三、进一步加强政策引导，营造标准化工作氛围**

落实中关村“1+5”系列资金支持政策，加强对技术标准创制运用支持引导，从“中关村标准”推广使用、国际标准创制、支持参与国际标准化工作、开展标准高端推进、鼓励标准化服务机构提供专业化服务等方面，鼓励企业提升技术标准创制运用水平。2023 年支持企业及社会组织 80 余家次。同时，加大政策宣贯力度。通过集中宣讲和全年常态化调研、走访、座谈、培训等多种形式，走到创新主体身边，开展政策宣传和标准化知识宣贯，培训 2000 余人次。

## 标准化工作成果

（北京市科学技术委员会、
中关村科技园区管理委员会）

**【第三届国际标准化主题周举办】** 2023 年 5 月 16 日—17 日，中关村标准化协会在北京举办第三届国际标准化主题周。主题周采用线上线下相结合的方式，通过开幕式、主题演讲、圆桌研讨、分论坛、线上培训等多种形式，全面总结和展示近年来中关村标准化工作的成果。相关企业、高校院所负责同志、标准化专家、从业人员等500余人参加大会，成为加强标准领域国际交流与合作的重要平台。同时，本届中关村国际标准化主题周全年持续组织线上线下系列标准化培训和活动，加强合作交流。

## 标准化工作综述

（北京市经济和信息化局）

2023年，在北京市委、市政府的正确领导下，在首都标准化委员会的指导和支持下，北京市经济和信息化局深入贯彻习近平总书记系列重要讲话精神，坚持以新时代首都发展为统领，以新型工业化为目标，围绕首都城市战略功能定位和构建“高精尖”产业结构的要求，主动适应经济发展新常态，服务企业创制技术标准，强化标准宣贯和实施，着力发挥标准引领技术创新、推动产业升级的作用。

### 一、推进工信领域地方标准制修订

重点推进大数据、节能环保、智能网联汽车等领域地方标准制修订，2023年累计完成《车路云一体化路侧智能基础设施　道路交通信号控制机信息服务技术规范》《政务云运行数据技术规范》等28项北京市地方标准制修订项目立项，完成DB11/T 2135—2023《信用管理咨询服务规范》、DB11/T 2111—2023《信息系统运行维护服务　用户单位实施要求》等4项标准发布，完成《中成药单位产品能源消耗限额》《政务云平台建设技术要求》等11项北京市地方标准征求意见，完成DB11/T 1867.2—2021《“北京民生一卡通”技术规范　第2部分：二维码通用要求》、DB11/T 337—2021《政务数据资源目录体系规范》等13项北京市地方标准的实施情况评估，完成《城市安全运行和应急管理　物联基础信息及编码规范》《政务部门信息安全应急预案编制指南》《清洁生产评价指标体系　集成电路制造业》等20项北京市地方标准的复审工作。组织2024年北京市地方标准征集立项工作，拟推荐数字经济、氢能储用、节能环保等领域地方标准制修订项目30项。

### 二、推进标准化试点示范工作

开展国家级首批智能制造标准应用标准化试点建设，会同市市场监管局推荐工业控制系统大规模个性化定制标准应用试点、基于平台化的智慧供应链标准应用试点等4个项目成功入选国家首批智能制造标准应用试点项目，数量居全国各省市第二，组织试点单位召开试点项目启动暨培训会。推进北京柏睿数据技术股份有限公司的“全内存分析型数据库国家高新技术产业标准化试点”、北京经济技术开发区管理委员会的“自动驾驶国家高新技术产业标准化试点（新型基础设施）”、北京智芯微电子科技有限公司的“电力物联网国家高新技术产业标准化试点（新型基础设施）”等8个项目获得2023年度国家高新技术产业标准化试点示范项目。

### 三、培育工信领域团体标准

在标准制定主体上，鼓励具备相应能力的协会、联盟等社会组织协调相关市场主体共同制定满足市场和创新需要的标准，支持专利融入团体标准，推动技术进步。推荐中关村无线网络安全产业联盟的T/WAPIA 043.1—2021《无线局域网接入控制　第1部分：组网架构规范》、中国标准化协会的T/CAS 610.1—2022《碳中和技术　智能家电低碳运行评价技术规范　第1部分：通用要求》等13项团体标准入选2023年团体标准应用示范项目名单。

**四、推进数字经济领域标准化工作**

结合产业发展和实际需求变化，迭代更新形成北京市数字经济标准框架2.0版本；支持北京国际大数据交易所参与数据要素市场首批国家标准制定工作；建立与国家标准化技术委员会工作交流渠道，推荐北京市海天瑞声承担全国信息技术标准化委员会训练数据联合专题组组长单位，支持北京市人工智能领域企业参与国家标准研制工作。

**五、推动智慧城市领域标准体系建设**

完成北京市智慧城市标准体系框架发布试行，在总体框架下为支撑公众服务、政务服务和决策服务，围绕“一网统管”“一网慧治”，研制京通服务接入技术规范、京通界面设计技术规范、京办系统接入管理规范、京办应用市场管理规范、京智城市运行监测指标体系等规范。

**六、组织标准化宣贯培训**

2023年10月18日，市经济和信息化局联合北京市中小企业公共服务平台、北京质量协会，组织北京市质量标准品牌赋值中小企业专题活动，组织《质量标准品牌赋值中小企业专项行动（2023—2025年）》宣贯，围绕标准化基础理论及应用、先进质量管理方法、知识产权质押融资政策等，面向中小企业开展培训。10月25日，市经济和信息化局与市市场监管局共同举办食品工业企业诚信管理体系国家标准宣贯培训会，引导企业学习《企业标准化促进办法》，参与标准创新型企业梯度培育工作，激发企业创新活力，推动企业标准化工作有序开展。11月30日，组织市经济和信息化局归口各标准化技术委员会及工业和信息化领域企业参加市市场监管局举办的2023年国际标准化视频培训，提高工业和信息化领域标准化工作人员的国际标准化业务水平，提升国际标准编制质量。

## 标准化工作成果

（北京市经济和信息化局）

**【组织申报工业和信息化部百项团体标准应用示范项目】** 2023年，工业和信息化部组织开展工业和信息化领域百项团体标准应用示范项目征集工作，经公开征集，市经济和信息化局推荐中国标准化协会、中关村网络安全与信息化产业联盟、中关村材料试验技术联盟等12家北京市单位38项团体标准申报该示范项目。通过工业和信息化部项目初审、技术审查、专家评审等环节，市经济和信息化局推荐的T/CAS 610.1—2022《碳中和技术　智能家电低碳运行评价技术规范　第1部分：通用要求》、T/WAPIA 043.1—2021《无线局域网接入控制　第1部分：组网架构规范》等13项团体标准入选应用示范项目。

（北京市经济和信息化局）

**【北京市智慧城市标准体系框架发布试行】** 北京市经济和信息化局组织制定的北京市智慧城市标准体系框架发布试行，在总体框架下为支撑公众服务、政务服务和决策服务，围绕“一网统管”“一网统管”“一网慧治”完成1项地方标准发布，1项报批，3项送审，2项征求意见，形成2项地方标准草案；研制完成京通服务接入技术规范、京通界面设计技术规范、京办系统接入管理规范、京办应用市场管理规范、京智城市运行监测指标体系等规范。

（北京市经济和信息化局）

## 标准化工作综述

（北京市知识产权局）

北京市知识产权局坚持以习近平新时代中国特色社会主义思想为指导，深入学习贯彻党的二十大精神和习近平总书记关于知识产权工作重要指示论述，在北京市委、市政府坚强领导下，围绕“四个中心”建设和高质量发展要求，坚持首善标准，对标国际一流，聚焦惠企便民，持续优化营商环境。根据《首都标准化战略纲要》《首都标准化发展纲要2035》《北京市标准化办法》，围绕北京市知识产权局中心工作，稳步推进知识产权标准化工作，主动服务北京市高质量发展，推进知识产权强国示范城市建设。

**一、坚持高水平保护、高质量发展、高标准建设，推动地理标志与特色产业发展有机融合**

挖掘地理标志资源，指导各区培育发展优势品牌。组织全市地理标志推进会及“地理标志申请和品牌培育”专题培训，了解各区地理标志发展现状及困境，邀请行业专家进行问题解答指导。赴丰台、门头沟、密云、延庆、顺义等区进行地理标志资源及保护现状的专题调研，有针对性地指导各区培育、运用、保护好地理标志资源。举办知识产权保护与农业创新发展论坛，促进“农业中关村”健康发展。

**二、开展地方标准实施情况评估工作**

按照《北京市市场监督管理局关于开展2023年度地方标准实施情况评估工作的通知》要求，对2021年发布且实施已满1年的现行有效北京市地方标准开展实施情况评估工作。市知识产权局符合实施情况评估条件的地方标准有2项，分别是DB11/T 937—2021《企业知识产权管理规范》和DB11/T 992—2021《地理标志产品　昌平草莓》。组织相关标准归口单位从经济效益、社会效益等方面逐项对标准实施效果进行总结、分析，紧密围绕市委、市政府重点工作，充分挖掘、展现标准对北京市重点工作的支撑、引领作用。同时，梳理总结标准宣贯培训、标准实施配套政策文件、开展监督检查以及标准实施经费投入等情况，按要求向北京市市场监督管理局报送2项地方标准实施情况评估材料。

**三、开展地方标准复审工作**

根据《北京市地方标准管理办法》以及市市场监管局关于开展地方标准复审工作的有关通知，开展北京市地方标准复审工作。2023年，市知识产权局对3项归口管理地方标准进行复审，并给出复审结果建议。其中，2项地方标准复审结果建议继续有效，1项地方标准复审结果建议修订。

**四、引导行业协会完善《专利代理机构等级评定规范》《知识产权服务机构等级评定规范》以及《商标代理服务规范》团体标准的制定及落实**

调研专利代理机构参加专利代理机构等级评定的意愿，2023年9月，面向北京市各专利代理机构发布通知，依照工作时间结点及工作进度计划，推进此项工作的有序进行；落实和宣贯CIPSA/T 0001—2022《知识产权服务机构等级评定规范》，对2022年度参评知识产权机构结果进行公布，核对各参评机构信息，制作等级评定证书。启动2023年度知识产权服务机构等级评定申报工作；完成《商标代理服务规范》起草工作并广泛征求各有关人员的意见和建议。

**五、研究起草团体标准《知识产权保护中心分中心运行规范》**

市知识产权保护中心设立经开区分中心、顺义分中心和通州分中心，并建设运营。为规范各分中心运营，市知识产权局研究起草团体标准《知识产权保护中心分中心运行规范》。目前，市知识产权保护中心已就分中心建设部分的内容开展多轮研讨。

## 标准化工作成果

（北京市知识产权局）

**【支持在京机构组建国际标准运营顾问委员会】** 2023年5月，在京机构北京国之合创新与知识产权研究院专家向ISO/TC 279提交议案，发起成立国际标准运营顾问委员会，该提案得到ISO/TC 279秘书处支持，投票以高票通过。该委员会正在组建过程中，建立后中国将在国际创新管理和知识产权管理标准制定与实施工作中扮演重要角色。

（王怀南）

**【指导实施国家标准《商品交易市场知识产权保护规范》《电子商务平台知识产权保护管理》】** 2023年9月，市知识产权局分别就GB/T 42293—2022《商品交易市场知识产权保护规范》和GB/T 39550—2020《电子商务平台知识产权保护管理》2项国家标准，邀请专业师资，面向国家级、市级共24家规范化市场、其他相关市场主体及电商企业、知识产权行政执法人员等100余人，组织宣贯培训会，依托专业力量为体系建设提供专业服务支持，推进标准实施。

（王怀南）

**【支持在京机构主办创新与知识产权管理国际论坛】** 2023年9月14日，在京机构北京国之合创新与知识产权研究院主办的创新与知识产权管理国际论坛线上举行，会议主题为“创新与知识产权管理融合之道”，会议邀请国际标准ISO 56005《创新管理　知识产权管理工具和方法　指南》的国际制定专家做专题报告，线上参会人数为3781人。

（王怀南）

**【发布团体标准《知识产权公共服务规范》】** 2023年10月30日，市知识产权公共服务工作会上发布团体标准T/CIPSA 0005—2023《知识产权公共服务规范》。该标准是全国首个综合性知识产权公共服务团体标准，规定知识产权公共服务的术语和定义、基本原则、服务内容、服务保障、服务评价与改进等内容，将知识产权创造、运用、保护、管理全链条的公共服务内容分为基础服务和特色服务两大类，为北京市各项知识产权公共服务工作规范有序开展提供指引。制定发布T/CIPSA 0005—2023《知识产权公共服务规范》是北京市开展知识产权公共服务标准化城市建设试点工作、深入实施知识产权公共服务普惠工程的创新举措，有助于北京市建设上下联动、运行规范、服务高效的新型知识产权公共服务体系，促进创新成果更好地利企便民，推动首都知识产权公共服务标准化、规范化建设走向新高度。

（朱　禾　胡欣玥）

## 标准化工作成果

（北京市标准化研究院）

**【国家级服务业标准化试点示范项目落户北京并启动建设】** 2023年2月9日，国家标准化管理委员会印发下达2022年度国家级服务业标准化试点示范项目，北京市组织申报的北京基金小镇基金机构服务、欢乐谷旅游服务、泰康之家养老服务和国联汽车动力电池检测服务4个项目正式获批落户北京，市市场监管局和房山区市场监管局共同组织召开项目启动会，市标准化院配合完成具体组织工作，市文化和旅游局、市民政局、市经济和信息化局、昌平区市场监管局、怀柔区市场监管局以及项目承担单位相关人员参加会议。会议明确未来2年的项目建设任务和要求，围绕任务目标全流程搭建标准体系，制定并实施重点标准，着力提升服务效能，助推首都服务业领域实现高质量发展。

（马睿彤）

**【浙江数字经济标准创新联合体成立仪式举办】** 2023年2月22日，浙江省数字经济（大数据）标准化提升试点启动会在杭州盘石全球数字产业园举行。会上，举办浙江数字经济标准创新联合体成立仪式。该联合体由市标准化院、全国数字经济标准化工作组相关单位和国内数字经济领军企业共同组成。

（田　川）

**【启动实施首都标准化战略补助资金项目形式审查】** 2023年2月23日—2月27日，受市市场监管局委托，北京市检验检测认证中心所属北京市标准化研究院（以下简称"市标准化院"）启动2023年实施首都标准化战略补助资金项目形式审查。2023年度申请并受理的项目共计442项，其中标准制修订项目425项，涉及高精尖产业标准、资源节约与生态环境保护标准、城市规划建设与管理标准、乡村振兴标准、现代制造业标准、服务业标准、安全和应急标准、首都历史文化相关标准8个领域；申请标准化试点示范活动补助项目14项；申请参与国际标准组织补助1项；申请创制标准海外示范应用补助2项。按照评审程序和要求，经过对申请项目是否符合《北京市重点发展的技术标准领域和重点标准方向》、申请企业是否为严重违法失信企业、申请材料是否存在其他不符合受理要求等方面的审查，最终219项标准制修订项目、13项标准化试点示范活动项目、1项参与国际标准组织项目和2项创制标准海外示范应用项目通过形式审查，进入下一评审环节。

（谢翔燕）

**【《服务业组织标准化工作指南　第2部分：标准体系构建》国家标准发布】** 2023年3月17日，由市标准化院牵头修订的GB/T 24421.2—2023《服务业组织标准化工作指南　第2部分：标准体系构建》发布实施。该标准的修订不仅提高原标准的先进性和普适性，而且在为服务业企业建立和完善标准体系，提升服务业组织标准管理工作水平方面发挥很好的指引，促进全国服务业标准化试点工作的推广和实施。

（于思洋）

**【第四届华北区域标准战略联盟工作会议召开】** 2023年3月28日，第四届华北区域标准战略联盟（以下简称"联盟"）工作会议在山西太原召开，会议审议第三届联盟工作总结，通过第四届联盟工作规划。

（王海虹　刘　云）

**【组织召开市级专业标准化技术委员会年度评估会议】** 2023年3月29日，市标准化院受市市场监管局委托组织召开2022年度市级专业标准化技术委员会工作情况评估会议。来自市市场监管局、国家林业和草原局林草调查规划院、科技部科技评估中心、中国电子技术标准化研究院、中国科学技术馆、中国建筑材料科学研究总院、中国地震局地球物理研究所、全国体育标准化技术委员会设施设备分技术委员会、中国标准化研究院的专家参加会议。本次评估采用现场评估、会议集中评估结合的方式进行。专家组听取北京市各专业标准化技术委员会2022年度工作开展情况的汇报，查阅相关评估资料并进行质询，分别对20家标准化技术委员会进行评价打分。一致认为，各标准化技术委员会能够结合行业发展需求，协助行业部门开展标准化规划、计划、标准体系等研究，参与地方标准制修订、复审和评估等工作，协助有关单位完成或承担国际标准、国家标准、行业标准、团体标准制修订等，同时举办或参与线上线下标准化咨询、培训等活动，在各自的行业领域内为标准化工作提供技术支撑。建议北京市城市管理标准化技术委员会、北京市公共卫生标准化技术委员会、北京市应急管理标准化技术委员会、北京市交通标准化技术委员会评估结果为优秀，其余16家标准化技术委员会评估结果为合格。

（谢翔燕）

**【赴毅新博创生物科技有限公司调研】** 2023年4月14日，市标准化院代表赴经济技术开发区毅新博创生物科技有限公司（以下简称“毅新博创”）调研，参观仪器生产车间并举行座谈会。北京优量云产业计量技术创新研究院等3家行业单位受市标准化院邀请共同参加会议。会上，毅新博创代表介绍其发展历程、产品优势、产业布局及未来发展建设的重点任务等情况，企业产品创新、质量提升离不开标准化技术支撑。市标准化院代表分别就标准化如何助力企业发展建设、创新企业在科研成果转化、示范应用、技术推广、引领行业发展等方面提出建设性建议，重视标准化工作、深入开展标准化建设对解决创新型企业发展难题意义深远。

（尹晓博）

**【组织标准化技术委员会交流助力特种设备安全和氢能产业发展】** 2023年4月20日，市标准化院联合中心市场部组织特种设备标准化技术委员会和氢能质量标准化技术委员会，以及食品院相关人员到北京市城市管理标准化技术委员会秘书处，就标准化技术委员会支撑技术创新成果转化成标准、服务行业主管部门高质量发展等方面进行沟通交流，会后还参观垃圾恶臭检测、气体检测、热值检测、融雪剂和塑料垃圾桶试验室，听取标准在各项测试技术中的应用和实施效果。

标准作为经济活动和社会发展的技术支撑，在推进国家治理体系和治理能力现代化中发挥着基础性、引领性作用。各标准化技术委员会一致表示应进一步强化标准化意识，提升标准化能力，在各自特定的领域，按照《首都标准化发展纲要2035》要求，系统谋划未来一个时期的发展目标，统筹推进标准、计量、认证认可、检验检测协同创新，用标准化手段推动领域做深、做精、做强，推动首都高质量发展。

（谢翔燕）

【组织召开实施首都标准化战略补助资金项目专业评审会】 2023年4月—5月，市标准化院按照《首都标准化战略补助资金实施方案》和《2023年实施首都标准化战略补助资金项目评审手册》要求，分别组织2023年实施首都标准化战略补助资金项目的创制标准海外示范应用项目专业评审会和标准制修订项目专业评审会。其中，创制标准海外示范应用项目主要从通过标准走出去带动产业走出去，使北京市相关产业在海外应用国家形成优势产业，提升北京产品和服务在国际市场上的竞争力，对北京市产业推动及发展有带动作用等方面进行评审；标准制修订项目从标准的先进性、创新性、对北京市的作用和影响等方面进行评审。本年度进入专业评审阶段的创制标准海外示范应用项目有2项，标准制修订项目有194项，通过本阶段评审的项目，将进入终审阶段。

（谢翔燕）

【协助开展企业标准、团体标准监督检查工作】 2023年4月—11月，市标准化院协助大兴区、延庆区和密云区开展企业标准、团体标准监督检查工作。检查工作以《标准化法》《市场监管总局关于全面推进“双随机、一公开”监管工作的通知》《市场监管总局办公厅关于印发团体标准、企业标准随机检查工作指引的通知》《北京市市场监督管理局办公室关于开展2023年度自我声明公开标准和商品条码“双随机、一公开”监督检查工作的通知》等相关文件为指引，聚焦安全生产及消防领域产品、环境污染治理、农业农村，消费品等领域，针对各区2022年1月—12月发布的团体标准文本及企业自主声明的企业标准文本开展监督检查。共检查标准100项，提出企业标准和团体标准存在问题，出具检查结果报告。

（张劲松　刘　云）

【《国家数字消费创新城市评价规范》团体标准发布】 2023年5月20日，由市标准化院牵头制定的中国国际贸易促进委员会商业行业委员会团体标准T/CCPITCSC 125—2023《国家数字消费创新城市评价规范》正式发布。该标准规定国家数字消费创新城市的评价原则和评价内容，并确立评价程序，适用于开展国家数字消费创新城市的评价活动。

（刘知羽）

【《城市垃圾收集装置设置通用要求》国家标准发布】 2023年5月23日，由市标准化院牵头制定的GB/T 42767—2023《城市垃圾收集装置设置通用要求》正式发布。该标准由TC 537（全国城市公共设施服务标准化技术委员会）归口，该标准于2023年9月1日实施。该标准填补国内垃圾收集装置生态设计和环保要求的空白，有助于推动城市生活垃圾分类，有助于改善城市环境卫生质量，有助于提高城市公共设施服务水平，为我国《生活垃圾分类制度实施方案》《固体废物污染环境防治法》的实施提供了基础支撑。

（尹晓博　蓝俞静）

【组织市级专业标准化技术委员会参观交流】 2023年6月29日，市标准化院组织市级专业标准化技术委员会前往园林绿化废弃物资源化利用科普展馆参观交流。

会议由市标准化院主持，先由标准主要起草人对园林绿化废弃物资源化利用关键技术进行科普介绍，然后各标准化技术委员会进行沟通交流，市市场监管局业务负责人对标准化技术委员会在推动标准化工作中遇到的困难和瓶颈现场解答，并提出工作意见和指导建议。

与会标准化技术委员会人员表示通过标准成功案例展示和先进经验分享，能拓展标准化创新思维，提升标准化工作能力，调动和发挥标准化技术委员会资源和专家优势，推动科技创新成果转化，共同推进《首都标准化发展纲要2035》实施落地。

（谢翔燕）

**【赴中关村精雕智造创新中心调研】** 2023年7月3日，市标准化院与中国检验检疫科学研究院化妆品技术中心一行于中关村精雕智造创新中心开展技术交流，确定后续项目合作方案。

（尹晓博）

**【赴北京福田康明斯发动机有限公司调研】** 2023年7月20日，市标准化院赴北京福田康明斯发动机有限公司调研。参观发动机数字化生产车间，系统了解企业数字化管理平台的自动跟踪生产过程，自动生产系统可实时自动更新生产进度。会上市标准化院建议企业标准化工作应顺应数字产业化和产业数字化两大场景，根据应用场景和企业痛点反推标准化需求，市标准化院与福田康明斯今后在安全、质量、环保、节能、智能制造等领域，可广泛深入开展标准化科研和示范应用合作，进一步促进北京装备制造业的数字化转型，助力北京加快建设全球数字经济标杆城市。

（尹晓博）

**【《智慧城市基础设施　评估和改善成熟度模型》国家标准发布】** 2023年8月6日，由市标准化院牵头制定的国家标准GB/T 42883—2023《智慧城市基础设施　评估和改善成熟度模型》正式发布。该标准等同采用ISO 37153：2017《智慧城市基础设施　评估和改善成熟度模型》（Smart community infrastructures-Maturity model for assessment and improvement）。该标准描述城市基础设施成熟度模型（CIMM）以及使用该模型进行评估和改善的标准化方法，有助于所有利益相关者了解城市基础设施在绩效、过程和互操作性方面所处的级别以及对城市的贡献，帮助所有利益相关者设定城市基础设施的改善目标，进而引导投资并认识到当前级别与目标级别的差距，对有效发展城市基础设施具有重要意义。

（田　川）

【4项城市家具国家标准发布】 2023年8月6日，由市标准化院牵头制定的4项国家标准GB/T 42873—2023《城市公共设施　城市家具　术语》、GB/T 42874—2023《城市公共设施服务　城市家具　系统建设实施评价规范》、GB/T 42875—2023《城市公共设施　城市家具　分类》和GB/T 42876—2023《城市公共设施　城市家具　系统建设指南》正式发布实施。该标准填补城市家具领域系统化技术标准和管理标准的空白，实现城市家具系统设计有章可循、以人为本、与环境相统一，对推动我国城市更新建设具有深远的意义。

（蓝俞静）

【参加亚洲宠物医疗大会，分享标准化建设经验】 2023年8月16日，市标准化院受邀参加“2023亚洲宠物医疗大会暨展览会”开幕式，宣讲《国家标准化发展纲要》和《质量强国建设纲要》，进行“宠物行业标准化建设”主题分享。我国宠物经济属于后起之秀，具有后发优势，正处于高速发展阶段，成为畜牧业经济的一个重要分支。宠物食品药品用品、宠物医疗服务、宠物新零售新文化等领域的企业如雨后春笋不断涌现，行业的科技创新不断加强，研发投入不断增加，但宠物行业发展也存在如标准体系不健全、质量要求不统一等问题。市标准化院将依托与全国伴侣动物（宠物）标准化技术委员会、中国畜牧业协会、北京市动物疫病预防控制中心等共同组建的“宠物标准化促进中心”，参与宠物行业标准化建设，促进行业高质量发展，为人们的养宠生活提供技术支撑。

（谢翔燕）

【北京市第二儿童福利院养教服务标准化试点项目通过考核评估】 2023年8月24日，受国家标准委委托，市标准化院配合市市场监管局组织专家，按照《服务业标准化试点实施细则》的要求，对2021年度国家级服务业标准化试点——北京市第二儿童福利院养教服务标准化试点进行考核评估。考核评估组通过听取汇报、查阅资料、考察现场以及专家质询等形式对项目进行评估。专家一致认为项目承担单位完成计划任务，顺利通过试点考核评估。

试点建设两年来，试点承担单位聚焦孤残儿童生理、心理、教育及社会性需求，突出以养护服务为支撑、以教育服务为重点，通过对服务事项和全流程梳理，从服务对象、服务内容、支撑保障、质量控制4个维度，形成包括服务通用基础标准、服务提供标准、服务保障标准、岗位标准四大体系，形成“亲情式养育服务、开放式教育服务、外协式医疗服务、嵌入式康复服务、融入式社工服务”五位一体的孤残儿童养教服务模式。试点承担单位坚持以标准化为手段，优化服务环境，提升服务质量，打造儿童福利机构标准化服务品牌，推动儿童福利事业高质量发展，形成可复制可推广的标准化发展模式，在行业发挥引领示范作用。

（马睿彤）

【诚和敬驿站养老服务有限公司驿站养老服务标准化试点通过考核评估】 2023年8月29日，受国家标准化管理委员会委托，市标准化院配合市市场监管局组织专家，按照《服务业标准化试点实施细则》的要求，对2021年度国家级服务业标准化试点——诚和敬驿站养老服务有限公司驿站养老服务标准化试点进行考核评估。考核评估组通过听取汇报、查阅资料、考察现场以及专家质询等形式对项目进行评估。专家一致认为，项目承担单位完成计划任务，顺利通过试点考核评估。

试点建设过程中，对养老驿站门店服务内容进行梳理，针对自身服务能力和老年人对实际服务进行需求分析。构建诚和敬驿站养老服务标准体系，企业自制标准61项。通过自主研发搭建综合养老服务平台，打造“15分钟养老服务圈”，对接养老服务供需端，为老人及家庭提供全面养老服务和产品。在试点建设期间，服务满意率达到95%，提升3个百分点，参与制定北京市地方标准DB11/T 1598.11—2021《居家养老服务规范　第11部分：服务满意度测评》，联合北京世标认证中心制定T/CCAA 37—2020《社区养老服务认证要求》团体标准。实现信息化+标准化+连锁化运营，树立诚和敬服务品牌形象。

（马睿彤）

**【北京市海淀区和熹会老年公寓国家级服务业标准化试点项目通过考核评估】** 2023年8月30日，受国家标准化委委托，市标准化院配合市市场监管局组织专家，按照《服务业标准化试点实施细则》的要求，对2021年度国家级服务业标准化试点——北京市海淀区和熹会老年公寓国家级服务业标准化试点进行考核评估。考核评估组通过听取汇报，查阅资料、考察现场以及专家质询等形式对项目进行评估。专家一致认为项目承担单位完成计划任务，通过试点考核评估。

试点建设期间，聚焦标准化管理、医养结合服务、居家服务、人才梯队建设、品牌连锁化等作为养老服务特色，构建养老服务体系，制定146项企业标准，参与市地方标准《养老服务机构院内感染控制规范》修订、团体标准《持续照料型养老社区服务规范》制定，发挥北京和熹会标准化引领、辐射、示范作用，促进养老产业发展。

（马睿彤）

**【城市消费服务标准化技术委员会成立仪式举办】** 2023年9月5日，由中国贸促会主办，中国贸促会商业行业委员会和中国标准化协会承办的第七届中国服务贸易标准化论坛在北京国家会议中心举行。论坛上，城市消费服务标准化技术委员会（CCPIT/TC 16）举行揭牌成立仪式。该技术委员会由市标准化院担任秘书处单位，由中国贸促会商业行业委员会等来自全国的20余家单位共同组成。

（刘知羽）

**【协办2023中国国际服务贸易交易会“国际农产品标准化发展论坛”】** 2023年9月6日，市标准化院协办2023中国国际服务贸易交易会“国际农产品标准化发展论坛”。论坛由“标准化与全球农产品可追溯”“标准化数字化”“区域协同 标准力量”“标准荣耀”“农产品标准化发展北京宣言”等主要内容组成，市标准化院进行“区域标准化协同发展”专题演讲。

自2015年4月首都标准化委员会牵头建立京津冀标准化协同机制，形成京津冀地方标准制定“3+X”机制以来，截至2023年年底，三地已累计发布82项京津冀区域协同地方标准，主要集中在规划和工程建设、交通通行、安全生产、人才资源、冷链物流、卫生健康、生态环保等领域，市标准化院参与全部京津冀区域协同地方标准日常管理和初审。

根据《首都标准化发展纲要2035》，到2025年，京津冀将制定区域协同地方标准30项以上，市标准化院将加强国内外典型区域和城市群标准化协同经验研究，助力区域协同标准向经济社会全域拓展，推动京津冀协同发展迈上新台阶。

（谢翔燕）

**【《城市综合管廊标识设施规范》国家标准发布】** 2023年9月7日，由市标准化院参与制定的国家标准GB/T 43239—2023《城市综合管廊标识设置规范》正式发布。该标准解决各地综合管廊在建设和应用过程中标识设置不统一、不规范等问题，为规范国内管廊标识系统的设置提供依据，为提高管廊的运行维护效率提供必要的保障。

（蓝俞静）

**【美团互联网 + 旅游服务标准化试点项目通过考核评估】** 2023 年 9 月 12 日，受国家标准委委托，市标准化院配合市市场监管局组织专家，按照《服务业标准化试点实施细则》的要求，对 2021 年度国家级服务业标准化试点——美团互联网 + 旅游服务标准化试点进行考核评估。考核评估组通过听取汇报、查阅资料、考察现场以及专家质询等形式对项目进行评估。专家一致认为项目承担单位完成计划任务，予以通过试点考核评估。

试点单位以“互联网 +”提升旅游服务业消费体验为主线，关注多方需求，突出特色，结合美团旅游在线平台的资源优势，构建覆盖“吃、住、行、游、购、娱”六要素的标准体系，通过标准化试点建设，提升服务质量和管理水平，提高工作效率及顾客满意度，凸显标准化在平台建设中的支撑作用。试点单位积极参与国家、行业、团体相关标准的制定，并通过 COPC 国际标准认证。以标准化为手段助力城市消费提振恢复，加快旅游等消费领域经济发展，深化“互联网 + 旅游”方面推进线上线下更广更深融合。

（马睿彤）

**【“质量月”宣传活动】** 2023 年 9 月 15 日上午，市标准化院与海淀区市场监管局走进吴家场铁路小区，开展“增强质量意识 推进高质量发展”主题宣传和惠民服务活动，活动现场通过悬挂横幅、摆放展板、发放宣传资料、现场讲解等方式，向群众普及商品条码基础知识，弘扬科学精神，增强全民质量意识，营造人人关心质量、重视质量、参与质量建设的良好氛围。

（孔维佳）

**【《印刷企业条码符号印制能力评估方法》团体标准发布】** 2023 年 9 月 21 日，市标准化院参与起草的团体标准 T/CABC 4—2023《印刷企业条码符号印制能力评估方法》正式发布，并于 2023 年 9 月 30 日实施。该标准包括评价总则、评价方法、印刷能力评价和评价程序等内容。标准制定后，为客户选择印制企业供应商提供技术依据，提高市场上流通商品条码印制质量，从而最大限度地发挥条码的作用，为客户创造更大的效益。同时可以避免因条码印刷不合格，给企业带来经济损失。在条码应用环节，提高条码识读效率和准确性，能够快速响应需求，提高企业信息化和管理水平，降低企业成本。

（孔维佳）

**【《残疾人温馨家园等级划分与评定规范》地方标准发布】** 2023 年 9 月 25 日，由市标准化院主持起草的 DB11/T 2144—2023《残疾人温馨家园等级划分与评定规范》地方标准发布。该标准从评定总体原则、评定条件、评定指标、等级划分、评定管理等方面对残疾人温馨家园等级评定进行规范，标准的发布与实施为残疾人温馨家园等级评定提供技术依据，通过以评促建，提升行业整体水平。

（王海虹 刘 云 张劲松）

**【《残疾人温馨家园服务规范》地方标准发布】** 2023 年 9 月 25 日，由北京市残疾人联合会和市标准化院联合起草的 DB11/T 2145—2023《残疾人温馨家园服务规范》地方标准正式批准发布。该标准的发布填补北京市残疾人温馨家园服务建设的空白，对服务原则、场所要求、服务类型、服务对象及服务内容、服务流程及要求、服务管理要求、评价与改进等 7 个方面提出规范性要求。标准的发布实施，为北京市残疾人温馨家园建设及运营管理提供技术支撑，将全面提升残疾人温馨家园服务效能，进一步提升残疾人的“获得感”和“幸福感”。

（张劲松 王海虹 刘 云）

**【基于 GS1 标准的医疗器械唯一标识（UDI）系统规则实施公益培训】** 2023年9月27日，

由北京市医疗器械行业工会联合会指导，中国物品编码中心、市标准化院、北京医疗器械商会联合主办的“基于GS1标准的医疗器械唯一标识（UDI）系统规则实施公益培训”在京举办。培训围绕医疗器械生产、流通企业如何基于GS1标准实施UDI系统进行探讨，旨在推动北京地区医疗器械唯一标识工作深入开展，推进全球统一编码系统（GS1）在医疗器械领域的应用，帮助北京市医疗器械相关企业更好地了解医疗器械监管要求，理解执行国内外医疗器械唯一标识最新政策法规。来自北京市的近百家医疗器械生产、经营企业的代表报名参加。

（孔维佳）

**【组织举办“世界标准日”主题活动】** 2023年10月20日，市标准化院联合海淀区市场监管局共同举办2023年世界标准日主题活动，面向辖区生产企业和零售企业开展商品条码基础知识培训，30余家企业参加本次培训。培训围绕商品条码相关标准和法规，以市场案例为切入点，重点介绍《商品条码管理办法》、商品条码符号编码结构与质量控制、产品信息通报、缺失产品数据处理等内容，深化企业对商品条码的认识和理解，引导企业规范使用商品条码，将标准化工作理念融入生产经营活动中，有效提升质量管理意识和管理水平，助力企业高质量发展。

（孔维佳）

**【举办世界城市日“城市环境”主题论坛】** 2023年10月29日，由市标准化院协办的2023年世界城市日“城市环境”主题论坛暨第四届上海国际城市家具高峰论坛在东华大学召开。来自相关政府部门、科研院所、行业协会和规划设计、工程施工类企业的200多名专家学者参加本次论坛。论坛以“提升城市环境品质，建设生态韧性之都”为主题，聚焦绿色社区与生态城市建设、城市更新创新实践、城市高质量建设与城市家具提升等专题，共同探讨交流城市可持续发展的最佳实践和创新方法。

（蓝俞静）

**【国家农业农村标准化示范试点及平台项目督导工作完成】** 2023年10月—11月，受市市场监管局委托，市标准化院组织来自果树栽培、蔬菜、花卉、遗传育种、物联网、农产品质量安全及标准化等领域的专家对北京市承担建设的8项国家级农业农村标准化试点示范及平台项目进行督导。其中包括4项第十一批国家农业标准化示范区项目、2项目第五批全国农村综合改革标准化试点项目，此6项项目于2022年下达，建设期为3年，2023年是项目建设第一年；包括1项国家农业标准化区域服务与推广平台项目，此项于2021年下达，建设期为3年。专家组对照项目任务目标，按照《国家农业标准化示范区管理办法（试行）》《全国农村综合改革标准化试点示范项目管理办法》等要求，采取听取汇报、考察现场、审查资料以及提问质询等形式对项目进行督导。专家组对项目启动建设、推动实施等方面工作给予充分肯定，同时为项目下一步工作提出意见建议。

近年来，市市场监管局坚持以高标准引领高质量发展，通过典型带动、示范辐射稳步推进农业农村标准化试点示范项目建设，现已建成107个国家级农业标准化示范区项目和4个全国农村综合改革标准化试点项目，对促进北京市农业生产方式转变、产业结构调整、农业增产增效、农民增收起到积极作用，在提高农村社会管理水平、改善农村公共服务质量及生产生活条件、促进基本公共服务均等化等方面指明标准化路径，持续有效赋能乡村振兴战略的实施。

（樊子风　闫　涛）

**【《化妆品零售单元编码与二维码表示》团体标准发布】** 2023年11月3日，市标准化院参与起草的团体标准T/CABC 5—2023《化妆品零售单元编码与二维码表示》正式发布，并于2023年11月30日实施。规定化妆品零售单元编码及二维码的数据结构类型、二维码表示、尺寸与等级要求、符号质量评价等内容，适用于线上线下化妆品零售产品的二维码表示。通过标准的制定和推广，进一步提升化妆品行业领域的商品追溯和管理能力，保障产品质量和安全性，以此提高消费者信任度，增加企业销售量，提升品牌影响力。

（孔维佳）

**【开展“党建引领新能源高质量发展，标准化助力新能源高水平建设”联合党日活动】** 2023年11月13日，资源节约与环境保护标准化研究室与北京节能环保中心新能源促进部、华清安泰能源股份有限公司开展联合党日活动。3家单位与会人员围绕支撑可再生能源立法需求，助力北京市新能源产业高质量发展，共同研讨如何强化标准认证的引领规范作用，充分发挥北京市资源优势和市场机制，逐步建立并推进北京市新能源产业数字检验认证和涉碳业务。与会人员共同参观地源热泵在线监测平台、产业园多能耦合综合能源示范项目、新能源智慧供热项目等。此次联合党日活动发挥党建助力业务创新发展的引领、联动作用，对加快建立涉碳类认证制度体系，精准有力服务于北京市“双碳”目标具有积极的促进作用。

（尹晓博）

**【《零售生鲜产品统一编码与标识规范》团体标准发布】** 2023年11月15日，市标准化院参与起草的团体标准T/CABC 6—2023《零售生鲜产品统一编码与标识规范》正式发布，并于2023年11月30日实施。该标准规定零售生鲜产品的编码组成、条码表示、尺寸与等级要求、符号质量评价等内容，其研制和实施对于企业而言，一是能够精确锁定问题产品和范围，减少损失，二是能够公开追溯信息，提振消费信心。对于监管而言，一是能够快速且精准地对问题产品进行下架和召回，二是能够对所辖生产企业快速统计和分析，三是根据统一编码进行监督检查。对于消费者而言，能够通过统一编码对产品进行质量监督，实现社会共治。

（孔维佳）

**【《零售生鲜产品统一编码与标识应用导则》团体标准发布】** 2023年11月15日，市标准化院参与起草的团体标准T/CABC 7—2023《零售生鲜产品统一编码与标识应用导则》正式发布，并于2023年11月30日实施。该标准规定零售生鲜产品统一编码的代码组成、适用情况、编制原则、编制方法、条码符号的生成、条码符号放置、编码管理、零售终端应用等，适用于零售生鲜产品的编码应用。标准的研制和实施能够指导零售生鲜产品编码相关方实际应用统一编码，降低企业重复设计成本，有助于形成良好的应用氛围。

（孔维佳）

**【节能和循环经济标准实施效果跟踪评价工作完成】** 2023年12月11日，节能和循环经济标准实施效果跟踪评价工作完成并正式通过验收。应市发展改革委指示，对2021年以来发布且实施满一年的现行有效标准，协助从经济效益、社会效益等方面逐项对标准实施效果进行总结、分析，从技术方面分析标准对北京市重点工作的支撑作用，同时配合开展对北京市正在制修订的节能和循环经济标准进行编制质量的技术服务和评审，最终形成《节能和循环经济标准实施效果跟踪评价研究报告》。该工作为政府节能监管提供有效的技术支撑，同时也是制定有关政策的重要参考。开展能源行业标准实施效果评估工作，是推动本市能源结构调整、提升能源工作质量的具体举措，对化解淘汰落后产能、促进能源节约等具有重要意义。

（尹晓博）

**【“标准题录信息和标准光学字符识别加工项目”通过验收】** 2023年12月14日，市标准化院承担的国家石油天然气管网集团有限公司委托的“标准题录信息和标准光学字符识别加工项目”正式通过验收。该项目开展了近5000项国内外标准题录加工和近500项25052页国内外标准文本OCR、XML转化工作，提交技术成果为推动石油天然气管网领域标准数字化工作开展提供有力的技术支撑。

（张劲松　王海虹　梅朗一）

**【参与《中国自动识别技术发展报告》编制】** 2023年12月14日，市标准化院参与的《中国自动识别技术发展报告》编制项目通过验收。报告分为前言和3个主要篇章，分别为综述篇、技术篇和案例篇，技术篇分为5章，从技术研究、产业发展和市场应用这3个角度分别介绍我国条码、射频、生物特征、图像及IC卡识别技术的具体情况。报告较为全面地展示过去5年到未来5年我国自动识别技术的发展历史、现状及未来趋势，同时将标准化研究成果融入其中，能够实现一定的科普作用和社会效益。

（孔维佳）

**【“北京国际消费中心城市标准体系建设”项目顺利通过验收】** “北京国际消费中心城市标准体系建设”项目于2023年9月正式启动，2023年12月14日，市市场监管局组织专家组对项目进行评审。专家组听取项目汇报并进行质询，提出验收意见。项目提供的验收材料齐全，完成合同所规定的各项任务，专家组同意项目通过验收。

项目系统分析调研北京国际消费中心城市建设及其标准化现状，对国内外典型国际消费中心城市标准化经验进行总结，研究分析北京国际消费中心城市标准化的发展目标及重点方向，形成北京国际消费中心城市标准体系构架、标准明细表和北京国际消费中心城市标准化运行机制及建设方案，可为推进北京国际消费中心城市建设提供重要技术支撑。

（闫　涛　樊子风）

**【协助北京市体育总会秘书处研制10项团体标准】** 2023年，市标准化院受北京市体育总会秘书处委托，为北京市体育总会提出的10项团体标准起草、审查、发布提供技术支撑，2023年12月底协助完成这10项团体标准发布。

（刘　云）

**【《体育场所安全管理规范》地方标准发布】** 2023年12月，由市标准化院主持起草的DB11/T 410—2023《体育场所安全管理规范》地方标准发布。该标准从基本要求、场所及设备设施、服务、消防、公共卫生、应急安全、教育培训及监督与评价等方面对北京市体育场所进行了规范，该标准的发布为北京市体育场所的安全运营和管理提供指导。

（刘　云　王海虹）

**【2023年实施首都标准化战略补助资金项目评审工作完成】** 2023年，市标准化院共计受理249家单位申请的461个项目，申请金额为1.05亿元。根据各标准种类最高补助金额占比和财务审核通过的金额，逐一进行评审后，最终对65家单位的74个项目给予

1500万元补助，本年度实施首都标准化战略补助资金项目评审工作完成。

（谢翔燕）

**【开展《首都标准大数据研究（2023）》项目】**《首都标准大数据研究（2023）》项目主要研究北京市参与制定2022年度国家标准、行业标准、地方标准及团体标准总体情况、各区研制情况、各社会主体研制情况、市级部门标准研制情况、产业发展情况等，并出具研究报告，研究报告可为地方政府提供标准化数据支撑。

（刘　云　王海虹　梅朗一）

## 标准化工作成果

（北京市汽车标准化技术委员会）

**【团体标准《智能座舱界面与人机交互主观评价技术规范》发布并实施】** 2023年4月20日，北京汽车集团有限公司联合北京汽车研究总院有限公司、北京理工大学、北京车和家汽车科技有限公司、北汽福田汽车股份有限公司、北京百度智行科技有限公司向北京汽车行业协会提出团体标准《智能座舱界面与交互主观评价》的项目建议。该标准在调研、测试、应用的基础上总结主观评价制定而成，填补座舱界面与人机交互主观评价技术标准的空白，为主观评价提供技术支持。团体标准T/BJQC 202301—2023《智能座舱界面与人机交互主观评价技术规范》，2023年12月28日由北京汽车行业协会发布，12月28日起正式实施。

（张丽丽　刘　怡）

**【团体标准《燃料电池电动客车维护技术规范》发布并实施】** 2023年9月13日，北京福田欧辉新能源汽车有限公司联合北京公共交通控股（集团）有限公司、北京水木通达运输有限公司、国家电投集团氢能科技发展有限公司、北京天海氢能装备有限公司、北京科泰克科技有限责任公司、北京兰天达汽车清洁燃料技术有限公司、北京亿华通科技股份有限公司向北京汽车行业协会提出《燃料电池电动客车运行保障技术规范》的项目建议。该标准在科技冬奥与公交运营的基础上制定，为燃料电池电动客车规模化运营的维护提供技术支撑，填补行业在燃料电池电动客车维护技术标准的空白。团体标准T/BJQC 202302—2023《燃料电池电动客车维护技术规范》，2023年12月28日由北京汽车行业协会发布，12月28日起正式实施。

（张丽丽　刘　怡）

## 标准化工作综述

（北京市实验动物标准化技术委员会）

### 一、完善和丰富北京市实验动物标准体系，为实验动物依法行政工作提供技术支撑

截至2023年12月底，北京市实验动物标准体系共有标准114项，其中，实验动物质量控制标准子体系中有4项国家标准、6项地方标准，相关产品质量控制标准子体系中有4项国家标准，检测方法子体系中有71项国家标准，管理规范子体系中有13项国家标准、12项行业标准、4项地方标准。标准化技术委员会按照规划和工作计划，陆续开展实验猪、牛、羊、狨猴、长爪沙鼠、猫、雪貂、鸡、鸭、鹅、鸽、树鼩等急需的实

验动物地方标准研究制定工作，丰富实验动物标准体系的内容。

依据《北京市实验动物管理条例》及实验动物标准，截至12月底，市科委、中关村管委会发放实验生产许可证和使用许可证367个，其中，以地方标准作为技术依据发放许可证134个；出动执法人员264人次，对实验动物质量、实验动物设施运行情况等开展监督检查，作出实验动物“双随机、一公开”行政检查792件。

**二、标准化技术委员会在地方标准制修订、复审等工作中发挥技术支撑作用**

2023年8月，按照市市场监管局《关于开展2023年度北京市地方标准复审工作的通知》要求，标准化技术委员会组织开展标准复审工作，对DB11/T 1804—2020《实验动物　繁育与遗传监测》、DB11/T 1806—2020《实验动物　寄生虫检测》、DB11/T 1808—2020《实验动物　配合饲料养分与卫生要求》、DB11/T 1458—2017《实验动物生产与实验安全管理技术规范》、DB11/T 1457—2017《实验动物运输规范》5项实验动物地方标准进行复审工作，其中，建议对3项质量控制标准进行修订，2项规范继续有效。10月底，标准化技术委员会组织起草单位对实验动物6项质量控制地方标准提出标准修订立项申请，增加实验树鼩质量控制标准内容。

**三、标准化技术委员会委员参与国家标准、行业标准、团体标准制修订工作**

标准化技术委员会部分委员参与完成GB/T 43051—2023《实验动物　动物实验生物安全通用要求》制订工作，参与《实验动物　近交系小鼠、大鼠SNP标记检测法》等8项国家标准的起草和立项工作。

标准化技术委员会部分委员参与农业行业标准《实验动物福利要求》、认证认可行业标准《实验动物饲养和使用机构质量和能力认可准则在基因修饰实验动物饲养和使用机构认可中的应用说明》的制定工作。

标准化技术委员会部分委员参与完成地方标准DB23/T 3551—2023《实验动物　实验用禽基本操作技术规范》制订工作。

标准化技术委员会部分委员参与制订团体标准，包括第8批中国实验动物学会团体标准（17项）、第9批中国实验动物学会团体标准（27项）。

**四、组织开展标准宣贯、培训、交流及标准化咨询、服务，参与有关标准化活动**

（一）标准化技术委员会宣传推广实验动物标准

秘书处主办两期实验动物标准专题培训班，主要针对新发布实施的实验动物相关标准、标准制修订的新要求和标准制定进展等内容进行宣贯，累计培训700余人。

实验动物从业人员岗前培训考核中专门设有实验动物标准化内容，全年累计培训14000余人。

标准化技术委员会委员勇担标准义务宣传员，本年度在全国各种实验动物相关会议上宣讲实验动物标准17次。

在实验动物行政许可事项、实验动物行政处罚和实验动物事中事后监管过程中，开展标准化咨询服务工作。

（二）标准化技术委员会参加市市场监管局、市标准化研究院组织的活动

2023年5月，标准化技术委员会秘书处派人参加“2023中关村论坛系列活动——标准化与创新发展论坛”。

2023年6月，组织标准化技术委员会委员参加市标准化研究院举办的参观交流活动，参观“落木化春”展馆并座谈。

2023年7月，组织标准化技术委员会委员及标准起草人员参加市市场监管局举办的北京市地方标准制修订培训班。

2023年10月，组织标准化技术委员会委员参加世界标准日“标准化助力自动驾驶

走进百姓生活”主题宣传活动。

2023 年 12 月，标准化技术委员会副秘书长参加首都标准化委员会办公室线上召开的《北京标准化年鉴（2024）》编纂工作启动会暨培训会。

**五、秘书处承担单位大力支持标准化技术委员会工作，强化标准化技术委员会内部管理**

（一）秘书处承担单位全力支持标准化技术委员会工作

北京市实验动物管理办公室作为秘书处承担单位，在办公条件、人员、经费等方面全力支持标准化技术委员会工作，把标准化技术委员会工作纳入北京市实验动物管理年度工作计划中，统筹安排，力保成效。承担单位人员担任标准化技术委员会副秘书长，另外配备一名兼职工作人员，必要时调动其他工作人员协助开展标准化工作。经费使用方面，投入 30 万元用于实验树鼩地方标准的研究，提出实验树鼩质量控制 6 项标准草案；投入 7 万余元用于标准宣贯。

（二）开展标准学习研讨，提升委员业务能力

2023 年召开标准化技术委员会全体委员会议 1 次，讨论实验树鼩地方标准；解读重点宣讲 GB 14923—2022《实验动物　遗传质量控制》和 GB 14922—2023《实验动物　微生物、寄生虫学等级及监测》2 项国家标准，结合案例解析实验动物福利伦理审查标准；了解法律法规对标准评估工作的要求；讨论 2024 年的标准化工作思路。

# 生态环境

## 标准化工作综述

（北京市生态环境局）

2023年，北京市生态环境局根据北京市委、市政府决策部署，以改善生态环境质量为目标，深入打好污染防治攻坚战，统筹推进污染治理、生态保护和应对气候变化。从“以标准支撑和引领环境管理战略转型”的角度出发，注重体系优化，促进标准实施，通过标准的制修订为环境管理提供导向、依据、规范。截至2023年年底，北京市现行有效的地方生态环境标准共116项，其中，大气环境保护标准42项，水生态环境保护标准4项，土壤生态环境保护标准9项，应对气候变化标准29项，其他环境管理技术类标准32项，已逐步形成较为完善的北京市地方生态环境保护标准体系。

**一、标准发布实施情况**

2023年北京市发布地方生态环境标准8项。修订发布DB11/ 1227—2023《汽车制造业大气污染物排放标准》、DB11/ 1201—2023《印刷工业大气污染物排放标准》，按照全过程管控思路，从含VOCs原辅材料、有组织和无组织排放控制、台账等方面，分别对汽车制造行业和印刷工业提出更严格的要求，进一步削减汽车制造行业和印刷工业VOCs排放；修订发布DB11/ 206—2023《储油库油气排放控制和限值》、DB11/ 207—2023《油罐车油气排放控制和限值》、DB11/ 208—2023《加油站油气排放控制和限值》，率先在全国增加储油库罐顶通气孔排放限值，进行加油枪与胶管残油限值，以及加油站油气回收系统兼容性升级等，进一步削减油气VOCs排放；发布DB11/T 2080—2023《建设项目环境影响评价技术指南　集成电路制造》，指导集成电路制造业环境影响评价工作开展。

**二、其他在研标准进展情况**

完成《关停工业企业原址用地土壤污染风险筛查指南》《重点建设用地土壤污染遥感监测技术规范》《工业园区土壤污染方案编制指南》审查会，按照标准制修订计划，完成《交通噪声污染缓解工程技术规范　第2部分：声屏障措施》《生态环境质量遥感监测技术规范》《河湖水生态环境质量监测与评价技术规范》等标准编制工作。

**三、标准宣传工作情况**

重视标准的宣贯和培训工作。对于2023年发布的所有地方标准安排开展宣贯和培训工作，重点针对市区两级生态环境保护行政主管部门、相关企业，采用专题培训、岗位建功授课等形式召开DB11/T 1967—2022《暂不开发利用受污染建设用地风险管控指南》、DB11/318—2022《在用汽油车排气污染物排放限值及测量方法（遥感检测法）》、DB11/1227—2023《汽车制造业大气污染物排放标准》、DB11/1201—2023《印刷工业大气污染物排放标准》等多项标准宣贯会，通过北京新闻采访扩大标准发布、宣贯效果。

## 标准化工作成果

（北京市生态环境局）

**【《汽车制造业大气污染物排放标准》发布】** DB11/1227—2015《汽车整车制造业（涂装工序）大气污染物排放标准》修订为DB11/1227—2023《汽车制造业大气污染物排放标准》，于2023年4月24日正式发布，于2024年1月1日起实施。

本次标准修订根据国家标准及当前技术发展，主要拓展标准管控范围，由整车制造涂装工序扩大到汽车制造全行业，整合原分散执行的非涂装工序、零部件制造等环节管控要求，实现行业、工序基本全覆盖；完善含VOCs原辅材料要求，管控类型、检测方法等与国家标准实现全面衔接，整车制造原厂涂料全面使用低VOCs含量产品，延续除罩光漆外水性化要求，其他涂料和胶粘剂、清洗剂限值与国家标准保持一致；调整有组织管控指标，增加污染物项目、管控环节、VOCs处理效率要求，其中，整车制造行业加严新建企业总量控制指标，引导采用先进工艺，其他限值与现行标准基本保持一致；零部件制造行业适度加严VOCs限值、新增保险杠及车架涂装总量控制指标；细化无组织管控要求，承接国家要求实行全链条管控，增加厂区内VOCs无组织任意一次浓度限值。

（高喜超）

**【《印刷工业大气污染物排放标准》发布】** 修订DB11/ 1201—2015《印刷业挥发性有机物排放标准》为DB11/1201—2023《印刷工业大气污染物排放标准》，于2023年4月24日正式发布，于2024年1月1日起实施。

本次标准修订根据国家标准及当前技术发展，主要拓展标准管控范围，由VOCs扩大到全部大气污染物；完善含VOCs原辅材料要求，管控类型、检测方法等与国家标准实现全面衔接，对溶剂型油墨、清洗剂等产品加严限值，促进源头替代；调整有组织管控指标，增加污染物项目、管控环节、VOCs处理效率要求；细化无组织管控要求，承接国家要求实行全链条管控，创新提出车间微负压等规定。

（高喜超）

**【储油库、油罐车、加油站3项油气排放控制和限值标准发布】** 2023年10月10日，修订发布DB11/ 206—2023《储油库油气排放控制和限值》、DB11/ 207—2023《油罐车油气排放控制和限值》、DB11/ 208—2023《加油站油气排放控制和限值》等3项油气地方标准（以下简称3项油气地方标准），于2024年4月1日实施。

**【管理　油气VOCs储运销排放】** 控制挥发性有机物（VOCs）排放是协同治理细颗粒物（$PM_{2.5}$）和臭氧（$O_3$）的关键。而储油库、油罐车、加油站油气排放是VOCs的重要来源之一。2003年，北京市率先在全国发布并实施3项油气地方标准，并于2010年首次修订，2019年，第二次修订《加油站油气排放控制和限值》。自2003年实施3项油气地方标准以来，有效推动油品储运销行业VOCs全过程管理，油气回收效率超过80%，发挥巨大的减排效益。

**【修订标准加严优化控制要求和限值】** 北京市按照科学性、先进性、衔接性、可行性的原则，以“明确排放控制要求+确定排放限值”的思路，对3项油气地方标准进行修订，进一步削减油气VOCs排放，有效发挥标准引领作用。

（高喜超）

**【地方标准《建设项目环境影响评价技术指南　集成电路制造》发布】** 2023年3月30日，DB11/T 2080—2023《建设项目环境影响评价技术指南　集成电路制造》发布，2023年7月1日起实施。该标准给出集成电路制造建设项目环境影响评价的一般规定、技术要求和编制要求，适用于集成电路制造建设项目环境影响评价和技术评估工作。

（高喜超）

**【地方标准《挥发性有机物车载移动监测与评价技术规范》发布】** 2023年12月25日，DB11/T 2174—2023《挥发性有机物车载移动监测与评价技术规范》发布，2024年4月1日起实施。该标准规定挥发性有机物车载移动监测系统、技术性能要求及检测方法、质量控制与质量保证、数据统计要求和监测结果评价等，适用于工业园区或重点地区环境空气挥发性有机物车载移动监测工作。

（高喜超）

**【地方标准《生态质量监测网络建设技术规范》发布】** 2023年12月25日，DB11/T 2175—2023《生态质量监测网络建设技术规范》发布，2024年4月1日起实施。该标准规定生态质量监测网络的构成，包括地面生态监测站选址、固定样地布设、遥感监测体系构成以及监测指标设置等内容。标准结构完整、内容全面，具有科学性、适用性和可操作性。

（高喜超）

# 资源节约

## 标准化工作综述

（北京市教育委员会）

**一、标准化宣传培训情况**

2023 年 11 月 22 日，联合海淀区教委面向海淀区中学、小学和幼儿园进行地方标准 DB11/T 1986—2022《中学能源消耗定额》、DB11/T 1984—2022《小学能源消耗定额》、DB11/T 1985—2022《幼儿园能源消耗定额》宣贯。

**二、对地方标准实施情况进行监督检查或绩效评价情况**

2023 年 6 月—12 月，组织完成 24 所市属高等学校 2022 年度节能目标责任评价考核工作，对标分析市属高等学校 DB11/T 1267—2021《高等学校能源消耗定额》地方标准完成情况。

**三、研制标准类政策文件情况**

2023 年研制标准类政策文件 6 个，分别是:《北京市学科类校外培训指导手册》《北京市本科毕业论文（设计）抽检实施细则（试行）》《北京市普通中小学校美育工作督导评估方案（试行）》《北京市属普通高等学校本科教育教学审核评估实施方案（2021—2025 年）》《北京市中小学智慧校园建设规范（试行）》（分中小学、高校）、《北京市数字教育资源内容审核实施办法（试行）》。

**四、参加国际标准奥林匹克竞赛情况**

北京市一零一中学代表队勇夺第 18 届国际标准奥林匹克竞赛高中组 IEC 特别奖，取得佳绩。第 18 届国际标准奥林匹克竞赛为期 3 天，在韩国举办。来自中国、秘鲁、俄罗斯、哈萨克斯坦、韩国、卢旺达、日本、新加坡、印度尼西亚等 9 个国家的 40 支初、高中队伍，共 120 名选手参加竞赛。

## 标准化工作综述

（北京市新能源和可再生能源标准化技术委员会）

2023 年，北京市新能源和可再生能源标准化技术委员会贯彻落实《首都标准化发展纲要 2035》重点任务，创新工作模式，加强市场服务，在国家标准化试点、地方标准宣传推广、标准实施评价等方面取得新进展。

2023 年，推动 4 项新能源领域标准前期研究，完成 3 项地方标准立项，标准体系维护 2074 项，依据 2 项地方标准实施 54 个地源热泵项目运行效果后评价工作，组织标准宣传活动 7 场。可再生能源地方标准支撑北京市可再生能源政策研究和重点工程项目建设，助推行业技术进步，促进“双碳”目标实现。

（一）逐步完善北京市新能源和可再生能源标准体系。修订完善《北京市新能源和可再生能源标准体系表》，标准数量达到 2074 项。现行的 2043 项标准中包含 587 项国家标准，1384 项行业标准，35 项地方标准，37 项团体标准。2023 版标准体系表也涵盖了31项正在制定以及报批阶段的标准。完成新能源发电及供热标准体系研究工作，并编制新能源发电、供热标准体系表。在调研户用光伏相关标准基础上，完善户用光伏标准体系结构概框图，梳理形成户用光伏建设标准明细表。

（二）组织开展可再生能源标准制修订工作。组织开展2023年可再生能源领域地方标准制修订征集工作。推进《地源热泵监测系统工程技术规范》《分布式光伏发电系统验收检测规范》《建筑屋顶光伏应用条件评估技术规范》《以新能源为主的多能耦合综合能源系统工程技术规范》等4项标准前期研究，其中前3项标准已完成立项。

组织开展《户用光储一体化系统设计规范》和《户用光伏发电系统碳普惠温室气体减排核算技术规范》等2项团体标准前期研究，并编写完成标准初稿。《户用光储一体化系统设计规范》处于团体标准公开征求意见阶段。

（三）组织开展新能源地方标准复审。组织完成DB11/T 1771—2020《地源热泵系统运行技术规范》、DB11/T 1671—2019《户用并网光伏发电系统电气安全设计技术要求》、DB11/T 1774—2020《建筑新能源应用设计规范》等3项地方标准的复审工作，并提出修订建议。

（四）服务本市分布式光伏发电项目高效运行。指导项目单位依据DB11/T 1401—2017《太阳能光伏系统数据采集及传输系统技术条件》和DB11/T 1402—2017《太阳能光伏在线监测系统接入规范》的要求，接入在线监测系统。通过在线监测系统，对实时监测的分布式光伏发电项目的发电效率进行分析，对于其中明显低于全市平均效率水平的项目提供一对一技术服务，共同研究存在的问题，提出改进方案，提高分布式光伏发电项目的发电效率，增加项目收益。

（五）服务本市政府固定资产投资地源热泵项目事后监管。组织开展2022—2023年采暖季本市热泵项目后评价工作，依据GB/T 50801—2013《可再生能源建筑应用工程评价标准》、DB11/T 1771—2020《地源热泵系统运行技术规范》、DB11/T 1772—2020《地源热泵系统评价技术规范》等标准，对享受资金支持的热泵项目建设情况、运行效果和管理水平进行全面评价。北京市54个政府投资补贴地源热泵项目，供暖面积953.52万平方米，其中已投运的17个项目综合评价结果全部合格，运行效率全部达标。

（六）提升标准国际化水平。优选5项可再生能源地方标准，制定英文版本，在“一带一路”活动中进行推广与交流，提升北京市在国际可再生能源技术标准领域的“软实力”。

（七）开展农村户用光伏系统工程质量对标评价活动。组织编写《北京市平谷区刘家店镇户用并网光伏发电系统建设工程评价方案》，组织专家依据北京市地方标准DB11/T 1672—2019《户用并网光伏发电系统建设工程评价技术规范》评价内容，在刘家店镇万庄子村观看户用光伏在线监测云平台，随后对村委会、养老院和居民户用光伏系统的关键设备与部件、屋顶工程质量、组件安装质量、逆变器安装质量、并网箱安装质量以及光伏连接器及电缆敷设质量等内容进行检查，现场进行对标打分，评估户用光伏电站建设水平。

（八）启动并推进国家标准化试点项目。2023年4月，在平谷区刘家店镇组织召开试点项目启动会，顺利启动第五批全国农村标准化试点项目（平谷区户用光伏建设）。按照实施方案建设内容，有序推进试点项目建设，10月底，顺利通过市市场监管局组织的2023年度督导检查。

（九）参与市标准化主管部门组织的活动。编制2023年北京市新能源和可再生能源标准化工作计划，圆满完成市市场监管局组织的2023年北京市专业标准化技术委员会评估考核。编写完成《北京标准化年鉴（2023）》新能源标准化技术委员会申报材料。参加市市场监管局组织的2023中关村论坛之标准化与创新发展论坛以及地方标准制修订培训会，参与市标准化院组织的园林绿化废弃物资源化利用科普展览馆参观交流活动，参加首都标准化委员会组织的2023年世界标准日宣传活动。

（十）加强地方标准研讨与培训。组织新能源领域标准化活动10场，参与人数890人次。召开地方标准专家研讨会，对新能源领域拟制定地方标准进行研究；组织标准知识专题培训，提升标准编制人员的标准制定水平；加强新能源标准的培训和宣贯，助力新能源和可再生能源高比例应用。标准培训覆盖面较广，包括政府机关、重点用能单位、能源投资运营企业和科研院所等单位相关人员。

## 标准化工作成果

（北京市新能源和可再生能源标准化技术委员会）

**【地埋管地源热泵技术及相关标准培训】** 2023年1月12日，线上组织开展DB11/T 1253—2022《地埋管地源热泵系统工程技术规范》地方标准宣贯培训。会上授课专家从标准制定背景、适用范围、主要章节、重点技术要求、修订重点内容等方面详细解读DB11/T 1253—2022《地埋管地源热泵系统工程技术规范》。来自新能源企业、施工单位、标准化研究机构等200余位代表参会。

（孙　千）

**【中深层地热供热技术及相关标准培训】** 2023年1月16日，线上组织开展DB11/T 2038—2022《中深层地热供热技术规范　井下换热》地方标准宣贯培训。会上，授课专家介绍标准编制过程和标准的主要内容、中深层地热井下换热技术在北京实际工程设计中的应用以及应用效果实测分析，参会人员线上热烈交流，对井下换热技术规模化应用提出可行有效的建议。

（魏本平）

**【2023年北京市地源热泵项目评估工作部署会召开】** 2023年2月27日，组织召开2023年北京市地源热泵项目评估工作部署会。会上详细介绍本次评估工作方案以及注意事项，对DB11/T 1771—2020《地源热泵系统运行技术规范》、DB11/T 1772—2020《地源热泵系统评价技术规范》等2项地方标准进行宣贯，重点解读热泵系统评价指标、数据获取与计算、评价报告编制等内容，相关建设单位和运行单位的60余位代表参加会议。

（杜林芳）

**【平谷区机关单位宣讲可再生能源政策和标准】** 2023年7月10日，在平谷区节能宣传周启动仪式暨节能大讲堂活动上宣讲可再生能源政策和地方标准，分享交流可再生能源发展应用相关要求、可再生能源替代行动方案和光伏发电支持政策等方面内容，平谷区相关委办局、乡镇街道和重点企业共40余家单位参会。

（郁　灿）

【地方标准制修订培训和研讨会召开】2023 年 8 月 10 日，组织召开地方标准制修订培训和研讨会，提升标准编制人员的标准制定水平，对《地源热泵监测系统工程技术规范》《分布式光伏发电系统验收检测规范》《建筑屋顶光伏应用条件评估技术规范》《以新能源为主的多能耦合综合能源系统工程技术规范》等 4 项标准进行交流讨论，逐步完善标准立项材料。

（韩东梅）

【再生水热泵供暖地方标准和技术宣贯培训会召开】2023 年 10 月 18 日，组织开展 DB11/T 1254—2022《再生水热泵系统工程技术规范》地方标准宣贯培训，会上，授课专家就新能源供热领域相关政策进行解读，介绍标准编制过程和标准的主要内容，分享再生水热泵应用案例情况，参会人员还实地参观高碑店再生水厂项目。再生水热泵系统工程项目咨询、资源勘察、工程设计、项目施工、系统运维、监测系统开发等单位的近 60 名专家和工程技术人员参加培训。

（刘　宁）

【分布式光伏发电地方标准和技术宣贯培训会召开】2023 年 11 月 9 日，组织开展 DB11/T 1773—2022《分布式光伏发电工程技术规范》地方标准宣贯培训，会上，授课专家就本市分布式光伏发电领域相关政策进行解读，介绍《分布式光伏发电工程技术规范》的修订背景、编制过程以及标准的主要内容和技术要求，分享 N 型光伏组件技术与应用方案，新能源领域项目投资、工程咨询、资源勘察、工程设计、项目施工等相关单位的近 80 名专家和工程技术人员参加培训。

（韩　峦）

【推动新能源供热高质量发展，助力新能源标准化高水平应用座谈会召开】2023 年 11 月 13 日，召开“推动新能源供热高质量发展，助力新能源标准化高水平应用”座谈会。参会各方希望在行业标准研究、数字化平台应用、新技术研发、检测实验室建设等方面深度交流合作，切实加强新能源供热计量检测和标准体系建设，为推进行业健康、稳定发展作出贡献。

（韩东梅）

【新能源供热政策与地方标准宣贯培训会召开】2023 年 11 月 23 日，组织开展新能源供热政策与地方标准宣贯培训。会上，授课专家就本市新能源供热政策进行解读，分享先进技术案例和应用场景，并介绍 DB11/T

1771—2020《地源热泵系统运行技术规范》和DB11/T 1772—2020《地源热泵系统评价技术规范》2项地方标准的制定背景、编制过程以及标准的主要内容和技术要求，指出项目建设和运行维护中常见的问题和改进措施。新能源供热领域项目投资、工程咨询、资源勘察、工程设计、项目施工、运行维护等相关单位的近百名专业技术人员参加培训。

（孙　干）

**【《地源热泵监测系统工程技术规范》专题研讨会召开】** 2023年11月30日，组织召开《地源热泵监测系统工程技术规范》专题研讨会，邀请业内专家对标准草案进行指导，帮助修改完善相关内容。

（杜林芳）

## 标准化工作成果

（北京市氢能质量标准化技术委员会）

**【增补立项地方标准《燃料电池电动汽车液氢加注规程》】** 2023年7月27日，市市场监管局发布《关于印发2023年北京市地方标准制定项目增补计划的通知》，北京市氢能质量标准化技术委员会报送的《燃料电池电动汽车液氢加注规程》成功增补立项。该地方标准由北京市质检院、北京航天试验技术研究所等多个单位参与编写，标准适用范围为燃料电池汽车的液氢加注系统设计、安装和使用。该标准规定车载液氢瓶加注系统的工艺技术要求，旨在现有液氢加注技术的基础上进一步细化并规范车载液氢瓶加注工艺，支持液氢标准群的建立和液氢产业推进，对液氢汽车在行业中的发展起到助推作用。

（彭永伦　胡芳芳　吴　茜
李　燕　王　迪　周韦炜）

**【组织培训《北京市氢燃料电池汽车标准体系》与《企业标准的编制》】** 2023年11月6日，市氢能质量标准化技术委员会在大兴国际氢能示范区组织召开标准体系与标准编写宣贯会。北京汽车行业协会、国家标准技术审评中心相关领导就《北京市燃料电池汽车标准体系》《企业标准的编写》作专题讲座，近20家氢能相关企业共计30余人参加培训。此次培训对推进企业标准体系建设、推动标准与质量基础设施建设融合发展、推动标准引领产业创新发展起到积极作用。

（彭永伦　胡芳芳　吴　茜
李　燕　王　迪　周韦炜）

# 规划建设

## 标准化工作成果

（北京市规划和自然资源委员会）

**【2022年、2023年房屋建筑设计执行地方标准情况专项抽查】** 市规划自然资源委开展2022年、2023年房屋建筑项目执行地方标准情况专项抽审工作。2023年2月，从2022年房屋建筑项目中抽选项目35项（其中，居住建筑20项，公共建筑15项），重点针对节能、供热计量、海绵城市、无障碍、抗震等方面12项重要的国家标准与地方标准执行情况开展专项检查，此次抽查首次采用北京市施工图联合监管平台的线上专项抽查功能，对项目图纸进行线上审查，是持续优化营商环境的一次创新尝试。2023年11月，从2023年房屋建筑项目中抽选36项（其中，居住建筑20项，公共建筑16项），针对节能降碳、无障碍设计、海绵城市、高标准住宅四个专题，建筑、结构、暖通、给排水、电气五个专业多角度全专业开展施工图设计标准执行情况专项审查，重点考察支撑首都高质量发展的重要一般性条款执行情况。来自全市多家设计单位、施工图审查机构的百余位专家以及标准主编人参与审查。通过抽查，标准执行情况总体良好，检查后，市规划自然资源委结合检查中发现的问题进行通报整改及标准再宣贯。通过几年来的抽查工作可以看出，设计质量和精细化程度都有较大提升，标准对于推动总规落实、首都特色发展目标实现发挥重要技术保障作用。

（张　霖　傅子达）

**【《绿色雪上运动场馆评价标准》荣获中国标准创新贡献奖】** 2023年3月30日，市规划自然资源委员会和市市场监管局组织编制的北京市地方标准DB11/T 1606—2018《绿色雪上运动场馆评价标准》在中国标准化大会上获得国家标准化领域奖项“中国标准创新贡献奖”二等奖，是首次荣获该奖项的地方标准，也是在全国各地方标准中取得的最好成绩。该标准是国内外首个针对雪上运动场馆的绿色评价标准，首次提出涉及室外冰雪运动场馆规划、设计、建设、运维70多个定量化指标，从节能、降碳、节水、节材以及生态环境等方面评价场馆性能，同时提出兼顾赛时运动员的满意度、赛后可持续发展的绿色评价开放范式，填补冬奥历史此领域空白，成为北京2022年冬奥会和冬残奥会遗产十大典型案例之一。

（乔　莹　卢　锐）

**【《乡村地区交通设施规划设计标准》发布实施】** 2023年4月6日，市规划自然资源委和市市场监管局发布DB11/T 2102—2023《乡村地区交通设施规划设计标准》，自2023年10月1日起实施。该标准对北京市乡村地区的农村公路、村庄道路、公交场站、公共停车场、邮政快递以及旅游交通等设施规划设计提出相关技术要求，并根据不同地区和类型，对各类设施各要素的建设标准进行具体规定。该标准提出以人为本、生态优先、统筹兼顾、特色发展、分类分级、因地制宜的原则，为全面推进乡村振兴、提升农村人居环境、促进城乡交通设施一体化、助力宜居宜业和美乡村提供有力支撑。

（乔　莹　卢　锐）

**【《健康建筑设计标准》发布实施】** 2023年4月6日，市规划自然资源委和市市场监管局联合发布DB11/2101—2023《健康建筑设计标准》，该标准自2023年10月1日起实施。该标准适用于北京市新建、改建和扩建民用建筑设计。该标准从卫生防疫设计、室内空气质量、用水安全、物理环境、健身与全龄友好、心理健康保障等方面，提出针对建筑健康性能的设计技术要求和实现路径；系统提出卫生防疫设计，从场地环境、建筑布局、设备设施等方面入手，进行平疫结合设计，为使用者提供更加健康的室内外环境。该标准的发布实施将有助于提升北京市健康建筑设计能力和水平，提升建筑健康性能，营造健康的建筑环境。

（孟维举　陈一唱）

**【《北京市规划和自然资源委员会2023年规划和自然资源标准化工作要点》印发】** 2023年5月4日，市规划自然资源委印发《北京市规划和自然资源委员会2023年规划和自然资源标准化工作要点》，自印发之日起实施。该要点结合2023年规划和自然资源标准化工作实际，围绕国土空间规划、工程建设和自然资源三大领域明确本年度重点标准编制任务，统筹和加强标准研究、制定、宣贯、监管与评估等各项工作，有助于保障标准化工作的科学有序开展，发挥标准化在首都精细化治理中的基础性、战略性作用，打通“依标审批”高质量发展的最后1公里。

（乔　莹　辛昱铮）

**【2023年道路地方标准执行情况专项抽查】** 2023年5月8日，市规划自然资源委开展道路工程执行标准情况现场检查，选取3条往年抽查过且已建成投入使用的道路，对执行标准的情况进行核查，实现标准从设计源头到实施终端的全周期监管；2023年10月，市规划自然资源委员会开展道路地方标准执行情况专项抽查工作，抽选北京市20项道路工程的施工图设计文件，对DB11/1761—2020《步行和自行车交通环境规划设计标准》中的重要条款执行情况进行专项抽查。经过检查，抽查项目执行标准总体情况良好，未发现违反强制性标准条款的情况，道路精细化设计水平和深度有大幅提升，检查后，市规划自然资源委结合检查中发现的问题进行通报整改及标准再宣贯。

（张　霖　付雨竺）

**【规划和自然资源地方标准编制培训开展】** 2023年6月6日，市规划自然资源委以推动标准编制工作高质量开展为目标，落实地方标准编制管理工作的相关文件精神和要求，组织召开2023年规划和自然资源地方标准编制培训工作会议，为参与承担标准编制项目的单位进行精准对接培训和工作答疑，提高编制人员的标准编制工作能力和水平，助力标准编制工作效率提升。

（孟维举）

**【《站城一体化工程规划设计标准》发布并实施】** 2023年6月28日，市规划自然资源委和市市场监管局联合发布DB11/T 2129—2023《站城一体化工程规划设计标准》，自2024年1月1日起实施。该标准贯彻落实

《北京市人民政府常务会议纪要》关于学习东京轨道交通与城市更新报告的要求，以问题为导向，推动站城有机融合、高效整合，重点破解“站”和“城”在“衔接处”“接口处”的“堵点”“断点”等难点问题，解决站城在功能复合、空间融合、与周边用地整合层面各标准之间的接缝问题，是综合性标准的起步之作，对于轨道交通引领城市发展战略的落地实施具有重要意义。

（乔　莹　卢　锐）

**【2023年轨道交通地方标准执行情况专项抽查】** 2023年8月，市规划自然资源委开展轨道交通地方标准执行情况专项抽查工作，围绕站城一体化、车辆基地上盖综合利用、轨道交通无障碍、市域郊轨道交通设计等四大专题，抽查轨道交通图册41项，对地方标准DB11/995—2013《城市轨道交通工程设计规范》、DB11/690—2016《城市轨道交通无障碍设施设计规程》、DB11/1762—2020《城市轨道交通车辆基地上盖综合利用工程设计防火标准》、DB11/1067—2014《城市轨道交通土建工程设计安全风险评估规范》、DB11/1889—2021《站城一体化工程消防安全技术标准》、DB11/T 1980—2022《市域（郊）轨道交通设计规范》中的重要条款执行情况进行检查。经过检查，抽审项目施工图设计文件执行标准审查条款的总体情况优良，未发现违反强制性标准条款的情况。检查后，市规划自然资源委员会结合检查中发现的问题进行通报整改及标准再宣贯。

（张　霖　付雨竺）

**【北京市规划和自然资源标准化工作联席会议组织召开】** 2023年10月13日，市规划自然资源委召开北京市规划和自然资源标准化工作联席会议，市规划自然资源委41家标准化工作联席会议成员单位以及各分局的代表参会。会议通报市规划自然资源委员会2023年标准化工作情况、规划自然资源地方标准监管工作情况，各联席会议成员单位共同研究审议2024年地方标准立项项目。会议对下一步各联席会议成员单位的标准化工作和进一步完善标准化工作联席会议制度等事宜提出要求。

（孟维举　张嘉慧）

**【《自动驾驶地图质量规范》发布】** 2023年12月25日，市规划自然资源委和市市场监管局发布DB11/T 2166—2023《自动驾驶地图质量规范》，该规范自2024年4月1日起实施。该规范适用于自动驾驶地图数据成果的质量检查与验收。该标准规定自动驾驶地图数据成果质量检查与验收的总体要求、检查对象、质量元素及错漏分类、质量检查与评价；基于自动驾驶地图特点和现有政策法规标准，研究并制定针对道路交通标志、道路交通标线、道路交通其他设施、道路级交通网络和车道级交通网络五类图层组的检查指标，提出质量检查与评价的技术要求。

（孟维举　张嘉慧）

**【《城市综合客运交通枢纽低碳设计标准》发布】** 2023年12月26日，市规划自然资源委和市市场监管局联合发布DB11/T 2230—2023《城市综合客运交通枢纽低碳设计标准》，该标准自2024年7月1日起实施。该标准适用于低碳技术在北京市新建、扩建和改建的城市综合客运交通枢纽的设计应用。该标准从城市综合客运交通枢纽建筑低碳能耗能效指标、低碳排放指标的具体约束值和引导值，城市综合客运交通枢纽建筑可再生能源提供的供冷量和热量比例要求等方面，引导城市综合客运交通枢纽建筑逐步迈向低碳建筑。

（孟维举　张嘉慧）

**【《轨道交通车辆基地规划设计标准》发布】** 2023年12月26日，市规划自然资源委和市市场监管局联合发布DB11/T 2232—2023《轨道交通车辆基地规划设计标准》，该标准自2024年4月1日起实施。该标准适用于北京市钢轮钢轨系统的轨道交通车辆基地新建、改建及扩建工程的规划设计。该标准从规划选址、功能定位、资源共享、总图布置、设备设施配置、生产及配套房屋建筑、综合利用、检修管理系统等多方面出发，突出北京特色，促进车辆检修运维降本增效，提升车辆基地的设计品质。

（孟维举　张嘉慧）

**【《绿色城市轨道交通车站评价标准》发布】** 2023年12月26日，市规划自然资源委和市市场监管局联合发布DB11/T 2233—2023《绿色城市轨道交通车站评价标准》，该标准自2024年4月1日起实施。该标准适用于北京市新建及既有线改造的地铁系统、市域快速轨道系统、磁浮系统的绿色车站评价。该标准合理确定评价阶段、构建绿色车站评价指标体系、提出车站能耗指标。

（孟维举　张嘉慧）

**【《地名规划编制标准》（修订）发布】** 2023年12月26日，市规划自然资源委和市市场监管局发布DB11/T 1362—2023《地名规划编制标准》，该标准自2024年4月1日起实施。该标准适用于北京市行政区域内的地名片区，道路，桥梁、隧道，轨道交通车站，公园、广场及其他类型地理实体的地名规划编制与地名命名。新修订的标准强调地名文化遗产保护，丰富地名的命名体系，并优化重名等相关规定。该标准提出地名规划与国土空间规划中详细规划同步编制、同步报审、同步实施，并新增地名规划数据库制作导引，通过数字化信息化技术的应用，指导地名数字化成果纳入相应数据库及国土空间规划一张图，服务智慧城市建设。

（付雨竺）

**【《城市道路慢行系统、绿道与滨水慢行路融合规划设计标准》发布】** 2023年12月26日，市规划自然资源委和市市场监管局发布DB11/T 2209—2023《城市道路慢行系统、绿道与滨水慢行路融合规划设计标准》，该标准自2024年4月1日起实施。该标准适用于市域范围内新建、改建、扩建的城市道路慢行系统、绿道与滨水慢行路融合区段的规划和设计。该标准统筹通勤、休闲健身等功能，兼顾景观、生物多样性、风貌保护等需求和要素，首次规定了城市道路慢行系统、绿道及滨水慢行路融合的适宜性判定条件以及规划设计融合的基本要求、方式、内容、指标，从各环节为三网融合的规划、设计、审批提供指导；同时，强化铺装、绿化、照明、标识、安全隔离设施、无障碍设施、休憩服务设施等的精细设计要求，创造全龄友好、安全安心、舒适舒心的出行环境和游憩空间，进一步提升慢行空间品质，提高和改善人民绿色出行环境。

（付雨竺）

**【《规划建设管理电子报审数据标准》发布】** 2023年12月26日，市规划自然资源委和市市场监管局发布DB11/T 2231—2023《规划建设管理电子报审数据标准》，该标准自2024年4月1日起实施。该标准适用于北京市行政区域内新建、改建、扩建的工程建设项目规划建设管理电子报审数据的要求。该标准规定北京市规划建设管理电子报审数据的文件、数据要求，精简报建审查数据的结构和体量，使电子报审“轻装上阵”，提升工程建设项目精细化管理水平；同时，明确报审指标、数据类型及说明，确保数据的稳定与安全，增加建设工程信息的透明度和可追溯性，增强企业和群众的获得感。

（付雨竺）

**【开展《北京市规划和自然资源标准体系》更新工作】** 2023年，北京市规划和自然资源委开展《北京市规划和自然资源标准体系》更新工作，梳理更新已有的现行国家、行业和北京市地方标准，形成标准体系，更新相关标准目录，分析标准体系现状与存在的问题，分析标准体系使用情况，研判行业发展趋势，提出北京市规划和自然资源标准体系的更新思路及未来地方标准编制的重点方向。

（乔　莹　卢　锐）

**【强化地方标准征集立项调查研究】** 2023年，市规划自然资源委开展2024年度规划和自然资源地方标准立项征集工作，将大兴调研研究贯彻始终。征集立项前，分类开展内部各部门和相关行业单位的立项需求座谈，明确征集立项的方向；8月，以“海选”+“招标”的形式面向社会公开征集标准项目；征集立项结束后，对申报项目立项必要性开展研讨，与项目申报单位和相关管理部门进行多轮沟通对接，并深入相关单位现场听取申报情况汇报，结合项目重要性和紧迫性进行精筛细选，把好标准立项质量关。

（孟维举　张嘉慧）

**【规划和自然资源地方标准复审】** 为确保市规划自然资源地方标准的先进性、有效性和适用性，加强对已发布实施地方标准的监督管理，年内由市规划自然资源委员会组织召开北京市规划和自然资源地方标准复审工作会议，对达到复审年限及规范性引用文件发生变化的54项地方标准开展复审工作，其中53项标准继续有效，DBJ/T 11—626—2007《建筑物供配电系统谐波抑制设计规程》废止。复审工作中对涉及规范性引用文件发生变化的标准进行全面校核，给出引用标准版本和技术条款情况更新说明，保证标准技术内容的准确性和与国家、行业要求的协调性，帮助行业单位和管理部门更准确地执行标准。

（张　霖）

**【规划和自然资源地方标准宣贯】** 2023年，市规划自然资源委针对《市域（郊）轨道交通设计规范》《线性区域通信基站基础设施设计规范》《岩土工程信息模型设计标准》《工程建设项目多测合一技术规程》《北京市建设工程规划设计技术文件办理指南——房屋建筑工程》《下凹桥区雨水调蓄排放设计标准》《突发性地质灾害监测站点运行规程》《突发性地质灾害排查规范》《建筑工程减隔震技术规程》《自动驾驶地图数据规范》《自然资源航空航天遥感数据、成果和应用规范》《城镇排水防涝系统数学模型构建与应用技术规程》《民用建筑节水设计标准》《装配式剪力墙结构设计规程》《消防安全疏散标志设置标准》《绿色建筑设计标准》《乡村地区交通设施规划设计标准》《站城一体化工程规划设计标准》等标准及各类标准实施中的问题培训、标准再解读，组织开展25次宣贯活动，采用线上线下相结合的方式，拓展受众、主动服务，为全市相关行业单位及管理部门近7000人次提供培训，帮助广大从业人员正确理解和使用标准，提高北京市整体设计质量和管理水平。

（傅子达）

**【规划和自然资源标准评估】** 市规划自然资源委针对DB11/T 893—2021《地质灾害危险性评估技术规范》DB11/994—2021《平战结合人民防空工程设计规范》等13项地方标准开展实施情况专项评估，针对京津冀区域协同标准，同步收集总结天津、河北标准实施情况，并提出修编建议；结合无障碍、节能减碳、海绵城市、高品质住宅等专题，面向施工图审查人员开展日常评估工作，通过跟踪全年房屋建筑工程审批项目中的重要技术指标，掌握标准执行情况和实施效果，不断优化标准供给、提升标准技术水平。

（张　霖　付雨竺　傅子达）

**【全市施工图数字化监管平台地方标准实施情况总体良好】** 北京市施工图审查制度改革方案正式实施后，节能、海绵城市、住宅设计等6项地方标准中的18条重要一般性条款作为企业承诺事项，纳入施工图事后抽查监管。截至2023年11月底，北京市开展施工图事后抽查新建改建项目共计688项，共收到地方标准问题推送142条次，按照施工图平台监管要求，对17项申诉项目进行技术再核定。针对问题项目，均要求设计单位按时整改。经统计，纳入施工图监管的地方标准总体执行率达到98%以上，执行情况总体良好，地方标准技术要求得到有效落实，为推动总规落实、优化营商环境和首都高质量发展发挥技术支撑作用。

（张　霖　傅子达）

**【2023年自然资源地方标准执行情况专项抽查】** 开展2023年自然资源地方标准专项抽查，抽选丰台区大灰厂村石龙采石场石灰岩矿治理项目、平谷区山东庄镇及熊儿寨乡地质灾害治理项目开展现场检查，考察地方标准DB11/T 1732—2020《矿山地质环境恢复治理工程技术规程》和DB11/T 1524—2018《地质灾害治理工程实施技术规范》的执行和落地情况。针对2022年7月至2023年年底的所有地质灾害应急调查成果、应急排查成果开展专项抽查，考察地方标准DB11/T 2044—2022《突发性地质灾害排查规范》和DB11/T 1896—2021《突发性地质灾害应急调查规范》的执行情况和实施效果。经过检查，抽审项目执行标准情况总体良好，各项技术要求得到有效贯彻实施。标准在规范和指导北京地区应急调查工作高效、有序、规范开展方面发挥技术支撑作用，为地质灾害防治主管部门实施应急处置、避险转移等工作提供重要技术依据。

（张　霖　付雨竺）

**【4项地方标准获标准科技创新奖】** 2023年，在中国工程建设标准化协会组织的“标准科技创新奖”评选活动中，市规划自然资源委组织编制的4项地方标准获得一、二、三等奖。其中，北京市基础设施投资有限公司主编的DB11/1889—2021《站城一体化工程消防安全技术标准》获一等奖；北京市建筑设计研究院有限公司主编的DB11/1740—2020《住宅设计规范》、中国建筑标准设计研究院有限公司主编的DB11/994—2021《平战结合人民防空工程设计规范》获二等奖；北京市建筑设计研究院有限公司等单位主编的DB11/685—2021《海绵城市雨水控制与利用工程设计规范》获三等奖。推荐1名行业技术人员获“标准科技创新奖”优秀青年人才称号。

（张　霖）

## 标准化工作综述

（北京市住房和城乡建设委员会）

2023年，北京市住房和城乡建设委员会持续推进标准化工作，发布《北京市住房和城乡建设地方标准管理办法》，起草《北京市住房和城乡建设标准体系》和《北京市住房和城乡建设地方标准工作规则》，开展地方标准实施情况评估，做好地方标准立项、编制、复审、宣贯培训等工作，完善地方标准信息化建设。标准化工作再上新台阶，为实现住房城乡建设高质量发展提供有力支撑。

**一、加强标准化工作机制建设**

为落实《国家标准化发展纲要》《北京市标准化办法》《地方标准管理办法》等文件及标准化改革要求，规范地方标准管理，2023年3月，市住房城乡建设委印发《北京市住房和城乡建设地方标准管理办法》，明确地方标准全生命周期管理要求，为工程建设地方标准的申报、立项、审查、发布提供政策依据。起草《北京市住房和城乡建设地方标准工作规则》，拟明确各相关部门职责分工。

**二、加快标准体系建设**

继续完善《北京市住房和城乡建设标准

体系》，包括基础通用、工程建设、房屋管理、村镇建筑、材料应用、创新发展6个子体系，下分25个分子体系、32个专业、22个子专业。补充新发布工程建设相关国家标准、行业标准和北京市地方标准，此次共纳入1776项标准，包括国家标准645项、行业标准782项、地方标准349项。结合碳达峰碳中和、城市更新、智慧城市等相关要求及现行标准体系存在的不足，进一步精简整合、优化现行地方标准，规范标准名称，严把标准立项关，做好与国家标准、行业标准的协调，加强重点标准研究制定。

**三、完善地方标准信息化建设**

优化“北京市工程建设地方标准管理信息系统”，2023年新立项地方标准全部纳入该系统，实现地方标准编制全过程数字化管理；及时更新市住房城乡建设委网站“标准管理”板块数据，实现全部现行有效地方标准文本查询和免费下载。

**四、加快京津冀区域协同标准编制**

发布京津冀协同标准DB11/T 2100—2023《承插型盘扣式钢管脚手架安全选用技术规程》。该标准的发布，将提高承插型盘扣式钢管脚手架的技术水平，促进三地先进技术产业化发展。

**五、做好地方标准日常管理**

积极推进地方标准编制工作，全年共发布地方标准40项；完成66项地方标准复审，涉及建筑施工、建筑节能、建筑材料、轨道交通、房屋管理、信息化等方面，保证地方标准的先进性。

**六、做好地方标准实施情况评估**

为加强地方标准应用，对实施满1年的55项地方标准开展实施情况评估，通过调研主编单位、项目单位及委内业务指导单位的应用情况，了解地方标准整体实施情况，为地方标准制修订提供参考。

**七、积极开展标准宣贯培训**

10月下旬，市住房城乡建设委联合天津市住建委、河北省住建厅，对2023年度新发布的涉及范围广、社会关注度高的《承插型盘扣式钢管脚手架安全选用技术规程》1部京津冀标准和《居住建筑装饰装修工程质量验收标准》《城市轨道交通工程盾构法施工技术规程》《城市轨道交通工程施工安全检查与评价规范》《房屋建筑安全评估技术规程》《预制混凝土夹心保温外墙板应用技术规程》《民用建筑工程竣工验收模型细度标准》《建筑弱电工程施工及验收规范》《建设工程施工现场安全防护、场容卫生及消防保卫标准　第1部分：通则》《建筑工程清水混凝土施工技术规程》9项北京市地方标准进行集中宣贯，来自开发、设计、施工、监理、检测等企事业单位相关专业技术人员和工程安全质量监督管理人员2万余人次参加线上学习，观众满意度高达99%，起到很好的宣传作用。

## 标准化工作成果

（北京市住房和城乡建设委员会）

**【正式发布地方标准管理办法】** 2023年3月2日，市住房城乡建设委发布《关于印发〈北京市住房和城乡建设地方标准管理办法〉的通知》（京建法〔2023〕1号），明确市住房和城乡建设领域地方标准全生命周期管理要求，为工程建设地方标准的申报、立项、审查、发布提供政策依据。

（杨旭辉　张　君）

**【组织召开地方标准制修订项目动员会】** 2023年3月14日，市住房城乡建设委组织召开2023年地方标准制修订项目动员会，2023年新立项地方标准的委内业务指导处室、编制单位100余人参会。动员会对新发布的《北京市住房和城乡建设地方标准管理办法》的出台背景、起草过程、制定依据和主要内容进行解读，对“北京市工程建设地方标准管理信息系统”的功能和操作方式进行培训，进一步强调2023年立项地方标准编制要求，对参会人员提出的问题进行逐一解答。本次动员会加深业务指导处室、编制单位人员对《北京市住房和城乡建设地方标准管理办法》的理解，明晰地方标准管理信息系统的具体操作。

（杨旭辉　张　君）

**【组织召开地方标准启动会】** 2023年3月—6月，市住房城乡建设委组织召开2023年度45项地方标准启动会。启动会上，编制单位对标准起草计划和标准草案进行汇报，委内标准业务指导处室和标准主管处室对标准编制提出具体工作要求。通过召开启动会，编制单位梳理工作计划，捋清工作思路，倒排编制时间，有利于更好地推进标准编制工作。

（徐　晖　贾云琪）

**【促进智能家居关键技术和标准调研】** 2023年5月—6月，市住房城乡建设委实地调研京东、海尔智能家居展厅，新建和既有建筑改造项目，沉浸式体验智慧厨房、智能玄关、智慧阳台、智慧客厅、智慧卧室、智慧浴室等应用场景。与重点厂商、行业协会、重点项目进行交流座谈，重点就智能家居建设领域发展现状、存在问题与痛点、相关标准构建情况，以及住房和城市建设领域的重点突破方向等方面进行深入交流与探讨，激发企业参与北京市智能家居建设相关标准立项研究和试点应用的热情，促进相关标准的立项研究工作。

（徐　晖）

**【与市规划自然资源委标准化中心座谈标准化管理工作】** 2023年6月7日，市住房城乡建设委赴市规划自然资源委调研标准化管理工作。双方围绕地方标准日常管理、标准体系建设、京津冀区域协同标准合作等方面开展深入讨论。通过交流讨论，双方一致认为两委应在工程建设标准方面加强合作交流，探索编制设计施工一体化标准，探索共同开展标准的实施和监管模式，做好工程建设全过程的标准实施和管理。

（杨旭辉）

**【赴天津调研京津冀区域协同地方标准编制工作】** 2023年6月28日，市住房城乡建设委会同市市场监管局、市规划自然资源委、河北省住建厅，赴天津市住房城乡建设委员会调研京津冀区域协同地方标准编制工作。三地五部门围绕如何通过标准合作促进三地产业发展、“建好房子”满足人民美好生活需要，进行充分交流。大家一致认为：京津冀协同发展是以习近平同志为核心的党中央在新的历史条件下作出的重大决策部署，三地勇于担当，敢于创新，不断增强协同的自觉性、主动性和创造性。

（杨旭辉）

**【参加标准实施效果评估范例征集工作座谈会】** 2023年7月7日，市住房城乡建设委参加由市场监管总局标准创新司召开的标准实施效果评估范例征集座谈会，国家中医药管理局、公安部道路安全研究中心、中国自然资源经济研究院、上海市市场监管局、浙江省市场监管局等12家单位从各自领域分享标准实施评估的经验。市住房城乡建设委对近年来开展工程建设地方标准实施情况评估的有关情况进行汇报，并从征集对象、征集内容及组织方式等方面对工作方案提出了具体建议。会议对持续做好住房和城乡建设领域地方标准实施情况评估工作起到积极的促进作用。

（王会粉）

**【组织召开《北京市住房和城乡建设标准体系》研讨会】** 2023年7月28日，北京市住房城乡建设委员会针对正在制定的《北京市住房和城乡建设标准体系》组织召开专家研讨会，就标准体系结构、内容及重点方向等进行深入交流，对标准体系提出完善建议，更好地发挥地方标准对首都住房和城乡建设领域高质量发展的技术支撑作用。

（王会粉）

**【开展地方标准实施情况评估】** 市住房城乡建设委组织开展2021年发布的55项北京市地方标准实施情况评估，通过分析地方标准的使用情况和效果，提出地方标准评估及发展建议，总结地方标准实施情况评估的技术路线和方法，形成相关评估报告，为地方标准实施情况评估提供指导。

（王会粉）

## 标准化工作综述

（北京市文物局）

2023年，北京市文物局以贯彻《首都标准化发展纲要2035》为主线，认真落实党中央、国务院以及市委、市政府对文物、标准化工作的决策部署，聚焦文物部门主责主业，对照《2023年落实〈首都标准化发展纲要2035〉行动计划》等文件的工作要求，高质量开展文物保护地方标准研究制定及实施工作，以标准助力创新发展，文物保护标准化工作取得新进展。

### 一、建立健全文物保护标准化工作机制

市文物局坚持把切实抓好文物领域标准化工作纳入重要议事日程，全面落实各项标准化工作要求，扎实推进全国文化中心建设，重现重点文物建筑群历史文化风貌。与《北京市"十四五"时期文物博物馆事业发展规划》工作任务、全国文化中心、博物馆之城建设有机结合，全面系统落实《北京市标准化办法》《首都标准化发展纲要2035》《2023年落实〈首都标准化发展纲要2035〉行动计划》《标准化推动落实2023年市政府工作报告重点任务行动方案》等文件确定的相关职责和工作任务。落实标准化统筹协调机制责任，加强标准供给；强化标准宣贯培训，引导各单位开展标准化良好实践，提升相关应用单位制定标准、学习标准、使用标准的内生动力。进一步夯实基础，巩固成效，推进文物保护标准化进程。

（一）标准体系建设情况

依托全国文物保护标准体系建设，按照创新引领、需求导向、质量效益的原则，坚持突出重点、筑牢基础。综合北京市文博事业发展的迫切需求，根据《北京市文物保护标准体系建设指南》确立的标准体系构建框架及《北京市重点发展的技术标准领域和重点标准方向（2021版）》确定的重点方向，强化顶层统筹设计协同，把握宏观与微观、整体与局部，调动引领市文物局系统文博单位及社会专业研究单位发挥专业优势，政府主导制定和市场自主制定双向发力，持续加强支撑主责主业的关键、急需标准研制。以体系建设为引领，补充完善文物保护地方标准，发挥标准对文博工作发展的基础性、引领性作用。

（二）《北京市标准化办法》《首都标准化发展纲要2035》宣贯实施情况

学习《首都标准化发展纲要2035》，认真研究细化文物保护标准化工作内容，落实各项工作要求。将《北京市标准化办法》纳入依法行政工作内容，采取自学、集中学习等形式，加强干部、职工的标准化意识，统一思想，拓宽工作思路，依法依规开展标准化工作，提高各标准应用主体使用标准的自觉性。

### 二、标准化服务新时代首都发展

文博工作是北京市推进全国文化中心建设重要内容，三条文化带的传承保护利用、博物馆之城建设已经成为推动新时代首都文化高质量发展的强大动力。北京市文物局聚焦"一轴一城、两园三带、一区一中心"重点工作，持续完善文物保护标准，强化标准实施，推进文化遗产保护标准化

进程，充分发挥标准在保护文物、延续文脉、繁荣文化等方面规范管理、技术引导的基础性支撑作用。以标准化助力北京市“十四五”时期文物博物馆事业高质量发展，提升文物保护治理效能，擦亮北京历史文化金名片，增强大国首都文化软实力。

## 三、标准制修订工作

### （一）文物保护地方标准进一步丰富完善

坚持以需求为导向，以问题为牵引，积极协调，指导督促起草单位稳步推进在研项目及2023年新立项项目的编制工作。2023年开展12项（新立项项目8项，延续项目4项）地方标准编制工作，新批准发布3项。

列入《标准化推动落实2023年市政府工作报告重点任务行动方案》重点任务的《古建筑安全防范技术规范》《文物建筑消防设施设置规范》按期完成。《古建筑安全防范技术规范》完成宣贯培训，《文物建筑消防设施设置规范》将于12月组织预审。

### （二）参与国家标准、行业标准制定

发挥政府部门主导作用，引导鼓励本行业领域相关单位参加国家标准、行业标准的研究制定工作。全年，局属单位北京市考古研究院参与《古建筑结构安全监测》《近现代建筑结构安全监测》《砖石质文物风化深度和加固效果测定　微钻阻力法》3项行业标准的研究制定工作。开展全国文物保护行业标准申报工作，推荐申报《古代砖石文物含水率测定　核磁共振法》《岩画数字化与数字展示技术规程》2项标准。

### （三）标准实施应用、实施情况监督检查

落实地方标准评估复审责任，根据《北京市标准化办法》《北京市地方标准管理办法》的规定及市市场监管局的要求，完成DB11/T 889.1—2012《文物建筑修缮工程操作规程　第1部分：瓦石作》等5项标准复审及《文物保护工程资料管理规程》等3项标准的实施效果评价。经评估、复审，8项标准均建议继续有效。其中，DB11/T 1828—2021《文物保护工程资料管理规程》委托第三方机构实施评估，评估方式和内容更加规范全面，取得较好效果。

发挥市区文物部门主导作用，以标准为依据准绳开展行业管理和质量管理。将标准文件作为技术审查及事中事后日常监管的技术依据，在事前审批环节引导相关单位自觉执行文物保护标准；在事中监管环节，业务部门以标准要求为依据实施监督管理工作，督促落实，将标准落实到文物保护工作各个层面，发挥标准在管理和质量控制中的提质增效作用，充分发挥文物保护标准引领、支撑、催化作用，凝聚社会各方标准化共识。

## 四、加大标准化工作经费投入和宣传培训

### （一）投入标准化资金

2023年，共组织开展12项地方标准的制修订研究工作。据不完全统计，北京市文物局及标准起草单位共投入经费58.26万元，用于立项标准项目的调查研究、起草编制、审核、宣贯、评估工作，保障标准化工作的开展。

### （二）开展标准化宣传培训活动

发挥京办系统、微信群、北京文博公众号等新媒体作用，结合标准化工作情况，向各级领导、干部职工、行业领域社会从业人员推送文章信息，开展标准化宣传活动，分享标准化工作动态，普及《国家标准化发展纲要》《首都标准化发展纲要2035》《北京市标准化办法》等标准化法规政策文件及相关标准化知识，传播标准化理念，拓展标准化宣传广度和深度，为文博事业标准化工作的有序开展奠定基础，进一步提升标准化工作的社会影响。

### （三）标准宣贯工作

针对新发布的DB11/T 2120—2023《古

建筑安全防范技术规范》、DB11/T 2087—2023《古建筑砖石结构现场勘查技术规范》、DB11/T 889.5—2022《文物建筑修缮工程操作规程　第5部分：裱作》地方标准，制定标准实施通知文件，印发各区相关部门、文物保护单位的管理使用单位、社会从业资质单位等标准使用单位，指导做好标准的推广实施工作，引领各单位开展多层次的标准宣贯培训。召开3次标准宣贯培训，组织专家对标准内容进行解读，共计培训近300人。

印制《北京市文物保护地方标准汇编》，为标准应用单位提供更多的学习资源和渠道。该标准汇编作为工具书配发文物管理部门、重点文博单位，标准宣贯形式内容更加丰富。标准汇编的印发为相关单位查阅、学习、应用文物保护地方标准提供便利，有效强化标准化宣传工作，促进各单位标准化意识的进一步提升，激发学习使用标准的内生动力。该标准汇编分为3辑，收录文物保护地方标准32项。

（四）地方标准制修订项目的征集、报送情况

根据市市场监管局征集2024年地方标准制修订项目工作的部署，市文物局面向局属单位及社会相关单位制发《关于征集2024年文博领域北京市地方标准制修订项目的通知》，并在市文物局网站进行信息公开。截至2023年10月13日，征集制修订项目3项，一类项目1项（二类转一类项目），二类项目2项。

**五、工作亮点**

（一）推动第三方机构实施标准评估工作

落实《首都标准化发展纲要2035》中"开展标准质量和标准实施情况第三方评估"的工作要求。首次尝试委托第三方机构开展标准实施情况评估工作，委托市标准化研究院开展《文物保护工程资料管理规程》实施情况评估。此次评估采取线上问卷与线下座谈调研相结合的方式，向60余家单位了解情况，评估范围广泛，内容全面且有针对性，取得较好效果，为后续推进第三方机构开展评估工作打下良好基础。

（二）文物建筑安全防护工程技术规范初步完善

DB11/T 2120—2023《古建筑安全防范技术规范》于2023年10月1日实施，文物安全防护工程防雷、消防、安全防范三大板块实现地方标准全覆盖。北京文物建筑数量众多，所处自然环境复杂，文物安全面临巨大挑战。文物安全是文物工作的生命线，防雷、消防、安全防范标准的陆续出台填补文物安全领域地方标准的空白。3项标准结合文物安全工作的多年实践，对防雷、消防、安全防范三大类安全防护工程提出针对性强、文物扰动小而又能有效防护的技术要求，给文物安全防护能力提升提供有效技术支撑，为安全防护工程的规范化、科学化实施打下坚实基础，取得较好实施成效。标准发布后，及时收集处理实施过程中的问题反馈，促进标准的升级迭代，保持标准的先进性、适用性。目前DB11/T 741《文物建筑雷电防护技术规范》已经修订发布2021版，DB11/T 791—2011《文物建筑消防设施设置规范》正在修订，将于2024年发布。

## 标准化工作成果

（北京市文物局）

**【地方标准修订工作启动】** 2023年1月12日，市文物局制发《北京市文物局关于做好〈文物建筑消防设施设置规范〉修订工作的通知》，敦促标准申报单位组建标准起草组，制定标准编制工作计划，启动地方标准

DB11/T 791—2021《文物建筑消防设施设置规范》修订工作。

（孟德兴）

**【地方标准制定工作启动】** 2023年2月3日，市文物局面向立项地方标准的申报单位制发《北京市文物局关于做好2023年北京市地方标准制定项目起草工作的通知》，敦促各单位组建标准起草组，制定标准编制工作计划，全面启动年度地方标准制修订工作。

（孟德兴）

**【《文物建筑修缮工程操作规程　第5部分：裱作》宣贯会召开】** 2023年3月17日，市文物局召开地方标准DB11/T 899.5—2022《文物建筑保护工程操作规程　第5部分：裱作》视频宣贯会。各区文旅局、文物保护单位、从业单位100余人参加会议。会上，标准起草单位介绍标准的立项、编制过程，结合实际范例对标准文本进行解读。

（孟德兴）

**【《古建筑木结构现场勘查技术规范》征求意见】** 2023年3月20日，市文物局制发《关于征求〈古建筑木结构现场勘查技术规范〉北京市地方标准意见的通知》，开展征求意见工作。向全国文物保护标准化技术委员会、市规划自然资源委员会、市住房城乡建设委、市文化和旅游局、市园林绿化局、市地震局及相关单位发送“征求意见稿”48份，同时在市市场监管局、市文物局官网进行为期一个月的意见征求工作，收到36家单位回函，12家单位提出意见，共收集意见116条。

（孟德兴）

**【发布1项地方标准】** 2023年3月30日，地方标准DB11/T 2087—2023《古建筑砖石结构现场勘查技术规范》发布，自2023年7月1日起实施。该标准的发布，将促进古建筑石结构现场勘查的技术、方法的创新完善，为现场勘查的规范化实施提供技术支撑。

（孟德兴）

**【《文物保护单位保护范围划定指南》预审会】** 2023年4月6日，市文物局组织召开地方标准《文物保护单位保护范围划定指南》预审会，来自文物保护、规划设计、标准化等专业领域的5位专家参加会议。与会专家听取标准编制情况汇报，并对标准预审稿进行审查，一致同意预审稿通过预审。

（孟德兴）

**【《文物保护单位保护范围划定指南》征求意见】** 2023年5月25日，市文物局制发《关于征求北京市地方标准〈文物保护单位保护范围划定指南〉意见的通知》，开展征求意见工作。向全国文物保护标准化技术委员会、市规划自然资源委、市园林绿化局、市文化和旅游局及相关单位发送“征求意见稿”22份，同时在市市场监管局、市文物局官网进行为期一个月的意见征求工作。收到19家单位回函，9家单位提出意见，共收集意见68条。

（孟德兴）

**【《古建筑砖石结构现场勘查技术规范》宣贯会召开】** 2023年6月19日，市文物局在孔庙和国子监博物馆组织召开北京市地方标准DB11/T 2087—2023《古建筑砖石结构现场勘查技术规范》现场宣贯会。各区文旅局、文物保护单位、从业单位70余人参加会议。会上标准起草单位介绍标准的立项、编制过程，结合实际范例对标准文本进行解读。

（孟德兴）

【发布 1 项地方标准】 2023 年 6 月 25 日，地方标准 DB11/T 2120—2023《古建筑安全防范技术规范》发布，自 2023 年 10 月 1 日起实施。该标准的发布，将促进古建筑安全防范工作的科学完整实施，规范防范信息系统的设计、实施、运行等工作，为古建筑安全奠定坚实基础。

（孟德兴）

【3 项地方标准开展实施情况评估】 2023 年 6 月—8 月，根据市市场监管局工作要求，市文物局对归口管理的 DB11/T 1828—2021《文物保护工程资料管理规程》、DB11/T 741—2021《文物建筑雷电防护技术规范》、DB11/T 1922—2021《文物三维数字化技术规范 器物》开展实施情况评估。组织相关标准使用单位从经济效益、社会效益等方面对标准实施情况进行总结评估，形成并上报 3 项地方标准的实施情况报告。其中，DB11/T 1828—2021《文物保护工程资料管理规程》首次尝试第三方机构实施评估，取得较好效果。

（孟德兴）

【5 项地方标准开展复审工作】 2023 年 7 月—8 月，市文物局对 DB11/T 1517—2018《博物馆服务规范》、DB11/T 1597—2018、《文物建筑勘察设计文件编制规范》、DB11/T 889.1—2012《文物建筑修缮工程操作规程 第 1 部分：瓦石作》、DB11/T 1796—2020《文物建筑三维信息采集技术规程》、DB11/T 1190.2—2018《古建筑结构安全性鉴定技术规范 第 2 部分：石质构件》开展复审工作。通过复审，5 项标准均建议继续有效。

（孟德兴）

【《不可移动文物灾害防御指南》预审会】 2023 年 8 月 15 日，市文物局组织召开《不可移动文物灾害防御指南》地方标准预审会，来自文物保护、灾害防御、标准化领域的 5 位专家参加会议。与会专家听取标准编制情况汇报，并对标准预审稿进行审查，经过质询和答疑，一致同意预审稿通过预审。

（孟德兴）

【《古建筑木结构现场勘查技术规范》审查会】 2023 年 8 月 30 日，协助市市场监管局在中冶建筑研究总院有限公司组织召开地方标准 DB11/T 2185—2023《古建筑木结构现场勘查技术规范》审查会，来自文物保护、设计、检测、标准化领域的 7 位专家参加会议。与会专家听取标准编制情况汇报，并对标准送审稿进行审查，经过质询和答疑，一致同意送审稿通过审查。

（孟德兴）

【《古建筑安全防范技术规范》宣贯会】 2023年9月15日，市文物局在孔庙和国子监博物馆组织召开推广实施北京市地方标准DB11/T 2120—2023《古建筑安全防范技术规范》暨宣贯工作会。会议组织专家对标准内容进行解读，并就标准推广实施工作提出要求。各区文物管理部门、文物保护单位管理使用及相关安防专业等标准应用单位105人参加了会议。标准的宣贯实施为筑牢文物工作安全生命线奠定坚实基础。

（孟德兴）

【《石刻文物拓印规范》预审会】 2023年10月20日，市文物局组织召开地方标准《石刻文物拓印规范》预审会，来自文物保护、博物馆、标准化领域的5位专家参加了会议。与会专家听取标准编制情况汇报，并对标准预审稿进行审查，经过质询和答疑，一致同意预审稿通过预审。

（孟德兴）

【《不可移动文物灾害防御指南》征求意见】 2023年11月21日，市文物局制发《关于征求北京市地方标准〈不可移动文物灾害防御指南〉意见的通知》，开展征求意见工作。向全国文物保护标准化技术委员会、市应急局、市水务局、市文化和旅游局、市气象局、市地震局、市消防救援总队、市公园管理中心及相关单位发送"征求意见稿"50份，同时在市市场监管局、市文物局官网进行为期一个月的意见征求工作。收到20家单位回函，10家单位提出意见，共收集意见45条。

（孟德兴）

【《文物艺术品数据元规范　第4部分：玉器》预审会】 2023年12月1日，市文物局组织召开地方标准《文物艺术品数据元规范 第4部分：玉器》预审会，来自文物保护、信息化、标准化领域的5位专家参加会议。与会专家听取标准编制情况汇报，并对标准预审稿进行审查，经过质询和答疑，一致同意预审稿通过预审。

（孟德兴）

【印发《北京市文物保护地方标准汇编》】 2023年12月18日，《北京市文物保护地方标准汇编》编印完成，面向北京市文物局机关处室、区文物管理部门、重点文物保护单位、博物馆发放。该标准汇编作为工具书，一套3缉，收录32项文物保护地方标准。该标准汇编的编制发放，丰富标准宣贯方式，便利各单位学习使用相关标准，促进标准应用单位标准化意识的提升，进一步夯实文物保护标准化工作的技术基础。

（孟德兴）

【《文物建筑室内装饰装修技术规范》预审会】 2023 年 12 月 21 日，市文物局组织召开地方标准《文物建筑室内装饰装修技术规范》预审会，来自文物管理使用单位、勘察设计、施工、标准化领域的 5 位专家参加会议。与会专家听取标准编制情况汇报，并对标准预审稿进行审查，经过质询和答疑，一致同意预审稿通过预审。

（孟德兴）

【《文物建筑消防设施设置规范》预审会】 2023 年 12 月 28 日，市文物局组织召开地方标准《文物建筑消防设施设置规范》预审会，来自文物保护、消防、标准化专业领域的 5 位专家参加会议。与会专家听取标准编制情况汇报，并对标准预审稿进行审查，经过质询和答疑，一致同意预审稿通过预审。

（孟德兴）

【《文物保护单位保护范围划定指南》审查会】 2023 年 12 月 28 日，协助市市场监管局在北京市考古研究院组织召开地方标准《文物保护单位保护范围划定指南》审查会，来自文物保护、城乡规划、文物管理、标准化专业领域的 7 位专家参加会议。与会专家听取标准编制情况汇报，并对标准送审稿进行审查，经过质询和答疑，一致同意送审稿通过审查。

（孟德兴）

## 标准化工作综述

（北京市国防动员办公室）

2023 年，北京市国防动员办公室（以下简称“市国动办”）以习近平新时代中国特色社会主义思想为指导，根据《推动首都高质量发展标准体系建设实施方案》《北京人民防空建设规划（2018 年—2035 年）》《北京市“十四五”时期人民防空建设发展规划》任务安排，把握首都城市战略定位，坚持首善标准，围绕中心工作，立足业务需要，着力推进高质量发展的人民防空标准体系建设，为人民防空建设提供有力的技术支撑，较好地完成年度标准化工作。

### 一、推动人民防空标准体系建设

对于北京市人民防空建设标准，立足首都新发展阶段，统筹发展与安全。《北京人民防空建设规划（2018 年—2035 年）》提出新时期人民防空发展建设的顶层设计、人民防空发展的总体思路，是人民防空高质量发展的重要指引。市国动办开展人民防空标准化体系的建设工作。标准化体系建设落实“五个坚持”发展理念，突出效率优先、重点保障的工作理念，紧密结合规划编制与实施需要及城市防护重点，围绕首都现代人民防空体系建设，搭建首都人民防空标准化体系框架。体系框架重点统筹城市范围内的组织指挥、目标防护、专业力量、人员防护、支撑保障新五大体系建设，将人民防空纳入联合防空作战体系。

## 二、开展国动政务服务标准化调研

2023 年 4 月以来，市国动办按照《关于在全党大兴调查研究的工作方案》的总体部署以及“优化机关环境　提升服务素质本领”的工作要求，将全市各区级活动部门划分为五大片区，深入全市各区级国动部门政务服务一线和施工图审查单位，开展调查研究和工作督导，通过查阅历史文件、听取工作汇报、片区交流研讨、深入走访窗口以及审批案卷督导等方式，了解北京市国动政务服务标准化相关情况和意见建议，并撰写调研报告。报告从制度建设、平台建设、服务窗口建设三方面对政务服务制度进行分析，剖析存在问题及原因，阐述优化北京市国防动员政务服务标准化建设的对策，为推动北京国动政务服务工作标准化建设提供方向。

## 三、标准制修订工作情况

聚焦人民防空设施建设工作中的重难点问题和急需解决的现实困难，加强标准研究制修订工作，不断补充完善标准体系。

（一）编写《平战结合人民防空工程设计规范》强制性条文实施要点说明。为使平战结合人民防空工程设计符合战时及平时的功能要求，2021 年，市国动办联合市规划自然资源委员会，在调查研究、总结实践经验、征求意见的基础上，修编完成《平战结合人民防空工程设计规范》。2023 年，根据住建部强制性条文审查委员会的要求，编写组编写《平战结合人民防空工程设计规范》强制性条文实施要点说明，对标准中涉及的强制性条文的理由、实施要点等进行逐条说明，并报市市场监管局审批通过。

（二）完成并发布《平战结合人民防空工程设计规范》配套标准设计图集。市国动办组织编制《北京市平战结合人民防空工程设计图集（人员掩蔽工程、人防物资库工程）》。组织召开《平战结合人民防空工程设计规范》配套标准设计图集编制方案研讨会，听取中国建筑标准设计研究院对新地方标准配套图集编制思路的汇报。目前，人员掩蔽工程和物资库工程标准设计图集的编制工作已完成，并于 2023 年 9 月正式印发。

（三）对国家标准、行业标准和地方标准实施情况进行监督检查。2023 年，市国动办依据《人民防空工程施工及验收规范》、DB11/T 1078.1—2014《人民防空工程防护设备安装技术规程　第 1 部分：人防门》、《人民防空工程防护设备安装验收技术规程》、DB11/T 1518—2018《人民防空工程战时通风系统验收技术规程》等标准对人民防空工程施工质量进行监督检查 300 余次。依据《人民防空工程防护设备产品质量检验与施工验收标准》等标准，在人民防空工程施工现场和北京市防护设备定点生产企业总计抽取 400 余件防护设备进行产品质量检测。

## 四、开展标准宣贯培训情况

（一）开展 DB11/994—2021《平战结合人民防空工程设计规范》专项技术交流研讨会。市国动办通过开展专项调研，发现相关从业人员对于 DB11/994—2021《平战结合人民防空工程设计规范》中“宜”字条款的理解及运用存在较大差异。为统一规范执行标准，提高人民防空工程设计及审查质量，2023 年 5 月，市国动办与规范编制单位展开技术交流研讨。双方在交流过程中对过往协作中较好的经验做法进行总结，并就如何统一 DB11/994—2021《平战结合人民防空工程设计规范》“宜”字条款的理解及运用进行深入讨论。双方一致认为，应通过编制《人民防空工程常见技术问题及解答》手册等方式进一步加强技术协作，实现对人民防空工程技术标准的统一，逐步完善规范释义，提高北京市人民防空工程设计质量，并为再次修订 DB11/994—2021《平战结合人民防空工程设计规范》做好准备。

（二）组织召开 DB11/994—2021《平战结合人民防空工程设计规范》标准培训会。北京市国动办于 2023 年 6 月 15 日—16 日组织市区两级国动办专业技术人员开展人民防空工程技术业务培训，此次培训以解决实际问题为主旨，围绕人民防空工程建设标准纳入土地储备情况、北京市房屋建筑工程施工图事后检查要点及 DB11/994—2021《平战结合人民防空工程设计规范》解读开展集中授课，通过实际案例讲解演示、重点问题提问讨论的方式对授课内容进行综合讲解，参训人员掌握规范在实际工作中的使用方法，进一步统一各区审批流程和标准执行，提高参训人员技术业务能力，更好助力人民防空工程高标准、高质量发展。本次培训共有市区两级 55 名骨干参加。

## 标准化工作成果

（北京市国防动员办公室）

**【编写《平战结合人民防空工程设计规范》实施要点说明】** 为使平战结合人民防空工程设计符合战时及平时的功能要求，2021 年，市国动办联合市规划自然资源委，在广泛调查研究、认真总结实践经验、广泛征求意见的基础上，修编完成《平战结合人民防空工程设计规范》。2023 年，根据住建部强制性条文审查委员会的要求，编写组编写《平战结合人民防空工程设计规范》强制性条文实施要点说明，对标准中涉及的强制性条文的理由、实施要点等进行逐条说明，并报市市场监管局审批通过。

（陈庆瑜）

**【开展国动政务服务标准化调研】** 2023 年 4 月以来，市国动办按照《关于在全党大兴调查研究的工作方案》的总体部署以及市国动办“优化机关环境 提升服务素质本领”的工作要求，将全市各区级活动部门划分为五大片区，深入全市各区级国动部门政务服务一线和施工图审查单位开展调查研究和工作督导，通过查阅历史文件、听取工作汇报、片区交流研讨、深入走访窗口以及审批案卷督导等方式，了解北京市国动政务服务标准化相关情况和意见建议，并撰写调研报告。报告从制度建设、平台建设、服务窗口建设三方面对政务服务制度进行分析，剖析存在问题及原因，阐述优化北京市国防动员政务服务标准化建设的对策，为推动北京国动政务服务工作标准化建设提供了方向。

（赵翰文）

**【完成并发布标准配套设计图集】** 为提高北京市人民防空工程的设计水平和施工图编制质量，推动工程设计领域标准化发展，保证人防工程战时效能发挥，北京市国动办组织编制《北京市平战结合人民防空工程设计图集（人员掩蔽工程、人防物资库工程）》。组织召开《平战结合人民防空工程设计规范》配套标准设计图集编制方案研讨会，听取中国建筑标准设计研究院对新地方标准配套图集编制思路的汇报。目前，人员掩蔽工程和物资库工程标准设计图集的编制工作已完成，并于 2023 年 9 月正式印发。

（陈庆瑜）

## 标准化工作综述

（北京市建筑材料标准化技术委员会）

2023 年 8 月，GB/T 29730《冷热水用分集水器》修订编制组第三次工作会议于北京召开。30 多名专家建言献策、集思广益，进一步规范产品质量，引领行业转型升级。

2023 年 10 月 23 日，JJF（建材）198—2023《混凝土抗冻融试验装置校准规范》标准宣贯线上召开。

2023 年 11 月，建材行业标准《绿色建材评价　管材管件》塑料管材管件方向专题研讨会召开，20 多名专家参加。

2023 年 11 月 15 日，《绿色建材评价　热泵型新风环境控制一体机》标准编制组成立暨第一次工作会议举行。专家组根据汇报情况提出主要问题，各参编单位及专家对各章节内容进行热烈讨论。

（王柏彰）

# 城市管理

## 标准化工作综述

（北京市城市管理委员会）

2023年，北京市城市管理委员会深入贯彻《首都标准化发展纲要2035》，持续推进城市管理标准化建设，继续完善城市管理标准体系，坚持首善标准，以标准化助力城市管理重点任务落实，为实现首都城市治理体系和治理能力现代化提供支撑。

**一、坚持以落实《首都标准化发展纲要2035》为主线，落实北京市委市政府部署，聚焦城市管理重点领域标准制修订工作**

（一）完善城市运行安全标准

推进电、气、热、地下管线等城市基础设施标准研制，提升运行安全保障能力。启动《安全生产等级评定技术规范　第44部分：供热单位》等标准的修订立项，开展DB11/T 465—2015《燃气供应单位安全评价》、DB11/T 1322.18—2016《安全生产等级评定技术规范　第18部分　燃气供应企业》、DB11/T 1450—2017《管道燃气用户安全巡检技术规程》等标准修订，推进《油气管道高后果区识别管理规范》等标准制定，持续完善城市生命线工程的设计、建设和维护标准，提升首都基础设施建设和维护水平。

（二）完善节能低碳标准

完善供热、环卫等领域能耗限额和节能技术等标准，推动节能减排，促进城市运行绿色低碳转型发展。围绕节能低碳与循环化改造等方面，开展对地方标准DB11/T 1009—2013《供热系统节能改造技术规程》的复审，进一步发挥节能标准在推动技术进步、规范能源利用方式等方面的作用，引导相关单位采用技术水平高、能耗低的处理工艺。推进《家庭厨余垃圾生化处理能源消耗限额》等环卫标准制修订，约束环卫设施能耗，提高垃圾分类处理率和资源化率，减少温室气体的排放，对标“十四五”发展规划温室气体减排要求，促进绿色低碳发展。

（三）健全城市精细化管理标准

加强城市家具、背街小巷、架空线入地、箱体三化等市容景观标准制定，研究人居环境整治、安全隐患排查等城管执法管理、工作、队伍建设等标准制定，全面提升环境秩序保障水平。推进DB11/T 500—2016《城市道路公共服务设施设置与管理规范》的修订工作，服务城市道路公共服务设施精细化管理；推进《网格化城市管理系统　运行和管理》《网格化城市管理系统　数据要求》的制定工作，着力构建“一网多层、一体多维、一格多元”的全要素网格管理体系。

（四）健全智慧化管理标准

围绕智慧供热、城市管理大数据平台等方面，优化完善智慧城市管理相关标准体系。制定《供热系统智能化改造技术规程　第3部分：验收与评估》，推动供热运行调控模式加快转变、智慧供热应用示范，实现按需供热和精准供热。推进《城市管理大数据平台　第1部分：架构及接口规范》《城市管理大数据平台　第2部分：数据分级分类》等标准制定，实现智慧城市互联互通，防范各类技术风险，保障数字生态体系构建，为智慧城市建设发展提供标准支撑。

## 二、加强标准化工作机制建设

### （一）修订《北京市城市管理委员会标准化工作管理办法》

为落实《国家标准化发展纲要》《首都标准化发展纲要2035》《北京市标准化办法》等标准化工作相关政策要求，结合市城管委标准化工作需求，启动《北京市城市管理委员会标准化工作管理办法》修订工作，进一步明确职责，细化分工，形成审议稿。

### （二）印发市城市管理委《首都标准化发展纲要2035》三年行动计划表

明确《首都标准化发展纲要2035》中涉及市城市管理委职责分工的工作任务共11项。在征求各相关部门和行业专家意见的基础上，形成《北京市城市管理委落实〈首都标准化发展纲要2035〉三年行动计划表（2023—2025年）》，明确任务目标和工作措施共28项，涉及环境建设、市容景观、环境卫生、市政公用、能源运行等领域。

## 三、加强标准全生命周期管理

### （一）稳步推进标准制修订工作

聚焦城市管理重点领域标准制修订工作，依计划推进在编标准制修订项目，开展2024年标准制修订项目征集工作。

2023年，市城市管理委的45项地方标准制修订项目中，已发布DB11/T 1136—2023《城镇燃气管道翻转内衬修复工程施工及验收规程》等10项地方标准、报批《建筑垃圾消纳处置场所设置运行规范》等10项地方标准、送审《综合能源多表合一远传抄表监测系统　第1部分：通用要求》等9项地方标准，16项列入2023年标准制修订项目的编制工作已全面启动，各项目编制进展顺利。

### （二）做好地方标准复审工作，开展标准实施情况评估

组织开展地方标准的复审和实施效果评估工作，深入了解标准实施情况，按时反馈复审结果建议和实施情况报告。对涉及的46项地方标准开展复审，从相关法律法规变化、政策文件调整、科学技术发展、相关标准的发布实施情况等方面进行论证，顺利完成年度地方标准复审工作。对12项地方标准实施情况进行总结分析和效果评估，结果表明，各项标准的实施均达到预期效果。其中，出台配套政府文件6项，根据地方标准进行监督检查16115次，投入标准实施经费3272万元。各项标准成为行业管理的重要依据。

### （三）加大标准的宣贯培训

针对已经发布的标准，已举办DB11/T 2035—2022《供暖民用建筑室温无线采集系统技术要求》、DB11/T 2078—2023《建筑垃圾消纳处置场所设置运行规范》、DB11/T 2079—2023《电动自行车充电设施运营管理服务规范》等10项地方标准宣贯培训班，共计2000余人参加培训。

## 四、加强城市管理标准体系建设

2023年，动态更新标准体系明细表，梳理相关国家标准、行业标准、北京市地方标准、团体标准共2688项。开展城市运行“一网统管”标准体系研究，调研国内城市运行“一网统管”标准化发展现状，确定标准体系层次结构，梳理相关国家标准、行业标准、北京市地方标准141项。为提高北京城市精细化、智能化、标准化管理水平提供理论支撑，通过标准体系助力北京智慧城市建设，实现数据的互通共享。

# 标准化工作成果

（北京市城市管理委员会）

**【城市管理领域地方标准制修订任务顺利完成】** 2023年，依照计划扎实推进在编《燃

气供应单位安全评价》等45项地方标准制修订项目，编制工作进展顺利，成效明显。2023年共向市市场监管局送审《综合能源多表合一远传抄表监测系统 第1部分：通用要求》等9项标准，报批《建筑垃圾消纳处置场所设置运行规范》等10项。DB11/T 1136—2023《城镇燃气管道翻转内衬修复工程施工及验收规程》、DB11/T 2079—2023《电动自行车充电设施运营管理服务规范》等10项标准由市市场监管局发布。

（高　逾）

**【地方标准宣贯工作进展顺利】** 为保证市城市管理委归口发布的新地方标准的有效实施，组织开展DB11/T 2035—2022《供暖民用建筑室温无线采集系统技术要求》、DB11/T 2078—2023《建筑垃圾消纳处置场所设置运行规范》、DB11/T 2079—2023《电动自行车充电设施运营管理服务规范》等10项地方标准宣贯培训班，共计2000余人参加培训，为标准的顺利实施打下良好基础。

（高　逾）

**【召开北京市城市管理标准化技术委员会2022年全体委员大会】** 2023年3月21日，北京市城市管理标准化技术委员会秘书处组织召开了全体委员大会暨2022年工作总结。会议由市城市管理委科技信息处主持，市市场监管局标准化处相关领导出席会议并讲话。会上，标准化技术委员会做2022年度工作总结报告；相关委员对慢行交通系统标准化工作、相关委员对数字化城市管理标准工作进行分享交流；邀请北京市标准化研究院标准馆（标准数字中心）相关专家，围绕标准数字化支撑城市可持续发展进行培训交流。

（高　逾）

**【增补地方标准《城市道路多杆合一建设与管理规范》】** 市城市管理委及时协调市市场监管局，追加立项《城市道路多杆合一建设与管理规范》地方标准。本标准的制定符合超大城市治理目标，将直接应用于指导北京市“多杆合一”建设和管理工作，切实保障“多杆合一”建设与管理的规范性、标准性和可推广性。

（高　逾）

**【完成2023年度地方标准复审】** 2023年7月—9月，按照市市场监管局要求，开展《扫路机专业性能等级划分及评价》等46项地方标准复审工作。根据相关法律法规变化，相关国家标准、行业标准、地方标准发布及实施等情况，研提46项地方标准的复审建议，其中DB11/T 1576—2018《城市综合管廊运行维护规范》等10项地方标准建议修订，其余36项地方标准建议继续有效，顺利完成年度地方标准复审工作。

（高　逾）

**【完成2023年度地方标准实施情况评估】** 2023年9月，按照市市场监管局要求，开展DB11/T 527—2021《配电室安全管理规范》等12项地方标准实施的评估工作，从标准实施效果、实施措施等方面对标准实施情况进行总结分析和效果评估。结果表明，各项标准的实施均达到预期效果。其中，出台配套政府文件6项，根据地方标准进行监督检查16115次，投入标准实施经费3272万元。各项标准成为行业管理的重要依据。

（高　逾）

**【发布国内首个地方标准《可回收物体系建设管理规范》】** 地方标准DB11/T 2130—2023《可回收物体系建设管理规范》于2023年9月25日经市市场监管局批准发布，自2024年1月1日起实施。该标准是目前国内首个针对可回收物体系建设管理的地方标准，对可回收物交投点、中转站和再生资源分拣中心的设置、建设、设施设备、环保、安全、管理提出规范要求，对可回收物体系运输和信息管理作出详细规定。该标准突出安全环保管理，强化可回收物中转站、再生资源分拣中心低值可回收物回收功能，引领行业向安全规范、集约高效、绿色低碳的高质量方向发展。

（高　逾）

**【继续完善城市管理领域标准体系】** 2023 年 10 月，开展城市管理领域标准梳理工作。动态更新标准体系明细表，梳理相关国家标准、行业标准、北京市地方标准、团体标准共 2688 项。开展城市运行“一网统管”标准体系研究，调研国内城市运行“一网统管”标准化发展现状，研究确定标准体系层次结构，梳理相关国家标准、行业标准、北京市地方标准 141 项。

（高　逾）

**【修订《北京市城市管理委员会标准化工作管理办法》】** 2023 年 10 月，结合市城管委标准化工作需求，开展《北京市城市管理委员会标准化工作管理办法》修订工作，进一步明确职责，细化分工，形成审议稿。

（高　逾）

## 标准化工作综述

（北京市交通委员会）

2023 年，北京市交通委员会标准化工作深入贯彻全国交通运输工作会议精神，坚持稳中求进工作总基调，完整、准确、全面贯彻新发展理念，坚持以新时代首都发展为统领，以推动高质量发展为主题，以改革创新为驱动，坚持“以人为本”，着眼慢行优先、公交优先、绿色优先，着力优化供给、调控需求、强化治理，持续推进落实“十四五”交通发展建设标准规划，加快实现交通发展“三个转变”，加快构建综合、绿色、安全、智能的立体化现代化城市交通标准体系，以标准引领首都现代化的建设进程。

市交通委修订完善北京市交通标准体系，组织制修订的标准有 1 项行业标准、1 项京津冀区域地方标准和 17 项地方标准；完成 66 项地方标准复审、8 项地方标准的评估等工作。

## 标准化工作成果

（北京市交通委员会）

**【行业标准《城市轨道交通运力负荷评估规范》发布】** 2023 年 6 月 25 日，市交通委组织编制完成交通运输行业标准 JT/T 1469—2023《城市轨道交通运力负荷评估规范》，由交通运输部批准发布，2023 年 9 月 25 日实施。该标准规定城市轨道交通运力负荷评估的基本要求、评估指标体系、评估方法，适用于城市轨道交通运营线网、线路、车站的运力负荷评估，也可作为城市轨道交通服务质量监测、运营组织优化、既有线改造评估、新线建设评估的参考。

（刘　浩　高　勇）

**【地方标准《高速公路入口称重检测工程建设导则》发布】** 2023 年 10 月 10 日，市交通委组织编制完成京津冀区域地方标准 DB11/T 3038—2023《高速公路入口称重检测工程建设导则》，由市市场监管局发布，2024 年 1 月 1 日实施。该标准规定高速公路入口称重检测工程建设的布设，设施（设备）、收费广场和收费岛改造、安全设施相关技术要求，适用于京津冀地区高速公路入口称重检测设施的建设和改造。

（高　勇）

**【地方标准《道路工程混凝土结构表层渗透防护技术规范》发布】** 2023 年 3 月 30 日，市交通委修订的地方标准 DB11/T 2081—2023《道路工程混凝土结构表层渗透防护技术规范》由市市场监管局发布，2023 年 7 月

1 日实施。该标准规定汽车小修竣工出厂的通用要求、专项技术要求和质量保证，适用于小修竣工出厂的载客汽车和载货汽车，其他车辆可参照执行。

（高　勇）

**【发布地方标准《公路除雪融雪作业技术规程》】** 2023 年 3 月 30 日，市交通委编制修订的地方标准 DB11/T 2082—2023《公路除雪融雪作业技术规程》由市市场监管局发布，2023 年 7 月 1 日实施。该标准规定公路除雪融雪作业的一般要求、作业标准、除雪融雪准备、除雪融雪作业，适用于各等级公路的除雪融雪作业。

（高　勇）

**【发布地方标准《城市轨道交通疏散平台技术规范》】** 2023 年 3 月 30 日，市交通委编制的地方标准 DB11/T 2083—2023《城市轨道交通疏散平台技术规范》由市市场监管局发布，2023 年 7 月 1 日实施。该标准规定城市轨道交通疏散平台的设计、加工与检验、安装、施工质量验收、维修养护及更新改造等要求，适用于设计最高运行速度不大于 160km/h 的城市轨道交通疏散平台新建工程和改造工程。

（高　勇）

**【发布地方标准《收费公路联网收费系统　第 3 部分：通行介质技术要求与数据格式》】** 2023 年 6 月 25 日，市交通委修订编制的地方标准 DB11/T 1165.3—2023《收费公路联网收费系统　第 3 部分：通行介质技术要求与数据格式》由市市场监管局发布，2023 年 10 月 1 日实施。该标准规定收费公路联网收费系统通行介质中的 OBU（含 ETC 用户卡）、CPC 卡、纸质通行券的技术要求与数据格式，适用于收费公路联网收费系统的新建、改建和扩建项目。

（高　勇）

**【发布地方标准《收费公路联网收费系统　第 4 部分：拆分与结算》】** 2023 年 6 月 25 日，市交通委修订编制的地方标准 DB11/T 1165.4—2023《收费公路联网收费系统　第 4 部分：拆分与结算》由市市场监管局发布，2023 年 10 月 1 日实施。该标准规定分段计费条件下收费公路联网收费系统的拆分规则、结算规则、数据传输和存储要求，适用于北京市收费公路联网收费系统的拆分与结算。

（高　勇）

**【发布地方标准《城市道路空间非机动车停车设施设置规范》】** 2023 年 6 月 25 日，市交通委编制的地方标准 DB11/T 2112—2023《城市道路空间非机动车停车设施设置规范》由市市场监管局发布，2023 年 10 月 1 日实施。该标准规定城市道路空间内非机动车停车设施设置选址、布局、形式和附属设施的要求，适用于城市道路空间内非机动车停车设施的设置。城市道路空间外非机动车停车设施设置可参照执行。

（高　勇）

**【发布地方标准《城市轨道交通自动售检票系统技术规范　第 4 部分：操作界面》】** 2023 年 9 月 25 日，市交通委修订编制的地方标准 DB11/T 1164.4—2023《城市轨道交通自动售检票系统技术规范　第 4 部分：操作界面》由市市场监管局发布，2024 年 1 月 1 日实施。该标准规定城市轨道交通自动售检票系统所涉及的操作界面，包括通用界面、工作站界面、BOM 界面、TVM 维护界面、AG 维护界面，适用于城市轨道交通自动售检票系统操作界面的设计、建设、验收和运行管理。

（高　勇）

**【发布地方标准《城市轨道交通自动售检票系统技术规范　第 5 部分：车票处理单元》】** 2023 年 9 月 25 日，市交通委修订编制的地方标准 DB11/T 1164.5—2023《城市轨道交通自动售检票系统技术规范　第 5 部分：车票处理单元》由市市场监管局发布，2024 年

1月1日实施。该标准规定城市轨道交通自动售检票系统车票处理单元的基本要求、性能要求和其他要求，适用于城市轨道交通自动售检票系统车票处理单元的设计、生产、检测与应用。

（高　勇）

**【发布地方标准《城市轨道交通自动售检票系统技术规范　第6部分：票卡》】** 2023年9月25日，市交通委修订编制的地方标准DB11/T 1164.6—2023《城市轨道交通自动售检票系统技术规范　第6部分：票卡》由市市场监管局发布，2024年1月1日实施。该标准规定城市轨道交通自动售检票系统所使用的一票通车票产品的结构、物理特性、材料、几何尺寸、票卡芯片及感应线圈设计、电气性能和检验规则等要求，适用于城市轨道交通自动售检票系统IC芯片制作的一票通车票的设计、建设、验收和运行管理以及票卡产品的设计、制造、检验和管理。

（高　勇）

**【发布地方标准《市政交通一卡通系统技术规范　第1部分：总体要求》】** 2023年12月25日，市交通委修订编制的地方标准DB11/T 159.1—2023《市政交通一卡通系统技术规范　第1部分：总体要求》由市市场监管局发布，2024年4月1日实施。该标准给出市政交通一卡通系统的系统构成，并规定系统功能、安全、检测、性能指标、通信及传输、应用领域和交易模式的要求，适用于市政交通一卡通系统的设计、开发、检测、实施和运营。

（刘立勇）

**【发布地方标准《市政交通一卡通系统技术规范　第2部分：卡片》】** 2023年12月25日，市交通委修订编制的地方标准DB11/T 159.2—2023《市政交通一卡通系统技术规范　第2部分：卡片》由市市场监管局发布，2024年4月1日实施。该标准规定市政交通一卡通系统卡片的芯片要求、卡片特性、卡片封装、卡片指令和卡片应用的要求，适用于市政交通一卡通系统所使用的卡片设计、实施和运营。

（刘立勇）

**【发布地方标准《市政交通一卡通系统技术规范　第3部分：终端》】** 2023年12月25日，市交通委修订编制的地方标准DB11/T 159.3—2023《市政交通一卡通系统技术规范　第3部分：终端》由市市场监管局发布，2024年4月1日实施。该标准给出市政交通一卡通系统终端的分类，规定市政交通一卡通系统的终端要求，适用于市政交通一卡通系统终端的设计、开发、实施。

（刘立勇）

**【发布地方标准《市政交通一卡通系统技术规范　第4部分：移动支付系统》】** 2023年12月25日，市交通委修订编制的地方标准DB11/T 159.4—2023《市政交通一卡通系统技术规范　第4部分：移动支付系统》由市市场监管局发布，2024年4月1日实施。该标准给出市政交通一卡通系统移动支付系统的组成，规定安全单元、客户端软件、可信服务管理系统和基本业务的技术要求，适用于市政交通一卡通系统移动支付系统的设计、开发和实施。

（刘立勇）

**【发布地方标准《市政交通一卡通系统技术规范　第5部分：安全》】** 2023年12月25日，市交通委修订编制的地方标准DB11/T 159.5—2023《市政交通一卡通系统技术规范　第5部分：安全》由市市场监管局发布，2024年4月1日实施。该标准规定市政交通一卡通系统安全的通用技术要求，包括系统安全要求、终端安全要求、卡片安全要求、移动支付系统安全要求、交易安全要求、密钥管理及算法要求，适用于市政交通一卡通系统安全的设计、开发和实施。

（刘立勇）

**【发布地方标准《市政交通一卡通系统技术规范　第6部分：检测》】** 2023年12月25日，市交通委修订编制的地方标准DB11/T 159.6—2023《市政交通一卡通系统技术规范　第6部分：检测》由市市场监管局发布，2024年4月1日实施。该标准规定市政交通一卡通系统的卡片、终端、移动支付系统和集成检测的技术要求，适用于市政交通一卡通系统的检测。

（刘立勇）

**【发布地方标准《虚拟现实智能型汽车驾驶培训系统技术要求》】** 2023年12月25日，市交通委编制的地方标准DB11/T 2167—2023《虚拟现实智能型汽车驾驶培训系统技术要求》由市市场监管局发布，2024年4月1日实施。该标准规定虚拟现实智能型汽车驾驶培训系统的基本构成、教学课程、数据采集要求与效果评价，适用于小型汽车虚拟现实智能型汽车驾驶培训系统的设计、开发和应用。

（高　勇）

**【发布地方标准《城市轨道交通线路客流预测规范》】** 2023年12月25日，市交通委编制的地方标准DB11/T 786—2023《城市轨道交通线路客流预测规范》由市市场监管局发布，2024年4月1日实施。该标准规定城市轨道交通线路客流预测的一般要求以及客流预测资料、现状分析内容、客流预测模型、客流预测内容、客流敏感性分析、客流预测报告、客流预测后评估的要求，适用于城市轨道交通线路工程项目的工程可行性研究、工程初步设计阶段的客流预测及客流预测后评估工作，城市轨道交通线路工程改造、市域（郊）铁路、重大活动等专项线路客流预测工作可参照使用。

（刘立勇）

**【地方标准复审】** 2023年，按照《北京市市场监督管理局关于开展2023年北京市地方标准复审工作的通知》要求，完成DB11/T 657.1—2009《公共交通客运标志　第1部分：总则》等66项地方标准的复审工作。

（高　勇）

**【地方标准评估】** 2023年，按照《北京市市场监督管理局关于开展2023年北京市地方标准实施情况评估工作的通知》（京市监函〔2023〕73号）要求，完成DB11/T 596—2021《停车场（库）运营服务规范》等8项地方标准的评估工作。

（高　勇）

**【2023年度北京市交通标准化委员会参加北京市专业标准化技术委员会考核评估荣获优秀】** 市交通委行业监督处牵头负责的北京市交通标准化技术委员会参加市市场监管局开展2023年北京市专业标准化技术委员会评估工作，名列北京市20个标准化技术委员会中的第4名，评估成绩优秀。

（高　勇）

## 标准化工作综述

（北京市水务局）

2020年，为推动北京市全社会节水，健全节水地方标准体系，北京市水务局会同市市场监管局启动实施百项节水标准规范提升工程，于2023年年底全部圆满完成。利用3年时间，北京市制修订节水标准91项，包括44项用水定额标准（涉及44个行业类别173个产品定额值）18项节水评价规范，18项节水技术规范，9项节水管理规范和2项节水运行规范，形成覆盖全市生活服务业、工业、建筑业、农业等各领域和各用水环节的节水标准体系，广泛应用于水资源论证、取水许可审批、计划用水和定额管理、节水评价、节水载体创建、水效对标达标等工作中，为推动节水型社会建设、促进北京市绿色高质量发展奠定夯实基础。

（赵　芮　赵紫萱）

# 公共服务

## 标准化工作综述

（北京市文化和旅游局）

2023 年，按照北京市委、市政府指示精神，以及《首都标准化委员会〈关于推动首都高质量发展标准体系建设实施方案〉的通知》《2023 年北京市标准化工作要点》等文件要求，北京市文化和旅游局加强文化和旅游标准化建设，先后发布 DB11/T 3036—2023《京津冀自驾驿站服务规范》、DB11/T 744—2023《一日游服务质量要求》等 9 项标准，推动建设文化和旅游标准化试点，为北京文化和旅游行业高质量发展及服务水平提升提供标准技术支撑。

**一、加强标准制修订工作，助推文化和旅游规范化服务水平提升和高质量发展**

（一）标准制修订工作成果显著

2023 年共发布 9 项文化旅游地方性标准，即 DB11/T 3036—2023《京津冀自驾驿站服务规范》、DB11/T 744—2023《一日游服务质量要求》、DB11/T 1242—2023《“北京礼物”旅游商品店基本要求及评定》、DB11/T 2119—2023《文化旅游体验基地评定规范》、DB11/T 1268—2023《文化场馆能源消耗定额》、DB11/T 2138—2023《旅行社信用评价规范》、DB11/T 2139—2023《职业信用评价规范　导游》、DB11/T 187—2023《旅游星级饭店服务质量要求》、DB11/T 1058—2023《主题酒店等级划分与评定规范》，加速行业标准化建设进程，为提升行业规范化服务水平提供标准保障。

（二）做好 2023 年度文化和旅游标准制修订项目立项工作

按照市市场监管局通知精神和《北京市地方标准管理办法》的要求，在征求市文化和旅游局相关业务处室和有关单位意见基础上，研究制定 2023 年度文化和旅游标准制修订计划并完成立项工作，立项地方标准 2 项，包括制定标准 1 项，修订标准 1 项。其中，标准制定项目《帐篷露营地设施与服务规范》，是在市文化和旅游局会同市市场监管局等 13 部门共同出台《关于规范引导帐篷露营地发展的意见（试行）》的基础上，为更好地引导帐篷露营地经营者和从业人员从规划选址、设施配置、服务优化等多个角度规范露营经营服务而申请立项的，通过该标准的制定，旨在促进北京露营旅游休闲新业态的发展，满足市民和游客的休闲露营需求。

（三）继续协调推进已立项标准制修订工作

《帐篷露营地设施与服务规范》《中医药文化旅游基地设施与服务要求》《旅行社服务网点服务要求》3 个项目已完成工作稿论证，在准备初审阶段；《经济型酒店设施与服务规范》《旅游饭店温泉设施与服务规范》《住宿业风险评估规范》《旅游咨询服务中心设置与服务规范》4 个项目已完成初审，正在征求意见阶段；《旅游咨询服务中心设置与服务规范》已完成征求意见，在准备送审阶段。

（四）加强国家标准、行业标准、京津冀标准等重要标准制修订工作

市文化和旅游局牵头制定的、全国首个区域自驾旅游服务标准《京津冀自驾驿站服务规范》已发布，由京津冀三地共同组织实施。国家标准《旅行社服务网点服务规范》正申请修订立项；行业标准 LB/T 084—2022《出境旅游领队服务规范》已发布实施。

（五）加强标准制修订工作技术指导

组织召开文化旅游地方标准制修订工作会，要求标准制修订业务处室和标准编制组人员参加会议，介绍文化旅游地方标准制修订工作情况和标准制修订过程中需要注意的事项，对下一步标准制修订工作时间节点提出明确要求。邀请专家讲解地方标准制修订基础知识、标准编写软件使用方法、地方标准制修订技术要求等内容，帮助解决各标准编制单位在标准制修订过程中存在的问题。

**二、推动标准化试点建设，发挥示范引领作用**

（一）持续开展市级文化和旅游标准化试点建设工作

按照工作安排，市文化和旅游局会同市市场监管局开展 2023 年市级文化和旅游标准化试点建设工作。经过各区推荐、专家评审、实地考察等环节，最后共有 5 家单位入选 2023 年市级文化和旅游标准化试点项目。此次入选的 5 家单位，涵盖行业主体多样，传统业态和新业态并举，希望通过试点建设，为行业标准化推广应用提供更多标杆示范。

（二）标准化示范单位标准应用工作取得明显成效

按照文旅部《关于征集全国文化和旅游标准化示范典型经验的通知》要求，市文化和旅游局对全国第一至四批旅游标准化示范单位进行梳理汇总，向文化和旅游部推荐示范典型单位。经过文化和旅游部评审，北京市颐和园管理处、中国旅游集团旅行服务有限公司 2 家单位的标准化工作经验入选全国文化和旅游标准化示范典型经验名单。

（三）推动国家级服务业标准化试点项目建设工作

根据国家标准化管理委员会和市市场监管局相关文件通知要求，2021 年市文化和旅游局推荐的美团互联网 + 旅游服务标准化试点项目，经过 2 年建设，完成试点任务，于 2023 年 9 月 12 日顺利通过国家标准化管理委员会和市市场监管局验收。2022 年市文化和旅游局推荐的北京欢乐谷文化娱乐主题公园服务标准化试点项目，已通过国家级服务业标准化试点项目立项，正在按任务计划建设中。

**三、加强标准化管理，提升行业管理水平**

（一）做好地方标准实施效果评估工作

组织对 DB11/T 1925—2021《旅行社地接服务规范》、DB11/T 665—2021《工业旅游区（点）服务基本要求》2 项地方标准进行调查统计和分析，测算评估标准实施效果，提出下一步工作方向。

（二）是做好地方标准复审工作

组织对《乡村旅游特色业态标准及评定》系列标准、《住宿企业服务质量要求与评价》等 22 项标准进行复审，按照单位推荐、形式审查、专家审核等程序，形成 22 项标准的复审结果建议。

（三）加强标准宣贯工作

为贯彻落实党中央、国务院以及市委、市政府关于质量工作决策部署，加强全市文化和旅游市场信用体系建设，促进旅游市场主体诚信经营，对年内发布的 DB11/T 2138—2023《旅行社信用评价规范》、DB11/T 2139—2023《职业信用评价规范　导游》2 项地方标准进行了宣贯。

（四）做好标准日常意见征集

2023年来，市文化和旅游局先后进行文化和旅游部关于国家标准、行业标准立项项目的征集，以及对《文化和旅游标准化工作管理办法》《北京市标准化办法》等意见的征集，均按照要求反馈意见。

## 标准化工作成果

（北京市文化和旅游局）

**【实施行业标准《出境旅游领队服务规范》】** LB/T 084—2022《出境旅游领队服务规范》于2023年3月29日实施，规定出境旅游领队的术语和定义、职责、服务要求和服务质量改进要求。该标准促进旅行社整体服务流程完整化、标准化、规范化，提高旅行社和从业领队人员服务水平，增强领队服务意识和服务能力。

**【2家单位入选全国文化和旅游标准化示范典型经验名单】** 经市文化和旅游局推荐、文化和旅游部评审，北京市颐和园管理处、中国旅游集团旅行服务有限公司的标准化工作经验入选全国文化和旅游标准化示范典型经验名单。

**【美团互联网+旅游服务标准化试点项目通过验收】** 由市文化和旅游局推荐的美团互联网+旅游服务标准化试点项目经过2年建设，于2023年9月12日顺利通过市市场监管局验收。

**【公布5家市级文化和旅游标准化试点项目】** 市文化和旅游局会同市市场监管局继续开展市级文化和旅游标准化试点工作，经各区推荐、专家评审、实地考察等环节，5个申报项目入选2023年市级文化和旅游标准化试点项目，分别是：北京石光长城民宿服务文化和旅游标准化试点、北京顺鑫农业牛栏山酒厂工业旅游服务文化和旅游标准化试点、北京金蜗牛露营服务文化和旅游标准化试点、北京万商花园美居会议型酒店服务文化和旅游标准化试点、北京世园公园旅游度假区服务文化和旅游标准化试点。

**【发布地方标准《京津冀自驾驿站服务规范》】** 由市文化和旅游局牵头组织制定的DB11/T 3036—2023《京津冀自驾驿站服务规范》于2023年9月1日发布并实施。该标准规范京津冀自驾驿站提供的停车、休息、补给、餐饮、住宿和信息化基本服务要求，并因地制宜提出诸如观景瞭望、文化展示、设备租赁、宠物托管等特色服务要求。

**【发布2项文化和旅游行业信用地方标准】** 北京市文化和旅游局在全市率先制定行业信用标准。2023年9月25日，市文化和旅游局完成DB11/T 2139—2023《职业信用评价规范　导游》和DB11/T 2138—2023《旅行社信用评价规范》2项标准的制定。2项标准分别规定导游和旅行社信用评价的基本原则和评价方法，对开展信用评价、实施信用监管提供依据。

**【完成22项标准复审工作】** 2023年，按照市市场监管局文件通知，市文化和旅游局对《乡村旅游特色业态标准及评定》系列标准、《住宿企业服务质量要求与评价》等22项达到复审年限的标准开展复审，最终形成复审结果建议并反馈市市场监管局。

**【完成2项标准实施评估】** 2023年，市文化和旅游局对实施满1年的DB11/T 1925—2021《旅行社地接服务规范》、DB11/T 665—2021《工业旅游区（点）服务基本要求》2项地方标准开展实施评估，按期完成实施情况报告并反馈市市场监管局。

【提出 8 项标准立项申请】 2023 年 10 月，市文化和旅游局向市市场监管局提出 2024 年度共 8 项标准的立项申请。其中，《社会旅馆设施与服务规范》为制定项目，DB11/T 1322《安全生产等级评定技术规范》（所有部分）等 7 项标准为修订项目。

## 标准化工作综述

（北京市卫生健康委员会）

2023 年，北京市卫生健康委员会深入贯彻习近平新时代中国特色社会主义思想和党的二十大精神，以《中华人民共和国标准化法》和《北京市标准化办法》为指导，全面落实《“健康北京 2030” 规划纲要》《首都标准化发展纲要 2035》，多措并举，进一步推动北京市卫生健康标准化工作实现新突破。

**一、推动首都高质量发展的标准体系建设情况**

2023 年 9 月 18 日，在第 54 届世界标准日来临之际，围绕“标准塑造美好生活”主题，市卫生健康委与市市场监管局联合发布《北京市卫生健康标准体系建设实施意见》，初步构建包括基础通用、卫生健康管理、公共卫生服务、医疗卫生服务、卫生应急与重大活动保障、中医药等 6 个子体系的卫生健康标准体系框架，建立卫生标准数据库，收集汇总相关卫生健康标准 2516 项，其中，国家标准 279 项、行业标准 1156 项、地方标准 75 项、团体标准 1006 项。实施意见的发布标志着北京市卫生健康标准体系建设取得重大突破。

**二、组织制定地方标准及推进京津冀地方标准情况**

2023 年，市卫生健康委完成了 8 项卫生健康地方标准的制修订工作，其中 7 项已经获得市市场监管局批准发布，包括 DB11/T 1291—2023《卫生应急一次性防护用品使用规范》、DB11/T 2086—2023《儿童早期发展健康服务规范》、DB11/T 2118—2023《社区卫生服务机构老年健康教育服务规范》、DB11/T 2117—2023《专项体检服务规范　征兵体检》、DB11/T 2137—2023《宫颈癌筛查质量控制技术规范》、DB11/T 1866—2023《重症医学数据集　患者数据》、DB11/T 2136—2023《婴幼儿托育机构服务规范》。

DB11/T 1291—2023《卫生应急一次性防护用品使用规范》提出卫生应急处置中一次性防护用品的防护分级、用品选择和使用要求，规范卫生应急工作人员个人防护操作，有效降低处置人员感染风险，对应急处置工作具有科学指导意义。DB11/T 2118—2023《社区卫生服务机构老年健康教育服务规范》是全市首个区级单位作为主要起草单位主导制定卫生健康领域地方标准的典范。该标准填补社区卫生服务机构老年健康教育服务的空白，对促进公共卫生服务均等化、实施积极应对人口老龄化国家战略、促进国际一流和谐宜居之都建设具有重要意义。

2023 年 9 月底，市卫生健康委启动 2024 年卫生健康地方标准项目征集工作，共收到各级医疗机构和直属单位申报的立项申请 83 项，经市卫生健康委初步审查并报委主要领导批准，确定向市市场监管局申报 33 个项目（其中，一类项目 23 项，二类项目 10 项），系统申报工作已全部按照要求完成。

**三、参与制定国家标准、行业标准、团体标准情况**

北京市公共卫生标准化技术委员会成员单位主持制修订国家标准 5 项；主持制修订卫生行业标准 9 项；主持制修订团体标准 23 项。

**四、监督检查或评价国家标准、行业标准和地方标准实施情况**

2023年，按照市市场监管局要求，市卫生健康委对DB11/T 1863—2021《医疗机构保洁服务规范》、DB11/T 1933—2021《人乳库建立与运行规范》、DB11/T 1865—2021《医务人员传染病个人防护技术规范》等11项卫生健康地方标准组织开展实施效果评价，市卫生健康委及各标准编制单位共计投入实施经费108.2万元，召开标准宣贯会29场，累计培训1万余人次，监督检查3319次。

2023年，北京市疾病预防控制中心完成2项卫生行业标准评估工作，包括GBZ/T 201.2—2011《放射治疗机房的辐射屏蔽规范 第2部分：电子直线加速器放射治疗机房》和GBZ/T 201.3—2014《放射治疗机房的辐射屏蔽规范 第3部分：γ射线源放射治疗机房》；立项3项卫生行业标准评估，包括GBZ/T 201.5—2015《放射治疗机房的辐射屏蔽规范 第5部分：质子加速器治疗机房》、GBZ/T 201.4—2015《放射治疗机房的辐射屏蔽规范 第4部分：锎-252中子后装放射治疗机房》、GB/T 16141—1995《放射性核素的α能谱分析方法》。

**五、组织开展标准化试点示范工作情况**

2023年10月9日，市卫生健康委组织北京市公共卫生标准化技术委员会成员单位到丰台区方庄社区卫生服务中心，参观学习“互联网+健康服务”标准化试点成果。为推动各项国家级社会管理和公共服务综合标准化试点项目顺利推进，市卫生健康委于2023年9月22日召开国家级综合标准化试点项目工作交流会。分别承担第7、8、9批国家级社会管理和公共服务综合标准化试点项目的首都医科大学宣武医院、首都医科大学附属北京地坛医院、首都医科大学附属北京世纪坛医院在会上进行交流，市市场监管局、市标准化研究院的领导、专家分别对各个项目的特点、目前存在的问题和下一步的工作重点进行专业指导。2023年11月28日，首都医科大学附属北京地坛医院传染病医疗服务标准化试点项目顺利通过市市场监管局组织的中期评估。

2023年10月11日，丰台区社区卫生服务管理中心联合区市场监管局、区疾病预防控制中心组织召开2023年度世界标准日暨丰台区“互联网+老年健康”基本公共服务标准体系成果推广培训会，发布、解读《丰台区“互联网+老年健康”基本公共服务标准体系》、地方标准DB11/T 2118—2023《社区卫生服务机构老年健康教育服务规范》和《丰台区智慧家医工作室（巡诊）报备及建设标准》等一系列国家基本公共服务标准化试点项目成果。市市场监管局、市卫生健康委、市疾病预防控制中心参加推广培训会，并对新发布的《北京市卫生健康标准体系建设实施意见》进行解读宣传。

2023年，市疾病预防控制中心组织申报中国疾病预防控制中心公共卫生领域卫生健康标准化试点项目并立项，同时组织开展2022年立项的公共卫生领域卫生健康标准化试点项目。

**六、标准化宣传培训情况**

2023年9月25日，市卫生健康委组织召开2023年北京市卫生健康标准工作培训会。北京市中医局、医管中心、老龄协会、北京各三级医院、北京市公共卫生标准化技术委员会各成员单位、各区卫生健康委员会、各区疾病预防控制中心和各新立项地方标准编制单位共计200余人参加培训。培训会上，国家卫生健康委员会法规司标准处陈广刚副处长做题为“卫生健康标准化工作概述与地方卫生健康标准化工作重点”的专题授课，市标准化研究院相关专家就“地方标准管理”进行专题授课，重点讲解新立项申报的注意事项，并结合具体事例对各个标准编制单位进行专项指导。

## 标准化工作成果

（北京市卫生健康委员会）

**【联合发布卫生健康标准体系建设实施意见】** 2023年9月18日，市卫生健康委与市市场监管局联合发布《北京市卫生健康标准体系建设实施意见》，初步构建包括基础通用、卫生健康管理、公共卫生服务、医疗卫生服务、卫生应急与重大活动保障、中医药等6个子体系的卫生健康标准体系框架，建立卫生标准数据库，收集汇总相关卫生健康标准2516项，并于2023年10月11日在北京市丰台区世界标准日活动现场进行解读宣传。

（况海涛　高建华）

**【征集卫生健康地方标准】** 2023年9月，市卫生健康委启动2024年卫生健康地方标准项目征集工作，共收到各级医疗机构和直属单位申报的立项申请83项，经市卫生健康委初步审查并报委主要领导批准，确定向市市场监管局申报33个项目（其中，一类项目23项，二类项目10项），系统申报工作已全部按照要求完成。

（况海涛　贾佩瑾）

**【制修订卫生健康地方标准标准】** 2023年，市卫生健康委完成8项卫生健康地方标准的制修订工作，其中，DB11/T 1291—2023《卫生应急一次性防护用品使用规范》、DB11/T 2086—2023《儿童早期发展健康服务规范》、DB11/T 2118—2023《社区卫生服务机构老年健康教育服务规范》、DB11/T 2117—2023《专项体检服务规范　征兵体检》等7项已经获得市市场监管局批准发布。

（况海涛　高建华）

**【召开卫生健康标准工作培训会】** 2023年9月25日，市卫生健康委组织召开2023年北京市卫生健康标准工作培训会。培训会上，国家卫健委法规司和市标准化研究院专家针对卫生健康标准化工作与地方卫生健康标准化工作重点和管理等内容进行讲授。市中医局、市医管中心、市老龄协会、各三级医院、公共卫生标准化技术委员会各成员单位、各区卫生健康委员会、各区疾病预防控制中心和各新立项地方标准编制单位共计200余人参加培训。

（况海涛　贾佩瑾）

**【卫生健康地方标准复审】** 2023年，市卫生健康委对14项卫生健康地方标准开展复审，复审结果为DB11/T 1498—2017《卫生应急样本采集技术规范》、DB11/T 1554—2018《非医疗机构放射性作业职业病危害防护管理规范》2项申请修订，其余12项继续有效。

（况海涛　王小舫）

**【发布国内首项征兵体检服务标准】** DB11/T 2117—2023《专项体检服务规范　征兵体检》是国内首项征兵体检服务标准，该标准规定开展征兵体检服务的基本要求、服务要求、安全要求和质量控制要求，适用于开展征兵体检服务的医疗机构。该标准实施后将进一步推动北京市乃至全国征兵体检服务水平的提升，为服务国防建设、促进军民融合贡献首都智慧和首都模式。

（况海涛　高建华）

**【率先发布《婴幼儿托育机构服务规范》】** DB11/T 2136—2023《婴幼儿托育机构服务规范》重点解决北京市婴幼儿托育机构服务质量不统一、环境与设施设备不规范、服务缺乏有效评价等问题，从制度要求、人员及配备、安全、卫生与健康四个方面提出基本要求，在全国率先对托育机构的建设要求、服务内容、服务流程、评价及改进进行规范，为首都托育事业的发展提供制度保障，对更好地引导托育机构规范化建设及托育行业健康发展具有重要现实意义。

（况海涛　高建华）

【**国内首项宫颈癌筛查质量控制技术规范**】 作为国内首项宫颈癌筛查质量控制技术规范，DB11/T 2137—2023《宫颈癌筛查质量控制技术规范》的发布将进一步规范宫颈癌筛查工作，提高疾病检出率并减少漏诊率，保障妇女获得高质量的筛查服务，对提升首都宫颈癌筛查工作水平、助力早日实现消除宫颈癌的目标具有重要意义。

（况海涛　高建华）

【**成立北京中医药标准化发展研究中心**】 为进一步推动北京市中医药标准化进程，市中医局与中国标准化研究院联合成立"北京中医药标准化发展研究中心"，负责统筹协调中医药地方标准制修订工作，为今后一段时期中医药标准化发展提供总体支撑。

（况海涛　高建华）

## 标准化工作成果

（北京市药品监督管理局）

【**开展疫苗检验检测和批签发能力建设**】 2023 年，完成 13 价肺炎球菌多糖结合疫苗（破伤风类毒素 / 白喉类毒素）、23 价肺炎球菌多糖疫苗、ACYW135 群脑膜炎球菌多糖疫苗、神州细胞新冠重组疫苗、鼻喷流感病毒载体新冠肺炎疫苗、百白破疫苗等对应项目的 CMA 与 CNAS 扩项工作。目前具备 8 大类 28 个品种的全项检验参数，提前实现对北京市所有在产疫苗（21 个品种）的检验参数能力全覆盖，实现北京市主要在产疫苗品种检验检测能力的全覆盖。2023 年，新获得 Sabin 株脊髓灰质炎灭活疫苗与甲型肝炎灭活疫苗国家批签发授权，并于 2023 年 10 月起正式承担批签发工作。

（市药检院）

【**组织参与 IEC/SC62C 国际标准讨论会议**】 2023 年，全国医用电器标准化技术委员会放射治疗、核医学和放射剂量学设备分技术委员会（SAC/TC10/SC3）秘书处组织中国专家参与国际对口组织国际电工委员会放射治疗、核医学和放射剂量学设备分技术委员会（IEC/SC62C）WG1（放射治疗领域工作组）、WG2（核医学领域工作组）及 JWG5（与 IEC/TC45、ISO/TC 85/SC2 相关的放射性核素校准器的联合工作组）标准线上讨论会议 9 次，达 18 人次，讨论 5 项国际标准项目，其中，IEC 63465 ED1、IEC 60601-2-93 ED1 为中国专家参与制定的国际标准项目。

（王雨欣）

【**组织专家参与 IEC 60601-2-93 国际标准项目制定**】 2023 年，全国医用电器标准化技术委员会放射治疗、核医学和放射剂量学设备分技术委员会（以下简称放疗标委会）秘书处组织相关中国专家参加对口国际组织 IEC/SC62C 所属 WG1 放射治疗工作组线上系列标准讨论会议 6 次。会上对 IEC 60601-2-93（硼中子俘获治疗设备基本性能和基本安全要求）国际标准草案进行讨论。IEC/SC62C 提出硼中子俘获治疗设备国际标准提案，为推进中国标准化工作接轨国际最新技术，在国际标准化工作中发出中国声音，放疗标委会成功推荐相关中国专家加入，实质性参与该领域国际标准起草工作，推动中国放疗领域新设备新技术的国际标准化工作迈向更高台阶。

（王雨欣）

【**北京市医疗器械检验研究院参加 IEC/PC 130 首次全体会议**】 2023 年 11 月 30 日，北京市医疗器械检验研究院（北京市医用生物防护装备检验研究中心）参加国际电工委员会医用低温存储设备项目委员会（IEC/PC 130）首次全体会议，来自中国、德国、日本、芬兰、英国等国 25 名专家参加网络会议。IEC/PC 130 主要围绕医疗实践和医学研究中用于存储试剂、药剂、疫苗、生物组织等的冷藏冷冻存储设备开展标准化工作。会议讨论IEC/PC 130的工作范围、标准体系构建、潜在标准项目建议、建立联络关系等多项议题并形成决议。由中国提出的《医用低温存储设备——名词和术语》《医用低温冷藏冷冻箱——性能要求和试验方法》2项新标准项目建议获得各国专家认可；并同意第二届IEC/PC 130全体会议由中国承办。

（任新颖）

**【《首都标准化战略纲要2023》《北京市标准化办法》宣贯】** 2023年以来，北京市药品检验研究院结合全民素质科普日、化妆品安全宣传周、药品安全质量月、全国安全用药月等主题开放日活动，在业务大厅、科普展厅等显著位置播放关于《首都标准化发展纲要2035》《北京市标准化办法》宣传海报、视频，为观众宣讲相关内容，使法规制度深入人心。

（韩　蓓）

**【北京市医疗器械检验研究院举办医疗器械标准宣贯】** 2023年9月19日—22日，北京市医疗器械检验研究院联合体外诊断（SAC/TC 136）、放射治疗（SAC/TC 10/SC3）和医用实验室安全（SAC/TC 338/SC1）三个归口标准化技术委员会，围绕"增强质量意识　推进高质量发展"的主题，组织举办医疗器械标准宣贯周线上培训会。培训活动共4场主题，涉及归口医疗器械标准25项，来自全国医疗器械监管、检测、科研、生产等相关领域的3600余名从业者通过视频参加培训。国家标准委、国药局医疗器械标管中心领导出席活动，对标准化政策进行授课；来自科研院所、相关企业、中检院和市器检院等多名专家作为标准主要起草人，对归口医疗器械标准进行宣贯解读。

（李悦菱）

**【北京市医疗器械检验研究院赴中国计量院学习交流标准化工作】** 2023年10月，北京市医疗器械检验研究院组织30余名检验骨干工程师赴中国计量科学研究院昌平实验基地学习交流。根据实际需要，市器检院此次交流活动精准对接计量院的医用加速器、质谱研发、电磁兼容、时间频率、声学等与医疗器械密切相关的重点实验室，近距离观察先进检测仪器设备和检验过程，计量院各实验室技术人员对专业实验室业务领域范围进行深入介绍，并对相关产品研发、工装设计、工作原理、标准中的计量和检验方法进行详细讲解。在交流中，市器检院工程师踊跃提问，双方就如何保证产品安全有效等共性问题展开有针对性的讨论，取得良好的交流效果，提高员工加强检测安全和标准管理的工作意识，将以更高标准做好医疗器械检验能力建设和检验检测服务工作。

（李悦菱）

## 标准化工作成果

（北京市体育局）

**【创建43个全民健身示范街道和体育特色乡镇】** 2023年，市体育局以加强街乡基层体育工作为重点，贯彻《全民健身示范街道建设规范》《体育特色乡镇建设规范》地方标准，创建43个全民健身示范街道和体育特色乡镇，超额完成市政府重要民生实事项目。创建工作全面提升街道、乡镇在全民健身组织网络建设、场地设施配置、休闲活动开展、群众赛事组织、科学健身指导、文化宣传等方面能力和水平，强化基层全民健身工作治理创新化、建设规范化、管理精细化和服务精准化，推动体育基本公共服务在地区、城乡和人群间的均等化。

（北京市体育局群众体育处）

## 标准化工作成果

（北京市民政局）

**【召开地方标准《老年人家居环境适老化改造服务规范》启动会】** 2023年4月10日，市民政局组织召开地方标准《老年人家居环境适老化改造服务规范》启动会。市民政局养老工作处、标准与信息化处、北京市标准化研究院服务业标准化研究中心、中国建筑设计研究院适老建筑实验室、中国标准化研究院服务标准化所、北京康养集团产业发展中心等单位专家受邀参会。标准编制组汇报标准研究内容、工作大纲、进度计划和分工，与会专家对标准的内容进行讨论，就标准的技术内容及与相关标准的协调性提出意见和建议。

（北京市民政局）

**【北京市养老服务标准化技术委员会举办“老龄友好智慧环境”主题论坛】** 2023年4月10日，北京市养老服务标准化技术委员会联合中国电子工程设计院有限公司组织召开“老龄友好智慧境·开放论坛—家居环境适老化改造”主题论坛。北京市标准化研究院、北京市科学技术研究院、北京健康养老集团有限公司、中国轻工业信息中心、北京互感信息技术有限公司等单位专家参会。本次论坛就“量身定制的适老化改造的概念实践经验和效果”“服务工程方法和老年服务适老性测试”“居家养老服务数智化领域的研究与实践”等主题开展分享交流，为地方标准《老年人家居环境适老化改造服务规范》的编写提供方向和思路。本次论坛后邀请与会专家体验智慧养老场景，观摩智慧养老、智能家居、智慧医疗、认知友好标识等方面的技术和应用，并对部分适老化产品和应用进行现场试用。

（北京市民政局）

**【广州市社会福利院赴北京市第二儿童福利院研讨交流标准化工作】** 2023年4月21日，广州市社会福利院到北京市第二儿童福利院参观调研，并就福利机构标准化建设情况开展座谈交流。调研人员实地参观孤残儿童生活区、特教学校等重点业务部门，详细了解北京第二儿童福利院在孤残儿童养育、教育等方面的服务工作开展情况。听取北京第二儿童福利院相关领导关于标准化工作开展情况的介绍，双方就福利机构服务管理模式及标准化建设工作进行深入交流和探讨。双方表示，今后将进一步加强交流与沟通，共同促进福利机构标准化建设工作的科学发展和服务保障水平的提升。

（北京市第二儿童福利院）

**【长沙市第二社会福利院赴北京市第二社会福利院学习考察标准化工作】** 2023 年 5 月 8 日，长沙市第二社会福利院学习考察组一行 6 人到北京市第二社会福利院调研交流。学习考察组实地参观康养综合服务区及休养七区，了解休养员日常照护管理模式、活动开展情况及服务成果。双方就两地福利机构业务工作开展、标准化工作及人才队伍建设进行座谈交流。学习考察组表示，通过此次参观交流，对管理模式及服务理念有很好的启发，并对北京市第二社会福利院发挥行业引领作用给予高度评价。

（北京市第二社会福利院）

**【北京市第二福利院在第十一届全国民政行业职业技能竞赛孤残儿童护理员赛项中荣获佳绩】** 2023 年 5 月 24 日—26 日，在第十一届全国民政行业职业技能竞赛孤残儿童护理员赛项上，经过激烈角逐，北京市第二社会福利院焦丽荣获孤残儿童护理员赛项职工组一等奖，汪德群荣获优秀教练奖。

（北京市第二社会福利院）

**【参加地方标准《养老机构预防感染与控制规范》审查会】** 2023 年 5 月 24 日，市市场监管局组织召开地方标准《养老机构预防感染与控制规范》审查会。来自标准化、养老服务、疾病预防控制等领域的 7 位专家参加审查，市卫生健康委员会、市民政局有关人员列席会议。与会专家听取地方标准《养老机构预防感染与控制规范》（送审稿）的编制情况汇报，对标准的框架内容、重点事项和主要内容等进行全面审查。该标准的修订将为养老机构预防感染、控制感染提供技术支撑，对提高养老机构风险防控能力具有重要意义。

（北京市民政局）

**【丰台区举办养老机构服务标准体系构建指南专题培训】** 2023 年 7 月 7 日，丰台区民政局在丰台区养老服务指导中心举办养老机构服务标准体系构建指南专题培训。北京市标准化研究院服务业标准化研究中心主任、国际标准化组织老龄化社会技术委员会（ISO/TC 314）国内技术对口工作组专家，围绕养老标准化工作要求、养老机构建立标准体系的必要性和实用性、标准化实践案例及工作建议四个方面详细解读地方标准 DB11/T 303—2022《养老机构服务标准体系构建指南》。

（北京市民政局）

**【参加地方标准《养老志愿服务管理规范》审查会】** 2023 年 7 月 14 日，市市场监管局组织召开地方标准《养老志愿服务管理规范》审查会，市市场监管局、市民政局、北京市标准化研究院、北京志愿服务发展研究会、北京师范大学、北京市第一社会福利院、北京诚和敬投资有限责任公司等单位相关工作负责人参加审查会。与会专家一致同意标准通过审查，同时对标准提出修改意见，并建议标准起草单位按照专家意见进行修改后，形成报批稿，尽快报批。

（北京市民政局）

**【北京市第二儿童福利院通过国家级服务业标准化试点项目验收】** 2023 年 8 月 24 日，受国家标准化管理委员会委托，市市场监管局邀请标准化专家组成考核评估组，对“北京市第二儿童福利院养教服务标准化试点”项目进行现场考核评估。考核评估组听取试点单位有关试点工作开展情况的汇报、查阅标准化工作资料、查看服务现场，并与试点单位进行交流。考核评估综合得分98分，专家组一致同意通过考核评估。

（北京市第二儿童福利院）

**【八宝山殡仪馆通过国家级服务业标准化试点项目验收】** 2023 年 8 月 31 日，受国家标准化管理委员会委托，市市场监管局邀请标准化专家组成考核评估组，对“北京市八宝山殡仪馆殡仪服务标准化试点”项目进行现场考核评估。考核评估组听取试点单位有关试点工作开展情况的汇报、查阅标准化工作资料、查看服务现场，并与试点单位进行交流。考核评估综合得分 98.7 分，专家组一致同意通过考核评估。

（北京市八宝山殡仪馆）

**【国家标准《居家养老上门服务基本规范》发布】** 2023 年 9 月 7 日，根据市场监管总局和国家标准化管理委员会发布的 2023 年第 9 号中华人民共和国国家标准公告，由市民政局和北京市老龄产业协会等单位起草的 GB/T 43153—2023《居家养老上门服务基本规范》作为国家标准正式发布。

（北京市民政局）

**【上海市民政局及财政局一行到北京市一社会福利院考察】** 2023 年 9 月 20 日，上海市民政局、财政局一行到北京市第一社会福利院考察。考察团听取市一福关于机构基本情况、标准化体系建设、智慧养老建设等有关情况的汇报，实地参观荣誉展室、智慧养老示范区、老年病医院和不能自理老人园区，现场观摩智慧照护管理系统运行情况和医疗护理工作开展情况，并围绕机构运行经费使用、资金管理、项目支出等进行深入交流。市委社会工委市民政局会计事务管理中心、养老服务事务中心有关同志陪同考察。

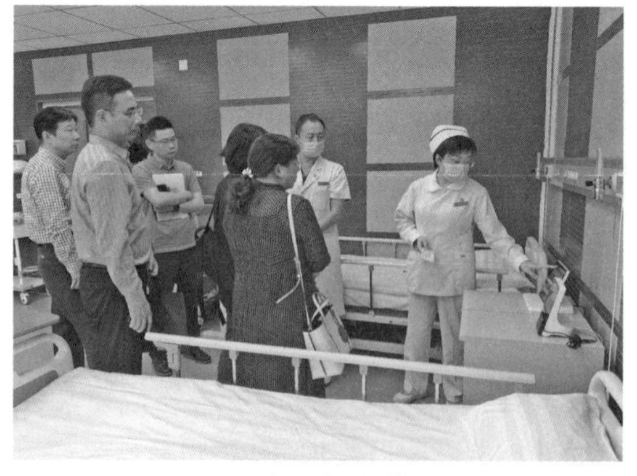

（北京市第一社会福利院）

**【发布地方标准《养老机构预防感染与控制规范》】** 2023年9月25日，根据市市场监管局发布的北京市地方标准公告［2023年标字第11号（总第329号）］，由市民政局和北京养老行业协会等单位起草的DB11/T 149—2023《养老机构预防感染与控制规范》作为北京市地方标准正式发布。

（北京市民政局）

**【发布地方标准《养老志愿服务管理规范》】** 2023年9月25日，根据市市场监管局发布的北京市地方标准公告［2023年标字第11号（总第329号）］，由市民政局和北京市老龄产业协会等单位起草的DB11/T 2132—2023《养老志愿服务管理规范》作为北京市地方标准正式发布。

（北京市民政局）

**【北京市养老标准化技术委员会举办养老服务标准示范培训班】** 2023年10月13日，北京市养老服务标准化技术委员会根据年度培训计划，联合北京市第一社会福利院、北京慧佳养老服务有限公司举办2023年度养老服务标准示范培训班。此次培训面向全市四星、五星级养老机构及2023年养老服务标准贯彻实施试点机构负责人及标准化工作人员，培训班围绕DB11/T 303《养老机构服务标准体系构建指南》、DB11/T 219《养老机构服务质量星级划分与评定》、DB11/T 1122《养老机构老年人健康档案技术规范》、DB11/T 1121《养老机构社会工作服务规范》4项在机构中实务应用较多的标准进行。

（北京市民政局）

**【召开地方标准《老年人能力综合评估规范》编制讨论会】** 2023年10月18日，市民政局组织召开地方标准《老年人能力综合评估规范》编制讨论会。市民政局养老工作处、北京一福养老服务中心、恭和苑老年公寓、北京市长友养老院等单位相关人员参会。与会专家就标准的技术内容、与相关标准的协调性、与政策的适应性、与实际业务的结合性等方面提出意见和建议。

（北京市民政局）

**【北京市第四社会福利院通过标准复审】** 2023年10月25日，北京标准化协会组织专家对北京市第四社会福利院进行标准体系复审，北京市第四社会福利院以98分顺利通过复审。

（北京市第四社会福利院）

**【北京市德福缘物业通过标准复审】** 2023年10月27日，北京标准化协会组织专家对北京市德福缘物业有限公司进行标准体系复审，北京市德福缘物业有限公司以96分顺利通过复审。

（北京民政工业总公司）

**【北京市第三社会福利院通过标准复审】** 2023年11月1日，北京标准化协会组织专家对北京市第三社会福利院进行标准体系复审，北京市第三社会福利院以98.7分顺利通过复审。

（北京市第三社会福利院）

**【北京市养老服务标准化技术委员会组织召开养老服务标准贯标解读培训及研讨会】** 2023年11月16日，北京市养老服务标准化技术委员会围绕养老服务标准贯彻实施试点工作要求，联合北京慧佳养老服务有限公司、北京劳动保障职业学院（国家级双师型教师培训基地）共同组织试点机构开展标准应用及疑难问题解答研讨会。此次研讨会通过讲解地方标准DB11/T 1754—2020《老年人能力综合评估规范》的应用、地方标准DB11/T 303—2022《养老机构服务标准体系构建指南》与机构标准体系修订的融合，提高养老服务机构认知标准、应用标准，贯彻标准的目标，推动标准的实施。

（北京市民政局）

【召开地方标准《老年人家居环境适老化改造服务规范》编制讨论会】 2023年11月20日，市民政局组织召开地方标准《老年人家居环境适老化改造服务规范》编制讨论会。市民政局养老工作处、北京市标准化研究院、中国电子工程设计院股份有限公司工程院、北京市科学技术研究院、北京健康养老集团有限公司、北京诚和敬投资有限责任公司等单位相关人员参会。与会专家就标准的技术内容、与相关标准的协调性、与政策的适应性、与实际业务的结合性等方面提出意见和建议。

（北京市民政局）

【青海省养老服务中心到北京市第二社会福利院学习考察】 2023年12月2日，青海省养老服务中心相关领导一行4人，到北京市第二社会福利院学习考察交流标准化等工作。学习考察组对北京市第二社会福利院发挥行业引领作用给予高度评价，同时表示，通过此次实地参观，进一步开拓视野，对管理模式、服务理念、服务标准有很好的启发。

（北京市第二社会福利院）

【国家标准《养老机构感染预防与控制规范》立项文件发布】 2023年12月6日，根据《国家标准化管理委员会关于下达2023年第三批推荐性国家标准计划及相关标准外文版计划的通知》（国家标准委发〔2023〕58号），由市民政局和北京养老行业协会起草的《养老机构感染预防与控制规范》正式纳入2023年第三批推荐性国家标准制定计划，项目计划号：20231481-T-314。

（北京市民政局）

【召开国家标准《养老机构感染预防与控制规范》专家讨论会】 2023年12月14日，市民政局、北京养老行业协会组织召开国家标准《养老机构感染预防与控制规范》专家讨论会。市民政局养老工作处、山西省民政厅养老工作处、北京市标准化研究院、北京健康养老集团有限公司、北京市第一福利院、中国人民解放军总医院（301医院）、山西省老年公寓等单位相关工作负责人参加审查会。与会专家对标准的内容进行讨论，对有关工作提出建议意见。

（北京市民政局）

【召开地方标准《养老机构信用评价规范》预审会】 2023年12月14日，市民政局组织召开地方标准《养老机构信用评价规范》预审会。市民政局养老工作处、市民政局标准与信息化处、国家标准技术审查部、北京市标准化研究院、北京市社会信用标准化技术委员会、北京寿山福海投资发展集团有限公司等单位相关工作负责人参加审查会。与会专家一致同意标准通过预审，同时对标准提出修改意见，建议标准起草单位按照专家意见进行修改后，形成征求意见稿，开展征求意见工作。

（北京市民政局）

**【参加国家标准《节地生态安葬服务指南》研讨会】** 2023年12月28日，市民政局参加《节地生态安葬服务指南》国家标准计划项目研讨会。此次研讨会汇聚来自全国各地的殡葬行业专家、学者、政策制定者以及相关企事业代表，共同探讨如何通过标准化手段，推动节地生态安葬服务的规范化建设和高质量发展。

（北京市民政局）

## 标准化工作综述

（北京市人力资源和社会保障局）

2023年，北京市人力资源和社会保障局深入学习贯彻落实党的二十大精神，按照《首都标准化发展纲要2035》部署，结合《2023年北京市标准化工作要点》及年度工作计划，发挥标准引领作用，完善标准工作机制，开展地方标准制修订，强化标准贯彻落实，促进人社事业高质量发展。

### 一、完善标准化工作机制

加强标准化工作管理，修订完善《北京市人力资源和社会保障局标准化工作管理办法》。新修订的管理办法进一步完善市人力资源社会保障局标准化工作的组织机构与职责分工，细化标准项目类别和立项程序，优化标准制定审查程序，强化标准实施与监督管理，确保更好地发挥标准化对业务工作的支撑保障作用。同时，紧跟标准化工作新形势新要求，及时补充新制定实施的国家标准、行业标准、地方标准内容，动态完善标准体系。

### 二、加强标准化工作综合管理

统筹做好标准化工作的贯彻落实，结合工作职责，对首都标准化委员会办公室《关于落实〈首都标准化发展纲要2035〉行动计划》《标准化助力2023年市政府工作报告重点工作任务行动方案》及人力资源社会保障部《关于进一步健全人社基本公共服务标准体系全面推行标准化的意见》等研提意见。落实基本公共服务实施标准，配合市发展改革委开展《北京市基本公共服务实施标准（2021年版）》执行情况评估及2023年版实施标准编制工作。评估地方标准DB11/T 1867.1—2021《“北京民生一卡通”技术规范　第1部分：卡片》实施情况，对地方标准DB11/T 1574—2018《公共职业介绍和公共职业指导服务评价规范》提出修订的复审建议。

### 三、开展地方标准的制修订及宣传培训

一是发布DB11/T 124—2023《人力资源和社会保障信息系统指标体系代码与数据结构》。该标准紧密结合人社业务新变化，根据各业务场景的数字化应用需求，构建人社领域数据指标体系，为人社基本公共服务体系提供强有力的数据标准支撑，对提高“智慧人社”服务能力水平具有重要意义。

二是发布DB11/T 1123—2023《公共职业介绍和职业指导服务规范》。该标准从基本要求、公共职业介绍、公共职业指导等7个方面规范优化全市公共职业介绍和职业指导服务，首次增加“直播带岗”线上招聘新形式的相关内容，并从采集汇总企业岗位信息、审核信息、直播步骤等8个方面进行明确细化。同步做好宣传培训，开展标

准宣贯并部署专题培训会，介绍标准修订背景、编制过程等情况；将标准内容融入日常业务培训，在开展职业指导能力提升培训时，讲解“直播带岗”职业指导工作室等内容。

三是开展 DB11/T 3008（所有部分）《人力资源服务规范》、DB11/T 3009—2018《人力资源服务机构等级划分与评定》京津冀区域协同地方标准的修订和标准宣贯工作。组织召开京津冀三地标准修订工作启动会，制定《人力资源服务京津冀区域协同地方标准修订工作方案》，建立三地协调会商机制；组织起草专家开展标准培训、专题研讨、现场调研、文稿修订、征求意见等工作。举办“人力资源服务京津冀区域协同地方标准与行业发展知识竞赛”，通过标准引领、以赛代训、交流培训，规范引导人力资源行业健康有序发展。组织召开评委会办公室会议 3 次、机构等级评定专家评审会 2 次，为 1632 家服务机构、6586 名从业人员提供标准宣贯培训服务；为 32 家机构现场咨询、评查，审议通过 14 家机构等级评定申请，认定 369 家 A 级机构。

四是落实 DB11/T 1867.1—2021《“北京民生一卡通”技术规范　第 1 部分：卡片》。向各区人社部门和社保卡合作银行寄发标准文件 200 册，并进行宣贯答疑，指导按照标准规定开展社保卡相关服务。随着标准的贯彻实施，北京市第三代社保卡（民生一卡通）工作有明确的标准规范，有效保证第三代社保卡各方开发标准的一致性，对后续社保卡应用场景的拓展提供指引。

**四、推进社会保险国家标准、行业标准落实**

一是加强社会保险标准化设施建设。贯彻落实社会保险国家标准和行业标准，为北京市社保中心及大兴区、房山区社保中心制作宣传栏、形象墙、宣传电子显示屏等社保标准化设施，实现各级社保中心管理的规范化，提高服务水平和质量，更好地为广大参保人员服务。

二是推进社保经办管理服务标准化。发布《北京市社会保险经办管理服务标准化规范化便利化的实施方案》，促进提升经办服务水平，优化群众办事体验，并对部分经办机构进行现场检查。全市社保经办机构认真落实文件要求，其中，朝阳区对标人社服务规范，打造印制“社保服务包”，实现网上可查、电话可询、群众易懂；丰台区成立标准化体系建设专班，设立“社保帮办专家工作室”，提供个性化的主动服务。

三是参与职业年金行业标准预研制定工作。作为《个人账户管理规范》《基金归集规范》《关系转移接续规范》《受托人绩效考评规范》《风险控制管理规范》《管理费计提及支付规范》6 项标准预研工作组成员单位，参与人力资源社会保障部行业标准的研究制定工作。

## 标准化工作成果

（北京市人力资源和社会保障局）

**【《公共职业介绍和职业指导服务规范》发布】** 2023 年 2 月 17 日，市市场监管局会同市人力资源社会保障局，召开地方标准《公共职业介绍和职业指导服务规范》审查视频会，来自就业创业、职业指导、人力资源管理、标准化等领域的 7 位专家参加会议。专家们听取标准送审稿的编制情况汇报，对标准进行审查，并一致同意该标准通过审查。2023 年 3 月 30 日，地方标准 DB11/T 1123—2023《公共职业介绍和职业指导服务规范》经市市场监管局批准发布，2023 年 7 月 1 日起实施。新修订的标准从基本要求、公共职业介绍、公共职业指导等 7 个方面规范优化全市公共职业介绍和职业指导服务，首次增加“直播带岗”线上招聘新形式的相关内容。

**【《人力资源和社会保障信息系统指标体系代码与数据结构》发布】** 2023年4月20日，市市场监管局会同市人力资源社会保障局，召开地方标准《人力资源和社会保障信息系统指标体系代码与数据结构》审查会，来自计算机、软件和信息服务、劳动保障、标准化等领域的7位专家参加会议。专家们听取标准送审稿的编制情况汇报，对标准进行审查，并一致同意该标准通过审查。2023年6月25日，地方标准DB11/T 124—2023《人力资源和社会保障信息系统指标体系代码与数据结构》经市市场监管局批准发布，2023年10月1日起实施。新修订的标准紧密结合业务的新变化，在原标准基础上进行业务分类的更新及扩充，根据各业务场景的数字化应用需求，构建人社领域数据指标体系，为人社基本公共服务体系提供强有力的数据标准支撑，对提高“智慧人社”服务能力水平具有重要意义。

**【《北京市人力资源和社会保障局标准化工作管理办法》修订】** 2023年9月7日，《北京市人力资源和社会保障局标准化工作管理办法》经市人力资源社会保障局第21次局长办公会审议通过，印发全系统贯彻落实。新修订的管理办法进一步完善市人力资源社会保障局标准化工作的组织机构与职责分工，细化标准项目类别和立项程序，优化标准制定审查程序，强化标准实施与监督管理，确保更好地发挥标准化对业务工作的支撑保障作用。

**【开展人力资源服务机构等级评定工作】** 2023年，市人力资源社会保障局组织召开人力资源服务机构等级评定委员会办公室会议3次、机构等级评定专家评审会2次，审议通过14家机构等级评定申请，认定A级机构369家。截至2023年年底，北京地区共有1319家人力资源服务机构通过等级评定，其中，AAAAA级机构16家、AAAA级机构26家、AAA级机构23家、AA级机构8家、A级机构1246家。

## 标准化工作综述

（北京市政务服务管理局）

2023年，北京市政务服务管理局按照《首都标准化战略纲要2035》和《北京市标准化办法》相关要求，立足“四个中心”首都城市战略定位，持续推进政务服务标准体系建设，不断提高全市政务服务标准化水平。

一是全方位推动地方标准宣贯实施。地方标准DB11/T 2068—2022《政务服务综合窗口人员能力与服务规范》自2023年4月1日正式实施，为做好该标准的实施应用工作，市政务服务局印发《〈政务服务综合窗口人员能力与服务规范〉地方标准培训实施工作方案》（京政服函〔2023〕3号），制作系列既独立成篇又贯通一体的短视频，以可视化形式供窗口人员学习使用，在全市各级政务服务中心广泛开展标准宣贯培训、实施应用和监督促效等工作，并组织实施政务服务综合窗口办事员竞赛活动，通过大赛方式检验地方标准贯彻落实情况。同时，该标准发布后得到社会各界的广泛关注，被媒体评为“首善标准的新注脚”。

二是组织地方标准起草编制。组织有关单位就《公众参与政务服务“好差评”规范》《政务服务中心服务评价规范》2项地方标准开展调查研究工作，成立起草小组并编制标准征求意见稿。组织申报2024年度北京市地方标准制定项目。

## 标准化工作成果

（北京市政务服务管理局）

**【1 项地方标准正式实施】** 2023 年 4 月，市政务服务局组织制定的首个政务服务综合窗口人员地方标准 DB11/T 2068—2022《政务服务综合窗口人员能力与服务规范》在北京市实施。

（赵　磊）

**【组织地方标准宣贯培训】** 2023 年 3 月，市政务服务局印发《〈政务服务综合窗口人员能力与服务规范〉地方标准培训实施工作方案》，分批次开展标准宣贯培训，制作系列既独立成篇又贯通一体的 7 个短视频供窗口人员学习，并将标准要点列入对各级政务服务中心标准化规范化建设监督检查范围。

（赵　磊）

**【开展综合窗口人员技能大赛】** 2023 年 9—11 月，市政务服务局组织实施首届政务服务综合窗口办事员技能竞赛活动，通过大赛方式检验 DB11/T 2068—2022《政务服务综合窗口人员能力与服务规范》、DB11/T 1902—2021《政务服务中心服务与管理规范》、DB11/T 1901—2021《政务服务事项编码及要素规范》地方标准贯彻落实情况，共有 7583 名市、区、镇街、村居四级综合窗口人员参赛。

（赵　磊）

## 标准化工作综述

（北京市商务局）

2023 年，北京市商务局按照《首都标准化战略纲要》《首都标准化发展纲要 2035》《2023 年北京市标准化工作要点》等文件要求，推进商务领域标准化的各项工作，取得一定成效。

**一、建立健全首都标准化工作机制**

创新跨境贸易便利化标准化，推动内外贸融合发展。指导北京天竺综合保税区积极在药品跨境贸易方面开展先行先试，将标准化理念和工作方法引入跨境贸易便利化领域，形成《北京天竺综合保税区跨境贸易便利化标准化试点工作方案》，构建天竺综保区跨境贸易便利化服务标准体系，下设通用基础标准分体系、运行保障标准分体系、通关便利服务标准分体系、保税服务标准分体系、企业服务标准分体系等5大标准分体系共40项企业标准与国家标准，并100%全面推广实施，成为首个国家级跨境贸易便利化标准化试点。项目带动综保区进出口发展，天竺综保区实现进出口同比增长超30%。医药贸易龙头企业科园信海、默克雪兰诺等持续扩大业务规模，强生制药有限公司、上药康德乐公司等一批新企业先后落户天竺综保区。

**二、标准制修订工作情况**

京津冀三地家政协会共同发布《家政育婴服务基本规范》《家庭照护服务基本规范》《家政整理收纳服务基本规范》3项团体标准，对于提高家政服务规范化、标准化水平，满足京津冀地区群众对家政服务的高品质需求具有重要促进作用。北京市洗染行业协会、天津市洗染行业协会、河北省商联会洗染专业委员会在河北省沧州市签订团体标准制订和宣贯协议，联合发布《北京市洗染企业服务质量管理规范》《北京市洗染企业服务质量评价方法》，京津冀三地洗染行业首次通过统一标准的方式共同制订团体标准、协同发布，推进京津冀洗染业一体化建设，为京津冀三地居民提供优质洗涤服务。

为落实国家层面关于反食品浪费、限塑减塑等有关要求，行业及时跟进制定相关标准，参与制定地方标准《餐饮外卖流通绿色包装评价要求》等，会同市市场监管局等部门指导行业协会研究制定地方标准《餐饮行业食品减损技术指南》，指导行业协会制定发布团体标准《北京市餐饮反食品浪费行为规范》。同时，指导行业协会通过组织培训等多种方式促进相关标准规范的贯彻和实施，提升北京餐饮业标准化与规范化水平。

建立商务领域塑料污染治理标准体系。为贯彻落实《中华人民共和国固体废物污染环境防治法》和商务部、国家发改委联合印发的《商务领域经营者使用、报告一次性塑料制品管理办法》，市商务局主动协调市发展改革委、市市场监管局等部门多次召开编制标准的推进工作协调会，启动制定地方标准《商务领域经营者一次性塑料制品报告管理规范》的前期准备工作。

为规范北京市菜市场运用智慧系统设备进行管理服务，经报主管部门同意，委托北京国际经贸标准化促进会开展北京市地方标准《社区菜市场智慧化设置规范》制定工作。工作启动以来，起草组赴京外考察调研多次，在京内多家已设置信息化设备的菜市场进行实地调研跟踪，经多轮修订完善，形成标准征求意见稿。已完成申请由二类转一类的相关工作，经沟通后标准名拟调整为《菜市场智慧系统建设和应用规范》。

**三、开展标准化试点示范工作**

2021年8月，商务部、市场监管总局联合开展国家级服务业标准化试点（商贸流通专项）工作，试点期限为2年。2023年，市商务局落实商务部、市场监管总局有关要求，持续推进北京市国家级服务业标准化试点（商贸流通专项）建设工作。一是加强试点工作指导。建立试点工作台账，动态掌握试点工作进度和取得成效，并对试点企业开展实地调研，指导试点企业落实试点建设的主要任务。二是强化沟通联络机制。加强与试点企业的日常沟通协调，为试点企业答疑解惑，督促试点企业有序开展试点工作。三是主动开展试点培训。会同市市场监管局，以线上形式对试点企业进行针对性培训辅导，帮助试点企业在标准体系构建、标准实施等方面持续改进。四是总结试点经验。指导试点企业加大对经验做法、典型模式和工作成效的总结力度，努力形成可复制、可推广的典型案例。

2023年9月，按照商务部、市场监管总局的有关要求，市商务局和市市场监管局共同成立评估专家组，对试点企业北京九合优鲜生态农业科技发展有限公司的试点建设情况进行评估验收，并将评估报告等验收材料分别报送商务部、市场监管总局。2023年12月，商务部、市场监管总局印发《商务部 市场监管总局关于公布国家级服务业标准化试点（商贸流通专项）验收通过名单的通知》（商建函〔2023〕665号），北京市试点企业北京九合优鲜生态农业科技发展有限公司验收通过。

## 标准化工作成果

（北京市商务局）

**【创新跨境贸易便利标准化推动内外贸融合发展】** 指导北京天竺综合保税区积极在药品跨境贸易方面开展先行先试，将标准化理念和工作方法引入跨境贸易便利化领域，形成了《北京天竺综合保税区跨境贸易便利化标准化试点工作方案》，构建北京天竺综合保税区跨境贸易便利化服务标准体系，下设通用基础标准分体系、运行保障标准分体系、通关便利服务标准分体系、保税服务标准分体系、企业服务标准分体系等5大标准分体系共40项企业标准与国家标准，并100%全面推广实施，成为首个国家级跨境贸易便利化标准化试点。项目带动综保区进出口发展，天竺综保区实现进出口同比增长超30%。医药贸易龙头企业科园信海、默克雪兰诺等持续扩大业务规模，强生制药有限公司、上药康德乐公司等一批新企业先后落户天竺综保区。

（北京市商务局）

**【京津冀三地家政、洗染团体标准发布】** 京津冀三地家政协会共同发布《家政育婴服务基本规范》《家庭照护服务基本规范》《家政整理收纳服务基本规范》3项团体标准，对于提高家政服务规范化、标准化水平，满足京津冀地区群众对家政服务的高品质需求具有重要促进作用。北京市洗染行业协会、天津市洗染行业协会、河北省商联会洗染专业委员会在河北省沧州市签订团体标准制订和宣贯协议，联合发布《北京市洗染企业质量管理规范》《北京市洗染企业服务质量评价办法》，京津冀三地洗染行业首次通过统一标准的方式共同制订团标、协同发布，推进京津冀洗染业一体化建设，为京津冀三地居民提供优质洗涤服务。

（北京市商务局）

**【国家级服务业标准化试点（商贸流通专项）企业验收通过】** 2023年，市商务局落实商务部、市场监管总局有关要求，推进本市国家级服务业标准化试点（商贸流通专项）建设工作。2023年9月，市商务局和市市场监管局共同成立评估专家组，对试点企业北京九合优鲜生态农业科技发展有限公司的试点建设情况进行评估验收。2023年12月，商务部、市场监管总局印发《商务部、市场监管总局关于公布国家级服务业标准化试点（商贸流通专项）验收通过名单的通知》（商建函〔2023〕665号），北京市试点企业北京九合优鲜生态农业科技发展有限公司验收通过。

（北京市商务局）

## 标准化工作综述

（北京市统计局）

2023年，北京市统计局贯彻落实国家统计局标准化工作要求，实施《首都标准化发展纲要2035》工作要点，严格执行各项统计标准，强化统计标准规范管理，发挥标准对统计工作的基础支撑作用，推进北京市统计标准化工作。

**一、参与修订、执行国家统计分类**

收集各专业在行业划分中发现的典型问题、案例和建议，反馈国家统计局，为《国民经济行业分类》修订及第五次全国经济普查案例解答提供素材。在第五次全国经济普查国家试点工作中，配合国家统计局编制《园区代码编制规则（试行）》，选取通州区、海淀区按照代码编制规则进行试编码，并将试点结果反馈国家统计局。执行国家统计局2023年修订的《关于市场主体统计分类的划分规定》（国统字〔2023〕14号）、《现代服务业统计分类》（国家统计局令第36号）及其他各类统计分类规定，及时在市统计局工作信息网及市统计局官网发布，并要求全市各区、各有关单位在相关统计活动中严格执行。严格管理、监督检查统计调查中使用的统计分类和统计标准，不得与国家统计标准相冲突。

**二、完成统计用区划代码和城乡划分代码维护工作**

根据国家统计局《关于开展2023年度全国统计用区划代码和城乡划分代码更新维护工作的通知》（国统办设管函〔2023〕225号）要求，结合第五次全国经济普查工作安排，发布《北京市统计局关于开展2023年度统计用区划代码和城乡划分代码更新维护工作的通知》，召开工作业务培训会，明确工作要求，严格按照时间节点审核各区变动情况，布置并完成两码维护工作。按要求完成全市累计2/3区划历史数据核查工作，赴朝阳区、东城区开展事后质量抽查，确保数据维护真实准确。

**三、强化统计分类培训和指导**

在第五次全国经济普查中，面向北京市各区经济普查办公室负责同志、主要业务和数据处理人员、街道乡镇统计人员完成《国民经济行业分类》《统计单位划分及具体处理办法》《园区代码编制规则（试行）》等的培训讲解，通过培训强调统计分类标准是统计工作科学化、保证统计数据可比可靠的重要基础。在2023年度部门统计培训会上，向北京市近60个部门统计工作人员开展专题培训，宣贯统计标准。通过调查项目审批和统计制度修订，规范统计分类使用，指导相关工作人员理解和执行统计分类。

## 标准化工作成果

（北京市统计局）

**【完成区划和城乡划分代码维护】** 2023年，市统计局结合第五次全国经济普查工作安排，组织开展区划和城乡划分代码更新维护有关工作。发布《北京市统计局关于开展2023年度统计用区划代码和城乡划分代码更新维护工作的通知》，召开工作专题培训会，对本年度城乡划分工作进行布置培训。严格审核各区上报数据及文献依据的规范性，按照时间节点审核各区变动情况。组织开展自查，重点检查区域内实际建设变化情况；完成全市累计2/3区划历史数据核查工作；赴朝阳区、东城区开展事后质量抽查，确保区划和城乡划分数据质量。截至2023年6月30日，北京市共有县级区划16个（全部为市辖区），乡级区划349个（其中，街道221个，镇107个，乡15个，类似乡级单位6个），村级区划7535个（其中，居委会3701个，村委会3774个，类似居委会29个，类似村委会26个，虚拟村级单位5个）。

（庚　婧）

**【在2023年度部门统计培训会上宣贯统计标准】** 2023年12月12日，市统计局组织召开2023年度全市部门统计培训会，全市近60个政府部门和单位共计140余人参加本次培训。会上，对与会部门开展“常用统计标准解读”专题培训，就《国民经济行业分类》《三次产业划分规定》《数字经济及其核心产业统计分类（2021）》《统计上划分城乡的规定》《统计单位划分及具体处理办法》《统计上大中小微型企业划分办法（2017）》《关于市场主体统计分类的划分规定》等7项常用统计标准进行培训和解读，通过培训强化部门对统计标准的理解和认识，进一步提升部门统计工作规范化水平。

（庚　婧）

## 标准化工作成果

（北京市公共卫生标准化技术委员会）

**【参加“2023中关村论坛——标准化与创新发展论坛”】** 2023年5月28日，市公共卫生标委会秘书处成员通过线上和线下的方式参加市市场监管局主办的“标准化与创新发展论坛”。论坛邀请国际国内标准化组织、研究机构及企业知名专家进行主题演讲和对话，旨在学习、交流标准化促进科技创新的成功经验和实践案例，探讨标准化与科技创新互动发展的模式。

（于建平　高建华）

**【开展卫生健康标准化工作调研】** 2023年6月13日，根据中国疾病预防控制中心《关于开展卫生健康标准化体系建设工作专题调研的函》，市公共卫生标委会参与国家疾病预防控制中心组织的调研座谈会。5月26日，北京市标准化研究院在市疾病预防控制中心组织开展“市级专业标准化技术委员会支撑作用调研”座谈会，市公共卫生标委会认真填写调查问卷。

（于建平　高建华）

**【参加市级专业标准化技术委员会参观交流活动】** 2023年6月29日，北京市公共卫生标委会秘书处人员参加北京市标准化研究院组织的市级专业标准化技术委员会参观交流活动，通过到园林绿化废弃物资源化利用科普展馆参观交流，开拓市公共卫生标委会秘书处人员的工作思路，提升标准化能力。

（王小舫　贾佩瑾）

**【参观学习标准化试点成果】** 2023年10月9日，市卫生健康委组织市公共卫生标委会成员单位到丰台区方庄社区卫生服务中心，参观学习“互联网＋健康服务”标准化试点成果，通过交流，学习标准化试点工作的先进理念和经验，对于市公共卫生标委会成员单位今后申报和组织开展标准化试点工作起到促进作用。

（高建华　贾佩瑾）

**【宣传“世界标准日”】** 2023年10月13日，在第54届世界标准日来临之际，市卫生健康委和市公共卫生标准化技术委员会全程参加首标委办公室举办的“标准化助力自动驾驶走进百姓生活”主题宣传活动，通过微信公众号、微信工作群、张贴主题海报和发放宣传折页等形式，围绕国际主题“美好世界的共同愿景”和中国主题“标准塑造美好生活”以及国家卫生健康委员会主题“执行放射卫生标准　守护人民群众健康”，开展丰富多彩的世界标准日宣传活动。

（王小舫　贾佩瑾）

**【卫生健康国家标准和行业标准制修订】** 2023年，市公共卫生标准化技术委员会成员单位主持制修订《卫生有害生物防制服务通用指南》和《卫生有害生物防制服务质量评价方法》等5项国家标准，《急性出血性结膜炎诊断标准》和《风疹诊断标准》等9项卫生行业标准。

（高建华　王小舫）

**【北京市疾病预防控制中心获得多项国家级卫生健康标准化项目立项】** 2023年，市疾病预防控制中心共获得7项国家级卫生健康标准化项目立项，其中，卫生行业标准评估项目3项，标准前期研究项目3项，公共卫生领域标准化试点项目 1 项。

（高建华　王小舫）

**【北京市疾病预防控制中心获得多项团体标准立项】** 2023 年，市公共卫生标准化技术委员会组织申报北京预防医学会团体标准申报工作，经评审，共有 20 项获得立项，包括《成人接种门诊规范》《狂犬病暴露预防处置门诊规范》等。

（高建华　王小舫）

**【发布全市首项区级单位主导制定的卫生健康地方标准】** DB11/T 2118—2023《社区卫生服务机构老年健康教育服务规范》是北京市首个区级单位主导制定的卫生健康地方标准，填补社区卫生服务机构老年健康教育服务的空白，对促进公共卫生服务均等化、实施积极应对人口老龄化国家战略、促进国际一流和谐宜居之都建设具有重要意义。

（况海涛　高建华）

**【北京市疾病预防控制中心组织多项团体标准复审】** 2023 年，市公共卫生标准化技术委员会根据北京预防医学会《关于开展团体标准复审自查工作的通知》要求，组织开展《新型冠状病毒肺炎疫情期间预防性消毒技术要求》《新型冠状病毒肺炎防控疾控人员个人防护规范》等 14 项团体标准复审工作，复审结论为 2 项继续有效，2 项修订，10 项废止。

（高建华　贾佩瑾）

**【参与市疾病预防控制中心文件制定审核】** 2023 年，市公共卫生标委会成员参与《北京市疾病预防控制中心高级卫生专业技术职称评价标准（2023 年试行版）》和《北京市疾病预防控制中心岗位设置实施办法》等文件标准部分的制定和审核工作，并对 2023 年职称晋升和考核人员主持和参与制定的标准进行审核。

（于建平　高建华）

## 标准化工作成果

（北京市体育标准化技术委员会）

**【北京体育职业学院与北京市乒乓球运动协会签约】** 2023 年 4 月 7 日，北京市乒乓球运动协会与北京体育职业学院在北京体育职业学院举行 2 项标准《北京市乒乓球社会体育俱乐部规范》团体标准《北京市乒乓球教练员培训规范》合作签约仪式。相关人员参加签约会议。此次签约仪式标志双方合作的正式启动，这是事业单位与行业社会团体开展合作的先例。这两项标准的研制推动北京市乒乓球社会体育俱乐部、乒乓球教练员培训工作规范化、标准化、法治化，促进北京市乒乓球运动高质量发展。此次合作将进一步提升学院社会服务能力，推动双方合作项目落地见效，发挥学院培养乒乓球技能型竞技体育后备人才、支撑首都体育产业发展的重要作用。

（北京体育职业学院）

**【协同开发河北省大众滑雪（冰）技术等级标准】** 2023 年 4 月，北京体育职业学院与河北省体育局签订共同研制《河北省大众滑雪（冰）技术等级标准》协议，为河北省开发研制《河北省大众滑冰技术等级标准》《河北省大众单板滑雪技术等级标准》《河北省大众双板滑雪技术等级标准》。

（北京体育职业学院）

**【2023 年市级体育社会组织团体标准化工作培训】** 2023 年 9 月 27 日，北京市体育总会秘书处举办 2023 年度市级体育社会组织团体标准化工作培训。此次培训采用线上方式进行，来自全市各市级体育组织相关负责人员近 100 人参加培训。会议介绍 2023 年市级体育社团团标工作进展、下一步工作安排等情况，分别就团体标准化工作定义、发展现状、制度设计、规范管理、发展建议

等内容进行讲解。

（北京市体育总会秘书处）

**【2023年北京市市级体育社会组织团体标准化工作推进会】** 2023年12月4日，2023年北京市市级体育社会组织团体标准化工作推进会召开，21家市级体育社会组织负责人参加会议。会议介绍2023年市级体育社会组织团标工作进展、下一步工作安排等情况，围绕团体标准编制依据、编制要求以及团体标准提案、立项、起草等编制流程和编写要点逐项进行讲解，结合团体标准具体案例进行剖析，与参会的市级体育社会组织进行答疑和交流互动。北京市体育总会秘书处鼓励、指导市级体育社团在运动技能、赛事活动、体育教育培训等体育领域开展团体标准制修订及应用工作，并通过北京市体育总会官方网站、微信公众号等平台助力体育社团做好团体标准推广工作。

（北京市体育总会秘书处）

**【北京体育职业学院获批第二批“乍得国家职业标准共建互认项目”建设单位】** 2023年12月19日—21日，第二批“乍得国家职业标准共建互认项目”遴选评审会在河北保定举行。北京体育职业学院获批“乍得国家职业标准共建互认项目”建设单位，后期将结合乍得国情及教育需求，为乍得制定《公共营养师（3级）》《健康管理师（3级）》职业标准。该标准开发后，由乍得职业培训、小手工业和小额信贷部注册认证，纳入乍得国家职业教育体系，在乍得国家职业院校推广使用，指导和规范其职业教育人才培养工作。

（北京体育职业学院）

**【地方标准发布《青少年体育培训机构服务规范》】** 2023年12月，正式批准发布DB11/T 2182—2023《青少年体育培训机构服务规范》。本项目从管理制度、人员要求、场地划分、安全要求、设备设施类型等方面进行规范，确保标准的完整性。

（北京体育职业学院）

**【青少年篮球培训机构等级划分与评定规范等11项团体标准发布】** 根据首都标准化委员会《2023年落实〈首都标准化发展纲要2025〉行动计划》“有效发挥各类运动协会作用，加强运动技能、赛事活动、体育教育培训等体育活动团体标准研制”的要求，2023年北京市体育总会秘书处和北京市标准化研究院共同指导11家市级体育社会组织制定发布11项团体标准。

（北京市体育总会秘书处）

## 标准化工作成果

（北京市人力资源服务标准化技术委员会）

**【开展人力资源服务机构等级评定工作】** 北京人力资源服务机构等级评定委员会开展人力资源服务机构等级评定工作，对北京市顺义区人力资源公共服务中心、北京融德人才咨询服务有限责任公司、中智（北京）经济技术合作有限公司、北京中融汇智人力资源有限公司、北京宏诚伟信人力资源管理服务有限公司、举贤网科技（北京）股份有限公司、北京永盛泰达教育咨询有限公司、北京中创人才服务有限公司、中服云（北京）科技有限公司、北京京房众联劳务派遣有限公司、北京海普企业管理有限公司、北京蓝蜂巢网络科技有限公司、北京搜才英图人力资源有限公司、北京智服人力资源有限公司、北京新诚优聘咨询服务有限公司、北京市神舟力行人力资源管理有限公司等人力资源服务机构进行32次现场指导咨询、评查。北京人力资源服务机构等级评定委员会全年共召开两次评审会，审议通过了北京市顺义区人力资源公共服务中心AAAAA级、北京融德人才咨询服务有限责任公司

AAAAA级、北京中融汇智人力资源有限公司AAAA级、北京宏诚伟信人力资源管理服务有限公司AAAA级、举贤网科技（北京）股份有限公司AAAA级、北京京房众联劳务派遣有限公司AAA级、中服云（北京）科技有限公司AAA级、北京海普企业管理有限公司AAA级、北京市神舟力行人力资源管理有限公司AAA级以及369家A级认定的机构，并在中国（北京）国际服务贸易交易会期间的2023中国人力资源管理发展论坛上为新评出的AAAA级以上机构颁发等级标牌。截至2023年年底，北京地区1319家人力资源服务机构通过等级评定，其中，AAAAA级机构16家、AAAA级机构26家、AAA级机构23家、AA级机构8家、A级机构1246家。

（王佳丽）

**【开展人力资源服务京津冀区域协同地方标准与行业发展知识竞赛】** 2023年4月，在北京市人力资源社会保障局、天津市人力资源社会保障局、河北省人社厅的指导下，北京市人力资源服务标准化技术委员会会同北京人力资源服务行业协会举办第二届人力资源服务京津冀区域协同地方标准与行业发展知识竞赛，经过3地300支队伍900名选手在预赛的激烈角逐，最终来自北京、天津、河北的9支队伍27名选手进入决赛，并于7月6日进行决赛，在中国（北京）国际服务贸易交易会期间的2023人力资源服务业开放发展大会上邀请北京市人力资源和社会保障局相关领导为获奖代表队颁奖。

（王佳丽）

# 公共安全

## 标准化工作综述

（北京市公安局）

2023 年，北京市公安局按照首都标准化委员会的总体部署，围绕落实好《首都标准化发展纲要 2035》各项工作任务，深化平安北京建设，立足公安业务需求，坚持“服务实战、支撑实战、牵动实战”的标准化工作原则，推进公共安全领域标准体系的实施，督促地方标准项目制定，加强标准宣贯和对标准实施情况的监督检查，在利用标准化推动全面深化公安改革、加快现代化警务建设、推动首都公安工作可持续发展等方面取得一定成效。

**一、体系计划牵动，扎实推进工作落实**

为进一步加强标准化管理，贯彻落实公安部、首都标准化委员会的各项工作要求，切实发挥标准化支撑服务实战作用，市公安局以《北京市公共安全领域标准体系》为统领：一是按照标准化管理办法的要求制定印发 2023 年度标准化工作计划，细化工作任务、明确工作要求，以此年度计划为指引牵动全年工作落实；二是结合市公安局实战练兵工作要求，通过日常培训和送教到岗等工作的有机结合，有效推进标准立项申报、宣贯培训、标准实施，指导标准化管理工作结合业务实战规范有序推进，发挥标准规范业务工作、推进社会管理、提升信息化建设水平的作用。

**二、聚焦业务实际，做好标准制修订工作**

一是组织推动地方标准制修订工作，市公安局提出并组织制定的《租赁车辆安全防范系统技术要求》《占道作业交通安全设施设置技术要求》等 6 项北京市地方标准完成报批工作，将在提升社会治安管理水平、加强公安业务规范化建设等方面发挥积极作用，为进一步提升首都公共安全管理服务水平、服务首都建设首善之区创造有利条件；二是组织推动公共安全行业标准的制定工作，市公安局参与《法庭科学　疑似毒品中尼美西泮检验液相色谱和液相色谱 - 质谱法》等 15 项公共安全行业标准的制修订工作，完善刑事案件的检验规范，为构建公平正义的法治环境、创造安全稳定的社会环境、保障优质高效的发展环境提供有力支撑。

**三、关注标准效力，推动标准复审工作**

按照市市场监管局关于开展 2023 年北京市地方标准复审工作的统一部署，为保证市公安局提出并归口的北京市地方标准实施效能，市公安局以标准发布以来产生的社会效果、相关各级别标准的修订和发布情况、标准相关法律法规的变化情况为审核重点，组织各标准起草单位在充分研究标准实施和落实情况的基础上，征求标准各相关方以及行业专家的意见，对市公安局归口的 36 项地方标准进行复审，其中，需要修订的地方标准 1 项，废止的 2 项，继续有效的 33 项，保证标准的有效性、先进性、实用性及其对业务工作指导的准确性。

**四、强化贯彻执行，确保标准宣贯到位**

为使各级别标准能够有效贯彻执行、标准各相关方准确掌握标准要求，市公安局结合当前工作重点和工作实际，与标准各相关方通力合作，采取丰富有效的宣贯措施。市公安局治安总队会同北京保安协会在线上线下召开《保安服务规范　医院》标准启动仪式暨专题知识讲座，各分局治安、内保、派出所等单位、344 家二级以上医院保卫部门、600 家保安服务公司通过腾讯会议全程参加，推动医院保安工作向规范化、专业化和职业化发展。市公安局刑侦总队针对《法医学　机械性损伤致伤物分类及推断指南》等公共安全行业标准，制定培训教材，组织全局刑侦系统进行宣贯，提高法庭科学检验的理论和实践水平，为提升司法鉴定质量、规范检验方法、确保法律的公平公正提供有力支撑。

**五、结合日常管理，推动标准实施落地**

市公安局各业务单位将标准实施情况的检查纳入日常管理、考核、验收和监管工作中，提升行业管理的科学性和规范性，工作效率显著提高。结合 2023 年北京市大型活动多、安保任务重的特点，市公安局治安总队推动地方标准《大型活动场馆安全技术防范基本要求》的落实，组织各分局加强大型群众性活动场馆抽查巡检、从业人员培训教育工作，开展监督检查工作 52 次，并确定经常举办大型群众性活动的 39 家场馆作为示范场馆开展标准化改造，各场馆人防、物防、技防建设水平得到全面提升。地方标准 DB11/T 1868—2021《旅馆业人证核验技术要求》实施以来，行业监管部门指导旅馆业单位按照标准要求使用人证核验设备，目前全市正常营业的 5142 家旅馆业单位全部按照标准要求升级人证核验设备，提升人证核验工作的准确率，缩短旅客核验身份证件时间，为旅馆业单位提高工作效率 20%。

## 标准化工作成果

（北京市公安局）

**【发布《巡游出租车安全防范系统技术要求》系列标准】** 2023 年 3 月 30 日，DB11/T 782—2023《巡游出租车安全防范系统技术要求》系列标准发布，该标准规定安装在北京市巡游出租车上的安全防范系统及其相关设备的总体架构、运营服务平台、调度客户端、系统验收和技术要求等内容。该标准使用科技手段强化出租车安全防范系统，提升防护等级，对于反恐防恐、维护公共安全都具有重要的意义。

**【发布《占道作业交通安全设施设置技术要求》】** 2023 年 3 月 30 日，DB11/T 854—2023《占道作业交通安全设施设置技术要求》发布，该标准规定占道作业区构成、占道作业交通安全设施类型及其设置技术要求，对于规范北京市占道作业现场交通安全设施设置、提升交通安全设施设置水平方面起到积极和重要的作用。

**【《保安服务规范　医院》发布】** 2023 年 6 月 25 日，DB11/T 2110—2023《保安服务规范　医院》发布，该标准规定医院保安服务基本要求、人员要求、装备配备及使用要求、保安服务要求、应急管理和服务评价与改进等内容，是进一步规范医院保安服务行为、维护医院和医疗机构的安全稳定、促进平安北京建设、强化医院和医疗机构防控体系建设的重要途径，也是公安机关强化社会治安管理的重要规范保障。

**【组织地方标准《保安服务规范　医院》的宣贯】** 2023 年 9 月 21 日，市公安局治安总队、北京保安协会举办地方标准 DB11/T

2110—2023《保安服务规范 医院》宣贯会，市公安局各分局治安、内保、派出所等单位、344家二级以上医院保卫部门、600余家保安服务公司通过腾讯会议全程参加，推动住宅物业保安工作向规范化、专业化和职业化发展。

**【发布《租赁车辆安全防范系统技术要求》】** 2023年9月25日，DB11/T 2131—2023《租赁车辆安全防范系统技术要求》发布，本标准规定租赁车辆安全防范系统的总体架构、运营服务平台和车载安防终端的要求以及安装、测试与验收规则，一方面规范已有的汽车租赁市场，保障公共交通安全，另一方面为汽车租赁行业的健康有序发展提供依据，使经营者有章可循，管理者有据可依。

**【组织《大型群众性活动场馆安全技术防范基本要求》标准化试点工作】** 结合北京市大型群众性活动场馆特点，选择海淀区凯迪拉克中心、朝阳区国家体育场、工人体育场、国家网球中心等四家场馆依托DB11/T 1903—2021《大型群众性活动场馆安全技术防范基本要求》的实施，开展标准化试点场馆建设，带动全市经常举办大型群众性活动的39家场馆落实标准化安防建设，整体安防设施水平提高，安全防护能力提升。

## 标准化工作综述

（北京市应急管理局）

2023年，北京市应急管理局根据首都标准化委员会相关文件要求，立足应急管理机构改革实际，完成制定北京市应急管理标准体系建设中长期发展规划，开展已发布地方标准宣贯、地方标准实施情况评估和复审、标准化达标创建。在夯实安全生产基本盘、基本面的基础上，以解决应急管理领域存在的实际问题为导向，进一步强化安全生产、应急管理、防灾减灾救灾标准化工作融合发展，为应急管理各项工作的有序展开打下坚实基础并提供强有力的技术支撑。

### 一、建立健全首都标准化工作机制

为贯彻落实《首都标准化发展纲要2035》，立足应急管理事业改革发展实际，北京市应急管理标准体系建设中长期规划已于2022年12月以市应急管理局和市市场监管局名义联合印发。统筹规划，持续推动应急管理标准体系建设，在巩固深化安全生产标准体系基本盘、基本面的同时，重点填补应急管理和防灾减灾救灾领域标准缺失。2023年，按照中长期划规，实现以下四点：一是提升本质安全水平方面，紧盯工矿商贸、危险化学品等重点领域，完善安全生产条件和规程，提高“红线”“底线”标准。二是防范化解重大风险方面，注重风险源头预防管控，强化风险监测预警预报，加强自然灾害综合治理。三是推进应急力量建设方面，提高急难险重任务的处置能力，构建科学完备的行业领域应急体系建设规范。四是加强灾害应对保障方面，强化应急预案编制，助力韧性城市建设、应急避难场所管理等。

### 二、标准化服务新时代首都发展

（一）高效应用，推动应急避难场所标准化成果及时转化

地方标准DB11/T 2143—2023《应急避难场所 评估导则》已于2023年9月报批发布。该标准给出应急避难场所的评估方式、评估指标、评估程序和评估结果应用等方面技术内容，适用于已投入使用的应急避难场所的评估活动。标准发布后及时转化到日常工作应用，为避难场所评估工作提供实践支撑，已应用到门头沟、昌平、房山、怀柔、平谷、密云、延庆、顺义等10个区

981处应急避难场所评估工作，进一步指导北京市应急避难场所逐步改进，如改进场址选择有隐患、设施配置不完善、管护使用不规范等问题。此项标准的发布进一步推进应急避难场所建设与管理，对驱动应急避难场所健康、高质量发展具有重要现实意义。

（二）深度探索，构建韧性城市评价指标和标准化体系

市应急管理局牵头研究韧性城市评价指标和标准体系，提升首都抗御重大灾害能力、适应能力和快速恢复能力，助力韧性城市建设。按照工作计划，针对国内外标准化机构和标准体系开展系统调研，梳理国内韧性城市建设相关的标准规范，截至2023年12月底，市市场监管局批复立项《城市韧性评价导则》《社区韧性评价导则》2项北京市地方标准，进一步开展北京市韧性试评价和典型街道的社区韧性试评价工作。下一步将结合《关于加快推进韧性城市建设的指导意见》和《〈指导意见〉任务分工》，研究构建北京市韧性城市建设标准体系框架，明确标准研制方向，根据需求提出核心标准研制建议，进一步做好韧性城市建设，为提高城市韧性、增强城市抵御风险能力提供有力支撑。

**三、标准制修订工作情况**

（一）科学有序，开展标准制修订工作

按照工作计划，稳步推动23项地方标准制修订工作，开展前期研究、起草、征求意见、审查、报批等工作，其中，应急避难场所3项标准完成报批并于10月发布；防汛隐患排查治理系列规范7项标准（市政基础设施、城镇内涝、城镇房屋、在建工程、水利工程、旅游景区、山洪和地质灾害）、《安全生产培训机构服务规范》《安全评价机构服务规范》2项标准、《自然灾害预警信息社会传播要求》《尾矿库建设生产安全规范》《生产经营单位安全生产台账基础数据元规范》《危险场所电气防爆安全检测技术规范》《危险化学品企业分装作业安全管理规范》《危险化学品全流程追溯管理技术规范》等15项标准完成审查程序，拟于本年度申请报批；应急管理体系建设（超高层建筑、大型商业综合体、公园、医院、养老机构）5项标准完成审查，《社区韧性评价导则》《城市韧性评价导则》《森林火险指标体系和分级指南》等3项标准拟公开征求意见，拟于2024年报请发布。为进一步加强应急管理领域团体标准体系建设，参与3项团体标准制修订工作，其中，《自装卸起重装备技术要求》《可拖挂专用轻型载运平台技术要求》2项团体标准于9月7日完成发布，《快递从业人员劳动权益保障管理规范》拟于年底前发布。通过推进标准各项工作，提高应急管理体系标准的起草质量，为应急管理工作的开展提供有力技术支撑。

（二）注重实效，全面提高标准实施质量

按照《北京市标准化办法》要求，开展标准实施情况评估、复审工作。对17项实施满1年的地方标准开展调查评估，从经济效益、社会效益等方面逐项对标准实施效果进行系统总结，形成评估报告，为标准修订奠定坚实基础。组织57项实施满5年的地方标准开展复审工作，通过组织专家评审会对标相关标准进行审查，并提出继续有效、修订、废止的相关建议，为推进标准的全生命周期管理做好基础性研究工作。

（三）积极探索，推动京津冀协同地方标准制定

与天津市、河北省共同申报制定京津冀区域协同项目《突发职业中毒现场调查及监测技术规范》，目前已申报北京市2024年地方标准项目立项。三地计划通过本标准的实施进一步解决京津冀地区急性职业中毒调查及监测方面难点问题，提升区域职业性化学中毒现场调查与应急监测能力，完善职业病防治技术支撑体系，提升职业病危害因素检测能力，促进《国家职业病防治

"十四五"规划》《国家卫生健康委关于加强职业病防治技术支撑体系建设的指导意见》《卫生部突发中毒事件卫生应急预案》《全国疾病预防控制机构卫生应急工作规范》等政策落地实施，维护职业人群生命健康安全，营造京津冀地区安全、健康、和谐的营商环境，对促进区域经济社会良性发展具有重要意义。

**四、加大标准化工作宣传培训**

结合应急领域实际需求，分层次、分专业研究制定灵活高效的标准宣贯方案，通过采取线上线下相结合、专题培训、现场宣讲会等方式多层面推进标准宣贯实施。积极开展危险化学品管理方面专题系列培训7期，自2023年3月起以每月举办一期视频会议形式培训，对应急系统危险化学品安全监管人员和有关企业安全管理人员开展培训，规范员工安全生产行为，提高企业安全管理水平；分别从水域救援、危险化学品救援以及水、电、气、热等城市生命线事故救援等领域开展为期5天的线下培训，对2400名市级专业应急救援队伍人员和1000名社会应急救援人员进行集中培训；面向各区乡镇（街道）开展地质灾害应急救援方面标准宣贯，培训人数为1699人，结业人数为1470人；持续开展森林消防队伍建设三年行动，将标准要求融入队伍建设和训练各个环节，对提升森林消防应急救援能力起到重要推动作用。同时，坚持标准宣贯在日常，利用到企业检查、调研等工作机会，推动标准有效实施。

## 标准化工作成果

（北京市应急管理局）

**【高效应用地方标准评估应急避难场所】** 市应急管理局启动2023年应急避难场所评估工作，对门头沟、昌平、房山、怀柔、平谷、密云、延庆、顺义等10个区981处应急避难场所进行评估，通过DB11/T 2143—2023《应急避难场所　评估导则》进一步指导北京市应急避难场所逐步改进，如改进场址选择有隐患、设施配置不完善、管护使用不规范等问题。此项标准的发布进一步推进应急避难场所建设与管理，对驱动应急避难场所健康、高质量发展具有重要现实意义。

**【深度探索构建韧性城市评价指标和标准化体系】** 市应急管理局牵头研究韧性城市评价指标和标准体系，针对国内外标准化机构和标准体系开展系统调研，全面梳理国内韧性城市建设相关的标准规范，立项，研究构建北京市韧性城市建设标准体系框架，明确标准研制方向，根据需求提出核心标准研制建议，进一步做好韧性城市建设，为提高城市韧性、增强城市抵御风险能力提供有力支撑。

**【发布8项地方标准】** 2023年，发布DB11/T 2187—2023《安全生产培训机构服务规范》、DB11/T 2189—2023《安全评价机构服务规范》、DB11/T 2197—2023《自然灾害预警信息社会传播要求》、DB11/T 1252—2023《尾矿库建设与运行安全管理规范》、DB11/T 2195—2023《生产经营单位安全生产台账基础数据元规范》、DB11/T 1320—2023《危险场所电气防爆安全检测技术规范》、DB11/T 1250—2023《危险化学品企业分装作业安全管理规范》、DB11/T 2196—2023《危险化学品全流程追溯管理技术规范》8项地方标准。

**【发布7项防汛隐患排查治理系列地方标准】** 2023年12月，发布防汛隐患排查治理系列规范7项标准，分别从市政基础设施、城镇内涝、城镇房屋、在建工程、水利工程、旅游景区、山洪和地质灾害7个不同领域规定防汛隐患排查治理的重点内容，有助于提升北京市防汛隐患排查治理规范化管理水平。

**【发布3项应急避难场所系列地方标准】** 2023年10月，在全国率先制定并发布DB11/T 2143—2023《应急避难场所 评估导则》、DB11/T 2142—2023《应急避难场所 场址及配套设施》、DB11/T 2141—2023《应急避难场所 分级和分类》3项地方标准，这3项标准适应北京市灾害风险种类和特征的变化、满足多种类型的应急避难需求，对应急避难场所建设和运行管理水平提出更高要求，提升首都从城市到乡村各级防灾减灾救灾能力。

**【完成57项标准复审工作】** 2023年，市应急管理局根据市市场监管局要求，组织57项实施满5年的地方标准开展复审工作，通过组织专家评审会对标相关标准进行审查，并提出继续有效、修订、废止的相关建议。

**【完成17项地方标准实施情况评估报告】** 2023年，市应急管理局根据市市场监管局要求，对17项实施满1年的地方标准开展调查评估并形成评估报告，形成17项归口管理的地方标准实施情况报告。

**【推动1项京津冀协同地方标准制定】** 市应急管理局与天津市、河北省卫生健康委员会共同申报制定京津冀区域协同项目《突发职业中毒现场调查及监测技术规范》，并申报北京市2024年地方标准项目立项。

**【提升应急体系标准化宣传效果】** 市应急管理局结合应急领域实际需求，分层次、分专业研究制定灵活高效的标准宣贯方案，组织危险化学品管理方面专题系列培训7期，集中5天时间培训2400名市级专业应急救援队伍人员和1000名社会应急救援人员，面向各区乡镇（街道）1699人开展地质灾害应急救援方面标准宣贯，开展森林消防队伍建设三年行动，将标准要求融入队伍建设和训练各个环节，推动标准有效实施。

**【北京市应急管理标准化技术委员会第二届第四次全体委员大会召开】** 2023年12月27日，市应急管理标准化技术委员会第二届第四次全体委员大会顺利召开。市应急管理局相关领导出席会议并讲话。会议对2023年市应急管理标准化技术委员会工作进行总结，肯定其在标准体系建设、标准制修订评审、标准宣贯、实施情况评估等方面取得的成效，并对2024年工作进行部署安排。

**【提出23项标准立项申请】** 2023年10月，市应急管理局向市市场监管局提出2024年度共23项标准的立项申请。其中，新制定项目15项，修订项目8项。

## 标准化工作综述

（北京市气象局）

2023年，北京市气象局结合部门工作实际，组织落实实施首都标准化战略纲要，强化组织保障，上下协同，将气象标准化工作纳入市气象局全年重点工作计划，重点推进，深入开展气象标准化各项工作。

### 一、建立气象标准化工作机制

由市气象局印发《北京市气象局办公室关于气象标准化主要工作职责分工的通知》（京气办函〔2023〕26号），该通知明确标准归口管理部门、主要职能处室和直属单位的工作职责，构建各司其职、齐抓共管的气象标准化工作机制，推动气象标准化工作高质量发展。

按照《北京市专业标准化技术委员会管理办法》的要求，2023 年 3 月 28 日，组织完成第三届北京市气象标准化技术委员会换届大会暨委员会第一次工作会议，第三届北京气象标准化技术委员会委员由来自市气象部门、应急管理部、水利部、中国气象局、中国标准化研究院、北京师范大学、北京建筑大学等单位的 27 名专家组成，新一届标准化技术委员会在气象标准化工作上为气象事业的发展提供战略化力量，在促进标准成为首都气象行业管理工作的技术支撑和引领上发挥更大作用。

搭建《北京市气象灾害防御标准体系》数据检索系统，并把系统放置在气象 OA 系统中供技术人员使用。

**二、标准制修订工作情况**

2023 年 3 月 30 日，DB11/T 2084—2023《城市热岛强度等级》、DB11/T 1308—2023《农作物气象灾害等级　冬小麦》2 项地方标准正式发布，并在中国气象标准网上进行备案。

组织完成《民用建筑供暖通风与空气调节用气象参数》《气象灾害风险调查技术规范　第 1 部分：暴雨》2 项地方标准征求意见、预审会、审查会工作，并向市市场监管局提交报批材料，等待最终批准发布。

为加强京津冀气象标准制修订的区域联动，进一步落实《北京市气象灾害防御标准体系》区域标准建设，北京市气候中心牵头京津冀区域协同标准《雷电防护装置日常维护规程》，完成预审和征求意见工作，作为全国首个区域性气象地方标准，对于推动三地气象行业深度融合高质量发展，以及深化三地方标准化合作具有重要意义。

督促《气象观测铁塔运行维护要求》的项目人按照要求的时间节点进行标准的编制工作，已按要求完成标准的预审和征求意见工作。

支持团体标准的编制工作，北京气象学会年内发布 T/BMS 02—2022《集合预报基础产品制作方法指南》、T/BMS 01—2022《固定翼飞机大气污染探测飞行方法指南》2 项团体标准。

为强化标准实施，市气象局按照一行业一清单、相关标准归类的工作原则，梳理防雷与升放气球领域标准，做到国家标准、行业标准和地方标准的全覆盖，防雷领域安全生产事故隐患目录（排查标准）涵盖《雷电防护装置检测作业安全规范》等标准；升放气球领域安全生产事故隐患目录（排查标准）涵盖《系留气球升放安全规范》等标准，实现以“标准化”搭台促管理上台阶。

**三、专项经费投入和气象标准化宣传培训**

市气象局年内安排专项经费 7.8 万元，用于地方标准项目的研究工作。11 项标准研究项目获得资金支持。

为迎接第 54 届世界标准日，北京市气象标准化技术委员会联合北京减灾协会，以“践行标准理念　科技与标准融合促减灾”为主题，开展世界标准日“委员讲标准”直播宣讲活动，并邀请 5 位专家进行直播宣讲。这是首次在多个平台以直播的形式开展标准化宣讲活动，播放量总计 3.7 万。宣讲活动广泛普及防灾减灾标准知识，推动科技与标准融合发展，提升北京市气象标准化建设管理工作高质量发展。

组织标准化培训。北京市第三届气象标准化技术委员会组织气象标准化专题培训，邀请中国气象局相关专家对气象标准化改革要求和气象标准制修订的申报、编写要求和方法进行详细讲解，旨在推动市局气象标准化工作发展，提高业务人员标准编写的质量和水平，机关各处（室）、直属单位、各区局近 40 人参加此次培训。

## 标准化工作成果

（北京市气象局）

**【3项地方标准立项】** 2023年1月6日，市气象局组织修订的（一类）地方标准《雷电防护装置日常维护规程》立项。2023年1月16日，市气象局组织制定的（一类）地方标准《气象观测铁塔运行维护要求》和（二类）地方标准《设施农业低温寡照灾害风险调查技术规范》立项。

（李如箭）

**【完成气象标准化技术委员会换届】** 2023年3月28日，组织完成第三届北京市气象标准化技术委员会换届大会暨委员会第一次工作会议。

（李如箭）

**【发布并实施2项地方标准】** 2023年3月30日，地方标准DB11/T 2084—2023《城市热岛强度等级》、DB11/T 1308—2023《农作物气象灾害等级　冬小麦》正式发布。

（李如箭）

**【地方标准复审工作】** 2023年3月，市气象局组织开展7项地方标准复审工作，提出2项修订建议。

（朱　江）

**【开展标准化工作交流与合作】** 2023年4月20日，北京市第三届气象标准化技术委员会与广东省气象标准化技术委员会进行交流座谈，对相关标准化工作开展情况、标准化体系建设、灾害防御、应急管理等工作进行深入交流和探讨，并达成共识。

（李如箭）

**【组织开展气象标准化培训】** 2023年6月1日，组织标准培训工作，邀请专家从标准的编写流程步骤、文稿撰写方法、注意事项等方面进行详细讲解，市气象局直属单位、机关及各区局40人参加培训。

（朱　江）

**【地方标准实施效果评估工作】** 2023年7月，市气象局对已发布的地方标准进行全面梳理，形成6项归口管理的地方标准实施情况报告。

（朱　江）

**【2项地方标准通过审查】** 2023年8月31日，地方标准《气象灾害风险调查技术规范　第1部分：暴雨》审查会在市气象局召开并通过专家审查，2023年9月21日，地方标准《民用建筑供暖通风与空气调节用气象参数》审查会在市气象局召开并通过专家审查。

（李如箭）

**【开展标准宣传】** 10月13日，开展世界标准日“委员讲标准”直播宣讲活动。邀请5位标准专家进行宣讲，并在气象微博、快手等多平台直播。

（李如箭）

**【投入专项资金支持标准研究】** 为激励标准项目申报，提升标准编制质量，促进气象标准化整体水平不断提高，市气象局年内安排专项经费7.8万元，用于标准项目的研究工作。

（朱　江）

## 标准化工作成果

（北京市地震局）

**【报批1项地方标准】** 2023年，市地震局向市市场监管局报批地方标准《地震台站建设技术规范》，已获批立项。

（龚　晨　石海明）

**【组织标准化培训】** 2023年5月16日，市地震局组织标准编写人员参加中国地震灾害防御中心举办的震防标准化工作培训班。

2023年7月14日，市地震局组织相关人员参加市市场监管局举办的北京市地方标准制修订培训。2023年10月17日，市地震局组织标准化业务知识培训，对《北京市标准化办法》进行解读并就标准编写技能及质量提升进行培训，市地震局机关和直属单位70余人参加培训。

（龚　晨　石海明）

**【举办2023年“世界标准日”主题活动】** 2023年世界标准日是第54届世界标准日，国际主题为“美好世界的共同愿景”，中国主题为“标准塑造美好生活”。市地震局组织各区地震主管部门在大屏幕上投放世界标准日海报；组织全局干部职工学习解读世界标准日国际主题和中国主题；组织相关人员参加线上专题讲座。世界标准日系列宣传活动的开展，对全局干部职工了解标准国际化、数字标准化、提高标准意识、推进编写标准工作等具有重要意义。

（龚　晨　石海明）

## 标准化工作综述

（北京市粮食和物资储备局）

为深入推进《首都标准化发展纲要2035》和《北京市标准化办法》实施，按照《2023年落实〈首都标准化发展纲要2035〉行动计划》，北京市粮食和物资储备局开展以下标准化工作。

### 一、标准体系建设

建立健全粮食和物资储备标准体系，已形成以粮食流通和应急物资储备为主体的标准体系架构，涵盖粮油质量、应急物资等10大类，为粮食和物资储备高质量发展提供标准支撑。目前，粮食流通领域已经制定标准419项，其中，国家标准282项、行业标准131项、地方标准3项、团体标准3项。应急物资储备领域已经制定标准69项，其中，国家标准42项、行业标准26项、地方标准1项。

### 二、标准制修订

（一）组织制定地方标准工作

加强地方标准制定管理，按照标准制定进度安排和工作流程，推动标准编制组完成《粮食节约减损规范　第1部分：储存环节》《粮食节约减损规范　第2部分：运输环节》《粮食节约减损规范　第3部分：加工环节》3项地方标准制定。印发《关于征集北京市粮食和物资储备地方标准制修订项目的通知》，开展地方标准征集，收集到《粮食仓库仓储管理规范》《安全生产等级评定技术规范　第80部分：粮食仓库》2项地方标准修订项目申报需求。

（二）参与本领域国际标准、国家标准、行业标准和团体标准制定

指导市粮食行业协会开展《北京好粮油　大米》《主食食品　馒头》《主食食品　鲜湿面条》3项团体标准制定。北京市食品检验研究院牵头修订2项国家标准，参与修订3项国家标准，牵头制修订7项行业标准，参与制修订6项行业标准，牵头制定《北京好粮油　大米》1项团体标准，参与制定《主食食品　馒头》1项团体标准。

### 三、标准实施

（一）开展标准化宣传培训活动

组织召开安全生产标准培训会议，邀请北京市安全生产联合会负责人和专家讲解《安全生产等级评定技术规范　第80部分：粮食仓库》，对实施安全生产标准化工作进行布置和培训。来自各区粮食行政管理部门、政策性粮油储存单位、中央储备粮在京单位约90位代表参加培训。北京市储备粮入库前，组织北京市储备粮库点粮油检化验员开展入库粮食品种相关标准培训，委托北京市食品检验研究院讲解国家标准GB 1350《稻谷》、GB 1351《小麦》、GB 1353《玉米》

及相关食品安全标准，并选择部分检验指标现场实操比对。

（二）开展标准化试点示范工作

根据《国家粮食和物资储备局办公室关于开展绿色储粮标准化试点工作的通知》，结合绿色仓储改造提升行动同步开展标准化试点，向国家粮食和物资储备局推荐北京市京粮潞河粮食收储有限公司、北京三家店粮食收储库有限公司、北京桃山粮食储备有限公司 3 家单位开展绿色储粮标准化试点，北京市京粮潞河粮食收储有限公司和北京三家店粮食收储库有限公司 2 家单位为国家级标准化试点单位，北京桃山粮食储备有限公司为市级标准化试点单位。3 家单位投入 1000 多万元完成 16.4 万吨仓房（原粮 16 万吨，成品粮 0.4 万吨）隔热气密性改造，更新配备一批仓储设备。组织召开项目试点总结座谈会议，2 家试点单位典型交流发言，介绍改造提升经验，部署后续标准化试点工作任务。

（三）标准实施应用

度夏期间，市粮食和物资储备局成立成品粮巡查小组，2023 年 7 月至 9 月中旬，对北京市 5 家成品粮油储备库点开展月度巡查，指导政策性粮食储存企业全面、准确、灵活应用该标准，增强标准管理意识，提高储粮技术应用和成品粮储存管理水平，保障粮食储存安全。持续开展粮食仓库安全生产标准化创建工作，做好 DB11/T 1322.80《安全生产等级评定技术规范　第 80 部分：粮食仓库》地方标准在行业安全管理中的实施应用，投入 16.4 万元组织开展 2023 年度安全生产标准化二级评审，13 家企业达到安全生产标准化（二级）标准。截至 2023 年年底，市级粮食储备企业安全生产标准化（二级）达标率为 85%，中央在京粮食储备企业达标率为 83%。

## 标准化工作成果

（北京市粮食和物资储备局）

**【地方标准《粮食节约减损规范　第 1 部分：储存环节》制定工作起草会】** 2023 年 2 月 2 日，市粮食和物资储备局召开地方标准制定工作起草会，市粮食和储备局安全仓储与科技处相关领导出席会议并讲话。标准编制组牵头人介绍标准制定进展和调研方案，编制人员对调研方案进行讨论并形成一致意见。会议明确调研方案安排，宣布标准调研工作正式启动。

（刘小青）

**【地方标准《粮食节约减损规范　第 1 部分：储存环节》制定工作起草会】** 2023 年 3 月 22 日，市粮食和物资储备局召开地方标准制定工作起草会，市粮食和储备局安全仓储与科技处相关领导出席会议并讲话。标准编制组牵头人介绍调研数据分析和部分专家意见。会议部署后续工作重点任务。

（刘小青）

**【制定地方标准《粮食节约减损规范　第 3 部分：加工环节》工作起草会】** 2023 年 3 月 23 日，市粮食和物资储备局召开地方标准制定工作起草会。标准编制组牵头人介绍标准文本和编制说明，参会人员进行讨论并提出修改意见建议。会议编制组对确定标准修改完善后，做好专家预审准备。

（刘小青）

**【制定地方标准《粮食节约减损规范 第2部分：运输环节》工作起草会】** 2023年4月1日，市粮食和物资储备局召开地方标准制定工作起草会。标准编制组牵头人介绍标准编制进展和调研安排，编制人员对调研方案进行讨论并形成一致意见。会议明确调研方案安排，宣布标准调研工作正式启动。

（刘小青）

**【团体标准《主食食品 馒头》《主食食品 鲜食面条》启动会】** 2023年4月11日，北京市粮食行业协会召开团体标准启动会，国家粮食和物资储备局标准质量中心相关领导出席会议，介绍团体标准发展概况、管理政策、实例与编写规则，针对2项团标提出编写建议。北京首农食品集团有限公司食品安全办公室相关领导介绍食品安全的重要性、原料采购、生产加工、销售过程中的质量监管、产品质量追溯以及典型案例。会议要求标准编制单位按照《北京市粮食行业协会团体标准管理办法》规定，规范编写，密切协作，保质保量完成标准编制任务。

（刘小青）

**【地方标准《粮食节约减损规范 第1部分：储存环节》预审会】** 2023年4月13日，市粮食和物资储备局召开地方标准预审会，来自粮油储藏、储粮通风、质量管理和标准化方面的7位专家参会，对标准进行审查并提出修改意见。会议明确标准编制组根据专家意见修改完善标准，形成标准征求意见稿。

（刘小青）

**【组织地方标准《救灾物资储备管理规范》宣贯活动】** 2023年5月11日，市粮食和物资储备局组织召开地方标准DB11/T 2010—2022《救灾物资储备管理规范》宣贯活动。标准编制组介绍标准内容，并与《中央救灾物资储备管理办法》进行对照解读。市区两级物资储备管理部门工作人员，3家市级救灾物资储备库相关负责人参加标准宣贯活动。

（刘小青）

**【绿色仓储标准化试点工作经验交流现场会】** 2023年6月5日，市粮食和物资储备局召开绿色仓储标准化试点工作经验交流现场会，相关领导出席会议并讲话。杨坨粮库、大杜社粮库2家试点单位做绿色储粮标准化试点典型经验交流发言，参会人员参观试点成果展示。北京首农食品集团有限公司相关部门、市粮食和储备局相关处室人员参加座谈。交流会总结试点工作成效，明确后续工作安排。

（刘小青）

**【地方标准《粮食节约减损规范　第 3 部分：加工环节》预审会】** 2023 年 6 月 8 日，市粮食和物资储备局召开地方标准预审会，来自粮油储藏、粮食加工、粮食工程、食品科学和标准化方面的 7 位专家参会，对标准进行审查并提出修改意见。会议明确标准编制组根据专家意见修改完善标准，形成标准征求意见稿。

（刘小青）

**【地方标准《粮食节约减损规范　第 2 部分：运输环节》预审会】** 2023 年 7 月 29 日，市粮食和物资储备局召开地方标准预审会，来自交通运输、农产品流通、质量管理和标准化方面的 7 位专家参会，对标准进行审查并提出修改意见。会议明确标准编制组根据专家意见修改完善标准，形成标准征求意见稿。

（刘小青）

**【地方标准《粮食节约减损规范　第 1 部分：储存环节》审查会】** 2023 年 10 月 18 日，市市场监管局组织召开地方标准审查会，来自粮油储藏、储粮通风、质量管理和标准化方面的 7 位专家参会，对标准进行审查并提出修改意见。专家组一致同意该标准通过审查，建议标准编制组根据专家意见进行修改后，尽快报批。

（刘小青）

**【地方标准《粮食节约减损规范　第 3 部分：加工环节》审查会】** 2023 年 10 月 25 日，市市场监管局组织召开地方标准审查会，来自粮油储藏、粮食加工、粮食工程、食品科学和标准化方面的 7 位专家参会，对标准进行审查并提出修改意见。专家组一致同意该标准通过审查，建议标准编制组根据专家意见进行修改后，尽快报批。

（刘小青）

**【地方标准《粮食节约减损规范　第 2 部分：运输环节》审查会】** 2023 年 11 月 3 日，市市场监管局组织召开地方标准审查会，来自交通运输、农产品流通、质量管理和标准化方面的 7 位专家参会，对标准进行审查并提出修改意见。专家组一致同意该标准通过审查，建议标准编制组根据专家意见进行修改后，尽快报批。

（刘小青）

## 标准化工作综述

（北京市特种设备专业标准化技术委员会）

### 一、开展 3 项北京市地方标准的制修订工作

组织专业技术人员开展 DB11/T 2115—2023《机械式停车设备使用管理和维护保养安全技术规范》、DB11/T 2140—2023《聚乙

烯管道热熔对接接头微波检测质量控制要求》2 项北京市地方标准的制修订工作。开展 DB11/T 419—2007《电梯安装维修作业安全规范》的修订立项工作。

**二、参与 4 项国家标准的制修订工作**

参与国家标准 GB 50236—2011《现场设备、工业管道焊接工程施工规范》、GB 50683—2011《现场设备、工业管道焊接工程施工质量验收规范》、GB/T 17925—2011《气瓶对接焊缝 X 射线数字成像检测》的修订工作。参与国家标准 GB/T 42615—2023《在用电梯安全评估规范》的制定工作。

**三、组织专业技术人员开展团体标准的制定工作**

1. 组织专业技术人员开展团体标准《可变行程电梯　第 1 部分：验收技术要求》的制定工作。

2. 参与《压力容器检验员实际操作考试规程》《压力管道检验员实际操作考试规程》《在役燃气管道检验及安全评估》的制定工作。

**四、组织专业技术人员进行地方标准的复审**

2023 年，组织专业技术人员复审 DB11/T 857—2012《车用压缩天然气纤维缠绕气瓶使用与定期检查要求》、DB11/T 948—2013《电梯运行安全监测信息管理系统技术规范》、DB11/T 892—2012《电梯主要部件判废技术要求》、DB11/T 1521—2018《焊接绝热气瓶定期检验与评定》、DB11/T 1504—2017《特种设备作业人员培训机构服务规范》、DB11/T 1093—2014《液化天然气汽车箱式橇装加注装置安全技术要求》、DB11/T 1699—2019《在用氨制冷压力管道 X 射线数字成像检测技术要求》、DB11/T 705—2019《重型自动扶梯和重型自动人行道技术要求》，复审结果为继续有效。

**五、组织、参加标准宣贯交流等工作**

1. 2023 年 3 月，参加北京市标准化技术委员会 2022 年度工作考核会。

2. 2023 年 5 月，参加“2023 中关村论坛之标准化与创新发展论坛”。

3. 2023 年 10 月，参加世界标准日系列相关宣贯活动。

4. 2023 年 11 月，参加“2023 年国际标准化视频培训会”。

**六、标准化体系建设情况**

2023 年，继续对《北京市特种设备专业标准化体系》进行更新完善，重点对压力容器和大型游乐设施两个分体系的国内外标准化情况、北京地区标准化情况、各行业间协调情况以及近远期规划等内容进行研究，形成国内外及北京压力容器标准体系研究报告和大型游乐设施标准体系建设研究报告。报告对如何完善北京市特种设备工业管道、索道分体系法规标准建设提出短期目标及中长期目标，建议编制非金属工业管道定期检验地方标准和承压设备用流量计壳体监督检验标准；提议建立适用于北京市客运索道产品全生命周期的考核评价体系，对客运索道设计、制造、使用、维修、改造、报废等不同生命周期给出科学恰当的技术指导等。

**七、标准化经费投入情况**

2022 年共投入标准化经费 3 万余元。

## 标准化工作成果

（北京市特种设备专业标准化技术委员会）

**【推进北京市使用单位电梯物联网建设】** 2023 年 3 月，北京市特种设备检验检测研究院与首都机场集团有限公司北京大兴国际机场航站楼管理部就电梯物联网建设事项开展沟通交流。开展电梯物联网技术探索研究，推进北京市使用单位电梯物联网建设，立足北京 IT 产业优势，通过对“科技创安、科技惠民”工程有效实施，引领北京市电梯安全工作迈向“数字监管”时代。

（闫　琪）

**【参与“携手特设安全　呵护童心成长——2023年特种设备安全进校园”主题活动】** 2023年6月，市特种设备检验检测研究院两位专家以电梯和气瓶安全知识为主题，结合电梯、气瓶的常识及暑期安全注意事项等内容，为该校百余名师生送来一节特种设备安全知识“小课堂”。

（闫　琪）

**【北京市特种设备检验检测研究院参与国家重点研发计划“科技冬奥”重点专项《冬奥关键区特种设备安全运行保障技术》综合绩效评价工作】** 2023年3月，北京市特种设备检验检测研究院参与的“科技冬奥”专项《冬奥关键区特种设备安全运行保障技术》项目的《严寒复杂环境下的关键部件快速监检测技术研究》《冬奥用承压设备状态监测及风险预警技术研究》《冬奥关键区电梯安全运行保障技术研究》《严苛条件下客运索道高效巡检与监测预警技术研究》《冬奥特种设备安全监测与应急示范应用》5个课题完成全部研究任务和财务审计，项目顺利通过科技部综合绩效评价。

（闫　琪）

**【完成市场监管总局科技计划项目《老旧电梯制动系统风险控制技术研究安全监测研究》】** 2023年5月，北京市特种设备检验检测研究院承担的市场监管总局科技计划项目《老旧电梯制动系统风险控制技术研究安全监测研究》课题通过验收。该课题通过统计在用的主要老旧电梯制动系统型式、典型故障，分析事故、故障、检验案例、评估中发现的问题，研究确定老旧电梯制动系统风险点；进行老旧电梯制动系统典型失效模式研究、失效机理分析及失效模式试验和仿真技术研究，研究老旧电梯制动系统风险的影响因素；研究老旧电梯制动系统安全评价及风险计算方法，综合应用故障树、鱼刺图、AHP层次分析法，对老旧电梯制动系统的风险点和影响因素进行分级分层，确认各个因素的权重，建立老旧电梯制动系统风险指标评价体系，建立风险数学模型，得出适用于老旧电梯制动系统的评价方法；研究老旧电梯制动系统的维保、修理、改造新工艺，制定老旧电梯制动系统维保作业文件，提出老旧电梯制动系统维保、管理等不同维度的风险分级控制策略，制定相应的风险降低方法，实现风险管控。

（闫　琪）

**【承担3项市场监管总局科技计划项目完成成果登记】** 2023年11月，北京市特种设备检验检测研究院承担的3项市场监管总局科技计划项目《老旧电梯制动系统风险控制技术研究安全监测研究》《大吨位门式起重机降载当量试验方法研究》《大型履带起重机臂架声发射检测方法研究》完成市场监管总局科技成果登记。

（闫　琪）

**【北京市特种设备标准体系通过专家论证会】** 2023年12月，北京市特种设备标准化技术委员会组织有关专家对北京市特种设备标准体系进行论证，专家组听取标准体系可行性汇报，审查相关材料，围绕标准体系的必要性、合理性、可行性进行质询和讨论，一致认为该标准体系健全、内容充分，可为北京市特种设备工作提供标准化技术支撑。

（闫　琪）

# 农业农村

## 标准化工作综述

（北京市农业农村局）

2023年，北京市农业农村局按照《2023年落实〈首都标准化发展纲要2035〉行动计划》（首标委发〔2023〕3号）的有关部署，发挥标准化在推进农业农村高质量发展方面的作用，助力乡村振兴战略实施。

**一、完善北京市农业农村标准体系**

北京市完善以农产品质量安全为重点的农业农村标准体系。标准体系由现代农业标准体系和美丽乡村标准体系两部分组成。

（一）现代农业标准体系

以农业全产业链标准化为目标，搭建现代农业标准体系，分为农业基础通用标准、种植业、畜牧养殖业、渔业、农业设施设备、农业生态、试验检测、农业社会化服务、数字农业和其他农业标准共10个子体系，将截至2023年12月8日，现行有效的6112项农业领域标准分类整理，形成该标准体系。

（二）美丽乡村标准体系

以"十四五"农业农村现代化规划为重点，结合北京市农村实际搭建美丽乡村标准体系，分为农村基础通用标准、农村基础设施、乡村治理、农村基本公共服务、农村人居环境、农村新业态、乡村数字化、农村社会化服务和其他农村标准共8个子体系，将截至2023年12月8日，现行有效的217项农村领域标准分类整理，形成该标准体系。

**二、开展农业地方标准制修订工作**

结合北京市农业农村发展和结构调整需求，推进农业农村地方标准制修订工作。

（一）标准制修订

通过项目征集、专家审查论证，与市市场监管局会商，2023年立项农业农村地方标准12项，其中DB11/T 790—2011《兽用药品贮存管理规范》为修订项目，《拟新增耕地土壤环境质量调查技术规范》等11项标准为制定项目；稳步推进2022年立项的21项标准制修订工作，全部完成发布；组织2024年农业农村地方标准的立项征集，对征集的49项标准进行行业初审，向市市场监管局推荐地方标准立项17项，其中，修订标准1项，制定标准16项。

（二）标准复审

完成实施满5年的DB11/T 1570—2018《甜瓜设施栽培技术规程》等69项农业农村地方标准的复审工作，其中DB11/T 425—2018《牛场舍区、场区、缓冲区环境质量要求》等56项标准继续有效，DB11/T 869—2012《兽医病理解剖生物安全控制技术规范》1项标准需修订，《日光温室用电动卷帘机技术条件》等12项标准需废止。

（三）标准实施效果评估

完成实施满1年的DB11/T 700—2020《番茄设施生产技术规程》等26项农业地方标准的实施情况检查，从经济效益、社会效益、节约资源、环境保护、提升安全管理水平、提高顾客满意度等方面对上述标准的实施情况进行分析与评估，形成实施情况评估报告。

## 三、推进农业标准化基地建设

继续按照“区级建设、市级评定、动态管理、优级奖励”的整体建设原则，推进农业标准化生产基地建设。

### （一）更新备案基地信息

突出区级建设作用，组织各区调查摸底2023年建成的有一定规模的基地，强化指导和服务，发动其开展农业标准化基地建设工作。截至2023年12月10日，北京市新增备案农业标准化基地73家，同比增长74%，更新农业标准化备案信息1416条。

### （二）农业标准化基地等级划分

强化农业标准化基地动态管理，组织各区对备案标准化基地生产及贯标情况进行核查，对已建成的标准化基地进行评分和等级划分，对达不到标准或不再生产的基地进行降级或退出处理，组织市级专家组对推荐为优级的基地进行现场评定。截至2023年12月10日，北京市备案标准化基地1092家，其中，种植业721家，畜牧业158家，渔业213家，评定为优级农业标准化基地的共493家。

### （三）标准化基地日常督导检查

为持续提升标准化基地建设水平，2023年完成对北京市77家农业标准化基地的督导检查工作。督促有问题的基地进行整改，提出整改意见49条；调研标准化基地在生产和经营方面存在的实际困难，有针对性地进行技术指导。

## 四、提升“全产业链标准化示范基地”生产水平

组织搭建完成生猪、设施蔬菜全产业链标准体系，以高标准体系引领全市35家全产业链标准化基地示范建设，带动全市1092家标准化基地建设，培育一批质量过得硬、品牌叫得响、带动能力强的绿色优质农产品精品。

### （一）搭建生猪全产业链标准体系框架

以产出高效、产品安全、资源节约、环境友好、价值提升为关键突破点，搭建完成生猪全产业链标准体系框架，包括基础标准、生产标准、屠宰加工标准、产品标准、流通标准、品牌认证标准和管理服务标准等7个子体系，收集整理现行有效生猪标准746项，为稳定生猪生产，促进生猪产业转型升级，提高北京市猪肉供应保障能力，促进生猪生产与环境保护协调发展提供技术保障。

### （二）搭建设施蔬菜全产业链标准体系框架

以实现设施蔬菜全产业链标准化最佳效益为指引，以优质化、集约化、绿色化、智慧化和价值提升为关键突破点，以番茄、黄瓜、生菜和韭菜等4类蔬菜为重点，搭建完成设施蔬菜全产业链标准体系，包括基础标准、生产标准、加工标准、产品标准、流通标准、品牌认证标准和管理服务标准等7个子体系，收集整理现行有效设施蔬菜标准951项，为做强北京特色设施蔬菜产业、打造优质设施蔬菜品牌提供技术保障。

### （三）现代化农业全产业链标准化基地建设

对北京市建成和在建的37家现代化农业全产业链标准化基地进行60余次技术指导，推荐1家基地入选国家第一批农业高质量发展标准化示范基地。

开展标准梳理和标准综合体编制。组织专家技术服务队伍深入实地调研，推动标准综合体的轻简化应用，指导企业起草的标准综合体，提出修改意见近600条，帮助35家全产业链标准化基地更新、修改、完善标准综合体。将标准综合体转化为生产技术手册（含视频）等标准宣贯材料，确保生产经营主体识标、懂标、用标。组织标准综合体实施，组建标准专家技术服务队伍，开展现场指导活动，在标准体系实际运行

过程中发现问题，解决问题，优化标准体系结构，提升标准实施水平。同时，组织培训班、现场会，培训技术骨干、生产主体，树立标杆，发挥示范引领和辐射带动作用。

**五、加强农业标准化宣贯**

以基地需求为导向，市农业农村局采取观摩培训和制作标准解读动画等多种形式，加强农业标准化宣贯标准和日常督导工作。

（一）开展观摩培训

2023 年组织 21 期“农业专家讲标准观摩培训活动”等标准宣贯活动，累计培训 1260 人次。

（二）制作标准解读动画

制作《标准化及农业标准化》《标准及标准体系》《北京市农业标准化基地管理》《现代农业全产业链标准化基地》4 个农业标准化主题的 MG 动画，提高标准宣贯的趣味性，便于农户对标准内容理解认识。

（三）“农标酷”公众号对标准进行宣贯

利用“农标酷”公众号对新农安法、北京市农业农村地方标准和绿色食品标准等进行宣贯，共收集梳理 240 项北京市农业农村地方标准和 142 项绿色食品标准。

（四）创新标准宣贯形式

将 DB11/T 2013—2022《蔬菜生产质量安全控制规范》、DB11/T 2014—2022《畜禽养殖质量安全控制规范》、DB11/T 2012—2022《淡水鱼养殖质量安全控制规范》3 项地方标准转化为漫画挂图，便于农民使用标准，促进标准实施转化。

## 标准化工作成果

（北京市农业农村局）

**【农业地方标准制定修订】** 2023 年，市农业农村局通过项目征集、专家审查论证、与市市场监管局会商，新立项农业农村地方标准 12 项，其中，《兽用药品贮存管理规范》为修订项目，《拟新增耕地土壤环境质量调查技术规范》等 11 项标准为制定项目；完成发布并实施满 5 年的《甜瓜设施栽培技术规程》等 69 项标准的复审工作，其中，56 项标准继续有效，1 项标准需修订，12 项标准需废止；完成发布并实施满 1 年的《番茄设施生产技术规程》等 26 项标准的实施情况检查和评估工作；完成 2022 年立项的《连栋温室主要果类蔬菜生产技术规程》等 21 项标准的发布；征集 2024 年农业农村地方标准立项申请 49 份，经过行业初审，向市市场监管局推荐 17 项。

（阚睿斌　沙品洁　张金轶）

**【标准化基地建设及评优】** 市农业农村局按照“区级建设、市级评定、动态管理、优级奖励”的建设原则，推进农业标准化生产基地建设。2023 年 8 月—10 月，北京市农业农村局组织种植业、畜牧业、渔业和标准化等领域的专家，对北京市新推荐的 53 家农业标准化基地集中评优，并对 83 家到期复评的优级标准化基地进行抽查。经评定，43 家新推优的农业标准化基地被评为“北京市优级农业标准化基地”，77 家评定满 5 年的“优级”农业标准化基地通过复评。截至 2023 年年底，北京市有效备案的农业标准化基地 1092 家，按照行业划分，种植业基地 721 家，畜禽养殖基地 158 家，水产养殖基地 213 家；按照等级划分，优级基地 493 家，良好级基地 275 家，达标级基地 251 家，新备案基地 73 家；更新农业标准化基地备案信息 1416 条。

（周景哲　郝建强　李小凤　沙品洁）

**【“全产业链标准化”生产水平提升】** 2023 年，北京市农产品质量安全中心搭建完成生猪、设施蔬菜（番茄、黄瓜、生菜、韭菜）全产业链标准体系，根据各基地生产实际“把脉开方”，在综合标准化目标确立、相关要素分析、标准综合体建立、配套技术支撑、资金合理使用等方面提供技术支持，对全市35家全产业链标准化基地进行60余次技术指导，对企业起草的标准综合体提修改意见近600条，帮助全产业链标准化基地更新、修改、完善标准综合体，以高标准体系引领全市35家全产业链标准化基地示范建设，带动全市1092家标准化基地建设，培育一批质量过得硬、品牌叫得响、带动能力强的绿色优质农产品精品。

（周景哲　郝建强　沙品洁　王　芳）

**【农业标准化宣贯培训】** 2023年，北京市农产品质量安全中心采取线上+线下的模式，组织21期“农业专家讲标准观摩培训活动”等标准宣贯活动，累计培训1260人次。同时，利用北京农业公众号及开发的“农标酷”等线上平台，宣贯《北京市标准化办法》和《首都标准化发展纲要2035》，科普农业标准与标准化常识，解读地方标准，推广标准化生产理念和技术。

（阚睿斌　郝建强　沙品洁　李小凤）

**【完善北京市农业农村标准体系】** 2023年，北京市不断完善以农产品质量安全为重点的农业标准体系。标准体系由现代农业标准体系和美丽乡村标准体系两大领域组成，筛选出支撑北京市农业标准体系框架需求的农业标准6112项、农村标准217项。

（阚睿斌　郝建强　沙品洁　王　芳）

**【农业标准化基地日常督导检查】** 调研农业标准化基地生产需求、经营情况和实际生产困难等情况，有针对性地进行技术指导。2023年，北京市农产品质量安全中心督导检查农业标准化基地77家，针对基地存在的问题，提出规范生产记录的填写、完善标准体系文件制定与更新、标准化日常工作的文件存档等整改意见49条，助力企业标准化水平的提升。

（沙品洁　张金轶　王　芳　李小凤）

## 标准化工作综述

（北京市园林绿化局）

2023年，北京市园林绿化局按照市市场监管局的要求和局（办）党组的部署安排，以《国家标准化发展纲要》《首都标准化战略纲要2035》《北京市标准化办法》《首都园林绿化标准体系》等为指导，以行业需求为导向，以标准化手段推进首都园林绿化高质量发展为目标，开展园林绿化标准化工作，紧紧围绕首都园林绿化重点建设任务，开拓创新，奋发作为，圆满完成年度工作任务。

**一、服务高质量发展建设目标，稳步推进标准制修订工作**

2023年标准编制工作按计划有序推进，申报、答辩并批准立项《林草品种审定技术规范》等22项地方标准，制定发布《毛梾苗木繁育与栽培技术规程》等30项园林绿化地方标准，启动《林地碳汇计量监测技术规程》等17项园林绿化地方标准的修订工作，贯彻实施《首都园林绿化标准体系》，提高行业管理规范化、标准化、制度化和科学化，从技术上指导引领首都园林绿化高质量发展。

**二、深入生态文明建设，加强标准的推广应用力度**

（一）填补行业空白

加强DB11/T 3028—2022《古柏树养护与复壮技术规程》的推广应用，该标准是首个京津冀三地共同正式发布的关于古柏树的养护与复壮技术地方标准，也是首个关注单一古树树种如何养护与复壮的技术标准。该标准立足三地古树养护管理现状及复壮保护工程，对不同季节的重难点养护要点，提出系统性技术要求，规范古柏树枝条整理、浇水、病虫害防治、树体景观维护、地上地下复壮措施；契合掣肘三地众多古柏树养护管理痛点难点，立足三地实际工作，以服务古柏树为导向，为各级政府古树主管部门开展行业监管提供标准依据，同时为古柏树养护复壮施工企业提供技术指导，规范自身经营服务活动，提高古树养护复壮水平，补齐古树技术短板，对优化古树生境具有十分重要的意义，是三地开展古柏树管理的坚实依据。

（二）抓好种苗基础建设

DB11/T 2072—2022《栎属植物苗木繁育与栽培技术规程》推广应用以来，在北京彩叶树种国家良种基地、北京市绿地养护中心建立百万株级栎类苗木规模化繁育基地各 1 处，累计生产苗木 532 余万株；2022 年—2023 年累计林下补植栎类苗木 171 万余株，在平谷区、通州区、延庆区建立高标准林下补栎示范基地 3 处；录制《林下补栎技术》视频 1 部，并在全市国有、集体林场推介应用；在怀柔区雁栖湖、平谷区夏各庄镇、延庆区旧县镇采取会议和现场形式进行技术培训 3 次，编制《北京乡土栎类树种容器苗培育技术手册》《北京市主要乡土栎类树种林下更新技术手册》。市园林绿化局启动“林下补栎”专项行动，“十四五”期间计划栽植栎树 1000 万株，该标准的实施与推广对于“林下补栎”专项行动实施具有重要支撑作用，对于促进北京市森林质量提升具有重要意义。

（三）关注行业产业发展

宣传推广 DB11/T 1995—2022《花卉交易服务规范》，发挥编制单位线上、线下交易服务空间进行试验示范以及与服务店铺紧密联系的优势，利用线下推广、培训、入户指导等机会，向花店业发放标准手册，根据商户运营服务需求和特点，对标准中涉及的花卉交易服务的基本要求、服务内容与要求、服务管理要求、服务评价与改进等内容进行有针对性地讲解、示范。标准实施应用后，对提升北京市乃至天津市、河北省花卉交易服务标准化水平、保护消费者权益具有指导意义，有助于提高“北京花卉”数字化交易平台线上线下融通的场景化服务质量，提升北京市花卉交易服务体系的现代化水平，进而推进北京市花卉产业的高质量发展。

（四）开拓标准多元化发展新局面

DB11/T 2029—2022《森林体验指数评价技术规范》的实施应用，展现北京市生态文明建设成果和森林多元价值。该标准以科学的指标体系和翔实的监测数据为基础，提出适用于北京地区森林体验指数的计算方法、分类等级等技术内容，全面规范、指导北京范围内绿色游憩体验质量季节变异性与区域差异性的量化评价，兼具实时性和可预报性，为公众游憩与体验提供科学参考。在该标准规范下，于 2023 年 3 月 24 日正式面向公众发布全国首个生态数字产品——森林体验指数，基于北京园林绿化生态监测网络连续实时监测数据，每日高质量定时向公众发布北京市 10 个区 12 个典型区域（昌平蟒山、密云水库、海淀翠湖、延庆野鸭湖、门头沟百花山、房山青龙湖、怀柔喇叭沟门、房山长沟、怀柔北房、朝阳望京、大兴魏善庄、东城龙潭湖）的森林体验指数，预报准确率达 90% 以上，公众阅读量达到每月百万人次以上，纸质媒体报道转载百余次，电视媒体播报 5 次。该标准的推广应用契合北京园林绿化“为民服务”的行业宗旨，打通科研成果转化为“为民服务”数字产品的“最后一公里”，更直观地向社会公众展示北京在生态建设领域的成就，提高公众的参与度、绿色获得感和幸福感，发挥北京市园林绿化工作在改善民生方面的作用。

## 三、强化示范引领作用，加大标准化的宣贯和培训力度

按照国家标准化管理委员会有关要求，

高标准推进由市园林绿化局承担的第十一批国家农业标准化示范区试点示范项目国家月季种苗高效生产标准化示范区、国家园林绿化苗木种质资源保护与繁育标准化示范区、国家数字桃园标准化示范区3项和第五批全国农村综合改革标准化试点项目京市怀柔区农村综合改革标准化试点1项，加强示范作用，以点带面，辐射带动项目周边产业发展，促进农民增收，助推北京市园林绿化各领域高质量发展。加大组织园林绿化标准化的培训和宣贯力度，2023年印制《生态保育小区建设指南》园林绿化地方标准22项共24000册单行本，组织宣贯及培训3100人次（线上、线下）。通过线上线下相结合的形式做好标准宣贯工作，使园林绿化地方标准在首都园林绿化建设中发挥更大的作用。

**四、抓好顶层设计，推进园林绿化标准化高水平发展**

强化管理服务职能，进一步规范流程，提高服务意识组织各有关单位参与2023年度园林绿化标准的申报和编制工作，依据《北京市地方标准管理办法》要求，督促抓好承担单位编制进度的有序推进，高质量完成标准的编写和修订工作。组织学习和宣传贯彻标准化相关会议精神，结合行业发展热点问题及园林绿化高质量发展需求，做好园林绿化北京市地方标准全流程管理工作，依据有关要求，对涉及复审范围的DB11/T 1089—2014《林业碳汇项目审定与核证技术规范》等58项园林绿化地方标准进行认真审查，审查结果为：继续有效46项，修订10项，废止2项；完成DB11/T 476—2021《林木育苗技术规程》等8项发布且实施满1年的地方标准实施情况评价报告。重点做好《中华人民共和国标准化法》《首都标准化发展纲要2035》《首都园林绿化标准体系》等相关政策文件及会议精神宣贯落实，推进园林绿化标准化工作有序开展。

## 标准化工作成果

（北京市园林绿化局）

**【北京市怀柔区农村综合改革标准化试点召开启动会】** 2023年1月9日，北京市怀柔区农村综合改革标准化试点启动会在北京老栗树聚源德种植专业合作社召开。会上承担单位详细介绍项目的主要内容、目的意义、主要达到的目标、各项工作的安排等。来自市市场监管局、市园林绿化局、怀柔区市场监管局等相关单位参加启动会。

（王建军　王若楠）

**【北京市怀柔区农村综合改革标准化试点召开首次专家论证会】** 2023年1月9日，北京市怀柔区农村综合改革标准化试点首次专家论证会在北京老栗树聚源德种植专业合作社会议室召开。来自市市场监管局、市园林绿化局、怀柔区市场监管局等相关单位的专家和领导针对项目承担单位的实施方案和具体工作内容提出了意见和建议。

（王建军　王若楠）

**【园林绿化苗木的分类与习性专题培训】** 2023年2月8日，国家园林绿化苗木种质资源保护与繁育标准化示范区项目承担单位北京安海之弋园林古建工程有限公司组织园林绿化苗木的分类与习性专题培训，邀请专家讲解园林绿化苗木的分类与习性以及北京地区主要的园林绿化苗木，加强参会人员对园林绿化苗木的认识。

（王建军　王若楠）

**【种植技术和栽后管理技术专题培训】** 2023年2月10日，国家园林绿化苗木种质资源保护与繁育标准化示范区项目承担单位北京安海之弋园林古建工程有限公司组织种植技术和栽后管理技术专题培训，邀请专家讲解园林绿化苗木种植技术和栽后管理技术，提高参会人员的栽植技术和养护水平。

（王建军　王若楠）

**【园林绿化苗木的整形修剪实操技术培训】** 2023年2月13日，国家园林绿化苗木种质资源保护与繁育标准化示范区项目承担单位北京安海之弋园林古建工程有限公司组织园林绿化苗木的整形修剪技术专题培训，邀请专家讲解不同种园林绿化苗木在不同季节，针对不同目的的修剪方式，提高参会人员的园林绿化苗木修剪水平。

（王建军　王若楠）

**【园林绿化苗木病虫害防治技术培训】** 2023年2月17日，国家园林绿化苗木种质资源保护与繁育标准化示范区组织开展病虫害防治技术研究培训，邀请专家对园林绿化苗木主要病虫害的识别及防治进行讲解，提出园林绿化苗木病虫害不同防治建议，提高参会人员的病虫害防治水平。

（王建军　王若楠）

**【国家园林绿化苗木种质资源保护与繁育标准化示范区项目启动大会召开】** 2023年2月20日，国家园林绿化苗木种质资源保护与繁育标准化示范区项目启动大会在北京安海之弋园林古建工程有限公司召开。市园林绿化局科技处相关领导、大兴区园林绿化局相关领导、大兴区林业保护站相关领导、大兴区市场监管局、大兴区安定镇人民政府、大兴区安定镇林业站等相关单位领导，以及多位专家出席本次会议。北京安海之弋园林古建工程有限公司相关领导汇报该项目的建设基础、示范区建设的具体任务和实施方案、预期的效益、2023年的工作计划和目标等，专家团队对示范区的建设提出意见和建议。

（王建军　王若楠）

**【国家月季种苗高效生产标准化示范区项目启动会及专家论证会召开】** 2023年3月7日，国家月季种苗高效生产标准化示范区项目启动会在北京纳波湾园艺有限公司召开。在项目启动会上，承担单位介绍项目的主要内容、目的意义、主要达到的目标、各项工作的安排等，来自国家林业和草原局科技司、市园林绿化局等相关单位参加启动会，针对项目承担单位的实施方案和具体工作内容提出意见和建议。

（王建军　王若楠）

**【国家月季种苗高效生产标准化示范区建设专题培训】** 2023年4月6日，国家月季种苗高效生产标准化示范区项目承担单位北京纳波湾园艺有限公司组织标准化示范区建设的专题培训。该次活动主要对园区从事标准化工作的人员就标准化工作导则及核心示范区的管理进行系统的培训及交流学习，培训人次12人。

（王建军　王若楠）

**【国家数字桃园标准化示范区召开启动会】** 2023年4月14日，第十一批国家农业标准化示范区国家数字桃园标准化示范区项目在北京平谷金果丰果品产销专业合作社启动。市市场监管局标准化处，北京市园林绿化科学研究院土壤与水研究所，北京市科协社团中心党建部，北京土壤学会、北京市农林科学院，平谷区果品产业服务中心、植保科，平谷区峪口镇人民政府、林业站，西营村，北京盒马网络科技有限公司，北京金果丰果品产销专业合作社相关人员参会。项目围绕大桃生产全过程，从数字桃园管理和展示两个层面进行标准化建设，形成相应的标准体系。建立数字桃园标准化示范区1500亩，展示白桃、黄桃、油桃、蟠桃品种10个，开展“天空地”一体化监测、水肥药精准投入、病虫害识别诊断、废弃物资源化全量利用、数据“上网上链”、数字服务全过程等数字果园管理技术标准的示范建设。

（王建军　王若楠）

**【樱桃采后保鲜技术培训】** 2023年5月9日，邀请相关专家在山东海阳进行樱桃采后保鲜技术培训，相关生产和流通经销人员300余人参加此次培训。专家对樱桃采收、分选、包装、预冷、贮藏、运输和货架管理等内容进行讲解，介绍北京市地方标准DB11/T 2123—2023《核果类水果采后处理技术规范》的编制及实施情况，提高参会人员的采后保鲜技术水平。

（王建军　王若楠）

**【中国樱桃品质的标准化培训】** 2023年5月10日，邀请相关专家在鲁东大学进行中国樱桃品质的标准化培训，鲁东大学相关科研人员30余人参加此次培训。专家对中国樱桃产前、产中、产后的相关标准进行介绍，重点介绍北京市地方标准DB11/T 2123—2023《核果类水果采后处理技术规范》的相关内容，提高参会人员的标准化水平。

（王建军　王若楠）

**【北京市怀柔区农村综合改革标准化试点标准化项目专题培训】** 2023年5月15日，怀柔区农村综合改革标准化试点承担单位北京老栗树聚源德种植专业合作社组织标准化示范区建设的专题培训。该次活动主要对从事标准化工作的人员就标准化工作导则及核心示范区的管理进行系统的培训及交流学习，培训人次50人。

（王建军　王若楠）

**【甜樱桃采后品质、设施和技术现状培训】** 2023年7月13日，邀请相关专家在新疆农业科学院进行甜樱桃采后品质、设施和技术现状的培训，新疆农业科学院相关科研和技术人员60余人参加此次培训。专家对甜樱桃采后的品质保持、相关设施和技术、采后处理标准的现状进行介绍，并介绍地方标准DB11/T 2123—2023《核果类水果采后处理技术规范》的编制及实施情况，提高参会人员的采后保鲜技术水平。

（王建军　王若楠）

**【国家园林绿化苗木种质资源保护与繁育标准化示范区项目接受标准化专家组督导】** 2023年10月11日，受国家林业和草原局委托，市园林绿化局组织专家，对北京安海之弋园林古建工程有限公司承担的国家园林绿化苗木种质资源保护与繁育标准化示范区项目标准体系构建工作以及标准编制等工作进行督导检查。国家标准化示范区督导小组领导和专家现场听取示范区2023年度建设任务目标、标准体系构建、标准编写实施、相关培训宣传等工作情况汇报，审查示范区相关档案资料和经专家质询后，对示范区建设工作进展给予肯定。同时，专家组对标准体系结构、已编写的标准内容提出建议，指导标准体系进一步完善、标准编写工作进一步规范化。

（王建军　王若楠）

**【国家数字桃园标准化示范区通过2023年度项目中期督导】** 2023年10月12日，国家数字桃园标准化示范区2023年督导工作会在北京平谷金果丰果品产销专业合作社顺利召开，会议由市市场监管局相关领导主持，与会专家就国家数字桃园标准化示范区项目的执行情况和取得的成绩给予充分肯定并提出建议。

（王建军　王若楠）

**【果品流通过程的标准化及应用培训】** 2023年10月31日，北京制冷学会邀请相关专家在北京首农香山会议中心进行果品流通过程的标准化及应用培训，北京制冷学会会员、农产品经销管理人员100余人参加此次培训。专家介绍果品流通过程中设施、装备、技术的相关标准，重点介绍北京市地方标准《仁果类水果采后处理技术规范》及DB11/T 2123—2023《核果类水果采后处理技术规范》的相关内容，提高参会人员的标准化水平。

（王建军　王若楠）

**【北京市怀柔区农村综合改革标准化试点项目通过2023年度考核】** 2023年11月1日，市市场监管局、市园林绿化局组织专家，对怀柔区农村综合改革标准化试点项目进行2023年度绩效考核。考核组听取项目工作汇报、查看资料、踏查核心示范区，并经现场质询及打分，一致认为项目目标及服务对象明确、组织机构健全、标准化体系框架针对性和实用性较强，对板栗产业的发展起到示范带动作用，社会、经济、生态效益良好，完成2023年度工作任务。示范区以优秀成绩通过年度考核。

（王建军　王若楠）

**【国家月季种苗高效生产标准化示范区项目通过2023年度项目督导】** 2023年11月8日，受国家林业和草原局科技司委托，市园林绿化局组织专家，对北京纳波湾园艺有限公司承担的国家月季种苗高效生产标准化示范区项目的整体工作进行督导检查。专家组在听取项目汇报、查阅相关资料和进行质询后，对示范区建设工作进展给予肯定。同时，专家组对合理完善标准体系框架、加强培训交流、相关佐证材料的收集整理等内容提出建议，提出在今后的标准化工作中要特别注意提炼项目的成果和亮点，更好地将标准化工作同生产相结合。

（王建军　王若楠）

**【国家园林绿化苗木种质资源保护与繁育标准化示范区项目通过2023年度年终考核】** 2023年11月14日，受国家林业和草原局委托，市园林绿化局组织标准化制定、财务审计等相关专家，对国家园林绿化苗木种质资源保护与繁育标准化示范区项目进行2023年度绩效考核。考核组听取项目工作汇报、查看资料，并经现场质询及打分，一致认为项目规划思路明确、组织机制健全、标准体系结构合理、项目建设成效显著、标准化工作记录翔实，取得良好的经济、社会、生态效益，圆满完成2023年度工作任务。示范区已通过2023年度考核。

（王建军　王若楠）

**【国家数字桃园标准化示范区通过2023年度考核】** 2023年11月14日，按照国家标准化管理委员会的要求，市市场监管局组织专家对国家数字桃园标准化示范区进行绩效考核。专家一致认为，示范单位项目目标、服务对象明确，资金分配、管理合理，组织管理机构健全，运行有序，初步建立标准体系，并根据生产实际进行标准的实施。建立了1500亩[①]数字桃园标准化示范核心区，示范区大桃平均产量达到3000公斤，果品质量优级率达到70%以上；桃园有机废弃物基本得到全量利用，培训农技人员925人次，病虫害发病率降低30%，水肥利用效率提升20%，每亩增收3000元以上。示范区通过年度考核。

（王建军　王若楠）

**【国家月季种苗高效生产标准化示范区项目通过2023年度考核】** 2023年11月24日，受国家林业和草原局科技司委托，市园林绿化局组织专家，对国家月季种苗高效生产标准化示范区项目进行2023年度绩效考核。考核组听取项目工作汇报、查看资料、踏查核心示范区并经现场质询及打分，一致认为项目目标及服务对象明确、组织机构健全、标准化体系框架针对性和实用性较强，对月季产业的发展起到示范带动作用，社会、经济、生态效益良好，完成2023年度工作任务。示范区以优秀成绩通过年度考核。

（王建军　王若楠）

**【国家园林绿化苗木种质资源保护与繁育标准化示范区建设培训】** 根据国家园林绿化苗木种质资源保护与繁育标准化示范区建设要求，示范区技术小组在北京安海之弋园林古建工程有限公司开展多次标准化生产技术培训活动，邀请行业专家和企业内部技术人才以讲座和实际操作的形式对示范区项目组成员、养护工人、行业从业人员等进行培训，2023年共开展不同类型的培训活动7次，参与人数150人次。

（王建军　王若楠）

① 1亩=666.67平方米

**【《城市附属绿地设计规范》实施】** 由市园林绿化局组织修订的地方标准DB11/T 1100—2023《城市附属绿地设计规范》，于2023年7月1日实施。该标准适用于北京地区新建、改建、扩建的城市附属绿地的规划、设计和建设管理。主要内容包括居住用地、公共管理与公共服务设施用地、商业服务业设施用地、工业用地、物流仓储用地、道路及与交通设施用地、公用设施用地等各类城市用地的附属绿地的总体布局、竖向、园路及铺装、种植等规划设计要求。

（王建军　王若楠）

**【《园林铺地工程施工规程》实施】** 由市园林绿化局组织修订的地方标准DB11/T 1143—2023《园林铺地工程施工规程》，于2023年7月1日实施。该标准适用于北京地区公园绿地、防护绿地、广场用地、附属绿地及区域绿地中新建、改建、扩建园林绿化工程中的园林铺地工程施工。主要内容包括园林铺地各分项工程施工工艺的材料要求、主要机具、作业条件、操作工艺、质量标准、成品保护、注意事项等各个环节的技术要求。

（王建军　王若楠）

**【《用水定额　第3部分：果树》实施】** 由市园林绿化局组织编制的地方标准DB11/T 1764.3—2023《用水定额　第3部分：果树》，于2023年7月1日实施。该标准规定果树用水定额的计算方法、用水定额和管理要求，适用于苹果、梨、桃、葡萄、樱桃、鲜杏、李、柿、鲜枣及其他鲜果树的用水管理。该标准借鉴国内外果树节水的先进技术、研究成果，结合北京市果树灌溉经验，具有先进性、实用性和可操作性。

（王建军　王若楠）

**【《高密植桃园建设及管理技术规程》实施】** 由市园林绿化局组织编制的地方标准DB11/T 2088—2023《高密植桃园建设及管理技术规程》，于2023年7月1日实施。该标准内容涵盖园地选择与规划、建园及管理等内容，对于提高北京市大桃生产的标准化水平具有重要的指导意义。通过标准化技术和管理手段，实现节约资源、绿色低碳的大桃种植生产，可有效提高大桃产量及品质，增加种植户收入，保证大桃产业的绿色可持续发展，实现经济、社会和生态效益的“三赢”，对于促进产业提质增效从而助力乡村振兴具有十分重要的意义。

（王建军　王若楠）

**【《毛梾苗木繁育与栽培技术规程》实施】** 由市园林绿化局组织编制的地方标准DB11/ T 2089—2023《毛梾苗木繁育与栽培技术规程》，于2023年7月1日实施。该标准规定毛梾播种育苗、嫩枝扦插育苗、大规格苗木培育、苗木出圃、检疫、栽培、管护和档案管理等技术内容，适用于北京地区毛梾苗木的繁育与栽培。该标准借鉴国内外毛梾育苗的技术经验、研究成果，结合北京地区栽培经验，对技术要点进行优化调整，提出北京地区的毛梾质量分级标准，具有先进性、实用性和可操作性。该标准的实施，对于引导生产者规范种植、提高毛梾产品品质、助力美丽北京建设具有重要意义。

（王建军　王若楠）

**【《主要切花产品销售地处理技术规程》实施】** 由市园林绿化局组织编制的地方标准DB11/T 2090—2023《主要切花产品销售地处理技术规程》，于2023年7月1日实施。该标准规范主要切花产品在北京地区的销售地处理环节，具体包括修复液处理、贮藏、销售环境灰霉检测及处理、产品出库前质量检测和同城配送等技术要求。该标准是在对北京市主要切花批发销售市场、大型花店及花店零售店的采后处理情况进行全面调研的基础上，整合主要切花的采后贮运实践和科研成果，结合北京市花卉市场消费需求现状，规范切花采后处理各关键环节的技术要求，标准具有科学性和可操作性。该标准的实施对于引导切花供销商规范化操作、提高北京市场切花产品品质、改善消费者体验、引领全国花卉产业的高质量发展具有重要意义。

（王建军　王若楠）

**【《生态保育小区建设指南》实施】** 由市园林绿化局组织编制的地方标准 DB11/ T 2091—2023《生态保育小区建设指南》，于 2023 年 7 月 1 日实施。该标准规定生态保育小区的建设目标、建设原则、建设条件、建设流程、建设内容、监测与运行管理等指南，适用于北京地区生态保育小区的建设。该标准制定开展详细的前期调研和试点建设，借鉴国内外保育设施建设的先进技术、研究成果，结合生态保育小区建设实践经验，并广泛征求各相关单位的意见，对标准内容和各类技术指标进行优化，具有科学性和可操作性。该标准的实施、推广，有利于指导和规范北京地区生态保育小区建设，提升城市生物多样性保护能力，对于维护区域生态安全、促进人与自然和谐具有重要意义。

（王建军　王若楠）

**【《食用林产品质量安全追溯导则》实施】** 由市园林绿化局组织编制的地方标准 DB11/T 2092—2023《食用林产品质量安全追溯导则》，于 2023 年 7 月 1 日实施。该标准规范追溯参与方及基本要求、追溯系统最小功能要求、全过程追溯通用模型、追溯数据交换要求、质量安全控制体系构成等内容，是食用林产品追溯体系建设落地实施的关键指导性文件。该标准对于提高北京市食用林产品的质量安全和标准化水平以及主管部门的监管水平具有重要意义。

（王建军　王若楠）

**【《森林经营方案编制技术导则》实施】** 由市园林绿化局组织编制的地方标准 DB11/T 2093—2023《森林经营方案编制技术导则》，于 2023 年 7 月 1 日实施。该标准规定森林经营方案编制的总则、编案程序、编案资料及补充调查、森林经营方案编制内容、森林经营方案组成及内容等，适用于北京地区森林经营方案的编制。该标准充分借鉴国内外森林经营方案编制技术成果和经验，认真分析和总结前期组织和指导各经营单位编制森林经营方案中积累的经验和教训，在行业标准 LY/T 2007—2012《森林经营方案编制与实施规范》的基础上，结合北京市的实际情况，优化调整各项技术指标和内容，具有先进性、科学性、实用性和可操作性。

（王建军　王若楠）

**【《生物防治产品人工繁育及应用技术规程　花绒寄甲光肩星天牛生物型》实施】** 由市园林绿化局组织编制的地方标准 DB11/T 2094—2023《生物防治产品人工繁育及应用技术规程　花绒寄甲光肩星天牛生物型》，于 2023 年 7 月 1 日实施。该标准的制定规范花绒寄甲光肩星天牛生物型的人工繁育及应用技术，适用于北京地区光肩星天牛的生物防治。该标准依托十余年的花绒寄甲繁育及应用技术的最新成果，结合光肩星天牛防治的实际情况，符合园林绿化有害生物绿色防控的需要，具有先进性、实用性和可操作性。该标准的实施对于提高花绒寄甲的产品质量和应用效果、保证首都园林绿化高质量发展和生态安全具有重要意义。

（王建军　王若楠）

**【《主要坚果等级划分》实施】** 由市园林绿化局组织编制的北京市地方标准 DB11/T 2095—2023《主要坚果等级划分》，于 2023 年 7 月 1 日实施。该标准规范核桃、板栗及仁用杏等北京地区主要坚果的等级划分、检验方法和判定规则，是进一步提高新鲜坚果质量、实现优质优价、促进高效流通和贸易的基础性技术工作，将在指导北京地区坚果生产和流通，维护产、销、消三方利益中发挥重要的作用。

（王建军　王若楠）

**【《城市绿地再生水灌溉技术规范》实施】** 由

市园林绿化局组织编制的地方标准 DB11/T 672—2023《城市绿地再生水灌溉技术规范》，于 2023 年 10 月 1 日实施。该标准规定使用再生水灌溉城市绿地的总体要求、水质要求、监测要求和管理要求等内容，适用于北京地区以再生水为水源的绿地灌溉方式。该标准借鉴国内外再生水灌溉的先进技术、研究成果，结合北京地区再生水实际出水水质状况，对再生水水质指标和管理要求进行优化调整，具有先进性、实用性和可操作性。该标准的实施，对于引导园林绿化行业规范、科学使用再生水灌溉城市绿地、推动再生水在园林绿化中的大规模应用、促进园林绿化事业高质量发展具有重要意义。

（王建军　王若楠）

**【《观赏灌木修剪规范》实施】** 由市园林绿化局组织编制的地方标准 DB11/T 1090—2023《观赏灌木修剪规范》，于 2023 年 10 月 1 日实施。该标准规定观赏灌木修剪原则、修剪要求、修剪时期与修剪次数、修剪准备、整形修剪方法和作业安全等技术内容。该标准的编制，根据观赏灌木修剪的生产实践和研究成果，结合北京市观赏灌木修剪现状，对北京地区观赏灌木的修剪进行规范，达到整理树形、纠正其倾斜度、改善通风透光条件、形成优美的树姿的目的，以推进北京地区观赏灌木修剪工作向良性方向发展，更好地为城市绿化服务，为提升城镇绿地精细化管理水平、建设公园城市助力。

（王建军　王若楠）

**【《城市绿地节水技术规范》实施】** 由市园林绿化局组织编制的地方标准 DB11/T 1297—2023《城市绿地节水技术规范》，于 2023 年 10 月 1 日实施。该标准规定绿地节水的总体要求、雨水收集利用、节水植物配置、节水灌溉、保墒措施等技术内容，适用于北京市行政区域内的城市绿地。该标准借鉴国内外绿地综合节水的先进技术、研究成果，结合北京市新形势下的节水新要求和绿地综合节水的实际情况，在 2015 年版的基础上，对总体要求和雨水收集利用、节水植物配置、节水灌溉、保墒措施等内容进行优化调整，具有先进性、实用性和可操作性。该标准的实施，对于引导园林绿化行业进一步挖掘节水潜力、推动综合节水技术在园林绿化中的推广应用、建设节水型园林具有重要意义。

（王建军　王若楠）

**【《用水定额　第 6 部分：城市绿地》实施】** 由市园林绿化局组织编制的地方标准 DB11/T 1764.6—2023《用水定额　第 6 部分：城市绿地》，于 2023 年 10 月 1 日实施。该标准的制定规范北京市城市绿地灌溉用水定额要求，对于确保城市绿地能够发挥正常的生态、景观等多种功能，缓解水资源矛盾，引领北京市城市绿地行业高质量发展具有重要意义。

（王建军　王若楠）

**【《槭属植物苗木繁育与栽培技术规程》实施】** 由市园林绿化局组织编制的地方标准 DB11/T 2121—2023《槭属植物苗木繁育与栽培技术规程》于 2023 年 10 月 1 日实施。该标准规定槭属植物的圃地准备、苗木繁育、冠型培养、苗木管理、苗木出圃、检疫、栽培应用和苗木档案等技术要求，适用于北京地区常见槭属植物的繁育与栽培。该标准是在对槭属植物进行大量调研和生产实践的基础上，广泛征求各相关方意见编制而成，具有创新性、科学性和可操作性。该标准的实施，对于提高园林绿化苗木质量、推动苗木产业良性发展具有重要意义。

（王建军　王若楠）

**【《榉属植物苗木繁育与栽培技术规程》实施】** 由市园林绿化局组织编制的地方标准 DB11/T 2122—2023《榉属植物苗木繁育与栽培技术规程》，于 2023 年 10 月 1 日实施。该标准规范北京市光叶榉和大果榉苗木育苗、定植、养护、出圃、栽培和档案管理等技术内容。其中，育苗部分对播种育苗、嫩枝扦插育苗和嫁接育苗 3 种不同繁育技术进行规定。该标准集成国内外光叶榉和大果榉先进的繁育和栽培技术，结合北京地区栽培经验和科研成果，对技术指标进行优化和调整，具有先进性、实用性和可操作性。该标准的实施，对于缩短榉属植物新品种的培育进程、推动榉属植物在北京地区规模化生产、提高苗木品质具有重要的意义。

（王建军　王若楠）

**【《核果类水果采后处理技术规范》实施】** 由市园林绿化局组织编制的地方标准 DB11/T 2123—2023《核果类水果采后处理技术规范》，于 2023 年 10 月 1 日实施。该标准规定核果类水果的采收、分选、包装、预冷、贮藏、运输和货架管理等环节的技术要求，适用于北京地区栽培的桃、甜樱桃、杏、李、枣等核果类水果的采后处理。该标准是以现有的标准结构为框架基础，综合国内外相关标准，结合北京市的具体情况而制定，标准可操作性强，适合北京地区应用推广。该标准的实施，能够促进种植业发展和产业整合，发展采后处理标准化技术，延长产业链。通过规范流通过程，能够使果农减少采后损失，提高就业率，也能够引导更多的年轻人参与更广泛的与农业相关的产业活动，能够为广大市民提供更优质的农产品，满足日益提高的对果品品质要求，促进城乡协调发展。

（王建军　王若楠）

**【《污泥产品林地施用技术规范》实施】** 由市园林绿化局、市水务局共同组织编制的地方标准 DB11/T 2124—2023《污泥产品林地施用技术规范》，于 2023 年 10 月 1 日实施。该标准规定林地用污泥产品质量要求、施用要求、记录与存档等技术内容，适用于北京地区污泥产品在林地中的施用和管理。该标准提出污泥产品应用于林地的准入条件与科学的施用技术规范，为推动污泥产品在林地资源化利用提供科学的依据和技术保证。标准的发布和实施，对于推动北京市城市生活污泥在园林绿化中的资源化利用具有重要意义。

（王建军　王若楠）

**【《主要树种母树林营建技术规程》实施】** 由市园林绿化局组织编制的地方标准 DB11/T 2125—2023《主要树种母树林营建技术规程》，于 2023 年 10 月 1 日实施。该标准适用于北京地区主要树种母树林营建的关键技术内容。主要内容包括母树林设计方案、母树林选择与区划、母树林经营管理、种实采集、技术档案等方面工作的内容与具体要求。该标准对于提升科学绿化水平、解决保障北京林业高质量发展的实际需要具有重要意义。

（王建军　王若楠）

**【《主要树种立木材积表》实施】** 由市园林绿化局组织编制的地方标准 DB11/T 2153—2023《主要树种立木材积表》，于 2024 年 1 月 1 日实施。该标准适用于北京地区侧柏、落叶松、速生杨（107 杨、中林 46）、毛白杨、加拿大杨立木材积的估算，主要内容包括立木材积模型、立木材积表、材积表使用方法等技术内容。该标准弥补北京市立木材积表地方标准的空白，实施后有利于规范全市立木材积计量标准，对于加强和规范全市林业数表管理，发挥林业数表在林业和经济社会中的估算、评价、监测作用，进而估测森林蓄积量、生物量和碳储量，助力实现碳达峰、碳中和目标具有重要意义。

（王建军　王若楠）

**【《森林生态系统观测指标体系》实施】** 由市园林绿化局组织编制的地方标准 DB11/T 447—2023《森林生态系统观测指标体系》，于 2024 年 1 月 1 日实施。该标准规定森林生态系统的观测指标体系，包括森林气象指标、森林环境指标、森林水文指标、森林生物指标、森林土壤指标，并对其中各监测指标的名称、单位、观测方式与频率进行明确界定，适用于北京市森林生态系统的观察、监测与调查。该标准的实施对有序开展北京市森林生态系统人工观测与自动监测工作、推动北京市高质量森林生态系统观测体系发展具有重要意义。

（王建军　王若楠）

**【《花境植物养护与更新复壮技术规范》发布】** 由北京林木种苗产业协会组织编制的团体标准 T/BJZMXH 701—2023《花境植物养护与更新复壮技术规范》，于 2023 年 12 月 1 日发布。该标准规定常见花境植物、质量要求、养护措施、复壮、更新、档案管理等内容，适用于已建成花境的植物养护技术。该标准是在北京林木种苗产业协会会员单位的花境植物养护与更新复壮实践的基础上编制而成，具有创新性、科学性和可操作性。该标准的应用，可推动形成规范化的花境植物管养技术体系，对于提升园林绿化养护水平、增强花境植物景观效果、推动花境植物管养良性发展具有重要意义。

（王建军　王若楠）

# 区标准化

## 东城区

### 标准化工作综述

2023年，东城区以贯彻落实《国家标准化发展纲要》为主线，以首都发展为统领，发挥标准化对首都治理体系和治理能力现代化技术支撑作用，开展东城区标准化建设工作，推进重点领域标准创制，严格事中事后监管，保证区域标准化能力和水平持续提高。

**一、深化标准化试点建设，培育“东城标准”品牌**

2023年，东城区通过国家级标准化试点项目建设促进区域标准的推广实施，对服务区域发展起到助推作用，为新时代标准化工作全面深入开展，更有效服务于地方经济社会发展探索出新的路径。

（一）珠宝玉石标准样品试点顺利通过市市场监管局中期验收

国家珠宝玉石首饰检验集团有限公司珠宝玉石标准样品试点顺利通过市市场监管局中期验收。东城区助力试点单位进一步调整、完善、改进试点建设内容和标准体系，全力以赴迎接终期验收。

（二）北京首个国家级的“公证服务标准化试点”获批

北京市东方公证处成功获批北京首个国家级“公证服务标准化试点”。该试点是东城区标准化工作在社会管理和公共服务领域的新探索，发挥标准化在促进行业发展、提升管理和服务水平中的支撑、引领作用，填补北京司法服务领域标准化试点的空白，对公证服务科学化、规范化起到推动作用。

（三）服务业标准化试点项目通过市场监管总局的考核评估

北京市诚和敬驿站养老服务标准化试点顺利通过国家级服务业标准化试点项目考核评估，该试点项目聚焦养老驿站服务，构建并实施居家养老全环节标准体系，搭建标准化智能化“总服务”综合平台，带动上下游产业协同发展，创新实现“四化”运营模式，树立养老服务品牌形象，助推北京市养老服务提档升级。

（四）注重引导服务驻区央企申报国家高端装备制造标准化试点

2023年，东城区推动驻区央企北京起重运输机械设计研究院有限公司申报国家高端装备制造标准化试点，为企业申报试点提供全过程指导，帮助企业克服畏难情绪。通过点对点精准帮扶，为企业能够顺利通过试点审查提供有力的技术服务支撑。现该试点项目从全市试点申报项目中脱颖而出，以优异成绩通过市级初审并报国家复审。

（五）标准化试点、示范项目取得新突破

东城区推动标准化试点、示范建设，动员指导北京北奥集团有限责任公司和中国中医科学院中医药信息研究所分别申报后

“双奥”时代的大众体育赛事服务标准化试点和中医药数智化服务标准化试点，2家单位均以优异成绩通过审核。同时，推动辖区旅游服务龙头企业中旅国际会议展览有限公司申报2023年度国家级服务业标准化示范项目；指导辖区民营企业视联动力信息技术股份有限公司申报国家高新技术产业（新型基础设施）标准化试点，该项目以优异成绩通过市市场监管局专家论证会审核；指导甘肃省驻京办飞天大厦申报市级文化和旅游标准化试点。

**二、引导和鼓励东城区地方标准、团体标准发展**

（一）推进、参与地方标准建设

由东城区体育局、市场监管局、体育活动中心等单位起草的北京市地方标准《体育场馆全民健身服务通则》于2023年7月4日在市市场监管局官方网站公开征求意见，对整体提升北京市体育场所管理水平和服务能力，促进北京市体育产业高质量健康发展具有十分重要的意义。

（二）优化团体标准有效供给

加强与中关村科技园区东城园管理委员会的沟通合作，为园区企业提供专业的标准化与质量管理知识的培训，鼓励产业技术联盟研制实施团体标准，走访调研东城区餐饮行业协会、养老协会等社会团体，主动对接中关村不锈及特种合金新材料产业技术创新联盟等社会团体，鼓励社会团体制定高质量、原创性的团体标准和行业标准。

（三）严把团体标准制定质量关

组织北新桥街道簋街商会、北京烹饪协会、北京胡大餐饮有限公司和相关成员单位开展《簋街麻辣小龙虾烹饪技术规范》团体标准编制工作推进会，发挥社会团体在标准化工作中的作用。

（四）发挥市场监管职能开展全过程指导

发挥市场监管职能优势，运用“质量基础设施一站式”线上线下服务平台，对开展团体标准立项、制定、发布进行全过程指导。先后服务协会、商会和企业孵化培育2项团体标准。

**三、加强团体标准、企业标准自我声明公开和监督制度实施**

为确保企业标准信息公共服务平台数据的准确性和有效性，区市场监管局对企业标准信息公开平台的企业和标准数据进行梳理，发现问题及时电话联系企业确认信息，将不符的数据及时上报市市场监管局标准化处。结合2023年度东城区团体标准、企业标准随机抽查结果，约谈企业标准有瑕疵的企业，并要求其按时完成整改。

**四、完善社会主义市场经济体制，鼓励企业创制先进标准**

2023年，东城区结合区域产业布局和标准化工作基础，开展“百城千业万企对标达标提升专项行动”，结合区域发展特点，引导企业参与企业标准“领跑者”工作，推进产品和服务质量提升。东城区共有3家企业5项标准完成对标，相关指标达到或优于国际先进标准水平。

**五、落实标准化鼓励措施，助力营商环境优化**

鼓励东城区各企业、研究机构和社会团体参加市级标准补助项目申报。宣传申报要求，加强标准化技术服务和标准转换应用指导。2023年，辖区共11家单位32项标准符合初审要求，经市市场监管局的专家组审查，最终3家单位4项标准获得首都标准化战略补助资金89万元。

**六、强化人才队伍培训，加强标准化工作宣传**

2023年，东城区以“美好世界的共同愿景　标准塑造美好生活”为题，采取多渠道、多形式标准化宣传工作，普及标准化知识，引导全区关注和参与标准化工作。东城区主办第54届世界标准日主题活动，邀请区相关行业主管部门、辖区内国家级标准化试点单位及标准化试点申报单位代表等参会；集中组织辖区多家企业收看2023中关村论坛之标准化与创新发展论坛直播；参加2023年东城区“质量月”活动；推送标准化小知识，并以图文、视频等形式对政策文件开展深入解读；推动辖区各单位主动学习标准化法律、法规，提高辖区各单位标准化工作能力。

## 标准化工作成果

**【2023年标准制修订补助工作完成】** 2023年2月，实施首都标准化战略补助资金申请受理工作正式启动，本年度补助对象包括标准制修订补助、标准化试点示范活动补助、标准化服务机构补助和推动标准国际化补助，辖区共11家单位32项标准符合初审要求，经市市场监管局的专家组审查，最终3家单位4项标准获得首都标准化战略补助资金89万元。

（邓丹丹）

**【指导辖区社会团体制定团体标准】** 2023年3—4月，多次组织北京烹饪协会、北京胡大餐饮有限公司开展簋街地区餐饮服务团体标准编制工作推进会，《簋街麻辣小龙虾烹饪技术规范》团体标准已通过审查，于2023年12月15日实施，其他工作正在稳步推进中。

（许　诺）

**【助推辖区中旅国际会议展览有限公司申报国家级服务业标准化示范项目】** 东城区联合北京市标准化专家，采取以点带面、点面结合的方式，推动辖区服务业龙头企业中旅国际会议展览有限公司参与申报示范项目，深入项目申报单位，帮助企业做好申报项目的需求分析和路径谋划工作。

（邓丹丹）

**【珠宝玉石标准样品试点顺利通过中期验收】** 2023年5月11日，第一批国家标准样品试点项目中期推进会在珠宝国检集团如期召开，通过中期督导，发现试点搭建过程中存在的缺陷和不足，制定改进方案，提高试点建设水平和实施效果。

（邓丹丹）

**【助推辖区单位申报国家级社会管理与公共服务综合标准化试点】** 国家标准委和司法部联合下达《国家标准化管理委员会　司法部关于下达2023年度社会管理和公共服务综合标准化试点（司法行政领域）项目的通知》，辖区内北京市东方公证处的“公证服务标准化试点”成功获批，成为北京市首个国家级公证服务社会管理和公共服务标准化试点。

（许　诺）

**【助推辖区企业申报国家级服务业标准化试点示范项目】** 组织动员辖区符合条件的单位参与申报国家级服务业标准化试点示范项目，宣传标准化在提升服务质量方面的重要作用。针对企业标准化专业人员稀缺、专业性不强等短板，联合标准化专家，深入试点申报单位，开展点对点精准指导，帮助企业做好申报项目的需求分析和路径谋划工作。

（许　诺）

**【助推辖区企事业单位申报2023年度国家级服务业标准化试点项目】** 组织辖区北京北奥集团有限责任公司等3家企事业单位申报2023年度国家级服务业标准化试点项目，3个试点项目均已成功通过市级专家论证会的初审，其中2家单位以优异成绩通过审核，申报数量居全市第一。

（邓丹丹）

**【以标准化手段助推民营企业高质量发展】** 组织并指导辖区视联动力信息技术股份有限公司申报国家高新技术产业标准化试点，该试点项目成功获市级评审会审议通过并报市场监管总局复审。

（许　诺）

**【以标准化试点助推文旅企业高质量发展】** "质量月"期间，指导甘肃省驻京办飞天大厦就市级文化和旅游标准化试点申报政策，并结合企业自身文化特色和优势就申报重点和申报方向提供专业辅导。引导企业将标准化建设作为提升服务质量、形成特定文化内核，提高游客居住体验感和产业竞争力的重要手段。

（许　诺）

**【服务驻区央企申报国家高端装备制造标准化试点】** 推动驻区央企北京起重运输机械设计研究院有限公司申报国家高端装备制造标准化试点，为企业申报试点提供全过程指导，通过点对点精准帮扶，为企业能够顺利通过试点审查提供技术服务支撑。

（许　诺）

# 西城区

## 标准化工作综述

2023年，西城区市场监督管理局坚持以习近平新时代中国特色社会主义思想为指导，认真落实党的二十大精神，领会党中央、国务院，北京市委、市政府，西城区委、区政府对标准化工作的决策部署，紧扣首都功能核心区战略定位，发挥标准化的基础性、战略性、引领性作用，开拓进取、努力工作，主要完成了以下几方面工作。

**一、发挥议事机构协调作用，统筹区域标准化建设**

出台《北京市西城区落实〈首都标准化发展纲要2035〉实施方案》（以下简称《方案》）。《方案》结合西城区实际，注重与各领域专项规划相衔接，以引领高质量发展为出发点，对《首都标准化发展纲要2035》责任分工相关任务进行逐一落实，明确数字经济、智慧城市、社会治理、绿色发展、民生保障、平安西城等方面的标准化内容，对未来5～15年西城区标准化工作作出规划，为推进中国式现代化西城实践提供标准化支撑。2023年9月，西城区质量和标准化工作联席会议全体会议召开，对《方案》进行详细部署。

**二、开展“党建引领，标准化赋能民生服务高质量发展”主题调研工作**

探索运用标准化手段解决民生服务问题的具体举措，以标准化助推民生服务工作更好、更快发展。以标准化试点示范建设为切入口，对近年来已建成的标准化试点以及未建成或正在申报标准化试点的企事业单位等进行走访调研。运用典型案例调研、实地走访调研等多种方式，收集标准化赋能民生服务工作中存在的问题和难点，建立问题清单和相应的对策清单，助力民生服务高质量发展。

**三、推动标准化试点建设，助力区域标准化工作再上新台阶**

（一）加强对在建试点项目的指导

一是指导“北京市西城区巡视探访基本公共服务标准化专项试点”高分通过考核评估。区市场监管局作为试点建设牵头部门，推动试点建设，在该试点建设中，2项标准上升为国家标准，1项标准上升为北京市地方标准，形成可复制可推广的巡视探访“西城经验”。二是指导“北京市金融科技产业联盟金融科技创新服务标准化试点”通过考核评估。区市场监管局多次深入试点单位，指导试点单位运用标准化手段，探索金融科技创新监管平台的运营机制和我国金融科技创新应用的孵化、测试机制，不断提升金融科技创新服务质效，有效提升金融行业标准化水平，促进金融行业高质量发展。三是推进中国家用电器研究院智能健康家居标准化试点项目建设，区市场监管局指导新获批的“西城区行政复议接待咨询服务与案件办理服务标准化建设试点”“北京市地铁运营有限公司城市轨道交通智慧化运营服务标准化试点”“中国国际贸易促进委员会商业行业委员会营商环境监测与企业综合服务标准化试点”单位开展试点工作方案制定等工作。

（二）开展标准化试点申报工作

选取具有良好标准化建设基础的单位，申报国家级标准化试点项目。指导中国贸促会申报全国高校商业精英挑战赛赛事运营服务标准化试点；指导北京金融科技产业联盟申报金融ESG方面的社会管理和公共服务标准化试点。

（三）打造标准化示范品牌

强化对已建成标准化试点的经验挖掘、宣传推介，打造标准化示范品牌。指导菜市口百货申报国家级服务业标准化示范项目，该项目已通过国家标准委的示范项目评审，并进入公示环节，待公示后正式发布。

**四、落实2023年首都标准化战略补助资金政策**

实施2023年首都标准化战略补助资金项目初审工作，对辖区27家企事业单位的47个标准申请项目进行初审。最终，9家企事业单位的9个申请项目获得补助，含国际标准1项、国家标准2项、行业标准2项、地方标准2项以及参与国际标准组织1项、标准化试点示范1项，共获补助资金210万元。

**五、实施区级技术标准补助资金项目初审工作**

完成辖区16家高新技术企业40项技术标准的初审工作，涉及国家标准20项、行业标准20项。最终，16家单位的20项国家标准、19项行业标准通过初审，预计将获得补助资金1040万元。

**六、推进企业标准“领跑者”工作**

根据产业特点，掌握西城区有可能成为企业标准“领跑者”企业的情况，向市市场监管局推荐重点领域和重点企业名录。指导北京金融科技产业联盟开展企业标准“领跑者”评估工作，制定“商业银行应用程序接口服务”企业标准“领跑者”评估方案。

截至年底，评估“商业银行应用程序接口服务”企业标准400项。随着企业标准“领跑者”工作不断深入，企业标准“领跑者”的社会影响力也在不断提升，进一步激发金融领域市场主体的创新活力，促进金融行业整体服务质量和水平的提升，为金融行业高质量发展提供有力支撑。

**七、推动“百千万”对标达标工作**

开展“百城千业万企”对标达标提升专项行动，依托质量基础设施一站式服务平台，面向辖区高新技术企业，对“百城千业万企”对标达标提升专项行动进行详细解读，并结合最新政策方向，指导企业如何参与行动，通过有效参与相关标准化专项行动，找到存在的差距，对标提升，使企业更加了解标准、掌握标准，从而用好标准，以标准化引领产品、服务质量的提升。

**八、引导和规范社会团体标准化工作**

加强与辖区社会团体的对接，引导和规范社会团体标准化工作，强化标准引领作用，鼓励辖区社会团体结合行业特点制定团体标准，增加标准有效供给。2023年，北京市建设工程物资协会、北京市奶业协会、北京安全防范行业协会、北京微量元素学会等社会团体分别制定并公布38项团体标准。

**九、开展自我声明公开标准和商品条码监督检查工作**

区市场监管局围绕持续深化“放管服”改革目标，开展“双随机、一公开”监管检查，着力营造规范有序、公平竞争的市场环境。一是落实事中事后监管职能，开展自我声明公开标准“双随机、一公开”监督检查。对企业标准、团体标准信息公共服务平台公示的标准实施监督检查，主要围绕企业标准的贯彻执行、企业执行标准自我声明公开情况等进行检查，共检查72项公开标准。二是开展商品条码“双随机、一公开”监督检查。检查销售商经销的商品是否存在使用未经核准注册或者伪造商品条码的行为，是否存在用店内码覆盖商品条码以干扰商品条码推广应用等违法行为，在检查过程中向群众宣传标准化法律规范，普及标准化基本常识。

**十、宣传培训工作**

坚持以“北京率先基本实现社会主义现代化进程中走在前列”为奋斗目标，更好地践行首都核心功能区战略定位。第54届“世界标准日”期间，区市场监管局围绕“美好世界的共同愿景”和“标准塑造美好生活”主题，为深入贯彻落实《国家标准化发展纲要》及《首都标准化发展纲要2035》，履行西城区质量和标准化联席会议办公室职责，制定2023年世界标准日宣传活动方案并经局长办公会研究审议通过。区市场监管局结合西城区经济和社会发展特点，组织开展一系列主题鲜明、形式多样、内涵丰富的活动，全方位、多角度宣传标准化工作，提升标准化工作的社会认知度和影响力，增强全民标准化意识，以标准规范市场秩序，助力西城区高技术创新，促进西城区高水平开放，引领西城区高质量发展。

## 标准化工作成果

**【开展党建引领标准化调研工作】** 2023年，区市场监管局到北京国家金融标准化研究院有限责任公司、牛街天恒敬老院、基层民主协商街道办事处、辖区内高新企业等开展调研，主要围绕试点验收后标准体系的运行情况，在标准化工作的过程中遇到的问题和困难以及建议等方面开展调研工作，收集标准化工作中的问题和难点，探索运用标准化手段拿出解决问题的具体举措。

（张　楠　吕荷花）

**【标准化试点终期考核评估】** 2023年3月2日，西城区巡视探访国家级基本公共服务标准化专项以107.5的高分通过终期考核评估。2023年9月5日，北京市金融科技产业联盟金融科技创新服务标准化试点以93分通过终期考核评估。

（张　楠　陈　阳）

**【召开西城区质量和标准化工作联席会议全体会议】** 2023年9月，区市场监管局召开西城区质量和标准化工作联席会议全体会议，对西城区出台的《北京市西城区落实〈首都标准化发展纲要2035〉实施方案》进行详细部署。

（张　楠　吕荷花）

**【开展标准化宣传工作】** 2023年10月，区市场监管局围绕第54届世界标准日“美好世界的共同愿景”和“标准塑造美好生活”主题，组织开展一系列主题鲜明、形式多样、内涵丰富的活动，全方位、多角度宣传标准化法律规范，普及标准化基本常识，增强全民标准化意识。

（张　楠　吕荷花）

**【开展商品条码专项检查】** 2023年，区市场监管局对辖区商场等场所进行商品条码检查。在检查过程中，同步向商家开展现场培训工作，进行实践化教学，详细讲解商品条码构成、管理办法及相关规定，进行实操练习和指导。

（张　楠　吕荷花）

**【举办标准化专题培训会】** 2023年10月16日，区市场监管局联合区工商联，邀请中国标准化研究院专家开展标准化专题培训，辖区40余家中小微企业、社会团体参加培训。授课专家围绕标准化形式与作用、中小微企业标准化发展现状、企业如何参与标准化工作等方面，做了《中小微企业标准化工作重点及路径》主题培训。

（张　楠　吕荷花）

**【地方标准《站城一体化工程规划设计标准》正式发布】** 中关村西城园企业北京城建设计发展集团主编的地方标准《站城一体化工程规划设计标准》正式发布，于2024年1月1日实施。该标准是国内第一个站城一体化工程规划设计的地方标准，主要聚焦建体系、明导向、定标尺、解难点、筑底线等方面。

（张　楠　吕荷花）

**【金融科技标准发布】** 2023年市场监管总局、国家标准委联合发布12项金融科技标准，其中，6项国家标准主要规范从业机构信息披露行为、互联网金融场景下职能风险防控技术、互联网服务中个人身份识别技术要求等内容，6项行业标准主要规范金融数据中心建设与管理、金融数字化能力、机器人流程自动化在金融领域的应用等内容。

（张　楠　吕荷花）

# 朝阳区

## 标准化工作综述

2023年，朝阳区市场监督管理局标准化科紧紧围绕《标准化发展纲要》《首都标准化发展纲要2035》《2023年度标准化工作要点》，以标准化为手段，促进企业质量提升，推动区域高质量发展。

**一、发挥标准引领作用，促进经济社会发展**

（一）出台《朝阳区标准化行动方案（2023—2025年）》

2023年3月5日，朝阳区委、朝阳区人民政府联合印发《朝阳区标准化行动方案（2023—2025年）》，这标志着北京市首个落实国家和市级工作要求的配套文件正式发布。

《朝阳区标准化行动方案（2023—2025

年）》分3大部分，共10个章节，涵盖32项工作任务，对朝阳区未来三年的标准化工作进行整体部署，旨在通过发挥标准引领作用，强化基础支撑保障，打造“双奥朝阳”品牌，强化科技创新能力，助力建设宜居朝阳，提升对外开放水准，推动绿色生态发展，切实保障改善民生，深化平安朝阳建设，夯实质量基础实力。

（二）建立朝阳区标准化工作联席会议制度

为统筹推进朝阳区标准化工作改革和全区标准体系建设，强化标准化工作的组织领导，按《朝阳区标准化行动方案（2023—2025年）》相关要求，建立朝阳区标准化工作联席会议制度，由区市场监管局标准化科负责文件起草工作。2023年10月8日，朝阳区标准化工作联席会第一次会议在区政府召开。

## 二、多措并举，激发市场主体活力

（一）实施2023年首都标准化战略补助资金项目

2023年度市、区两级首都标准化战略资助资金项目工作圆满完成。市级方面：15家单位的15项标准申报北京市标准资助，包括国际标准4项、行业标准2项、地方标准6项、团体标准3项；北京市标准化试点示范补助项目申请1项，创制标准海外示范应用项目申请1项。区级方面：45家单位的183项标准、1项标准化试点示范活动和2项推动标准国际化项目申请资助。

2023年，区市场监管局试点运用“朝阳区质量基础设施一站式公共服务平台”进行项目的申报、审核、修改，全流程线上办理，助力优化营商环境。区市场监管局是继市市场监管局后在全市各区中率先对标准补助资金项目线上进行的单位，已入选全国市场监管数字化试验区（北京）建设“三张清单”。

首都标准化战略资助资金项目激发朝阳各驻区单位参与标准化工作的热情，促使企业下大力度投入标准研制当中，推动科技成果有效转化，运用标准化手段，强化管理和企业运行，向着高质量发展不断迈进。

（二）助力辖区单位申报国家级标准化试点项目

国家级标准化试点项目对提高产品服务质量，促进消费升级，打造“中国服务”品牌具有重要技术支撑作用。朝阳区爱慕股份有限公司、中国皮革制鞋研究院有限公司成功入选第二批国家级消费品标准化试点项目，并于2023年通过项目预验收。北京欢乐谷文化娱乐主题公园服务标准化试点项目成功入选2022年国家级服务业标准化示范项目，并于2023年召开试点建设启动会。北京柏睿数据技术股份有限公司全内存分析型数据库、北京超图软件股份有限公司地理信息基础软件获批2023年度国家高新技术产业标准化试点示范项目。此外，前期申报成功的国家级服务业标准化试点项目诚和敬驿站养老、望京小街也通过终审验收。

## 三、依法行政，规范市场秩序

（一）严格执法，规范商品条码使用

区市场监管局标准化科按照执法检查计划对辖区商场超市的商品条码使用情况开展检查，重点检查是否存在经销印有未经核准注册（包括已注销）、备案或者伪造、冒用商品条码的商品的行为，同时注重运用多种方式宣传商品条码相关法律知识、查验方法等，进一步规范商品条码的使用。此外，指导各市场监管所处理商品条码类投诉举报，并制作5期有关商品条码的工作指导供执法人员学习掌握。

（二）开展企业标准、团体标准自我声明公开监督检查

依据市市场监管局2023年自我声明公开标准检查的要求，2023年区市场监管局检查企业标准121项、团体标准24项。重

点检查标准技术要求是否低于强制性标准、标准内容是否做到技术上先进经济上合理、标准功能指标和性能指标是否公开等，检查发现公开的标准均无违反《中华人民共和国标准化法》，针对标准文本中存在的瑕疵已联系企业进行完善。

**四、开拓思路，标准助力工作创新**

（一）制定宣贯《北京市朝阳区单用途预付卡管理通则》

结合区政府、区市场监管局重点工作，区市场监管局标准化科牵头制定全市首个单用途预付卡标准，从事前监管、事中监管、事后监管三个方面着手，打造单用途预付卡全生命周期监管管理规范，明确责任主体、监管方式、法律责任，明晰处置流程，方便执法人员、市场主体学习掌握。

《北京市朝阳区单用途预付卡管理通则》出台后，区市场监管局标准化科第一时间组织标准宣贯，向区市场监管局43个市场监管所主管该业务工作的执法人员介绍标准内容。同时通过北京卫视、区市场监管局微信公众号等多种方式宣传标准，提升标准知晓率、使用率。

（二）制定《朝阳区市场监督管理局项目经费预算申报指南》

为了规范区市场监管局预算项目申报工作，区市场监管局标准化科创新工作思路，与财务科联合制定发布《朝阳区市场监督管理局项目经费预算申报指南》。该指南详细介绍财政项目预算的申报、编制、上报、审批流程，通过建立标准化、规范化预算申报流程使单位内部各部门项目预算申报工作有章可循。

（三）制定《北京市朝阳区公平竞争审查通则》

为维护公平竞争秩序，更好开展公平竞争审查工作，区市场监管局标准化科联合公平竞争审查科制定《北京市朝阳区公平竞争审查通则》。该通则包含公平竞争审查的长效机制、基本流程、会审三个标准，系统梳理呈现公平竞争审查的全流程，对规范公平竞争审查工作，提高审查效率起到促进作用。

## 标准化工作成果

**【欢乐谷获批国家级服务业标准化试点项目】** 2023年1月，北京世纪华侨城实业有限公司（北京欢乐谷旅游服务标准化试点项目）获批2022年度国家级服务业标准化试点项目。2023年4月，区市场监管局标准化科参加北京欢乐谷国家级服务业标准化试点建设启动会。

（朱忠良　向　荣　黄晓晰）

**【开展商品条码专项检查】** 2023年1月，区市场监管局对颐堤港开展商品条码检查，重点检查使用已注销的厂商识别代码和相应商品条码等违法行为。执法人员指导企业通过微信小程序“条码追溯”查验中国商品条码系统成员证书。

（朱忠良　向　荣　黄晓晰）

**【开展标准补助申请工作】** 2023年3月，区市场监管局印发《关于征集2023年实施首都标准化战略朝阳区补助资金项目的通知》，首次启用朝阳区质量基础设施一站式公共服务线上平台进行申报。

（朱忠良　向　荣　黄晓晰）

**【朝阳区多家单位入选2022年企业标准“领跑者”名单】** 2023年6月，区市场监管局指导的布瑞琳科技（北京）有限公司企业标准Q/BRANEW 001—2022《洗涤服务技术规范》、爱慕股份有限公司企业标准Q/CYAMN0034—2022《高品质婴幼儿针织服装》等11家企业的14项标准入选2022年企业标准“领跑者”名单，涉及8个“领跑者”领域。

（朱忠良　向　荣　黄晓晰）

**【举办限制商品过度包装标准培训会】** 2023年6月，区市场监管局标准化科组织召开GB 23350—2021《限制商品过度包装要求　食品和化妆品》培训会，辖区各市场监管所及相关业务科室共计60余人参加。工作人员就标准的使用范围、术语和定义、判定方法等进行讲解。

（朱忠良　向　荣　黄晓晰）

**【朝阳区2个项目通过国家级标准化试点终审考核】** 2023年9月，望京小街国家级商业服务标准化试点项目、诚和敬驿站养老国家级服务业标准化试点项目通过终审考核评估。

（朱忠良　向　荣　黄晓晰）

**【市市场监管局标准化处到朝阳区企业调研】** 2023年9月，市市场监管局标准化处处长陈凌、副处长李凌松到北京超图软件集团有限公司进行调研，就企业参与地方标准制修订、拓宽国际标准工作领域等与企业负责人座谈交流。

（朱忠良　向　荣　黄晓晰）

**【召开朝阳区标准化工作联席会议成立大会】** 2023年10月，朝阳区标准化工作联席会议成立大会暨第一次全体会议召开，80个成员单位参会，朝阳区副区长黄宏春、北京市市场监督管理局总工程师宋同飞、标准化处处长陈凌，区市场监管局局长易湘林等人出席会议。会上介绍《朝阳区标准化行动方案（2023—2025年）》及联席会议制度等。

（朱忠良　向　荣　黄晓晰）

**【朝阳区率先将标准化知识纳入领导干部培训课程】** 2023年11月，市市场监管局标准化处李凌松副处长受邀为朝阳区委党校2023年第3期处级干部进修班讲授标准化基础知识。朝阳区区管处级干部、区管企业干部等50余人参加培训。

（朱忠良　向　荣　黄晓晰）

**【朝阳区2家企业入选2023年国家高新技术产业标准化试点项目】** 朝阳区北京柏睿数据技术股份有限公司承担的“全内存分析型数据库国家高新技术产业标准化试点”、北京超图软件股份有限公司承担的“地理信息基础软件国家高新技术产业标准化试点（新型基础设施）”入选2023年度国家高新技术产业标准化试点项目。

（朱忠良　向　荣　黄晓晰）

# 海淀区

## 标准化工作综述

### 一、推进首都标准化战略实施

2023年，海淀区委、区政府强化标准创新对区委、区政府重大规划和重要任务的支撑作用，牵头海淀区级层面贯彻落实《首都标准化发展纲要2035》，统筹推进海淀区落实《首都标准化发展纲要2035》的各项工作任务。将标准创新工作纳入海淀区学习贯彻习近平新时代中国特色社会主义思想主题教育推动经济高质量发展工作、中国（北京）自由贸易试验区科技创新片区海淀组团发展建设三年行动方案、海淀区2023年优化营商环境助力企业高质量发展实施方案等多项市级区级重点工作，进一步体现和提升标准创新对区委、区政府重大规划和重要任务的支撑和影响。组织辖区创新主体申报首都标准化战略补助资金项目，2023年海淀区19家单位的24个项目获得补助资金573万元，单位数、项目数、金额分别占全市数量的29.2%、32.4%、38.2%。

### 二、升级优化支持政策，营造标准创新发展良好生态

根据标准化发展阶段与创新需要，适时对《关于支持中关村科学城标准创新发展的措施（试行）》开展修订。2023年10月25日，以海淀区政府名义印发《关于支持中

关村科学城标准创新发展的措施》，围绕高水平技术标准研制、标准化试点和支撑平台建设、标准国际化水平提升、标准化人才队伍建设4个方面，对海淀区企业、社会团体标准创新工作进行资金支持。

**三、树立有示范效应和推广价值的标准化标杆**

北京三快在线（美团）、北京市海淀区和熹会老年公寓顺利通过国家级服务业标准化试点终期验收。纳恩博（北京）科技有限公司、联想（北京）有限公司高质高效完成国家级消费品标准化试点建设任务。作为北京市入选4家单位中唯一的供应链协同标准应用试点，中国兵工物资集团有序推进“基于平台化的智慧供应链标准应用试点项目”建设。北京世纪坛医院获批国家级社会管理和公共服务综合标准化试点建设，是卫生健康领域北京市的唯一入选项目。

**四、全面推动标准自我声明公开**

一是指导企业、社会团体做好企业标准自我声明公开。截至12月31日，全区1922家企业完成产品标准自我声明公开，现行有效标准17737项，149家社会团体公开发布2341项团体标准。二是推动企业标准“领跑者”制度和对标达标提升专项行动实施。全区5项企业标准获评企业标准“领跑者”，94家企业完成129项标准与国际标准的比对，所有指标项均优于或达到国际标准水平。三是将标准化融入社会治理。组织相关单位参加制止餐饮浪费、限制茶叶过度包装等国家标准宣贯会，发布标准解读。指导北京市海淀饮服行业协会发布海淀区首个制止餐饮浪费团体标准。

**五、加强监管营造公平有序消费环境**

开展商品条码和企业标准、团体标准自我声明公开“双随机、一公开”监督检查，抽查市场主体45家、企业标准200项、团体标准60项。检查结果显示：2项企业标准编号和名称不符合规定，1项企业标准未公开产品功能指标和性能指标，均责令改正。处理接诉即办工单50件，聚焦投诉举报热点，梳理分析问题，强化监管指导，推动未诉先办、减量提质。全年立案14起，办结7起。

**六、加强宣传营造标准化良好氛围**

举办海淀区第二届标准创新论坛，邀请市场监管总局、市市场监管局与区政府领导，辖区高等院校、科研院所的知名标准化专家学者，以及企事业单位、社会团体代表，聚焦“全面实施标准化战略　推动海淀高质量发展”共商海淀标准创新发展路径。组织开展海淀区标准化推动高质量发展创新案例征集活动，经初审、专家评审等评选出9个典型案例，汇编成册并通过官方渠道统一发布和推广。制作海淀标准创新成果宣传册，扩大海淀标准化影响力。结合“全国质量月”“世界标准日”等重要时间节点，通过进社区、进企业等形式，加强相关法律法规政策宣贯。通过微信公众号、微博等平台开展标准化宣传30余次，展现标准化工作成果，普及标准化知识。

## 标准化工作成果

**【强化商品条码监管，守护春节前夕市场稳定有序】** 春节临近，为营造安定祥和的节日氛围，切实维护广大消费者合法权益，区市场监管局管服一体、多措并举，进一步加强商品条码监管，营造春节前夕良好消费环境。一是聚焦重点，开展节前专项检查。深入辖区大型商超、便民超市等，随机抽查食品、饮料、日用品等在售商品，出动执法人员40人次，检查商场超市20家。经查，所有商品的条码和标识标注均使用规范。二是靠前指导，有效提升监管效能。以群众诉求为导向，分析投诉举报原因，针对部分超市进货查验不严、管理不到位等情况，约谈超市相关负责人，通报情况，了解相关产品的处置情况，并指导商超有针对性提高日常商品条码管理水平，确保经销的产品符合国家法律、法规相关要求，做到“未诉先办”。三是主动服务，助力企业规范商品条码使用。在日常监管中加强《商品条码管理办法》等法律、法规的宣贯，指导商超建立完善进货查验制度，履行进货查验义务，对存在问题的产品不购进、不销售，并定期开展商品条码自查，发现存在问题的商品立即下架，确保经销的产品符合国家法律、法规相关要求。

（魏彦丹　肖　颖）

**【参加市市场监管局召开的标准化工作座谈会并发言】** 2023年1月17日，在市市场监管局组织召开的标准化工作座谈会上，区市场监管局党组成员、副局长陈振平围绕区域标准化工作发言。

近年来，区市场监管局加强统筹规划，强化部门联动，建成北京首个国家高新技术产业标准化区域试点，成功举办海淀区标准创新论坛，标准化工作卓有成效，标准支撑高精尖产业效能凸显。下一步，区市场监管局将以落实《首都标准化发展纲要2035》为工作主线，健全区级层面标准化协调机制，全面升级海淀区标准创新支持政策，营造海淀区标准创新良好氛围。

（魏彦丹　肖　颖）

**【海淀区1家单位成功入选2022年度国家智能制造标准应用试点】** 2023年1月17日，国家标准委、工业和信息化部联合发布《关于下达2022年度智能制造标准应用项目的通知》，公示全国59个智能制造标准应用试点项目名单，海淀区企业中国兵工物资集团有限公司申报的“基于平台化的智慧供应链标准应用试点项目”入选。

（魏彦丹　肖　颖）

**【开展开学季文具用品类商品条码专项检查】** 随着中小学陆续开学，文具市场进入销售旺季。为进一步规范文具用品经营行为，切实保障广大学生消费安全，区市场监管局对商超及校园周边商店开展文具用品商品条码专项检查。执法人员以书包、笔、文具盒、橡皮等学生学习常用物品作为检查重点，加强对商超、文具专卖店和校园周边零售店的监督检查力度，重点检查商品条码的标注是否符合国家标准相关规定，是否存在使用其他条码冒充商品条码，是否存在伪造商品条码，是否存在使用过期条码或已注销商品条码等行为。共检查商户10家，所有商品的条码和标识标注使用规范，未发现伪造、冒用商品条码等行为。

（魏彦丹　肖　颖）

**【收到中国航天电子技术研究院感谢信】** 2023年3月16日，区市场监管局收到来自中国航天电子技术研究院的感谢信。中国航天电子技术研究院对区市场监管局在标准化工作中的指导和支持表示感谢。中国航天电子技术研究院隶属于航天科技集团，2018年6月，经区市场监管局推荐，获批开展国家高端装备制造业标准化试点建设。2022年，试点建设顺利通过验收。

（魏彦丹　肖　颖）

**【完成2023年北京市实施首都标准化战略补助资金项目申报受理工作】** 区市场监管局组织驻区企事业单位、社会团体等参加2023年北京市实施首都标准化战略补助资金项目申报，完成初审受理工作。海淀区共有103家单位的196个项目申报标准制修订补助资金，其中79家单位的156个项目通过初审；5家单位申报标准化示范试点活动，3家单位通过初审。

（魏彦丹　肖　颖）

**【市市场监管局调研联想国家级消费品标准化试点工作情况】** 2023年3月24日，市市场监管局带队前往联想（北京）有限公司（简称“联想”）调研国家级消费品标准化试点工作。调研组一行先参观联想可靠性实验室，了解联想在机械、环境、散热、声学、电磁兼容等不同领域，为客户提供真实有效的数据，并严把产品质量关方面的工作情况。随后，调研组与联想试点建设相关工作人员展开座谈交流。试点项目经理对照试点任务书中的各项指标和任务要求，详细汇报试点建设工作当前进展，重点介绍标准研制、体系建设、服务平台搭建、培训开展等情况。调研组充分肯定联想试点工作成效，同时给出下一步工作意见，深入挖掘提炼标准化实施成效亮点，形成可借鉴、可复制、可推广的消费类电子产品标准化工作经验，在如期完成试点目标任务基础上进一步提档增色。

（魏彦丹　肖　颖）

**【助推海淀区反餐饮浪费团体标准制定】** 2023年5月10日上午，区市场监管局标准化科前往北京市海淀饮服行业协会指导开展反对餐饮浪费相关团体标准制定工作。一是问需求。详细了解协会整体情况、标准化组织管理制度、团体标准研制进展等情况，就团体标准化如何更好促进餐饮节约反对餐饮浪费进行广泛交流，并详细了解协会团体标准化活动过程中面临的问题和需求。二是推政策。推送全国团体标准信息平台上发布的《关于加快联合制定实施“制止餐饮浪费系列团体标准”的倡议书》，宣贯并解读市、区两级关于反对餐饮浪费和团体标准制定的政策措施，从政策层面鼓励、引导协会围绕当前制止餐饮浪费工作面临的实际问题和需求，开展团体标准化活动，制定一批结合海淀实际、能取得良好效果的团体标准，提高标准的先进性、适用性、广泛性和代表性。三是送服务。针对协会在研标准，从团体标准制定流程、厉行餐饮节约反对餐饮浪费团体标准的主要技术内容的确定、标准文本格式的编写规范等方面对协会进行详细的指导，同时引导协会加强对《团体标准管理规定》等相关政策规定以及团体标准相关编写规则的学习，提升团体标准编制水平。

（魏彦丹　肖　颖）

**【海淀区首个制止餐饮浪费团体标准发布】** 2023年5月20日，团体标准《餐饮企业光盘行动标准》通过全国团体标准信息平台正式发布实施。该标准是海淀区制止餐饮浪费工作领域的首个团体标准，对餐饮企业厉行节约、制止浪费发挥规范和导向作用。海淀区探索以标准化手段推进制止餐饮浪费行动工作方式，在区市场监管局指导下，北京市海淀饮服行业协会围绕当前制止餐饮浪费工作面临的实际问题和需求，牵头制定《餐饮企业光盘行动标准》，为各类餐饮企业光盘行动提供标准规范。该标准从环境氛围营造、前厅点菜服务、后厨菜品出品、打包专项服务、公众监督与投诉处理等方面，对餐饮企业光盘行动提出基本要求，鼓励餐饮企业把“厉行节约、制止浪费”贯穿到餐饮服务消费全过程，引导消费者积极参与制止餐饮浪费行动，大力倡导崇尚节约、反对浪费的社会风尚和消费理念。

（魏彦丹　肖　颖）

**【组织开展限制茶叶过度包装国家标准宣贯会议】** 2023年5月26日，区市场监管局组织相关监管人员以及辖区内茶叶生产、销售单位参加限制茶叶过度包装国家标准宣贯会议。标准宣贯以腾讯视频会议形式召开，对GB 23350—2021《限制商品过度包装要求　食品和化妆品》的出台背景、主要内容、相关法律要求等进行全面介绍，并详细解读新旧标准差别，介绍通过包装成本、包装层数、包装空隙率等判断商品是否过度包装的判定规则和建议判定方法。会议要求，茶叶生产、销售企业要严格按照国家标准有关要求，认真开展自查、自检工作，组织技术人员改进包装形式，降低包装体积质量，节约食品包装成本，主动形成节约适度、绿色低碳、文明健康的生产方式和消费模式。

（魏彦丹　肖　颖）

**【1家单位入选国家级社会管理和公共服务综合标准化试点项目】** 2023年5月31日，

国家标准委、国家卫生健康委联合发布《关于下达2023年度社会管理和公共服务综合标准化试点（卫生健康领域）项目的通知》，公示全国11项社会管理和公共服务综合标准化试点项目名单，首都医科大学附属北京世纪坛医院申报的“高原病风险筛查和适应性体检服务标准化试点”成功入选，是北京市唯一入选项目。

（魏彦丹　肖　颖）

**【科室联合“零距离”为企业答疑解惑】** 2023年6月6日，区市场监管局接到辖区一家食品零售商关于食品包装标签的问题咨询，区市场监管局食品流通科、标准化科联合，利用微信群为企业提供“零距离”业务指导，逐一解答企业疑问，并结合《商品条码管理办法》及GB 12904《商品条码零售商品编码与条码表示》等规章、标准的规定，依据企业实际情况“量身定制”有效建议，更靠前指导，结合商品条码投诉以及食品安全检查中常见问题，提示企业根据商品种类有针对性地开展商品条码自查，帮助企业有效提高商品条码管理水平和食品安全管理水平，进一步把好商品质量关，用实际行动强化市场监管领域行风建设。

（魏彦丹　肖　颖）

**【海淀区获实施首都标准化战略补助资金单位数量居全市第一】** 2023年7月5日，市市场监管局公布2023年实施首都标准化战略补助资金项目，对积极推动先进标准创制、推动标准化试点示范项目建设和推动标准国际化的单位给予补助，全市65家单位的74个项目共获得补助资金1500万元。

（魏彦丹　肖　颖）

**【组织企业参加企业标准“领跑者”及对标达标等培训会】** 按照市市场监管局的安排部署，区市场监管局组织中国兵工物资集团有限公司、中国恩菲工程技术有限公司等20余家单位及科室业务骨干参加2023年企业标准“领跑者”及对标达标等培训会。会上，企业标准“领跑者”日常工作机构相关工作负责人讲解相关政策要求及企业参与路径；对标达标日常办公室相关工作负责人就对标达标进行政策解读并讲解具体操作要求；市市场监管局标准化处对《北京市标准化办法》进行重点解读。

（魏彦丹　肖　颖）

**【与中国软件评测中心开展座谈交流活动】** 2023年8月1日，区市场监管局与赛迪集团中国软件评测中心（以下简称“评测中心”）进行座谈交流。会议由区市场监管局副局长陈振平主持，区市场监管局局长聂俊杰，四级调研员支文利，服务办、登记科、认证科、标准化科科室负责人参与座谈。在座谈会上，评测中心相关负责人介绍集团发展以及技术优势、科研实力和服务地方能力等情况。随后，双方围绕评测中心发展需求以及企业登记注册、检验认证、标准化等领域工作进行深入交流。聂俊杰表示，区市场监管局将持续践行“创新合伙人”服务理念，协调对接评测中心诉求，为评测中心发展出谋划策、护航评测中心健康成长。

（魏彦丹　肖　颖）

**【海淀区建成2项国家级服务业标准化试点】** 2023年9月，受国家标准委委托，市市场监管局组织专家对海淀区2项国家级服务业标准化试点项目——北京市海淀区和熹会老年公寓（以下简称“北京和熹会”）养老服务标准化试点、北京三快在线有限公司（以下简称“美团”）互联网＋旅游服务标准化试点进行考核评估。专家组对照任务目标，按照国家级服务业标准化试点考核评估要求，经过听取报告、查看现场、查阅资料、专家质询等环节，对项目进行考核评估。专家组一致认为北京和熹会、美团均圆满完成计划任务，顺利通过试点考核评估。

（魏彦丹　肖　颖）

**【市市场监管局调研神州信息标准化工作】** 2023年9月13日，市市场监管局标准化处处长陈凌带队前往神州数码信息服务集团股份有限公司（以下简称“神州信息”）调研标准化工作情况。市市场监管局标准化处副处长李凌松，区市场监管局副局长陈振平陪同调研。调研组一行首先参观企业技术专利与标准成果墙，详细了解神州信息在金融科技、数字技术、IT 服务等领域的知识产权专利、标准发布情况，以及标准化领域获得的荣誉情况，并认真听取神州信息相关工作人员对近年来企业标准化领域布局、生态构建、科研以及标准化成果亮点等工作情况的汇报。随后，双方围绕企业标准化战略意识确立、标准应用实施、标准化人才培养等方面问题进行了充分讨论交流。最后，市市场监管局、区市场监管局对神州信息提出要求：一是将标准化作为科技成果转化和引领产业发展的有效载体，持续推动标准化工作开展；二是聚焦北京市、海淀区重点发展方向，积极融入区域建设，在服务区域高质量发展上做出更多、更大贡献；三是进一步拓宽国际化道路，助力中国更高水平的对外开放。

（魏彦丹　肖　颖）

**【开展质量安全进社区活动】** 2023 年 9 月 15 日，区市场监管局联合北京市标准化研究院（中国物品编码中心北京分中心）走进吴家场铁路小区，开展质量宣传和惠民服务活动。在活动现场，工作人员通过发放宣传资料、现场讲解等方式，向群众普及商品条码相关知识和法规，同时了解群众在购买产品时遇到的商品条码相关问题，解答群众疑问。

（魏彦丹　肖　颖）

**【多措并举开展“世界标准日”宣传活动】** 第 54 届世界标准日期间，区市场监管局通过多种形式，开展丰富多彩的“世界标准日”系列活动，营造全社会知标准、守标准、用标准的浓厚氛围。一是广泛发动宣传，营造世界标准日宣传氛围。在万泉河办公区、街镇市场监管所等场所醒目处，张贴“世界标准日”宣传海报，通过线上线下多种方式向海淀区 100 余家企事业单位、社会团体发送“世界标准日”的祝词、海报，营造浓厚的标准化氛围。引导辖区自动驾驶相关企业和社会团体参加市市场监管局线上举办的“标准化助力自动驾驶走进百姓生活”主题宣传活动。二是强化示范宣传推广，扩大海淀标准影响力。围绕“全面实施标准化战略，推动海淀高质量发展”主题，组织开展海淀区标准化推动高质量发展创新案例征集活动。经初审、专家评审等环节评选出 9 个典型案例，汇编成册统一发布和推广。三是执法检查促宣传。对辖区内商超、市场等开展商品条码专项检查，在执法同时普及宣传新《中华人民共和国标准化法》和“世界标准日”科普知识，进一步深化经营主体的法治意识和标准化意识，为促进市场规范良好运行打下基础。

（魏彦丹　肖　颖）

**【举办 2023 年“世界标准日”主题活动】** 2023 年 10 月 20 日，区市场监管局、中国物品编码中心北京分中心（以下简称“北京分中心”）联合举办 2023 年“世界标准日”主题活动，面向辖区生产企业和零售企业开展培训，30 余家企业参加本次培训。区市场监管局通报 2023 年以来辖区商品条码领域投诉举报情况、集中出现问题类型和涉及产品种类；北京分中心围绕商品条码相关标准和法规，以市场案例为切入点，重点介绍《商品条码管理办法》、商品条码符号编码结构与质量控制、产品信息通报、缺失产品数据处理等内容。

（魏彦丹　肖　颖）

**【海淀区发布标准创新发展全方位支持政策】** 2023 年 10 月 25 日，海淀区发布《关于支持中关村科学城标准创新发展的措施》（以下简称“2023 版标准创新政策”），标准化支持政策体系优化再升级，标志着海淀区标准创新发展踏上新征程。海淀区标准创新政策修订由区市场监管局组织推进，经全面梳理国家、北京市、海淀区相关规划和政策，深入辖区重点企业、社会团体调研座谈，借鉴国内标准化发达地区经验，并经过全面公开征求意见和专家论证，最终形成 2023 版标准创新政策。政策充分融入《国家标准化发展纲要》和《首都标准化发展纲要 2035》重大理论创新与海淀区新时期高质量发展需要，系统构建推动高质量发展的标准创新政策体系。

（魏彦丹　肖　颖）

**【举办海淀区第二届标准创新论坛】** 2023 年 11 月 8 日，海淀区第二届标准创新论坛在中关村自主创新示范区展示中心会议顺利举办。本次论坛由区市场监管局主办，主题为“全面实施标准化战略　推动海淀高质量发展”。市场监管总局标准创新司副司长柳成洋，市市场监管局党组成员、总工程师宋同飞，海淀区委常委、副区长林剑华出席论坛并致辞。部分区人大代表、政协委员，区财政局、中关村科学城管委会等 28 家相关单位领导，辖区高校、企事业单位、社会团体代表共计 300 余人参加论坛。论坛主题为“以高标准助力高质量发展”，邀请中国工程院院士王海舟、中国标准化研究院标准化理论战略研究所所长王益谊、华为公司产业标准部标准总监丁蔚进行主旨演讲，探讨标准化发展新趋势、新动向。核工业标准化研究所、中关村华清石墨烯产业技术创新联盟、北京三快在线科技有限公司（美团）、钢研纳克检测技术股份有限公司的专家，分别从企业标准化战略、团体标准实践、平台标准化、国际标准创制等不同维度，探讨标准化战略实施在技术创新、产业发展中发挥的重要作用。论坛上正式启动《关于支持中关村科学城标准创新发展的措施》，发布近年来海淀区标准创新成果，并表彰一批积极开展标准创新、标准创制的先进单位。

（魏彦丹　肖　颖）

**【组织申报第三批国家高端装备制造业标准化试点项目】** 为落实《国家标准化发展纲要》《首都标准化发展纲要2035》的要求，强化标准化对高端制造产业的支撑和引领作用，按照市市场监管局工作要求，区市场监管局在全区范围组织开展第三批国家高端装备制造业标准化试点项目征集工作。经广泛征集，遴选出由北京配天技术有限公司、航天中认软件测评科技（北京）有限责任公司等4家公司申报的试点项目，涉及机器人、智能检测等领域。下一步，区市场监管局将指导申报企业完善申报资料，并参与市市场监管局组织项目论证。

（魏彦丹　肖　颖）

**【开展企业标准“双随机、一公开”监督检查】** 2023年，区市场监管局开展企业标准“双随机、一公开”监督检查。此次抽查范围为2022年海淀区企业通过企业标准公共服务平台公开的现行有效的企业标准。区市场监管局兼顾随机性与公平性，从中抽取200项企业标准，检查内容包括：企业标准技术要求是否低于强制性国家标准；标准内容是否做到技术上先进、经济上合理；标准编号和名称是否符合规定；功能指标和性能指标是否公开；标准是否存在其他瑕疵。检查结果显示：2项企业标准编号和名称不符合规定，1项企业标准未公开产品功能指标和性能指标，均责令改正；部分标准编写方面存在一些瑕疵，指导其进一步规范标准编写。

（魏彦丹　肖　颖）

**【开展团体标准“双随机、一公开”监督检查】** 2023年，区市场监管局对海淀区在全国团体标准信息平台公布的团体标准开展“双随机、一公开”监督检查。此次抽查范围为2022年海淀区社会团体通过全国团体标准信息平台上声明公开的现行有效的团体标准，区市场监管局从中随机抽取60项团体标准。检查内容包括：团体标准是否符合强制性标准要求；内容是否做到技术上先进、经济上合理；编号是否符合编号规则；团体标准是否存在其他瑕疵。经查，所有团体标准在强制性标准符合性、产业政策符合性、标准编号合规性三方面都较好，部分标准编写存在瑕疵问题，指导其进一步规范标准编写。

（魏彦丹　肖　颖）

**【推进企业标准提升，引领企业争当“领跑者”】** 区市场监管局按照市场监管总局公告的重点领域范围，结合本地区区域发展特点和产业发展实际，推动企业标准“领跑者”制度实施，以标准领跑促进产品和服务质量不断提升。在2023年企业标准“领跑者”榜单中，海淀区转转等5家企业5项标准获得企业标准“领跑者”称号。

（魏彦丹　肖　颖）

## 标准化工作综述

2023年，丰台区市场监督管理局以

习近平新时代中国特色社会主义思想为指导，立足新发展阶段，贯彻新发展理念，服务构建新发展格局，深入贯彻落实《首都标准化发展纲要 2035》，推进首都标准化战略，以标准化为抓手，助力丰台区“倍增追赶、合作发展”。

**一、探索标准化发展新路径，引领创新机制**

丰台区委、区政府始终高度重视标准化工作，以标准化理念和手段，主动融入新发展格局，不断促进新时代丰台的高质量发展。为更好发挥标准化支撑社会治理体系和治理能力现代化、服务丰台区社会经济高质量发展作用，在丰台区委主要领导指示批示下，丰台区委组织部统筹协调，区市场监管局牵头制定《落实〈首都标准化发展纲要 2035〉实施方案》，于 2023 年 7 月以丰台区委、区政府名义印发《北京市丰台区落实〈首都标准化发展纲要 2035〉实施方案》。该方案的出台，既是落实上级文件要求，同时也是结合区域功能定位，对丰台区未来一段时期的标准化工作进行远景规划和部署。该方案是指导丰台区标准化发展的纲领性文件，对丰台区标准化事业发展具有重要里程碑意义。

**二、释放标准化试点新效能，助力高质量发展**

一是高质量完成试点建设任务。自 2020 年丰台区承担“互联网＋老年健康”标准化试点项目以来，按照“政府推动、部门联合、重点突出、稳步推进”的工作思路，搭建试点工作专班，丰台区发展改革、财政、卫生健康、民政、科信、市场监管 6 部门协同联动，运用标准化手段，引入互联网方式，通过近三年时间的实施建设，克服疫情防控、市场保供等诸多困难，既定任务目标全部完成。2023 年 3 月，试点项目以 107.5 分（全市第一）的优异成绩，高质量、高标准通过专家组现场考核评估，探索形成“部门协同、一体推进、数据赋能、普惠均等”的丰台经验，彰显标准化在基层治理、服务发展上的示范引领作用。试点项目的重要成果《社区卫生服务机构老年健康教育服务规范》是全市第一个由区级作为主起草单位，上升为北京市地方标准的典范，于 2023 年 10 月 1 日正式实施，丰台经验成为北京标准，得到全面推广。2023 年 5 月，丰台区试点建设工作得到北京市委主要领导点评。

二是广泛培育标准化试点项目。指导北京花乡园艺科技有限公司做好花卉交易服务标准化工作，制定融合发展的花卉交易服务标准体系，成功申报 2023 年度国家级服务业标准化试点，通过“标准化＋数字化”实现线上平台和线下体验服务标准化，规范线上线下花卉交易服务数据行为，不断提升服务质量，努力打造丰台乃至北京的花卉服务品牌。

**三、夯实标准化基础新开拓，贡献丰台智慧**

一是完成强制性国家标准技术指标验证数据采集工作。根据市场监管总局标准技术司统一部署，区市场监管局标准化科依据《限制商品过度包装要求　食用农产品》强制性国家标准技术指标验证数据抽样工作方案，圆满完成北京片区食用农产品种类、规格和数量进行数据采集任务，形成工作报告，为增强《限制商品过度包装要求　食用农产品》强制性国家标准制定的科学性和可操作性提供依据。

二是完成《团体标准管理办法》研制工作任务。为深入贯彻落实《国家标准化发展纲要》，进一步“管好、定好、用好”团体标准，促进团体标准优质发展，根据市场监管总局标准创新司工作安排，区市场监管局标准化科参与《团体标准管理办法》制定工作，圆满完成团体标准的监督管理问题和团体标准信息平台管理问题 2 项专题任务。

**四、集聚标准化实践经验，实现合作发展**

一是通过团体标准凝练市场管理经验。区市场监管局标准化科协调市场监管总局团体标准平台机构，指导辖区团体标准化工作，从标准化角度总结市场管理经验，制定并发布北京市首个专为商品交易市场制定的规范经营行为类团体标准《商品交易市场诚信经营行为指南》，涵盖主体资质合法、商品准入规范、追溯渠道畅通等10个方面。

二是通过标准化理念注入发展新动力。市检验检测认证中心、市标准化研究院到丰台区马家堡社区卫生服务中心开展“互联网+老年健康”基本公共服务标准体系调研座谈。市市场监管局标准化处领导到丰台区北京值得买科技股份有限公司，围绕企业标准化工作进行现场调研和座谈交流。通过调研座谈，共同探索研究标准化建设，以标准化为支撑，践行标准化原理，突出亮点，助力丰台“倍增追赶，合作发展”。

三是标准化助力养老机构星级评定提质增效。2023年3月，丰台区启动2023年度养老机构星级评定工作。区市场监管局作为评定委员会成员单位，坚持问题导向、目标导向和责任导向，严守标准安全底线、提升标准战略高点，对19家养老机构进行现场评定，结果显示，四星级养老机构1家，三星级养老机构4家，二星级养老机构7家，一星级养老机构2家，完成2023年度星级评定任务。

**五、强化经验总结输出，提升辐射作用**

一是创新标准宣贯方式。为庆祝第54届世界标准日，区市场监管局组织开展沉浸式多场景老年健康管理标准化体验宣传，邀请《中国市场监管报》协助拍摄标准化成果小视频，推出系列报道。区市场监管局联合区卫生健康委举办2023年“世界标准日”宣传活动，现场推广发布“互联网+老年健康”基本公共服务标准体系标准化成果，市市场监管局、市卫生健康委、市疾病预防控制中心等单位领导参加。

二是开展强制性国家标准宣贯。2023年上半年，区市场监管局标准化科组织各执法科室、市场监管所、综合执法大队及辖区茶叶生产和销售企业参加限制茶叶过度包装国家标准宣贯会。下半年，开展过度包装强制性国家标准培训，邀请北京工商大学博士生导师、国务院政府特殊津贴专家马爱进教授就强制性国家标准《限制商品过度包装要求 食品和化妆品》及其1号修改单的相关要求进行讲解，丰台区有关委办局、区市场监管局相关科室、企业代表共同参加。通过标准宣贯，倡导绿色低碳发展理念，共同抵制茶叶过度包装不良风气，为构建资源节约型环境友好型社会贡献力量。

三是多维度传播标准化理念。通过政务公开、微信公众号、标准化工作群推送工作政策，向区推进首都标准化战略联席会成员单位及各街乡镇宣传辖区标准化工作。区市场监管局标准化科撰写的《当好“守门人”，托起“夕阳红”》于2023年10月14日“世界标准日”当天在《中国市场监管报》头版头条刊登，《全市首个社区卫生服务老年健康教育地方标准落地丰台》被《人民日报》《北京日报》等媒体刊登。

## 标准化工作成果

**【区基本公共服务标准化试点考核评估会】** 2023年3月3日，受国家标准委、市场监管总局委托，市发展改革委、市财政局、市市场监管局联合对丰台区政府承担的国家首批基本公共服务标准化试点项目开展考核评估。专家组由市场监管总局原标准技术司副司长陈洪俊、原市质监局调研员吴惠敏、北京市经济社会发展研究院陈洪磊副研究员、北京工商大学刘红晔副教授、北京市疾病预防控制中心赵芳红主任医师组成。市市场监管局二级巡视员马丽，丰台区试点工作专班副组长、副区长高崇耀，北京市财政局党群处向为民副处长出席考核评估会，区试点专班成员单位区发展改革委、区财政局、区卫生健康委、区民政局、区科信局，以及区政府办、区政务局的主管领导参加会议。

（吴美静　钟　苑）

**【开展“互联网＋老年健康”基本公共服务标准体系调研会】** 2023 年 5 月 23 日，北京市检验检测认证中心、北京市标准化研究院到丰台区基本公共服务标准化试点实施单位——马家堡社区卫生服务中心开展“互联网＋老年健康”基本公共服务标准体系调研座谈。北京市标准化研究院刘雪涛院长、北京市检验检测认证中心张金钟部长参加调研，区市场监管局王宏镭副局长陪同。

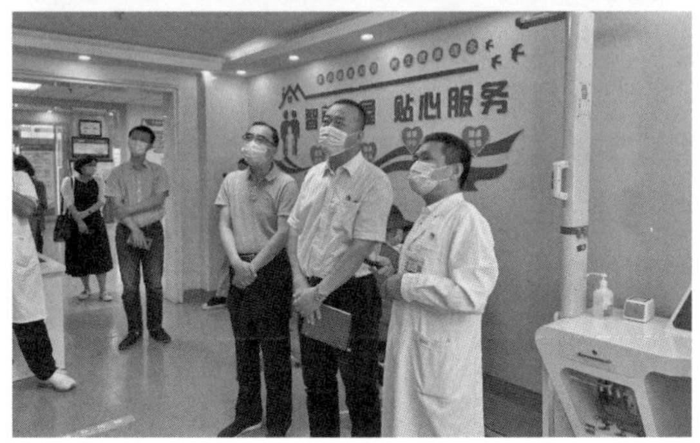


（吴美静　钟　苑）

**【强制性国家标准培训会】** 2023 年 9 月 6 日，丰台区举办过度包装强制性国家标准宣贯会，特邀北京工商大学博士生导师、国务院政府特殊津贴专家马爱进教授就强制性国家标准《限制商品过度包装要求　食品和化妆品》及 1 号修改单的相关要求进行讲解。

（吴美静　钟　苑）

**【丰台区企业标准化工作调研会】** 2023 年 10 月 25 日，市市场监管局标准化处陈凌处长、李凌松副处长来到北京值得买科技股份有限公司，围绕企业标准化工作进行现场调研和座谈交流。区市场监管局二级调研员王宏镭、标准化科全体人员陪同。本次调研就标准化理念与技术算法、平台服务、客户定位、内部管理进行融合，构建企业标准化体系等进行广泛交流，并就如何精准凝练标准化对象，通过标准化方法助力企业突破发展瓶颈进行深入探讨。一是要以企业本身标准化需求为出发点，提高站位，放眼全球；二是要进一步完善制度，融入标准化理念，在实践中积累经验；三是要以服务理念为引领、以标准化为支撑，践行标准化原理，提质增效。

（吴美静　钟　苑）

**【开展养老机构星级评定】** 2023 年 3 月，丰台区启动 2023 年度养老机构星级评定工作。区市场监管局作为评定委员会成员单位，坚持问题导向、目标导向和责任导向，严守标准安全底线、提升标准战略高点，对19家养老机构进行现场评定。

（吴美静　钟　苑）

**【团体标准《商品交易市场诚信经营行为指南》发布】** 2023年9月22日，第一届北京新发地农产品博览会开幕。开幕式上发布全市首个专为商品交易市场制定的规范经营行为类团体标准——《商品交易市场诚信经营行为指南》。该指南由区市场监管局指导制定，涵盖主体资质合法、商品准入规范、追溯渠道畅通等10个方面。

（吴美静　钟　苑）

**【商品条码监督检查】** 2023年9月，区市场监管局对小型超市、小型食品店和药店开展商品条码集中执法检查。2023年，区市场监管局对44家市场主体进行抽检核查，对发现有疑似问题的企业进行调查核实，对存在问题的企业依据《商品条码管理办法》进行查处。

（吴美静　钟　苑）

**【举办2023年“世界标准日”主题活动暨标准化成果推广发布会】** 2023年10月11日，区市场监管局联合区卫生健康委举办2023年“世界标准日”宣传活动暨“互联网+老年健康”基本公共服务标准体系标准化成果推广发布会。市市场监管局、北京市卫生健康委、北京市疾病预防控制中心、中国老年慢病防治促进行动办公室、北京昊康公益基金会的相关领导出席会议。市卫生健康委在丰台区标准化成果发布会现场就北京市首个卫生健康系统的标准体系文件《北京市卫生健康标准体系建设实施意见》进行首次公开解读。区养老服务标准化试点工作专班办公室就丰台区“互联网+老年健康”基本公共服务标准体系经验进行全面推广，区医疗健康领域专家总结标准化经验分别就家庭医生签约服务标准、智慧家医工作室建设工作标准进行推广。

（吴美静　钟　苑）

**【开展团体标准、企业标准监督检查工作】** 2023年，区市场监管局推动标准自我声明公开工作，累计对44项企业标准、6项团体标准进行随机抽查，及时督导主体对存在问题的标准进行整改，整改完成率100%。

（吴美静　钟　苑）

**【辖区单位获2022年度中国标准创新贡献奖】** 经中国标准创新贡献奖领导小组审议并报市场监管总局审定，丰台辖区审计署计算机技术中心作为主要完成单位编制的ISO 21378：2019《审计数据采集》荣获一等奖，“丰向标”产业骨干联盟成员——北京全路通信信号研究设计院集团有限公司编制的TB/T 3206—2017《ZPW-2000轨道电路技术条件》荣获三等奖。

（吴美静　钟　苑）

**【完成强制性国家标准技术指标验证数据采集工作】** 根据市场监管总局标准技术司统一部署，区市场监管局标准化科依据《限制商品过度包装要求　食用农产品》强制性国家标准技术指标验证数据抽样工作方案，圆满完成北京片区食用农产品种类、规格和数量进行数据采集任务，形成工作报告。

（吴美静　钟　苑）

**【《丰台区落实〈首都标准化发展纲要2035〉实施方案》正式印发】** 丰台区制定的《落实〈首都标准化发展纲要2035〉实施方案》，经丰台区政府常务会、区委常委会审议通过，于 2023 年 7 月 10 日公开发布。

（吴美静　钟　苑）

**【《社区卫生服务机构老年健康教育服务规范》落地丰台】**《社区卫生服务机构老年健康教育服务规范》是北京市首个由区级作为主起草单位上升为北京市地方标准的，将“丰台经验”固化为北京做法的典范。该标准于 2023 年 10 月 1 日起实施，规定社区卫生服务机构老年健康教育服务的基本要求、服务内容、服务形式及要求、服务流程、服务评价与改进等内容，填补社区卫生服务机构老年健康教育服务的空白。

（吴美静　钟　苑）

**【完成《团体标准管理办法》研制工作任务】**根据市场监管总局标准创新司的工作安排，区市场监管局标准化科参与《团体标准管理办法》制定工作。

（吴美静　钟　苑）

# 石景山区

## 标准化工作综述

**一、研究制定标准化相关政策措施，将标准化工作纳入法规、政策、文件等情况**

依据《石景山区标准化工作专项资金管理办法》，石景山区市场监督管理局开展 2022 年标准化专项资金评审，13 家单位的 42 项标准和 1 项国家级标准化试点示范项目通过专家评审，向石景山区政府申请标准制修订补助 98 万元。

起草《石景山区标准化工作专项资金管理办法》和《标准化工作专项资金评审细则》修订稿，将团体标准列入石景山区标准化工作专项资金资助范围，已经其他委办局征求意见。

**二、组织相关单位主导或参与制定标准情况**

组织相关单位主导或参与制定国际标准 3 项、国家标准 10 项、行业标准 19 项、地方标准 10 项、团体标准 17 项。

**三、开展“百城千业万企对标达标提升专项行动”及做好企业标准“领跑者”工作**

按照市市场监管局等六部门关于北京市开展“百城千业万企对标达标提升专项行动”的通知及市市场监管局等九部门《关于印发〈深化落实企业标准“领跑者”制度实施方案〉的通知》，推进重点企业开展“百城千业万企对标达标提升专项行动”及参与企业标准“领跑者”工作。走访首钢集团有限公司、国家无线电监测中心检测中心、北京建筑材料科学研究总院有限公司、北京建筑材料检验研究院有限公司、中国电子科技集团公司电子科学研究院等单位，督促企业对标达标，参与企业标准“领跑者”工作。支持企业从“跟跑者”向“并跑者”和“领跑者”转变，以先进标准引领质量提升和产业升级。

**四、“双随机”抽查工作情况**

全年抽查 2 项团体标准、30 项企业标准，其中 4 项企业标准不合格。对存在问题的企业，均责令其限期整改。开展家用汽车三包、消费品召回管理、产品防伪相关企业和商品条码“双随机”抽查，抽查 25 家汽车 4S 店的商品条码。同时，对相关政策文件进行宣传，对接诉即办工作进行提醒告诫。

**五、标准化工作经费投入情况**

2022 年度区市场监管局共投入标准化经费 107.9 万元。

**六、开展标准化相关活动**

区市场监管局打造“三位一体”标准化与质量管理工作站一站式平台。一是聘请行业大咖，针对企业需求痛点，免费提供专业的标准化和质量管理知识的培训，为企业和全区培养相关人才；二是专家值班，针对企业的实际需求，免费提供相关咨询服务，切实解决企业难题；三是将工作站成为一个政策惠及的平台，为企业提供全方位的对接与支持。截至年底，工作站已开展5期培训，有230家企业250人参会。

**七、建设石景山区质量基础设施“一站式”线上平台**

经过前期调查，相关科室汇总材料，与第三方机构反复沟通，融合知识产权、计量、标准、认证认可、检验检测、特种设备、质量管理等要素资源，面向企业、产业、区域特别是中小企业提供全链条、全方位、全过程质量基础设施综合服务，“一站式”线上平台已进入试运行阶段。

## 标准化工作成果

**【北京市八宝山殡仪馆高分通过国家级服务业标准化试点项目终期评估验收】** 2023年8月31日，北京市八宝山殡仪馆顺利通过国家级服务业标准化试点项目终期评估验收。本次试点项目于2021年6月启动，区市场监管局多次走访试点单位组织专家论证会，协助建设标准化工作领导小组，建立健全标准体系，统筹标准实施。通过两年的标准化试点建设，八宝山殡仪馆深入分析自身优势，凸显殡仪新特色，普及标准化相关知识，加强标准化人才建设，夯实试点工作建设基础，助力标准化体系建设，最终以98.7分的高分顺利通过终期评估验收。

（张丁晗）

**【强化标准大政方针政策宣贯】** 近两年，《国家标准化发展纲要》《关于印发贯彻实施〈国家标准化发展纲要〉行动计划的通知》《首都标准化发展纲要2035》《贯彻落实〈首都标准化发展纲要2035〉责任分工表》等文件陆续发布，区市场监管局转发通知组织相关委办局学习，石景山区各委办局组织召开领导班子专题学习会、党组理论学习中心组学习会、局长办公会、全体干部会等各种形式集中宣贯。同时通过电子显示屏、微信公众号以及各类培训等多种形式开展宣贯活动，营造浓厚的学习宣传氛围。

（张丁晗）

**【打造“三位一体”标准化与质量管理工作站一站式平台】** 石景山区驻中关村石景山园区标准化与质量管理工作站是由区市场监管局牵头，与中关村石景山园区管委会于2021年4月共同组建的，工作站的目的是打造一个“三位一体”的平台。

（张丁晗）

**【配合市市场监管局做好首都标准化战略补助资金项目工作】** 2023年，石景山区共有6家单位24项标准申报首都标准化战略补助资金项目，其中2家单位2项标准通过评审，获得补助资金38万元；1家单位申报标准化示范试点项目补助并通过评审，获得补助资金20万元。

（张丁晗）

**【开展2021年度石景山区标准化专项资金项目】** 2023年1月，区市场监管局对2021年度标准化专项资金项目组织专家评审会，13家单位的42项标准通过专家评审，共获得补助资金83万元；1家单位获得补助资金15万元。

（张丁晗）

**【开展企业标准、团体标准自我声明公开专项“双随机”监督抽查工作】** 开展2023年度北京石景山区团体、企业标准监督抽查工作，共抽查30家企业的30项标准，抽查2家社会团体的2项团体标准。对存在问题的企业，责令其限期整改。

（张丁晗）

**【开展商品条码执法检查工作】** 2023年，区市场监管局对辖区企业、商超开展商品条码执法检查工作。通过“条码追溯”或向中国物品编码中心协查，重点关注商品是否使用过期及注销商品条码、伪造或冒用商品条码情况，并指导负责人利用“条码追溯”对店内商品进行自查，把牢进货关，从源头遏制商品条码违法行为。

（张丁晗）

# 门头沟区

## 标准化工作综述

2023年，门头沟区市场监督管理局标准化科在市市场监管局标准化处和区局的正确领导下，以抓实标准化提升为主线，聚焦“科技强区、文化兴区、生态立区”建设，“人工智能、心血管领域医疗器械、超高清数字视听”三大产业，发挥标准引领作用，用“标准化+”助力地区经济高质量发展。

2023年，区市场监管局进一步加强市场监管，推动实施标准引领工作，整体工作卓有成效。全年开展或参与标准领域执法活动550家次（其中“双随机”抽查75家次），出动执法人员1200人次。通过以案促学、以干代训等方式，指导市场监管所开展商品条码检查，共立结案15起，罚款4500元。推进“百城千业万企对标达标提升专项行动”持续深入，成功对标3家企业。开展2023年度企业标准自我声明公开监督抽查工作，研究制定抽查方案，按照随机原则对企业标准进行抽取，选取30家不同企业的30项标准进行网上审查，强化标准的“事中”控制和“事后”治理。与北京市检验检测认证中心、北京市标准化研究院等单位建立联系，围绕国家高新技术产业标准化试点示范、中关村门头沟园区标准化体系建设、搭建中关村门头沟园区标准创新服务平台“三大项目”积极推进。采取主动服务、精准服务、多维服务，为企业打造全景式服务。协调、主动联系北京市标准化研究院等单位，了解企业受灾情况及标准化需求，助力企业灾后重建工作。

采取深入企业宣讲、答疑解惑等形式，向企业宣传普及《北京市标准化办法》《企业标准化促进办法》，组织辖区企业参加市市场监管局举办的企业标准“领跑者”及对标达标等培训会。开展“世界标准日”宣传活动，邀请北京市标准化研究院专家为园区企业授课。

## 标准化工作成果

【商品条码监督检查】 2023年，区市场监管局突出重点时段，强化商品条码检查监管。通过以案促学、以干代训等方式，对市场监管所标准化相关业务诉求办理、案件查办、现场检查等进行现场指导和科所联动执法。在检查过程中，执法人员向经营者及其管理人员宣传讲解商品条码的相关知识和法律法规。同时，督促经营者及相关单位及时准确建立并完善进货查验制度，严格把好商品进货时商品条码检查检验关。

先后检查单位550家，出动执法人员1200人次，立案15起，结案15起，罚款4500元。

（罗明臣）

【企业标准声明公开抽查工作】 2023年，门头沟区企业标准声明公开随机抽查严格做到“四个明确”。

一是明确抽查对象。企业标准随机抽查对象为企业标准信息公共服务平台上门头沟区范围内企业，在2023年4月30日前公开声明执行、自行制定现行有效、平台上已上传有标准文本的企业标准。重点聚焦安全生产及消防领域产品、环境污染治理、农业农村、消费品等领域的自我声明公开标准。二是明确抽查数量。截至2023年4月30日，门头沟区系统中企业数量163家，现行有效企业标准515项，按照市市场监管局有关文件要求，最终检查总数定为30项现行有效企业标准，其中重点领域的标准数量不低于24项。三是明确抽查原则。排除2019—2022年已抽查企业标准之后，按照随机原则进行抽取，最终选取门头沟辖区内30家不同企业共30项企业标准。四是明确抽查事项。依据《中华人民共和国标准化法》《市场监管总局办公厅关于印发团体标准、企业标准随机抽查工作指引的通知》有关要求，本次检查指标共5项：企业标准技术要求是否低于强制性标准、企业标准内容是否做到技术上先进和经济上合理、企业标准编号是否符合规定、企业标准功能指标和性能指标是否公开、企业标准是否存在其他瑕疵。其中前四项为判定项，第五项不作为判定项，主要用于帮助企业完善其企业标准。

在工作开展过程中，认真研究制定抽查方案，明确各阶段目标任务，确保抽查任务进展顺利。通过聘请中国标准化研究院即第三方专业机构作为技术支撑，并及时对第三方机构出具的检查结果进行复核确认。根据检查结论，采取实地走访和约谈企业等方式，直接面对企业服务，对照检查清单按时进行整改，并及时公开抽查相关信息。

（罗明臣）

【与市标准化研究院举行座谈会】 2023年3月21日，区市场监管局党组书记、局长张立新带队到东城区标准大厦，与北京市标准化研究院举行标准兴区助企座谈会。北京市标准化研究院副院长张克、杨文艳等院领导及相关部门人员，区市场监管局副局长郭鹏，中关村科技园门头沟园管委会副主任王旭参会。

座谈会上，王旭简要介绍园区发展历程、区位优势、优质企业存量、三大产业集群布局及三年园区发展建设的重点任务等情况。北京市标准化研究院领导分别就标准化如何助力园区发展建设、创新企业在科研成果转化、示范应用、知识产权保护、品牌推广、引领行业发展等方面提出具体的解决建议。张立新对北京市标准化研究院多年来的工作支持表示感谢，强调将大力推进北京市标准化研究院和中关村科技园门头沟园的深度合作，开展标准化科研和服务工作，为推动园区建设做出贡献。

（罗明臣）

**【市标准化研究院领导莅临门头沟调研座谈】** 2023年4月4日，北京市检验检测认证中心副主任李树勇带领所属北京市标准化研究院专家组一行5人，就标准化助力门头沟区高质量发展进行调研座谈。专家组在区市场监管局党组书记、局长张立新一行先后到精雕智能制造创新中心、北京他山科技有限公司进行参观指导。

随后在门头沟区政府召开座谈会，会议由门头沟区政府党组成员、副区长朱凯主持。张立新简要汇报门头沟区市场局2022年以来标准化工作情况和下一步标准化工作思路打算。李树勇和北京市标准化研究院副院长张克分别简要介绍市检验检测认证中心和市标准化研究院各自的基本情况。中关村科技园门头沟园管委会副主任谭李丽简要介绍了园区发展建设等情况。

专家组围绕助力中关村科技园门头沟园科技创新、园区管理服务标准化体系建设、专精特新企业标准化试点创建、首台套标准化服务、首标网园区工作站（质量基础设施一站式服务站）、对接社会资源协同创新、标准化人才培养等需求进行深入热烈的讨论交流。

朱凯表示，感谢北京市检验检测认证中心和北京市标准化研究院多年来对门头沟区的大力支持。门头沟区以生态立区、文化兴区、科技强区为总基调，地区拥有五大优势，即城区的位置、郊区的成本、新区的机遇、老区的热情和景区的环境，我们有信心把产业转型落到实处。标准化工作是落实高质量发展的支撑和抓手，门头沟区在转型发展、科技创新以及高质量服务企业产品创新方面都离不开标准化工作和技术支撑，希望市标准化研究院等专家群体能够不吝赐教、鼎力支持。区市场监管局要充分发挥桥梁纽带作用，进一步推进市标准化研究院和中关村科技园门头沟园的深度合作，开展标准化技术支持和服务工作；要大力支持企业参与科技创新和标准化建设，有力维护市场秩序，持续优化营商环境，更好服务地区经济高质量发展。

北京市标准化研究院高新产业标准化研究中心、生态文明标准化研究中心、标准文献馆负责人，区市场监管局副局长郭鹏参加活动。

（罗明臣）

**【召开食品生产企业标准化工作指导会】** 2023年5月30日，区市场监管局标准化科联合食品生产科、计量科，组织对辖区11家食品生产企业开展标准化合规性指导。此次活动旨在发挥食品安全标准领航作用，防范食品安全风险，督促食品生产企业守法合规，指导食品生产企业规范产品标准执行，推动食品产业高质量发展，提高辖区食品生产企业食品安全管理水平。标准化科向企业发放《首都标准化发展纲要2035》《对标达标专项活动问答》《限制商品过度包装要求　食品和化妆品》等标准化宣贯资料，并于现场进行政策解读。提示企业要严格遵守《中华人民共和国食品安全法》和《食品安全国家标准管理办法》的规定，严格按照食品安全标准、《食品生产卫生通用规范》从事生产活动，并引导企业参与"对标达标提升专项活动"等工作。

（罗明臣）

**【中关村科技园门头沟园区标准体系建设推进会】** 2023年6月5日，区市场监管局标准化科牵头邀请北京市标准化研究院专家组莅临中关村门头沟园区，与园区管委相关负责人就国家标准化试点示范相关政策、中关村门头沟园区标准化管理体系建设方案、管理体系建设周期、下一步重点推进工作等内容进行深入沟通和热烈讨论，达成一致意见。

（罗明臣）

**【普及商品条码知识助力企业条码申请】** 为进一步提高依法使用商品条码意识，区市场监管局标准化科加强对商品条码使用情况的检查指导。

在对辖区内个体小商店、小卖铺等经营者进行检查的同时，普及商品条码知识，向经营者及其管理人员宣传讲解商品条码的相关知识和法律法规。做好经营商品的条码自查，切实履行主体责任，督促经营者及相关单位及时准确建立并完善进货查验制度，严格把好商品进货时商品条码检查检验关，确保进货商品条码合法和符合印刷质量要求，对存在问题的商品不予进货和销售。对部分有申请条码需求的企业，主动联系北京条码分中心工作人员给予技术上的解答和指导。2023年以来，标准化科接受企业有关条码申请的咨询10余家次，督促并助力2家企业成功申请饮料、调料、酒等14个品类的商品条码。

（罗明臣）

【“百城千业万企对标达标提升专项行动”工作】 区市场监管局为贯彻落实《国家标准委等十部门关于开展百城千业万企对标达标提升行动的通知》精神及市市场监管局“关于开展百城千业万企对标达标提升专项行动”常态化工作的指示要求，实现对标达标国际标准目标，助力区域经济高质量发展，不断挖掘新业态、新优势的对标达标领域，推动更多企业参加对标达标提升专项行动，线上线下指导20余家企业参与对标达标提升专项行动。采取深入动员与重点培养相结合的方式，主动与被选企业沟通联络，鼓励企业参与到对标达标活动中。向企业宣讲《中华人民共和国标准化法》对企业标准的法律规定和国家标准委开展标准对标达标提升专项行动的相关文件精神，讲解如何制定“对标达标”比对技术方案，如何与国家标准、国际标准和国外先进标准对标，“手把手”指导企业填报。2023年共指导并成功对标3家企业。

（罗明臣）

【组织学习《首都标准化发展纲要2035》】 2023年9月22日，区市场监管局为抓好《首都标准化发展纲要2035》宣贯实施、全面提升全局标准化工作的整体意识，结合该局教育培训大课堂，邀请北京市标准化研究院副院长张克进行授课，对《首都标准化发展纲要2035》进行解读。区市场监管局局长、党组书记张立新，部分党组成员、全体中层干部共计40余人参加培训。

（罗明臣）

【标准化宣传工作】 2023年10月12日，在2023年“世界标准日”来临之际，区市场监管局联合北京市标准化研究院走进中关村科技园区门头沟园，共同举办门头沟区2023年“世界标准日”主题活动。园区内的30家“专精特新”、入库科技型、国家或市级高新技术、新技术（产品或服务）企业代表参加。活动围绕“标准塑造美好生活”的主题，由北京市标准化研究院标准数字中心主任王海虹以《标准化助力高质量发展 标准塑造美好生活》为题目，从标准化基本概念和基础理论、国际标准化工作概况及启示借鉴、我国标准化改革的主要内容、首都标准化工作重点和发展方向以及首都标准大数据分析五大方面进行专业授课。标准化科解读《首都标准化发展纲要2035》《企业标准化促进办法》等政策法规。

（罗明臣）

【助力企业灾后复工】 区市场监管局标准化科按照“一企一策”的原则，为企业提供主动、精准的标准化服务，切实在灾后复工复产工作中贡献市场监管力量。2023年9月4日，标准化科主动走访琉璃文创企业——北京诺亚盛典文化发展有限公司，为企业灾后复工复产提供产品标准化服务的政策指导。交流中，该企业相关负责人介绍企业的受灾损失、灾后恢复重建进展、产品标准化的需求及困难等情况。标准化科简要解读《加强消费品标准化建设行动方案》的政策文件精神，详细介绍各类标准的定义与差异、制修订相关标准的程序、成本费用与所需工作周期，相关技术支持机构的基本情况及对接情况。2023 年 9 月 13 日，区市场监管局联合国家电子工程建筑及环境性能质量检验检测中心再次到该公司，对企业标准的制定开展二次面对面的精准帮扶。国家电子工程建筑及环境性能质量检验检测中心专家听取企业负责人就琉璃烧造工艺制作的特点、流程，文创产品的种类与用途、营销渠道与市场布局等介绍，并与企业就产品标准的范围、产品的术语和定义、产品要求、检测规则、产品标志，产品包装、运输及仓储等方面进行充分交流，双方就推进文创产品企业标准的制定达成初步共识。

（罗明臣）

## 房山区

### 标准化工作综述

2023 年，房山区标准化工作在市市场监管局和房山区委、区政府的正确领导下，以习近平新时代中国特色社会主义思想和党的二十大精神为指导，深入贯彻落实《国家标准化发展纲要》《首都标准化发展纲要2035》，紧紧围绕全区中心工作，发挥标准化基础性、引领性作用，助力区域经济社会高质量发展。

**一、注重整体统筹，研究制定区域标准化工作方案**

贯彻落实《首都标准化发展纲要 2035》文件精神及区领导指示批示精神，注重发挥标准化的基础保障、创新发展和技术引领作用，立足房山区域功能定位，研究制定《房山区落实首都标准化发展纲要 2035 实施方案》，于 2023 年 4 月 15 日正式印发。组织成员单位召开全区标准化工作推进会，针对《房山区落实首都标准化发展纲要 2035 实施方案》起草背景及过程、总体考虑、任务制定等主要内容进行讲解及部署。同时，就标准化相关知识和业务工作进行深入培训，确保各成员单位按要求完成全年任务。

**二、聚焦重点任务，高标准推进试点示范项目建设**

一是紧盯北京房山智慧政务服务标准化试点建设。指导试点单位（区政务服务局）先后接受专家组预评估和终期评估，项目最终以综合评分 94 分的成绩顺利通过验收，整体评价为优秀。二是持续跟进北京基金小镇基金机构服务标准化示范项目建设。其一，作为主办单位会同市市场监管局在项目单位召开 2022 年度国家及服务业标准化试点示范项目启动暨培训会，要求其严格按照工作进度抓好项目推进；其二，以区政府名义将该示范项目纳入《标准化助力 2023 年市政府工作报告重点工作任务行动方案》；其三，针对项目开展定期督导，指导其按照任务进度梳理关键控制点，进行标准起草、宣贯培训等工作。三是对金融科技安全产业园服务综合标准化试点开展终期验收后续督导，确保试点运行始终符合标准体系要求。四是组织重点企业申报 2023 年度智能制造标准应用试点项目，指导京源中科科技股份有限公司开展试点创建申报等一系列工作。目前，项目已通过市级专家评审，处于待国家标准委专家论证阶段。五是会同区文化和旅游局指导北京北方易尚会议中心有限公司开展2023年市级文化和旅游标准化试点申报工作。

**三、加强政策引领，不断提升产业标准化水平**

（一）落实市、区两级政策补助资金政策

一是开展2023年度首都标准化战略补助资金项目初审工作。共受理标准化试点示范项目补助申请1项，标准补助申请1项，获得市级补助资金26万元。二是开展2022年度区科技创新专项资金（标准创制）申报审核工作。经审核，共有21家单位的21项标准通过评审，其中国际标准1项、国家标准7项、行业标准4项、团体标准9项，获得区级补助资金155万元。

（二）"百城千业万企"助力企业提升标准水平

引导区内企业参与"百城千业万企"对标达标提升专项行动，鼓励和推动企业与国际标准和国外先进标准对标对表，助力企业标准逐步达到国外先进标准水平，推动区内产品与国际高标准市场对接，有效保证对外开放和国际贸易顺利进行。截至年底，区内共有1家企业1款产品实现对标。

（三）企业标准"领跑者"推动区内产业升级

一是深入企业宣传企业标准"领跑者"制度。鼓励、引导企业将自主开发的新技术、新工艺、新工法、新服务创制形成企业标准，在企业标准信息公共服务平台上进行公示，争创企业标准"领跑者"。二是配合市市场监管局关于征集2023年企业标准"领跑者"重点推荐领域工作，反馈企业3家，所属行业涵盖金融信息服务、科技推广和应用服务业、淀粉及淀粉制品制造。

**四、强化监督检查，持续促进市场主体规范发展**

一是深化"双随机、一公开"监管，开展"2023年度房山区市场监管局企业标准自我声明监督抽查"双随机执法检查，共抽查57家企业的57项标准文本。二是深入开展商品条码领域执法检查工作，共查处违法案件10件。三是参与北京市2022年团体标准、企业标准自我声明公开监督检查结果评查工作，针对评查卷开展检查结果及执法程序交叉评查。

**五、开展政策宣贯，进一步增强全社会标准化意识**

一方面，组织区内试点单位、重点企业参与线上农业农村标准化、服务业标准化网络培训班，2023年国际标准化视频培训会，2023年企业标准"领跑者"线上培训会等活动。另一方面，深入区内企业开展走访调研，通过宣贯标准化补助政策、百城千业万企、企业标准"领跑者"，以及各类标准化专业知识，使辖区企业更好地懂标准、制标准、用标准，不断增强标准化意识，提高标准化工作水平，助力企业实现高质量发展。

## 标准化工作成果

**【着力做好首都标准化战略补助资金项目宣传受理工作，扩大标准化影响力】** 2023年1月，开展2023年度首都标准化战略补助宣传、受理工作，共受理标准化试点示范项目补助申请1项，标准补助申请1项，获得市级补助资金26万元。

（魏知今）

**【区级标准制修订补助评审工作】** 2023年1月，开展2022年度区科技创新专项资金（标准创制）申报宣传审核工作，共有21家单位的48项标准申报此项目。经审核，共有21项标准通过评审，其中国际标准1项、国家标准7项、行业标准4项、团体标准

9项，获得区级补助资金155万元。

（魏知今）

**【北京市2022年度国家级服务业标准化试点示范项目启动暨培训会在房山召开】** 2023年2月9日，由市市场监管局、区市场监管局主办，北京基金小镇承办的北京市2022年度国家级服务业标准化试点示范项目启动暨培训会在房山区北京基金小镇国际会议中心顺利召开。北京市共有4家单位成功获批2022年度国家级服务业标准化试点示范项目，北京基金小镇基金机构服务标准化示范项目是房山区首个获得国家标准委批准的国家级标准化示范项目，同时也是全国首个基金业服务标准化示范项目。

（魏知今）

**【“北京房山智慧政务服务标准化试点”项目通过预评估】** 2023年2月21日，依据市市场监管局《关于组织对第七批国家级社会管理和公共服务综合标准化试点预评估工作的通知》要求，指导试点单位（房山区政务服务局）接受专家组的评估，并顺利通过预评估工作。

（魏知今）

**【《房山区落实首都标准化发展纲要2035实施方案》发布】** 2023年4月15日，《房山区落实首都标准化发展纲要2035实施方案》（京房发〔2023〕6号）发布。该方案立足房山区域功能定位，以落实《首都标准化发展纲要2035》《北京市房山区国民经济和社会发展第十四个五年规划和二零三五年远景目标纲要》为主线，发挥房山区实施首都标准化战略领导小组作用，做好未来5～15年区域标准化顶层设计，助力“一区一城”新房山现代化建设高质量发展。

中共北京市房山区委文件

京房发〔2023〕6号

★

中共北京市房山区委
北京市房山区人民政府
关于印发《房山区落实首都标准化发展纲要2035实施方案》的通知

各乡镇（街）党（工）委、政府（办事处），区直各部委办局，各人民团体，各总公司：

《房山区落实首都标准化发展纲要2035实施方案》已经九届区委常委会第63次会议审议通过，现印发给你们，请结合各自实际，认真贯彻落实。

中共北京市房山区委
北京市房山区人民政府
2023年4月15日

—1—

（魏知今）

**【组织区实施首都标准化战略领导小组成员单位观看“中关村论坛之标准与创新发展论坛”视频直播】** 2023年5月28日，组织房山区实施首都标准化战略领导小组成员单位观看“中关村论坛之标准与创新发展论坛”视频直播，深刻领会《首都标准化发展纲要2035》的核心要义，进一步了解标准化工作的开展情况及未来发展趋势。

（魏知今）

**【组织召开房山区标准化工作推进会】** 2023年5月31日，组织房山区实施首都标准化战略领导小组22个成员单位召开全区标准化工作推进会，传达区领导对标准化工作的指示批示精神。针对《房山区落实首都标准化发展纲要2035实施方案》起草背景及过程、总体考虑、任务制定等主要内容进行讲解及部署。同时，就标准化相关知识和业务工作进行深入培训，确保各成员单位按要求完成全年任务。

（魏知今）

【“北京房山智慧政务服务标准化试点”项目顺利通过终期评估】 2023 年 8 月 24 日，依据市市场监管局《关于组织对第七批国家级社会管理和公共服务综合标准化试点项目进行考核评估的通知》要求，指导“北京金融科技安全产业园服务标准化试点”项目接受国家标准委专家组的评估，并以 94 分的成绩顺利通过终期考核。

（魏知今）

【参与 2022 年团体标准、企业标准自我声明公开监督检查结果评查工作】 2023 年 9 月 22 日，参与市市场监管局组织的北京市 2022 年团体标准、企业标准自我声明公开监督检查结果评查工作，针对评查卷开展检查结果及执法程序互换评查。进一步明确此项工作检查的内容及程序，同时提高标准化执法人员针对团体标准、企业标准文本检查的能力。

（魏知今）

【指导区内企业开展智能制造标准应用试点项目申报工作】 2023 年 9—10 月，按《北京市市场监督管理局关于征集 2023 年度智能制造标准应用试点项目的通知》要求，开展申报宣传动员，指导京源中科科技股份有限公司开展试点项目申报。该项目已通过市级专家评审，处于待国家标准委专家论证阶段。

（魏知今）

【2023 年“世界标准日”宣传活动】 2023 年 10 月，开展“世界标准日”宣传活动。一是组织辖区试点单位及企业参与由首都标准化委员会办公室举办的“标准化助力自动驾驶走进百姓生活”线上线下宣传活动。二是深入区内企业调研，通过宣讲标准化补助政策、百城千业万企、企业标准“领跑者”，使更多企业认识并了解标准化、标准化与高质量发展的重要性。

（魏知今）

【百城千业万企对标达标专项行动】 2023 年，引导区内企业参与“百城千业万企”对标达标提升专项行动，鼓励和推动企业与国际标准和国外先进标准对标对表，助力企业标准逐步达到国外先进标准水平，推动区内产品与国际高标准市场对接，有效保证对外开放和国际贸易顺利进行。房山区共有 1 家企业 1 款产品实现对标。

（魏知今）

【开展企业标准自我声明公开专项“双随机”监督抽查工作】 2023 年，开展“2023 年度房山区市场监督管理局企业标准自我声明监督抽查”双随机执法检查，共抽查 57 家单位 57 项标准文本。

（魏知今）

【开展商品条码执法检查工作】 2023 年，针对辖区生产企业、重点地区商场超市开展商品条码执法检查工作。检查工作重点查看生产企业是否存在使用未经核准注册商品条码行为，经销企业是否存在经销商品印有未经核准注册商品条码等行为，共检查生产、经营单位60家，查处违法案件10起。

（魏知今）

# 通州区

## 标准化工作综述

**一、发挥标准化支撑作用，服务全区中心工作**

充分发挥标准化支撑引领作用，推动副中心国家绿色发展示范区建设，研究制定《北京市通州区市场监督管理局推动北京城市副中心国家绿色发展示范区建设工作实施方案》，从加强知识产权保护、强化标准支撑、推动重点标准研制、提升标准影响力、服务绿色制造等5个方面，细化16条具体工作措施。围绕北京城市副中心建设国家绿色发展示范区区内任务分解，聚焦建筑、交通、产业三大领域，强化能源、生态、文化三大重点，推动六大行业领域研究制定副中心地方标准，逐步完善副中心绿色发展标准体系，全面助力北京城市副中心国家绿色发展示范区建设。围绕首都标准化委员会《关于印发标准化推动〈落实2023年市政府工作报告重点任务行动方案〉的通知》（首标委发〔2023〕2号）和通州区政府督查室《2023年区政府工作报告重点工作绩效任务表》（督查件8号）两个主要文件内容，研究制定《标准化推动落实2023年市、区政府工作报告重点工作实施方案》，立足北京城市副中心战略定位，充分发挥标准化支撑引领作用，以“标准化+”助力市、区政府年度相关重点工作任务，全面服务北京城市副中心高质量发展。

**二、完成国家级标准化试点现场考核验收，推动通武廊地区基本公共服务水平再上新台阶**

加强通武廊医疗卫生协调联动基本公共服务标准化验收准备工作，采取现场检查、工作指导、多方联动等多种形式，全面加强与通州区卫生健康委、发展改革委、财政局、试点医院和天津市武清区、河北省廊坊市试点单位协调沟通，全面做好试点验收工作。2023年3月1日，市市场监管局、市发展改革委和市财政局共同组织召开通武廊医疗卫生协调联动国家基本公共服务标准化试点考核评估会，通武廊医疗卫生协调联动基本公共服务标准化试点通过专家组验收。

**三、推动首个副中心地方标准立项发布，服务国家绿色发展示范区建设**

与通州供电公司保持联系，开展标准服务指导，加强与市市场监管局标准化处、副中心发展改革局综合政策处沟通协调，深入通州供电公司，做好地方标准申报立项程序和标准编制工作指导，2023年1月，市市场监管局发布2023年北京市地方标准制定项目计划，《城市副中心　新型电力系统10kV及以下配电网设施配置技术规范》地方标准正式获批立项；2023年2月，该标准完成意见征求；2023年3月9日，该标准完成专家组审核论证；2023年3月30日发布公告。该标准的实施将增强分布式电源和多样化负荷接纳能力，促进源、网、荷、储各侧资源协调发展，将有效促进副中心构建安全可靠、绿色高效的智慧城市新型电力系统，适应大规模高比例新能源接入，实现配电网可观可测可控、源网荷储友好协同、各类能源互通互济，为副中心实现“双碳”发展目标提供坚强支撑，推动副中心国家绿色发展示范区建设，促进城市副中心高质量发展。

加强与区园林绿化局对接，结合全区林

业碳汇试点建设任务，研提意见建议，将推动林业碳汇项目技术标准研制纳入工作考虑，辐射带动廊坊北三县和通武廊地区标准共研，推动区域生态系统高质量发展。

加强科所联动，配合区市场监管局公平竞争，结合商业秘密保护试点工作任务，推动完成北京市地方标准申报立项成功，加强与北三县联系沟通，辐射带动北三县同步立项廊坊市地方标准，以标准统一带动通州与北三县一体化发展。

## 四、聚焦企业需求，提升主动服务意识

### （一）加强工作培训

组织通州区发展改革委、卫生健康委、城管委、经信局等 8 家行业主管部门和新城热力、北水食品、立春正达、通州京环、千麦医学等 33 家企业，参加北京市 2023 年企业标准“领跑者”及对标达标培训会，通过培训帮助企业掌握企业标准“领跑者”相关政策要求及企业参与路径，学习理解对标达标政策和具体操作要求，解读《北京市标准化办法》，通过培训进一步增强企业标准化工作意识，以标准化助力企业高质量发展。

### （二）开展帮扶指导

发挥标准化助企作用，主动服务指导首通智城、通州供电、北投保理、首发高速通州分公司开展标准研制。推动通州供电立项发布首个副中心地方标准，推动副中心绿色发展；指导首通智城编制发布首个智慧城市企业标准，推动建立智慧城市标准体系；指导通州区金融协会理事长单位北投保理开展绿色金融团体标准研制，推动通州区金融协会建立健全标准化管理部门，开展团体标准化工作；指导首发高速通州分公司研究制定高速服务企业标准，推动副中心高速服务高质量发展。

## 五、加强与行业主管部门联动，推动团体标准发展

贯彻落实 17 个部委联合印发的《关于促进团体标准规范优质发展的意见》，加强与区民政部门沟通，摸清通州区团体标准底数，全区在区民政部门登记获证社会团体共计 102 家。围绕国际消费中心城市建设 2023 年区市场监管局任务，以规范化、品质化为导向，支持行业协会、社会团体、企事业单位创制体现国际国内先进水平的服务标准。组织通州区金融协会参加全市团体标准政策宣讲会，培训标准化知识，推动通州区金融协会完成全国团体标准信息平台注册公示，支持开展团体标准研制。

## 六、推动标准创制创新，启动标准制修订资金补助

贯彻落实北京市实施首都标准化战略补助资金项目政策，发挥标准化在助力高技术创新、促进高水平开放、引领高质量发展等方面的作用，全面启动 2023 年首都标准化战略补助资金申请工作，协助指导 3 家单位通过市级首都标准化战略补助资金申报初审，1 家单位的 1 项团体标准获批北京市首都标准化战略补助资金 20 万元。

## 七、聚焦投诉举报热点难点，发挥标准化技术支撑

围绕区市场监管局 12345 投诉举报热点难点问题，加强科所联动，开展属地市场监管所 12345 举报工单涉及标准内容的答疑解惑工作，助力 12345 投诉举报高质量处置。受理 12345 工单 6 起，其中解答咨询工单 5 起，处理投诉举报工单 1 起，投诉转立案工单 1 起，依法查处案件 1 起。

## 八、坚持党建引领，全面提升工作效能

按照区市场监管局统一部署，以“三大三强”活动和行风建设专项行动为重点，以党建带动业务工作，推动工作提质增效。强化党支部管理，落实“三会一课”制度，按时召开组织生活会，开展主题党日和党员固定活动日活动，主动深入企业、深入基层，开展主动服务和工作调研，发挥党支部战斗堡垒作用。开展市场监管所标准化规范化建设，加强科所联动，组织市场监管所工作

标准 BJSCS/ YW 203-13《商品条码使用情况监督检查工作指南》实施现场教学，开展工作培训指导，现场示范执法流程、操作技巧和注意事项，推动基层市场监管所商品条码执法检查标准化规范化运行，全面提升基层市场监管所履职能力。

## 标准化工作成果

**【完成北京市技术标准制（修）订专项资金补助申报工作】** 2023 年 1 月 5 日，市市场监管局启动实施首都标准化战略补助资金申请受理工作。区市场监管局通过向委办局及办事处下发通知、重点企业咨询、电话联系通知等多种形式开展落实该项工作。在项目受理期间，共组织 10 家意向单位参加全市 2023 年实施首都标准化战略补助资金项目政策宣讲会，解答咨询企业 19 家次，最终北京京彩弘景生态建设有限公司、北京爱贝空间科技有限公司、中公高远（北京）汽车检测技术有限公司制定的相关标准符合申报要求，按时完成项目申报工作。

（张秀英）

**【开展商品条码春节前监督检查】** 春节前夕，区市场监管局开展对辖区超市、市场销售的酒水、饮料、糖果、零食等节日热销商品开展商品条码执法检查。共检查 6 家单位，出动执法人员 12 人次，严肃查处未经核准注册、备案或者伪造商品条码违法行为，保障节日市场秩序。

（张秀英）

**【北京城市副中心首个地方标准获批立项】** 2023 年 1 月 18 日，市市场监管局公布 2023 年北京市地方标准制定项目计划，由区市场监管局协调推动，通州供电公司立项申报，副中心管委会归口管理的北京市地方标准《城市副中心 新型电力系统 10kV 及以下配电网设施配置技术规范》获批立项通过，被列入北京市 2023 年地方标准制定计划，成为首个适用于副中心区域的北京市地方标准。

（张秀英）

**【通武廊医疗卫生协调联动基本公共服务标准化试点通过验收】** 2023 年 3 月 1 日，受市场监管总局、国家发展改革、财政部委托，市市场监管局、市发展改革委和市财政局共同组织召开通武廊医疗卫生协调联动国家基本公共服务标准化试点考核评估会，通武廊三地市场监管、发展改革、财政、卫生健康和医疗机构等有关单位参加考核，通州区政府副区长倪德才代表通武廊三地试点单位致辞，区市场监管局党组领导代表三地作工作汇报，市场监管总局标准技术司副司长徐长兴、标准技术司服务业标准处处长柳成洋出席会议。

在考核评估会上，评审专家组经过观看宣传视频、听取汇报、信息化建设演示、现场考察、查阅资料、现场质询等环节，审核决议通武廊医疗卫生协调联动基本公共服务标准化试点顺利通过考核验收。

专家组一致认为，通武廊三地政府高度重视标准化试点工作，以代谢性疾病管理中心作为试点建设、实施和效果展示的载体，坚持重大问题共商、协同标准共建，将标准化试点项目纳入各地深化改革重点项目、政府重点工程和政府工作报告，落实国家、地方基本公共服务标准，形成通武廊三地共同的基本公共服务事项清单，形成“一套标准，三地通用”的解决方案，构建协同标准体系，采用国家标准、行业标准、地方标准等各级标准共 123 项，编制完成 20 项关键协同标准。通过加强标准化宣传与培训，开展标准实施的监督检查，不断完善财政承受能力评估机制、标准实施反馈机制和标准动态调整更新机制，推动基本公共服务标准信息公开与数据共享。通过标准实施，有效促进三地医疗卫生资源配置和服务质量协同均质，患者满意率大幅提高，健康管理服务普惠化、便捷化、均等化水平不断提升。

（张秀英）

【北京城市副中心首个地方标准正式发布】2023年3月30日，市市场监管局印发《北京市地方标准公告》，由通州供电公司牵头起草的北京城市副中心首个地方标准DB11/T 2077—2023《城市副中心 新型电力系统10kV及以下配电网设施配置技术规范》正式发布。

该标准按照国家绿色发展示范区建设和新型电力系统发展要求，结合副中心配电网现状及面临问题，对配电网规划、设计、建设全流程进行规范，规定了城市副中心新型电力系统10kV及以下配电网、配电网设备设施、配电自动化、10kV通信接入网、继电保护、数字化、分布式电源接入、电力用户接入、电动汽车充电设施接入等技术要求。

（张秀英）

【开展企业标准"领跑者"重点推荐领域征集】按照市市场监管局《关于征集2023年企业标准"领跑者"重点推荐领域的通知》，区市场监管局开展2023年企业标准"领跑者"重点推荐领域征集工作。北投智慧、北投生态、首发高速等3家企业报送企业标准化"领跑者"重点推荐领域7项，其中涉及智慧城市4项、生态环保2项、交通工程1项。

（张秀英）

【开展帮扶指导助推标准研制工作】2023年，区市场监管局发挥标准化助企作用，主动服务指导通州供电、首通智城、北投保理、首发高速通州分公司开展标准研制。推动通州供电立项发布副中心首个地方标准，推动副中心绿色发展；指导首通智城编制发布首个智慧城市企业标准，推动建立智慧城市标准体系；指导通州区金融协会理事长单位北投保理开展绿色金融团体标准研制，推动通州区金融协会建立健全标准化管理部门，开展团体标准化工作；指导首发高速通州分公司研究制定高速服务企业标准，推动副中心高速服务高质量发展。

（张秀英）

【"三大三强"开学季开展商品条码执法检查现场教学推动基层市场监管所标准化规范化建设】2023年8月下旬，利用开学季，按照"三大三强"总体要求，标准化科组织对校园周边超市、小商店等单位零售的文具、玩具等开展商品条码执法检查，检查在售商品条码状态，提示商家加强商品条码进货把关核验，规范市场经营秩序。

检查中，联合永顺镇、张家湾镇等属地市场所同步开展市场监管所工作标准BJSCS/ YW 203-13《商品条码使用情况监督检查工作指南》标准实施现场教学，开展工作培训指导，现场示范执法流程、操作技巧和注意事项，推动基层市场监管所商品条码执法检查标准化规范化运行，全面提升基层所履职能力。

（张秀英）

**【开展“世界标准日”宣传】** 2023年10月14日，区市场监管局组织开展“世界标准日”宣传活动。一是开展“标准化”进企业上门服务。深入北京京彩弘景园林工程有限公司开展送“标准化”服务进企业活动。二是组织参加公益直播讲座。组织首通智城公司等5家单位参加“标准化助力自动驾驶走进百姓生活”主题宣传活动，助力全区自动驾驶扩区建设。三是开展线上宣传。发布“世界标准日”主题微信推送，增强全社会标准化意识。四是开展内部标准化宣贯活动。指导有关市场监管所开展辖区线下宣传，传播标准化理念，普及标准化知识。

（张秀英）

**【通州区1项团体标准获得专项补助资金】** 2023年，区市场监管局指导帮助3家企业完成北京市技术标准制（修）订专项补助资金申请工作。经审核，最终北京京彩弘景生态建设有限公司参与制定的T/BJZMXH 501—2021《乔木双容器育苗技术规范》的团体标准获得补助资金20万元。

（张秀英）

**【跨区域《商业秘密保护指南》地方标准同步发布】** 2023年，市场监管总局印发《市场监管总局关于印发全国商业秘密保护创新试点工作方案的通知》，通州区入选首批创新试点城市名单。通州区为加强城市副中心与北三县工作协调，探索创新区域协作模式，有效提升通州区与廊坊北三县商业秘密保护工作协同的积极性，为跨区域企业制定完善自我保护措施提供技术支撑。通州区率先制定出台《城市副中心　商业秘密保护指南》地方标准，该标准于2023年12月25日正式批准发布，成为城市副中心第二项北京市地方标准。河北省廊坊市将同步发布廊坊市地方标准《商业秘密保护指南》。该标准在制定过程中，实现通州区与廊坊北三县同步立项、共同起草、共同研制、同步发布。标准实施后，将优化城市副中心及廊坊市与廊坊北三县一体化营商环境建设，更好地指导企业、社会、政府等多方加强保护企业商业秘密，实现跨区域“同事同标”，更好地培育高质量创新主体，加强科技研发与成果转化，加快科技服务业发展。

（张秀英）

**【开展“双随机、一公开”执法检查】** 2023年，区市场监管局开展自我声明公开标准和商品条码“双随机、一公开”监督检查工作。全年共开展标准执法检查96家次，完成自我声明公开标准执法检查100项，完成商品条码专项检查50家次。全年“双随机”抽查任务完成率100%。

（张秀英）

**【完成投诉举报工作】** 2023年，区市场监管局完成属地市场所12345举报工单答疑解惑工作，助力12345投诉举报高质量处置。

（张秀英）

**【通武廊区域协同试点获得通州区表彰】** 2023年12月14日，通州区委全面依法治区委员会办公室召开通州区“学习贯彻习近平法治思想”研究成果交流会，区市场监管局调研报告《深入贯彻落实标准化法助力副中心高质量发展——关于以区域标准化协同推进通武廊一体化法治建设的研究》荣获三等奖。

（张秀英）

## 顺义区

### 标准化工作成果

**【落实《首都标准化发展纲要2035》助推区域高质量发展】** 2023年2月9日，顺义区市场监督管理局走访调研辖区高新技术企业北京盈创再生资源回收有限公司，鼓励企业参与对标达标活动。

（王　娜　邵迎东）

**【北京天竺综合保税区跨境贸易便利化标准化试点预考核评估】** 2023年2月22日，按照《社会管理和公共服务综合标准化试点实施细则》的要求，市市场监管局会同北京市商务局组织北京市标准化研究院、北京物资学院等专家，对第七批社会管理和公共服务综合标准化试点项目北京天竺综合保税区跨境贸易便利化标准化试点进行预考核评估。

（王　娜　邵迎东）

**【制止餐饮浪费国家标准宣贯】** 2023年3月9日，区市场监管局组织法制科、标准化科、餐饮服务科等13个相关科室团队参加市市场监管局召开的制止餐饮浪费专项行动部署会，宣贯制止餐饮浪费4项国家标准，规范行业行为，引导公众形成科学、理性、文明的消费习惯，以宣传引导和巡查督导并行的方式，发挥标准引领作用，扎实推进制止餐饮浪费。区市场监管局采取线上线下相结合的方式，一是组织召开面向全区餐饮企业、外卖平台、食品监察员、各市场监管所参加制止餐饮浪费4项国家标准宣贯培训会，全区餐饮企业共7800余家1500余人参加。二是在区市场监管微信公众号以及餐饮集中的属地开展集中宣贯和系列宣传活动。鼓励支持餐饮企业单位开展标准化试点建设，发挥示范作用，促进餐饮行业绿色健康发展。三是加强巡查督导。执法人员在日常巡查中，倡导广大消费者适量点餐、坚决制止浪费现象，在全社会积极营造浪费可耻、节约光荣的浓厚氛围。

（王　娜　邵迎东）

**【推进国家级农业标准化试点建设】** 2023年3月14日，区市场监管局副局长徐卫东带队对北京优帝鸽业有限公司国家肉鸽良种繁育标准化示范区建设项目进行现场检查指导。项目单位介绍该公司的发展历程以及示范区建设进展情况，区市场监管局工作人员查阅该标准体系、生产记录、宣传及培训等相关资料，并通过实地考察，详细了解标准化试点建设项目的规划落实情况，提出持续完善标准体系、加强标准监督检查、强化标准宣贯培训等针对性建议，督促试点建设单位对照目标任务逐项落实，确保顺利通过专家组验收。

（王　娜　邵迎东）

**【建立科科联动、科所联动机制，增强标准化意识，提升标准化工作水平】** 2023年3月29日，区市场监管局中关村顺义园市场监管所联合标准化科、行政审批协调科、私营个体经济协会等相关部门，为辖区内40家企业开展助企惠企政策宣讲会，为企业进行《首都标准化发展纲要2035》宣贯，重点讲解《实施首都标准化战略补助资金管理办法》，指导辖区内企业有效对接政策、争取资金扶持，促进企业规范经营、发展壮大。

2023年4月26日，区市场监管局知识产权服务中心、知识产权科、标准化科在国联万众工作站开展惠企政策培训会，共计20余家企业参会。与会部门分别对《顺义区知识产权促进与保护管理办法》《顺义区知识产权质押贷款风险处置资金池管理办法》《实施首都标准化战略补助资金管理办法》等相关政策开展宣讲，助推“两区建设”高质量发展，营造良好营商环境。

“世界标准日”前夕，围绕“双随机抽查”强化部门联动，区市场监管局标准化科和后沙峪市场监管所开展部门联动，落实《首都标准化发展纲要2035》，做好标准化工作的宣贯，提升辖区企业标准化水平。与辖区部分企业负责人开展座谈，听取企业负责人关于基本情况和标准化建设情况介绍，了解企业现状和目前标准化方面存在的困难和问题。同时与企业负责人沟通交流，全面梳理分析标准化方面存在的短板，并结合实际给出合理化建议。随后标准化科与后沙峪市场监管所执法人员共同到辖区2家企业进行实地检查，重点从商品条码的追溯及企业标准化等方面开展监督检查。

（王　娜　邵迎东）

**【贯彻落实主题教育，深入企业开展建言献策活动】** 2023年4月29日，区市场监管局走访调研辖区北京天福号食品有限公司，介绍 2023 年《实施首都标准化战略补助资金管理办法》相关政策内容，提供惠企利企政策服务上门，规范指导企业稳步发展；查看企业的商品条码系统成员证书，指导企业规范使用商品条码，避免出现违法违规问题；同时针对企业提出的经营问题进行答疑解惑，特别是针对职业索赔人的投诉举报问题，要依法依规解决。

（王　娜　邵迎东）

**【天竺综合保税区跨境贸易便利化标准化试点验收前督导】** 2023 年 5 月 6 日，区市场监管局副局长徐卫东带队，对北京天竺综合保税区跨境贸易便利化标准化试点单位进行督导。根据试点预验收时专家提出的指导意见，围绕试点申请书任务目标及预评估整改要求，试点单位对预验收后整改情况做了汇报，按照《社会管理和公共服务综合标准化试点实施细则》的要求，区市场监管局就如何完善标准体系及实施效果证明材料、梳理试点验收材料、完善工作区域标识标准、总体报告及汇报材料、满意度调查等给出具体指导建议。

（王　娜　邵迎东）

**【强化标准化培训】** 2023 年 5 月 28 日，市市场监管局主办“2023 中关村论坛之标准化与创新发展论坛”，议题为“创新是引领世界发展的重要动力”，以高标准助力高技术创新，共同探索解决重要全球性问题，邀请国际国内标准化组织、研究机构及企业知名专家进行主旨演讲和对话，旨在学习、交流标准化促进科技创新的成功经验和实践案例，探讨标准化与科技创新互动发展的模式。区市场监管局相关人员认真学习交流，探讨区内工作模式，助推区内标准创新。

（王　娜　邵迎东）

【指导国家级服务业标准化试点项目申报】2023 年 5 月，市市场监管局征集国家级服务业标准化试点项目，区市场监管局按照《服务业标准化试点实施细则》要求，指导顺义区中粮祥云小镇开展引领服务业绿色集约发展试点项目申报并参与论证。

（王　娜　邵迎东）

【服务业标准化试点终期考核】2023 年 8 月，依据《服务业标准化试点实施细则》要求，市市场监管局组织专家对北京市第二儿童福利院养教服务标准化试点项目开展评估，并以优秀成绩通过终期考核。

（王　娜　邵迎东）

【天竺综合保税区跨境贸易便利化标准化试点考核】2023 年 8 月 23 日，受国家标准委委托，市市场监管局会同北京市商务局组织北京市标准化研究院、北京物资学院、北京民航科学技术研究院等为专家组成员，对第七批社会管理和公共服务综合标准化试点项目——北京天竺综合保税区跨境贸易便利化标准化试点进行考核。临空经济区管委会副主任、顺义区副区长宋鹏，市市场监管局标准化处处长陈凌，区市场监管局局长李刚参加此次考核。

考核组对照项目任务目标，按照社会管理和公共服务综合标准化试点项目目标考核评价要求，通过现场查看、听取汇报、查阅资料以及专家质询等形式，全面系统评估标准化试点建设情况，专家一致认为项目承担单位完成计划任务，工作符合《社会管理和公共服务综合标准化试点实施细则》的要求，顺利通过考核评估。

（王　娜　邵迎东）

**【组织开展“质量月”系列宣传，标准化进社区、进园区】** 2023年9月12日，区市场监管局走进马坡镇香悦四季社区，联合社区工作者对百姓开展质量强国、保健食品、燃气灶具、电动车、计量、标准化等相关知识宣讲普及活动。活动通过播放视频、讲解图片、发放宣传品现场答疑的方式，进行贴近实际生活、图文并茂、深入浅出的讲解，加大宣传力度，丰富宣教内容，开展与日常生活息息相关的安全知识宣传，将宣传普及工作作为常态化工作落到实处，努力增强广大居民的安全意识。

2023年9月26—27日，区市场监管局走进茂华产业园、中德产业园，为园区企业组织2场质量政策服务宣讲，助力企业高质量发展。区市场监管局整合涉及企业政策服务内容，结合企业具体需求，打造市场领域“政策服务包”，开展政策服务，包含标准化资金补助、商标注册申请、专利预审快速通道、质量管理体系认证、质量强国建设纲要、政府质量奖项申报、企业首席质量官制度等方面的内容，为企业送上区市场监管局制作的《助企惠企促进市场主体发展壮大政策汇编》读本，并发放宣传品，倡导企业诚信经营，重视质量管理，不断提高质量竞争力，全力推进高质量发展。

（王　娜　邵迎东）

**【标准工作评查】** 2023年9月20日，市市场监管局组织开展2022年团体标准、企业标准自我声明公开监督检查结果评查工作，市市场监管局标准化处、北京市标准化院、北京市标准化协会、国家标准技术审评中心、中国家电研究院家电及轻工标准技术产业研究所的领导作为评审专家，东城、朝阳、通州、平谷、怀柔、密云、顺义7个区市场监管局的业务骨干，区市场监管局副局长徐卫东参加会议。

（王　娜　邵迎东）

【党建引领助企惠企，凝心聚力发展经济】 结合“10·18光彩服务日”活动安排，2023年10月18日，区市场监管局走进国门1号家居建材市场，落实主题教育“学思想、强党性、重实践、建新功”的总要求，为市场商户奉上市场监管业务政策以及金融服务宣讲，助力企业高质量发展。宣讲包含标准化知识、商标注册申请、消保维权和金融贷款等方面内容。

（王　娜　邵迎东）

【“世界标准日”活动宣传】 围绕“世界标准日”主题“标准塑造美好生活”，区市场监管局举办标准化知识培训活动，参加培训的有20余家物流、仓储企业以及流通领域的大型企业。活动围绕标准化基础知识、我国物流企业标准化现状与问题以及如何运用标准化提升企业标准规范化水平，如何更好地掌握运用标准化提高企业竞争力、实现物流运转的效率和促进信息交流及物流作业效果的能力，促进企业全面提升产品质量和服务质量，深入实施标准化战略，推进质量强区建设。

（王　娜　邵迎东）

【国家级农业标准化试点示范项目督导】 2023年10月27日，市市场监管局组织专家对第十一批国家肉鸽良种繁育标准化示范区项目建设进行实地督导，区市场监管局副局长徐卫东参加督导。专家组听取试点单位创建工作推进情况汇报，提问并审查相关材料，对项目建设给予充分肯定，并强调要加强数据积累、标识管理及相关佐证材料收集，持续梳理相关标准，完善标准体系框架，加快繁育核心标准编制，并加强标准化技术知识培训与企业标准化人才队伍建设。

（王　娜　邵迎东）

【建立青年标准化人才培育交流】2023年，区市场监管局与牛栏山一中建立的青年标准化人才培育交流计划取得显著成效。其旨在全面落实《首都标准化发展纲要2035》工作要求，组织学生进行标准化实践项目，加强青少年标准化人才培育，以标准创新推动高质量发展。一是与北京优帝鸽业有限公司、北京顺鑫农业股份有限公司（花卉基地）等区内标准化试点企业合作，向初、高中生提供实践机会，帮助他们了解和掌握标准化知识和技能。二是邀请专家学者和企业领导进行专题讲座，介绍标准化发展的最新动态和趋势，拓宽学生的视野，提高青年标准化人才素质。三是提供网络资源，如视频教程、在线讲座等，培育更多标准化复合型储备人才。截至年底，组织"标准化进校园"等活动2场。牛栏山一中12名同学在"2023年全国青少年标准化奥林匹克竞赛"中分别荣获优秀创意奖、全国三等奖，牛栏山一中被评为"全国青少年标准化科普教育示范学校"。

（王　娜　邵迎东）

【"三举措"推动标准化试点建设，助力乡村振兴】区市场监管局高度重视农业标准化试点示范项目建设工作，一是围绕区域特色优势产业进行深度挖掘，指导龙头企业树立标准化理念，总结标准化经验，提升农产品质量和品牌价值，带动农业产业规模化发展，促进农民增收推进乡村振兴。二是大力培育标准化试点示范项目，同时加强区级部门联动，与顺义区农业农村局对项目建设各项目标任务开展指导和服务。三是创新方法，抓紧抓实项目建设。统筹好三年建设期间的建设目标和工作，建立项目建设工作指导机制，填补企业标准空白，实现关键核心技术有标可依、有标可用。2023年11月14日，按照国家标准委要求，市市场监管局组织专家对"国家肉鸽良种繁育标准化试点示范项目"进行考核，该项目以优秀成绩通过。

（王　娜　邵迎东）

【标准检查】2023年，区市场监管局开展企业标准制定及实施情况检查，并委托第三方机构开展企业自我声明公开标准"双随机"检查，共抽查标准60项，其中团体标准1项，对存在问题的企业进行责令改正。同时，鼓励企业参与国家标准、行业标准的制修订工作。

（王　娜　邵迎东）

【强化商品条码检查】2023年，区市场监管局面向全区商场超市开展商品条码检查，突出日用百货、食品消毒用品等种类，重点检查使用未经核准注册及备案的商品条码、是否使用过期及注销、伪造或冒用商品条码的行为，截至2023年底，共检查258个商品条码。

（王　娜　邵迎东）

【标准制修订补助资金及区内资金投入】2023年1月，区市场监管局开展首都标准化战略补助资金项目申请受理工作，全区共受理10家企业的19项标准、1家的国家标准试点。通过审核，1 家的国家级标准试点、8 家企业的 16 个项目通过初审，其中国家标准试点 1 家，国家标准 10 项、行业标准 3 项、团体标准 2 项。经过评审，最终有 2 家企业获得补助资金 38 万元。同时充分发挥标准化在推动高质量发展和保障农产品质量安全中的支撑作用，顺义区内标准化工作经费投入 473.305 万元。

（王　娜　邵迎东）

**【获批市级文化和旅游标准化试点】** 2023 年 11 月，北京市确定 5 项市级文化和旅游标准化试点项目，北京顺鑫农业股份有限公司承担的北京顺鑫农业牛栏山酒厂工业旅游服务文化和旅游标准化试点成功入选。下一步，区市场监管局将与区文化和旅游局共同加强对试点项目的指导，结合试点单位的特点，协调专家和市市场监管局对试点单位的标准化建设做现场指导和专业培训，做好顺义区试点项目建设的督促检查，为稳步推进试点建设和验收做好宣传推广。

（王　娜　邵迎东）

**【联合市标准化研究院开展企业一对一精准服务】** 2023 年 12 月，区市场监管局联合北京市标准化研究院到北京康仁堂药业有限公司开展“标准引领、一企一策”精准服务。区市场监管局副局长徐卫东、北京市标准化研究院副院长张克、北京市标准化研究院服务业标准化研究中心主任王瑛、区市场监管局相关科所参加此次活动。区市场监管局以企业实际需求为出发点，引导、帮助、服务和支持重点企业增强标准意识，激发企业活力，北京市标准化研究院通过对标国内外先进标准，提高将企业创新成果转化为技术标准的积极性，推动企业掌握规则话语权，将高标准转化为市场竞争力；通过标杆企业引领，不断提升企业标准化能力水平，对标准体系建立完善及案例分析等 5 个方面进行交流和指导，拓宽企业思路，增强“标准 + 质量 + 品牌”的整体意识，促进企业提质增效。

（王　娜　邵迎东）

**【企业标准自我声明公开】** 2023 年，区市场监管局贯彻落实《中华人民共和国标准化法》，强化企业标准化主体责任，督促辖区企业做好产品标准自我声明公开工作。执法人员深入企业，鼓励其通过企业标准信息公共服务平台公开执行标准。全年共有 146 家企业上传 664 项标准，涵盖 2506 种产品。

（王　娜　邵迎东）

**【开展法律法规宣传】** 2023 年，区市场监管局在局中层以上领导范围内，利用理论学习中心组学习时间，解读《〈首都标准化发展纲要 2035〉行动计划》《北京市标准化办法》《企业标准化促进办法》，提高思想认识，熟悉法律法规，为今后工作提供法律依据，同时面向区内企业开展宣传活动，全面提升企业的标准创制能力，帮助企业标准化工作更好开展，促进其对标准与技术创新的追求，高标准支撑其高质量发展，努力形成“标准领跑、产品领跑、企业领跑、品牌领跑”的高质量发展格局。

（王 娜 邵迎东）

**【召开质量工作专题会】** 2023年12月13日，区市场监管局作为牵头部门，协调召开区质量发展工作领导小组会议，顺义区副区长李向英参加此次会议。会议明确质量工作责任，加强协调配合，把质量工作落到实处。

（王 娜 邵迎东）

**【助力养老机构星级评定】** 2023年12月19日，区市场监管局作为养老机构星评委员会委员参与区级星级评定工作，2023年下半年共评定5家养老机构，其中4家通过评定。

## 标准化工作综述

2023年是全面贯彻落实党的二十大精神的开局之年，是“十四五”规划承上启下的关键之年。在契合大兴区经济社会发展现状的前提下，大兴区市场监督管理局在区政府、市市场监管局的工作指导下，完成大兴区标准化工作的监督管理、保障基础、引领发展、服务促进等作用，高标准推进和提升大兴区经济社会发展的能力和水平。

**一、保持优势，对标达标工作持续领先**

2023年，大兴区对标达标企业数24家，对标产品24项，对标成功企业数位居全市第一。同年，全国对标达标信息服务平台升级技术，不再受理只对应一个技术指标的申请项目。针对此情况，区市场监管局做好以下应对措施。

（一）充分挖掘技术力量

多项技术指标对应国际标准，对企业提出了更高的要求，大兴区充分挖掘龙头企业，高精尖企业力量。这些企业技术能力强，标准规范，技术指标高，发动他们对标达标，有的放矢，成功率高。

（二）做好“中间人”，上传下达保通畅

平台升级不仅升级对标数量，也加大审核力度，因此对标申请通过时限延长，被驳回修改次数多。区市场监管局积极和平台、企业对接，及时了解平台驳回原因，指导企业有针对性地修改申请项目，避免企业多走弯路，对标达标通过率得到有效提升。

**二、遇挑战，商品条码工作迎难而上**

自2022年底以来，商品条码类投诉举报案件激增，这些投诉举报产品类别主要涉及食品和日用小商品两类，投诉举报对象主要为区内销售商，尤其是连锁类超市和小门店，主要问题集中在销售的商品印有未经核准注册，已注销的厂商识别代码及其相应的商品条码，未规范使用店内码及使用店内码或其他条码遮挡原有商品条码等方面。

辖区各市场监管所办案人员纷纷就适用法条、处罚依据等问题咨询标准化工作科室。针对投诉举报案件在短期内大量出现，问题类型相对集中的情况，区市场监管局标准化工作科室经分析讨论后决定以业务指导意见书的形式回复各市场监管所。这种形式的优点如下。

1. 统一标准

不同时间地点和不同人之间可能会因为表达方式不同而造成理解上的歧义，但以指导意见书的形式发出时，以文字清楚表明行或不行，标准统一。

2. 方便查阅

因为科室人员也会有检查、培训、会议等不能及时回复咨询的情况，通过在OA系统公开发布业务指导书，可方便执法人员在有需要时及时查阅。

2023年，区市场监管局共发出商品条码类4个业务指导意见，对执法案件（立案41起，其中处罚16起，罚款金额2.03万元）起到了很好的业务支撑、业务保障作用。

## 三、持续推进试点示范工作

2023年，市场监管局持续推进试点示范工作。

首先，通过走访座谈了解北京诚益通控制工程科技股份有限公司在智能制造标准应用试点项目的进展情况，听取企业在试点建设中遇到的困难和问题，并就标准化工作提出意见建议。

其次，作为区域标准化行政主管部门，区市场监管局参加国家华北地区园林绿化苗木种质资源保护与繁育标准化示范区北京安海之弋园林古建工程有限公司的项目启动会，后续关注并跟进项目建设进程。

最后，区市场监管局参与国家西甜瓜高效集约工厂化育苗标准化示范区北京四季阳坤农业科技发展有限公司的项目建设工作，多次联络企业并协调市标准化研究院专家指导。

## 四、“双随机、一公开”执法情况

2023年，区市场监管局组织商品条码专项检查，从大兴区服装行业1278个主体中以“双随机”形式抽取175家进行商品条码检查，其中主体已不存在、未开展经营、已迁出等无法检查的有43家，其他132家经检查未发现问题。

2023年，区市场监管局委托市标准化研究院开展团体标准、企业标准监督抽查工作，从2022年大兴区在全国团体标准信息平台、企业标准信息公共服务平台上公开的全部标准中随机抽取40项团体标准、企业标准文本进行合法性和规范性检查，并出具检查报告。区市场监管局工作人员在审查结果中随机抽取26项标准作为2023年“双随机、一公开”执法任务，按法定程序复查、确认、处理并将最终结果公示。

## 五、标准化工作服务与促进

### （一）统筹协调区域内标准化工作

2023年，区市场监管局推动新成立的“北京市大兴区贯彻质量强国战略工作领导小组”，将标准化工作纳入工作范畴。该领导小组31家成员单位，涵盖大兴区绝大多数行业主管部门，通过发布标准推送、标准化工作、会议、培训、征集项目、征求意见等通知公告，统筹协调各行业主管部门作为抓手，推动标准化工作协同开展。

### （二）促进团体标准培育更新

2023年，区市场监管局到访中关村天合宽禁带半导体技术创新联盟、北京照明技术协会、大兴国际氢能示范区等团体组织，宣贯《首都标准化发展纲要2035》《企业标准化促进办法》等新出台政策文件，了解该组织团体建设及团标工作情况。

（三）开展首都标准化战略补助资金项目申报工作

对15家企业的20个标准申报首都标准化战略补助资金项目开展初审工作。经过最终专家评审，有1家企业获得补助资金10万元。

（四）推进企业标准“领跑者”工作

大兴区2家企业取得企业标准“领跑者”资格，分别为：北人智能装备科技有限公司的Q/BRZN J50—2022《卷筒纸平版印刷机质量内控要求》在复印和胶印设备领域取得企业标准“领跑者”资格；北京五环顺通供应链管理有限公司的Q/WHST 001—2023《食品冷链综合物流服务》在物流服务领域取得企业标准“领跑者”资格。

（五）整合资源，做好标准化宣贯工作

（1）开展以“标准塑造美好生活、美好世界的共同愿景”为主题的“世界标准日”专题活动，营造良好宣传氛围。

（2）多次与大兴区经济和信息化局、大兴区委社会工委区民政局、大兴区农业农村局、大兴区工商业联合会等单位联络，主动发掘适用主体信息，进行标准化政策和信息宣贯。

（3）充分利用微信公众号、门户网站等平台，通过答疑解惑、发布信息、推送政策，使区内各类主体及时了解标准化工作现状和进度。

## 标准化工作成果

**【团体标准、企业标准自我声明公开】** 2023年，在企业标准信息公共服务平台上查询到大兴区企业的自我声明公开执行标准850项，现行有效执行国家标准12项，执行企业标准672项。

（杨亚平　陈莉莉）

**【“百城千业万企对标达标”提升专项行动】** 2023年，区市场监管局挖掘技术龙头单位，找准“中间人”身份，保持优势做好对标达标工作，全年对标达标企业24家，产品24项，对标成功企业数位居全市第一。

（杨亚平　陈莉莉）

**【首都标准化战略补助资金项目】** 对15家企业的20个标准申报首都标准化战略补助资金项目开展初审工作。经过市市场监管局专家团评审，有1家企业获得资金补助10万元。

（陈莉莉　侯　伟）

**【商品条码“双随机”检查】** 2023年，区市场监管局组织对服装行业进行商品条码专项检查，抽取生产、批发、销售类175家单位，其中无法检查的有43家，其他132家经检查未发现违法问题。

（侯　伟　杨亚平）

**【团体标准、企业标准“双随机、一公开”执法检查】** 区市场监管局在由北京市标准化研究院提供的40份标准文本检查报告中随机抽取26份作为2023年“双随机、一公开”执法任务，按法定程序复查、确认、处理并将最终结果公示，其中2份不合格责令改正，其余24份合格。

（杨亚平　陈莉莉）

**【国家农业标准化示范区项目启动会】** 2023年2月20日，国家华北地区园林绿化苗木种质资源保护与繁育标准化示范区项目启动会在承担单位北京安海之弋园林古建工程有限公司召开。

（侯　伟　陈莉莉）

**【团体标准培育座谈会】** 2023年7月17日，区市场监管局工作人员到北京市照明电器协会进行座谈，了解协会的工作机制、工作内容及工作现况，宣传团体标准相关政策，鼓励协会在团体标准建设方面更进一步。

（杨亚平　闫大为）

**【组织举办 2023 年“世界标准日”主题活动】** 2023 年第 54 届“世界标准日”，区市场监管局以“标准塑造美好生活、美好世界的共同愿景”为主题，张贴宣传海报并设置宣传点，发放各类宣传材料 200 余份，并利用电子屏、微信公众号、微博等新媒体进行宣传。

（侯　伟　闫大为　陈莉莉）

## 标准化工作综述

2023 年以来，在昌平区委、区政府的坚强领导和市市场监管局的精心指导下，昌平区市场监督管理局贯彻落实《首都标准化发展纲要 2035》，不断提升区域标准化水平，推动昌平区高质量发展，较好地完成全年工作任务。

### 一、落实保障措施，推进首都标准化战略落实

组织上，发挥实施首都标准化战略纲要领导小组作用，向各行业部门转发农业农村领域、服务业标准化、社会管理和公共服务等领域试点示范征集、国家标准验证点申报、推进企业标准“领跑者”工作、新发布国行标信息等标准化相关通知和信息，提升行业主管部门对本行业、本领域的标准化主体责任意识，各部门协同推动昌平区标准化工作。印发《昌平区贯彻落实〈首都标准化发展纲要 2035〉实施方案》，谋划区域标准化工作。印发《北京市昌平区 2023 年度安全生产标准化建设工作实施方案》《北京市昌平区养老助餐服务实施细则》《昌平区关于果树、花卉标准化生产奖励分项实施细则》等标准化规范性文件，对标准化相关工作进行部署。经费上，各行业部门贯标及推进试点建设投入标准化经费 1205.245 万元。

### 二、发挥协调机制作用，合力推动区域标准化工作

发挥昌平区实施标准化战略工作领导小组的统筹协调作用，各单位推进标准化工作。区市场监管局协同行业部门做好标准化试点培育工作，有序推进标准化试点建设，探路者国家级消费品标准化试点建设，计划于 2023 年底验收；泰康之家获批建设国家级服务业标准化试点。组织辖区部分农业企业到农业标准化示范区天安农业交流学习，推广国家蔬菜产业链质量控制标准化示范区建设经验和成效。昌平区农业农村局大力推进农业标准化建设，农产品标准化率达到 88%，新评定市级标准化基地 4 家，目前昌平区农业部门建成标准化基地 76 家，获市优级称号的 32 家。昌平区应急管理局持续在重点行业领域开展安全生产标准化达标创建工作，完成 828 家小微标准化、95 家三级标准化达标工作，按照《北京市企业安全生产标准化管理办法》及安全生

产年度考核细则要求，对161家三级标准化达标企业进行核查。昌平区民政局推进养老机构、养老驿站服务质量星级评定工作，评定5家星级养老机构、31家星级养老驿站，将社会组织开展本行业、本领域标准制定以及被采用情况纳入社会团体等级评估，推动社会团体标准化工作。未来科学城管委会开展商务区可持续发展管理体系国际和国家标准符合性评价工作，对相关管理体系进行全面评价。昌平区地震局推进地震安全韧性学校建设，申报创建韧性学校试点市级4个，国家级3个。昌平区教委、交通局、水务局、人力资源社会保障局、园林绿化局、政务服务局、文化和旅游局、统计局等部门加强行业制度建设，提升行业管理能效和服务水平。

**三、强化创新驱动，服务引导我区标准创新工作**

一是加强实施首都标准化战略补助资金等标准补助政策宣传组织，发挥政策导向作用。通过昌平区政府网站、区市场监管局微信公众号、园区管委会等渠道加强政策宣传，组织企业参加线上培训会，3家企业的3个项目获市级补助资金92万元，23家企业的28个项目获区级资金支持840.00万元。高新技术、现代制造业、资源节约与生态环境等领域项目获补助，能够助力昌平区企业技术创新、引领企业高质量发展。二是做好企业标准自我声明公开服务工作。定期检查企业标准信息公共服务平台上公布的标准情况，截至2023年11月24日，797家企业公开有效执行标准4982项，其中国家标准101项、行业标准123项、企业标准4754项、团体标准4项；8家团体公开标准62项。三是积极推动“百城千业万企对标达标”提升专项行动和企业标准“领跑者”活动，在昌平区标准化基础好，产品符合昌平区产业特色的企业中，聚焦新能源、特色农产品、检验检测等重点行业，通过企业现场调研、组建交流群等形式动员企业积极参与对标达标提升专项行动，及时做好技术指导服务。引导企业对标先进标准，发挥企业标准化创新主体作用，对标达标和企业标准“领跑者”活动有序推进，新增15家企业发布32项对标结果，累计对标结果251项，居全市第一。

**四、加强监督履责，服务规范市场秩序**

根据市市场监管局开展2023年度团体标准、企业标准自我声明公开监督检查工作有关要求，组织对企业标准、团体标准开展专项双随机监督抽查。按照比例抽查企业标准信息公共服务平台、全国团体标准信息平台上公开的标准文本120项，其中企业标准118项、团体标准2项。对10家存在标准文本编号不符合规则等违法行为的企业要求责令改正，企业均已整改完毕；对标准文本格式不规范等文本瑕疵问题督促企业进行修改。通过标准抽查，进一步掌握昌平区团体标准、企业标准公开标准现状，提升昌平区企业标准文本的规范性，促进企业产品质量提升。开展商品条码专项监督检查，对辖区50家百货商店、超市、药店销售的日用消费品、食品饮料、化妆品、儿童玩具等1000余件在售商品的条码标注情况进行抽查，加强科所联动，办理商品条码案件16起，罚款3.93万元。

**五、加强宣传培训，营造标准化工作氛围**

区市场监管局联合昌平区经信局、科委、园区管委会等部门组织试点单位、相关企业参加市市场监管局法规政策宣讲会直播活动，强化企业标准化创新主体的作用。昌平区卫生健康委、市场监管局、农业农村局加强食品安全标准培训，结合食品安全国家标准跟踪评价及意见反馈，将跟踪评价工作与食品安全标准宣贯培训和解读等工作有机融合，提升食品安全标准指导解答服务水平；结合制止餐饮浪费专项行动等工作，组织开展制止餐饮浪费、限制商品过度包装等相关标准宣贯。昌平区住建委、应急管理局、水务局、园林绿化局、人力资源社会保障局、国动办等部门利用线上线下等多种渠道开展危险化学品相关标准宣贯、园林技术培训、就业服务活动、人防宣传教育等，以标准化助力建筑质量、服务质量提升。结合“世界标准日”宣传活动，昌平区科委、市场监管局等部门开展企业标准自我声明公开工作、对标达标等标准化政策宣贯，鼓励企业参与标准化活动，进一步落实企业标准化主体责任；昌平区环保局、气象局、地震局等部门使用微博、微信公众号、短信、电子大屏幕等手段，结合昌平特色，开展行业标准、地方标准的宣传，普及防灾减灾知识、标准化知识等，营造舆论氛围。

## 标准化工作成果

**【泰康之家获批建设标准化试点】** 2023年1月5日，国家标准委发布《国家标准化管理委员会关于下达2022年度国家级服务业标准化试点项目的通知》，泰康之家（北京）投资有限公司承担的“泰康之家（北京）投资有限公司养老服务标准化试点”成功入选2022年度国家级服务业标准化试点项目，为北京市本次入选的3家单位之一。试点建设期为2年。

（唐金洪　朱俊艳）

**【羊肉质量团体标准发布】** 2023年2月20日，昌平区企业阳坊胜利发布国内首个羊肉质量团体标准《草原天然牧养羊肉　阳坊胜利非遗技艺羊肉》，为规范涮羊肉市场质量、保障消费者权益提供科学指引。该标准涵盖全链条的质量把控，从品种筛选到烹饪技艺都进行规范，确保食材的高品质，同时明确口感、营养和安全底线。

（唐金洪　朱俊艳）

**【开展制止餐饮浪费标准宣贯】** 2023年4月，区市场监管局加强科所联动，组织辖区内2400余家餐饮服务单位及外卖平台人员参加国家标准培训，督促企业按照标准要求提升服务水平，加强多渠道宣传，在微信公众号转发《“厉行节约，反对浪费”国家标准系列宣传》等宣传图文。结合餐饮单位食品安全检查，进一步加强餐饮标准要求宣贯。加强企业标准自我声明公开制度宣传，鼓励餐饮服务单位及外卖平台创新工作举措，制定和实施反食品浪费相关企业标准，提升餐饮企业标准化规范化水平。

（唐金洪　朱俊艳）

**【推进标准化试点建设】** 2023年5月6日，市市场监管局标准化处、北京市标准化研究院相关同志、专家组成督导组，到探路者督导标准化试点建设工作。督导组通过现场参观、座谈等形式了解试点标准体系运行、标准制修订、品牌建设等相关情况，根据项目任务书考核指标对试点建设情况进行评估，针对完成试点任务内容框架、试点建设成效亮点挖掘等方面提出意见建议。探路者于2021年12月获批立项第二批国家级消费品标准化试点，在项目建设期间，标准化科跟进试点建设，服务指导企业参与对标达标、企业标准“领跑者”等标准化活动，推进企业标准化建设。

（唐金洪　朱俊艳）

**【商品条码知识培训】** 2023年6月16日，区市场监管局组织开展商品条码知识培训，相关科室、各市场监管所27名业务骨干参加培训。会上，区市场监管局标准化科结合《商品条码使用情况监督检查工作指南》等市场监管所工作标准和投诉举报案例，介绍商品条码监督检查等内容。

（唐金洪　朱俊艳）

**【食品安全标准培训】** 2023年9月14日，区市场监管局联合昌平区卫生健康委、农业农村局组织相关企业、监管人员等开展食品安全标准培训，对《食品安全国家标准　食品中污染物限量》等7项食品安全国家标准进行宣贯培训，加强标准内容的理解掌握，推动食品安全标准执行。依托国家食品安全风险评估中心食品安全国家标准跟踪评价及意见反馈平台，将跟踪评价工作与食品安全标准宣贯培训和解读等工作有机融合，提升食品安全标准指导解答服务水平。

（唐金洪　朱俊艳）

**【标准检查结果年度评查小组会】** 2023年9月19日，由市市场监管局标准化处组织开展的团体标准、企业标准自我声明公开监督检查结果年度评查第一组互评会在区市场监管局召开。互评组由西城、石景山、门头沟、昌平、延庆5个区市场监管局组成，各标准化科评查人员对抽取的37项标准评查材料从监督检查结果的合法性、工作程序规范性等方面进行互评，形成评查报告，市市场监管局标准化处、北京市标准化院的相关专家对评查结果进行综合评议确认。区市场监管局被抽取的16项标准评查全部合格。

（唐金洪　朱俊艳）

**【举办农业标准化经验交流活动】** 2023年10月13日，区市场监管局联合昌平区农业农村局组织辖区5家有一定标准化基础和规模、管理较为规范的农业企业到天安农业交流学习，参观蔬菜生产车间，介绍国家蔬菜产业链质量控制标准化示范区建设经验和成效。区市场监管局副局长王立兵参加座谈，指出希望通过经验交流，推广标准化成果，辐射带动其他农业企业建立健全标准体系，不断增强标准化意识、提高农业科技成果转化和应用推广能力，提升农产品质量和安全，从而取得良好的效果和效益。

（唐金洪　朱俊艳）

**【举办2023年“世界标准日”主题活动】** 2023年10月，区市场监管局开展进企业、进商超宣传活动，提高公众参与度，进一步落实企业标准化主体责任，张贴海报20份，发放《企业标准化促进办法》《首都标准化发展纲要2035》等宣传品300份。利用微信公众号等新媒体宣传“世界标准日”海报，普及标准化知识。联合区经信局、区科委、园区管委会等部门广泛组织农业、工业、服务业等企业，特别是中小企业参加市市场监管局企业标准化有关法规政策宣讲会直播，强化企业标准化创新主体的作用。

（唐金洪　朱俊艳）

【印发标准化实施方案】 2023年12月5日，昌平区实施标准化战略工作领导小组印发《昌平区贯彻落实〈首都标准化发展纲要2035〉实施方案》。该方案经昌平区政府专题会研究通过，旨在深入贯彻落实《国家标准化发展纲要》《首都标准化发展纲要2035》等文件精神，更好落实昌平城市战略定位，以标准化引领昌平高质量发展。

（唐金洪　朱俊艳）

【加强重点园区服务】 2023年，区市场监管局加强与未来科学城沟通联系，发挥能源谷资源集聚优势，推动创新主体承担标准化科学研究、试点、平台建设等工作。加强标准补助、对标达标、企业标准“领跑者”等政策宣贯，聚焦汽车配件、高端装备、新材料等重点行业，鼓励企业提升标准质量，引领企业高质量发展。助力未来科学城参与国际标准化工作，上报未来科学城开展商务区可持续发展国际标准典型案例，加强标准宣贯推广。

（唐金洪　朱俊艳）

【推进“百城千业万企对标达标提升专项行动”】 2023年，区市场监管局组织推动“百城千业万企对标达标提升专项行动”。在标准化基础好、产品符合昌平区产业特色的企业中，聚焦新能源、特色农产品、检验检测等重点行业，动员企业参与百城千业万企对标达标提升专项行动。2023年，昌平区新增15家企业发布32项对标结果。

（唐金洪　朱俊艳）

【商品条码监督检查】 2023年，区市场监管局开展商品条码监督检查，重点检查辖区内百货商店、超市等销售企业，对流通领域日用百货、食品饮料、化妆品、儿童玩具等在售商品条码的标注情况、使用情况进行监督检查，检查市场主体50余家，600余种产品的商品条码。加强科所联动，办理商品条码案件16起，罚款3.93万元。

（唐金洪　朱俊艳）

【昌平企业获标准制修订补助】 2023年，区市场监管局组织辖区内高新技术、现代制造业、资源节约与生态环境等领域14家企业30个项目申报2023年首都标准化战略补助资金，并组织获得补助资金的单位做好经费使用协议签署上报工作。通过审核，3家企业的3个项目获92万元补助资金，均为国际标准。另有23家企业的28个项目获区级标准化政策支持资金840万元。

（唐金洪　朱俊艳）

**【企业标准、团体标准监督抽查】** 2023年，区市场监管局组织通过“双随机、一公开”抽查国家统一平台上公开的120项企业标准和2项团体标准文本，对10家存在标准文本编号不符合规则等违法行为的企业进行责令改正，对标准文本格式不规范等文本瑕疵问题督促企业进行整改。

（唐金洪　朱俊艳）

## 标准化工作综述

2023年，平谷区市场监督管理局在平谷区委、区政府和市市场监管局的正确领导下，坚持以党建工作为引领，以队伍建设为抓手，以标准化示范引领为龙头，不断优化营商环境，助力辖区企业高质量发展，经济平稳运行。区市场监管局党组带领全局干部职工进一步统一思想、凝聚共识，扎实开展各项工作，较好地完成标准化工作任务，达到预期工作目标。为深入推进《首都标准化发展纲要2035》及《北京市标准化办法》实施，更好地研究谋划2024年平谷区标准化工作，现将2023年平谷区标准化工作总结汇报如下。

**一、2023年工作开展情况**

（一）重点工作开展情况

（1）加强政治理论学习，提高理论功底和判断形势能力基础，面对当前形势，坚持以习近平新时代中国特色社会主义思想武装党员干部头脑，从理论学习出发、以理论指导实践，筑牢理想信念，自觉克服当前面临的新形势和新任务中的困难，提高运用科学理论和丰富知识解决实际问题的能力，做到学以致用，以更好的业绩完成标准化工作任务。

（2）规范企业的经营行为，建立并维护诚实信用的市场秩序。区市场监管局标准化科制定“双随机、一公开”工作计划，开展涉及企业标准、商品条码、消费品召回和家用汽车三包的抽查工作。依照法律规定、检查程序、检查重点、检查记录等环节开展工作，共计抽查30家企业的55项企业标准文本、45家企业的商品条码、30家单位的家用汽车三包和9家单位的消费品召回。经检查基本符合要求，为各属地市场监管所解决汽车产品投诉咨询18件，完成区市场监管局法制部门下达的行政处罚案件任务12件。

（3）确保空气质量持续改善，以涉及市场监管领域大气污染防治工作为重点，区市场监管局有序开展大气污染治理工作。

（4）标准化和质量管理工作

①标准化推动落实2023年市政府工作报告重点任务。

一是在国家蛋种鸡物联网养殖标准化示范区项目建设中，通过开展蛋种鸡饲养环境、生产业务调研，收集国家、行业和地方相关标准，梳理关键技术、试验和分析，完善蛋种鸡物联网养殖标准框架建设内容和标准框架制定工作，并组织标准制定、撰写培训。现已完成标准化示范区40%的工作进度，达到本年度既定工作任务目标。二是在国家数字桃园标准化示范区项目建设中：首先是安装应用数字信息化设备，用新一代的水肥一体化系统和4台果园农情监测站即时采集监测信息；其次是应用无人驾驶靶向喷药机，显著节省用药量并提高作业效率。三是在农村综合改革标准化试点（农村户用光伏）项目建设中，进一步梳理形成北京市户用光伏建设标准明细表，标准数量达到 64 项。同时建成户用光伏在线监测系统，在平谷区刘家店镇万庄子村委会设立零碳村镇能源指挥中心，整合资源，以光伏在线监测平台为核心构建“智慧能源网、融合社群网、联通政务网”的三网融合平台，现已完成 200 多户户用光伏安装。

②推进“百城千业万企标准对标达标”工作。首先是推动企业标准“领跑者”制度实施，引导企业参与企业标准“领跑者”活动，提高企业综合能力，维护资金申报平台数据，受理、审核 4 家申报战略补助资金企业。其次是推送 2023 年“世界标准日”系列报道及《国家标准化发展纲要》，向老百姓普及标准化知识。

③加强质量基础设施建设，做好“一站式服务”的相关工作。制定“一站式服务”工作计划，与平谷区农业科技创新园区进行接洽，了解园区对计量、标准、认证认可、知识产权、特种设备、检验检测、注册登记等方面的服务需求，做好平谷区“六保、六稳”相关工作；协调相关部门和科室着力推动激发消费潜力，消除贸易壁垒，做好出口转内销同线、同标、同质相关工作。

④开展团体标准（企业标准）自我声明公开监督检查结果评查。按照市市场监管局统一安排部署，参与对 2022 年度团体标准、企业标准自我声明公开监督检查结果的评查工作。在 2023 年抽查评查的企业标准中共涉及平谷区 5 家企业，从整体评查结果来看，企业标准存在不同程度的瑕疵，这反映企业标准制定过程中标准化人才的匮乏问题。

（二）主要工作特色和亮点

（1）为深入贯彻落实《首都标准化发展纲要 2035》文件精神，区市场监管局牵头组织起草制定《平谷区贯彻落实〈首都标准化发展纲要 2035〉实施方案》及《平谷区贯彻落实〈首都标准化发展纲要 2035〉三年行动计划（2023—2025）》，协助区政府领导推动此项工作。经区政府领导批准，成立平谷区推进首都标准化发展纲要联席会议。2023 年 7 月，平谷区召开推进首都标准化发展纲要联席会首次会议，并按照部门职责分工部署各项工作任务。

（2）在市市场监管局标准化处各位领导和标准化研究院相关专家的高度重视和大力支持下，对平谷区获批的 3 个国家级标准化试点示范项目建设（即第十一期国家农业标准化示范区、第五批全国农村综合改革标准化试点）开展指导帮扶、督导检查工作。

（3）在污染防治攻坚战工作中，区市场监管局作为污染防治工作牵头部门，按照市、区两级部门对污染防治工作统一部署安排，协调好相关部门，认真完成相关工作，效果显著。

## 二、2024 年标准化工作计划

（一）工作思路

（1）发挥标准化推动作用，助力企业高质量发展。加强质量基础设施建设，做好一站式服务的相关工作，以农业标准化示范区和农村综合改革标准化试点为抓手，以农业科技创新园区为基地，发挥标准在助力高技术创新、促进高水平开放、引领高质量发展等方面的作用；鼓励企业参与国际、国家、行业、地方、团体标准制修订工作，逐步提升平谷区企业在行业中的话语权；继续着力推进“百城千业万企标准对标达标”工作。推动企业标准“领跑者”制度实施，引导企业参与企业标准“领跑者”活动，提高企业综合能力。

（2）持续打好污染防治攻坚战。以颗粒物、挥发性有机物为重点，开展生活服务行业污染治理，推广低 VOCs 产品替代，逐步实现生活及服务绿色化。巩固无煤化治理成果，推广清洁能源利用，加强污染天气应急管理，持续开展秋冬季大气污染综合治理攻坚行动。

（二）重点工作安排与工作举措

2024年，区市场监管局将紧紧围绕市、区两级工作计划任务安排开展相关工作，推动如下几方面工作。

（1）推动标准化试点示范项目建设

一是由刘家店镇人民政府、北京能源学会两家单位共同承担建设申报的全国农村户用光伏建设标准化试点项目。

二是由北京沃德辰龙生物科技股份有限公司承担建设申报的蛋种鸡物联网智能养殖标准化示范区项目。

三是由北京金果丰果品产销专业合作社承担建设申报的国家数字桃园标准化示范区项目。

（2）开展标准文本的监督检查工作

按照市市场监管局工作部署，聘请第三方专业机构对企业标准、团体标准文本开展监督抽查工作，推动平谷区企业标准规范化、科学化，助力平谷区企业高质量发展。

（3）贯彻落实《首都标准化发展纲要2035》文件精神

按照区委、区政府的决策部署，推动实施平谷区农业中关村标准化工作。

（4）开展“双随机、一公开”监督检查工作

对家用汽车产品三包、企业标准、消费品召回（围绕消费品、装备制造业等重点行业及重点产品）和商品条码开展监督检查工作。

## 标准化工作成果

**【深入打好大气污染防治攻坚战】** 为确保空气质量持续改善，以涉及市场监管领域大气污染防治工作为重点，区市场监管局有序开展大气污染治理工作。截至年底，抽检工业防护涂料样品1个，油漆涂料（内外墙涂料）样品2个，防水涂料样品3个，密封胶样品4个。抽检的10个样品中（包括涂料、密封胶），5个因产品标识不合格已责令改正。

（邢海龙　康海燕）

**【开展商品条码专项检查】** 2023年，区市场监管局执法人员对辖区45家市场类企业百余种商品条码开展“双随机、一公开”执法检查。通过现场扫描，核对商品名称、生产厂家、商品条码有效期等相关信息。核查商品是否存在使用未经核准注册或冒用、伪造商品条码的行为，是否存在使用冒用、伪造、过期、注销商品条码，是否存在以店内条码覆盖商品条码等违法行为。

（邢海龙　康海燕）

**【企业自我声明公开标准检查】** 2023年，区市场监管局按照《北京市市场监督管理局关于进一步加强团体标准、企业标准自我声明公开和监督制度实施工作的通知》，加强团体标准、企业标准自我声明公开和监督制度实施工作，抽查30家企业的55项标准样本均符合要求。检查重点是：标准技术要求是否低于强制性国家标准，标准内容是否做到技术上先进、经济上合理，标准编号和名称是否符合规定，标准功能指标和性能指标是否公开。

（邢海龙　康海燕）

**【农业中关村标准化体系座谈会】** 2023年，区市场监管局邀请北京市标准化研究院、北京平谷国家农业科技园区管理委员会相关领导一起召开首次座谈会。2023年4月20日，北京市标准化研究院副院长、教授级高工张克带领该院相关专家受邀来区市场监管局参加探索建立农业中关村标准化体系座谈会。农业科技园区管委会领导从管委会机构组成设置、园区功能布局、产业布局等方面介绍相关情况，并介绍重点发展的“现代种业、生物技术、智慧农业、智能装备、营养健康、食品安全”六大农业“高精尖”产业现状。专家团队听取相关介绍后，在建立标准化体系方面建议：一是要明确平谷区农业中关村科技园区定位和职能。在六大农业“高精尖”产业体系建设过程中，是否可以考虑循序渐进的标准体系建立方式。二是要挖掘农业中关村标准体系不同于其他标准体系的区别和亮点。是否可以考虑以其科技性、品牌效应等方面建立发展体系亮点，带动全面发展。三是以建立团体标准体系的方式建立平谷农业中关村的标准体系较为适合当前现状。张克表示：北京市标准化研究院愿意为区市场监管局和平谷区农业中关村科技园区管委会提供坚强的技术支撑，助力平谷区标准化建设。会后，区市场监管局副局长许立新代表区市场监管局对北京市标准化研究院专家团队的大力支持表示衷心的感谢，同时强调将与属地政府及园区管委会进一步加强协调沟通，发挥标准化引领作用，共同为建设高大尚平谷添砖加瓦。

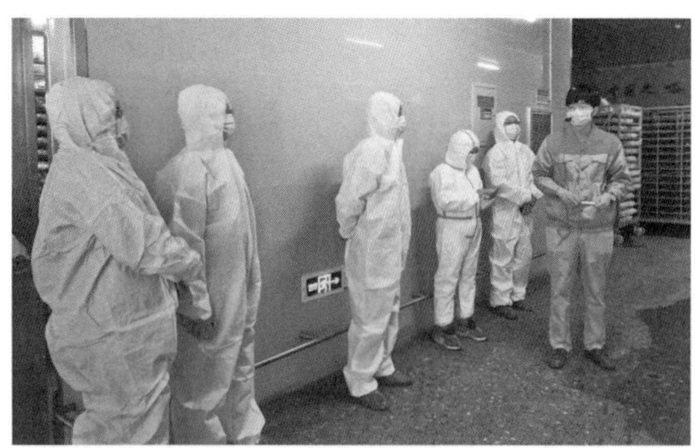

（邢海龙　康海燕）

**【国家蛋种鸡物联网养殖标准化示范项目督导工作会】** 2023年5月18日，国家级第十一批农业标准化示范项目调研督导工作会议在平谷区峪口镇国家蛋种鸡物联网养殖标准化示范区召开，市市场监管局标准化处处长陈凌，农业标准化专家组成员、区市场监管局副局长许立新，平谷区农业农村局、平谷区峪口镇人民政府副镇长杜昂及公司相关负责人参加调研督导会。会上听取国家蛋种鸡物联网养殖标准化示范区建设相关情况汇报；现场参观养殖基地，了解从种鸡生产、种蛋孵化到雏鸡运输等全过程。市市场监管局标准化处处长陈凌强调指出：农村标准化与科技创新要有效衔接，科研成果要落地建设，推动、促进标准化发展，使项目在社会效果、经济效益等方面达到最佳示范效果。专家提问并审查相关材料，形成督导报告，提出建议。下一步，区市场监管局、各相关部门和专家团队将全力提供政策、专业和技术等方面的指导与支持，保障农业标准化示范项目顺利通过国家专家组考核。

（邢海龙　康海燕）

【“质量月”宣传进市场】 2023年9月19日，区市场监管局标准化和质量发展科联合产品质量监管科、东寺渠市场监管所、局创城办等部门同志，走进平谷区东寺渠农副产品批发市场，开展主题为“增强质量意识、推进高质量发展”的“质量月”宣传活动。在活动中，区市场监管局重点结合服务平谷区农业中关村建设、聚力发展食品营养谷等内容，对东寺渠批发市场的经营管理者及批发市场内食品经营商户主体，宣传增强农副产品和食品安全的质量意识，推进平谷区农副产品和食品安全高质量发展。通过发放宣传材料、讲解法律法规专业知识、播放宣传专题片等宣传方式，使市场经营商户主体进一步认识在日常经营过程中要提高服务质量，严格把控好产品质量关，把安全的农副产品和食品奉献给广大老百姓，从而推动平谷区高质量发展。此次宣传活动参与市场经营主体100余家，参与人员300余人，共计发放宣传材料400余份。

（邢海龙　康海燕）

【实施首都标准化战略补助，引导企业积极参与】 按照《实施首都标准化战略补助资金管理办法》，充分发挥标准化科技助力作用，激发市场主体参与标准化工作的热情，鼓励和支持辖区企业实施首都标准化战略，广泛遴选标准制修订项目，为参评企业提供全程服务。组织和培训标准化首都战略补助资金事项2次，提供咨询答疑5次，维护资金申报平台数据，为企业申报做好前期准备工作，完成3家企业标准化首都战略补助资金初审、受理事项。

（邢海龙　康海燕）

【平谷区标准化发展联席会成员单位工作部署会】 2023年7月24日，区市场监管局组织召开平谷区标准化发展联席会成员单位工作部署会。区市场监管局副局长许立新，平谷区发展改革委、文化和旅游局、科信局、财政局、农业农村局等31家联席成员单位负责人、联络人参加此次会议。会上通读《首都标准化发展纲要2035》、《标准化推动落实2023年市政府工作报告重点任务行动方案》（首标委发〔2023〕2号）及平谷区贯彻落实《首都标准化发展纲要2035》（2023—2025）的文件精神，安排部署了2023—2025年三年行动计划工作任务。会议要求，各成员单位在各自的职责范围内要高度重视，以质量提升为手段，以质量经济社会发展为目标，结合工作实际、因地制宜，将“2023—2025年三年行动计划与质量强区建设有机结合，凸显主题、创新形式、落地见效。

（邢海龙　康海燕）

**【参加企业标准“领跑者”及对标达标等培训会】** 区市场监管局标准化和质量发展科为贯彻落实《国家标准化发展纲要》和《首都标准化发展纲要2035》，持续推动企业标准“领跑者”及对标达标工作开展，提升企业标准规范化水平，促进企业全面提升产品和服务质量，结合《市场监管总局关于发布〈2023年度实施企业标准“领跑者”重点领域〉的公告》确定的重点领域。2023年7月25日，区市场监管局标准化和质量发展科全体人员参加由市市场监管局利用飞书直播形式举办的2023年企业标准“领跑者”、对标达标等培训会，会上就企业标准“领跑者”相关政策要求及企业参与路径、政策解读进行讲解，并对《北京市标准化办法》进行解读。

（邢海龙　康海燕）

**【2023中关村论坛之标准化与创新发展论坛】** 2023年5月28日，2023中关村论坛系列活动——标准化与创新发展论坛在中关村国家自主创新示范区展示中心举办。市场监管总局总工程师黄国梁、北京市副市长于英杰出席并致辞。本届中关村论坛首次设立标准化专题平行论坛，邀请近20位中外标准化领域院士、国际组织负责人、专家学者分享未来趋势与前瞻，探讨标准化发展新趋势、新动向，共同描绘以高标准助力高技术创新未来愿景。在本次标准化与创新发展论坛上，市市场监管局局长高念东解读发布《首都标准化发展纲要2035》核心内容，并结合首都中长期发展愿景，提出到2035年全面实现科技标准创新、治理标准示范、生态标准引领和标准化领域国际交往活跃的远景目标。区市场监管局组织全区相关委办局共23家单位负责人线上参加会议。

（邢海龙　康海燕）

**【平谷区刘家店镇户用光伏建设试点项目启动会】** 2023年4月17日上午，平谷区获批的国家级第五批农村综合改革标准化试点——北京市平谷区农村综合改革标准化试点（农村户用光伏建设）正式启动。该项目是迄今为止平谷区获批的第二个国家级农村综合改革标准化试点项目。来自北京市标准化研究院副院长、教授级高工张克，区市场监管局副局长许立新，平谷区发展改革委副主任王体朋，刘家店镇党委书记逯艳敏，刘家店镇政府副镇长孙亮，北京能源学会副会长李忠武，北京节能环保中心、鉴衡认证公司、北燃能源公司等单位负责同志参加了本次启动会。会上项目组从项目通知、任务目标、工作方案、保障措施等方面汇报该项目的相关情况。专家团队在充分听取公司汇报的基础上做了讨论研究，提出宝贵的意见和建议。项目专家领导指出，农村户用光伏建设项目的实施一定要做好组织管理工作，从项目设计、组织施工到项目验收等环节建立长效机制。认真做好项目工作宣传和培训，严格按照国家标准进行，在新标准研制、现行标准执行等方面做足功课，及时做好示范区档案记录，使项目在社会效果、经济效益及生态效益方面达到最佳示范效果。各级政府部门领导及专家团队表示，各部门将全力提供理论和技术等方面的帮助，为项目工作的有序进行提供支持与保障。项目承担单位负责同志表示将从思想上高度重视，高标准、高质量地完成好项目建设工作，以标准化试点项目助力平谷区高大尚平谷建设。

（邢海龙　康海燕）

# 怀柔区

## 标准化工作综述

2023年，怀柔区贯彻落实《国家标准化发展纲要》《首都标准化发展纲要2035》，围绕以科学城为统领的“1+3”融合发展新格局，深入实施标准化战略，标准化在推进治理体系和治理能力现代化、促进区域经济社会发展中的基础性、战略性、引领性作用进一步彰显。

**一、标准化统筹推进机制逐步完善**

（一）强化统筹领导

发挥“北京市怀柔区实施标准化战略工作领导小组”部门联席会议区属议事协调机构职能作用，强化怀柔区标准化统筹协调机制。由领导小组办公室牵头起草并以区委、区政府名义印发《怀柔区贯彻落实〈首都标准化发展纲要2035〉实施方案》（京怀发〔2023〕10号）；由领导小组办公室名义起草并印发《怀柔区贯彻落实〈首都标准化发展纲要2035〉责任分工表》《怀柔区2023年落实〈首都标准化发展纲要2035〉行动计划》《调整区实施标准化战略工作领导小组组成人员的通知》。

（二）抓好部署落实

做好国家标准立项、国家级标准化重点任务推进、国家级标准化试点示范项目征集、首都标准化战略补助资金项目申报等上级文件转发以及政策宣贯工作。落实“百城千业万企对标达标提升专项行动”，完成对标企业36家，对标标准73项。推动实施企业标准“领跑者”制度，做好2023年企业标准“领跑者”重点领域征集工作，辖区5家企业共38项企业标准获得“领跑者”称号。

（三）推进标准化试点示范工作

2023年度怀柔区共有3家正在建设的国家级标准试点，分别为：国标（北京）检验认证有限公司承担的第一批国家级标准样品试点，北京老栗树聚源德种植专业合作社申报的第五批国家级农村综合改革标准化试点，国联汽车动力电池研究院有限责任公司承担的国家级服务业标准化试点。

## 二、标准化助力怀柔区“1+3”融合发展新格局

（一）推进特色产业标准化建设

聚焦高端仪器和传感器产业，编制《北京怀柔国家高端科学仪器装备产业集聚区建设方案》，推进“1+1+N”产业空间建设，深入实施“十百千”产业工程，对接333个项目，落地硬科技项目68项，累计在怀落地仪器和传感器企业291家；聚焦生命科学、新能源产业，围绕怀柔科学城与生命科学产业相关的装置设施和国家能源实验室，建设科创园区、规划生产制造基地，提供产业发展空间；聚焦高端制造、都市工业产业，引导汽车产业向高端智能化发展、都市产业向智能数字化转型；聚焦高精尖产业，设立支持企业自主创新能力建设专项资金奖励，引导、鼓励、支持新材料、生命健康、智能信息与精密仪器等高精尖产业领域开展标准创新研究，参与国际、国家、行业科学先进标准的制定。

（二）推进科技培育标准化建设

多维度培育科技创新生态，落实《2023年北京国际科技创新建设重点任务工作方案》部署；落实“科技管家”服务机制，建立定期走访、实时沟通、精准服务的联络机制。

（三）推进科技成果转化标准化建设

制定《关于精准支持怀柔区科技成果转化示范区建设的若干措施（初稿）》《怀柔区科技成果转化经纪团工作方案》，深入在怀院所、高校挖掘科技成果转化项目；印发《怀柔区“苗圃计划”工作实施方案》，搭建信息化“苗圃种子库”管理系统及遴选评价体系；创新性实施区域联合基金“揭榜挂帅”计划；推进怀柔区自然科学基金体系建设，开展区域创新发展联合基金二期合作。

（四）推进科技产业培育标准化建设

引导各类创新主体加大研发投入力度；开展“大力发展科技服务业、助力怀柔科学城建设”专项评议、怀柔区科技服务业发展整体情况分析和怀柔区科技企业孵化器发展情况分析；落实科技服务业“双百”工程；加速高新技术企业培育，实施“小升规”工程。

（五）推进生态环境标准化建设

开展企业和项目绿色绩效评价、存量企业强制性清洁能源生产审核、“一厂一策”评估、《扬尘综合治理“百日攻坚”专项行动方案》、生物多样性调查工作；开展排污权交易，建立跨区域总量指标合作机制；在全市率先搭建“三线一单”成果应用数字化平台；深化“三监联动”，提升生态环境监管效能。

（六）推进文化产业标准化建设

制定出台《中国（怀柔）影视产业示范区促进产业高质量发展若干措施（试行）》，优化中国影都发展环境，完善产业生态，推动影视文化、直播电商及相关科技、金融等产业要素资源集聚，不断培育影视文化新业态；起草《怀柔区文化产业财源建设服务包体系工作方案》，成立文化产业财源建设服务包工作组，集聚影视文化产业和相关产业核心要素。

## 三、标准化助力提高城市治理效能

（一）推进无障碍环境标准化建设

印发《关于加强公益诉讼检察服务保障无障碍环境建设的协作配合意见》，开展无障碍环境建设现场指导、实地检查、“回头看”活动、普法宣传等工作，着力构建党委领导、“检察＋残联”协作、社会多方参与的无障碍环境建设“共建共治共享”格局。

（二）推进综合管廊工程标准化建设

按照《城市综合管廊工程技术规范》

（GB 50838—2015）、《城市综合管廊工程设计规范》（DB11/1505—2017）等国家标准、地方标准推进管廊工程建设，强化城市基础设施运行。

（三）推进垃圾分类处理水平标准化建设

优化分类运输、分类收集等方面全流程管理处理能力，实现生活垃圾精细化管理；完成各品类垃圾清运车辆涂装、卫星定位及车载称重系统安装，并与市区两级生活垃圾分类精细化管理系统对接；完善可回收物体系，提高可回收物回收利用率。

（四）推进供热能力水平标准化建设

按照《居民用户室内供暖系统改造规范》（DB11/T 2108—2023）、《供热系统智能化数据采集及通信规范》（DB11/T 2107—2023）地方标准，对供热单位贯彻实施地方标准情况进行监督检查；建立区级智能供热服务平台，实时监督供热单位供热质量。

（五）推进防震减灾标准化建设

依据行业标准，加强监测点建设管理，制定《怀柔区地震局加强地震监测点管理制度》，开展巡查检查、震情分析会商、地震趋势分析研判等工作，撰写2023年震情趋势报告。

（六）推进公交网线服务水平标准化建设

开展公交线路运营调研，制定完成《2023年北部山区公交线路优化调整方案》《雁栖国际人才社区通勤公交线路设计方案》；完成区域公交线网优化调整，采取线路截短、增班、增站等调整方式，提高山区客运服务能力。

（七）推进交通综合治理标准化建设

制定《2023年怀柔区交通综合治理行动计划》，统筹推进怀柔区公路建设、智慧停车建设、慢行系统建设、堵点治理等74项工作任务，完善和加强交通综合治理工作；构建“政企联动”工作机制，每日巡查设备监控平台，及时掌握道路停车情况。

（八）推进城市精细化治理标准化建设

建立“智慧怀柔”框架体系，推进5G基站建设和网络深度覆盖；加快推动政务办公系统一体化，持续推动无线电及800兆无线政务网工作；构建城市数据资源体系建设，完成2023年度大数据共享开放计划编制工作；提升社会信用体系建设，制定《2023年北京市怀柔区社会信用体系建设重点任务》。

**四、标准化助力公共服务建设**

（一）推进养老服务标准化建设

依据星级评定，进一步推进养老机构标准化建设，扎实做好“6+4”一体化综合监管场景试点工作，按照《养老机构安全监管综合手册》《养老机构安全检查单》要求养老机构开展规范整改；开展家庭照护床位建设及服务，将机构专业服务延伸到老年人家庭的新型养老服务模式。

（二）推进基层组织建设标准化建设

制定《怀柔区关于社区居民委员会设立工作的实施方案》，从政策层面进一步明确并细化标准和程序，提升社区建设规范化、科学化水平；指导社区优化调整。

（三）推进政务服务标准化建设

落实“互联网＋政务服务”标准体系，拓展互联网区块链技术应用；依托“北京市政务服务事项管理系统”，开展政务服务事项标准化梳理工作；落实《政务服务综合窗口人员能力与服务规范》等地方标准，持续强化政务服务综合窗口人员能力；持续强化政务服务“好差评”管理；完善公共资源交易平台。使用全流程电子化开展招投标工作，打造“三六五”交易模式。

（四）推进市场监管标准化建设

严格按照《中华人民共和国食品安全法》及其实施条例，落实首都食品安全追溯相关标准规范。推动餐饮卫生环境、餐饮配送管理等餐饮服务标准的实施，开展国家食品安全示范城市创建工作。严格落实产品质量安全、特种设备安全相关标准规范的实施，营造公平公正的市场环境。

（五）推进教育领域标准化建设

开展党建工作总体要求纳入学校章程工作；建立教材管理工作制度和工作机制，规范课程、教材管理；推动数字化教育，促进线上线下教育融合发展，推动以“双师课堂”为代表的教育教学新模式，推动“优质学校带薄弱学校、骨干教师带普通教师”模式制度化。

（六）推进接诉即办标准化建设

印发《2023年接诉即办改革工作要点》《2023年接诉即办考核办法》等8个指导性文件，建立健全干部直达现场、政策直达民居、首接负责联动机制、前置审核合理诉求、重点人“春风行动”等10项工作机制；明确“降量提质”工作导向，重新构建区级考核体系；围绕提高派单精准度，制定《怀柔区12345诉求派单机制》和《首接负责联动机制工作办法》，落实“即派即接”“属地兜底”“首接联动”“协同办理”四项原则，提升接诉即办工作标准化及精细化。

**五、标准化助力现代农业发展**

推进农业标准化建设。开展优级标准化基地工作，对拟新建北京阳宏农牧有限公司和到期需复查评定的北京静云笛声旅游开发有限公司等11个基地开展田间督导检查；开展全产业链标准化基地工作，3家基地完成2022年全产业链基地验收工作，2家基地完成2023年全产业链基地申报工作。

**六、标准化助力绿色低碳发展**

（一）推进碳达峰碳中和标准化建设

建立健全碳达峰碳中和工作机制，印发《关于统筹推进怀柔区碳达峰碳中和工作的意见》《怀柔区2023年碳达峰碳中和工作要点》《怀柔区碳达峰碳中和工作领导小组工作规则》《怀柔区碳达峰碳中和工作领导小组办公室工作细则》等文件，开展碳达峰碳中和教育培训工作。

（二）推进节能降耗标准化建设

定期召开节能工作推进会，分析研判全区节能形势；印发《“十四五”时期怀柔区节能降耗行动计划》《怀柔区进一步强化节能实施方案》《推动发展方式和生活方式绿色转型工作小组年度工作要点》等文件；强化节能目标责任制评价考核、节能源头控制力度、重点领域节能降耗、重点用能单位节能管理。

（三）推进绿色低碳标准化建设

落实《北京市新增产业禁止和限制目录》《北京市工业污染行业生产工艺调整退出及设备淘汰目录》，开展“疏解整治促提升”专项工作；组织开展绿色工厂和绿色供应链等绿色制造培育工作，推动企业申报国家级绿色企业，鼓励制造业企业实施智能化、绿色化、数字化改造，推进绿色制造体系建设；做好企业能耗、水耗测算工作。

## 标准化工作成果

**【怀柔区贯彻落实《首都标准化发展纲要2035》实施方案印发】** 2023年7月，怀柔区委、区政府印发《怀柔区贯彻落实〈首都标准化发展纲要2035〉实施方案》（京怀发〔2023〕10号）。该方案明确标准化在治理体系和治理能力现代化、促进区域经济社会发展中的基础性、战略性、引领性作用，推动怀柔区标准化工作。

（邢天国　郑　彤）

**【2023年度企业标准自我声明公开监督抽查】** 2023年7月，区市场监管局开展企业标准、团体标准专项监督抽查，抽查企业标准34项、团体标准1项，发出责令改正通知2个。

（邢天国　郑　彤）

**【商品条码“双随机、一公开”专项检查】** 2023年8月，区市场监管局开展商品条码“双随机”专项检查。执法人员检查各类市场主体50家，涉及生活用品、食品、饮料等商品12大类，未发现商品条码违法行为。

（邢天国　郑　彤）

**【“世界标准日”宣传活动】** 2023年10月，怀柔区实施标准化战略工作领导小组组织成员单位、标准化试点单位，围绕“数字时代的标准化”主题，结合实际，开展各类宣传活动。

（邢天国　郑　彤）

## 标准化工作综述

2023年，密云区市场监督管理局紧密围绕“学思想、强党建、重实践、建新功”总要求，坚持“大党建、大服务、大监管、大安全”工作目标。以标准化为牵引，在大局中找定位，在服务中谋发展，在担当中有作为，正确贯彻落实市市场监管局和密云区委区政府的各项决策部署，为区域高质量发展做出贡献。

（一）加强组织领导

为贯彻落实好《首都标准化发展纲要2035》工作，将原密云区推进首都标准化战略纲要联席会议更名为密云区推进首都标准化发展纲要联席会议，并根据工作需要，对联席会议成员单位进行调整。制定、印发密云区推进首都标准化发展纲要联席会议工作规则及制度。深化部门协作，加强区级标准化工作合力。

（二）强化区级标准化工作规划建设

以《首都标准化发展纲要2035》为“纲”，围绕密云区“一条科技创新和生命健康战略发展带，四条特色文化旅游休闲发展带、多个特色乡镇和特色产业”的全域发展格局，起草《密云区贯彻落实〈首都标准化发展纲要2035〉实施方案》，分别从产业、城市管理、公共服务、平安建设等方面提出标准化工作要求，并针对标准化自身发展提出三大任务。在起草过程中，通过召开区级专题会、文件征求等方式共征询区级32家单位意见，最终经密云区政府第48次常务会审议通过，以密云区政府文件（密政发〔2023〕45号）印发实施。

（三）加强标准化方法的推广与应用

一是召开联席会议专题会，组织学习《首都标准化发展纲要2035》和《北京市标准化办法》，并结合区级标准化试点示范项目，向成员单位输入标准化理念和方法，营造人人学标准、人人用标准的良好范围，同时要求各单位在重点工作中注意加强对标准化方法的应用。

二是开展区市场监管局《基层党支部建设标准化工作手册》修订工作，并在密云区直属机关工委内部召开的基层党支部标准化建设推进会上，推广区市场监管局在加强党支部标准化建设方面的典型经验，目前该标准体系被密云区百余家单位借鉴学习。

三是依托标准化资源优势，指导密云区蜂产业协会制定《成熟荆条蜜生产技术规范》团体标准，在引导、鼓励建立标准，制定、发布标准等过程中给予指导。该标准已在全国团体标准信息平台上公布。该团体标准的发布对密云区蜂产业技术创新和产业发展具有推动作用，对提高蜂农养殖技术，提升蜂产品质量，树立“蜂盛蜜匀”品牌形象具有重要意义。

四是以标准化为牵引，加强区质量基础设施“一站式”服务平台建设，制定《北京市密云区质量基础设施“一站式”服务平台建设、管理规范》，从建设要求、服务内容、服务方式、管理要求、评价及改进方面加强平台标准化建设。筹建密云区质量基础设施“一站式”服务平台中关村密云园工作站，开展标准服务，全年共服务企业60余家次。

五是邀请北京市标准化研究院专家团队对区重点企业开展“深度”走访调研，以标准化为点，立足质量基础建设，为企业高质量发展“开良方”，引导企业利用标准搭台布景，延展发展空间。

（四）完成2023年度自我声明公开标准和商品条码“双随机、一公开”监督检查工作

一是抽取“企业标准信息公共服务平台”内涉安全生产及消防领域产品、环境污染治理、农业农村、消费品等领域标准，聘请第三方机构协助开展检查。2023年，共对30家企业30项标准、1家社会团体1项标准进行检查，检查结果通报各相关单位，责令其在规定时间内进行整改。

二是发挥基层市场监管所“哨所”作用，通过下发业务指导、“以战带训”等方式，织密商品条码监督检查网，加大商品条码检查力度，扩大检查覆盖面。2023年，共检查商品条码1679个，立案1起，有效提升区域商品条码的规范性。

（五）开展对标达标提升专项行动

加强与区其他部门协作联动，进一步完善密云区对标达标提升专项行动名单。结合《企业标准促进办法》《标准创新型企业梯度培育管理办法（试行）》，向企业宣贯参加“对标达标”的意义及支持政策。截至年底，共2家企业4项标准开展对标，3项标准已完成对标结果公示（1项正在审核中）。

（六）完成首都标准化战略补助资金项目工作

多渠道开展《2023年首都标准化战略补助资金项目》政策宣传。以密云区新产品新技术（服务）名单为抓手，通过电话、微信、走访等形式对重点企业开展政策宣贯。组织有意向申请补助单位参加政策宣讲会，就申报流程、申报要求及申请常见问题进行答疑。2023年，密云区两家单位——北京京纯养蜂专业合作社、北京机床研究所有限公司分别获得20万元和35万元战略补助资金。其中，北京京纯养蜂专业合作社于2022年通过国家蜂业标准化区域服务与推广平台项目。北京机床研究所有限公司在2022年牵头制定（位列标准参编单位第一）两项ISO标准（ISO 23218-1、ISO 23218-2）。

（七）加强标准化试点培育与建设

一是以密云区重点工程、项目为抓手，对涉及的行业主管部门、企业开展标准化理念和方法宣贯，鼓励其申报标准化试点项目，尝试在工程、项目建设中运用标准化方法，并就标准化试点总体概况、申报流程、密云区相关标准化试点开展情况进行培训。

二是加强与标准化试点单位联系，发挥其在标准化工作方面的经验优势，加强工作沟通交流。

## 标准化工作成果

**【两家单位获2023年实施首都标准化战略补助资金】** 2023年，密云区两家单位获实施首都标准化战略补助资金，分别为北京京纯养蜂专业合作社、北京机床研究所有限公司。

（张　嵩）

**【邀请北京市标准化研究院专家团队开展走访调研】** 2023年3月9日，区市场监管局邀请北京市标准化研究院专家团队对区重点企业开展走访调研，解决企业标准化建设

方面的困难。

（张 嵩）

【开展质量基础设施“一站式”服务窗口工作】 2023年5月10日，质量基础设施“一站式”服务窗口迎来首个咨询服务日。服务日期间，区市场监管局对企业开展对标达标、首都标准化战略补助等政策进行宣贯，鼓励企业用足用好用活政策。

（张 嵩）

【开展问卷调查】 2023年6月，区市场监管局以网络问卷的形式针对辖区内大型制造、服务类型企业开展团体标准调查。问卷围绕企业对团体标准了解情况、企业参与团体标准制修订情况、企业对现行标准补助政策知晓度3个方面开展调查，共收集有效问卷70余份。

（张 嵩）

【区首个蜂蜜团体标准发布】 2023年8月1日，密云区蜂产业协会在全国团体标准信息平台上公布《成熟荆条蜜生产技术规范》团体标准。该标准是密云区首个蜂蜜团体标准。

（张 嵩）

【开展“世界标准日”活动】 2023年“世界标准日”期间，区市场监管局对辖区食品生产企业开展标准政策宣贯和对标达标工作。向企业介绍《企业标准化促进办法》《标准创新型企业梯度培育管理办法（试行）》等一系列国家为激发企业标准创新活力，培育标准创新型企业出台的政策。鼓励企业参与国家、行业、地方标准制修订，对标达标提升专项，企业标准“领跑者”等标准化活动。

（张 嵩）

【召开标准化工作专题会】 2023年9月6日，密云区政府主管区长组织并召开密云区标准化工作专题会，学习《首都标准化发展纲要2035》和《北京市标准化办法》，讨论研究《密云区贯彻落实〈首都标准化发展纲要2035〉实施方案（征求意见稿）》。

（张 嵩）

【《密云区贯彻落实〈首都标准化发展纲要2035〉实施方案》印发实施】 2023年11月23日，由区市场监管局牵头起草的《密云区贯彻落实〈首都标准化发展纲要2035〉实施方案》经密云区政府第48次常务会审议通过后，以密云区政府文件印发实施。

（张　嵩）

**【开展玩具商品条码检查】** 12月5日，区市场监管局以学校周边为重点区域开展商品条码检查。

（张　嵩）

## 标准化工作综述

2023年，延庆区市场监督管理局深入贯彻《首都标准化战略纲要2035》和《2023年北京市标准化工作要点》，紧密围绕市市场监管局和区政府工作部署，深化标准化基础性、示范性作用，服务辖区企业，助力延庆经济高质量发展。

**一、发挥引领作用，助推企业高质量发展**

一是督导国家农业标准化区域服务与推广平台项目顺利通过验收。全年共计8次对国家农业标准化区域服务与推广平台项目承担单位希森三和马铃薯有限公司开展项目督导，指导构建项目标准体系框架，帮助北京希森三和马铃薯有限公司制定29项企业标准，督促企业按照标准化示范项目目标考核表、项目任务书等内容要求准备材料，做好迎接项目验收准备工作。同时联系市标准化研究院和市市场监管局标准化处对希森三和马铃薯有限公司承建项目进行3次现场指导，督导和上级部门现场指导为该公司顺利通过验收奠定了坚实基础。2023年12月3日，由希森三和马铃薯有限公司和内蒙古天赋河套种质公司共同承担的“国家农作物种质资源保护与利用标准化区域服务与推广平台”项目，最终以优秀等次顺利通过国家标准委专家组考核验收，成为延庆区第一家农业标准化区域服务与推广平台。

二是引导企业积极参与标准化活动。分别对金粟种植专业合作社、希森三和马铃薯、大地聚龙生物科技等驻区企业开展多次集中调研工作，了解企业标准化需求，介绍国家、北京市标准化重点工作及有关政策，引导企业参与百城千业万企对标达标提升专项行动、企业标准“领跑者”等标准化活动，培植企业创新意识，通过标准化手段提高企业核心竞争力。金果园老农（北京）食品股份有限公司的水果和蔬菜加工服务、蜜饯、坚果制品等5项标准参与并通过年度“百城千业万企对标达标”提升专项行动。经过延庆区推荐申报，指导标准体系建设，提供标准技术支撑，最终由专家评审确定5项市级文化和旅游标准化试点项目。延庆区的北京石光长城民宿有限公司和北京世园文旅发展有限公司各获得1项试点项目建设。

三是持续推进企业执行标准自我声明公开。引导企业参与企业执行标准自我声明公开活动，全年38家单位103项执行标准指标（国家标准5项、行业标准3项、团体标准2项、93项企业标准）在国家企业标准信息公共服务平台上公开。延庆区自我声明公开执行标准指标总计132家471项标准，市场主体的标准化意识逐步增强。

四是完成2023年度首都标准化战略补助资金申报。2023年延庆区有4家单位的4个项目申报材料通过初审。2项标准化示范项目、1项地方标准顺利通过形式审查。

最终经专家审核，北京金粟种植专业合作社农业标准化示范项目获得补助资金20万元，北京龙庆峡旅游发展有限公司文化和旅游标准化项目获得补助资金15万元。

**二、夯实基础监管，维护市场经济秩序**

一是强化执法监督。在加强日常监督检查的同时，于春节、劳动节、儿童节、中秋节、国庆节等重点节点，集中开展专项监督执法，期间出动执法人员200多人次，围绕环球新意、万达广场商圈及校园周边等检查儿童服装、儿童用品玩具等各类商品的商品条码共计900余条。全年共出动执法人员450人次，检查经营主体225家次，查办案件5起。针对年底前集中出现的多起职业打假人关于商品条码的投诉举报，指导基层市场监管所开展相关的执法工作，并收集整理制发有关商品条码执法办案的工作指导，为基层市场监管所出具商品条码检测报告6份。

二是开展茶叶过度包装专项监督检查工作。2023年5月，组织辖区生产经营茶叶的20多家市场主体负责人参加市市场监管局标准化处组织的限制茶叶过度包装标准宣贯解读会。6月，对辖区15家茶叶经销单位进行现场检查，发放标准文件，督促商家积极学习新标准，对照新标准对自家经营的茶叶进行自查，确保标准实施后不出现茶叶过度包装的行为。

三是开展商品条码和企业标准“双随机、一公开”抽查。依据市场监管总局和市市场监管局的相关文件要求，按照年初制定的工作计划持续开展商品条码和企业标准“双随机、一公开”抽查工作。全年抽查商品条码使用单位20家次，立案查处违法行为4起；完成26家企业，30项企业标准自我声明公开抽查工作，对3家3项不合格标准已责令限期改正，全部整改完毕。

**三、加强宣传培训，营造社会参与氛围**

一是开展标准化主题宣传活动。2023年“3·15”期间，区市场监管局在康庄镇园博四季百姓生活市场开展以“提振消费信心　诚信美好生活”为主题的“3·15”宣传活动，现场向广大市民讲解《首都标准化发展纲要2035》文件、标准化法律法规等内容，解答群众关心的热点问题，同时发放宣传材料100余份。2023年4月26日，参与延庆区2023年“4·26”知识产权宣传周活动，现场开展《首都标准化发展纲要2035》宣传咨询活动，并向参会30余家单位、50余人发放宣传手册50余份。2023年10月，在东外社区开展以“标准塑造美好生活、美好世界的共同愿景”为主题的第54届“世界标准日”主题宣传进社区活动，并邀请部分企业参与市市场监管局组织的“世界标准日”线上活动。

二是组织开展标准化知识培训。2023年5月，组织辖区生产经营茶叶的相关单位在线上参加市市场监管局标准化处组织的限制茶叶过度包装标准宣贯解读会，由专家对《限制商品过度包装要求　食品和化妆品》（GB 23350—2021）进行解读。7月，组织辖区企业参加由市市场监管局组织的2023年企业标准“领跑者”、对标达标培训，让有实力有想法的企业了解企业标准“领跑者”工作，以此促进企业产品标准提档升级，提高产品核心竞争力。2023年10月—11月，分别组织部分涉农企业参加市市场监管局标准化处组织的标准化业务培训。

## 标准化工作成果

**【开展春节前夕商品条码监督检查】** 2023年春节前夕，区市场监管局对辖区高塔街沿街商铺、恒生市场商铺所销售商品的商品条码使用情况进行监督检查。出动执法人员60人次，检查30家商铺经销的食品饮料、洗浴用品、烟酒、手机配件等4大类共计600余种商品的商品条码。

（贾利君）

**【组织餐饮从业人员参加国家标准宣贯会】** 2023年3月14日，区市场监管局组织辖区400余家餐饮服务单位及外卖平台的负责人、食品安全总监、食品安全员共计1500余人以视频会议方式参加制止餐饮浪费领域相关国家标准宣贯会议。

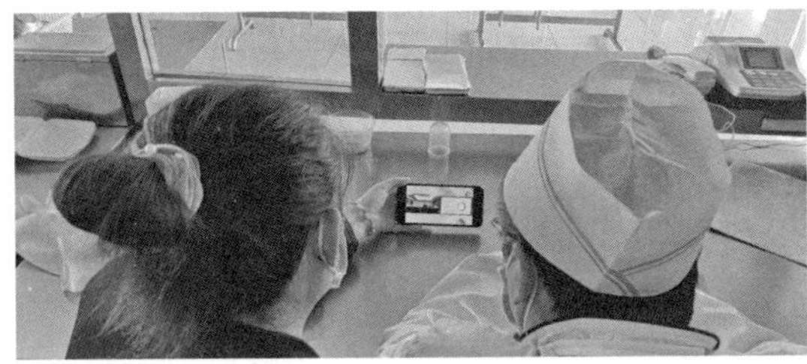

（贾利君）

**【开展“3·15”宣传活动】** 区市场监管局标准化科联合计量科、康庄市场监管所在康庄镇园博四季百姓生活市场开展以“提振消费信心　诚信美好生活”为主题的“3·15”宣传活动，200余人参与活动，现场发放《首都标准化发展纲要2035》等宣传材料100余份。

（贾利君）

**【督导国家标准化区域服务与推广平台项目建设工作】** 2023年3月23日，区市场监管局标准化工作人员对北京希森三和马铃薯有限公司承担的国家农作物种质资源保护与利用标准化区域服务与推广平台项目建设工作进行督导。要求项目承担单位进一步完善体系框架，按照搜集的有关标准文本编写企业标准，加强与市标准化研究院的沟通，为最终考核验收打下基础。

（贾利君）

**【开展校园周边商品条码监督检查】** 区市场监管局强化商品条码监督检查，在2023年学校开学前夕和六一儿童节期间，对城区各中小学校园周边76家商超在售的学生文具、儿童玩具、零食、饮料和药品等5大类320种商品的商品条码进行监督检查。同时向经营者宣传《商品条码管理办法》，要求经营者使用条码追溯小程序对销售商品进行把关。

（贾利君）

**【市市场监管局调研延庆区标准化示范项目】** 2023年4月3日，市市场监管局标准化处、北京市标准化研究院有关人员，对希森三和马铃薯有限公司承担的国家优质种质资源农业标准化区域服务与推广平台项目进展情况进行调研。调研组实地查看种苗繁育室、籽种储藏库、繁育大棚，并听取公司负责人有关项目情况的汇报。调研组对希森公司在马铃薯种苗繁育领域的基础设施、技术能力给予肯定，同时希望希森公司加大项目建设投入力度，加快进度，完成标准体系建设及试运行工作，为最终考核验收打下基础。

（贾利君）

**【开展《首都标准化发展纲要2035》宣传活动】** 2023年4月24日，延庆区2023年“4·26”知识产权宣传周活动在中关村延庆园企业服务中心举行。标准化工作人员开展《首都标准化发展纲要2035》现场宣传咨询活动，向参会的30余家单位、50余人发放宣传手册50余份。

（贾利君）

**【组织参加限制茶叶过度包装标准宣贯会】** 2023年5月26日，区市场监管局组织区局相关部门以及辖区涉及茶叶类生产经营的企业人员70余人参加由市场监管总局标准技术司举办的限制茶叶过度包装标准线上宣贯解读会。

（贾利君）

**【主管区领导任江浩带队观看“标准化与创新发展论坛”】** 2023年5月28日，由市市场监管局和中国标准化研究院举办的“2023中关村论坛之标准化与创新发展论坛”在中关村国家自主创新示范区举行，同时线上直播，区市场监管局设分会场，主管副区长任江浩带领区文化和旅游局、区科委等10个行业主管部门标准化机构负责人、2家标准化示范单位人员集中收看。

（贾利君）

**【开展商品条码“双随机”抽查】** 2023年8月28日，区市场监管局标准化科按照年初制定的2023年度商品条码“双随机”监督抽查计划，对辖区列入抽查范围的商铺进行“双随机”抽查。共出动执法人员40人次，抽查商铺20家次，重点对商铺在售的洗浴用品、玩具、文具、化妆品等4大类300余种商品的商品条码使用情况进行抽查。

（贾利君）

**【2家单位获得首都标准化战略补助资金】** 经过前期的材料申报、审核和最终的专家评审，延庆区2023年有2家企业获得2022年度首都标准化战略补助资金。其中，北京金粟种植专业合作社承担的国家级“一年两熟葡萄栽培标准化示范项目”获资金补助20万元；北京龙庆峡旅游发展有限公司承担的“市级文化旅游标准化试点项目”获资金补助15万元。截至年底，延庆区共有8家单位（企业）获得148万元首都标准化战略补助资金。

（贾利君）

**【开展第54届“世界标准日”主题宣传进社区活动】** 2023年10月14日是第54届“世界标准日”，区市场监管局标准化科联合香水园所在东外社区开展以“标准塑造美好生活、美好世界的共同愿景”为主题的“世界标准日”宣传活动。活动现场通过在社区电子显示屏播放“世界标准日”活动主题内容、发放宣传材料、现场咨询等形式普及标准化知识，共发放宣传材料300余份，接受咨询10余起。

（贾利君）

**【专家组督导区农业标准化区域服务与推广平台项目】** 2023年10月19日，市市场监管局标准化处组织由农业部农产品质量标准中心、北京市农林科学院等部门人员组成专家组，对延庆区北京希森三和马铃薯有限公司承建的“国家农作物种质资源保护与利用农业标准化区域服务与推广平台”项目建设工作进行督导。专家组通过现场听取汇报、实地勘察、审查相关材料等形式，对项目建设情况进行检查，提出完善验收总结报告、优化完善标准体系、加强相关佐证材料的分类整理、突出项目服务建设成果成效4点意见和建议。

（贾利君）

**【首家国家级农业标准化区域服务与推广平台落户延庆】** 2023年12月3日，由希森三和马铃薯有限公司、内蒙古天赋河套种质科技发展公司共同承担的“国家农作物种质资源保护与利用标准化区域服务与推广平台”项目，最终以优秀等次顺利通过国家标准委专家组考核验收。

（贾利君）

# 经济技术开发区

## 标准化工作综述

2023年，北京经济技术开发区商务金融局（以下简称：经开区商务金融局）推进首都标准化战略，落实《首都标准化发展纲要2035》，加速自身建设，强化管理职能，开展重点企业标准化政策宣传，严格标准实施事中事后监督，以标准化为抓手，促进经开区经济持续健康发展。

**一、推进标准化工作**

结合2022年经开区企业标准、团体标准随机抽查结果，责令3家抽查判定不合格的单位对不符合项目进行整改。鼓励辖区企业制定并发布产品和服务标准。截至2023年底，经开区累计177家自我公开声明现行有效企业标准754项、团体标准12项，涵盖710种产品。

**二、引导企业开展标准化工作**

（1）鼓励企业成为标准制定的主体。瞄准辖区首台（套）创新产品生产企业，梳理其标准制修订情况，鼓励企业参与标准化活动，同时引导辖区各行业龙头企业参与标准制修订、企业标准“领跑者”和“对标达标”申报，组织辖区标准制修订单位申报2023年首都标准化战略补助资金项目。

（2）引导辖区企业参加各项标准试点示范项目，发动辖区相关行业部门支持标准化相关试点征集工作，目前辖区1个国家高新技术产业标准化试点示范项目、2个国家级社会管理和公共服务综合标准化试点项目和1个智能制造标准应用试点被市市场监管局推荐至市场监管总局。

**三、加强标准监督检查**

（一）强化监督检查，推进企业标准化工作

聘请第三方技术机构随机抽取经开区2022年度46项自我声明公开的企业标准和已公开的2项团体标准进行文本核查。经开区商务金融局进一步加强企业标准自我声明公开和监督制度实施工作，强化企业的主体责任。

（二）规范辖区商场超市商品条码的使用

结合日常各类检查，打击商品条码违法行为，保护消费者合法权益。突出日用百货、食品饮料、化妆品、调味品、卫生用品等种类，重点检查是否存在使用未经核准注册及备案的商品条码、使用过期及注销的商品条码、伪造或冒用商品条码等行为。监察人员现场向管理人员宣传讲解商品条码的相关知识和法律法规，要求问题单位建立完善进货查验制度，把好进货关，提高商品条码管理水平，严格落实企业主体责任。

## 标准化工作成果

**【强化商品条码检查】** 面向经开区的商场超市开展抽查检查，突出日用百货、食品饮料、化妆品、调味品、卫生用品等种类，重点检查使用未经核准注册及备案的商品条码、使用过期及注销的商品条码、伪造或冒用商品条码等行为。截至年底，共抽查500余种商品，经查，所有商品的商品条码均符合要求。

（苏双俭　郝　晴）

**【开展国家级社会管理和公共服务综合标准化试点工作】** 2023年6月，通过线上、线下方式组织征集第十批国家级社会管理和公共服务综合标准化试点项目，区内共2家单位参选，其中1家单位被推荐至市场监管总局。

（苏双俭　郝　晴）

**【开展智能制造标准应用试点工作】** 2023年9月，组织征集2023年度智能制造标准应用试点项目，鼓励符合条件的单位积极参与申报，总结2022年成功获批单位经验，指导区内1家单位参与市场监管总局论证评审。

（苏双俭　郝　晴）

**【开展国家高新技术产业标准化试点示范工作】** 2023年11月24日，2023年国家高新技术产业化高新技术产业标准化试点项目评审结果公示，经开区管委会“自动驾驶国家高新技术产业标准化试点”（新型基础设施）入选。

（苏双俭　郝　晴）

## 燕山地区

### 标准化工作综述

2023年，燕山市场监督管理分局围绕地区中心工作，以习近平新时代中国特色社会主义思想为指导，在市市场监管局、燕山工委办事处的领导下，结合燕山地区实际，落实《首都标准化发展纲要2035》，全面贯彻新发展理念，切实加强标准化工作，发挥标准化在地区经济发展中的基础性、引领性作用，圆满地完成各项工作任务。

**一、做好企业标准信息公共服务平台标准文本核查工作**

截至2023年11月25日，燕山地区企业标准信息公共服务平台新增注册企业1家，共有13家企业累计上报172项标准，现行有效标准126项，涵盖127种产品，其中国家标准1项、行业标准3项、地方标准0项、企业标准122项、团体标准0项。相比于2022年，2023年标准声明数量增加31项，同比增长32%，主要集中在企业标准。

2023年，燕山市场监管分局采取现场检查和网络抽查等方式对辖区企业进行标准化检查，共检查企业32家，抽查标准44项。其中，按照《北京市市场监督管理局办公室关于开展2023年自我声明公开标准和商品条码"双随机、一公开"监督检查工作的通知》要求，标准化工作人员对企业标准信息公共服务平台声明的企业标准进行"双随机"监督检查。截至2023年11月25日，完成企业标准信息公开服务平台上抽查企业30家次、检查企业标准文本30项。本次30项企业标准抽查样本全部合格，其中1项企业标准合格且无瑕疵，29项企业标准合格有瑕疵。

**二、开展商品条码检查工作**

燕山市场监管分局出动执法人员100人次，现场检查商品条码50家次，对食品、饮料、米面油、调味品、奶制品、熟食制品、洗涤用品、卫生用品等8大类700余种商品的条码进行现场扫描。经检查，商品条码数据信息内容均与已备案数据库中信息内容一致。

**三、以多种形式宣传"世界标准日"，普及标准化知识**

2023年10月14日是第54个"世界标准日"，国际主题为"美好世界的共同愿景"，中国主题为"标准塑造美好生活"。燕山市场监管分局开展"世界标准日"宣传活动。主要内容有：一是结合燕山地区实际和本单位现状，印制"世界标准日"宣传海报40张，分别到企业和社区进行张贴，同时向企业和社区居民宣传"世界标准日"、标准化法和相关知识；二是开展企业标准文本检查22次和商品条码专项监督检查6家次；三是参与市市场监管局组织的线上"标准化助力自动驾驶走进百姓生活"主题宣传活动。

**四、参加市场监管总局和市市场监管局组织的各项标准化培训**

燕山市场监管分局标准化工作人员参加市市场监管局组织的业务学习和培训，包括市场监管系统标准化培训班、2023年企业标准"领跑者"及对标达标等培训会。同时，组织辖区内企业参加市市场监管局标准化处组织的标准化培训，如2023年实施首都标准化战略补助资金项目政策宣讲会、2023年企业标准"领跑者"及对标达标等培训会、2023年国际标准化视频培训会等。

**五、以商品条码工作为突破口，进一步推进燕山地区标准化工作**

针对燕山地区商户对商品条码认识

不足的实际情况，燕山市场监管分局举办2023年燕山地区《商品条码管理办法》培训会。燕山地区各超市、集贸市场等企业的管理人员以及辖区内重点商户负责人参加培训。通过宣讲《商品条码管理办法》，强调经营主体责任义务，进一步规范商户的经营行为，杜绝违法违规现象，维护消费者合法权益。

## 标准化工作成果

**【参加2023年实施首都标准化战略补助资金项目政策宣讲会】** 2023年1月12日，市市场监管局召开2023年实施首都标准化战略补助政策资金项目宣讲会。燕山市场监管分局组织工作人员和辖区企业参加。

（王海春）

**【参加2023年质量工作会议】** 2023年2月16日，燕山市场监管分局主管局长带领相关科室人员参加市市场监管局2023年质量工作会议。会上，质量发展处、计量处、标准化处、认证处等处室分别对2022年的工作情况进行总结，对2023年的工作进行部署。朝阳、大兴、丰台区市场监管局代表作经验交流发言；市市场监管局总工程师宋同飞讲话，对2023年各项工作提出要求。

（王海春）

**【参加2023年标准化业务培训班】** 燕山市场监管分局分管标准化工作的主管领导带领标准化人员参加市市场监管局举办的标准化业务培训班。学习人员严格考勤考核，协调好工学矛盾，参加培训的人员全身心参加培训。通过系统化学习，相关人员进一步提高业务知识水平和履职能力。

（王海春）

**【组织辖区企业参加2023年企业标准“领跑者”及对标达标等培训会】** 2023年7月25日，燕山市场监管分局组织相关科室和辖区内20多家企业的标准化工作人员参加市市场监管局组织的线上2023年企业标准“领跑者”及对标达标等培训会，会上相关工作负责人讲解相关政策要求及企业参与路径、对标达标政策及具体操作要求、《北京市标准化办法》。

（王海春）

**【参加2023年国际标准化视频培训会】** 2023年11月，燕山市场监管分局组织工作人员参加市市场监管局举办的2023年国际标准化视频培训会。会议采用线上视频会议形式，相关专家宣讲如何有效开展国际标准化工作相关内容。

（王海春）

**【举办2023年燕山地区《商品条码管理办法》培训会】** 2023年12月1日，燕山市场监管分局质量科在局食堂二层大会议室举办2023年燕山地区《商品条码管理办法》培训会。会议通报燕山地区近期商品条码类投诉举报情况；宣讲《商品条码管理办法》，并重点对销售者责任义务进行强调；介绍条码追溯小程序的使用；并对下一步工作进行部署说明。本次会议是质量科落实市区两级关于即诉即办工作要求，切实做到未诉先办的一项重要举措。针对近期燕山地区关于商品条码投诉举报工单快速增长的实际情况，质量科将在“两节”期间进行专项检查，进一步规范商户的经营行为，杜绝违法违规现象。燕山地区40位商户代表参加会议。

（王海春）

**【服务企业完善标准，帮助企业进行声明公开标准】** 2023年以来，燕山市场监管分局开展标准化服务，通过先后帮助北京燕山合成气体有限公司和中石化催化剂北京分公司进行标准完善和在企业标准信息公共服务平台上进行公开。

（王海春）

**【积极调研，了解餐饮行业标准化现状】** 积极调研，掌握餐饮行业标准化现状。燕山地区餐饮企业数量不多且规模不大，没有行业协会等组织。燕山市场监管分局研究编制调查问卷，以随机调查的方式，了解目前燕山地区餐饮企业标准化现状，为下一步推进餐饮服务单位制定和实施反食品浪费相关企业标准，提升标准化建设和管理水平制定工作措施提供依据。

（王海春）

**【开展相关国家标准宣贯实施】** 为推进制止餐饮浪费相关国家标准和北京市相关地方标准的实施，燕山市场监管分局特别打印近两年新发布的《餐饮分餐制服务指南》《餐饮业供应链管理指南》《外卖餐品信息描述规范》《绿色餐饮经营与管理》等4项国家标准文本，送到燕山地区主要餐饮经营单位。执法人员向餐饮行业经营者进行标准的解读和宣贯，切实推动制止餐饮浪费相关标准的实施，在全地区营造浪费可耻、节约为荣的氛围，引导餐饮服务单位加强标准实施应用，共同打造绿色健康消费环境，坚决制止餐饮浪费。本次共发放标准文本40份。

（王海春）

**【在线参加“标准化与创新发展论坛”】** 2023年5月28日，市市场监管局主办的“标准化与创新发展论坛”在中关村国家自主创新示范区展示交易中心圆明厅举办，论坛邀请国际国内标准化组织、研究机构及企业知名专家进行主旨演讲和对话，旨在学习、交流标准化促进科技创新的成功经验和实践案例，探讨标准化与科技创新互动发展的模式。北京市副市长于英杰和市场监管总局总工程师黄国梁出席论坛并致辞。燕山市场监管分局副局长刘瑞峰带领办公室、质量科、行政审批科、市场监管所相关人员在局403会议室以现场形式集中收看论坛直播。

（王海春）

**【强化“双随机”检查，帮扶企业及时修订标准】** 2023年8月，燕山市场监管分局委托中国标准化研究院对燕山地区企业标准进行“双随机”监督检查。根据中国标准化院对企业在标准信息公共服务平台自我声明公示的30项标准文本审核结果，全部抽查样本合格。发现抽查样本中绝大多数均有瑕疵，针对这一情况，燕山市场监管分局对抽查企业进行现场检查，面对面进行说明讲解，帮助企业及时对文本中的瑕疵进行处理。

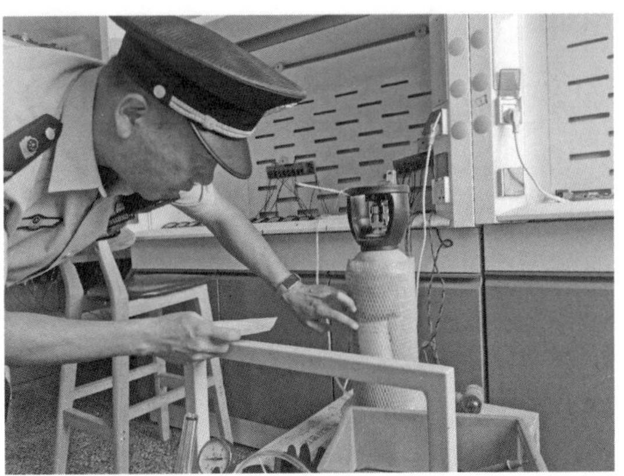

（王海春）

**【参加全市标准监督检查结果评查】** 2023年9月，燕山市场监管分局参加由市市场监管局主办的北京市团体标准、企业标准自我声明公开监督检查结果评查。燕山市场监管分局、丰台区市场监管局、海淀区市场监管局、房山区市场监管局、大兴区市场监管局、经开区商务金融局的标准化工作人员会同市标准化研究院人员和专家对各单位共计 51 个标准监督检查案件、检查单、笔录等资料进行评审检查。通过对团体标准、企业标准自我声明公开监督检查结果评查，梳理出目前存在的问题，提出解决意见，对进一步提高各区市场监管局标准化工作水平起到了积极的推动作用。

（王海春）

**【2023 年“世界标准化日”宣传活动】** 2023 年 10 月 14 日是第 54 个“世界标准日”，燕山市场监管分局开展“世界标准日”宣传活动。主要内容有：一是结合燕山地区实际和本单位现状，燕山市场监管分局共印制“世界标准日”宣传海报 40 张，分别到企业和社区进行张贴，同时向企业和社区居民宣传“世界标准日”、标准化法和相关知识；二是开展企业标准文本检查 22 次和商品条码专项监督检查 6 家次；三是参与市市场监管局组织的线上“标准化助力自动驾驶走进百姓生活”主题宣传活动。

（王海春）

**【开展商品条码检查工作】** 燕山市场监管分局出动执法人员 100 人次，现场检查商品条码 50 家次，对食品、饮料、米面油、调味品、奶制品、熟食制品、洗涤用品、卫生用品等 8 大类 700 余种商品的条码进行现场扫描。

（王海春）

# 标准化政策文件

## 北京市市场监督管理局关于印发《北京市地方标准管理办法》的通知

各有关单位：

为贯彻《首都标准化发展纲要 2035》《北京市标准化办法》，进一步加强本市地方标准管理，强化标准宣贯和实施应用，我局对《北京市地方标准管理办法》进行了修订，现予发布。本办法自 2024 年 1 月 1 日起施行，请遵照执行。

北京市市场监督管理局

2023 年 12 月 19 日

# 北京市地方标准管理办法

## 第一章　总　则

**第一条**　为加强北京市地方标准（以下简称“地方标准”）管理，根据《中华人民共和国标准化法》《地方标准管理办法》《北京市标准化办法》等法律法规规章的规定，制定本办法。

**第二条**　地方标准的制定（含修订，下同）、组织实施及其监督管理，适用本办法。

京津冀区域协同地方标准管理适用本办法。

食品安全地方标准管理不适用本办法。

**第三条**　为满足本市自然条件、风俗习惯等特殊技术要求，或者在城市治理、公共服务等领域需要统一技术要求的，可以制定地方标准。

**第四条**　制定地方标准应当遵循开放、透明、公平的原则，有利于科学合理利用资源，推广科学技术成果，做到技术上先进、经济上合理，并与有关国家标准、行业标准、地方标准相协调。

禁止利用地方标准，实施妨碍商品、服务自由流通等排除、限制市场竞争的行为。

**第五条**　地方标准原则上为推荐性标准。

法律、行政法规和国务院决定对强制性标准的制定另有规定的，从其规定。

**第六条**　市标准化行政主管部门依法统一管理本市地方标准，负责组织制定地方标准，组织本市地方标准实施情况评估和复审，依法对地方标准的实施进行监督。

**第七条**　市有关行政主管部门按照各自职责，负责本行业、本领域标准化工作：

（一）开展标准化研究，建设本行业标准体系；

（二）提出地方标准项目立项申请，承担制定地方标准的任务，进行地方标准的合法性审查，对强制性条款存在涉及市场主体经济活动的，同时进行公平竞争审查；

（三）负责本行业、本领域地方标准归口管理工作，组织对地方标准的技术内容进行解释，开展地方标准复审；

（四）组织本行业、本领域地方标准实施，制定保证地方标准实施的配套政策，组织地方标准宣贯培训，对地方标准的实施进行监督检查，开展地方标准实施信息反馈和评估。

**第八条**　区标准化行政主管部门和区有关行政主管部门负责在本辖区内推动地方标准的实施，依据法定职责对地方标准的实施进行监督检查。

**第九条**　市标准化行政主管部门可委托标准化技术机构负责组织地方标准的审查和日常管理。承担起草工作的人员不得承担审查工作。

市级专业标准化技术委员会根据市有关行政主管部门的需求，在地方标准的立项论证、起草、初审、实施信息反馈和评估、复审等工作中，为市有关行政主管部门提供支撑。

**第十条** 鼓励企业、社会团体和教育、科研机构积极承担或者参与地方标准的研究和制定工作。外商投资企业平等参与地方标准研究和制定工作。

**第十一条** 市标准化行政主管部门和市有关行政主管部门应当加强涉及国际贸易、国际交往等领域的地方标准外文版翻译工作。

**第十二条** 对具有先进性、引领性，已在全国团体标准信息平台公开，实施效果良好，需要在全市范围推广实施，且符合地方标准立项条件的团体标准，可以按照本办法规定程序向地方标准转化。

**第十三条** 对技术尚在发展中，需要引导其发展或者具有标准化价值，暂不具备制定地方标准条件、又需要统一技术要求的项目，参照地方标准的制定程序和实施要求，制定和实施地方标准化指导性技术文件（以下简称“指导性技术文件”）。

指导性技术文件的有效期一般不超过 3 年。

## 第二章　立　项

**第十四条** 市标准化行政主管部门一般于每年三季度向社会公开征集下一年度的地方标准项目。市有关行政主管部门应当于每年 10 月底前提出地方标准项目立项申请，修订项目可随时提出。

市有关行政主管部门对市委市政府提出的地方标准研制要求，应当快速响应，提出项目立项申请。

任何单位和个人可以向市标准化行政主管部门或市有关行政主管部门提出地方标准项目建议。

市标准化行政主管部门应当将直接收到的项目研制要求和建议，转相关市有关行政主管部门进行研究。

**第十五条** 地方标准项目分为一类项目和二类项目。一类项目为制定项目，二类项目为研究项目。

**第十六条** 市有关行政主管部门应当对提出的项目建议进行归集、遴选，向市标准化行政主管部门提出项目立项申请，并提交下列材料：

（一）地方标准项目申报书（以下简称“项目申报书”）；

（二）申报一类项目的，应当提交标准草案，草案应当基本达到能够公开征求意见的程度；

（三）有研究基础的项目，提交标准前期研究形成的科研报告、调研报告、试验验证报告、统计分析报告等；

（四）地方标准原则上不应涉及专利，涉及必不可少专利的，应当提供专利证书复印件及专利持有人声明文件；不涉及专利的，应当在项目申报书中进行说明。

**第十七条** 申报的地方标准项目涉及其他有关部门的，市有关行政主管部门应当与其他有关部门进行协调，并达成一致意见。

**第十八条** 市有关行政主管部门应当在项目申报书中明确地方标准的归口单位和组织实施单位。在标准制定过程中，需要调整标准的归口单位和组织实施单位的，市标准化行政主管部门根据市有关行政主管部门的申请协调确定。

归口单位和组织实施单位限于市有关行政主管部门。

**第十九条** 地方标准立项应当符合以下条件：

（一）制定地方标准的必要性、可行性充分；

（二）与本市经济建设和社会发展联系紧密，属于全市范围内普遍适用且不属于国家标准、行业标准统一实施的技术要求；

（三）没有相应的国家标准、行业标准和地方标准（含项目制定计划），或严于国家标准、行业标准；

（四）标准化对象或目标明确，且不属于产品质量及其检验方法；

（五）申报强制性地方标准项目有明确的法律、行政法规、国务院决定作为依据，并已进行风险评估。申报推荐性地方标准项目有法律法规、规划、政策依据；

（六）申报材料符合本办法要求；

（七）有标准制定保障措施和标准实施方案。

**第二十条** 为保障重大公共利益或者应对突发事件、列入市委市政府重点工作等需要制定地方标准的，应当优先立项。

**第二十一条** 市标准化行政主管部门组织标准化技术机构开展立项审查，根据需要进行专家论证、行业协调、公开征求意见等。

**第二十二条** 市标准化行政主管部门根据立项审查情况，编制并向社会公布地方标准项目计划。

地方标准项目计划应当明确地方标准名称、市有关行政主管部门、主要起草单位、完成时限等内容。

**第二十三条** 一类项目应当在立项后18个月内完成标准报批工作。逾期未完成的，市标准化行政主管部门予以终止。确有必要延期的，市有关行政主管部门应当在项目到期前向市标准化行政主管部门提出申请，说明原因和延期时间，延长时限不得超过6个月。

二类项目应当在立项当年10月底前完成转一类项目的申请工作。逾期未完成的，项目自动终止。

**第二十四条** 地方标准制定项目计划原则上每年增补一次。确需增补的项目，市有关行政主管部门每年5月底前提交立项申报材料。增补项目应当为本市急需制定的地方标准项目。

**第二十五条** 地方标准项目在制定过程中，发生名称变更、项目拆分合并、不适宜继续制定或者无法完成时，市有关行政主管部门应当向市标准化行政主管部门提出书面变更或者终止建议。

市标准化行政主管部门可以根据市有关行政主管部门的建议等，作出项目变更或者终止决定。

## 第三章 起草和征求意见

**第二十六条** 地方标准的主要起草单位应当成立标准起草组，制定标准起草工作方案。

**第二十七条** 起草标准应当遵循下列要求：

（一）充分调查研究，广泛收集资料，综合分析，试验验证；

（二）充分协调标准各相关方，实现各方共同利益的一致，不得强调部门或者行业利益；

（三）标准编写应当符合国家标准 GB/T 1.1《标准化工作导则 第 1 部分：标准化文件的结构和起草规则》要求。工程建设规划设计和施工验收地方标准应当符合工程建设标准编写要求；

（四）同步起草标准编制说明，编制说明一般包括：制定标准的必要性和意义、适用对象基本情况、主要起草过程、主要条款说明、标准实施方案（包括市有关行政主管部门实施标准的政策措施、宣贯培训、试点示范、监督检查、配套资金）等。其中强制性标准应当明确法律、行政法规和国务院决定依据，实施可能存在的风险点、风险程度、风险防控措施和预案。

**第二十八条** 标准起草组应当按照标准起草工作方案完成标准草案和标准编制说明，报市有关行政主管部门确认后，征求企业事业组织、社会团体等相关方意见。

市有关行政主管部门应当征求其他有关行政主管部门意见。

**第二十九条** 市有关行政主管部门应当组织有关市级专业标准化技术委员会或者专家组对标准草案和标准编制说明进行初审，重点审查与立项计划的符合性，技术内容的科学性、合理性、规范性，以及与国家标准、行业标准、地方标准的协调性等内容。一类项目原则上在立项后 9 个月内完成初审工作。

**第三十条** 市标准化行政主管部门和市有关行政主管部门应当在地方标准项目完成初审后，在各自官方网站向社会公开征求意见，时间一般不少于 30 日。

**第三十一条** 市有关行政主管部门应当组织标准起草组对意见进行整理、分析和处理，对部分采纳以及不予采纳的意见应当与提出单位或提出人进行充分沟通、说明理由，并形成意见汇总处理表。

**第三十二条** 标准起草组应当将标准送审稿、标准编制说明等送审材料报市有关行政主管部门确认。

市有关行政主管部门应当将标准送审材料报送市标准化行政主管部门。一类项目原则上在立项后 12 个月内完成送审工作。送审材料包括：

（一）标准送审公文；

（二）标准送审稿；

（三）标准编制说明；

（四）标准征求意见稿；

（五）意见汇总处理表；

（六）审查专家推荐名单（不少于 10 人）；

（七）其他材料。

## 第四章 审查和报批

**第三十三条** 市标准化行政主管部门委托标准化技术机构对送审材料进行资料核查，组织专家组对地方标准进行审查。审查事项包括：

（一）是否符合地方标准的制定事项范围；

（二）技术要求的科学性、合理性、规范性，是否不低于强制性标准的相关技术要求，并与有关标准协调配套；

（三）是否妥善处理分歧意见；

（四）其他需要审查的事项。

审查不通过的，市有关行政主管部门应当组织标准起草组修改完善标准送审材料后重新提交审查。

**第三十四条** 地方标准审查原则上采用会议审查形式。地方标准的归口单位、组织实施单位应当参加审查会。其他市有关行政主管部门、有关市级专业标准化技术委员会等代表，根据需要参加审查会。

专家组应当按照本办法第三十三条规定对标准文本逐条进行审查。专家应当具有广泛代表性，可来自科研院所、应用单位、专业标准化技术委员会等相关方，但不得来自地方标准起草单位。涉及外文版翻译的，应当包含该领域专业外语专家。专家一般应具有高级职称，人数一般不少于7人。

**第三十五条** 审查会原则上应当协调一致，推荐性标准应当有不少于专家组人数的四分之三同意为通过；强制性标准应当由专家组一致同意为通过。

审查会应当形成会议纪要，由专家组组长签字确认。

**第三十六条** 标准起草组应当根据审查会意见修改形成标准报批材料，报市有关行政主管部门确认。市有关行政主管部门将标准报批材料报送市标准化行政主管部门。报批材料包括：

（一）标准报批公文（如涉及多个归口或组织实施单位，标准报批公文应当提供相关部门意见）；

（二）标准报批稿；

（三）标准编制说明；

（四）标准解读宣传稿；

（五）工程建设强制性地方标准，应当提交国务院建设行政主管部门备案材料。

**第三十七条** 标准化技术机构应当根据审查会意见对报批材料进行复核。复核不通过的，市有关行政主管部门应当组织标准起草组修改完善标准报批材料后重新提交复核。

## 第五章 批准、发布和备案

**第三十八条** 市标准化行政主管部门批准地方标准。

法律法规规定地方标准由国务院或省级人民政府批准的，经市标准化行政主管部门审议通过后，地方标准批准程序按照法律法规规定执行。

**第三十九条** 经批准的地方标准，由市标准化行政主管部门统一编号、发布。

地方标准发布实行公告制度。

环境质量、污染物排放等地方标准由市标准化行政主管部门与市生态环境行政主管部门联合发布。工程建设规划设计地方标准由市标准化行政主管部门与市规划自然资源主管部门联合发布。工程建设施工验收地方标准由市标准化行政主管部门与市住房城乡建设主管部门联合发布。

**第四十条** 地方标准的编号方法按照《地方标准管理办法》的规定执行。

地方标准（含指导性技术文件）的编号由标准代号、顺序号和发布年号构成：DB11/××××-××××、DB11/T ××××-××××、DB11/Z ××××-××××。其中 DB11/、DB11/T、DB11/Z 为标准代号，分别表示强制性地方标准、推荐性地方标准、指导性技术文件；前 4 位 ×××× 为顺序号（4 位数字）；后 4 位 ×××× 为发布年号（4 位数字）。

**第四十一条** 地方标准发布后，市标准化行政主管部门将地方标准报国务院标准化行政主管部门备案。市有关行政主管部门按照法律法规的规定，报国务院有关行政主管部门备案。

## 第六章　排版、印刷、公开

**第四十二条** 标准化技术机构负责地方标准排版、印刷用稿管理，市有关行政主管部门可按需求组织地方标准印刷。

市规划自然资源主管部门和市住房城乡建设主管部门负责其归口的工程建设规划设计和施工验收地方标准排版、印刷。

**第四十三条** 市标准化行政主管部门应当在官方网站公布现行有效地方标准目录和地方标准文本。市有关行政主管部门应当在官方网站公布本行业、本领域地方标准目录和地方标准文本。

地方标准文本以市标准化行政主管部门官方网站公布版本为准。

## 第七章　标准的实施

**第四十四条** 地方标准应当有足够的实施过渡期，实施过渡期一般不少于 3 个月。

新地方标准实施后，原地方标准同时废止。

**第四十五条** 市有关行政主管部门应当组织本行业、本领域地方标准宣贯和实施工作，制定保证地方标准实施的配套政策文件，对地方标准的实施情况进行监督检查，并定期将相关地方标准实施情况报告和地方标准实施情况统计表报市标准化行政主管部门。

市标准化行政主管部门应当建立地方标准实施信息反馈和评估机制，将反馈和评估情况与地方标准复审工作相结合。

**第四十六条** 鼓励消费者组织、检验检测机构、认证机构、标准化技术委员会和教育、科研机构等企业事业组织或社会团体开展或参与地方标准的宣贯、检测、认证、评估，开展标准化咨询、培训等技术服务。

**第四十七条** 地方标准实施后，市标准化行政主管部门应当根据科学技术发展和经济建设需要，定期组织市有关行政主管部门开展复审。复审周期一般不超过 5 年。有下列情形之一的，地方标准应当及时复审：

（一）相关的法律法规发生变化；

（二）相关国家政策发生重大调整；

（三）科学技术发展；

（四）社会需求发生变化；

（五）相关国家标准、行业标准、地方标准发生变化；

（六）标准实施发现问题。

**第四十八条** 市有关行政主管部门应当向市标准化行政主管部门提出书面复审建议。复审建议包括继续有效、修订或废止，以及主要理由。

市标准化行政主管部门可根据实际情况，直接确定需要复审的地方标准。

**第四十九条** 市标准化行政主管部门根据复审建议，确定地方标准的复审结果，按下列情况分别处理：

（一）不需要修订仍适用的地方标准确认继续有效；

（二）需要作修订的地方标准作为修订项目，由市有关行政主管部门按照本办法的规定提出项目立项申请，市标准化行政主管部门将其列入地方标准修订项目计划；

（三）未及时复审并报送复审建议的地方标准，市标准化行政主管部门将视情况予以废止。需要废止的地方标准，由标准发布部门公告废止。法律法规有特殊规定的，地方标准废止程序按规定执行。

## 第八章　京津冀区域协同地方标准

**第五十条** 京津冀区域协同地方标准由三地省级标准化行政主管部门和有关行政主管部门共同组织制定。

**第五十一条** 京津冀区域协同地方标准原则上按照 DB××（省市代号）/（T）3×××（标准顺序号）-××××（年号）编号，标准顺序号原则上从 3001 开始排序，三地一致。

**第五十二条** 京津冀区域协同地方标准应当由三地省级有关行政主管部门按照规定共同组织实施，并定期开展标准实施情况评估。

**第五十三条** 京津冀区域协同地方标准复审由三地按照规定分别开展。当复审意见为修订或者废止时，应当协调另外两地意见。当意见一致时，按照共同意见开展后续工作。当意见不一致时，不再作为京津冀区域协同地方标准，按照各自意见分别开展后续工作。

## 第九章　档案和信息化管理

**第五十四条** 地方标准实行电子档案管理，由标准化技术机构负责。以下材料应当归档：

（一）地方标准项目申报书、立项计划；

（二）地方标准送审和报批公文；

（三）地方标准公告和标准文本；

（四）地方标准草案、征求意见稿、送审稿、报批稿；

（五）地方标准编制说明、意见汇总处理表；

（六）审查会会议纪要、专家签字表决表；

（七）专利证书复印件及专利持有人声明文件（标准涉及专利）；

（八）复审结果建议；

（九）地方标准实施情况报告；

（十）其他材料。

**第五十五条** 地方标准通过标准化管理信息平台实行全流程信息化管理。

## 第十章 附 则

**第五十六条** 本办法由市标准化行政主管部门负责解释。

**第五十七条** 本办法实施过程中须使用的配套固定格式文件在市标准化行政主管部门官方网站公布，并根据需要适时修订。

**第五十八条** 本办法自2024年1月1日起施行。

《关于印发〈北京市地方标准管理办法〉的通知》（京质监发〔2018〕87号）自本办法施行之日起废止。

# 企业标准化促进办法

（2023 年 8 月 31 日国家市场监督管理总局令第 83 号公布
自 2024 年 1 月 1 日起施行）

**第一条** 为了引导企业加强标准化工作，提升企业标准化水平，提高产品和服务质量，推动高质量发展，根据《中华人民共和国标准化法》，制定本办法。

**第二条** 企业标准的制定、公开以及企业标准化的促进、服务及其监督管理等工作，适用本办法。

**第三条** 企业标准是企业对企业范围内需要协调、统一的技术要求、管理要求和工作要求所制定的标准。

**第四条** 企业标准化工作应当坚持政府引导、企业主体、创新驱动、质量提升的原则。

**第五条** 企业标准化工作的基本任务是执行标准化法律、法规和标准化纲要、规划、政策；实施和参与制定国家标准、行业标准、地方标准和团体标准，反馈标准实施信息；制定和实施企业标准；完善企业标准体系，引导员工自觉参与执行标准，对标准执行情况进行内部监督，持续改进标准的实施及相关标准化技术活动等。

鼓励企业建立健全标准化工作制度，配备专兼职标准化人员，在生产、经营和管理中推广应用标准化方法，开展标准化宣传培训，提升标准化能力，参与国际标准制定。

**第六条** 县级以上人民政府标准化行政主管部门、有关行政主管部门应当按照职责分工，加强对企业标准化工作的指导和监督，完善政策措施，形成合力推进的工作机制。

**第七条** 企业应当依据标准生产产品和提供服务。

强制性标准必须执行，企业不得生产、销售、进口或者提供不符合强制性标准的产品、服务。鼓励企业执行推荐性标准。

企业生产产品和提供服务没有相关标准的，应当制定企业标准。

**第八条** 制定企业标准应当符合法律法规和强制性标准要求。

制定企业标准应当有利于提高经济效益、社会效益、质量效益和生态效益，做到技术上先进、经济上合理。

鼓励企业对标国际标准和国内外先进标准，基于创新技术成果和良好实践经验，制定高于推荐性标准相关技术要求的企业标准，支撑产品质量和服务水平提升。

**第九条** 企业标准制定程序一般包括立项、起草、征求意见、审查、批准发布、复审、废止。

**第十条** 企业在制定标准时，需要参考或者引用材料的，应当符合国家关于知识产权的有关规定。

参考或者引用国际标准和国内外标准的，应当符合版权的有关规定。

**第十一条** 鼓励企业整合产业链、供应链、创新链资源，联合制定企业标准。

**第十二条** 企业制定的产品或者服务标准应当明确试验方法、检验方法或者评价方法。

试验方法、检验方法或者评价方法应当引用相应国家标准、行业标准或者国际标准。没有相应标准的，企业可以自行制定试验方法、检验方法或者评价方法。企业自行制定的试验方法、检验方法或者评价方法，应当科学合理、准确可靠。

**第十三条** 企业提供产品或者服务所执行的企业标准应当按照统一的规则进行编号。企业标准的编号依次由企业标准代号、企业代号、顺序号、年份号组成。

企业标准代号为“Q”，企业代号可以用汉语拼音字母或者阿拉伯数字或者两者兼用组成。

与其他企业联合制定的企业标准，以企业标准形式各自编号、发布。

**第十四条** 国家实行企业标准自我声明公开和监督制度。企业应当公开其提供产品或者服务所执行的强制性标准、推荐性标准、团体标准或者企业标准的编号和名称。

企业执行自行制定或者联合制定企业标准的，应当公开产品、服务的功能指标和产品的性能指标及对应的试验方法、检验方法或者评价方法。法律、法规、强制性国家标准对限制商品过度包装另有规定的，企业应当按照有关规定公开其采用的包装标准。

企业公开的功能指标和性能指标项目少于或者低于推荐性标准的，应当在自我声明公开时进行明示。

企业生产的产品、提供的服务，应当符合企业公开标准的技术要求。

**第十五条** 企业应当在提供产品或者服务前，完成执行标准信息的自我声明公开。委托加工生产产品或者提供服务的，由委托方完成执行标准信息的自我声明公开。

企业执行标准发生变化时，应当及时对自我声明公开的内容进行更新。企业办理注销登记后，应当对有关企业标准予以废止。

**第十六条** 鼓励企业通过国家统一的企业标准信息公共服务平台进行自我声明公开。

通过其他渠道进行自我声明公开的，应当在国家统一的企业标准信息公共服务平台明示公开渠道，并确保自我声明公开的信息可获取、可追溯和防篡改。

**第十七条** 国家建立标准创新型企业制度。鼓励企业构建技术、专利、标准联动创新体系。

**第十八条** 县级以上人民政府标准化行政主管部门、有关行政主管部门应当支持企业参加专业标准化技术组织，鼓励企业参与制定国家标准、行业标准、地方标准或者团体标准。

**第十九条** 国家鼓励企业开展标准实施效果评价，向国家标准、行业标准、地方标准、团体标准的制定机构反馈标准实施信息。

企业研制新产品、改进产品，进行技术改造的，应当对其制定的相关企业标准进行评估和更新。

**第二十条** 县级以上人民政府标准化行政主管部门、有关行政主管部门应当支持企业开展标准化试点示范项目建设，鼓励企业标准化良好行为创建，树立行业发展标杆。

**第二十一条** 国家实施企业标准“领跑者”制度，推动拥有自主创新技术、先进技术、取得良好实施效益的企业标准成为行业的“领跑者”。

**第二十二条** 国家实施标准融资增信制度。鼓励社会资本以市场化方式建立支持企业标准创新的专项基金，鼓励和支持金融机构给予标准化水平高的企业信贷支持，支持符合条件的企业开展标准交易、标准质押等活动。

**第二十三条** 国家鼓励企业对照国际标准和国外先进标准，持续开展对标达标活动，提高企业质量竞争水平。

**第二十四条** 县级以上人民政府标准化行政主管部门、有关行政主管部门应当支持企业参与国际标准化交流与合作，鼓励企业参加国际标准组织技术机构工作、参与国际标准制定。

**第二十五条** 国家鼓励企业、高等学校、科研机构和社会团体等开展标准化专业技术服务工作，提升标准化服务的社会化、市场化水平，服务企业标准化工作。

**第二十六条** 国家鼓励高等学校、科研机构等单位开设标准化课程或者专业，加强企业标准化人才教育。

县级以上人民政府标准化行政主管部门、有关行政主管部门应当引导企业完善标准化人才培养机制。

**第二十七条** 县级以上人民政府标准化行政主管部门、有关行政主管部门按照有关规定加大对具有自主创新技术、起到引领示范作用、产生明显经济社会效益的企业标准奖励力度。支持将先进企业标准纳入科学技术奖励范围。

对在标准化工作中做出显著成绩的企业和个人，按照有关规定给予表彰和奖励。

**第二十八条** 县级以上人民政府标准化行政主管部门、有关行政主管部门以“双随机、一公开”监管方式，依法对企业提供产品或者服务所执行的标准进行监督检查。对于特殊重点领域可以开展专项监督检查。

**第二十九条** 企业在监督检查中拒绝提供信息或者提供不实信息的，责令改正；拒不改正的，由县级以上人民政府标准化行政主管部门进行通报或者公告。

**第三十条** 企业未公开其提供产品和服务执行标准的，由县级以上人民政府标准化行政主管部门责令限期改正；逾期不改正的，在企业标准信息公共服务平台上公示。

**第三十一条** 企业制定的企业标准不符合本办法第八条第一款、第八条第二款、第十二条规定的，由县级以上人民政府标准化行政主管部门责令限期改正；逾期不改正的，由省级以上人民政府标准化行政主管部门废止该企业标准，在企业标准信息公共服务平台上公示。

**第三十二条** 企业制定的企业标准不符合本办法第十三条规定的，由县级以上人民政府标准化行政主管部门责令限期改正；逾期不改正的，由省级以上人民政府标准化行政主管部门撤销相关标准编号，并在企业标准信息公共服务平台上公示。

**第三十三条** 企业自我声明公开不符合本办法第十四条、第十五条、第十六条规定的，由县级以上人民政府标准化行政主管部门责令限期改正；逾期不改正的，在企业标准信息公共服务平台上公示。

**第三十四条** 企业在开展标准制定、自我声明公开等工作中存在本办法规定的其他违法行为的，依据法律、行政法规的有关规定处理。法律、行政法规没有规定的，县级以上人民政府标准化行政主管部门可以通过发送警示函、约谈等方式，督促其改正；逾期不改正的，在企业标准信息公共服务平台上公示。

**第三十五条** 法律、行政法规对企业标准化工作另有规定的，从其规定。

**第三十六条** 本办法自 2024 年 1 月 1 日起施行。1990 年 8 月 24 日原国家技术监督局令第 13 号公布的《企业标准化管理办法》同时废止。

# 市场监管总局关于印发《标准创新型企业梯度培育管理办法（试行）》的通知

各省、自治区、直辖市和新疆生产建设兵团市场监管局（厅、委）：

现将《标准创新型企业梯度培育管理办法（试行）》印发给你们，请结合实际认真贯彻落实。

国家市场监督管理总局

2023 年 5 月 22 日

# 标准创新型企业梯度培育管理办法(试行)

## 第一章 总 则

**第一条** 为了贯彻《中华人民共和国标准化法》,落实《国家标准化发展纲要》,坚持创新在我国现代化建设全局中的核心地位,激发企业在标准、技术、服务及管理互动发展方面的创新活力,培育一批以标准引领高质量发展的先导型、创新型行业标杆企业,提升国家创新体系整体效能,制定本办法。

**第二条** 标准创新型企业是指运用标准化原理和方法,以科技创新和标准化互动融合为核心竞争力,具有以先进标准的研制和实施促进技术创新、管理创新、服务创新,支撑自身高质量发展乃至引领行业高质量发展等典型特征的企业。

根据标准在引领企业创新发展中的作用和成效,标准创新型企业梯度培育分为三个层级,由低至高依次为:标准创新型企业(初级)、标准创新型企业(中级)、标准创新型企业(高级)。

**第三条** 标准创新型企业培育工作,坚持完整、准确、全面贯彻新发展理念,坚持"两个毫不动摇",坚持有效市场与有为政府相结合,坚持企业自愿参与,坚持分层分类分级指导,坚持动态管理和精准服务。

**第四条** 国家市场监督管理总局商国务院有关行政主管部门负责标准创新型企业梯度培育工作的宏观指导、统筹协调,推动出台相关政策,发布相关评价和认定指标体系,开展标准创新型企业(高级)的认定工作。

各省、自治区、直辖市市场监督管理部门(以下称省级市场监督管理部门)应当将标准创新型企业培育纳入工作重点,根据本办法制定培育细则,报送国家市场监督管理总局,并商省级有关行政主管部门依据细则组织开展本地区标准创新型企业梯度培育工作,负责组织标准创新型企业(初级)入库、开展标准创新型企业(中级)认定、标准创新型企业(高级)推荐等工作。

未经委托或授权,其他机构不得开展与标准创新型企业有关的评价、认定等工作。

**第五条** 国家市场监督管理总局负责建设统一的标准创新型企业信息平台,搭建统一的标准创新型企业数据库,为入库、认定和动态管理等工作提供支持。

县级以上市场监督管理部门商有关行政主管部门负责组织本地区标准创新型企业的培育推荐、监督管理等工作,加强服务对接和监测分析,跟踪培育成效,针对性地制定政策和精准服务。

## 第二章 评价和认定

**第六条** 申请企业应当具备以下基本条件：

（一）在中华人民共和国境内依法登记、具有独立法人资格，近三年正常经营生产，未发生较大及以上生产安全事故、突发环境事件、网络安全事件，未发生严重食品安全违法、严重质量违法、税收违法等行为，未列入经营异常名录和严重违法失信名单等；

（二）严格执行企业标准自我声明公开制度，企业应当通过企业标准信息公共服务平台自我声明公开标准，企业公开的产品、服务的功能指标和产品的性能指标不低于推荐性标准要求；

（三）注重实施标准，有良好的标准化管理和工作基础；

（四）标准化工作在提升企业生产经营效益和核心竞争力方面取得较好效果。

不符合基本条件的企业不得参加标准创新型企业评价或认定工作。

**第七条** 国家市场监督管理总局商国务院有关行政主管部门发布并适时更新标准创新型企业（初级）评价指标体系（附件 1）、标准创新型企业（中级）认定指标体系（附件 2）、标准创新型企业（高级）认定指标体系（附件 3），作为开展入库、认定活动的依据。

**第八条** 企业按住所地原则自愿登录标准创新型企业信息平台进行注册，按照标准创新型企业（初级）评价指标体系进行自评，符合入库要求的企业在标准创新型企业信息平台上自我声明为标准创新型企业（初级），并公示 1 个月，公示期间无异议则自动入库，有异议的由省级市场监督管理部门及时协调处理。

**第九条** 标准创新型企业（初级）按住所地原则自愿提出申请，省级市场监督管理部门根据认定指标体系，组织对企业申报材料和相关佐证材料进行审核，必要时可以进行实地抽查，审核、抽查结果应当公示，公示期不少于 1 个月。由省级市场监督管理部门商有关行政主管部门认定为标准创新型企业（中级）。

**第十条** 标准创新型企业（中级）按住所地原则自愿提出申请，省级市场监督管理部门根据认定指标体系，组织对企业申报材料和相关佐证材料进行初审和实地抽查，通过后向国家市场监督管理总局推荐。国家市场监督管理总局对被推荐企业进行审核、抽查和公示。公示无异议的，由国家市场监督管理总局商国务院有关行政主管部门认定为标准创新型企业（高级）。

**第十一条** 企业首次申请标准创新型企业时，可以根据自身情况，选择申报标准创新型企业的级别。后续申请认定时，应当按照梯度培育原则，逐级进行申报。原则上每年上半年组织开展标准创新型企业（中级）认定工作，下半年组织开展标准创新型企业（高级）认定工作。

县级以上市场监督管理部门要将标准创新型企业培育列入年度工作计划，根据工作要求发布开展标准创新型企业培育工作的通知，统筹做好标准创新型企业培育工作。

## 第三章 监督管理

**第十二条** 评价或认定指标体系更新后三个月内，入库的标准创新型企业应当按照新的指标体系进行自我评价并声明。

**第十三条** 标准创新型企业（初级）有效期为三年，每次到期前3个月内由企业重新登录标准创新型企业信息平台进行自我声明，公示无异议则有效期延长三年。经认定的标准创新型企业（中级）和标准创新型企业（高级）有效期为三年，每次到期前3个月内申请复核，由认定部门组织复核（含实地抽查），复核通过的，有效期延长三年。

**第十四条** 标准创新型企业如发生更名、合并、重组、注销、跨省迁移等，或者发生与评价或认定指标体系要求有关的重大变化，应当在发生变化后的3个月内登录标准创新型企业信息平台，填写重大变化情况报告表。不再符合入库或认定要求的标准创新型企业（初级）、标准创新型企业（中级），由省级市场监督管理部门核实后取消入库或认定；不再符合认定要求的标准创新型企业（高级），由省级市场监督管理部门核实后报国家市场监督管理总局，由国家市场监督管理总局取消认定。对于未在3个月内报告重大变化情况且无正当理由的，其入库或者认定结果自行失效。

**第十五条** 标准创新型企业，如发生较大及以上生产安全事故、网络安全事件、突发环境事件等，或严重违法失信、严重食品安全违法、严重质量违法、税收违法等违法违规行为，直接取消入库或认定。如未向省级市场监督管理部门主动申报上述问题，或被发现数据造假等情形，取消入库或认定，并对外进行公告，五年内不得再次申报标准创新型企业。

**第十六条** 任何组织和个人可针对标准创新型企业相关信息真实性、准确性等方面存在的问题，向市场监督管理部门举报，并提供佐证材料和联系方式。对受理的举报内容，县级以上市场监督管理部门应当及时向被举报企业核实，并对举报人的信息予以保密。被举报企业未按要求回复或经核实确认该企业存在弄虚作假行为的，情节较轻的，由县级以上市场监督管理部门要求企业限期进行整改，情节较重或逾期未改正的，由省级市场监督管理部门或国家市场监督管理总局取消入库或认定，并对外公告，且公告日起三年内相关企业不得再次申报标准创新型企业。

## 第四章　培育与服务

**第十七条** 县级以上市场监督管理部门应当针对本地区不同发展阶段、不同类型企业的特点和需求，建立标准创新型企业梯度培育体系，依托本地区的专业标准化技术委员会、专业技术机构和质量基础设施一站式服务平台，着力构建政府公共服务、市场化服务和公益性服务协同促进的服务体系，加大政府推介、人才引进、人员培训、技术职称评定、信息对接等服务力度，指导企业提升标准创新能力。

**第十八条** 标准创新型企业同等条件下优先参与国际标准或国家标准、行业标准、地方标准制修订项目，承担标准化技术组织秘书处，建设技术标准创新基地、国家标准验证点，参评标准创新贡献奖、企业标准“领跑者”。

**第十九条** 鼓励和支持金融机构开展标准创新型企业融资增信业务。鼓励符合条件的标准创新型企业申请国家科技计划专项、国家企业技术中心、国家级高新技术企业、国家知识产权优势企业和示范企业、农业产业化龙头企业、中小企业发展专项资金、科技部“科技型中小企业”及工业和信息化部“优质中小企业”配套政策等。

**第二十条** 地方各标准化行政主管部门应当统筹协调银行信贷、人才引进、职称评定等手段，出台针对标准创新型企业的相关激励政策。

县级以上市场监督管理部门应当支持标准创新型企业申报各级政府质量奖和标准创新贡献奖等奖项，对标准创新型企业参与标准制修订、标准化试点示范、标准化人才培养等项目给予重点支持。

**第二十一条** 县级以上市场监督管理部门加大对标准创新型企业的宣传力度，适时组织编写标准创新型企业优秀案例集，宣传推广标准创新型企业（中级）、标准创新型企业（高级）的成熟经验，将标准创新型企业制度宣传纳入质量月、世界标准日等主题活动。

## 第五章 附 则

**第二十二条** 本办法由国家市场监督管理总局负责解释。

**第二十三条** 本办法自 2023 年 7 月 1 日起实施。

附件：1. 标准创新型企业（初级）评价指标体系
2. 标准创新型企业（中级）认定指标体系
3. 标准创新型企业（高级）认定指标体系

附件 1

# 标准创新型企业（初级）评价指标体系

## 一、入库条件

评价得分达到 60 分以上，且标准技术领先性指标、标准应用先进性指标均获得至少 10 分。

## 二、评价指标

标准创新型企业（初级）评价指标体系由标准化管理全面性、标准技术领先性、标准应用先进性、标准整体效益性等 4 类组成，评价结果依分值计算，满分为 100 分。

（一）标准化管理全面性（40 分）

1. 企业标准化基础能力情况

A. 企业建立了质量管理体系，根据自身情况制定并实施了企业标准，标准化方法应用到了生产经营过程中。（5 分）

B. 在满足 A 的前提下，企业有标准化规划或计划，构建了企业标准体系。（10 分）

C. 在满足 B 的前提下，企业标准化规划或计划得到有效实施，企业标准体系系列国家标准实施良好。（20 分）

D. 不符合上述情况。（0 分）

2. 标准化人员配备情况

A. 大型企业建立标准化总监制度，设置标准化部门，且企业专、兼职标准化相关人员达到 10 名（含）以上；中小微企业专、兼职标准化相关人员数量占技术及管理人员总数的比例达到 5%（含）以上。（20 分）

B. 大型企业设置标准化部门，且专、兼职标准化相关人员达到 5 名（含）—10 名；中小微企业专、兼职标准化相关人员数量占技术及管理人员总数的比例 2%（含）—5%。（10 分）

C. 企业有人员参与过标准的制修订工作。（5 分）

D. 不符合上述情况。（0 分）

（二）标准技术领先性（20 分）

A. 企业拥有的省部级及以上科技成果、技术发明、管理创新成果、服务创新成果等已转化为标准，或者企业制定的标准被评为企业标准“领跑者”，或者企业制定的标准获得中国标准创新贡献奖。（20 分）

B. 企业拥有的其他经认定的科技成果、技术发明、管理创新成果、服务创新成果等已转化为先进标准，或开展“对标达标”活动，企业执行标准达到国际标准或国外先进标准水平。（10 分）

C. 不符合上述情况。（0 分）

（三）标准应用先进性（20分）

A. 企业的污染物排放情况优于强制性标准，且企业的产品或服务执行优于国际、国外先进标准的企业标准，或者直接采用国际、国外先进标准。（20分）

B. 企业的污染物排放情况优于强制性标准，且企业的产品或服务执行优于推荐性标准或填补空白的团体标准、企业标准。（10分）

C. 不符合上述情况。（0分）

（四）标准整体效益性（20分）

1. 企业通过标准化手段应用，主导产品或者服务的市场份额 / 销售额提升，或者出口销售额提升。

A. 大型企业主导产品或者服务的市场份额达10%及以上，或者年销售额2亿元以上，或者年出口销售额200万美元以上；中小微企业主导产品或者服务的市场份额达5%及以上，或者年销售额1000万元以上，或者年出口销售额100万美元以上。（10分）

B. 大型企业主导产品或者服务的市场份额达5%及以上，或者年销售额1亿元以上，或者年出口销售额100万美元以上；中小微企业主导产品或者服务的市场份额达2%及以上，或者年销售额500万元以上。（5分）

C. 不符合上述情况。（0分）

2. 企业通过标准化手段应用，生产经营效率提升，产品或者服务的质量成本下降，或者研发效率、周转率提升。

A. 企业的质量成本下降5%或以上，或者研发周期缩短5%或以上，或者周转效率提升5%或以上。（5分）

B. 不符合上述情况。（0分）

3. 企业通过执行绿色发展相关标准，支撑可持续发展。

A. 企业主动制定和执行促进可持续发展的标准，或者执行绿色发展相关的推荐性标准。（5分）

B. 不符合上述情况。（0分）

附件 2

# 标准创新型企业（中级）认定指标体系

## 一、认定条件

企业应当达到标准创新型企业（初级）入库条件，且工业企业得分达到中级认定指标的 80 分以上，农业或服务业企业达到中级认定指标的 70 分以上。

## 二、认定指标

标准创新型企业（中级）认定指标体系由标准化管理全面性、标准技术领先性、标准应用先进性、标准整体效益性、标准国际突破性、标准融合创新性以及特色化指标等 7 类组成，具体内容如下：

（一）标准化管理全面性（10 分）

1. 上年度企业投入标准化活动费用

①大型企业

A. 标准化活动经费总额占研发经费总额的比例 20%（含）以上，或标准化活动经费达到 200 万元（含）以上。（3 分）

B. 标准化活动经费总额占研发经费总额的比例 15%（含）—20%，或标准化活动经费达到 100 万元（含）以上。（2 分）

C. 标准化活动经费总额占研发经费总额的比例 5%（含）—15%，或标准化活动经费达到 20 万元（含）以上。（1 分）

D. 不符合上述情况。（0 分）

②中小微企业

A. 标准化活动经费总额占研发经费总额的比例 20%（含）以上，或标准化活动经费达到 100 万元（含）以上。（3 分）

B. 标准化活动经费总额占研发经费总额的比例 15%（含）—20%，或标准化活动经费达到 50 万元（含）以上。（2 分）

C. 标准化活动经费总额占研发经费总额的比例 5%（含）—15%，或标准化活动经费达到 10 万元（含）以上。（1 分）

D. 不符合上述情况。（0 分）

2. 标准化相关人员数

①大型企业

A. 建立标准化总监制度，且专、兼职标准化相关人员达到 20 名（含）以上。（3 分）

B. 专、兼职标准化人员达到 15 名（含）—20 名。（2 分）

C. 专、兼职标准化人员达到 5 名（含）—15 名。（1 分）

D. 不符合上述情况。（0 分）

②中小微企业

A. 专、兼职标准化人员数量占企业技术及管理人员总数的比例 10%（含）以上。（3 分）

B. 专、兼职标准化人员数量占企业技术及管理人员总数的比例 8%（含）—10%。（2 分）

C. 专、兼职标准化人员数量占企业技术及管理人员总数的比例 4%（含）—8%。（1 分）

D. 不符合上述情况。（0 分）

3. 参与标准化技术委员会人员数量（满分 4 分）：

A. 企业人员承担全国标准化技术委员会（含分技术委员会）主任委员或副主任委员职务。（4 分）

B. 企业人员担任全国标准化技术委员会（含分技术委员会）委员职务。（每人次 2 分，累计不超过 4 分）

C. 企业人员担任地方标准化技术委员会（含分技术委员会）委员职务。（每人次 1 分，累计不超过 4 分）

D. 不符合上述情况。（0 分）

（二）标准技术领先性（指标 3 选 2，满分 15 分）

1. 企业创新技术标准转化情况

A. 企业拥有的国家级科技成果、技术发明、管理创新成果、服务创新成果等，已转化为具有国内领先水平的标准或进入企业标准“领跑者”名单的标准。（6—8 分）

B. 企业拥有的省部级科技成果、技术发明、管理创新成果、服务创新成果等，已转化为具有国内领先水平的标准或进入企业标准“领跑者”名单的标准。（3—5 分）

C. 企业拥有的其他经认定的科技成果、技术发明、管理创新成果、服务创新成果等，已转化为先进标准。（1—2 分）

D. 不符合上述情况。（0 分）

2. 企业 3 年内制定的现行有效标准类别和数量（满分 8 分）

A. 每牵头（前三位起草单位）制定 1 项相关国际标准得 8 分。

B. 每牵头（前三位起草单位）制定 1 项相关国家标准得 5 分。

C. 每牵头（前三位起草单位）制定 1 项相关行业标准得 4 分。

D. 每牵头（前三位起草单位）制定 1 项相关地方标准得 3 分。

E. 每牵头（前三位起草单位）制定 1 项先进或达到领跑水平的团体标准得 3 分。

F. 不符合上述情况不得分。

3. 进入企业标准“领跑者”名单的企业标准数量

A. 5 项及以上（8 分）

B. 4 项（6 分）

C. 3 项（4 分）

D. 2 项（2 分）

E. 1 项（1 分）

F. 不符合上述情况（0 分）

（三）标准应用先进性（10 分）

A. 企业的污染物排放情况优于强制性标准，且企业的产品或服务执行优于国际、国外先

进标准的标准。（7—10 分）

B. 企业的污染物排放情况优于强制性标准，且企业开展“对标达标”，并且产品或服务达到国际、国外先进标准。（4—6 分）

C. 企业的污染物排放情况优于强制性标准，且企业的产品或服务执行优于推荐性标准或填补空白的团体标准、企业标准。（1—3 分）

D. 不符合上述情况。（0 分）

（四）标准整体效益性（20 分）

1. 企业通过标准化手段提升主导产品或者服务的市场份额 / 销售额 / 出口销售额

①大型企业

A. 大型企业主导产品或者服务的市场份额达 10% 及以上，或者年销售额 2 亿元以上，或者年出口销售额 200 万美元以上。（6—10 分）

B. 大型企业主导产品或者服务的市场份额达 5% 及以上，或者年销售额 1 亿元以上，或者年出口销售额 100 万美元以上。（1—5 分）

C. 不符合上述情况。（0 分）

②中小微企业

A. 中小微企业主导产品或者服务的市场份额达 5% 及以上，或者年销售额 1000 万元以上，或者年出口销售额 100 万美元以上。（6—10 分）

B. 中小微企业主导产品或者服务的市场份额达 2% 及以上，或者年销售额 500 万元以上。（1—5 分）

C. 不符合上述情况。（0 分）

2. 综合标准化

A. 标准集成实施方案应用于企业管理创新与生产实践，并得到行业内认可，其中部分标准在产业链上下游及相关方得到有效应用，产生良好的经济效益、社会效益、质量效益、生态效益。（6—10 分）

B. 企业标准体系完善，形成包括设计研发、生产经营、产业链保障、生态环境、节能低碳等内容在内的标准化集成实施方案，并在企业内组织实施，产生良好的经济效益、社会效益、质量效益、生态效益。（1—5 分）

C. 不符合上述情况。（0 分）

（五）标准国际突破性（20 分）

技术创新引领的国际标准化工作开展情况。（满分 20 分，以下项目可以累计加分）

A. 企业承担国际标准化技术委员会（含分技术委员会）秘书处工作或企业人员担任主席、副主席等重要职务。（15 分）

B. 企业人员近 3 年内提出国际标准提案并立项，或者担任工作组召集人。（每一项计 10 分）

C. 企业人员近 3 年内成为国际标准化注册专家，并参与国际标准化技术委员会活动。（每一人计 5 分）

D. 企业人员近 3 年内提出国际标准提案。（每一项计 5 分）

E. 企业近 3 年内在对外贸易或海外工程中采用中国标准提供产品、工程或者服务。（每一项计 5 分）

F. 企业近 3 年内组织或者承办国际标准化会议 / 活动。(每一项计 5 分)

G. 不符合上述情况。(0 分)

(六)标准融合创新性(15 分)

1. 创新工作基础(满分 10 分)

A. 获得包括但不限于"科技型中小企业"、"高新技术企业"或专精特新"小巨人"、单项冠军、国家技术标准创新基地、国家标准验证点、国家企业技术中心、国家级高新技术企业、国家知识产权优势企业和示范企业、农业产业化龙头企业、国家级重点实验室、国家级工程研究中心等国家级科技创新平台相关称号。(6—10 分)

B. 获得省级"科技型中小企业"、"高新技术企业"、专精特新企业、技术标准创新基地、企业技术中心、知识产权优势企业和示范企业、农业产业化龙头企业、重点实验室、工程研究中心等科技创新平台相关称号。(1—5 分)

C. 不符合上述情况。(0 分)

2. 标准与研发同步推进(满分 5 分)

A. 企业已建立标准与研发同步推进制度,并已经形成相应的标准成果、实现产业化应用。(4—5 分)

B. 企业已与高校、科研机构或者标准化专业技术机构建立合作机制,推动标准与研发同步进行。(1—3 分)

C. 不符合上述情况。(0 分)

(七)特色化指标(10 分)

由省级市场监督管理部门结合本地产业状况和企业发展实际设定 1—2 项指标。

附件 3

# 标准创新型企业（高级）认定指标体系

企业应当达到标准创新型企业（中级）认定条件，且满足标准化管理全面性、标准技术领先性、标准应用先进性、标准整体效益性、标准国际突破性、标准融合创新性、标准引领产业数字化、标准引领产业国际化等 8 个方面的指标。

## 一、标准化管理全面性

构建完整的企业标准体系，并提供与本企业相关标准整体实施情况的说明。企业开展标准化活动费用总额占研发经费总额的比例在 20%（含）以上，或标准化活动经费达到 200 万（含）以上，同时专、兼职标准化相关人员数占企业技术及管理人员总数的比例超过 10%，或专、兼职标准化相关人员达到 20 名（含）以上。

## 二、标准技术领先性

企业拥有的国家级科技成果、技术发明、管理创新成果、服务创新成果等，以及发明专利，已转化为国际标准，或者企业牵头制定相关国家标准 2 项及以上，或者企业牵头制定原创性、高质量的团体标准 3 项及以上，或者企业标准进入“领跑者”名单的数量达到 3 项及以上。

## 三、标准应用先进性

企业的污染物排放情况优于强制性标准，且企业的产品或服务执行优于或等同于国际、国外的先进标准或执行原创性、高质量的团体标准，或执行进入企业标准“领跑者”名单的标准数量达到 5 项以上。

## 四、标准整体效益性

大型企业主导产品或者服务的市场份额达 10% 及以上，或者年销售额 2 亿元以上，或者年出口销售额 200 万美元以上；中小微企业主导产品或者服务的市场份额达 5% 及以上，或者年销售额 1000 万元以上，或者年出口销售额 100 万美元以上。在关键核心技术、“卡脖子”技术、民生社会、生态环保等重点领域形成标准化集成解决方案，并应用于企业技术创新、管理创新和生产服务实践，产生良好的经济效益、社会效益、质量效益、生态效益。

## 五、标准国际突破性

企业参与国际标准化组织工作，开展对标国际标准及国际标准转化工作，承担国际标准化技术委员会（含分技术委员会）秘书处工作或企业人员担任主席、副主席等重要职务。企业人员近 3 年提出国际标准提案并立项，或者担任工作组召集人。企业近 3 年内在对外贸易或海外工程中采用中国标准提供产品、工程或者服务等。

## 六、标准融合创新性

企业建立标准创新研发合作机制，构建了技术、专利、标准联动创新体系。建立了完整的质量管理体系、环境管理体系、能源管理体系、碳排放管理体系、职业健康安全管理体系、知识产权与创新管理体系等，能够整合协调各体系并证明有效运行实施，达到绩效评估相关国家标准要求。提供体系整合协同建设方案、绩效评估等证明、说明材料，提供相关管理体系证书或体系文件。

## 七、标准引领产业数字化

通过标准化手段来促进企业的数字化管理，包括提升企业在基本业务流程和数据规范管理、单一业务管理、数据系统分析、全业务链的数据分析等方面的数字化水平。通过标准化理念方法来实现流程数字化，促进企业生产或管理的数字化、智能化转型，达到国际先进水平，并提供相关说明材料。

## 八、标准引领产业国际化

通过标准化理念方法、标准国际化，推动企业在国际竞争中处于领先地位，在国际市场份额中占主导地位，引领国际标准制定，以国际标准为基础获得竞争优势，推动产品或服务“走出去”，对产业国际化发展发挥重要作用，并提供相关说明材料。

# 附　录

## 2023 年北京市地方标准制定项目计划

| 序号 | 项目编号 | 项目名称 | 项目类别 | 标准性质 | 行业主管部门 | 主要起草单位 |
|---|---|---|---|---|---|---|
| 1 | 20231074 | 城市副中心　新型电力系统　10kV 及以下配电网设施配置技术规范 | 一类 | 推荐性 | 北京市城市副中心管委会 | 国网北京市电力公司国网北京市电力公司通州供电公司 |
| 2 | 20231075 | 供热系统智能化改造技术规程　第 3 部分：验收与评估 | 一类 | 推荐性 | 北京市城市管理委员会 | 北京北燃供热有限公司 |
| 3 | 20231076 | 供热系统入户巡检规程 | 一类 | 推荐性 | 北京市城市管理委员会 | 北京市城市管理委员会 |
| 4 | 20231077 | 城市综合管廊数字化建设要求 | 一类 | 推荐性 | 北京市城市管理委员会 | 北明软件有限公司 |
| 5 | 20231078 | 城市管理大数据平台　第 1 部分：架构及接口规范 | 一类 | 推荐性 | 北京市城市管理委员会 | 标新科技（北京）有限公司 |
| 6 | 20231079 | 城市管理大数据平台　第 2 部分：数据分级分类 | 一类 | 推荐性 | 北京市城市管理委员会 | 标新科技（北京）有限公司 |
| 7 | 20231080 | 油气管道高后果区识别与管理规范 | 一类 | 推荐性 | 北京市城市管理委员会 | 中国安全生产科学研究院 |
| 8 | 20231081 | 废塑料回收与再生利用管理规范 | 一类 | 推荐性 | 北京市发展和改革委员会 | 北京市标准化研究院 |
| 9 | 20231082 | 民用建筑能源利用效率指标评价规范 | 一类 | 推荐性 | 北京市发展和改革委员会 | 北京市发展和改革委员会 |
| 10 | 20231083 | 重点用能单位能耗在线监测系统接入技术规范 | 一类 | 推荐性 | 北京市发展和改革委员会 | 北京硕人朗坤能源信息技术有限公司 |
| 11 | 20231084 | 园区能效评价指南 | 一类 | 推荐性 | 北京市发展和改革委员会 | 华清安泰能源股份有限公司 |
| 12 | 20231085 | 餐饮外卖流通绿色包装评价要求 | 一类 | 推荐性 | 北京市发展和改革委员会 | 中国出口商品包装研究所 |
| 13 | 20231086 | 信息安全　人工智能数据安全通用要求 | 一类 | 推荐性 | 北京市公安局 | 北京市公安局网络安全保卫总队 |

续表

| 序号 | 项目编号 | 项目名称 | 项目类别 | 标准性质 | 行业主管部门 | 主要起草单位 |
|---|---|---|---|---|---|---|
| 14 | 20231087 | 信息安全　人脸识别防对抗样本攻击测试要求 | 一类 | 推荐性 | 北京市公安局 | 北京市公安局网络安全保卫总队 |
| 15 | 20231088 | 公共视频图像步态检索技术要求 | 一类 | 推荐性 | 北京市公安局 | 北京市公安局刑事侦查总队 |
| 16 | 20231089 | 污损有源电子设备的封装、存储及拆封技术要求 | 一类 | 推荐性 | 北京市公安局 | 北京市公安局刑事侦查总队 |
| 17 | 20231090 | 工程建设项目多测合一成果数据标准 | 一类 | 推荐性 | 北京市规划和自然资源委员会 | 北京市测绘设计研究院 |
| 18 | 20231091 | 基础地理实体分类与代码 | 一类 | 推荐性 | 北京市规划和自然资源委员会 | 北京市测绘设计研究院 |
| 19 | 20231092 | 国土空间生态修复规划实施体检评估规程 | 一类 | 推荐性 | 北京市规划和自然资源委员会 | 北京市城市规划设计研究院 |
| 20 | 20231093 | 房屋建筑项目电子数据标准 | 一类 | 推荐性 | 北京市规划和自然资源委员会 | 北京市建筑设计研究院有限公司 |
| 21 | 20231094 | 既有建筑改造工程防火设计标准 | 一类 | 推荐性 | 北京市规划和自然资源委员会 | 北京市建筑设计研究院有限公司 |
| 22 | 20231095 | 老旧工业厂房保护利用规划设计标准 | 一类 | 推荐性 | 北京市规划和自然资源委员会 | 北京市建筑设计研究院有限公司 |
| 23 | 20231096 | 地下结构工程抗浮勘察标准 | 一类 | 推荐性 | 北京市规划和自然资源委员会 | 北京市勘察设计研究院有限公司 |
| 24 | 20231097 | 岩土工程勘察作业安全标准 | 一类 | 推荐性 | 北京市规划和自然资源委员会 | 北京市勘察设计研究院有限公司 |
| 25 | 20231098 | 公共机构能源资源消费统计管理规范 | 一类 | 推荐性 | 北京市机关事务管理局 | 北京市机关事务管理局 |
| 26 | 20231099 | 冷拌冷铺乳化沥青混合料技术规程 | 一类 | 推荐性 | 北京市交通委员会 | 北京建筑大学 |
| 27 | 20231100 | 城市轨道交通车辆主动障碍物检测系统技术要求 | 一类 | 推荐性 | 北京市交通委员会 | 北京市地铁运营有限公司 |
| 28 | 20231101 | 城市轨道交通既有线改造技术要求 | 一类 | 推荐性 | 北京市交通委员会 | 北京市地铁运营有限公司 |
| 29 | 20231102 | 城市轨道交通评价指标体系 | 一类 | 推荐性 | 北京市交通委员会 | 北京市地铁运营有限公司 |
| 30 | 20231103 | 城市轨道交通信号系统技术规范 | 一类 | 推荐性 | 北京市交通委员会 | 北京市地铁运营有限公司 |
| 31 | 20231104 | 城市轨道交通牵引供电接触网技术规范 | 一类 | 推荐性 | 北京市交通委员会 | 北京市轨道交通建设管理有限公司 |

续表

| 序号 | 项目编号 | 项目名称 | 项目类别 | 标准性质 | 行业主管部门 | 主要起草单位 |
|---|---|---|---|---|---|---|
| 32 | 20231105 | 城市轨道交通市域快轨车辆维护与检修技术规范 | 一类 | 推荐性 | 北京市交通委员会 | 北京市轨道交通运营管理有限公司 |
| 33 | 20231106 | 城市道路慢行交通系统服务评价规程 | 一类 | 推荐性 | 北京市交通委员会 | 北京市交通发展研究院 |
| 34 | 20231107 | 道路营运货车节能技术要求 | 一类 | 推荐性 | 北京市交通委员会 | 北京市怦动泰科环保科技有限公司 |
| 35 | 20231108 | 一体化出行服务数据开放及评价规范 | 一类 | 推荐性 | 北京市交通委员会 | 北京市智慧交通发展中心 |
| 36 | 20231109 | 车路云一体化路侧智能基础设施建设指南 | 一类 | 推荐性 | 北京市经济和信息化局 | 北京车网科技发展有限公司 |
| 37 | 20231110 | 车路云一体化路侧智能基础设施道路交通信号控制机信息服务技术指南 | 一类 | 推荐性 | 北京市经济和信息化局 | 北京车网科技发展有限公司 |
| 38 | 20231111 | 车路云一体化信息交互技术要求　第1部分：路侧设施与云控平台数据接口规范 | 一类 | 推荐性 | 北京市经济和信息化局 | 北京车网科技发展有限公司 |
| 39 | 20231112 | 车路云一体化信息交互技术要求　第2部分：云控平台与第三方服务数据接口规范 | 一类 | 推荐性 | 北京市经济和信息化局 | 北京车网科技发展有限公司 |
| 40 | 20231113 | 数据交易服务指南 | 一类 | 推荐性 | 北京市经济和信息化局 | 北京国际大数据交易有限公司 |
| 41 | 20231114 | 钢压延产品单位能耗限额 | 一类 | 推荐性 | 北京市经济和信息化局 | 北京金属学会 |
| 42 | 20231115 | 燃料电池汽车　车载液氢供气系统安全技术规范 | 一类 | 推荐性 | 北京市经济和信息化局 | 北京汽车行业协会 |
| 43 | 20231116 | 城市运行监测指标体系 | 一类 | 推荐性 | 北京市经济和信息化局 | 北京市大数据中心 |
| 44 | 20231117 | 电子证照共享服务系统接入规范 | 一类 | 推荐性 | 北京市经济和信息化局 | 北京市大数据中心 |
| 45 | 20231118 | 政务数据质量评估规范 | 一类 | 推荐性 | 北京市经济和信息化局 | 北京市大数据中心 |
| 46 | 20231119 | 智慧城市通用地图服务技术规范 | 一类 | 推荐性 | 北京市经济和信息化局<br>北京市规划和自然资源委员会 | 北京市大数据中心 |
| 47 | 20231120 | 政务数据安全评估要求 | 一类 | 推荐性 | 北京市经济和信息化局 | 北京市政务信息安全保障中心 |

续表

| 序号 | 项目编号 | 项目名称 | 项目类别 | 标准性质 | 行业主管部门 | 主要起草单位 |
|---|---|---|---|---|---|---|
| 48 | 20231121 | 中成药单位产品能源消耗限额 | 一类 | 推荐性 | 北京市经济和信息化局 | 北京医药行业协会 |
| 49 | 20231122 | 数据资源治理通用技术要求 | 一类 | 推荐性 | 北京市经济和信息化局 | 京东科技信息技术有限公司 |
| 50 | 20231123 | 慈善信托实施指南 | 一类 | 推荐性 | 北京市民政局 | 北京师范大学 |
| 51 | 20231124 | 行业协会商会诚信体系建设指南 | 一类 | 推荐性 | 北京市民政局 | 北京信用协会 |
| 52 | 20231125 | 老年人家居环境适老化改造服务规范 | 一类 | 推荐性 | 北京市民政局 | 中国电子工程设计院有限公司 |
| 53 | 20231126 | 拟新增耕地土壤环境质量调查技术规范 | 一类 | 推荐性 | 北京市农业农村局 | 北京市耕地建设保护中心 |
| 54 | 20231127 | 农用地（耕地）土壤污染状况调查技术规范 | 一类 | 推荐性 | 北京市农业农村局 | 北京市耕地建设保护中心 |
| 55 | 20231128 | 冬小麦农情监测技术规范 | 一类 | 推荐性 | 北京市农业农村局 | 北京市农业技术推广站 |
| 56 | 20231129 | 小麦喷灌水肥一体化技术规程 | 一类 | 推荐性 | 北京市农业农村局 | 北京市农业技术推广站 |
| 57 | 20231130 | 乡村振兴大数据　信息资源目录 | 一类 | 推荐性 | 北京市农业农村局 | 北京市数字农业农村促进中心 |
| 58 | 20231131 | 乡村振兴大数据　分析指标 | 一类 | 推荐性 | 北京市农业农村局 | 北京市数字农业农村促进中心 |
| 59 | 20231132 | 乡村振兴大数据　基础数据元与代码集 | 一类 | 推荐性 | 北京市农业农村局 | 北京市数字农业农村促进中心 |
| 60 | 20231133 | 乡村振兴大数据　交换和共享规范 | 一类 | 推荐性 | 北京市农业农村局 | 北京市数字农业农村促进中心 |
| 61 | 20231134 | 金鱼种质资源保护技术规范 | 一类 | 推荐性 | 北京市农业农村局 | 北京市水产技术推广站 |
| 62 | 20231135 | 水生野生动物收容救护规程 | 一类 | 推荐性 | 北京市农业农村局 | 北京市水生野生动植物救护中心 |
| 63 | 20231136 | 西甜瓜嫁接种苗生产技术规程 | 一类 | 推荐性 | 北京市农业农村局 | 北京市种子管理站 |
| 64 | 20231137 | 气象观测铁塔运行维护要求 | 一类 | 推荐性 | 北京市气象局 | 北京市大兴区气象局 |
| 65 | 20231138 | 碘 -131 核素治疗病房的辐射防护与安全管理要求 | 一类 | 推荐性 | 北京市生态环境局 | 北京华克智星医疗技术研究院有限公司 |
| 66 | 20231139 | 关停工业企业原址用地土壤污染风险筛查指南 | 一类 | 推荐性 | 北京市生态环境局 | 北京市生态环境保护科学研究院 |
| 67 | 20231140 | 大型底栖无脊椎动物环境 DNA 监测技术规范 | 一类 | 推荐性 | 北京市生态环境局 | 北京市生态环境监测中心 |
| 68 | 20231141 | 地表水光谱法自动监测技术规范 | 一类 | 推荐性 | 北京市生态环境局 | 北京市生态环境监测中心 |

续表

| 序号 | 项目编号 | 项目名称 | 项目类别 | 标准性质 | 行业主管部门 | 主要起草单位 |
|---|---|---|---|---|---|---|
| 69 | 20231142 | 河湖水生态环境质量监测与评价技术指南 | 一类 | 推荐性 | 北京市生态环境局 | 北京市生态环境监测中心 |
| 70 | 20231143 | 重点建设用地土壤污染遥感监测技术规范 | 一类 | 推荐性 | 北京市生态环境局 | 北京市生态环境监测中心 |
| 71 | 20231144 | 工业园区土壤污染防治方案编制指南 | 一类 | 推荐性 | 北京市生态环境局 | 北京市生态环境局 |
| 72 | 20231145 | 产业园区规划环境影响评价技术指南　碳排放 | 一类 | 推荐性 | 北京市生态环境局 | 北京市生态环境评估与投诉中心 |
| 73 | 20231146 | 建设项目环境影响评价技术指南　矿区修复治理工程 | 一类 | 推荐性 | 北京市生态环境局 | 北京市生态环境评估与投诉中心 |
| 74 | 20231147 | 低碳出行碳减排量核算技术规范 | 一类 | 推荐性 | 北京市生态环境局 | 北京市应对气候变化管理事务中心 |
| 75 | 20231148 | 碳市场核查技术规程 | 一类 | 推荐性 | 北京市生态环境局 | 北京市应对气候变化管理事务中心 |
| 76 | 20231149 | 食品生产企业质量管理规范　第2部分：巴氏杀菌乳 | 一类 | 推荐性 | 北京市市场监督管理局 | 北京市食品检验研究院（北京市食品安全监控和风险评估中心） |
| 77 | 20231150 | 食品生产企业质量管理规范　第3部分：焙炒咖啡 | 一类 | 推荐性 | 北京市市场监督管理局 | 北京市食品检验研究院（北京市食品安全监控和风险评估中心） |
| 78 | 20231151 | 能源计量器具配置和管理规范　电子器件制造业 | 一类 | 推荐性 | 北京市市场监督管理局 | 北京优量云产业计量技术创新研究院有限公司 |
| 79 | 20231152 | 能源计量器具配置和管理规范　热泵系统 | 一类 | 推荐性 | 北京市市场监督管理局 | 华清安泰能源股份有限公司 |
| 80 | 20231153 | 城镇排水管网及泵站养护管理企业安全生产规范 | 一类 | 推荐性 | 北京市水务局 | 北京北排建设有限公司 |
| 81 | 20231154 | 村庄供水站建设导则 | 一类 | 推荐性 | 北京市水务局 | 北京市供水管理事务中心 |
| 82 | 20231155 | 南水北调工程阀井（室）建设与管理导则 | 一类 | 推荐性 | 北京市水务局 | 北京市南水北调环线管理处 |
| 83 | 20231156 | 水利行业优质工程质量评价规范 | 一类 | 推荐性 | 北京市水务局 | 北京市水利工程质量与安全监督中心站 |
| 84 | 20231157 | 水务工程施工现场安全生产管理导则 | 一类 | 推荐性 | 北京市水务局 | 北京市水利工程质量与安全监督中心站 |
| 85 | 20231158 | 水利工程巡视检查作业规范 | 一类 | 推荐性 | 北京市水务局 | 北京市水务局 |

续表

| 序号 | 项目编号 | 项目名称 | 项目类别 | 标准性质 | 行业主管部门 | 主要起草单位 |
|---|---|---|---|---|---|---|
| 86 | 20231159 | 大型输水管道隐患检测规范 | 一类 | 推荐性 | 北京市水务局 | 北京市水务局 |
| 87 | 20231160 | 水务物联感知数据传输与接入技术导则 | 一类 | 推荐性 | 北京市水务局 | 北京市智慧水务发展研究院 |
| 88 | 20231161 | 健身房服务规范 | 一类 | 推荐性 | 北京市体育局 | 国家体育总局体育科学研究所 |
| 89 | 20231162 | 烈士纪念单位服务与管理规范 | 一类 | 推荐性 | 北京市退役军人事务局 | 北京市退役军人事务局 |
| 90 | 20231163 | 队列研究基本信息数据元规范 | 一类 | 推荐性 | 北京市卫生健康委员会 | 北京大学 |
| 91 | 20231164 | 恶性肿瘤临床研究数据集：肾癌 | 一类 | 推荐性 | 北京市卫生健康委员会 | 北京大学第三医院 |
| 92 | 20231165 | 运动创伤数据集　第 1 部分：通则 | 一类 | 推荐性 | 北京市卫生健康委员会 | 北京大学第三医院 |
| 93 | 20231166 | 运动创伤数据集　第 2 部分：膝关节 | 一类 | 推荐性 | 北京市卫生健康委员会 | 北京大学第三医院 |
| 94 | 20231167 | 运动创伤数据集　第 3 部分：踝关节 | 一类 | 推荐性 | 北京市卫生健康委员会 | 北京大学第三医院 |
| 95 | 20231168 | 血液净化室内交叉感染预防规范 | 一类 | 推荐性 | 北京市卫生健康委员会 | 北京大学人民医院 |
| 96 | 20231169 | 心理援助热线服务与管理规范 | 一类 | 推荐性 | 北京市卫生健康委员会 | 北京回龙观医院 |
| 97 | 20231170 | 急救车洗消站运行规范 | 一类 | 推荐性 | 北京市卫生健康委员会 | 北京急救中心 |
| 98 | 20231171 | 直升机急救工作站设置与运行规范 | 一类 | 推荐性 | 北京市卫生健康委员会 | 北京急救中心 |
| 99 | 20231172 | 医疗机构安宁疗护服务规范 | 一类 | 推荐性 | 北京市卫生健康委员会 | 北京老年医院 |
| 100 | 20231173 | 职业健康检查质量控制规范 肺功能 | 一类 | 推荐性 | 北京市卫生健康委员会 | 北京市疾病预防控制中心 |
| 101 | 20231174 | 中药饮片再加工服务规范 | 一类 | 推荐性 | 北京市卫生健康委员会 | 北京中医药大学东直门医院 |
| 102 | 20231175 | 临床生物样本库质量技术要求 | 一类 | 推荐性 | 北京市卫生健康委员会 | 首都医科大学附属北京安贞医院 |
| 103 | 20231176 | 儿童血液透析质量管理与控制规范 | 一类 | 推荐性 | 北京市卫生健康委员会 | 首都医科大学附属北京儿童医院 |

续表

| 序号 | 项目编号 | 项目名称 | 项目类别 | 标准性质 | 行业主管部门 | 主要起草单位 |
|---|---|---|---|---|---|---|
| 104 | 20231177 | 大型活动医疗保障筹备通用要求 | 一类 | 推荐性 | 北京市卫生健康委员会 | 首都医科大学附属北京友谊医院 |
| 105 | 20231178 | 文物建筑室内装饰装修技术规范 | 一类 | 推荐性 | 北京市文物局 | 北京房地集团有限公司 |
| 106 | 20231179 | 石刻文物拓印规范 | 一类 | 推荐性 | 北京市文物局 | 北京石刻艺术博物馆 |
| 107 | 20231180 | 文物保护单位无障碍设施设置规范 | 一类 | 推荐性 | 北京市文物局 | 北京市文物局 |
| 108 | 20231181 | 文物艺术品数据元规范　第4部分：玉器 | 一类 | 推荐性 | 北京市文物局 | 北京天石网通科技有限责任公司 |
| 109 | 20231182 | 不可移动文物灾害防御指南 | 一类 | 推荐性 | 北京市文物局 | 中国水利水电科学研究院 |
| 110 | 20231183 | 社会单位消防安全管理人员能力评估指南 | 一类 | 推荐性 | 北京市消防救援总队 | 朝阳区消防救援支队 |
| 111 | 20231184 | 社会单位和重点场所消防安全管理规范　第16部分：城市轨道交通 | 一类 | 推荐性 | 北京市消防救援总队 | 北京市消防救援总队轨道交通支队 |
| 112 | 20231185 | 社会单位和重点场所消防安全管理规范　第17部分：托育机构 | 一类 | 推荐性 | 北京市消防救援总队 | 石景山区消防救援支队 |
| 113 | 20231186 | 社会单位和重点场所消防安全管理规范　第18部分：邮政快递企业 | 一类 | 推荐性 | 北京市消防救援总队 | 顺义区消防救援支队 |
| 114 | 20231187 | 社会单位和重点场所消防安全管理规范　第19部分：宗教活动场所 | 一类 | 推荐性 | 北京市消防救援总队 | 顺义区消防救援支队 |
| 115 | 20231188 | 社会单位和重点场所消防安全管理规范　第20部分：机动车维修企业 | 一类 | 推荐性 | 北京市消防救援总队 | 建研防火科技有限公司 |
| 116 | 20231189 | 消防应急通信系统建设规范 | 一类 | 推荐性 | 北京市消防救援总队 | 西城区消防救援支队 |
| 117 | 20231190 | 消防物联网监控系统数据采集与平台兼容性技术规范 | 一类 | 推荐性 | 北京市消防救援总队 | 中关村科学城城市大脑股份有限公司 |
| 118 | 20231191 | 餐饮服务单位使用丙类液体消防管理规范 | 一类 | 推荐性 | 北京市消防救援总队 | 中国中元国际工程有限公司 |
| 119 | 20231192 | 超高层建筑应急管理体系建设规范 | 一类 | 推荐性 | 北京市应急管理局 | 北京市应急管理局 |
| 120 | 20231193 | 大型商业综合体应急管理体系建设规范 | 一类 | 推荐性 | 北京市应急管理局 | 北京市应急管理局 |

续表

| 序号 | 项目编号 | 项目名称 | 项目类别 | 标准性质 | 行业主管部门 | 主要起草单位 |
|---|---|---|---|---|---|---|
| 121 | 20231194 | 防汛隐患排查治理规范　城镇房屋 | 一类 | 推荐性 | 北京市应急管理局 | 北京市应急管理局 |
| 122 | 20231195 | 防汛隐患排查治理规范　在建工程 | 一类 | 推荐性 | 北京市应急管理局 | 北京市应急管理局 |
| 123 | 20231196 | 防汛隐患排查治理规范　市政基础设施 | 一类 | 推荐性 | 北京市应急管理局 | 北京市科学技术研究院城市系统工程研究所 |
| 124 | 20231197 | 防汛隐患排查治理规范　旅游景区 | 一类 | 推荐性 | 北京市应急管理局<br>北京市文化和旅游局 | 北京市科学技术研究院城市系统工程研究所 |
| 125 | 20231198 | 防汛隐患排查治理规范　城镇内涝 | 一类 | 推荐性 | 北京市应急管理局<br>北京市水务局 | 北京市应急管理局 |
| 126 | 20231199 | 防汛隐患排查治理规范　山洪地质灾害 | 一类 | 推荐性 | 北京市应急管理局<br>北京市水务局 | 北京市政路桥管理养护集团 |
| 127 | 20231200 | 防汛隐患排查治理规范　水利工程 | 一类 | 推荐性 | 北京市应急管理局<br>北京市水务局 | 中国水利水电科学研究院 |
| 128 | 20231201 | 公园应急管理体系建设规范 | 一类 | 推荐性 | 北京市应急管理局 | 北京市应急管理局 |
| 129 | 20231202 | 医院应急管理体系建设规范 | 一类 | 推荐性 | 北京市应急管理局 | 北京市应急管理局 |
| 130 | 20231203 | 养老服务机构应急管理体系建设规范 | 一类 | 推荐性 | 北京市应急管理局<br>北京市民政局 | 北京市应急管理局 |
| 131 | 20231204 | 实验室危险化学品安全管理规范　第3部分：科研单位 | 一类 | 推荐性 | 北京市应急管理局 | 北京市应急管理局 |
| 132 | 20231205 | 危险化学品企业安全操作规程编制要求 | 一类 | 推荐性 | 北京市应急管理局 | 北京市应急管理局 |
| 133 | 20231206 | 危险化学品生产装置和储存设施长期停用安全管理规范 | 一类 | 推荐性 | 北京市应急管理局 | 北京市应急管理局 |
| 134 | 20231207 | 应急避难场所　场址及配套设施 | 一类 | 推荐性 | 北京市应急管理局 | 北京市应急管理局 |
| 135 | 20231208 | 应急避难场所分级及分类 | 一类 | 推荐性 | 北京市应急管理局 | 北京市应急管理局 |
| 136 | 20231209 | 应急避难场所评估指南 | 一类 | 推荐性 | 北京市应急管理局 | 北京市应急管理局 |
| 137 | 20231210 | 重大活动应急预案编制指南 | 一类 | 推荐性 | 北京市应急管理局 | 北京市应急管理局 |
| 138 | 20231211 | 城市韧性评价导则 | 一类 | 推荐性 | 北京市应急管理局 | 北京市应急管理科学技术研究院 |
| 139 | 20231212 | 社区韧性评价导则 | 一类 | 推荐性 | 北京市应急管理局 | 北京市应急管理科学技术研究院 |
| 140 | 20231213 | 森林火险指标体系和分级指南 | 一类 | 推荐性 | 北京市应急管理局 | 北京市应急管理科学技术研究院 |

续表

| 序号 | 项目编号 | 项目名称 | 项目类别 | 标准性质 | 行业主管部门 | 主要起草单位 |
|---|---|---|---|---|---|---|
| 141 | 20231214 | 生产经营单位安全生产台账基础数据元规范 | 一类 | 推荐性 | 北京市应急管理局 | 北京市应急指挥保障中心 |
| 142 | 20231215 | 生态型宿根植物容器播种繁育技术规程 | 一类 | 推荐性 | 北京市园林绿化局 | 北京林木种苗产业协会 |
| 143 | 20231216 | 绿化隔离地区公园建设与管理规范 | 一类 | 推荐性 | 北京市园林绿化局 | 北京林业大学 |
| 144 | 20231217 | 园林绿化生态系统监测网络数据处理技术规范 | 一类 | 推荐性 | 北京市园林绿化局<br>北京市生态环境局 | 北京林业大学 |
| 145 | 20231218 | 果品产地采样技术规范 | 一类 | 推荐性 | 北京市园林绿化局 | 北京市农林科学院 |
| 146 | 20231219 | 浆果类水果采后处理技术规范 | 一类 | 推荐性 | 北京市园林绿化局 | 北京市农林科学院 |
| 147 | 20231220 | 林下郁金香种球繁育技术规程 | 一类 | 推荐性 | 北京市园林绿化局 | 北京市农林科学院 |
| 148 | 20231221 | 水果生产质量安全控制规范 | 一类 | 推荐性 | 北京市园林绿化局 | 北京市农林科学院 |
| 149 | 20231222 | 陆生野生动物收容救护技术规范 | 一类 | 推荐性 | 北京市园林绿化局 | 北京市野生动物救护中心 |
| 150 | 20231223 | 园林绿化植物废弃物基质制备和应用技术规范 | 一类 | 推荐性 | 北京市园林绿化局 | 北京市园林绿化科学研究院 |
| 151 | 20231224 | 水鸟同步调查技术规范 | 一类 | 推荐性 | 北京市园林绿化局<br>北京市水务局 | 北京市园林绿化资源保护中心（北京市园林绿化局审批服务中心） |
| 152 | 20231225 | 树木健康管理服务指南 | 一类 | 推荐性 | 北京市园林绿化局 | 北京树木医学研究会 |
| 153 | 20231226 | 园林绿化废弃物热处理技术规范 | 一类 | 推荐性 | 北京市园林绿化局 | 中国林业科学研究院木材工业研究所 |
| 154 | 20231227 | 园林绿化科普基地建设技术导则 | 一类 | 推荐性 | 北京市园林绿化局 | 中国林业科学研究院生态保护与修复研究所 |
| 155 | 20231228 | 湿地有害生物绿色防治技术规程 | 一类 | 推荐性 | 北京市园林绿化局 | 中国农业大学 |
| 156 | 20231229 | 政务服务中心服务评价规范 | 一类 | 推荐性 | 北京市政务服务管理局 | 北京新广视通科技集团有限公司 |
| 157 | 20231230 | 公众参与政务服务“好差评”规范 | 一类 | 推荐性 | 北京市政务服务管理局 | 中国科学院科技战略咨询研究院 |
| 158 | 20231231 | 建筑外墙外保温检验检测技术规程 | 一类 | 推荐性 | 北京市住房和城乡建设委员会 | 奥来国信（北京）检测技术有限责任公司 |
| 159 | 20231232 | 外保温复合装饰线应用技术规程 | 一类 | 推荐性 | 北京市住房和城乡建设委员会 | 奥来国信（北京）检测术有限责任公司 |
| 160 | 20231233 | 城市轨道交通工程盖挖法施工技术规程 | 一类 | 推荐性 | 北京市住房和城乡建设委员会 | 北京城建集团有限责任公司 |

续表

| 序号 | 项目编号 | 项目名称 | 项目类别 | 标准性质 | 行业主管部门 | 主要起草单位 |
|---|---|---|---|---|---|---|
| 161 | 20231234 | 城市轨道交通工程地质风险防控技术规范 | 一类 | 推荐性 | 北京市住房和城乡建设委员会 | 北京城建设计发展集团股份有限公司 |
| 162 | 20231235 | 城市轨道交通工程盾构吊装技术规程 | 一类 | 推荐性 | 北京市住房和城乡建设委员会 | 北京盾构工程协会 |
| 163 | 20231236 | 临近地铁房屋建筑弹性垫隔振施工技术规程 | 一类 | 推荐性 | 北京市住房和城乡建设委员会 | 北京建工四建工程建设有限公司 |
| 164 | 20231237 | 建筑垃圾再生材料透水地面铺装技术规程 | 一类 | 推荐性 | 北京市住房和城乡建设委员会 | 北京建筑大学 |
| 165 | 20231238 | 建设工程电子文件与电子档案管理规程 | 一类 | 推荐性 | 北京市住房和城乡建设委员会 | 北京企业联合会 |
| 166 | 20231239 | 老旧小区综合整治评价标准 | 一类 | 推荐性 | 北京市住房和城乡建设委员会 | 北京三茂建筑工程检测鉴定有限公司 |
| 167 | 20231240 | 建筑消防工程信息模型数据存储与交互标准 | 一类 | 推荐性 | 北京市住房和城乡建设委员会 | 北京时代凌宇科技股份有限公司 |
| 168 | 20231241 | 城市轨道交通工程突发事件应急预案编制标准 | 一类 | 推荐性 | 北京市住房和城乡建设委员会 | 北京市轨道交通建设管理有限公司 |
| 169 | 20231242 | 建设工程施工消耗量标准 | 一类 | 推荐性 | 北京市住房和城乡建设委员会 | 北京市建设工程造价管理总站 |
| 170 | 20231243 | 建筑工程施工现场技能工人配备标准 | 一类 | 推荐性 | 北京市住房和城乡建设委员会 | 北京市建设监理协会 |
| 171 | 20231244 | 超低能耗公共建筑节能工程施工及验收规程 | 一类 | 推荐性 | 北京市住房和城乡建设委员会 | 北京住总集团有限责任公司 |
| 172 | 20231245 | 超低能耗农宅技术规程 | 一类 | 推荐性 | 北京市住房和城乡建设委员会 | 北京住总集团有限责任公司 |
| 173 | 20231246 | 住宅全装修评价标准 | 一类 | 推荐性 | 北京市住房和城乡建设委员会 | 中国房地产业协会 |
| 174 | 20231247 | 保温装饰复合混凝土外墙板应用技术规程 | 一类 | 推荐性 | 北京市住房和城乡建设委员会 | 中国建筑科学研究院有限公司 |
| 175 | 20231248 | 既有建筑外门窗改造及验收技术规范 | 一类 | 推荐性 | 北京市住房和城乡建设委员会 | 中国建筑科学研究院有限公司 |
| 176 | 20231249 | 脚手架钢板立网防护应用技术规程 | 一类 | 推荐性 | 北京市住房和城乡建设委员会 | 中建二局第三建筑工程有限公司 |
| 177 | 20231250 | 既有高层建筑更新改造施工技术规程 | 一类 | 推荐性 | 北京市住房和城乡建设委员会 | 中建一局集团建设发展有限公司 |
| 178 | 20231251 | 照片档案数字化修复规范 | 一类 | 推荐性 | 北京市档案局 | 北京市档案馆 |

续表

| 序号 | 项目编号 | 项目名称 | 项目类别 | 标准性质 | 行业主管部门 | 主要起草单位 |
|---|---|---|---|---|---|---|
| 179 | 20232001 | 地震台站建设技术规范 | 二类 | 推荐性 | 北京市地震局 | 北京地震台 |
| 180 | 20232002 | 餐饮外卖商户绿色包装使用指南 | 二类 | 推荐性 | 北京市发展和改革委员会 | 中国出口商品包装研究所 |
| 181 | 20232003 | 地籍调查技术规程 | 二类 | 推荐性 | 北京市规划和自然资源委员会 | 北京市测绘设计研究院 |
| 182 | 20232004 | 国土空间规划“一张图”实施监督信息系统数据标准 | 二类 | 推荐性 | 北京市规划和自然资源委员会 | 北京市城市规划设计研究院 |
| 183 | 20232005 | 液氢燃料电池电动商用车　车载液氢系统通用技术规范 | 二类 | 推荐性 | 北京市经济和信息化局 | 北京汽车行业协会 |
| 184 | 20232006 | 科学技术研究项目立项评审规范 | 二类 | 推荐性 | 北京市科学技术委员会 | 北京科技审评中心<br>北京市科学技术研究院 |
| 185 | 20232007 | 设施农业低温寡照灾害风险调查技术规范 | 二类 | 推荐性 | 北京市气象局 | 北京市通州区气象局 |
| 186 | 20232008 | 社区菜市场智慧化设置规范 | 二类 | 推荐性 | 北京市商务局 | 北京国际经贸标准化促进会 |
| 187 | 20232009 | 餐饮行业食品减损技术指南 | 二类 | 推荐性 | 北京市商务局 | 北京烹饪协会 |
| 188 | 20232010 | 气候友好型评价指标体系　通则 | 二类 | 推荐性 | 北京市生态环境局 | 北京市应对气候变化管理事务中心 |
| 189 | 20232011 | 气候友好型园区评价指标体系 | 二类 | 推荐性 | 北京市生态环境局 | 北京市应对气候变化管理事务中心 |
| 190 | 20232012 | 大中型泵站维修养护规范 | 二类 | 推荐性 | 北京市水务局 | 北京市南水北调团城湖管理处 |
| 191 | 20232013 | 居民小区排水服务规范 | 二类 | 推荐性 | 北京市水务局 | 北京市排水管理事务中心 |
| 192 | 20232014 | 村镇排水防涝技术规范 | 二类 | 推荐性 | 北京市水务局 | 北京市水务局 |
| 193 | 20232015 | 积水内涝风险地图编制导则 | 二类 | 推荐性 | 北京市水务局 | 北京市水务局 |
| 194 | 20232016 | 临床麻醉质控数据元规范 | 二类 | 推荐性 | 北京市卫生健康委员会 | 北京大学第三医院 |
| 195 | 20232017 | 人类辅助生殖技术质量监测与评价规范 | 二类 | 推荐性 | 北京市卫生健康委员会 | 北京大学第三医院 |
| 196 | 20232018 | 医疗机构“互联网＋孕期保健”服务指南 | 二类 | 推荐性 | 北京市卫生健康委员会 | 北京大学第三医院 |
| 197 | 20232019 | 浆细胞疾病早期筛查管理和服务规范 | 二类 | 推荐性 | 北京市卫生健康委员会 | 北京大学人民医院 |

续表

| 序号 | 项目编号 | 项目名称 | 项目类别 | 标准性质 | 行业主管部门 | 主要起草单位 |
|---|---|---|---|---|---|---|
| 198 | 20232020 | 临床生物样本库专业技术人员能力要求 | 二类 | 推荐性 | 北京市卫生健康委员会 | 首都医科大学附属北京友谊医院 |
| 199 | 20232021 | 长城文物保护工程勘查规范 | 二类 | 推荐性 | 北京市文物局 | 北京市考古研究院 |
| 200 | 20232022 | 古建筑传统灰浆制作技术规范 | 二类 | 推荐性 | 北京市文物局 | 北京市考古研究院 |
| 201 | 20232023 | 火灾延伸调查工作指南　第1部分：总则 | 二类 | 推荐性 | 北京市消防救援总队 | 海淀区消防救援支队 |
| 202 | 20232024 | 城镇燃气室内爆炸事故调查技术规范 | 二类 | 推荐性 | 北京市应急管理局 | 北京市应急管理局 |
| 203 | 20232025 | 企业安全生产信用评价规范　第1部分：通则 | 二类 | 推荐性 | 北京市应急管理局 | 北京市应急管理局 |
| 204 | 20232026 | 企业安全生产信用评价规范　第2部分：指标体系 | 二类 | 推荐性 | 北京市应急管理局 | 北京市应急管理局 |
| 205 | 20232027 | 森林消防综合应急救援指挥通信系统建设要求 | 二类 | 推荐性 | 北京市应急管理局 | 北京市应急管理局 |
| 206 | 20232028 | 应急避难场所运维技术导则 | 二类 | 推荐性 | 北京市应急管理局 | 北京市应急管理局 |
| 207 | 20232029 | 湿地碳储量计量监测技术规范 | 二类 | 推荐性 | 北京市园林绿化局 | 中国林业科学研究院生态保护与修复研究所 |
| 208 | 20232030 | 裹覆保温板应用技术规程 | 二类 | 推荐性 | 北京市住房和城乡建设委员会 | 奥来国信（北京）检测技术有限责任公司 |
| 209 | 20232031 | 传统村落民居维护技术规程 | 二类 | 推荐性 | 北京市住房和城乡建设委员会 | 北京工业大学 |
| 210 | 20232032 | 城市轨道交通工程竣工模型交付标准 | 二类 | 推荐性 | 北京市住房和城乡建设委员会 | 北京市政路桥股份有限公司 |
| 211 | 20232033 | 低碳建造施工技术规程 | 二类 | 推荐性 | 北京市住房和城乡建设委员会 | 中国建筑一局（集团）有限公司 |

# 2023年北京市地方标准修订项目计划（第一批）

| 序号 | 项目编号 | 项目名称 | 项目类别 | 标准性质 | 行业主管部门 | 主要起草单位 | 被修订标准号 |
|---|---|---|---|---|---|---|---|
| 1 | 20231001 | 燃气室内工程设计施工验收技术规范 | 一类 | 推荐性 | 北京市城市管理委员会 | 北京城市管理科技协会 | DB11/T 301—2017 |
| 2 | 20231002 | 小型液化天然气瓶（组）供气系统 技术规范 | 一类 | 推荐性 | 北京市城市管理委员会 | 北京城市管理科技协会 | DB11/T 1387—2017 |
| 3 | 20231003 | 环卫车辆功能要求　第1部分：生活垃圾运输车辆 | 一类 | 推荐性 | 北京市城市管理委员会 | 北京环境工程技术有限公司 | DB11/T 1390.1—2017 |
| 4 | 20231004 | 液化石油气、压缩天然气和液化天然气供应站安全运行技术规程 | 一类 | 推荐性 | 北京市城市管理委员会 | 北京市城市管理委员会 | DB11/T 451—2017 |
| 5 | 20231005 | 安全生产等级评定技术规范　第19部分：环卫从业单位 | 一类 | 推荐性 | 北京市城市管理委员会 | 北京市城市管理研究院 | DB11/T 1322.19—2017 |
| 6 | 20231006 | 管道燃气用户安全巡检技术规程 | 一类 | 强制性 | 北京市城市管理委员会 | 北京城市管理科技协会 | DB11/ 1450—2017 |
| 7 | 20231007 | 用能单位能源审计报告编制与审核技术规范 | 一类 | 推荐性 | 北京市发展和改革委员会 | 北京北科能环能源环境科技有限公司 | DB11/T 1205—2015<br>DB11/T 1206—2015 |
| 8 | 20231008 | 燃气工业锅炉节能监测 | 一类 | 推荐性 | 北京市发展和改革委员会 | 北京节能技术监测中心 | DB11/T 1231—2015 |
| 9 | 20231009 | 节能量审核指南 | 一类 | 推荐性 | 北京市发展和改革委员会 | 中标合信（北京）认证有限公司 | DB11/T 1641—2019<br>DB11/T 1642—2019 |
| 10 | 20231010 | 大型群众性活动安全检查规范 | 一类 | 推荐性 | 北京市公安局 | 北京市公安局防恐怖和特警总队 | DB11/ 780—2011 |
| 11 | 20231011 | 道路交通管理设施设置规范　第1部分：道路交通标志 | 一类 | 推荐性 | 北京市公安局 | 北京市公安局公安交通管理局 | DB11/T 493.1—2007 |
| 12 | 20231012 | 门牌、楼牌　设置规范 | 一类 | 推荐性 | 北京市公安局 | 北京市公安局人口基层总队 | DB11/T 856—2012 |
| 13 | 20231013 | 住宅全装修设计标准 | 一类 | 推荐性 | 北京市规划和自然资源委员会 | 中国建筑设计研究院有限公司 | DB11/T 1197—2015 |

续表

| 序号 | 项目编号 | 项目名称 | 项目类别 | 标准性质 | 行业主管部门 | 主要起草单位 | 被修订标准号 |
|---|---|---|---|---|---|---|---|
| 14 | 20231014 | 城市轨道交通线路客流预测规范 | 一类 | 推荐性 | 北京市交通委员会 | 北京市交通发展研究院 | DB11/T 786—2011 |
| 15 | 20231015 | 公共汽电车站台规范 | 一类 | 推荐性 | 北京市交通委员会 | 北京市交通发展研究院 | DB11/T 650—2016 |
| 16 | 20231016 | 数据中心能源效率限额 | 一类 | 推荐性 | 北京市经济和信息化局 | 北京节能环保促进会 | DB11/T 1139—2019 |
| 17 | 20231017 | 儿童福利机构常见病患儿养护技术规范 | 一类 | 推荐性 | 北京市民政局 | 北京市儿童福利院 | DB11/T 1140—2014 |
| 18 | 20231018 | 老年人能力综合评估规范 | 一类 | 推荐性 | 北京市民政局、北京市卫生健康委员会 | 北京一福养老服务中心 | DB11/T 1754—2020 |
| 19 | 20231019 | 兽药贮存管理规范 | 一类 | 推荐性 | 北京市农业农村局 | 北京市动物疫病预防控制中心 | DB11/T 790—2011 |
| 20 | 20231020 | 雷电防护装置日常维护规程 | 一类 | 推荐性 | 北京市气象局 | 北京市气候中心 | DB11/T 1636—2019 |
| 21 | 20231021 | 人力资源服务规范　第1部分：通则 | 一类 | 推荐性 | 北京市人力资源和社会保障局 | 北京市公共人力资源服务中心 | DB11/T 3008.1—2018 |
| 22 | 20231022 | 人力资源服务规范　第2部分：求职招聘服务 | 一类 | 推荐性 | 北京市人力资源和社会保障局 | 北京市公共人力资源服务中心 | DB11/T 3008.2—2018 |
| 23 | 20231023 | 人力资源服务规范　第3部分：招聘洽谈会 | 一类 | 推荐性 | 北京市人力资源和社会保障局 | 北京市公共人力资源服务中心 | DB11/T 3008.3—2018 |
| 24 | 20231024 | 人力资源服务规范　第4部分：信息网络服务 | 一类 | 推荐性 | 北京市人力资源和社会保障局 | 北京市公共人力资源服务中心 | DB11/T 3008.4—2018 |
| 25 | 20231025 | 人力资源服务规范　第5部分：高级人才寻访 | 一类 | 推荐性 | 北京市人力资源和社会保障局 | 北京市公共人力资源服务中心 | DB11/T 3008.5—2018 |
| 26 | 20231026 | 人力资源服务规范　第6部分：职业指导服务 | 一类 | 推荐性 | 北京市人力资源和社会保障局 | 北京市公共人力资源服务中心 | DB11/T 3008.6—2018 |
| 27 | 20231027 | 人力资源服务规范　第7部分：素质测评服务 | 一类 | 推荐性 | 北京市人力资源和社会保障局 | 北京市公共人力资源服务中心 | DB11/T 3008.7—2018 |
| 28 | 20231028 | 人力资源服务规范　第8部分：培训服务 | 一类 | 推荐性 | 北京市人力资源和社会保障局 | 北京市公共人力资源服务中心 | DB11/T 3008.8—2018 |
| 29 | 20231029 | 人力资源服务规范　第9部分：人力资源管理咨询服务 | 一类 | 推荐性 | 北京市人力资源和社会保障局 | 北京市公共人力资源服务中心 | DB11/T 3008.9—2018 |
| 30 | 20231030 | 人力资源服务规范　第10部分：流动人员人事档案管理服务 | 一类 | 推荐性 | 北京市人力资源和社会保障局 | 北京市公共人力资源服务中心 | DB11/T 3008.10—2018 |

续表

| 序号 | 项目编号 | 项目名称 | 项目类别 | 标准性质 | 行业主管部门 | 主要起草单位 | 被修订标准号 |
|---|---|---|---|---|---|---|---|
| 31 | 20231031 | 人力资源服务规范　第11部分：人力资源外包服务 | 一类 | 推荐性 | 北京市人力资源和社会保障局 | 北京市公共人力资源服务中心 | DB11/T 3008.11—2018 |
| 32 | 20231032 | 人力资源服务规范　第12部分：劳务派遣 | 一类 | 推荐性 | 北京市人力资源和社会保障局 | 北京市公共人力资源服务中心 | DB11/T 3008.12—2018 |
| 33 | 20231033 | 人力资源服务机构等级划分与评定 | 一类 | 推荐性 | 北京市人力资源和社会保障局 | 北京市公共人力资源服务中心 | DB11/T 3009—2018 |
| 34 | 20231034 | 储油库油气排放控制和限值 | 一类 | 强制性 | 北京市生态环境局 | 北京市机动车排放管理事务中心 | DB11/ 206—2010 |
| 35 | 20231035 | 油罐车油气排放控制和限值 | 一类 | 强制性 | 北京市生态环境局 | 北京市机动车排放管理事务中心 | DB11/ 207—2010 |
| 36 | 20231036 | 加油站油气排放控制和限值 | 一类 | 强制性 | 北京市生态环境局 | 北京市机动车排放管理事务中心 | DB11/ 208—2019 |
| 37 | 20231037 | 危险废物焚烧大气污染物排放标准 | 一类 | 强制性 | 北京市生态环境局 | 北京市生态环境局 | DB11/ 503—2007 |
| 38 | 20231038 | 高等学校低碳校园评价技术导则 | 一类 | 推荐性 | 北京市生态环境局 | 北京市应对气候变化管理事务中心 | DB11/T 1404—2017 |
| 39 | 20231039 | 电梯安装维修作业安全规范 | 一类 | 推荐性 | 北京市市场监督管理局 | 北京市特种设备检验检测研究院 | DB11/T 419—2007 |
| 40 | 20231040 | 地下工程建设中城镇排水设施保护技术规程 | 一类 | 推荐性 | 北京市水务局 | 北京北排建设有限公司 | DB11/T 1276—2015 |
| 41 | 20231041 | 公共卫生信息数据元属性与值域代码 | 一类 | 推荐性 | 北京市卫生健康委员会 | 北京市卫生健康大数据与政策研究中心 | DB11/T 320—2017 |
| 42 | 20231042 | 中医药文化旅游基地设施与服务要求 | 一类 | 推荐性 | 北京市文化和旅游局 | 北京中医生态文化研究会 | DB11/T 1489—2017 |
| 43 | 20231043 | 文物建筑消防设施设置规范 | 一类 | 推荐性 | 北京市文物局 | 中国建筑科学研究院有限公司 | DB11/T 791—2011 |
| 44 | 20231044 | 铝合金阻隔防爆材料清洗安全技术规范 | 一类 | 推荐性 | 北京市应急管理局 | 北京市应急管理局 | DB11/T 1449—2017 |
| 45 | 20231045 | 生产经营单位安全风险评估规范 | 一类 | 推荐性 | 北京市应急管理局 | 北京市应急管理局 | DB11/T 1478—2017 |
| 46 | 20231046 | 生产经营单位生产安全事故应急预案评审规范 | 一类 | 推荐性 | 北京市应急管理局 | 北京市应急管理科学技术研究院 | DB11/T 1481—2017 |
| 47 | 20231047 | 退化林修复技术规程 | 一类 | 推荐性 | 北京市园林绿化局 | 北京市园林绿化科学研究院 | DB11/T 793—2011 |

续表

| 序号 | 项目编号 | 项目名称 | 项目类别 | 标准性质 | 行业主管部门 | 主要起草单位 | 被修订标准号 |
|---|---|---|---|---|---|---|---|
| 48 | 20231048 | 林草品种审定技术规范 | 一类 | 推荐性 | 北京市园林绿化局 | 北京市园林绿化资源保护中心（北京市园林绿化局审批服务中心） | DB11/T 508—2017 |
| 49 | 20231049 | 城市轨道交通隧道工程注浆技术规程 | 一类 | 强制性 | 北京市住房和城乡建设委员会 | 北京城建科技促进会 | DB11/ 1444—2017 |
| 50 | 20231050 | 公共建筑节能运行管理与监测技术规程 | 一类 | 推荐性 | 北京市住房和城乡建设委员会 | 北京城建科技促进会 | DB11/T 1130—2014<br>DB11/T 1131—2014<br>DB11/T 1223—2015<br>DB11/T 1247—2015<br>DB11/T 1248—2015 |
| 51 | 20231051 | 建设工程施工现场安全防护、场容卫生及消防保卫标准　第2部分：防护设施 | 一类 | 推荐性 | 北京市住房和城乡建设委员会 | 北京城建科技促进会 | DB11/T 1469—2017 |
| 52 | 20231052 | 建筑墙体砌块结构自保温施工和验收规程 | 一类 | 推荐性 | 北京市住房和城乡建设委员会 | 北京城建科技促进会 | DB11/T 1106—2014 |
| 53 | 20231053 | 陶瓷墙地砖胶粘剂施工技术规程 | 一类 | 推荐性 | 北京市住房和城乡建设委员会 | 北京城建科技促进会 | DB11/T 344—2017 |
| 54 | 20231054 | 泡沫玻璃板建筑保温工程施工技术规程 | 一类 | 推荐性 | 北京市住房和城乡建设委员会 | 北京工业大学 | DB11/T 1103—2014 |
| 55 | 20231055 | 房屋建筑修缮工程定案和施工质量验收规程 | 一类 | 强制性 | 北京市住房和城乡建设委员会 | 北京建设工程质量检测和房屋建筑安全鉴定行业协会 | DB11/ 509—2017 |
| 56 | 20231056 | 民用建筑工程室内环境污染控制规程 | 一类 | 推荐性 | 北京市住房和城乡建设委员会 | 北京建设工程质量检测和房屋建筑安全鉴定行业协会 | DB11/T 1445—2017 |
| 57 | 20231057 | 自流平地面施工技术规程 | 一类 | 推荐性 | 北京市住房和城乡建设委员会 | 北京建筑材料检验研究院股份有限公司 | DB11/T 511—2017 |

续表

| 序号 | 项目编号 | 项目名称 | 项目类别 | 标准性质 | 行业主管部门 | 主要起草单位 | 被修订标准号 |
|---|---|---|---|---|---|---|---|
| 58 | 20231058 | 民用建筑能效测评标识标准 | 一类 | 推荐性 | 北京市住房和城乡建设委员会 | 北京建筑技术发展有限责任公司 | DB11/T 1006—2013<br>DB11/T 1198—2015<br>DB11/T 1249—2015 |
| 59 | 20231059 | 民用建筑太阳能热水系统应用技术规程 | 一类 | 推荐性 | 北京市住房和城乡建设委员会 | 北京建筑节能与环境工程协会 | DB11/T 461—2019 |
| 60 | 20231060 | 农村既有单层住宅建筑综合改造技术规程 | 一类 | 推荐性 | 北京市住房和城乡建设委员会 | 北京三茂建筑工程检测鉴定有限公司 | DB11/T 1199—2015 |
| 61 | 20231061 | 城市轨道交通工程资料管理规程 | 一类 | 推荐性 | 北京市住房和城乡建设委员会 | 北京市轨道交通建设管理有限公司 | DB11/T 1448—2017 |
| 62 | 20231062 | 地铁工程监控量测技术规程 | 一类 | 强制性 | 北京市住房和城乡建设委员会 | 北京市轨道交通建设管理有限公司 | DB11/ 490—2007 |
| 63 | 20231063 | 预拌混凝土质量管理规程 | 一类 | 推荐性 | 北京市住房和城乡建设委员会 | 北京市混凝土协会 | DB11/T 385—2019 |
| 64 | 20231064 | 建筑装饰工程石材应用技术规程 | 一类 | 强制性 | 北京市住房和城乡建设委员会 | 北京市建设工程物资协会 | DB11/ 512—2017 |
| 65 | 20231065 | 建筑工程资料管理规程 | 一类 | 推荐性 | 北京市住房和城乡建设委员会 | 北京市建设监理协会 | DB11/T 695—2017 |
| 66 | 20231066 | 城市道路工程施工质量检验标准 | 一类 | 推荐性 | 北京市住房和城乡建设委员会 | 北京市政建设集团有限责任公司 | DB11/T 1073—2014 |
| 67 | 20231067 | 城市桥梁工程施工质量检验标准 | 一类 | 推荐性 | 北京市住房和城乡建设委员会 | 北京市政建设集团有限责任公司 | DB11/ 1072—2014 |
| 68 | 20231068 | 排水管（渠）工程施工质量检验标准 | 一类 | 推荐性 | 北京市住房和城乡建设委员会 | 北京市政建设集团有限责任公司 | DB11/ 1071—2014 |
| 69 | 20231069 | 市政基础设施工程质量检验与验收标准 | 一类 | 强制性 | 北京市住房和城乡建设委员会 | 北京市政建设集团有限责任公司 | DB11/ 1070—2014 |
| 70 | 20231070 | 民用建筑节能现场检验标准 | 一类 | 推荐性 | 北京市住房和城乡建设委员会 | 北京中建建筑科学研究院有限公司 | DB11/T 555—2015 |
| 71 | 20231071 | 建设工程临建房屋应用技术标准 | 一类 | 强制性 | 北京市住房和城乡建设委员会 | 中国建筑一局（集团）有限公司 | DB11/ 693—2017 |
| 72 | 20231072 | 公共建筑能源审计技术通则 | 一类 | 推荐性 | 北京市住房和城乡建设委员会 | 建科环能科技有限公司 | DB11/T 1007—2013 |
| 73 | 20231073 | 居住建筑新风系统技术规程 | 一类 | 推荐性 | 北京市住房和城乡建设委员会 | 中国建筑科学研究院有限公司 | DB11/T 1525—2018 |

# 2023年北京市地方标准修订项目计划（第二批）

| 序号 | 项目编号 | 项目名称 | 项目类别 | 标准性质 | 行业主管部门 | 主要起草单位 | 被修订标准号 |
|---|---|---|---|---|---|---|---|
| 1 | 20231252 | 公路动态车辆称重设备技术要求及检验方法 | 一类 | 推荐性 | 北京市交通委员会 | 北京市计量检测科学研究院 | DB11/T 1374—2016 |
| 2 | 20231253 | 商品交易场所公平秤设置与管理规范 | 一类 | 推荐性 | 北京市市场监督管理局 | 北京市丰台区市场监督管理局 | DB11/T 1094—2014 |
| 3 | 20231254 | 体育场所安全运营管理规范　滑雪场所 | 一类 | 推荐性 | 北京市体育局 | 国家体育总局体育科学研究所 | DB11/T 875—2017 |
| 4 | 20231255 | 苗圃节水工程建设与管理规范 | 一类 | 推荐性 | 北京市园林绿化局 | 北京林业大学 | DB11/T 1499—2017 |
| 5 | 20231256 | 园林绿化网格化管理　第1部分：系统建设规范 | 一类 | 推荐性 | 北京市园林绿化局 | 北京市园林绿化大数据中心 | DB11/T 795.1—2011 |
| 6 | 20231257 | 园林给排水分项工程施工工艺规程 | 一类 | 推荐性 | 北京市园林绿化局 | 北京市园林绿化工程管理事务中心 | DB11/T 1435—2017 |
| 7 | 20231258 | 园林绿化工程施工及验收规范 | 一类 | 推荐性 | 北京市园林绿化局 | 北京市园林绿化工程管理事务中心 | DB11/T 212—2017 |
| 8 | 20231259 | 行道树栽植与养护管理技术规范 | 一类 | 推荐性 | 北京市园林绿化局 | 北京市园林绿化科学研究院 | DB11/T 839—2017 |
| 9 | 20231260 | 绿色建筑工程验收规范 | 一类 | 推荐性 | 北京市住房和城乡建设委员会 | 中国建筑科学研究院有限公司 | DB11/T 1315—2020 |

# 2023年北京市地方标准修订项目计划（第三批）

| 序号 | 项目编号 | 项目名称 | 项目类别 | 标准性质 | 行业主管部门 | 主要起草单位 | 被修订标准号 |
|---|---|---|---|---|---|---|---|
| 1 | 20231287 | 地下管线周边土体病害评估防治规范 | 一类 | 推荐性 | 北京市城市管理委员会 | 北京建业通工程检测技术有限公司 | DB11/T 1347—2016 |
| 2 | 20231288 | 城市综合管廊运行维护规范 | 一类 | 推荐性 | 北京市城市管理委员会 | 北京京投城市管廊投资有限公司 | DB11/T 1576—2018 |
| 3 | 20231289 | 建筑垃圾运输车辆标识、监控和密闭技术要求 | 一类 | 推荐性 | 北京市城市管理委员会 | 北京汽车行业协会 | DB11/T 1077—2020 |
| 4 | 20231290 | 环卫车辆功能要求　第4部分：餐厨废弃油脂运输车辆 | 一类 | 推荐性 | 北京市城市管理委员会 | 北京市城市管理研究院 | DB11/T 1390.4—2018 |
| 5 | 20231291 | 环卫作业人员着装警示标志 | 一类 | 推荐性 | 北京市城市管理委员会 | 北京市城市管理研究院 | DB11/T 626—2009 |
| 6 | 20231292 | 农村公厕、户厕建设基本要求 | 一类 | 推荐性 | 北京市城市管理委员会 | 北京市城市管理研究院 | DB11/T 597—2018 |
| 7 | 20231293 | 数字化城市管理信息系统地理空间数据获取与更新 | 一类 | 推荐性 | 北京市城市管理委员会 | 北京市东城区城市管理指挥中心 | DB11/T 1064—2014 |
| 8 | 20231294 | 检查井盖结构、安全技术规范 | 一类 | 推荐性 | 北京市城市管理委员会 | 北京市科学技术研究院 | DB11/T 147—2015 |
| 9 | 20231295 | 高速公路清扫保洁质量与作业要求 | 一类 | 推荐性 | 北京市城市管理委员会 | 北京市市容环境卫生协会 | DB11/T 593—2016 |
| 10 | 20231296 | 数字化城市管理信息系统部件和事件处置 | 一类 | 推荐性 | 北京市城市管理委员会 | 北京数字政通科技股份有限公司 | DB11/T 932—2021 |
| 11 | 20231297 | 数字化城市管理信息系统技术要求 | 一类 | 推荐性 | 北京市城市管理委员会 | 北京数字政通科技股份有限公司 | DB11/T 310—2021 |
| 12 | 20231298 | 城市景观照明技术规范　第4部分：节能要求 | 一类 | 推荐性 | 北京市城市管理委员会 | 北京照明学会 | DB11/T 388.4—2015 |
| 13 | 20231299 | 城市景观照明技术规范　第5部分：安全要求 | 一类 | 推荐性 | 北京市城市管理委员会 | 北京照明学会 | DB11/T 388.5—2015 |
| 14 | 20231300 | 城市景观照明技术规范　第6部分：供配电与控制 | 一类 | 推荐性 | 北京市城市管理委员会 | 北京照明学会 | DB11/T 388.6—2015 |
| 15 | 20231301 | 城市景观照明技术规范　第7部分：施工与验收 | 一类 | 推荐性 | 北京市城市管理委员会 | 北京照明学会 | DB11/T 388.7—2015 |
| 16 | 20231302 | 安全生产等级评定技术规范　第44部分：供热单位 | 一类 | 推荐性 | 北京市城市管理委员会 | 北京中机爱生安全技术咨询有限公司 | DB11/T 1322.44—2018 |

续表

| 序号 | 项目编号 | 项目名称 | 项目类别 | 标准性质 | 行业主管部门 | 主要起草单位 | 被修订标准号 |
|---|---|---|---|---|---|---|---|
| 17 | 20231303 | 电力储能系统建设运行规范 | 一类 | 推荐性 | 北京市城市管理委员会 | 中关村储能产业技术联盟 | DB11/T 1893—2021 |
| 18 | 20231304 | 大型公共建筑制冷能耗限额 | 一类 | 推荐性 | 北京市发展和改革委员会 | 北京标准化协会 | DB11/T 1617—2019 |
| 19 | 20231305 | 固定资产投资项目节能报告编制技术规范 | 一类 | 推荐性 | 北京市发展和改革委员会 | 北京节能环保中心 | DB11/T 974—2019 |
| 20 | 20231306 | 能效对标实施规范 | 一类 | 推荐性 | 北京市发展和改革委员会 | 北京市发展和改革委员会 | DB11/T 1557—2018 |
| 21 | 20231307 | 安全技术防范系统维护通用要求 | 一类 | 推荐性 | 北京市公安局 | 北京市公安局 | DB11/T 855—2012 |
| 22 | 20231308 | 城市轨道交通工程设计规范 | 一类 | 推荐性 | 北京市规划和自然资源委员会 | 北京城建设计发展集团股份有限公司 | DB11/ 995—2013 |
| 23 | 20231309 | 建筑抗震加固技术规程 | 一类 | 强制性 | 北京市规划和自然资源委员会 | 北京市建筑设计研究院有限公司 | DB11/ 689—2016 |
| 24 | 20231310 | 地质灾害治理工程实施技术规范 | 一类 | 推荐性 | 北京市规划和自然资源委员会 | 中航勘察设计研究院有限公司 | DB11/T 1524—2018 |
| 25 | 20231311 | 地铁人民防空维护管理技术规程 | 一类 | 推荐性 | 北京市国防动员办公室 | 北京民防协会 | DB11/T 1317—2016 |
| 26 | 20231312 | 城市轨道交通路网运营指标体系 | 一类 | 推荐性 | 北京市交通委员会 | 北京轨道交通路网管理有限公司 | DB11/T 814—2011 |
| 27 | 20231313 | 城市轨道交通运营安全管理规范 | 一类 | 推荐性 | 北京市交通委员会 | 北京交通发展研究院 | DB11/T 1166—2015 |
| 28 | 20231314 | 安全生产等级评定技术规范 第38部分：省际客运企业 | 一类 | 推荐性 | 北京市交通委员会 | 北京市交通委员会 | DB11/T 1322.38—2017 |
| 29 | 20231315 | 安全生产等级评定技术规范 第37部分：旅游客运企业 | 一类 | 推荐性 | 北京市交通委员会 | 北京市交通委员会 | DB11/T 1322.37—2018 |
| 30 | 20231316 | 安全生产等级评定技术规范 第41部分：汽车客运站 | 一类 | 推荐性 | 北京市交通委员会 | 北京市交通委员会 | DB11/T 1322.41—2017 |
| 31 | 20231317 | 城市轨道交通设施养护维修技术规范 | 一类 | 推荐性 | 北京市交通委员会 | 北京市交通委员会 | DB11/T 718—2016 |

续表

| 序号 | 项目编号 | 项目名称 | 项目类别 | 标准性质 | 行业主管部门 | 主要起草单位 | 被修订标准号 |
|---|---|---|---|---|---|---|---|
| 32 | 20231318 | 城市轨道交通运营设备维修管理规范 | 一类 | 推荐性 | 北京市交通委员会 | 北京市交通委员会 | DB11/T 1345—2016 |
| 33 | 20231319 | 汽车维护竣工出厂技术条件 | 一类 | 推荐性 | 北京市交通委员会 | 交通运输部公路科学研究所 | DB11/T 136—2008 |
| 34 | 20231320 | 清洁生产评价指标体系 石油炼制业 | 一类 | 推荐性 | 北京市经济和信息化局 | 北京科林蓝宇环境技术有限公司 | DB11/T 1157—2015 |
| 35 | 20231321 | 热电联产（燃气）单位产品能源消耗限额 | 一类 | 推荐性 | 北京市经济和信息化局 | 北京市电力行业协会 | DB11/T 1456—2017 |
| 36 | 20231322 | 合成洗涤剂单位产品能源消耗限额 | 一类 | 推荐性 | 北京市经济和信息化局 | 北京市绿色产业发展促进会 | DB11/T 1151—2015 |
| 37 | 20231323 | 清洁生产评价指标体系　医药制造业 | 一类 | 推荐性 | 北京市经济和信息化局 | 北京市绿色产业发展促进会 | DB11/T 675—2014 |
| 38 | 20231324 | 清洁生产评价指标体系　集成电路制造业 | 一类 | 推荐性 | 北京市经济和信息化局 | 中国航空综合技术研究所 | DB11/T 1544—2018 |
| 39 | 20231325 | 白酒单位产品能源消耗限额 | 一类 | 推荐性 | 北京市经济和信息化局 | 中国食品发酵工业研究院有限公司 | DB11/T 1096—2014 |
| 40 | 20231326 | 实验动物　寄生虫检测 | 一类 | 推荐性 | 北京市科学技术委员会、中关村科技园区管理委员会 | 北京大学 | DB11/T 1806—2020 |
| 41 | 20231327 | 实验动物　微生物检测 | 一类 | 推荐性 | 北京市科学技术委员会、中关村科技园区管理委员会 | 北京大学 | DB11/T 1809—2020 |
| 42 | 20231328 | 实验动物　繁育与遗传监测 | 一类 | 推荐性 | 北京市科学技术委员会、中关村科技园区管理委员会 | 清华大学 | DB11/T 1804—2020 |
| 43 | 20231329 | 实验动物　配合饲料养分与卫生要求 | 一类 | 推荐性 | 北京市科学技术委员会、中关村科技园区管理委员会 | 斯贝福（北京）生物技术有限公司 | DB11/T 1808—2020 |
| 44 | 20231330 | 实验动物　病理学诊断规范 | 一类 | 推荐性 | 北京市科学技术委员会、中关村科技园区管理委员会 | 中国农业大学 | DB11/T 1805—2020 |

续表

| 序号 | 项目编号 | 项目名称 | 项目类别 | 标准性质 | 行业主管部门 | 主要起草单位 | 被修订标准号 |
|---|---|---|---|---|---|---|---|
| 45 | 20231331 | 实验动物　环境条件 | 一类 | 推荐性 | 北京市科学技术委员会、中关村科技园区管理委员会 | 中国医学科学院医学实验动物研究所 | DB11/T 1807—2020 |
| 46 | 20231332 | 粮食仓库仓储管理规范 | 一类 | 推荐性 | 北京市粮食和物资储备局 | 北京市房山粮油贸易有限公司 | DB11/T 1171—2015 |
| 47 | 20231333 | 安全生产等级评定技术规范　第80部分：粮食仓库 | 一类 | 推荐性 | 北京市粮食和物资储备局 | 北京众易安诚注册安全工程师事务所 | DB11/T 1322.80—2019 |
| 48 | 20231334 | 养老机构安全管理规范 | 一类 | 推荐性 | 北京市民政局 | 北京市科学技术研究院城市安全与环境科学研究所 | DB11/T 535—2021 |
| 49 | 20231335 | 居家养老服务规范　第1部分：通则 | 一类 | 推荐性 | 北京市民政局 | 北京市老龄产业协会 | DB11/T 1598.1—2018 |
| 50 | 20231336 | 安全生产等级评定技术规范　第71部分：养老机构 | 一类 | 推荐性 | 北京市民政局 | 众方略（北京）注册安全工程师事务所有限公司 | DB11/T 1322.71—2018 |
| 51 | 20231337 | 兽医病理解剖生物安全控制技术规范 | 一类 | 推荐性 | 北京市农业农村局 | 北京市动物疫病预防控制中心 | DB11/T 869—2012 |
| 52 | 20231338 | 建筑物电子系统雷电防护装置检测规范 | 一类 | 推荐性 | 北京市气象局 | 北京市气候中心 | DB11/T 634—2018 |
| 53 | 20231339 | 自动气象站数据交换格式规范 | 一类 | 推荐性 | 北京市气象局 | 北京市气象数据中心 | DB11/T 1546—2018 |
| 54 | 20231340 | 美发服务质量要求 | 一类 | 推荐性 | 北京市商务局 | 北京市美发美容行业协会 | DB11/T 099—2009 |
| 55 | 20231341 | 美容服务质量要求 | 一类 | 推荐性 | 北京市商务局 | 北京市美发美容行业协会 | DB11/T 629—2009 |
| 56 | 20231342 | 地铁车辆段、停车场区域建设敏感建筑物项目环境噪声与振动控制规范 | 一类 | 推荐性 | 北京市生态环境局 | 北京市科学技术研究院城市安全与环境科学研究所 | DB11/T 1178—2015 |
| 57 | 20231343 | 建设用地土壤修复与风险管控效果评估技术规范 | 一类 | 推荐性 | 北京市生态环境局 | 北京市生态环境保护科学研究院 | DB11/T 783—2011 |
| 58 | 20231344 | 街区层面控制性详细规划环境影响评价技术指南 | 一类 | 推荐性 | 北京市生态环境局 | 北京市生态环境评估与投诉中心 | DB11/T 1820—2021 |

续表

| 序号 | 项目编号 | 项目名称 | 项目类别 | 标准性质 | 行业主管部门 | 主要起草单位 | 被修订标准号 |
|---|---|---|---|---|---|---|---|
| 59 | 20231345 | 汽车维修业大气污染物排放标准 | 一类 | 强制性 | 北京市生态环境局 | 北京市污染源管理事务中心 | DB11/ 1228—2015 |
| 60 | 20231346 | 企业低碳运行管理通则 | 一类 | 推荐性 | 北京市生态环境局 | 北京市应对气候变化管理事务中心 | DB11/T 1533—2018 |
| 61 | 20231347 | 碳排放管理体系建设实施效果评价指南 | 一类 | 推荐性 | 北京市生态环境局 | 北京市应对气候变化管理事务中心 | DB11/T 1558—2018 |
| 62 | 20231348 | 工业射线探伤辐射安全和防护分级管理要求 | 一类 | 推荐性 | 北京市生态环境局 | 生态环境部核与辐射安全中心 | DB11/T 1033—2013 |
| 63 | 20231349 | 生态环境质量评价技术规范 | 一类 | 推荐性 | 北京市生态环境局 | 中国科学院生态环境研究中心 | DB11/T 1877—2021 |
| 64 | 20231350 | 城镇道路雨水口技术规范 | 一类 | 推荐性 | 北京市水务局 | 北京城市排水集团有限责任公司 | DB11/T 1493—2017 |
| 65 | 20231351 | 污水源热泵系统设计规范 | 一类 | 推荐性 | 北京市水务局 | 北京城市排水集团有限责任公司 | DB11/T 1237—2015 |
| 66 | 20231352 | 军队离休退休干部服务管理机构服务与运行规范 | 一类 | 推荐性 | 北京市退役军人事务局 | 北京市军队离休退休干部安置事务中心 | DB11/T 2025—2022 |
| 67 | 20231353 | 非医疗机构放射性作业职业病危害防护管理规范 | 一类 | 推荐性 | 北京市卫生健康委员会 | 北京市化工职业病防治院 | DB11/T 1554—2018 |
| 68 | 20231354 | 工作场所防暑降温技术规范 | 一类 | 推荐性 | 北京市卫生健康委员会 | 北京市化工职业病防治院 | DB11/T 1192—2015 |
| 69 | 20231355 | 卫生应急样本采集技术规范 | 一类 | 推荐性 | 北京市卫生健康委员会 | 北京市疾病预防控制中心 | DB11/T 1498—2017 |
| 70 | 20231356 | 安全生产等级评定技术规范　第49部分：星级饭店 | 一类 | 推荐性 | 北京市文化和旅游局 | 北京启迪智信注册安全工程师事务所有限责任公司 | DB11/T 1322.49—2018 |
| 71 | 20231357 | 安全生产等级评定技术规范　第50部分：A级旅游景区 | 一类 | 推荐性 | 北京市文化和旅游局 | 北京启迪智信注册安全工程师事务所有限责任公司 | DB11/T 1322.50—2018 |
| 72 | 20231358 | 安全生产等级评定技术规范　第51部分：旅行社 | 一类 | 推荐性 | 北京市文化和旅游局 | 北京启迪智信注册安全工程师事务所有限责任公司 | DB11/T 1322.51—2018 |
| 73 | 20231359 | 安全生产等级评定技术规范　第58部分：社会旅馆 | 一类 | 推荐性 | 北京市文化和旅游局 | 北京启迪智信注册安全工程师事务所有限责任公司 | DB11/T 1322.58—2018 |
| 74 | 20231360 | 安全生产等级评定技术规范　第59部分：乡村旅游经营单位 | 一类 | 推荐性 | 北京市文化和旅游局 | 北京启迪智信注册安全工程师事务所有限责任公司 | DB11/T 1322.59—2018 |

续表

| 序号 | 项目编号 | 项目名称 | 项目类别 | 标准性质 | 行业主管部门 | 主要起草单位 | 被修订标准号 |
|---|---|---|---|---|---|---|---|
| 75 | 20231361 | 安全生产等级评定技术规范　第 81 部分：歌舞娱乐场所 | 一类 | 推荐性 | 北京市文化和旅游局 | 北京启迪智信注册安全工程师事务所有限责任公司 | DB11/T 1322.81—2019 |
| 76 | 20231362 | 安全生产等级评定技术规范　第 82 部分：营业性演出场所 | 一类 | 推荐性 | 北京市文化和旅游局 | 北京启迪智信注册安全工程师事务所有限责任公司 | DB11/T 1322.82—2019 |
| 77 | 20231363 | 城市轨道交通综合救援应用技术规范 | 一类 | 推荐性 | 北京市消防救援总队 | 北京市消防救援总队轨道交通支队 | DB11/T 1482—2017 |
| 78 | 20231364 | 高危行业企业应急装备配备规范 | 一类 | 推荐性 | 北京市应急管理局 | 北京市应急管理局 | DB11/T 1582—2018 |
| 79 | 20231365 | 生产安全事故应急演练实施与评估细则 | 一类 | 推荐性 | 北京市应急管理局 | 北京市应急管理局 | DB11/T 1583—2018 |
| 80 | 20231366 | 生产经营单位安全生产应急资源调查规范 | 一类 | 推荐性 | 北京市应急管理局 | 北京市应急管理局 | DB11/T 1580—2018 |
| 81 | 20231367 | 生产经营单位生产安全事故应急预案实施情况评估规范 | 一类 | 推荐性 | 北京市应急管理局 | 北京市应急管理局 | DB11/T 1579—2018 |
| 82 | 20231368 | 生产经营单位应急能力评估规范 | 一类 | 推荐性 | 北京市应急管理局 | 北京市应急管理局 | DB11/T 1581—2018 |
| 83 | 20231369 | 实验室危险化学品安全管理规范　第 1 部分：工业企业 | 一类 | 推荐性 | 北京市应急管理局 | 北京市应急管理局 | DB11/T 1191.1—2018 |
| 84 | 20231370 | 实验室危险化学品安全管理规范　第 2 部分：普通高等学校 | 一类 | 推荐性 | 北京市应急管理局 | 北京市应急管理局 | DB11/T 1191.2—2018 |
| 85 | 20231371 | 医疗机构危险化学品安全管理规范 | 一类 | 推荐性 | 北京市应急管理局 | 北京市应急管理局 | DB11/T 1578—2018 |
| 86 | 20231372 | 公园绿地改造技术规范 | 一类 | 推荐性 | 北京市园林绿化局 | 北京景观园林设计有限公司 | DB11/T 1596—2018 |
| 87 | 20231373 | 萱草生产栽培技术规程 | 一类 | 推荐性 | 北京市园林绿化局 | 北京市花木有限公司 | DB11/T 1600—2018 |
| 88 | 20231374 | 主要花坛花卉产品等级 | 一类 | 推荐性 | 北京市园林绿化局 | 北京市花木有限公司 | DB11/T 727—2018 |
| 89 | 20231375 | 朱顶红栽培技术规程 | 一类 | 推荐性 | 北京市园林绿化局 | 北京市绿地养护管理事务中心北京北亚园林有限公司 | DB11/T 1548—2018 |

续表

| 序号 | 项目编号 | 项目名称 | 项目类别 | 标准性质 | 行业主管部门 | 主要起草单位 | 被修订标准号 |
|---|---|---|---|---|---|---|---|
| 90 | 20231376 | 园林绿化工程监理规程 | 一类 | 推荐性 | 北京市园林绿化局 | 北京市园林绿化工程管理事务中心 | DB11/T 245—2012 |
| 91 | 20231377 | 封山育林技术规程 | 一类 | 推荐性 | 北京市园林绿化局 | 北京市园林绿化科学研究院 | DB11/T 126—2012 |
| 92 | 20231378 | 林地碳汇计量监测技术规程 | 一类 | 推荐性 | 北京市园林绿化局 | 北京市园林绿化科学研究院 | DB11/T 953—2013 |
| 93 | 20231379 | 园林绿化废弃物资源化利用规范 | 一类 | 推荐性 | 北京市园林绿化局 | 北京市园林绿化科学研究院 | DB11/T 1512—2018 |
| 94 | 20231380 | 园林绿化土壤改良技术规程 | 一类 | 推荐性 | 北京市园林绿化局 | 北京市园林绿化科学研究院 | DB11/T 1604—2018 |
| 95 | 20231381 | 古树名木日常养护管理规范 | 一类 | 推荐性 | 北京市园林绿化局 | 北京市园林绿化资源保护中心（北京市园林绿化局审批服务中心） | DB11/T 767—2010 |
| 96 | 20231382 | 油松毛虫监测与防治技术规程 | 一类 | 推荐性 | 北京市园林绿化局 | 北京市园林绿化资源保护中心（北京市园林绿化局审批服务中心） | DB11/T 831—2011 |
| 97 | 20231383 | 主要林木害虫监测调查技术规程 | 一类 | 推荐性 | 北京市园林绿化局 | 北京市园林绿化资源保护中心（北京市园林绿化局审批服务中心） | DB11/T 1547—2018 |
| 98 | 20231384 | 地下连续墙施工技术规程 | 一类 | 推荐性 | 北京市住房和城乡建设委员会 | 北京城建中南土木工程集团有限公司 | DB11/T 1526—2018 |
| 99 | 20231385 | 居住建筑室内装配式装修工程技术规程 | 一类 | 推荐性 | 北京市住房和城乡建设委员会 | 北京和能人居科技有限公司 | DB11/T 1553—2018 |
| 100 | 20231386 | 温拌沥青路面施工及验收规程 | 一类 | 推荐性 | 北京市住房和城乡建设委员会 | 北京市政路桥建材集团有限公司 | DB11/T 939—2012 |
| 101 | 20231387 | 绿色施工管理规程 | 一类 | 推荐性 | 北京市住房和城乡建设委员会 | 中国建筑一局（集团）有限公司 | DB11/T 513—2018 |
| 102 | 20231388 | 民用建筑信息模型深化设计建模细度标准 | 一类 | 推荐性 | 北京市住房和城乡建设委员会 | 中建三局集团有限公司 | DB11/T 1610—2018 |

# 北京市地方标准公告

2023 年标字第 1 号（总第 319 号）

按照《北京市标准化办法》，北京市市场监督管理局批准以下 33 项北京市地方标准，现予以公布（见附件）。

附件：批准发布的北京市地方标准目录 2023 年标字第 1 号（总第 319 号）

北京市市场监督管理局
2023 年 3 月 30 日

**附件**

## 批准发布的北京市地方标准目录
## 2023 年标字第 1 号（总第 319 号）

| 序号 | 标准号 | 标准名称 | 被修订标准号 | 发布日期 | 实施日期 |
|---|---|---|---|---|---|
| 1 | DB11/T 557—2023 | 设施农业节水灌溉工程技术规程 | DB11/T 557—2008 | 2023-3-30 | 2023-7-1 |
| 2 | DB11/T 736—2023 | 锦鲤养殖技术规范 | DB11/T 736—2010 | 2023-3-30 | 2023-7-1 |
| 3 | DB11/T 782.1—2023 | 巡游出租车安全防范系统技术要求　第 1 部分：运营服务平台与调度客户端 | DB11/T 782.1—2011 | 2023-3-30 | 2023-7-1 |
| 4 | DB11/T 782.2—2023 | 巡游出租车安全防范系统技术要求　第 2 部分：车载定位终端 | DB11/T 782.2—2011 | 2023-3-30 | 2023-7-1 |
| 5 | DB11/T 782.3—2023 | 巡游出租车安全防范系统技术要求　第 3 部分：车载防劫防盗报警终端 | DB11/T 782.3—2011 | 2023-3-30 | 2023-7-1 |
| 6 | DB11/T 854—2023 | 占道作业交通安全设施设置技术要求 | DB11/T 854—2012 | 2023-3-30 | 2023-5-1 |
| 7 | DB11/T 1100—2023 | 城市附属绿地设计规范 | DB11/T 1100—2014 | 2023-3-30 | 2023-7-1 |
| 8 | DB11/T 1123—2023 | 公共职业介绍和职业指导服务规范 | DB11/T 1123—2014、DB11/T 1124—2014 | 2023-3-30 | 2023-7-1 |
| 9 | DB11/T 1136—2023 | 城镇燃气管道翻转内衬修复工程施工及验收规程 | DB11/T 1136—2014 | 2023-3-30 | 2023-7-1 |
| 10 | DB11/T 1143—2023 | 园林铺地工程施工规程 | DB11/T 1143—2014 | 2023-3-30 | 2023-7-1 |
| 11 | DB11/T 1242—2023 | “北京礼物”旅游商品店基本要求及评定 | DB11/T 1242—2015 | 2023-3-30 | 2023-7-1 |

续表

| 序号 | 标准号 | 标准名称 | 被修订标准号 | 发布日期 | 实施日期 |
|---|---|---|---|---|---|
| 12 | DB11/T 1291—2023 | 卫生应急一次性防护用品使用规范 | DB11/T 1291—2015 | 2023-3-30 | 2023-7-1 |
| 13 | DB11/T 1308—2023 | 农作物气象灾害等级 冬小麦 | DB11/T 1308—2015 | 2023-3-30 | 2023-7-1 |
| 14 | DB11/T 1764.3—2023 | 用水定额　第 3 部分：果树 | | 2023-3-30 | 2023-7-1 |
| 15 | DB11/T 2077—2023 | 城市副中心　新型电力系统 10kV 及以下配电网设施配置技术规范 | | 2023-3-30 | 2023-7-1 |
| 16 | DB11/T 2078—2023 | 建筑垃圾消纳处置场所设置运行规范 | | 2023-3-30 | 2023-7-1 |
| 17 | DB11/T 2079—2023 | 电动自行车充电设施运营管理服务规范 | | 2023-3-30 | 2023-7-1 |
| 18 | DB11/T 2080—2023 | 建设项目环境影响评价技术指南 集成电路制造 | | 2023-3-30 | 2023-7-1 |
| 19 | DB11/T 2081—2023 | 道路工程混凝土结构表层渗透防护技术规范 | | 2023-3-30 | 2023-7-1 |
| 20 | DB11/T 2082—2023 | 公路除雪融雪作业技术规程 | | 2023-3-30 | 2023-7-1 |
| 21 | DB11/T 2083—2023 | 城市轨道交通疏散平台技术规范 | | 2023-3-30 | 2023-7-1 |
| 22 | DB11/T 2084—2023 | 城市热岛强度等级 | | 2023-3-30 | 2023-7-1 |
| 23 | DB11/T 2085—2023 | 农村污水处理厂站运行维护技术规程 | | 2023-3-30 | 2023-7-1 |
| 24 | DB11/T 2086—2023 | 儿童早期发展健康服务规范 | | 2023-3-30 | 2023-7-1 |
| 25 | DB11/T 2087—2023 | 古建筑砖石结构现场勘查技术规范 | | 2023-3-30 | 2023-7-1 |
| 26 | DB11/T 2088—2023 | 高密植桃园建设及管理技术规程 | | 2023-3-30 | 2023-7-1 |
| 27 | DB11/T 2089—2023 | 毛梾苗木繁育与栽培技术规程 | | 2023-3-30 | 2023-7-1 |
| 28 | DB11/T 2090—2023 | 主要切花产品销售地处理技术规程 | | 2023-3-30 | 2023-7-1 |
| 29 | DB11/T 2091—2023 | 生态保育小区建设指南 | | 2023-3-30 | 2023-7-1 |
| 30 | DB11/T 2092—2023 | 食用林产品质量安全追溯导则 | | 2023-3-30 | 2023-7-1 |
| 31 | DB11/T 2093—2023 | 森林经营方案编制技术导则 | | 2023-3-30 | 2023-7-1 |
| 32 | DB11/T 2094—2023 | 生物防治产品人工繁育及应用技术规程　花绒寄甲光肩星天牛生物型 | | 2023-3-30 | 2023-7-1 |
| 33 | DB11/T 2095—2023 | 主要坚果等级划分 | | 2023-3-30 | 2023-7-1 |

注：以上地方标准文本可登录北京市市场监督管理局网站（scjgj.beijing.gov.cn）查阅。

## 北京市地方标准公告

2023 年标字第 2 号（总第 320 号）

按照《北京市标准化办法》，依据《北京市地方标准管理办法》《推进京津冀区域协同标准化工作实施方案》和《京津冀区域共同制定地方标准有关事项的会议纪要》要求，经北京市市场监督管理局批准，以下 2 项北京市地方标准作为京津冀区域协同地方标准发布，现予以公布（见附件）。

附件：批准发布的北京市地方标准目录 2023 年标字第 2 号（总第 320 号）

北京市市场监督管理局

2023 年 4 月 3 日

**附件**

**批准发布的北京市地方标准目录**

**2023 年标字第 2 号（总第 320 号）**

| 序号 | 标准号 | 标准名称 | 被修订标准号 | 发布日期 | 实施日期 |
|---|---|---|---|---|---|
| 1 | DB11/T 3034—2023 | 建筑消防设施检测服务规范 | DB11/T 1354—2016 | 2023-4-3 | 2023-7-1 |
| 2 | DB11/T 3035—2023 | 建筑消防设施维护保养技术规范 | DB11/T 1620—2019 | 2023-4-3 | 2023-7-1 |

注：以上地方标准文本可登录北京市市场监督管理局网站（scjgj.beijing.gov.cn）查阅。

# 北京市地方标准公告

2023年标字第3号(总第321号)

按照《北京市标准化办法》,以下12项北京市地方标准经北京市市场监督管理局批准,由北京市市场监督管理局、北京市住房和城乡建设委员会共同发布,现予以公布(见附件)。

附件:批准发布的北京市地方标准目录2023年标字第3号(总第321号)

北京市市场监督管理局
北京市住房和城乡建设委员会
2023年4月4日

**附件**

**批准发布的北京市地方标准目录**
**2023年标字第3号(总第321号)**

| 序号 | 标准号 | 标准名称 | 被修订标准号 | 发布日期 | 实施日期 |
|---|---|---|---|---|---|
| 1 | DB11/T 364—2023 | 建筑排水柔性接口铸铁管管道工程技术规程 | DB11/T 364—2006 | 2023-4-4 | 2023-7-1 |
| 2 | DB11/T 464—2023 | 建筑工程清水混凝土施工技术规程 | DB11/T 464—2015 | 2023-4-4 | 2023-7-1 |
| 3 | DB11/T 848—2023 | 压型金属板屋面工程施工质量验收标准 | DB11/T 848—2011 | 2023-4-4 | 2023-7-1 |
| 4 | DB11/T 882—2023 | 房屋建筑安全评估技术规程 | DB11/T 882—2012 | 2023-4-4 | 2023-7-1 |
| 5 | DB11/T 1004—2023 | 房屋建筑使用安全检查评定技术规程 | DB11/T 1004—2013 | 2023-4-4 | 2023-7-1 |
| 6 | DB11/T 1076—2023 | 居住建筑装饰装修工程质量验收标准 | DB11/T 1076—2014 | 2023-4-4 | 2023-7-1 |
| 7 | DB11/T 1832.2—2023 | 建筑工程施工工艺规程　第2部分:防水工程 | | 2023-4-4 | 2023-7-1 |
| 8 | DB11/T 1832.5—2023 | 建筑工程施工工艺规程　第5部分:钢结构工程 | | 2023-4-4 | 2023-7-1 |
| 9 | DB11/T 2096—2023 | 城市轨道交通工程盾构法施工技术规程 | | 2023-4-4 | 2023-7-1 |
| 10 | DB11/T 2097—2023 | 城市轨道交通工程明挖法施工技术规程 | | 2023-4-4 | 2023-7-1 |
| 11 | DB11/T 2098—2023 | 城市轨道交通工程施工安全检查与评价规范 | | 2023-4-4 | 2023-7-1 |
| 12 | DB11/T 2099—2023 | 市域(郊)铁路工程施工质量验收标准　土建工程 | | 2023-4-4 | 2023-7-1 |

注:以上地方标准文本可登录北京市市场监督管理局网站(scjgj.beijing.gov.cn)查阅。

# 北京市地方标准公告

2023年标字第4号（总第322号）

按照《北京市标准化办法》，依据《北京市地方标准管理办法》《推进京津冀区域协同标准化工作实施方案》和《京津冀区域协同工程建设标准框架合作协议》的相关规定，经北京市市场监督管理局批准，以下1项北京市地方标准作为京津冀区域协同地方标准，由北京市市场监督管理局、北京市住房和城乡建设委员会共同发布，现予以公布（见附件）。

附件：批准发布的北京市地方标准目录2023年标字第4号（总第322号）

北京市市场监督管理局
北京市住房和城乡建设委员会
2023年4月4日

**附件**

**批准发布的北京市地方标准目录**
**2023年标字第4号（总第322号）**

| 序号 | 标准号 | 标准名称 | 被修订标准号 | 发布日期 | 实施日期 |
| --- | --- | --- | --- | --- | --- |
| 1 | DB11/T 2100—2023 | 承插型盘扣式钢管脚手架安全选用技术规程 | | 2023-4-4 | 2023-7-1 |

注：以上地方标准文本可登录北京市市场监督管理局网站（scjgj.beijing.gov.cn）查阅。

# 北京市地方标准公告

2023年标字第5号（总第323号）

按照《北京市标准化办法》，以下2项北京市地方标准经北京市市场监督管理局批准，由北京市市场监督管理局、北京市规划和自然资源委员会共同发布，现予以公布（见附件）。

附件：批准发布的北京市地方标准目录2023年标字第5号（总第323号）

北京市市场监督管理局
北京市规划和自然资源委员会
2023年4月6日

**附件**

**批准发布的北京市地方标准目录**
**2023年标字第5号（总第323号）**

| 序号 | 标准号 | 标准名称 | 被修订标准号 | 发布日期 | 实施日期 |
|---|---|---|---|---|---|
| 1 | DB11/ 2101—2023 | 健康建筑设计标准 | | 2023-4-6 | 2023-10-1 |
| 2 | DB11/T 2102—2023 | 乡村地区交通设施规划设计标准 | | 2023-4-6 | 2023-10-1 |

注：以上地方标准文本可登录北京市市场监督管理局网站（scjgj.beijing.gov.cn）查阅。

# 北京市地方标准公告

2023 年标字第 6 号（总第 324 号）

按照《北京市标准化办法》，以下 2 项北京市地方标准经北京市人民政府批准，由北京市市场监督管理局、北京市生态环境局共同发布，现予以公布（见附件）。

附件：批准发布的北京市地方标准目录 2023 年标字第 6 号（总第 324 号）

北京市市场监督管理局
北京市生态环境局
2023 年 4 月 24 日

**附件**

## 批准发布的北京市地方标准目录
## 2023 年标字第 6 号（总第 324 号）

| 序号 | 标准号 | 标准名称 | 被修订标准号 | 发布日期 | 实施日期 |
|---|---|---|---|---|---|
| 1 | DB11/ 1227—2023 | 汽车制造业大气污染物排放标准 | DB11/ 1227—2015 | 2023-4-24 | 2024-1-1 |
| 2 | DB11/ 1201—2023 | 印刷工业大气污染物排放标准 | DB11/ 1201—2015 | 2023-4-24 | 2024-1-1 |

注：以上地方标准文本可登录北京市市场监督管理局网站（scjgj.beijing.gov.cn）查阅。

# 北京市地方标准公告

2023 年标字第 7 号（总第 325 号）

按照《北京市标准化办法》，北京市市场监督管理局批准以下 40 项北京市地方标准，现予以公布（见附件）。

附件：批准发布的北京市地方标准目录 2023 年标字第 7 号（总第 325 号）

北京市市场监督管理局

2023 年 6 月 25 日

**附件**

**批准发布的北京市地方标准目录**

**2023 年标字第 7 号（总第 325 号）**

| 序号 | 标准号 | 标准名称 | 被修订标准号 | 发布日期 | 实施日期 |
|---|---|---|---|---|---|
| 1 | DB11/T 124—2023 | 人力资源和社会保障信息系统指标体系代码与数据结构 | DB11/T 124—2007 | 2023-6-25 | 2023-10-1 |
| 2 | DB11/T 302—2023 | 燃气输配工程设计施工验收技术规范 | DB11/T 302—2014 | 2023-6-25 | 2023-10-1 |
| 3 | DB11/T 672—2023 | 城市绿地再生水灌溉技术规范 | DB11/T 672—2009 | 2023-6-25 | 2023-10-1 |
| 4 | DB11/T 744—2023 | 一日游服务质量要求 | DB11/T 744—2010 | 2023-6-25 | 2023-10-1 |
| 5 | DB11/T 1090—2023 | 观赏灌木修剪规范 | DB11/T 1090—2014 | 2023-6-25 | 2023-10-1 |
| 6 | DB11/T 1165.3—2023 | 收费公路联网收费系统　第 3 部分：通行介质技术要求与数据格式 | DB11/T 1165.3—2017 | 2023-6-25 | 2023-10-1 |
| 7 | DB11/T 1165.4—2023 | 收费公路联网收费系统　第 4 部分：拆分与结算 | DB11/T 1165.4—2017 | 2023-6-25 | 2023-10-1 |
| 8 | DB11/T 1268—2023 | 文化场馆能源消耗定额 | DB11/T 1268—2015 | 2023-6-25 | 2023-10-1 |
| 9 | DB11/T 1297—2023 | 城市绿地节水技术规范 | DB11/T 1297—2015 | 2023-6-25 | 2023-10-1 |
| 10 | DB11/T 936.18—2023 | 节水评价规范　第 18 部分：数据中心 |  | 2023-6-25 | 2023-10-1 |
| 11 | DB11/T 1764.6—2023 | 用水定额　第 6 部分：城市绿地 |  | 2023-6-25 | 2023-10-1 |
| 12 | DB11/T 1764.10—2023 | 用水定额　第 10 部分：仓储 |  | 2023-6-25 | 2023-10-1 |
| 13 | DB11/T 2103.1—2023 | 社会单位和重点场所消防安全管理规范　第 1 部分：通则 |  | 2023-6-25 | 2023-10-1 |

续表

| 序号 | 标准号 | 标准名称 | 被修订标准号 | 发布日期 | 实施日期 |
|---|---|---|---|---|---|
| 14 | DB11/T 2103.2—2023 | 社会单位和重点场所消防安全管理规范　第2部分：养老机构 | | 2023-6-25 | 2023-10-1 |
| 15 | DB11/T 2103.4—2023 | 社会单位和重点场所消防安全管理规范　第4部分：大型商业综合体 | | 2023-6-25 | 2023-10-1 |
| 16 | DB11/T 2103.5—2023 | 社会单位和重点场所消防安全管理规范　第5部分：城市轨道交通工程施工现场 | | 2023-6-25 | 2023-10-1 |
| 17 | DB11/T 2103.6—2023 | 社会单位和重点场所消防安全管理规范　第6部分：密室逃脱类场所 | | 2023-6-25 | 2023-10-1 |
| 18 | DB11/T 2104—2023 | 消防控制室火警处置规范 | | 2023-6-25 | 2023-10-1 |
| 19 | DB11/T 2105—2023 | 特定地域单元生态产品价值核算及应用指南 | | 2023-6-25 | 2023-10-1 |
| 20 | DB11/T 2106.1—2023 | 供热系统智能化改造技术规程　第1部分：热源、热网和热力站 | | 2023-6-25 | 2023-10-1 |
| 21 | DB11/T 2106.2—2023 | 供热系统智能化改造技术规程　第2部分：热用户 | | 2023-6-25 | 2023-10-1 |
| 22 | DB11/T 2107—2023 | 供热系统智能化数据采集及通信规范 | | 2023-6-25 | 2023-10-1 |
| 23 | DB11/T 2108—2023 | 居民用户室内供暖系统改造规范 | | 2023-6-25 | 2023-10-1 |
| 24 | DB11/T 2109—2023 | 生活垃圾焚烧厂运行评价规范 | | 2023-6-25 | 2023-10-1 |
| 25 | DB11/T 2110—2023 | 保安服务规范 医院 | | 2023-6-25 | 2023-10-1 |
| 26 | DB11/T 2111—2023 | 信息系统运行维护服务　用户单位实施要求 | | 2023-6-25 | 2023-10-1 |
| 27 | DB11/T 2112—2023 | 城市道路空间非机动车停车设施设置规范 | | 2023-6-25 | 2023-10-1 |
| 28 | DB11/T 2113—2023 | 城镇排水泵站运行与维护技术规程 | | 2023-6-25 | 2023-10-1 |
| 29 | DB11/T 2114—2023 | 水利工程施工质量验收管理规程 | | 2023-6-25 | 2023-10-1 |
| 30 | DB11/T 2115—2023 | 机械式停车设备使用管理和维护保养安全技术规范 | | 2023-6-25 | 2023-10-1 |
| 31 | DB11/T 2116—2023 | 农村集体聚餐餐饮加工管理导则 | | 2023-6-25 | 2023-10-1 |
| 32 | DB11/T 2117—2023 | 专项体检服务规范　征兵体检 | | 2023-6-25 | 2023-10-1 |

续表

| 序号 | 标准号 | 标准名称 | 被修订标准号 | 发布日期 | 实施日期 |
|---|---|---|---|---|---|
| 33 | DB11/T 2118—2023 | 社区卫生服务机构老年健康教育服务规范 | | 2023-6-25 | 2023-10-1 |
| 34 | DB11/T 2119—2023 | 文化旅游体验基地评定规范 | | 2023-6-25 | 2023-10-1 |
| 35 | DB11/T 2120—2023 | 古建筑安全防范技术规范 | | 2023-6-25 | 2023-10-1 |
| 36 | DB11/T 2121—2023 | 槭属植物苗木繁育与栽培技术规程 | | 2023-6-25 | 2023-10-1 |
| 37 | DB11/T 2122—2023 | 榉属植物苗木繁育与栽培技术规程 | | 2023-6-25 | 2023-10-1 |
| 38 | DB11/T 2123—2023 | 核果类水果采后处理技术规范 | | 2023-6-25 | 2023-10-1 |
| 39 | DB11/T 2124—2023 | 污泥产品林地施用技术规范 | | 2023-6-25 | 2023-10-1 |
| 40 | DB11/T 2125—2023 | 主要树种母树林营建技术规程 | | 2023-6-25 | 2023-10-1 |

注：以上地方标准文本可登录北京市市场监督管理局网站（scjgj.beijing.gov.cn）查阅。

# 北京市地方标准公告

## 2023 年标字第 8 号(总第 326 号)

按照《北京市标准化办法》，以下 6 项北京市地方标准经北京市市场监督管理局批准，由北京市市场监督管理局、北京市住房和城乡建设委员会共同发布，现予以公布(见附件)。

附件：批准发布的北京市地方标准目录 2023 年标字第 8 号(总第 326 号)

北京市市场监督管理局
北京市住房和城乡建设委员会
2023 年 6 月 27 日

**附件**

**批准发布的北京市地方标准目录**
**2023 年标字第 8 号(总第 326 号)**

| 序号 | 标准号 | 标准名称 | 被修订标准号 | 发布日期 | 实施日期 |
|---|---|---|---|---|---|
| 1 | DB11/T 883—2023 | 建筑弱电工程施工及验收规范 | DB11/ 883—2012 | 2023-6-27 | 2023-10-1 |
| 2 | DB11/T 1832.19—2023 | 建筑工程施工工艺规程 第 19 部分：弱电系统工程 | | 2023-6-27 | 2023-10-1 |
| 3 | DB11/T 1832.21—2023 | 建筑工程施工工艺规程 第 21 部分：装配式混凝土结构工程 | | 2023-6-27 | 2023-10-1 |
| 4 | DB11/T 2126—2023 | 城市轨道交通结构工程检测技术标准 | | 2023-6-27 | 2023-10-1 |
| 5 | DB11/T 2127—2023 | 民用建筑工程竣工验收模型细度标准 | | 2023-6-27 | 2023-10-1 |
| 6 | DB11/T 2128—2023 | 预制混凝土夹心保温外墙板应用技术规程 | | 2023-6-27 | 2023-10-1 |

注：以上地方标准文本可登录北京市市场监督管理局网站(scjgj.beijing.gov.cn)查阅。

# 北京市地方标准公告

2023 年标字第 9 号（总第 327 号）

按照《北京市标准化办法》，以下 1 项北京市地方标准经北京市市场监督管理局批准，由北京市市场监督管理局、北京市规划和自然资源委员会共同发布，现予以公布（见附件）。

附件：批准发布的北京市地方标准目录 2023 年标字第 9 号（总第 327 号）

北京市市场监督管理局
北京市规划和自然资源委员会
2023 年 6 月 28 日

**附件**

## 批准发布的北京市地方标准目录 2023 年标字第 9 号（总第 327 号）

| 序号 | 标准号 | 标准名称 | 被修订标准号 | 发布日期 | 实施日期 |
|---|---|---|---|---|---|
| 1 | DB11/T 2129—2023 | 站城一体化工程规划设计标准 | | 2023-6-28 | 2024-1-1 |

注：以上地方标准文本可登录北京市市场监督管理局网站（scjgj.beijing.gov.cn）查阅。

# 北京市地方标准公告

2023 年标字第 10 号（总第 328 号）

按照《北京市标准化办法》，依据《北京市地方标准管理办法》《推进京津冀区域协同标准化工作实施方案》和《京津冀区域共同制定地方标准有关事项的会议纪要》要求，经北京市市场监督管理局批准，以下 1 项北京市地方标准作为京津冀区域协同地方标准发布，现予以公布（见附件）。

附件：批准发布的北京市地方标准目录 2023 年标字第 10 号（总第 328 号）

北京市市场监督管理局

2023 年 9 月 1 日

**附件**

**批准发布的北京市地方标准目录**
**2023 年标字第 10 号（总第 328 号）**

| 序号 | 标准号 | 标准名称 | 被修订标准号 | 发布日期 | 实施日期 |
|---|---|---|---|---|---|
| 1 | DB11/T 3036—2023 | 京津冀自驾驿站服务规范 | | 2023-9-1 | 2023-9-1 |

注：以上地方标准文本可登录北京市市场监督管理局网站（scjgj.beijing.gov.cn）查阅。

# 北京市地方标准公告

2023 年标字第 11 号（总第 329 号）

按照《北京市标准化办法》，北京市市场监督管理局批准以下 42 项北京市地方标准，现予以公布（见附件）。

附件：批准发布的北京市地方标准目录 2023 年标字第 11 号（总第 329 号）

北京市市场监督管理局

2023 年 9 月 25 日

**附件**

**批准发布的北京市地方标准目录**

**2023 年标字第 11 号（总第 329 号）**

| 序号 | 标准号 | 标准名称 | 被修订标准号 | 发布日期 | 实施日期 |
|---|---|---|---|---|---|
| 1 | DB11/T 012.1—2023 | 北京鸭　第 1 部分：商品鸭养殖技术规范 | DB11/T 012.1—2016 | 2023-9-25 | 2024-1-1 |
| 2 | DB11/T 012.2—2023 | 北京鸭　第 2 部分：种鸭养殖技术规范 | DB11/T 012.2—2016 | 2023-9-25 | 2024-1-1 |
| 3 | DB11/T 149—2023 | 养老机构预防感染与控制规范 | DB11/T 149—2016 | 2023-9-25 | 2024-1-1 |
| 4 | DB11/T 187—2023 | 旅游星级饭店服务质量要求 | DB11/T 187—2010 | 2023-9-25 | 2024-1-1 |
| 5 | DB11/T 267—2023 | 芹菜生产技术规程 | DB11/T 267—2018 | 2023-9-25 | 2024-1-1 |
| 6 | DB11/T 477—2023 | 森林生态系统观测指标体系 | DB11/T 477—2016 | 2023-9-25 | 2024-1-1 |
| 7 | DB11/T 676—2023 | 水产养殖动物疫区划定与处理技术规范 | DB11/T 676—2009 | 2023-9-25 | 2024-1-1 |
| 8 | DB11/T 677—2023 | 动物防疫监测抽样规范 | DB11/T 677—2009 | 2023-9-25 | 2024-1-1 |
| 9 | DB11/T 678—2023 | 畜禽场鼠害控制与效果评价 | DB11/T 678—2009 | 2023-9-25 | 2024-1-1 |
| 10 | DB11/T 737—2023 | 北极红点鲑养殖技术规范 | DB11/T 737—2010 | 2023-9-25 | 2024-1-1 |
| 11 | DB11/T 1058—2023 | 主题酒店等级划分与评定规范 | DB11/T 1058—2014 | 2023-9-25 | 2024-1-1 |
| 12 | DB11/T 1164.4—2023 | 城市轨道交通自动售检票系统技术规范　第 4 部分：操作界面 | DB11/T 1164.4—2015 | 2023-9-25 | 2024-1-1 |
| 13 | DB11/T 1164.5—2023 | 城市轨道交通自动售检票系统技术规范　第 5 部分：车票处理单元 | DB11/T 1164.5—2015 | 2023-9-25 | 2024-1-1 |
| 14 | DB11/T 1164.6—2023 | 城市轨道交通自动售检票系统技术规范　第 6 部分：票卡 | DB11/T 1164.6—2015 | 2023-9-25 | 2024-1-1 |

续表

| 序号 | 标准号 | 标准名称 | 被修订标准号 | 发布日期 | 实施日期 |
| --- | --- | --- | --- | --- | --- |
| 15 | DB11/T 1329—2023 | 肉鸽养殖技术规范 | DB11/T 1329—2016 | 2023-9-25 | 2024-1-1 |
| 16 | DB11/T 1378—2023 | 北京油鸡饲养管理技术规程 | DB11/T 1378—2016 | 2023-9-25 | 2024-1-1 |
| 17 | DB11/T 1866—2023 | 重症医学数据集 患者数据 | DB11/T 1866—2021 | 2023-9-25 | 2024-1-1 |
| 18 | DB11/T 2103.3—2023 | 社会单位和重点场所消防安全管理规范　第3部分：社区养老服务驿站 | | 2023-9-25 | 2024-1-1 |
| 19 | DB11/T 2130—2023 | 可回收物体系建设管理规范 | | 2023-9-25 | 2024-1-1 |
| 20 | DB11/T 2131—2023 | 租赁车辆安全防范系统技术要求 | | 2023-9-25 | 2024-1-1 |
| 21 | DB11/T 2132—2023 | 养老志愿服务管理规范 | | 2023-9-25 | 2024-1-1 |
| 22 | DB11/T 2133—2023 | 中小企业信用建设与管理规范 | | 2023-9-25 | 2024-1-1 |
| 23 | DB11/T 2134—2023 | 中小微企业信用融资服务平台建设指南 | | 2023-9-25 | 2024-1-1 |
| 24 | DB11/T 2135—2023 | 信用管理咨询服务规范 | | 2023-9-25 | 2024-1-1 |
| 25 | DB11/T 2136—2023 | 婴幼儿托育机构服务规范 | | 2023-9-25 | 2024-1-1 |
| 26 | DB11/T 2137—2023 | 宫颈癌筛查质量控制技术规范 | | 2023-9-25 | 2024-1-1 |
| 27 | DB11/T 2138—2023 | 旅行社信用评价规范 | | 2023-9-25 | 2024-1-1 |
| 28 | DB11/T 2139—2023 | 职业信用评价规范 导游 | | 2023-9-25 | 2024-1-1 |
| 29 | DB11/T 2140—2023 | 聚乙烯管道热熔对接接头微波检测质量控制要求 | | 2023-9-25 | 2024-1-1 |
| 30 | DB11/T 2141—2023 | 应急避难场所　分级和分类 | | 2023-9-25 | 2024-1-1 |
| 31 | DB11/T 2142—2023 | 应急避难场所　场址及配套设施 | | 2023-9-25 | 2024-1-1 |
| 32 | DB11/T 2143—2023 | 应急避难场所　评估导则 | | 2023-9-25 | 2024-1-1 |
| 33 | DB11/T 2144—2023 | 残疾人温馨家园等级划分与评定规范 | | 2023-9-25 | 2024-1-1 |
| 34 | DB11/T 2145—2023 | 残疾人温馨家园服务规范 | | 2023-9-25 | 2024-1-1 |
| 35 | DB11/T 2146—2023 | 韭菜生产技术规程 | | 2023-9-25 | 2024-1-1 |
| 36 | DB11/T 2147—2023 | 连栋玻璃温室建造技术规范 | | 2023-9-25 | 2024-1-1 |
| 37 | DB11/T 2148—2023 | 连栋温室主要果类蔬菜生产技术规程 | | 2023-9-25 | 2024-1-1 |
| 38 | DB11/T 2149—2023 | 设施渔业养殖场建设与生产技术规范 | | 2023-9-25 | 2024-1-1 |
| 39 | DB11/T 2150—2023 | 水培叶菜生产技术规程 | | 2023-9-25 | 2024-1-1 |
| 40 | DB11/T 2151—2023 | 主要豆类蔬菜生产技术规程 | | 2023-9-25 | 2024-1-1 |
| 41 | DB11/T 2152—2023 | 钢架塑料大棚建造技术规范 | | 2023-9-25 | 2024-1-1 |
| 42 | DB11/T 2153—2023 | 主要树种立木材积表 | | 2023-9-25 | 2024-1-1 |

注：以上地方标准文本可登录北京市市场监督管理局网站（scjgj.beijing.gov.cn）查阅。

# 北京市地方标准公告

2023年标字第12号（总第330号）

按照《北京市标准化办法》，以下4项北京市地方标准经北京市市场监督管理局批准，由北京市市场监督管理局、北京市住房和城乡建设委员会共同发布，现予以公布（见附件）。

附件：批准发布的北京市地方标准目录2023年标字第12号（总第330号）

北京市市场监督管理局
北京市住房和城乡建设委员会
2023年9月28日

**附件**

**批准发布的北京市地方标准目录**
**2023年标字第12号（总第330号）**

| 序号 | 标准号 | 标准名称 | 被修订标准号 | 发布日期 | 实施日期 |
|---|---|---|---|---|---|
| 1 | DB11/T 945.1—2023 | 建设工程施工现场安全防护、场容卫生及消防保卫标准　第1部分：通则 | DB11/ 945—2012 | 2023-9-28 | 2024-1-1 |
| 2 | DB11/T 1832.16—2023 | 建筑工程施工工艺规程　第16部分：新能源系统工程 | | 2023-9-28 | 2024-1-1 |
| 3 | DB11/T 2154—2023 | 城市轨道交通工程浅埋暗挖法施工技术规程 | | 2023-9-28 | 2024-1-1 |
| 4 | DB11/T 2155—2023 | 建设工程消防验收现场检查评定规程 | | 2023-9-28 | 2024-1-1 |

注：以上地方标准文本可登录北京市市场监督管理局网站（scjgj.beijing.gov.cn）查阅。

# 北京市地方标准公告

2023 年标字第 13 号（总第 331 号）

按照《北京市标准化办法》，以下 3 项北京市地方标准经北京市人民政府批准，由北京市市场监督管理局、北京市生态环境局共同发布，现予以公布（见附件）。

附件：批准发布的北京市地方标准目录 2023 年标字第 13 号（总第 331 号）

北京市市场监督管理局

北京市生态环境局

2023 年 10 月 10 日

**附件**

**批准发布的北京市地方标准目录**

**2023 年标字第 13 号（总第 331 号）**

| 序号 | 标准号 | 标准名称 | 被修订标准号 | 发布日期 | 实施日期 |
|---|---|---|---|---|---|
| 1 | DB11/ 206—2023 | 储油库油气排放控制和限值 | DB11/ 206—2010 | 2023-10-10 | 2024-4-1 |
| 2 | DB11/ 207—2023 | 油罐车油气排放控制和限值 | DB11/ 207—2010 | 2023-10-10 | 2024-4-1 |
| 3 | DB11/ 208—2023 | 加油站油气排放控制和限值 | DB11/ 208—2019 | 2023-10-10 | 2024-4-1 |

注：以上地方标准文本可登录北京市市场监督管理局网站（scjgj.beijing.gov.cn）查阅。

# 北京市地方标准公告

2023 年标字第 14 号（总第 332 号）

按照《北京市标准化办法》，依据《北京市地方标准管理办法》《推进京津冀区域协同标准化工作实施方案》和《京津冀区域共同制定地方标准有关事项的会议纪要》要求，经北京市市场监督管理局批准，以下 2 项北京市地方标准作为京津冀区域协同地方标准发布，现予以公布（见附件）。

附件：批准发布的北京市地方标准目录 2023 年标字第 14 号（总第 332 号）

北京市市场监督管理局

2023 年 10 月 14 日

**附件**

**批准发布的北京市地方标准目录**
**2023 年标字第 14 号（总第 332 号）**

| 序号 | 标准号 | 标准名称 | 被修订标准号 | 发布日期 | 实施日期 |
|---|---|---|---|---|---|
| 1 | DB11/T 3037—2023 | 救助保护和儿童福利机构未成年人心理评估规范 | | 2023-10-14 | 2024-1-1 |
| 2 | DB11/T 3038—2023 | 高速公路入口称重检测工程建设导则 | | 2023-10-14 | 2024-1-1 |

注：以上地方标准文本可登录北京市市场监督管理局网站（scjgj.beijing.gov.cn）查阅。

# 北京市地方标准公告

2023 年标字第 15 号（总第 333 号）

按照《北京市标准化办法》，北京市市场监督管理局批准以下 81 项北京市地方标准，现予以公布（见附件）。

附件：批准发布的北京市地方标准目录 2023 年标字第 15 号（总第 333 号）

北京市市场监督管理局
2023 年 12 月 25 日

**附件**

**批准发布的北京市地方标准目录**
**2023 年标字第 15 号（总第 333 号）**

| 序号 | 标准号 | 标准名称 | 被修订标准号 | 发布日期 | 实施日期 |
| --- | --- | --- | --- | --- | --- |
| 1 | DB11/T 159.1—2023 | 市政交通一卡通系统技术规范 第 1 部分：总体要求 | DB11/T 159.1—2015 | 2023-12-25 | 2024-4-1 |
| 2 | DB11/T 159.2—2023 | 市政交通一卡通系统技术规范 第 2 部分：卡片 | DB11/T 159.2—2015 | 2023-12-25 | 2024-4-1 |
| 3 | DB11/T 159.3—2023 | 市政交通一卡通系统技术规范 第 3 部分：终端 | DB11/T 159.3—2015 | 2023-12-25 | 2024-4-1 |
| 4 | DB11/T 159.4—2023 | 市政交通一卡通系统技术规范 第 4 部分：移动支付系统 | DB11/T 159.4—2015 | 2023-12-25 | 2024-4-1 |
| 5 | DB11/T 159.5—2023 | 市政交通一卡通系统技术规范 第 5 部分：安全 | DB11/T 159.5—2015 | 2023-12-25 | 2024-4-1 |
| 6 | DB11/T 159.6—2023 | 市政交通一卡通系统技术规范 第 6 部分：检测 | | 2023-12-25 | 2024-4-1 |
| 7 | DB11/T 334.1—2023 | 公共场所中文标识英文译写规范 第 1 部分：交通 | DB11/T 334.1—2006 | 2023-12-25 | 2024-7-1 |
| 8 | DB11/T 354—2023 | 生活垃圾收集运输管理规范 | DB11/T 354—2006 | 2023-12-25 | 2024-4-1 |
| 9 | DB11/T 410—2023 | 体育场所安全管理规范 | DB11/T 410—2007 | 2023-12-25 | 2024-4-1 |
| 10 | DB11/T 548—2023 | 生态清洁小流域评价与建设技术规范 | DB11/T 548—2008 | 2023-12-25 | 2024-4-1 |
| 11 | DB11/T 686—2023 | 透水砖路面施工与验收规范 | DB11/T 686—2009 | 2023-12-25 | 2024-4-1 |
| 12 | DB11/T 786—2023 | 城市轨道交通线路客流预测规范 | DB11/T 786—2011 | 2023-12-25 | 2024-4-1 |

续表

| 序号 | 标准号 | 标准名称 | 被修订标准号 | 发布日期 | 实施日期 |
|---|---|---|---|---|---|
| 13 | DB11/T 978—2023 | 服务业清洁生产审核报告编制技术规范 | DB11/T 978—2013 | 2023-12-25 | 2024-4-1 |
| 14 | DB11/T 1094—2023 | 商品交易场所公平秤设置与管理规范 | DB11/T 1094—2014 | 2023-12-25 | 2024-4-1 |
| 15 | DB11/T 1138—2023 | 清洁生产评价指标体系　木质家具制造业 | DB11/T 1138—2014 | 2023-12-25 | 2024-4-1 |
| 16 | DB11/T 1139—2023 | 数据中心能源效率限额 | DB11/T 1139—2019 | 2023-12-25 | 2024-4-1 |
| 17 | DB11/T 1180—2023 | 清洁生产评价指标体系　汽车整车制造业 | DB11/T 1180—2015 | 2023-12-25 | 2024-4-1 |
| 18 | DB11/T 1211—2023 | 中央空调系统运行节能监测 | DB11/T 1211—2015 | 2023-12-25 | 2024-4-1 |
| 19 | DB11/T 1244—2023 | 国槐育苗技术规程 | DB11/T 1244—2015 | 2023-12-25 | 2024-4-1 |
| 20 | DB11/T 1250—2023 | 危险化学品企业分装作业安全管理规范 | DB11/T 1250—2015 | 2023-12-25 | 2024-4-1 |
| 21 | DB11/T 1252—2023 | 尾矿库建设与运行安全管理规范 | DB11/T 1252—2015 | 2023-12-25 | 2024-4-1 |
| 22 | DB11/T 1263—2023 | 清洁生产评价指标体系　交通运输业 | DB11/T 1263—2015 | 2023-12-25 | 2024-4-1 |
| 23 | DB11/T 1264—2023 | 清洁生产评价指标体系　高等院校 | DB11/T 1264—2015 | 2023-12-25 | 2024-4-1 |
| 24 | DB11/T 1320—2023 | 危险场所电气防爆安全检测技术规范 | DB11/T 1320—2016 | 2023-12-25 | 2024-4-1 |
| 25 | DB11/T 1352—2023 | 主要花坛花卉种苗生产技术规程 | DB11/T 1352—2016 | 2023-12-25 | 2024-4-1 |
| 26 | DB11/T 1428—2023 | 城镇污水处理厂污泥处理能源消耗限额 | DB11/T 1428—2017 | 2023-12-25 | 2024-4-1 |
| 27 | DB11/T 1589.1—2023 | 气象灾害风险调查技术规范　第1部分：暴雨 | DB11/T 1589.1—2018 | 2023-12-25 | 2024-4-1 |
| 28 | DB11/T 1643—2023 | 民用建筑供暖通风与空气调节用气象参数 | DB11/T 1643—2019 | 2023-12-25 | 2024-4-1 |
| 29 | DB11/T 1764.11—2023 | 用水定额　第11部分：数据中心 | | 2023-12-25 | 2024-4-1 |
| 30 | DB11/T 1764.38—2023 | 用水定额　第38部分：体育场馆 | | 2023-12-25 | 2024-4-1 |
| 31 | DB11/T 1992.5—2023 | 食品生产企业质量管理规范　第5部分：冷链即食食品 | | 2023-12-25 | 2024-7-1 |
| 32 | DB11/T 2156—2023 | 城市副中心　商业秘密保护指南 | | 2023-12-25 | 2024-4-1 |
| 33 | DB11/T 2157—2023 | 网格化城市管理系统　单元网格划分 | | 2023-12-25 | 2024-4-1 |
| 34 | DB11/T 2158—2023 | 餐饮外卖、商超领域限塑评价指南 | | 2023-12-25 | 2024-4-1 |
| 35 | DB11/T 2159—2023 | 产业园区清洁生产审核技术导则 | | 2023-12-25 | 2024-4-1 |

续表

| 序号 | 标准号 | 标准名称 | 被修订标准号 | 发布日期 | 实施日期 |
|---|---|---|---|---|---|
| 36 | DB11/T 2160—2023 | 电动汽车公用充电站能源消耗限额 | | 2023-12-25 | 2024-4-1 |
| 37 | DB11/T 2161—2023 | 废弃电器电子产品溯源技术要求 | | 2023-12-25 | 2024-4-1 |
| 38 | DB11/T 2162—2023 | 废弃电器电子产品回收规范 | | 2023-12-25 | 2024-4-1 |
| 39 | DB11/T 2163—2023 | 固定资产投资项目节能审查事中评价规范 | | 2023-12-25 | 2024-4-1 |
| 40 | DB11/T 2164—2023 | 清洁生产评价指标体系　生活垃圾焚烧业 | | 2023-12-25 | 2024-4-1 |
| 41 | DB11/T 2165—2023 | 数据中心合理用能指南 | | 2023-12-25 | 2024-4-1 |
| 42 | DB11/T 2166—2023 | 自动驾驶地图质量规范 | | 2023-12-25 | 2024-7-1 |
| 43 | DB11/T 2167—2023 | 虚拟现实智能型汽车驾驶培训系统技术要求 | | 2023-12-25 | 2024-4-1 |
| 44 | DB11/T 2168—2023 | 政务数据溯源信息技术要求 | | 2023-12-25 | 2024-4-1 |
| 45 | DB11/T 2169—2023 | 政务云平台建设技术要求 | | 2023-12-25 | 2024-4-1 |
| 46 | DB11/T 2170—2023 | 智慧城市　实体时空标识编码规范 | | 2023-12-25 | 2024-4-1 |
| 47 | DB11/T 2171.1—2023 | 粮食节约减损规范　第1部分：储存环节 | | 2023-12-25 | 2024-5-1 |
| 48 | DB11/T 2171.2—2023 | 粮食节约减损规范　第2部分：运输环节 | | 2023-12-25 | 2024-5-1 |
| 49 | DB11/T 2171.3—2023 | 粮食节约减损规范　第3部分：加工环节 | | 2023-12-25 | 2024-5-1 |
| 50 | DB11/T 2172—2023 | 农村住宅空气源热泵供暖系统节能运行技术规程 | | 2023-12-25 | 2024-4-1 |
| 51 | DB11/T 2173—2023 | 兽医生物安全二级实验室安全技术管理规范 | | 2023-12-25 | 2024-4-1 |
| 52 | DB11/T 2174—2023 | 挥发性有机物车载移动监测与评价技术规范 | | 2023-12-25 | 2024-4-1 |
| 53 | DB11/T 2175—2023 | 生态质量监测网络建设技术规范 | | 2023-12-25 | 2024-4-1 |
| 54 | DB11/T 2176—2023 | 能源计量器具配备和管理规范　电子器件制造业 | | 2023-12-25 | 2024-4-1 |
| 55 | DB11/T 2177—2023 | 能源计量器具配备和管理规范　地源热泵系统 | | 2023-12-25 | 2024-4-1 |
| 56 | DB11/T 2178—2023 | 城市河道边坡水土保持技术规范 | | 2023-12-25 | 2024-4-1 |
| 57 | DB11/T 2179—2023 | 河湖水系海绵城市建设技术规范 | | 2023-12-25 | 2024-4-1 |

续表

| 序号 | 标准号 | 标准名称 | 被修订标准号 | 发布日期 | 实施日期 |
|---|---|---|---|---|---|
| 58 | DB11/T 2180—2023 | 水生态修复技术导则 | | 2023-12-25 | 2024-4-1 |
| 59 | DB11/T 2181—2023 | 水务物联感知数据传输与接入技术导则 | | 2023-12-25 | 2024-4-1 |
| 60 | DB11/T 2182—2023 | 青少年体育培训机构服务规范 | | 2023-12-25 | 2024-4-1 |
| 61 | DB11/T 2183—2023 | 体育场馆全民健身服务通则 | | 2023-12-25 | 2024-7-1 |
| 62 | DB11/T 2184—2023 | 烈士纪念设施保护单位服务与管理规范 | | 2023-12-25 | 2024-4-1 |
| 63 | DB11/T 2185—2023 | 古建筑木结构现场勘查技术规范 | | 2023-12-25 | 2024-4-1 |
| 64 | DB11/T 2186—2023 | 安全评价机构服务规范 | | 2023-12-25 | 2024-4-1 |
| 65 | DB11/T 2187—2023 | 安全生产培训机构服务规范 | | 2023-12-25 | 2024-4-1 |
| 66 | DB11/T 2188—2023 | 防汛隐患排查治理规范　城镇房屋 | | 2023-12-25 | 2024-4-1 |
| 67 | DB11/T 2189—2023 | 防汛隐患排查治理规范　城镇内涝 | | 2023-12-25 | 2024-4-1 |
| 68 | DB11/T 2190—2023 | 防汛隐患排查治理规范　旅游景区 | | 2023-12-25 | 2024-4-1 |
| 69 | DB11/T 2191—2023 | 防汛隐患排查治理规范　山洪和地质灾害 | | 2023-12-25 | 2024-4-1 |
| 70 | DB11/T 2192—2023 | 防汛隐患排查治理规范　市政基础设施 | | 2023-12-25 | 2024-4-1 |
| 71 | DB11/T 2193—2023 | 防汛隐患排查治理规范　水利工程 | | 2023-12-25 | 2024-4-1 |
| 72 | DB11/T 2194—2023 | 防汛隐患排查治理规范　在建工程 | | 2023-12-25 | 2024-4-1 |
| 73 | DB11/T 2195—2023 | 生产经营单位安全生产台账基础数据元规范 | | 2023-12-25 | 2024-4-1 |
| 74 | DB11/T 2196—2023 | 危险化学品全流程追溯管理技术规范 | | 2023-12-25 | 2024-4-1 |
| 75 | DB11/T 2197—2023 | 自然灾害预警信息社会传播要求 | | 2023-12-25 | 2024-4-1 |
| 76 | DB11/T 2198—2023 | 拂子茅属观赏草繁育栽培与管护技术规程 | | 2023-12-25 | 2024-4-1 |
| 77 | DB11/T 2199—2023 | 果品产地采样技术规范 | | 2023-12-25 | 2024-4-1 |
| 78 | DB11/T 2200—2023 | 林木采伐技术规程 | | 2023-12-25 | 2024-4-1 |
| 79 | DB11/T 2201—2023 | 森林资源专项调查技术规程 | | 2023-12-25 | 2024-4-1 |
| 80 | DB11/T 2202—2023 | 生态型宿根植物容器苗繁育技术规程 | | 2023-12-25 | 2024-4-1 |
| 81 | DB11/T 2203—2023 | 苔草无土草毯繁育建植与管护技术规程 | | 2023-12-25 | 2024-4-1 |

注：以上地方标准文本可登录北京市市场监督管理局网站（scjgj.beijing.gov.cn）查阅。

# 北京市地方标准公告

2023年标字第16号（总第334号）

按照《北京市标准化办法》，依据《北京市地方标准管理办法》《推进京津冀区域协同标准化工作实施方案》和《京津冀区域共同制定地方标准有关事项的会议纪要》要求，经北京市市场监督管理局批准，以下1项北京市地方标准作为京津冀区域协同地方标准发布，现予以公布（见附件）。

附件：批准发布的北京市地方标准目录2023年标字第16号（总第334号）

北京市市场监督管理局
2023年12月25日

**附件**

**批准发布的北京市地方标准目录**
**2023年标字第16号（总第334号）**

| 序号 | 标准号 | 标准名称 | 被修订标准号 | 发布日期 | 实施日期 |
|---|---|---|---|---|---|
| 1 | DB11/T 3039—2023 | 农产品批发市场食用农产品入场查验技术规范 | | 2023-12-25 | 2024-3-1 |

注：以上地方标准文本可登录北京市市场监督管理局网站（scjgj.beijing.gov.cn）查阅。

# 北京市地方标准公告

2023 年标字第 17 号（总第 335 号）

根据《中华人民共和国标准化法》《北京市标准化办法》和《北京市地方标准管理办法》的规定，北京市市场监督管理局组织开展了地方标准年度复审工作。根据复审情况，现废止60 项北京市地方标准（见附件）。

附件：废止北京市地方标准目录 2023 年标字第 17 号（总第 335 号）

北京市市场监督管理局
2023 年 12 月 25 日

**附件**

**废止北京市地方标准目录**
**2023 年标字第 17 号（总第 335 号）**

| 序号 | 标准号 | 标准名称 |
| --- | --- | --- |
| 1 | DB11/T 1232—2015 | 电力需求侧管理项目节约电力负荷计算通则 |
| 2 | DB11/T 931.1—2012 | 户用分类垃圾桶（袋）技术规范　第 1 部分：塑料垃圾桶 |
| 3 | DB11/T 931.2—2012 | 户用分类垃圾桶（袋）技术规范　第 2 部分：铁质垃圾桶 |
| 4 | DB11/T 931.3—2012 | 户用分类垃圾桶（袋）技术规范　第 3 部分：垃圾袋 |
| 5 | DB11/T 586—2008 | 扫路机专业性能等级划分及评价 |
| 6 | DB11/T 809—2011 | 典当经营场所安全防范技术要求 |
| 7 | DB11/T 384.8—2018 | 图像信息管理系统技术规范　第 8 部分：危险场所的设计、施工与验收 |
| 8 | DB11/T 1020.1—2013 | 土地信息数据元　第 1 部分：总则 |
| 9 | DB11/T 1020.2—2013 | 土地信息数据元　第 2 部分：土地利用数据元 |
| 10 | DB11/T 1020.3—2013 | 土地信息数据元　第 3 部分：土地权属数据元 |
| 11 | DB11/T 761—2010 | 城市中心区货运汽车营运技术要求 |
| 12 | DB11/T 667—2020 | 区域停车诱导系统技术要求 |
| 13 | DB11/T 1158—2015 | 软件和信息服务企业节能评价规范 |
| 14 | DB11/T 1155—2015 | 移动通信基站能效分级 |
| 15 | DB11/T 816—2011 | 技术转移服务规范 |
| 16 | DB11/T 747.1—2010 | 公墓建设规范　第 1 部分：骨灰安葬设施 |
| 17 | DB11/T 1322.47—2018 | 安全生产等级评定技术规范　第 47 部分：生物质气化站 |
| 18 | DB11/T 653—2009 | 板栗脱蓬机作业质量 |

续表

| 序号 | 标准号 | 标准名称 |
|---|---|---|
| 19 | DB11/T 230—2018 | 结球生菜生产技术规程 |
| 20 | DB11/T 296—2005 | 牧草割草机作业质量 |
| 21 | DB11/T 233—2004 | 农作物品种纯度田间检验规程 |
| 22 | DB11/T 458—2007 | 起草皮机作业质量 |
| 23 | DB11/T 654—2009 | 起垄机作业质量 |
| 24 | DB11/T 550—2018 | 日光温室用电动卷帘机技术条件 |
| 25 | DB11/T 265—2018 | 设施菠菜生产技术规程 |
| 26 | DB11/T 299—2005 | 深松机械作业质量 |
| 27 | DB11/T 750—2010 | 蔬菜供应链安全风险管理指南 |
| 28 | DB11/T 165—2018 | 油菜（不结球白菜）生产技术规程 |
| 29 | DB11/T 1586—2018 | 雷电防护装置检测安全作业规范 |
| 30 | DB11/T 1392—2017 | 系留气球施放安全规范 |
| 31 | DB11/T 1540—2018 | 绿色商场、超市评价要求 |
| 32 | DB11/T 1539—2018 | 商场、超市碳排放管理规范 |
| 33 | DB11/T 076—2009 | 钟表维修服务质量要求 |
| 34 | DB11/T 811—2011 | 场地土壤环境风险评价筛选值 |
| 35 | DB11/T 810—2011 | 重金属污染土壤填埋场建设与运行技术规范 |
| 36 | DB11/T 3007—2017 | 混合气体气瓶充装规定 |
| 37 | DB11/T 156—2016 | 验光配镜技术规范 |
| 38 | DB11/T 949—2013 | 液化石油气气瓶标签应用技术要求 |
| 39 | DB11/T 411.1—2007 | 体育场馆等级划分及评定　第 1 部分：排球馆 |
| 40 | DB11/T 411.2—2007 | 体育场馆等级划分及评定　第 2 部分：拳击馆 |
| 41 | DB11/T 411.3—2007 | 体育场馆等级划分及评定　第 3 部分：羽毛球馆 |
| 42 | DB11/T 411.4—2007 | 体育场馆等级划分及评定　第 4 部分：乒乓球馆 |
| 43 | DB11/T 411.5—2007 | 体育场馆等级划分及评定　第 5 部分：手球馆 |
| 44 | DB11/T 411.6—2007 | 体育场馆等级划分及评定　第 6 部分：网球馆 |
| 45 | DB11/T 411.7—2007 | 体育场馆等级划分及评定　第 7 部分：跆拳道馆 |
| 46 | DB11/T 411.8—2007 | 体育场馆等级划分及评定　第 8 部分：篮球馆 |
| 47 | DB11/T 350—2014 | 乡村民俗旅游村等级划分与评定 |
| 48 | DB11/T 351—2014 | 乡村民俗旅游户等级划分与评定 |
| 49 | DB11/T 652.10—2017 | 乡村旅游特色业态标准及评定　第 10 部分：葡萄酒庄 |
| 50 | DB11/T 652.1—2018 | 乡村旅游特色业态基本要求及评定　第 1 部分：通则 |

续表

| 序号 | 标准号 | 标准名称 |
| --- | --- | --- |
| 51 | DB11/T 652.2—2018 | 乡村旅游特色业态基本要求及评定　第2部分：国际驿站 |
| 52 | DB11/T 652.3—2018 | 乡村旅游特色业态基本要求及评定　第3部分：采摘篱园 |
| 53 | DB11/T 652.4—2018 | 乡村旅游特色业态基本要求及评定　第4部分：乡村酒店 |
| 54 | DB11/T 652.5—2018 | 乡村旅游特色业态基本要求及评定　第5部分：养生山居 |
| 55 | DB11/T 652.6—2018 | 乡村旅游特色业态基本要求及评定　第6部分：休闲农庄 |
| 56 | DB11/T 652.7—2018 | 乡村旅游特色业态基本要求及评定　第7部分：生态渔家 |
| 57 | DB11/T 652.8—2018 | 乡村旅游特色业态基本要求及评定　第8部分：山水人家 |
| 58 | DB11/T 652.9—2018 | 乡村旅游特色业态基本要求及评定　第9部分：民族风苑 |
| 59 | DB11/T 863—2012 | 节水耐旱型树种选择技术规程 |
| 60 | DB11/T 929—2012 | 平原地区森林生态体系建设技术规程　公路、铁路、河流绿化带 |

# 北京市地方标准公告

2023年标字第18号（总第336号）

按照《北京市标准化办法》，以下17项北京市地方标准经北京市市场监督管理局批准，由北京市市场监督管理局、北京市住房和城乡建设委员会共同发布，现予以公布（见附件）。

附件：批准发布的北京市地方标准目录2023年标字第18号（总第336号）

北京市市场监督管理局
北京市住房和城乡建设委员会
2023年12月27日

**附件**

## 批准发布的北京市地方标准目录 2023年标字第18号（总第336号）

| 序号 | 标准号 | 标准名称 | 被修订标准号 | 发布日期 | 实施日期 |
|---|---|---|---|---|---|
| 1 | DB11/T 381—2023 | 既有居住建筑节能改造技术规程 | DB11/ 381—2016 | 2023-12-27 | 2024-4-1 |
| 2 | DB11/T 383—2023 | 建筑工程施工现场安全资料管理规程 | DB11/ 383—2017 | 2023-12-27 | 2024-4-1 |
| 3 | DB11/T 611—2023 | 施工现场塔式起重机检验技术规程 | DB11/ 611—2008 | 2023-12-27 | 2024-4-1 |
| 4 | DB11/T 636—2023 | 施工现场施工升降机检验技术规程 | DB11/T 636—2009、DB11/ 807—2011 | 2023-12-27 | 2024-4-1 |
| 5 | DB11/T 638—2023 | 房屋修缮工程工程量计算标准 | DB11/T 638—2016 | 2023-12-27 | 2024-4-1 |
| 6 | DB11/T 696—2023 | 预拌砂浆应用技术规程 | DB11/T 696—2016 | 2023-12-27 | 2024-4-1 |
| 7 | DB11/T 698—2023 | 清水混凝土预制构件生产与质量控制规程 | DB11/T 698—2009 | 2023-12-27 | 2024-4-1 |
| 8 | DB11/T 1200—2023 | 超长大体积混凝土结构跳仓法技术规程 | DB11/T 1200—2015 | 2023-12-27 | 2024-4-1 |
| 9 | DB11/T 1365—2023 | 公共租赁住房建设标准 | DB11/T 1365—2016 | 2023-12-27 | 2024-4-1 |
| 10 | DB11/T 1413—2023 | 民用建筑能耗标准 | DB11/T 1413—2017 | 2023-12-27 | 2024-4-1 |
| 11 | DB11/T 1832.6—2023 | 建筑工程施工工艺规程　第6部分：木结构工程 |  | 2023-12-27 | 2024-4-1 |

续表

| 序号 | 标准号 | 标准名称 | 被修订标准号 | 发布日期 | 实施日期 |
|---|---|---|---|---|---|
| 12 | DB11/T 1832.22—2023 | 建筑工程施工工艺规程　第22部分：装配式装修工程 | | 2023-12-27 | 2024-4-1 |
| 13 | DB11/T 2204—2023 | 房屋建筑和市政基础设施电气工程施工质量验收标准 | | 2023-12-27 | 2024-4-1 |
| 14 | DB11/T 2205—2023 | 建筑垃圾再生回填材料应用技术规程 | | 2023-12-27 | 2024-4-1 |
| 15 | DB11/T 2206—2023 | 建筑垃圾再生墙体材料应用技术规程 | | 2023-12-27 | 2024-4-1 |
| 16 | DB11/T 2207—2023 | 市政桥梁工程数字化建造标准 | | 2023-12-27 | 2024-4-1 |
| 17 | DB11/T 2208—2023 | 附着式升降脚手架安全技术标准 | | 2023-12-27 | 2024-4-1 |

注：以上地方标准文本可登录北京市市场监督管理局网站（scjgj.beijing.gov.cn）查阅。

# 北京市地方标准公告

2023 年标字第 19 号（总第 337 号）

根据《中华人民共和国标准化法》《北京市标准化办法》和《北京市地方标准管理办法》的规定，北京市市场监督管理局组织开展了地方标准年度复审工作。根据复审情况，北京市市场监督管理局、北京市住房和城乡建设委员会现共同废止 1 项北京市地方标准（见附件）。

附件：废止北京市地方标准目录 2023 年标字第 19 号（总第 337 号）

北京市市场监督管理局
北京市住房和城乡建设委员会
2023 年 12 月 27 日

**附件**

**废止北京市地方标准目录**
**2023 年标字第 19 号（总第 337 号）**

| 标准号 | 标准名称 |
| --- | --- |
| DB11/T 697—2019 | 保温装饰板外墙外保温施工技术规程 |

# 北京市地方标准公告

2023年标字第20号（总第338号）

按照《北京市标准化办法》，以下6项北京市地方标准经北京市市场监督管理局批准，由北京市市场监督管理局、北京市规划和自然资源委员会共同发布，现予以公布（见附件）。

附件：批准发布的北京市地方标准目录2023年标字第20号（总第338号）

北京市市场监督管理局
北京市规划和自然资源委员会
2023年12月26日

**附件**

**批准发布的北京市地方标准目录**
**2023年标字第20号（总第338号）**

| 序号 | 标准号 | 标准名称 | 被修订标准号 | 发布日期 | 实施日期 |
|---|---|---|---|---|---|
| 1 | DB11/T 1362—2023 | 地名规划编制标准 | DB11/T 1362—2016 | 2023-12-26 | 2024-7-1 |
| 2 | DB11/T 2209—2023 | 城市道路慢行系统、绿道与滨水慢行路融合规划设计标准 | | 2023-12-26 | 2024-7-1 |
| 3 | DB11/T 2230—2023 | 城市综合客运交通枢纽低碳设计标准 | | 2023-12-26 | 2024-7-1 |
| 4 | DB11/T 2231—2023 | 规划建设管理电子报审数据标准 | | 2023-12-26 | 2024-7-1 |
| 5 | DB11/T 2232—2023 | 轨道交通车辆基地规划设计标准 | | 2023-12-26 | 2024-7-1 |
| 6 | DB11/T 2233—2023 | 绿色城市轨道交通车站评价标准 | | 2023-12-26 | 2024-7-1 |

注：以上地方标准文本可登录北京市市场监督管理局网站（scjgj.beijing.gov.cn）查阅。

# 北京市地方标准公告

2023 年标字第 21 号（总第 339 号）

根据《中华人民共和国标准化法》《北京市标准化办法》和《北京市地方标准管理办法》的规定，北京市市场监督管理局组织开展了地方标准年度复审工作。根据复审情况，北京市市场监督管理局、北京市规划和自然资源委员会现共同废止 1 项北京市地方标准（见附件）。

附件：废止北京市地方标准目录 2023 年标字第 21 号（总第 339 号）

北京市市场监督管理局
北京市规划和自然资源委员会
2023 年 12 月 27 日

**附件**

**废止北京市地方标准目录**
**2023 年标字第 21 号（总第 339 号）**

| 标准号 | 标准名称 |
|---|---|
| DB11/T 691—2009 | 市政工程通用混凝土模块砌体构筑物结构设计规程 |

附件

## 现行有效北京市地方标准目录
## 2023年标字第22号（总第340号）

| 序号 | 标准号 | 标准名称 | 行业主管部门 | 备注 |
|---|---|---|---|---|
| 1 | DB11/T 012.1—2023 | 北京鸭　第1部分：商品鸭养殖技术规范 | 北京市农业农村局 | |
| 2 | DB11/T 012.2—2023 | 北京鸭　第2部分：种鸭养殖技术规范 | 北京市农业农村局 | |
| 3 | DB11/T 051—2015 | 电机系统节能监测 | 北京市发展和改革委员会 | |
| 4 | DB11/T 053—2015 | 雨水井箅结构、安全技术规范 | 北京市城市管理委员会 | |
| 5 | DB11/T 061—2011 | 危险货物道路运输车辆技术要求 | 北京市交通委员会 | |
| 6 | DB11/T 062—2009 | 城市地理编码道路、道路交叉口和空间单元代码 | 北京市规划和自然资源委员会 | |
| 7 | DB11/T 064—2017 | 北京市行政区划代码 | 北京市民政局 | |
| 8 | DB11/T 065—2022 | 电气防火检测技术规范 | 北京市消防救援总队 | |
| 9 | DB11/T 082—2015 | 管氏肿腿蜂人工繁育 | 北京市园林绿化局 | |
| 10 | DB11/T 083—2009 | 冬小麦生产技术规程 | 北京市农业农村局 | |
| 11 | DB11/T 085—2019 | 春玉米生产技术规程 | 北京市农业农村局 | |
| 12 | DB11/T 097—2019 | 低硫煤及制品环保技术要求 | 北京市城市管理委员会 | |
| 13 | DB11/T 099—2009 | 美发服务操作规程 | 北京市商务局 | |
| 14 | DB11/T 100—2009 | 美发服务质量要求 | 北京市商务局 | |
| 15 | DB11/T 118—2016 | 住宅二次供水设施设备运行维护技术规程 | 北京市住房和城乡建设委员会 | |
| 16 | DB11/ 120—2014 | 摩托车和轻便摩托车双怠速污染物排放限值及测量方法 | 北京市生态环境局 | |
| 17 | DB11/T 124—2023 | 人力资源和社会保障信息系统指标体系代码与数据结构 | 北京市人力资源和社会保障局 | |
| 18 | DB11/T 126—2012 | 封山育林技术规程 | 北京市园林绿化局 | |
| 19 | DB11/T 132—2019 | 设施西瓜生产技术规程 | 北京市农业农村局 | |

续表

| 序号 | 标准号 | 标准名称 | 行业主管部门 | 备注 |
|---|---|---|---|---|
| 20 | DB11/T 134—2008 | 汽车大修竣工出厂技术条件 | 北京市交通委员会 | |
| 21 | DB11/T 135—2008 | 汽车发动机大修竣工出厂技术条件 | 北京市交通委员会 | |
| 22 | DB11/T 136—2008 | 汽车维护竣工出厂技术条件 | 北京市交通委员会 | |
| 23 | DB11/T 137—2022 | 汽车小修竣工出厂技术条件 | 北京市交通委员会 | |
| 24 | DB11/ 139—2015 | 锅炉大气污染物排放标准 | 北京市生态环境局 | |
| 25 | DB11/T 140—2015 | 三相配电变压器节能监测 | 北京市发展和改革委员会 | |
| 26 | DB11/T 147—2015 | 检查井盖结构、安全技术规范 | 北京市城市管理委员会 | |
| 27 | DB11/T 148—2017 | 养老机构服务质量规范 | 北京市民政局 | |
| 28 | DB11/T 149—2023 | 养老机构预防感染与控制规范 | 北京市民政局 | |
| 29 | DB11/T 150.1—2019 | 奶牛饲养管理技术规范　第1部分：育种 | 北京市农业农村局 | |
| 30 | DB11/T 150.2—2019 | 奶牛饲养管理技术规范　第2部分：繁殖 | 北京市农业农村局 | |
| 31 | DB11/T 150.3—2019 | 奶牛饲养管理技术规范　第3部分：饲养与饲料 | 北京市农业农村局 | |
| 32 | DB11/T 150.4—2019 | 奶牛饲养管理技术规范　第4部分：卫生防疫 | 北京市农业农村局 | |
| 33 | DB11/T 157.1—2008 | 虹鳟养殖技术规范　第1部分：亲鱼 | 北京市农业农村局 | |
| 34 | DB11/T 157.2—2008 | 虹鳟养殖技术规范　第2部分：亲鱼培育技术 | 北京市农业农村局 | |
| 35 | DB11/T 157.3—2008 | 虹鳟养殖技术规范　第3部分：人工繁殖技术 | 北京市农业农村局 | |
| 36 | DB11/T 157.4—2008 | 虹鳟养殖技术规范　第4部分：鱼苗培育技术 | 北京市农业农村局 | |
| 37 | DB11/T 157.5—2008 | 虹鳟养殖技术规范　第5部分：成鱼池塘养殖技术 | 北京市农业农村局 | |
| 38 | DB11/T 157.6—2008 | 虹鳟养殖技术规范　第6部分：成鱼网箱养殖技术 | 北京市农业农村局 | |

续表

| 序号 | 标准号 | 标准名称 | 行业主管部门 | 备注 |
| --- | --- | --- | --- | --- |
| 39 | DB11/T 157.7—2008 | 虹鳟养殖技术规范　第7部分：防疫 | 北京市农业农村局 | |
| 40 | DB11/T 157.8—2008 | 虹鳟养殖技术规范　第8部分：常见病诊治与安全用药 | 北京市农业农村局 | |
| 41 | DB11/T 159.1—2023 | 市政交通一卡通系统技术规范　第1部分：总体要求 | 北京市交通委员会 | |
| 42 | DB11/T 159.2—2023 | 市政交通一卡通系统技术规范　第2部分：卡片 | 北京市交通委员会 | |
| 43 | DB11/T 159.3—2023 | 市政交通一卡通系统技术规范　第3部分：终端 | 北京市交通委员会 | |
| 44 | DB11/T 159.4—2023 | 市政交通一卡通系统技术规范　第4部分：移动支付系统 | 北京市交通委员会 | |
| 45 | DB11/T 159.5—2023 | 市政交通一卡通系统技术规范　第5部分：安全 | 北京市交通委员会 | |
| 46 | DB11/T 159.6—2023 | 市政交通一卡通系统技术规范　第6部分：检测 | 北京市交通委员会 | |
| 47 | DB11/T 161—2012 | 融雪剂 | 北京市城市管理委员会 | |
| 48 | DB11/T 162—2021 | 主要果菜类蔬菜设施生产技术规程 | 北京市农业农村局 | |
| 49 | DB11/T 163—2021 | 叶菜类蔬菜生产技术规程 | 北京市农业农村局 | |
| 50 | DB11/T 170—2015 | 生活有机垃圾好氧发酵设备技术规范 | 北京市城市管理委员会 | |
| 51 | DB11/ 182—2003 | 摩托车、轻便摩托车稳态加载排气污染物排放限值及测量方法 | 北京市生态环境局 | |
| 52 | DB11/ 183—2010 | 在用三轮汽车和低速货车加载减速烟度排放限值及测量方法 | 北京市生态环境局 | |
| 53 | DB11/ 184—2013 | 在用非道路柴油机械烟度排放限值及测量方法 | 北京市生态环境局 | |
| 54 | DB11/ 185—2013 | 非道路机械用柴油机排气污染物限值及测量方法 | 北京市生态环境局 | |
| 55 | DB11/T 186—2022 | 小豆生产技术规程 | 北京市农业农村局 | |

续表

| 序号 | 标准号 | 标准名称 | 行业主管部门 | 备注 |
|---|---|---|---|---|
| 56 | DB11/T 187—2023 | 旅游星级饭店服务质量要求 | 北京市文化和旅游局 | |
| 57 | DB11/T 190—2016 | 公共厕所建设规范 | 北京市城市管理委员会 | |
| 58 | DB11/T 191—2021 | 水产良种场生产管理规范 | 北京市农业农村局 | |
| 59 | DB11/T 192—2021 | 水产养殖场生产管理规范 | 北京市农业农村局 | |
| 60 | DB11/T 193—2003 | 鲟鱼养殖技术规范 | 北京市农业农村局 | |
| 61 | DB11/T 194—2018 | 罗非鱼养殖技术规范 | 北京市农业农村局 | |
| 62 | DB11/T 195—2003 | 大西洋鲑、银鲑(陆封型)养殖技术规范 | 北京市农业农村局 | |
| 63 | DB11/T 196—2013 | 常见鱼病防治技术操作规程 | 北京市农业农村局 | |
| 64 | DB11/T 198.1—2003 | 蔬菜种子生产技术操作规程　第1部分：大白菜 | 北京市农业农村局 | |
| 65 | DB11/T 198.2—2003 | 蔬菜种子生产技术操作规程　第2部分：甘蓝 | 北京市农业农村局 | |
| 66 | DB11/T 198.3—2003 | 蔬菜种子生产技术操作规程　第3部分：花椰菜 | 北京市农业农村局 | |
| 67 | DB11/T 198.4—2003 | 蔬菜种子生产技术操作规程　第4部分：萝卜 | 北京市农业农村局 | |
| 68 | DB11/T 198.5—2003 | 蔬菜种子生产技术操作规程　第5部分：番茄 | 北京市农业农村局 | |
| 69 | DB11/T 198.6—2003 | 蔬菜种子生产技术操作规程　第6部分：辣(甜)椒 | 北京市农业农村局 | |
| 70 | DB11/T 198.7—2003 | 蔬菜种子生产技术操作规程　第7部分：黄瓜 | 北京市农业农村局 | |
| 71 | DB11/T 198.8—2003 | 蔬菜种子生产技术操作规程　第8部分：西瓜 | 北京市农业农村局 | |
| 72 | DB11/T 198.9—2003 | 蔬菜种子生产技术操作规程　第9部分：豆类 | 北京市农业农村局 | |
| 73 | DB11/T 199—2021 | 蔬菜品种纯度田间种植鉴定规程 | 北京市农业农村局 | |
| 74 | DB11/T 201—2013 | 农业企业标准体系　通则 | 北京市农业农村局 | |
| 75 | DB11/T 202—2013 | 农业企业标准体系　种植业 | 北京市农业农村局 | |
| 76 | DB11/T 203—2013 | 农业企业标准体系　养殖业 | 北京市农业农村局 | |

续表

| 序号 | 标准号 | 标准名称 | 行业主管部门 | 备注 |
|---|---|---|---|---|
| 77 | DB11/ 206—2023 | 储油库油气排放控制和限值 | 北京市生态环境局 | |
| 78 | DB11/ 207—2023 | 油罐车油气排放控制和限值 | 北京市生态环境局 | |
| 79 | DB11/ 208—2023 | 加油站油气排放控制和限值 | 北京市生态环境局 | |
| 80 | DB11/T 211—2017 | 园林绿化用植物材料　木本苗 | 北京市园林绿化局 | |
| 81 | DB11/T 212—2017 | 园林绿化工程施工及验收规范 | 北京市园林绿化局 | |
| 82 | DB11/T 213—2022 | 城镇绿地养护技术规范 | 北京市园林绿化局 | |
| 83 | DB11/T 214—2016 | 居住区绿地设计规范 | 北京市园林绿化局 | |
| 84 | DB11/T 219—2021 | 养老机构服务质量星级划分与评定 | 北京市民政局 | |
| 85 | DB11/T 220—2014 | 养老机构医务室服务规范 | 北京市民政局 | |
| 86 | DB11/T 221—2008 | 政府网站建设与管理规范 | 北京市经济和信息化局 | |
| 87 | DB11/T 222—2004 | 主要造林树种苗木质量分级 | 北京市园林绿化局 | |
| 88 | DB11/T 223—2020 | 巡游出租汽车运行技术要求 | 北京市交通委员会 | |
| 89 | DB11/T 224—2004 | 地震应急避难场所标志 | 北京市地震局 | (1)将规范性引用文件中的“GB 5768—1999 道路交通标志和标线”更新为“GB 5768 道路交通标志和标线”、“GB/T 15566—1995 图形标志　使用原则与要求”更新为“GBT 15566 公共信息导向系统 设置原则与要求”。<br>(2)将正文 5 中的“地震应急避难场所标志的设置原则应遵循 GB/T 15566—1995、GB 5768—1999 第 13 章中的规定”更新为“地震应急避难场所标志的设置原则应遵循 GB/T 15566.1—2020 第 5 章、GB 5768.2—2022 第 4 章中的相关规定”。<br>(3)将正文 6 中的“应遵循 GB 5768—1999 第 14 章中的规定”更新为“应遵循 GB 5768.2—2022 第 4 章中的相关规定”。 |

续表

| 序号 | 标准号 | 标准名称 | 行业主管部门 | 备注 |
| --- | --- | --- | --- | --- |
| 89 | DB11/T 224—2004 | 地震应急避难场所标志 | 北京市地震局 | （4）将正文 7 中的“应遵循 GB 5768—1999 第 15 章中的规定”更新为“应遵循 GB 5768.2—2022 第 4 章中的相关规定”。（5）将正文 8.1 中的“应遵循 GB 5768—1999 中附录 A 的规定”更新为“应遵循 GB 5768.2—2022 附录 B 中的相关规定”。（6）将正文 8.2 中的“应遵循 GB 5768—1999 中附录 B 的规定”更新为“应遵循 GB 5768.2—2022 附录 B 中的相关规定”。（7）将正文 8.3 中的“应遵循 GB 5768—1999 中附录 C 的规定”更新为“应遵循 GB 5768.2—2022 附录 B 中的相关规定”。（8）将正文 8.4 中的“应遵循 GB 5768—1999 中附录 D 的规定”更新为“应遵循 GB 5768.2—2022 附录 B 中的相关规定” |
| 90 | DB11/T 235—2004 | 花生原种、良种生产技术操作规程 | 北京市农业农村局 | |
| 91 | DB11/ 238—2021 | 车用汽油环保技术要求 | 北京市生态环境局 | |
| 92 | DB11/ 239—2021 | 车用柴油环保技术要求 | 北京市生态环境局 | |
| 93 | DB11/T 243—2014 | 户外广告设施技术规范 | 北京市城市管理委员会 | |
| 94 | DB11/T 245—2012 | 园林绿化工程监理规程 | 北京市园林绿化局 | |
| 95 | DB11/T 247—2021 | 地下水数据库表结构 | 北京市水务局 | |
| 96 | DB11/T 248—2021 | 水质数据库表结构 | 北京市水务局 | |
| 97 | DB11/T 252—2021 | 平菇生产技术规程 | 北京市农业农村局 | |
| 98 | DB11/T 253—2021 | 香菇生产技术规程 | 北京市农业农村局 | |
| 99 | DB11/T 254.1—2018 | 政务数字证书规范　第 1 部分：格式 | 北京市经济和信息化局 | 将规范性引用文件及正文中的“GB/T 25069—2010”更新为“GB/T 25069” |
| 100 | DB11/T 254.2—2018 | 政务数字证书规范　第 2 部分：应用接口 | 北京市经济和信息化局 | 将规范性引用文件及正文中的“GB/T 25069—2010”更新为“GB/T 25069” |

续表

| 序号 | 标准号 | 标准名称 | 行业主管部门 | 备注 |
|---|---|---|---|---|
| 101 | DB11/T 257—2021 | 籽粒玉米生产技术规程 | 北京市农业农村局 | |
| 102 | DB11/T 258—2021 | 夏播青贮玉米生产技术规程 | 北京市农业农村局 | |
| 103 | DB11/T 259—2020 | 黄芩种植技术规程 | 北京市农业农村局 | |
| 104 | DB11/T 260—2022 | 花生生产技术规程 | 北京市农业农村局 | |
| 105 | DB11/T 261—2022 | 大豆生产技术规程 | 北京市农业农村局 | |
| 106 | DB11/T 267—2023 | 芹菜生产技术规程 | 北京市农业农村局 | |
| 107 | DB11/T 268—2005 | 黄瓜嫁接苗生产技术规程 | 北京市农业农村局 | |
| 108 | DB11/T 269—2014 | 粪便处理设施运行管理规范 | 北京市城市管理委员会 | |
| 109 | DB11/T 270—2014 | 生活垃圾卫生填埋场运行管理规范 | 北京市城市管理委员会 | |
| 110 | DB11/T 271—2014 | 生活垃圾转运站运行管理规范 | 北京市城市管理委员会 | |
| 111 | DB11/T 272—2014 | 生活垃圾堆肥厂运行管理规范 | 北京市城市管理委员会 | |
| 112 | DB11/T 281—2015 | 屋顶绿化规范 | 北京市园林绿化局 | |
| 113 | DB11/T 282—2005 | 小麦散黑穗病测报调查规范 | 北京市农业农村局 | |
| 114 | DB11/T 283—2005 | 小麦叶锈病测报调查规范 | 北京市农业农村局 | |
| 115 | DB11/T 284—2017 | 小麦红吸浆虫测报调查规范 | 北京市农业农村局 | |
| 116 | DB11/T 285—2005 | 保护地番茄灰霉病测报调查规范 | 北京市农业农村局 | |
| 117 | DB11/T 286—2005 | 保护地黄瓜霜霉病测报调查规范 | 北京市农业农村局 | |
| 118 | DB11/T 287—2005 | 大白菜霜霉病测报调查规范 | 北京市农业农村局 | |
| 119 | DB11/T 289—2005 | 农村机井用水表安装维护规程 | 北京市水务局 | |
| 120 | DB11/T 290—2005 | 山区生态公益林抚育技术规程 | 北京市园林绿化局 | |
| 121 | DB11/T 291—2022 | 日光温室建造规范 | 北京市农业农村局 | |
| 122 | DB11/T 293—2005 | 玉米免耕覆盖播种机械作业质量 | 北京市农业农村局 | |

续表

| 序号 | 标准号 | 标准名称 | 行业主管部门 | 备注 |
|---|---|---|---|---|
| 123 | DB11/T 294—2005 | 青贮收获机械作业质量 | 北京市农业农村局 | |
| 124 | DB11/T 295—2005 | 牧草播种机作业质量 | 北京市农业农村局 | |
| 125 | DB11/T 297—2005 | 牧草搂草翻晒机作业质量 | 北京市农业农村局 | |
| 126 | DB11/T 298—2005 | 捡拾打捆机作业质量 | 北京市农业农村局 | |
| 127 | DB11/T 301—2017 | 燃气室内工程设计施工验收技术规范 | 北京市城市管理委员会 | |
| 128 | DB11/T 302—2023 | 燃气输配工程设计施工验收技术规范 | 北京市城市管理委员会 | |
| 129 | DB11/T 303—2022 | 养老机构服务标准体系构建指南 | 北京市民政局 | |
| 130 | DB11/T 305—2014 | 养老机构老年人健康评估规范 | 北京市民政局 | |
| 131 | DB11/ 307—2013 | 水污染物综合排放标准 | 北京市生态环境局 | (1)规范性引用文件中的“GB 6920 水质 pH 值的测定玻璃电极法”更新为“HJ 1147 水质 pH 值的测定电极法”、“GB 8703 辐射防护规定”更新为“GB 18871 电离辐射防护与辐射源安全基本标准”、“GB 11890 水质苯系物的测定气相色谱法”更新为“HJ 1067 水质苯系物的测定　顶空 / 气相色谱法”、“GB 11914 水质　化学需氧量的测定　重铬酸盐法”更新为“HJ 828 水质　化学需氧量的测定　重铬酸盐法”、“GB 13194 水质　硝基苯、硝基甲苯、硝基氯苯、二硝基甲苯的测定　气相色谱法”更新为“HJ 648 水质　硝基苯类化合物的测定　液液萃取 / 固相萃取 - 气相色谱法”、“GB/T 14375 水质　一甲基肼的测定　对二甲氨基苯甲醛分光光度法”和“GB/T 15507 水质　肼的测定　对二甲氨基苯甲醛分光光度法”更新为“HJ 674 水质　肼和甲基肼的测定　对二甲氨基苯甲醛分光光度法”、“GB/T 14673 水质　钒的测定　石墨炉原子吸收分光光度法”更新为“HJ 673 水质　钒的 |

续表

| 序号 | 标准号 | 标准名称 | 行业主管部门 | 备注 |
|---|---|---|---|---|
| 131 | DB11/ 307—2013 | 水污染物综合排放标准 | 北京市生态环境局 | 测定　石墨炉原子吸收分光光度法”、“GB 15581—1995 烧碱、聚氯乙烯工业水污染物排放标准”更新为“GB 15581—2016 烧碱、聚氯乙烯工业污染物排放标准”、“HJ/T 347 水质　粪大肠菌群的测定　多管发酵法和滤膜法（试行）”更新为“HJ 347.1—2018 水质 粪大肠菌群的测定　滤膜法”和“HJ 347.2—2018 水质　粪大肠菌群的测定　多管发酵法”。<br>（2）将正文 4.8 中“还应符合 GB 8703 的规定”更新为“还应符合 GB 18871 的规定”。<br>（3）将表 4 序号 1 中“GB 6920-86”更新为“HJ 1147”，序号 44-52 中“GB 11890-89”更新为“HJ 1067”，序号 6 中“GB 11914-89”更新为“HJ 828”，序号 59、60 中“GB 13194”更新为“HJ 648”，序号 87 中“GB/T 14375-93”更新为“HJ 674”，序号 68、86 中“GB/T 15507—1995”更新为“HJ 674”，序号 28 中“GB/T 14673”更新为“HJ 673” |
| 132 | DB11/T 309—2021 | 社区菜市场设置与管理规范 | 北京市商务局 | |
| 133 | DB11/T 310—2021 | 数字化城市管理信息系统技术要求 | 北京市城市管理委员会 | |
| 134 | DB11/T 311.1—2019 | 城市轨道交通工程质量验收标准　第 1 部分：土建工程 | 北京市住房和城乡建设委员会 | |
| 135 | DB11/T 311.2—2008 | 城市轨道交通工程质量验收标准　第 2 部分：设备安装工程 | 北京市交通委员会 | |
| 136 | DB11/T 316—2015 | 地下管线探测技术规程 | 北京市规划和自然资源委员会 | |
| 137 | DB11/ 318—2022 | 在用汽油车排气污染物排放限值及测量方法（遥感检测法） | 北京市生态环境局 | |

续表

| 序号 | 标准号 | 标准名称 | 行业主管部门 | 备注 |
|---|---|---|---|---|
| 138 | DB11/T 320—2017 | 公共卫生信息数据元属性与值域代码 | 北京市卫生健康委员会 | |
| 139 | DB11/T 321—2021 | 鲜食甜糯玉米生产技术规程 | 北京市农业农村局 | |
| 140 | DB11/T 325—2010 | 蔬菜生产基地环境质量监测与评价技术规范 | 北京市农业农村局 | |
| 141 | DB11/T 327—2022 | 生猪生产技术规范 | 北京市农业农村局 | |
| 142 | DB11/T 328—2022 | 肉鸡生产技术规范 | 北京市农业农村局 | |
| 143 | DB11/T 334—2020 | 公共场所中文标识英文译写规范　通则 | 北京市人民政府外事办公室 | |
| 144 | DB11/T 334.1—2023 | 公共场所中文标识英文译写规范　第1部分：交通 | 北京市人民政府外事办公室 | |
| 145 | DB11/T 334.2—2020 | 公共场所中文标识英文译写规范　第2部分：文化旅游 | 北京市人民政府外事办公室 | |
| 146 | DB11/T 334.3—2020 | 公共场所中文标识英文译写规范　第3部分：商业金融 | 北京市人民政府外事办公室 | |
| 147 | DB11/T 334.4—2020 | 公共场所中文标识英文译写规范　第4部分：体育 | 北京市人民政府外事办公室 | |
| 148 | DB11/T 334.5—2019 | 公共场所中文标识英文译写规范　第5部分：医疗卫生 | 北京市人民政府外事办公室 | |
| 149 | DB11/T 334.6—2021 | 公共场所中文标识英文译写规范　第6部分：教育 | 北京市人民政府外事办公室 | |
| 150 | DB11/T 334.7—2021 | 公共场所中文标识英文译写规范　第7部分：邮政电信 | 北京市人民政府外事办公室 | |
| 151 | DB11/T 334.8—2021 | 公共场所中文标识英文译写规范　第8部分：餐饮住宿 | 北京市人民政府外事办公室 | |
| 152 | DB11/T 335—2022 | 园林设计文件内容及深度要求 | 北京市园林绿化局 | |
| 153 | DB11/T 337—2021 | 政务数据资源目录体系规范 | 北京市经济和信息化局 | |
| 154 | DB11/T 338—2006 | 政府信息系统软件通用质量要求 | 北京市经济和信息化局 | |

续表

| 序号 | 标准号 | 标准名称 | 行业主管部门 | 备注 |
|---|---|---|---|---|
| 155 | DB11/T 339—2016 | 工程测量技术规程 | 北京市规划和自然资源委员会 | |
| 156 | DB11/T 340—2006 | 自备井水表安装使用规程 | 北京市水务局 | |
| 157 | DB11/T 341—2006 | 村镇供水工程自动控制系统设计规范 | 北京市水务局 | |
| 158 | DB11/T 342—2015 | 观光果园建设规范 | 北京市园林绿化局 | |
| 159 | DB11/T 343—2022 | 节水器具应用技术标准 | 北京市住房和城乡建设委员会 | |
| 160 | DB11/T 344—2017 | 陶瓷墙地砖胶粘剂施工技术规程 | 北京市住房和城乡建设委员会 | |
| 161 | DB11/T 346—2022 | 建筑工程用界面处理剂应用技术规程 | 北京市住房和城乡建设委员会 | |
| 162 | DB11/T 348—2022 | 建筑中水运行管理规范 | 北京市水务局 | |
| 163 | DB11/T 349—2006 | 草坪节水灌溉技术规定 | 北京市水务局 | |
| 164 | DB11/T 353—2021 | 城市道路清扫保洁质量与作业要求 | 北京市城市管理委员会 | |
| 165 | DB11/T 354—2023 | 生活垃圾收集运输管理规范 | 北京市城市管理委员会 | |
| 166 | DB11/T 355—2006 | 粪便收集运输管理规范 | 北京市城市管理委员会 | |
| 167 | DB11/T 356—2017 | 公共厕所运行管理规范 | 北京市城市管理委员会 | |
| 168 | DB11/ 358—2016 | 烟花爆竹安全 级别、类别和标识标注 | 北京市人民政府烟花爆竹安全管理工作领导小组办公室 | |
| 169 | DB11/T 363—2016 | 建筑工程施工组织设计管理规程 | 北京市住房和城乡建设委员会 | |
| 170 | DB11/T 364—2023 | 建筑排水柔性接口铸铁管管道工程技术规程 | 北京市住房和城乡建设委员会 | |
| 171 | DB11/T 365—2016 | 钢筋保护层厚度和钢筋直径检测技术规程 | 北京市住房和城乡建设委员会 | |
| 172 | DB11/T 367—2021 | 地下室防水技术规程 | 北京市住房和城乡建设委员会 | |
| 173 | DB11/T 371—2022 | 鳄龟人工繁育与养殖技术规范 | 北京市农业农村局 | |

续表

| 序号 | 标准号 | 标准名称 | 行业主管部门 | 备注 |
| --- | --- | --- | --- | --- |
| 174 | DB11/T 373—2022 | 苏氏圆腹鱼芒人工繁育与养殖技术规范 | 北京市农业农村局 | |
| 175 | DB11/T 374—2021 | 水生动物疫病检测实验室管理规范 | 北京市农业农村局 | |
| 176 | DB11/T 376—2021 | 养殖鱼类疫病防控技术规范 | 北京市农业农村局 | |
| 177 | DB11/T 380—2016 | 桥面防水工程技术规程 | 北京市住房和城乡建设委员会 | |
| 178 | DB11/T 381—2023 | 既有居住建筑节能改造技术规程 | 北京市住房和城乡建设委员会 | |
| 179 | DB11/T 382—2017 | 建设工程监理规程 | 北京市住房和城乡建设委员会 | |
| 180 | DB11/T 383—2023 | 建筑工程施工现场安全资料管理规程 | 北京市住房和城乡建设委员会 | |
| 181 | DB11/T 384.1—2018 | 图像信息管理系统技术规范　第 1 部分：总体平台结构 | 北京市公安局 | |
| 182 | DB11/T 384.2—2018 | 图像信息管理系统技术规范　第 2 部分：视音频格式与编码 | 北京市公安局 | |
| 183 | DB11/T 384.3—2018 | 图像信息管理系统技术规范　第 3 部分：通信控制协议 | 北京市公安局 | |
| 184 | DB11/T 384.4—2018 | 图像信息管理系统技术规范　第 4 部分：传输网络 | 北京市公安局 | |
| 185 | DB11/T 384.5—2018 | 图像信息管理系统技术规范　第 5 部分：图像质量要求与评价方法 | 北京市公安局 | |
| 186 | DB11/T 384.6—2018 | 图像信息管理系统技术规范　第 6 部分：图像存储与回放要求 | 北京市公安局 | （1）将规范性引用文件中的“GB/T 28181—2016”更新为“GB/T 28181—2022”。<br>（2）将正文 6.1.3 中的“符合 GB/T 28181—2016 中 5.3～5.5 等要求”更新为“符合 GB/T 28181—2022 中 5.3～5.5 的要求” |
| 187 | DB11/T 384.7—2018 | 图像信息管理系统技术规范　第 7 部分：工程要求与验收 | 北京市公安局 | |

续表

| 序号 | 标准号 | 标准名称 | 行业主管部门 | 备注 |
|---|---|---|---|---|
| 188 | DB11/T 384.9—2018 | 图像信息管理系统技术规范　第9部分：图像资源及系统设备编码与管理 | 北京市公安局 | (1)将规范性引用文件中的“GB/T 28181—2016”更新为“GB/T 28181—2022”。(2)将正文4.2.1、4.2.2、4.2.3中的“按照GB/T 28181—2016附录D中‘D.1编码规则’编码”更新为“按照GB/T 28181—2022中‘附录E统一编码规则’编码” |
| 189 | DB11/T 384.10—2018 | 图像信息管理系统技术规范　第10部分：图像采集点设置要求 | 北京市公安局 | |
| 190 | DB11/T 384.11—2018 | 图像信息管理系统技术规范　第11部分：控制权限分类与管理 | 北京市公安局 | |
| 191 | DB11/T 384.12—2018 | 图像信息管理系统技术规范　第12部分：图像采集区域标志的设计与设置 | 北京市公安局 | |
| 192 | DB11/T 384.13—2018 | 图像信息管理系统技术规范　第13部分：图像信息存储系统 | 北京市公安局 | |
| 193 | DB11/T 384.14—2018 | 图像信息管理系统技术规范　第14部分：移动终端联接技术要求 | 北京市公安局 | |
| 194 | DB11/T 384.15—2018 | 图像信息管理系统技术规范　第15部分：软件质量评价方法 | 北京市公安局 | (1)将规范性引用文件中的“GB/T 28181—2016”更新为“GB/T 28181—2022”。(2)将正文6.3、6.4中的“符合GB/T 28181—2016”更新为“符合GB/T 28181—2022” |
| 195 | DB11/T 384.16—2018 | 图像信息管理系统技术规范　第16部分：视频图像字符叠加要求 | 北京市公安局 | |
| 196 | DB11/T 384.17—2018 | 图像信息管理系统技术规范　第17部分：运行维护要求 | 北京市公安局 | |
| 197 | DB11/T 384.18—2018 | 图像信息管理系统技术规范　第18部分：系统平台技术要求 | 北京市公安局 | |

续表

| 序号 | 标准号 | 标准名称 | 行业主管部门 | 备注 |
|---|---|---|---|---|
| 198 | DB11/T 385—2019 | 预拌混凝土质量管理规程 | 北京市住房和城乡建设委员会 | |
| 199 | DB11/T 386—2017 | 建设工程检测试验管理规程 | 北京市住房和城乡建设委员会 | |
| 200 | DB11/T 387.1—2016 | 水利工程施工质量评定　第1部分：河道整治 | 北京市水务局 | |
| 201 | DB11/T 387.2—2017 | 水利工程施工质量评定　第2部分：水闸 | 北京市水务局 | |
| 202 | DB11/T 387.3—2020 | 水利工程施工质量评定　第3部分：引水管线 | 北京市水务局 | |
| 203 | DB11/T 388.1—2015 | 城市景观照明技术规范　第1部分：总则 | 北京市城市管理委员会 | |
| 204 | DB11/T 388.2—2015 | 城市景观照明技术规范　第2部分：设计要求 | 北京市城市管理委员会 | |
| 205 | DB11/T 388.3—2015 | 城市景观照明技术规范　第3部分：干扰光限制 | 北京市城市管理委员会 | |
| 206 | DB11/T 388.4—2015 | 城市景观照明技术规范　第4部分：节能要求 | 北京市城市管理委员会 | |
| 207 | DB11/T 388.5—2015 | 城市景观照明技术规范　第5部分：安全要求 | 北京市城市管理委员会 | |
| 208 | DB11/T 388.6—2015 | 城市景观照明技术规范　第6部分：供配电与控制 | 北京市城市管理委员会 | |
| 209 | DB11/T 388.7—2015 | 城市景观照明技术规范　第7部分：施工与验收 | 北京市城市管理委员会 | |
| 210 | DB11/T 388.8—2015 | 城市景观照明技术规范　第8部分：管理与维护 | 北京市城市管理委员会 | |
| 211 | DB11/T 396—2016 | 地理标志产品　平谷大桃 | 北京市知识产权局 | |
| 212 | DB11/T 397—2006 | 农田害鼠调查规范 | 北京市农业农村局 | |
| 213 | DB11/T 400—2022 | 肉牛生产技术规范 | 北京市农业农村局 | |
| 214 | DB11/T 401—2022 | 肉兔生产技术规范 | 北京市农业农村局 | |
| 215 | DB11/T 402—2022 | 蛋鸡生产技术规范 | 北京市农业农村局 | |
| 216 | DB11/T 403—2022 | 乌鸡生产技术规范 | 北京市农业农村局 | |
| 217 | DB11/T 407—2017 | 基础测绘技术规程 | 北京市规划和自然资源委员会 | |
| 218 | DB11/T 408—2016 | 医院洁净手术部污染控制规范 | 北京市卫生健康委员会 | |

续表

| 序号 | 标准号 | 标准名称 | 行业主管部门 | 备注 |
| --- | --- | --- | --- | --- |
| 219 | DB11/T 410—2023 | 体育场所安全管理规范 | 北京市体育局 | |
| 220 | DB11/T 411.9—2008 | 体育场馆等级划分及评定　第9部分：武术馆 | 北京市体育局 | |
| 221 | DB11/T 411.10—2008 | 体育场馆等级划分及评定　第10部分：体操馆 | 北京市体育局 | |
| 222 | DB11/T 411.11—2008 | 体育场馆等级划分及评定　第11部分：散打馆 | 北京市体育局 | |
| 223 | DB11/T 411.12—2008 | 体育场馆等级划分及评定　第12部分：柔道馆 | 北京市体育局 | |
| 224 | DB11/T 411.13—2008 | 体育场馆等级划分及评定　第13部分：摔跤馆 | 北京市体育局 | |
| 225 | DB11/T 413—2007 | 放射性物品公路运输风险等级和安全防范要求 | 北京市公安局 | |
| 226 | DB11/T 415—2016 | 危险货物道路运输安全技术要求 | 北京市交通委员会 | |
| 227 | DB11/T 416.1—2022 | 交通信息广播频道数据格式　第1部分：事件和信息编码 | 北京市交通委员会 | |
| 228 | DB11/T 416.2—2007 | 交通信息广播频道数据格式　第2部分：基于ALERT-C的定位参考 | 北京市交通委员会 | |
| 229 | DB11/T 417—2007 | 家政服务通用要求 | 北京市商务局 | |
| 230 | DB11/T 418—2019 | 电梯日常维护保养规则 | 北京市市场监督管理局 | |
| 231 | DB11/T 419—2007 | 电梯安装维修作业安全规范 | 北京市市场监督管理局 | |
| 232 | DB11/T 420—2019 | 电梯安装、改造、重大修理和维护保养自检规则 | 北京市市场监督管理局 | |
| 233 | DB11/T 424—2007 | 畜禽场环境影响评价准则 | 北京市农业农村局 | |
| 234 | DB11/T 425—2018 | 牛场舍区、场区、缓冲区环境质量要求 | 北京市农业农村局 | |
| 235 | DB11/T 428—2018 | 种羊场舍区、场区、缓冲区环境质量要求 | 北京市农业农村局 | |
| 236 | DB11/T 429—2018 | 种猪场舍区、场区、缓冲区环境质量要求 | 北京市农业农村局 | |
| 237 | DB11/T 430—2018 | 种鸡场舍区、场区、缓冲区环境质量要求 | 北京市农业农村局 | |

续表

| 序号 | 标准号 | 标准名称 | 行业主管部门 | 备注 |
|---|---|---|---|---|
| 238 | DB11/T 434—2022 | 核桃轻简化栽培技术规程 | 北京市园林绿化局 | |
| 239 | DB11/T 435—2021 | 杏生产技术规程 | 北京市园林绿化局 | |
| 240 | DB11/T 436—2021 | 李生产技术规程 | 北京市园林绿化局 | |
| 241 | DB11/T 446—2015 | 建筑施工测量技术规程 | 北京市住房和城乡建设委员会 | |
| 242 | DB11/ 447—2015 | 炼油与石油化学工业大气污染物排放标准 | 北京市生态环境局 | (1)规范性引用文件中的“GBZ 2.1—2007 工作场所有害因素职业接触限值 化学有害因素”更新为“GBZ 2.1—2019 工作场所有害因素职业接触限值 第1部分:化学有害因素”。<br>(2)将表5中的“GBZ 2.1—2007”更新为“GBZ 2.1—2019” |
| 243 | DB11/T 448—2021 | 法人基础数据元规范 | 北京市经济和信息化局 | |
| 244 | DB11/ 450—2016 | 餐饮服务单位使用瓶装液化石油气安全条件 | 北京市城市管理委员会 | |
| 245 | DB11/T 451—2017 | 液化石油气、压缩天然气和液化天然气供应站安全运行技术规范 | 北京市城市管理委员会 | |
| 246 | DB11/T 455—2021 | 动物疫病紧急流行病学调查技术规范 | 北京市农业农村局 | |
| 247 | DB11/T 456—2021 | 动物防疫员防护技术规范 | 北京市农业农村局 | |
| 248 | DB11/T 457—2007 | 裹包机 作业质量 | 北京市农业农村局 | |
| 249 | DB11/T 459—2022 | 农业机械作业规范 蔬菜穴播机 | 北京市农业农村局 | |
| 250 | DB11/T 461—2019 | 民用建筑太阳能热水系统应用技术规程 | 北京市住房和城乡建设委员会 | |
| 251 | DB11/T 463—2022 | 保温板复合胶粉聚苯颗粒外墙外保温工程技术规程 | 北京市住房和城乡建设委员会 | |
| 252 | DB11/T 464—2023 | 建筑工程清水混凝土施工技术规程 | 北京市住房和城乡建设委员会 | |
| 253 | DB11/T 465—2015 | 燃气供应单位安全评价 | 北京市城市管理委员会 | |
| 254 | DB11/T 466—2017 | 供热采暖系统维修管理规范 | 北京市城市管理委员会 | |

续表

| 序号 | 标准号 | 标准名称 | 行业主管部门 | 备注 |
|---|---|---|---|---|
| 255 | DB11/T 467.1—2022 | 公共信用信息目录　第1部分：自然人 | 北京市经济和信息化局 | |
| 256 | DB11/T 467.2—2022 | 公共信用信息目录　第2部分：法人和其他组织 | 北京市经济和信息化局 | |
| 257 | DB11/T 468—2021 | 农村集中供水工程运行维护技术规程 | 北京市水务局 | |
| 258 | DB11/T 469—2007 | 村镇集中式供水工程施工质量验收规范 | 北京市水务局 | |
| 259 | DB11/T 472—2021 | 商品交易市场设置与管理规范 | 北京市商务局 | |
| 260 | DB11/T 473—2022 | 旅游景区服务质量要求 | 北京市文化和旅游局 | |
| 261 | DB11/T 474—2015 | 省际道路客运站经营服务规范 | 北京市交通委员会 | |
| 262 | DB11/T 475—2014 | 汽车租赁经营服务规范 | 北京市交通委员会 | |
| 263 | DB11/T 476—2021 | 林木育苗技术规程 | 北京市园林绿化局 | |
| 264 | DB11/T 477—2023 | 森林生态系统观测指标体系 | 北京市园林绿化局 | |
| 265 | DB11/T 478—2022 | 古树名木评价规范 | 北京市园林绿化局 | |
| 266 | DB11/T 480—2007 | 蜜蜂饲养综合技术规范 | 北京市园林绿化局 | |
| 267 | DB11/T 481—2007 | 蜂蜜生产技术规范 | 北京市园林绿化局 | |
| 268 | DB11/T 482—2007 | 蜂王浆生产技术规范 | 北京市园林绿化局 | |
| 269 | DB11/T 483—2007 | 蜂花粉生产技术规范 | 北京市园林绿化局 | |
| 270 | DB11/T 484—2007 | 蜂胶生产技术规范 | 北京市园林绿化局 | |
| 271 | DB11/T 485—2020 | 集中空调通风系统卫生管理规范 | 北京市卫生健康委员会 | |
| 272 | DB11/T 486—2021 | 血液管理信息基本数据集 | 北京市卫生健康委员会 | |
| 273 | DB11/T 487—2022 | 保安服务规范　住宅物业 | 北京市公安局 | |
| 274 | DB11/T 488—2019 | 出租汽车营运服务规范 | 北京市交通委员会 | |
| 275 | DB11/ 489—2016 | 建筑基坑支护技术规程 | 北京市住房和城乡建设委员会 | |
| 276 | DB11/ 490—2007 | 地铁工程监控量测技术规程 | 北京市住房和城乡建设委员会 | |
| 277 | DB11/T 491—2016 | 建筑轻质板隔墙施工技术规程 | 北京市住房和城乡建设委员会 | |

续表

| 序号 | 标准号 | 标准名称 | 行业主管部门 | 备注 |
|---|---|---|---|---|
| 278 | DB11/T 493.1—2007 | 道路交通管理设施设置规范　第1部分：道路交通标志 | 北京市公安局 | |
| 279 | DB11/T 493.2—2007 | 道路交通管理设施设置规范　第2部分：道路交通标线 | 北京市公安局 | |
| 280 | DB11/T 493.3—2022 | 道路交通管理设施设置规范　第3部分：道路交通信号灯 | 北京市公安局 | |
| 281 | DB11/T 498—2021 | 南美白对虾淡水养殖技术规范 | 北京市农业农村局 | |
| 282 | DB11/T 499.1—2018 | 北京黑猪饲养管理技术规范　第1部分：品种 | 北京市农业农村局 | （1）将规范性引用文件中的“GB 16567 种畜禽调运检疫技术规范”更新为“NY/T 533 无公害农产品　畜禽防疫准则”。<br>（2）将正文中的“GB 16567”更新为“NY/T 533” |
| 283 | DB11/T 499.2—2018 | 北京黑猪饲养管理技术规范　第2部分：选育 | 北京市农业农村局 | |
| 284 | DB11/T 499.3—2018 | 北京黑猪饲养管理技术规范　第3部分：饲养管理 | 北京市农业农村局 | |
| 285 | DB11/T 499.4—2018 | 北京黑猪饲养管理技术规范　第4部分：营养与饲料 | 北京市农业农村局 | |
| 286 | DB11/T 499.5—2018 | 北京黑猪饲养管理技术规范　第5部分：卫生防疫 | 北京市农业农村局 | （1）将规范性引用文件和正文中的“GB 16548 病害动物和病害动物产品生物安全处理规程”更新为“NY/T 3381 生猪无害化处理操作规范”、“GB 16567 种畜禽调运检疫技术规范”更新为“NY/T 533 无公害农产品　畜禽防疫准则”。<br>（2）将正文中的“GB 16548 ”更新为“NY/T 3381”、“GB 16567”更新为“NY/T 533” |
| 287 | DB11/T 500—2016 | 城市道路公共服务设施设置与管理规范 | 北京市城市管理委员会 | |

续表

| 序号 | 标准号 | 标准名称 | 行业主管部门 | 备注 |
|---|---|---|---|---|
| 288 | DB11/ 501—2017 | 大气污染物综合排放标准 | 北京市生态环境局 | (1)将规范性引用文件中“GB/T 14675 空气质量　恶臭的测定　三点比较式臭袋法”更新为“HJ 1262 环境空气和废气　臭气的测定　三点比较式臭袋法”、“GB/T 15432”更新为“HJ 1263”、“GB/T 15439”更新为“HJ 956”。(2)将表4中序号1中“GB/T 15432”更新为“HJ 1263”，序号24中“GB/T 15439”更新为“HJ 956”，序号40中“空气质量　恶臭的测定　三点比较式臭袋法 GB/T 14675”更新为“环境空气和废气　臭气的测定　三点比较式臭袋法 HJ 1262” |
| 289 | DB11/ 503—2007 | 危险废物焚烧大气污染物排放标准 | 北京市生态环境局 | |
| 290 | DB11/T 506—2007 | 蔬菜初加工生产技术规程 | 北京市农业农村局 | |
| 291 | DB11/T 507—2007 | 玉米品种纯度及真实性SSR分子检测方法 | 北京市农业农村局 | |
| 292 | DB11/T 508—2017 | 林木及观赏植物品种审定技术规范 | 北京市园林绿化局 | |
| 293 | DB11/ 509—2017 | 房屋建筑修缮工程定案和施工质量验收规程 | 北京市住房和城乡建设委员会 | |
| 294 | DB11/ 510—2017 | 公共建筑节能施工质量验收规程 | 北京市住房和城乡建设委员会 | |
| 295 | DB11/T 511—2017 | 自流平地面施工技术规程 | 北京市住房和城乡建设委员会 | |
| 296 | DB11/ 512—2017 | 建筑装饰工程石材应用技术规程 | 北京市住房和城乡建设委员会 | |
| 297 | DB11/T 513—2018 | 绿色施工管理规程 | 北京市住房和城乡建设委员会 | |
| 298 | DB11/T 514—2008 | 市政基础设施长城杯工程质量评审标准 | 北京市住房和城乡建设委员会 | |
| 299 | DB11/T 527—2021 | 配电室安全管理规范 | 北京市城市管理委员会 | |
| 300 | DB11/T 530—2008 | 民用爆炸物品流向信息采集管理规程 | 北京市公安局 | |

续表

| 序号 | 标准号 | 标准名称 | 行业主管部门 | 备注 |
|---|---|---|---|---|
| 301 | DB11/T 532—2022 | 公共汽车通用技术条件 | 北京市交通委员会 | |
| 302 | DB11/T 535—2021 | 社会福利机构安全管理规范 | 北京市民政局 | |
| 303 | DB11/T 536—2021 | 农村民居建筑抗震设计施工规程 | 北京市住房和城乡建设委员会 | |
| 304 | DB11/T 537—2019 | 墙体内保温施工技术规程胶粉聚苯颗粒保温浆料做法和增强粉刷石膏聚苯板做法 | 北京市住房和城乡建设委员会 | |
| 305 | DB11/T 538—2019 | 人造草坪运动场地使用和维护保养技术规范 | 北京市体育局 | |
| 306 | DB11/T 545—2019 | 基础地理信息系统技术规程 | 北京市规划和自然资源委员会 | |
| 307 | DB11/T 546—2008 | 机井代码编制规则 | 北京市水务局 | |
| 308 | DB11/T 547—2008 | 村镇供水工程技术导则 | 北京市水务局 | |
| 309 | DB11/T 548—2023 | 生态清洁小流域评价与建设技术规范 | 北京市水务局 | |
| 310 | DB11/T 553.1—2008 | 政务信息资源共享交换平台技术规范　第1部分：总体框架 | 北京市经济和信息化局 | |
| 311 | DB11/T 553.2—2008 | 政务信息资源共享交换平台技术规范　第2部分：政务信息资源目录管理 | 北京市经济和信息化局 | |
| 312 | DB11/T 553.3—2008 | 政务信息资源共享交换平台技术规范　第3部分：政务信息资源交换管理 | 北京市经济和信息化局 | |
| 313 | DB11/T 553.5—2008 | 政务信息资源共享交换平台技术规范　第5部分：接口规范 | 北京市经济和信息化局 | |
| 314 | DB11/T 555—2015 | 民用建筑节能现场检验标准 | 北京市住房和城乡建设委员会 | |
| 315 | DB11/T 556—2021 | 节水灌溉工程运行管理规范 | 北京市农业农村局 | |
| 316 | DB11/T 557—2023 | 设施农业节水灌溉工程技术规程 | 北京市农业农村局 | |
| 317 | DB11/T 558—2022 | 节水灌溉工程施工质量验收规范 | 北京市农业农村局 | |

续表

| 序号 | 标准号 | 标准名称 | 行业主管部门 | 备注 |
|---|---|---|---|---|
| 318 | DB11/T 559—2008 | 木本观赏植物栽植与管理 | 北京市园林绿化局 | |
| 319 | DB11/T 574—2022 | 种猪场建设规范 | 北京市农业农村局 | |
| 320 | DB11/T 578—2022 | 种猪生产技术规范 | 北京市农业农村局 | |
| 321 | DB11/T 581—2021 | 轨道交通工程防水技术规程 | 北京市住房和城乡建设委员会 | |
| 322 | DB11/T 582—2008 | 长螺旋钻孔压灌混凝土后插钢筋笼灌注桩施工技术规程 | 北京市住房和城乡建设委员会 | |
| 323 | DB11/T 583—2022 | 扣件式和碗扣式钢管脚手架安全选用技术规程 | 北京市住房和城乡建设委员会 | |
| 324 | DB11/T 584—2022 | 薄抹灰外墙外保温工程技术规程 | 北京市住房和城乡建设委员会 | |
| 325 | DB11/T 585—2020 | 组织机构、职务职称英文译写通则 | 北京市人民政府外事办公室 | |
| 326 | DB11/ 588—2008 | 埋地油罐防渗漏技术规范 | 北京市生态环境局 | 规范性引用文件及正文 5.4.9 条中“GB/T 16488—1996 水质　石油类和动植物油的测定　红外光度法”更新为“HJ 637” |
| 327 | DB11/T 590—2010 | 盲人保健按摩服务规范 | 北京市残疾人联合会 | |
| 328 | DB11/T 593—2016 | 高速公路清扫保洁质量与作业要求 | 北京市城市管理委员会 | |
| 329 | DB11/T 594.1—2017 | 地下管线非开挖铺设工程施工及验收技术规程　第1部分：水平定向钻施工 | 北京市城市管理委员会、北京市住房和城乡建设委员会 | |
| 330 | DB11/T 594.2—2014 | 地下管线非开挖铺设工程施工及验收技术规程　第2部分：顶管施工 | 北京市城市管理委员会 | |
| 331 | DB11/T 594.3—2013 | 地下管线非开挖铺设工程施工及验收技术规程　第3部分：夯管施工 | 北京市城市管理委员会 | |
| 332 | DB11/T 595—2008 | 公共停车场工程建设规范 | 北京市交通委员会 | |
| 333 | DB11/T 596—2021 | 停车场（库）运营服务规范 | 北京市交通委员会 | |
| 334 | DB11/T 597—2018 | 农村公厕、户厕建设基本要求 | 北京市城市管理委员会 | |
| 335 | DB11/T 598—2018 | 供热企业服务规范 | 北京市城市管理委员会 | |

续表

| 序号 | 标准号 | 标准名称 | 行业主管部门 | 备注 |
|---|---|---|---|---|
| 336 | DB11/T 599—2016 | 北京主要鲜果等级 | 北京市园林绿化局 | |
| 337 | DB11/T 611—2023 | 施工现场塔式起重机检验技术规程 | 北京市住房和城乡建设委员会 | |
| 338 | DB11/T 626—2009 | 环卫作业人员着装警示标志 | 北京市城市管理委员会 | |
| 339 | DB11/T 629—2009 | 美容服务操作规程 | 北京市商务局 | |
| 340 | DB11/T 630—2009 | 美容服务质量要求 | 北京市商务局 | |
| 341 | DB11/T 632—2009 | 古树名木保护复壮技术规程 | 北京市园林绿化局 | |
| 342 | DB11/T 634—2018 | 建筑物电子系统防雷装置检测技术规范 | 北京市气象局 | |
| 343 | DB11/T 636—2023 | 施工现场施工升降机检验技术规程 | 北京市住房和城乡建设委员会 | |
| 344 | DB11/ 637—2015 | 房屋结构综合安全性鉴定标准 | 北京市住房和城乡建设委员会 | |
| 345 | DB11/T 638—2023 | 房屋修缮工程工程量计算标准 | 北京市住房和城乡建设委员会 | |
| 346 | DB11/ 639—2009 | 核技术利用放射性废物、废放射源收贮准则 | 北京市生态环境局 | （1）将规范性引用文件中的“GB 14569.1—1993”更新为“GB 14569.1—2011”。<br>（2）将正文 6.1.2 中“GB 14569.1—1993 第 4 章”更新为“GB 14569.1—2011 第 5 章” |
| 347 | DB11/T 640—2009 | 旅游咨询服务中心设置与服务规范 | 北京市文化和旅游局 | |
| 348 | DB11/T 641—2018 | 住宅工程质量保修规程 | 北京市住房和城乡建设委员会 | |
| 349 | DB11/T 642—2021 | 预拌混凝土绿色生产管理规程 | 北京市住房和城乡建设委员会 | |
| 350 | DB11/T 643—2021 | 屋面保温隔热技术规程 | 北京市住房和城乡建设委员会 | |
| 351 | DB11/T 646.1—2016 | 城市轨道交通安全防范系统技术要求　第 1 部分：通则 | 北京市公安局 | （1）将规范性引用文件中的“DB11/T 310—2005 城市市政综合监管信息系统技术要求”更新为“DB11/T 310—2021”数字化城市管理信息系统技术要求”。 |

续表

| 序号 | 标准号 | 标准名称 | 行业主管部门 | 备注 |
| --- | --- | --- | --- | --- |
| 351 | DB11/T 646.1—2016 | 城市轨道交通安全防范系统技术要求　第1部分：通则 | 北京市公安局 | （2）将附录A A.7.1 中的“依据DB11/T 310—2005 的附录A 中表A.1，大、小类代码各为两位，视频监视器大类定义为06，小类代码为09，摄像机采用视频监视器的类别编码”更新为“依据DB11/T 310—2021 的附录C 中表C.1，大、小类代码各为两位，监控电子眼大类定义为01，小类代码为50，摄像机采用监控电子眼的类别编码” |
| 352 | DB11/T 646.2—2016 | 城市轨道交通安全防范系统技术要求　第2部分：视频安防监控子系统 | 北京市公安局 | （1）将规范性引用文件中的“GB/T 28181—2011 安全防范视频监控联网系统 信息传输、交换、控制技术要求”更新为“GB/T 28181 公共安全视频监控联网系统信息传输、交换、控制技术要求”。（2）将7.4.3 中的“图像质量的评价应符合DB11/T 384.5—2009 中5.1、5.2、6.1 和6.2 节的相关规定”更新为“图像质量的评价应符合DB11/T 384.5—2018 中5.4、5.5 节的相关规定” |
| 353 | DB11/T 646.3—2016 | 城市轨道交通安全防范系统技术要求　第3部分：实体防护与入侵报警子系统 | 北京市公安局 | |
| 354 | DB11/T 646.4—2016 | 城市轨道交通安全防范系统技术要求　第4部分：化学监测子系统 | 北京市公安局 | |
| 355 | DB11/T 646.5—2016 | 城市轨道交通安全防范系统技术要求　第5部分：放射性材料监测与处置 | 北京市公安局 | |
| 356 | DB11/T 646.6—2016 | 城市轨道交通安全防范系统技术要求　第6部分：武器与爆炸危险品检测及处置 | 北京市公安局 | |
| 357 | DB11/T 647—2021 | 城市轨道交通运营服务管理规范 | 北京市交通委员会 | |

续表

| 序号 | 标准号 | 标准名称 | 行业主管部门 | 备注 |
|---|---|---|---|---|
| 358 | DB11/T 650—2016 | 公共汽电车站台规范 | 北京市交通委员会 | |
| 359 | DB11/T 656—2019 | 建设用地土壤污染状况调查与风险评估技术导则 | 北京市生态环境局 | |
| 360 | DB11/T 657.1—2009 | 公共交通客运标志　第 1 部分：总则 | 北京市交通委员会 | |
| 361 | DB11/T 657.2—2015 | 公共交通客运标志　第 2 部分：轨道交通 | 北京市交通委员会 | |
| 362 | DB11/T 657.3—2016 | 公共交通客运标志　第 3 部分：公共汽电车 | 北京市交通委员会 | |
| 363 | DB11/T 657.4—2009 | 公共交通客运标志　第 4 部分：道路旅客运输站 | 北京市交通委员会 | |
| 364 | DB11/T 657.5—2014 | 公共交通客运标志　第 5 部分：客运枢纽 | 北京市交通委员会 | |
| 365 | DB11/T 659—2018 | 森林资源资产价值评估技术规范 | 北京市园林绿化局 | |
| 366 | DB11/T 661—2009 | 房屋面积测算技术规程 | 北京市住房和城乡建设委员会 | |
| 367 | DB11/T 664—2009 | 骨灰撒海服务规范 | 北京市民政局 | |
| 368 | DB11/T 665—2021 | 工业旅游区（点）服务基本要求 | 北京市文化和旅游局 | |
| 369 | DB11/T 666—2009 | 游船码头安全设置规范 | 北京市交通委员会 | |
| 370 | DB11/T 668—2009 | 道路货运代理及货运辅助业经营规范 | 北京市交通委员会 | |
| 371 | DB11/T 670—2009 | 精品公园评定标准 | 北京市园林绿化局 | |
| 372 | DB11/T 671—2009 | 报废机井处理技术标准 | 北京市水务局 | |
| 373 | DB11/T 672—2023 | 城市绿地再生水灌溉技术规范 | 北京市园林绿化局 | |
| 374 | DB11/T 673—2009 | 清洁生产标准　金属切削加工 | 北京市生态环境局 | |
| 375 | DB11/T 674—2009 | 清洁生产标准　果蔬汁及果蔬汁饮料制造 | 北京市生态环境局 | |
| 376 | DB11/T 675—2014 | 清洁生产评价指标体系　医药制造业 | 北京市经济和信息化局 | |
| 377 | DB11/T 676—2023 | 水产养殖动物疫区划定与处理技术规范 | 北京市农业农村局 | |

续表

| 序号 | 标准号 | 标准名称 | 行业主管部门 | 备注 |
|---|---|---|---|---|
| 378 | DB11/T 677—2023 | 动物防疫监测抽样规范 | 北京市农业农村局 | |
| 379 | DB11/T 678—2023 | 畜禽场鼠害控制与效果评价 | 北京市农业农村局 | |
| 380 | DB11/T 679—2009 | 森林资源损失鉴定标准 | 北京市园林绿化局 | |
| 381 | DB11/T 680—2009 | 彩色马蹄莲种球繁育技术规程 | 北京市园林绿化局 | |
| 382 | DB11/T 681—2009 | 切花芍药种苗贮藏技术规程 | 北京市园林绿化局 | |
| 383 | DB11/T 682—2009 | 切花百合设施生产技术规程 | 北京市园林绿化局 | |
| 384 | DB11/T 683—2009 | 大油芒容器育苗技术规程 | 北京市园林绿化局 | |
| 385 | DB11/T 684—2022 | 桃生产技术规范 | 北京市园林绿化局 | |
| 386 | DB11/ 685—2021 | 海绵城市雨水控制与利用工程设计规范 | 北京市规划和自然资源委员会 | |
| 387 | DB11/T 686—2023 | 透水砖路面施工与验收规范 | 北京市水务局 | |
| 388 | DB11/ 687—2015 | 公共建筑节能设计标准 | 北京市规划和自然资源委员会 | |
| 389 | DB11/T 688—2009 | 城市雕塑工程建设质量技术规范 | 北京市规划和自然资源委员会 | |
| 390 | DB11/ 689—2016 | 建筑抗震加固技术规程 | 北京市规划和自然资源委员会 | |
| 391 | DB11/ 690—2016 | 城市轨道交通无障碍设施设计规程 | 北京市规划和自然资源委员会 | |
| 392 | DB11/T 692—2019 | 历史文化街区工程管线综合规划规范 | 北京市规划和自然资源委员会 | |
| 393 | DB11/ 693—2017 | 建设工程临建房屋技术标准 | 北京市住房和城乡建设委员会 | |
| 394 | DB11/T 694—2021 | 模板早拆施工技术规程 | 北京市住房和城乡建设委员会 | |
| 395 | DB11/T 695—2017 | 建筑工程资料管理规程 | 北京市住房和城乡建设委员会 | |
| 396 | DB11/T 696—2023 | 预拌砂浆应用技术规程 | 北京市住房和城乡建设委员会 | |
| 397 | DB11/T 698—2023 | 清水混凝土预制构件生产与质量控制规程 | 北京市住房和城乡建设委员会 | |

续表

| 序号 | 标准号 | 标准名称 | 行业主管部门 | 备注 |
| --- | --- | --- | --- | --- |
| 398 | DB11/T 699.1—2010 | 农村基础信息数据元　第1部分：总体框架 | 北京市农业农村局、北京市经济和信息化局 | |
| 399 | DB11/T 699.2—2022 | 农村基础信息数据元　第2部分：个人基础信息 | 北京市农业农村局 | |
| 400 | DB11/T 699.3—2010 | 农村基础信息数据元　第3部分：组织基础信息 | 北京市农业农村局、北京市经济和信息化局 | |
| 401 | DB11/T 699.4—2010 | 农村基础信息数据元　第4部分：社会基础信息 | 北京市农业农村局、北京市经济和信息化局 | |
| 402 | DB11/T 699.5—2010 | 农村基础信息数据元　第5部分：经济基础信息 | 北京市农业农村局、北京市经济和信息化局 | |
| 403 | DB11/T 699.6—2010 | 农村基础信息数据元　第6部分：自然资源基础信息 | 北京市农业农村局、北京市经济和信息化局 | |
| 404 | DB11/T 700—2020 | 番茄设施生产技术规程 | 北京市农业农村局 | |
| 405 | DB11/T 701—2020 | 黄瓜设施生产技术规程 | 北京市农业农村局 | |
| 406 | DB11/T 702—2010 | 春尺蠖监测与防治技术规程 | 北京市园林绿化局 | |
| 407 | DB11/T 703—2010 | 美国白蛾综合防控技术规程 | 北京市园林绿化局 | |
| 408 | DB11/T 704—2010 | 双条杉天牛监测与防治技术规程 | 北京市园林绿化局 | |
| 409 | DB11/T 705—2019 | 重型自动扶梯和重型自动人行道技术要求 | 北京市市场监督管理局 | |
| 410 | DB11/T 707—2010 | 动物诊疗机构消毒操作技术规范 | 北京市农业农村局 | |
| 411 | DB11/T 709—2010 | 犬免疫操作技术规范 | 北京市农业农村局 | |
| 412 | DB11/T 712—2019 | 园林绿化工程资料管理规程 | 北京市园林绿化局 | |
| 413 | DB11/T 715—2018 | 公共汽电车场站功能设计要求 | 北京市交通委员会 | |
| 414 | DB11/T 716—2019 | 穿越既有道路设施工程技术要求 | 北京市交通委员会 | |

续表

| 序号 | 标准号 | 标准名称 | 行业主管部门 | 备注 |
| --- | --- | --- | --- | --- |
| 415 | DB11/T 717—2010 | 城市轨道交通设施设备分类与代码 | 北京市交通委员会 | |
| 416 | DB11/T 718—2016 | 城市轨道交通设施养护维修技术规范 | 北京市交通委员会 | |
| 417 | DB11/T 720—2020 | 大豆抗旱性鉴定方法及评价 | 北京市农业农村局 | |
| 418 | DB11/T 721—2010 | 节水灌溉技术导则 | 北京市水务局 | |
| 419 | DB11/T 722—2022 | 节水灌溉工程自动控制系统设计规范 | 北京市农业农村局 | |
| 420 | DB11/T 724—2010 | 沙化土地监测指标体系 | 北京市园林绿化局 | |
| 421 | DB11/T 725—2010 | 森林健康经营与生态系统健康评价规程 | 北京市园林绿化局 | |
| 422 | DB11/T 726—2019 | 露地花卉布置技术规程 | 北京市园林绿化局 | |
| 423 | DB11/T 727—2018 | 主要花坛花卉产品等级 | 北京市园林绿化局 | |
| 424 | DB11/T 729—2020 | 外墙外保温工程施工防火安全技术规程 | 北京市住房和城乡建设委员会 | |
| 425 | DB11/T 730—2010 | 中小学幼儿园校园保安服务规范 | 北京市公安局 | |
| 426 | DB11/T 734—2020 | 狂犬病隔离检疫技术规范 | 北京市农业农村局 | |
| 427 | DB11/T 736—2023 | 锦鲤养殖技术规范 | 北京市农业农村局 | |
| 428 | DB11/T 737—2023 | 北极红点鲑养殖技术规范 | 北京市农业农村局 | |
| 429 | DB11/T 739—2020 | 瓜类种子包衣处理技术规程 | 北京市农业农村局 | |
| 430 | DB11/T 740—2010 | 再生水农业灌溉技术导则 | 北京市水务局 | （1）将规范性引用文件中的“DB11/ 153 蔬菜安全卫生要求”更新为“GB 2762 食品安全国家标准　食品中污染物限量、GB 2763 食品安全国家标准　食品中农药最大残留限量”。<br>（2）将正文中的“DB11/ 153”更新为“GB 2762 、GB 2763” |
| 431 | DB11/T 741—2021 | 文物建筑雷电防护技术规范 | 北京市文物局 | |
| 432 | DB11/T 742—2019 | 轻集料混凝土填充砌块技术规程 | 北京市住房和城乡建设委员会 | |

续表

| 序号 | 标准号 | 标准名称 | 行业主管部门 | 备注 |
| --- | --- | --- | --- | --- |
| 433 | DB11/T 743—2010 | 膜结构施工质量验收规范 | 北京市住房和城乡建设委员会 | |
| 434 | DB11/T 744—2023 | 一日游服务质量要求 | 北京市文化和旅游局 | |
| 435 | DB11/T 745—2019 | 采暖住宅室内空气温度测量方法 | 北京市城市管理委员会 | |
| 436 | DB11/T 746—2010 | 公园无障碍设施设置规范 | 北京市园林绿化局 | |
| 437 | DB11/T 748—2010 | 大规格苗木移植技术规程 | 北京市园林绿化局 | |
| 438 | DB11/T 749—2010 | 农田氮磷环境风险评价 | 北京市农业农村局 | |
| 439 | DB11/T 751—2010 | 住宅物业服务标准 | 北京市住房和城乡建设委员会 | |
| 440 | DB11/T 754—2017 | 石油储罐机械化清洗施工安全规范 | 北京市应急管理局 | (1)将规范性引用文件中的“GB 30871—2014 化学品生产单位特殊作业安全规范”更新为“GB 30871—2022 危险化学品企业特殊作业安全规范”。<br>(2)将正文中的“GB 30871—2014”更新为“GB 30871”。<br>(3)将正文中的 5.2.3 中“所有进场的作业人员应按照 GB 30871—2014 中 4.2 的规定，接受生产单位的施工安全管理规章制度的培训”更新为“所有进场的作业人员应按照 GB 30871—2022 中 4.4 的规定，接受生产单位的安全措施交底”、6.4.3 中的“有毒性气体及氧气浓度未达到 GB 30871—2014 中 6.2 规定时”更新为“有毒性气体及氧气浓度未达到 GB 30871—2022 中 6.4 规定时”、6.6.2.2 中的“气体检测结果应符合 GB 30871—2014 的 5.4.2 和 6.2 的要求”更新为“气体检测结果应符合 GB 30871—2022 的 5.3.2 和 6.4 的要求” |
| 441 | DB11/T 755—2010 | 危险化学品仓库建设及储存安全规范 | 北京市应急管理局 | |

续表

| 序号 | 标准号 | 标准名称 | 行业主管部门 | 备注 |
| --- | --- | --- | --- | --- |
| 442 | DB11/T 756—2010 | 储罐阻隔防爆技术改造工程及阻隔防爆橇装式加油（气）装置安装工程验收规范 | 北京市应急管理局 | （1）将规范性引用文件中的“AQ 3001—2005 汽车加油（气）站、轻质燃油和液化石油气汽车罐车用阻隔防爆储罐技术要求”更新为“AQ/T 3001 加油（气）站油（气）储存罐体阻隔防爆技术要求”、“AQ 3002—2005 阻隔防爆撬装式汽车加油（气）装置技术要求”更新为“AQ/T 3002 阻隔防爆撬装式加油（气）装置技术要求”。<br>（2）将正文中的“AQ 3001—2005”更新为“AQ/T 3001”、“AQ 3002—2005”更新为“AQ/T 3002”。<br>（3）将正文中 5.2 d）中的“符合 AQ 3001—2005 规定的‘阻隔防爆式储罐’铭牌标记”更新为“符合 AQ/T 3001 规定的阻隔防爆标志的要求”、5.3 d）中的“符合 AQ 3002—2005 规定的‘阻隔防爆式储罐’铭牌标记”更新为“符合 AQ/T 3001 规定的阻隔防爆标志的要求”、表 2 中的“储油罐按 AQ 3002—2005 第 6.1.11 条的规定进行的压力试验应合格（储气罐应具有完备的压力容器证明文件）”更新为“储油罐按 AQ/T 3002 第 5.1.11 条的规定进行的压力试验应合格（储气罐应具有完备的压力容器证明文件）”、表 2 中的“各阀件种类、规格及安装位置应符合设计及 AQ 3002—2005 第 5 章、第 6 章的相关规定”更新为“各阀件种类、规格及安装位置应符合设计及 AQ/T 3002 第 4 章、第 5 章的相关规定”、表 2 中的“液位计的选用及安装应符合设计文件及标准 AQ 3002—2005 第 6.4 条的规定”更新为“液位计的选用及安装应符合设计文件及标准 AQ/T 3002 第 5.4 条的 |

续表

| 序号 | 标准号 | 标准名称 | 行业主管部门 | 备注 |
| --- | --- | --- | --- | --- |
| 442 | DB11/T 756—2010 | 储罐阻隔防爆技术改造工程及阻隔防爆橇装式加油(气)装置安装工程验收规范 | 北京市应急管理局 | 规定”、附录B的B.1 j)“符合AQ 3001—2005规定的‘阻隔防爆式储罐’铭牌标记”更新为“符合AQ/T 3001规定的阻隔防爆标志的要求”、B.2 h)“符合AQ 3002—2005规定的‘阻隔防爆式储罐’铭牌标记”更新为“符合AQ/T 3001规定的阻隔防爆标志的要求” |
| 443 | DB11/T 758—2010 | 中小河道综合治理　规划导则 | 北京市水务局 | |
| 444 | DB11/T 759—2010 | 供热燃气蒸汽锅炉运行技术规程 | 北京市城市管理委员会 | |
| 445 | DB11/T 760—2010 | 供热燃气热水锅炉运行技术规程 | 北京市城市管理委员会 | |
| 446 | DB11/T 765.1—2010 | 档案数字化规范　第1部分：总则 | 中共北京市委办公厅(北京市档案局) | |
| 447 | DB11/T 765.2—2010 | 档案数字化规范　第2部分：纸质档案数字化加工 | 中共北京市委办公厅(北京市档案局) | |
| 448 | DB11/T 765.3—2010 | 档案数字化规范　第3部分：微缩胶片档案数字化加工 | 中共北京市委办公厅(北京市档案局) | |
| 449 | DB11/T 765.4—2010 | 档案数字化规范　第4部分：照片档案数字化加工 | 中共北京市委办公厅(北京市档案局) | |
| 450 | DB11/T 765.5—2012 | 档案数字化规范　第5部分：录音档案数字化加工 | 中共北京市委办公厅(北京市档案局) | |
| 451 | DB11/T 765.6—2012 | 档案数字化规范　第6部分：录像档案数字化加工 | 中共北京市委办公厅(北京市档案局) | |
| 452 | DB11/T 765.7—2013 | 档案数字化规范　第7部分：成果存储与利用 | 中共北京市委办公厅(北京市档案局) | |
| 453 | DB11/T 767—2010 | 古树名木日常养护管理规范 | 北京市园林绿化局 | |
| 454 | DB11/T 768—2010 | 北京市级湿地公园建设规范 | 北京市园林绿化局 | |
| 455 | DB11/T 769—2010 | 北京市级湿地公园评估标准 | 北京市园林绿化局 | |
| 456 | DB11/T 771—2010 | 涝峪苔草栽培技术规程 | 北京市园林绿化局 | |
| 457 | DB11/T 772—2010 | 梨贮藏保鲜技术规程 | 北京市园林绿化局 | |
| 458 | DB11/T 775—2021 | 多孔混凝土铺装技术规程 | 北京市住房和城乡建设委员会 | |

续表

| 序号 | 标准号 | 标准名称 | 行业主管部门 | 备注 |
| --- | --- | --- | --- | --- |
| 459 | DB11/T 776.1—2022 | 道路智能交通管理设施设置要求　第1部分：通用技术要求 | 北京市公安局 | |
| 460 | DB11/T 776.2—2011 | 道路智能化交通管理设施设置要求　第2部分：城市道路 | 北京市公安局 | |
| 461 | DB11/T 776.3—2011 | 道路智能化交通管理设施设置要求　第3部分：公路 | 北京市公安局、北京市交通委员会 | |
| 462 | DB11/T 778—2011 | 大中型商场、超市治安防范规范 | 北京市公安局 | |
| 463 | DB11/T 779—2022 | 安全防范系统运行检验规范 | 北京市公安局 | |
| 464 | DB11/ 780—2011 | 大型群众性活动安全检查规范 | 北京市公安局 | |
| 465 | DB11/T 781—2011 | 小量非气体剧毒化学品携带箱安全要求 | 北京市公安局 | |
| 466 | DB11/T 782.1—2023 | 巡游出租车安全防范技术要求　第1部分：运营服务平台与调度客户端 | 北京市公安局 | |
| 467 | DB11/T 782.2—2023 | 巡游出租车安全防范系统技术要求　第2部分：车载定位终端 | 北京市公安局 | |
| 468 | DB11/T 782.3—2023 | 巡游出租车安全防范系统技术要求　第3部分：车载防劫防盗报警终端 | 北京市公安局 | |
| 469 | DB11/T 783—2011 | 污染场地修复验收技术规范 | 北京市生态环境局 | |
| 470 | DB11/T 784—2011 | 移动通信基站建设项目电磁环境影响评价技术导则 | 北京市生态环境局 | （1）将规范性引用文件中的“GB 8702—88 电磁辐射防护规定”更新为“GB 8702—2014 电磁环境控制限值”。<br>（2）将4.2评价标准中的“移动通信基站建设项目电磁辐射环境标准值执行GB 8702-88中第2.2.2条表2、第2.2.3条和HJ/T 10.3—1996中第4.2条规定”更新为“移动通信基站建设项目电磁辐射环境标准值执行GB 8702—2014中第4.1条、表1和HJ/T 10.3—1996中第4.2条的规定” |

续表

| 序号 | 标准号 | 标准名称 | 行业主管部门 | 备注 |
| --- | --- | --- | --- | --- |
| 471 | DB11/T 785—2011 | 城市道路交通运行评价指标体系 | 北京市交通委员会 | |
| 472 | DB11/T 786—2023 | 城市轨道交通线路客流预测规范 | 北京市交通委员会 | |
| 473 | DB11/T 787—2020 | 交通影响评价报告编制规范 | 北京市交通委员会 | |
| 474 | DB11/T 788—2011 | 儿童福利机构儿童成长档案记录与管理 | 北京市民政局 | |
| 475 | DB11/T 789—2011 | 儿童引导式教育康复技术规范 | 北京市民政局 | |
| 476 | DB11/T 790—2011 | 兽用药品贮存管理规范 | 北京市农业农村局 | |
| 477 | DB11/T 791—2011 | 文物建筑消防设施设置规范 | 北京市文物局 | |
| 478 | DB11/T 792—2011 | 植物源营养液制作及在果树上的应用技术 | 北京市园林绿化局 | |
| 479 | DB11/T 793—2011 | 低效生态公益林改造技术规程 | 北京市园林绿化局 | |
| 480 | DB11/T 794—2011 | 公园绿地应急避难功能设计规范 | 北京市园林绿化局 | |
| 481 | DB11/T 795.1—2011 | 园林绿化网格化管理　第1部分：系统建设规范 | 北京市园林绿化局 | |
| 482 | DB11/T 795.2—2011 | 园林绿化网格化管理　第2部分：网格划分与编码规则 | 北京市园林绿化局 | |
| 483 | DB11/T 795.3—2012 | 园林绿化网格化管理　第3部分：对象、事件、业务分类与编码 | 北京市园林绿化局 | (1)将规范性引用文件中的“CJ214—2007 城市市政综合监管信息系统管理部件和事件分类、编码及数据要求”更新为“GB/T 30428.2—2013 数字化城市管理信息系统　第2部分：管理部件和事件”。<br>(2)将正文中的“CJ214-2007”更新为“GB/T 30428.2—2013” |
| 484 | DB11/ 804—2015 | 民用建筑通信及有线广播电视基础设施设计规范 | 北京市规划和自然资源委员会 | |
| 485 | DB11/T 805—2011 | 人行天桥与人行地下通道无障碍设施设计规程 | 北京市规划和自然资源委员会 | |

续表

| 序号 | 标准号 | 标准名称 | 行业主管部门 | 备注 |
|---|---|---|---|---|
| 486 | DB11/T 806—2022 | 地面辐射供暖技术规范 | 北京市住房和城乡建设委员会 | |
| 487 | DB11/T 808—2020 | 市政基础设施工程资料管理规程 | 北京市住房和城乡建设委员会 | |
| 488 | DB11/T 813—2011 | 基于移动采集系统的交通信息质量评价规范 | 北京市交通委员会 | |
| 489 | DB11/T 814—2011 | 城市轨道交通路网运营指标体系 | 北京市交通委员会 | |
| 490 | DB11/T 815—2011 | 搬家运输经营服务规范 | 北京市交通委员会 | |
| 491 | DB11/T 818—2011 | 农区毒饵站灭鼠技术规程 | 北京市农业农村局 | |
| 492 | DB11/T 821—2021 | 草莓日光温室生产技术规程 | 北京市农业农村局 | |
| 493 | DB11/T 822—2015 | 盆栽红掌栽培技术规程 | 北京市园林绿化局 | |
| 494 | DB11/T 825—2021 | 绿色建筑评价标准 | 北京市住房和城乡建设委员会 | |
| 495 | DB11/T 827—2019 | 废旧爆炸物品销毁处置安全管理规程 | 北京市公安局 | |
| 496 | DB11/T 830—2011 | 草履蚧监测与防治技术规程 | 北京市园林绿化局 | |
| 497 | DB11/T 831—2011 | 油松毛虫监测与防治技术规程 | 北京市园林绿化局 | |
| 498 | DB11/T 833—2019 | 危险化学品地上储罐区安全要求 | 北京市应急管理局 | （1）将规范性引用文件中的“GB/T 11651 个体防护装备选用规范”更新为“GB 39800.1 个体防护装备配备规范 第1部分：总则、GB 39800.2 个体防护装备配备规范 第2部分：石油、化工、天然气”。（2）将正文中的“GB/T 11651”更新为“GB 39800.1 和 GB 39800.2” |
| 499 | DB11/T 834—2020 | 烟花爆竹零售网点设置安全规范 | 北京市应急管理局 | |
| 500 | DB11/T 835—2011 | 生活垃圾填埋场恶臭污染控制技术规范 | 北京市城市管理委员会 | |
| 501 | DB11/T 836—2011 | 农业信息资源数据集核心元数据 | 北京市农业农村局 | |

续表

| 序号 | 标准号 | 标准名称 | 行业主管部门 | 备注 |
|---|---|---|---|---|
| 502 | DB11/T 837—2021 | 机械式停车场（库）工程建设规范 | 北京市交通委员会 | |
| 503 | DB11/T 838—2019 | 地铁噪声与振动控制规范 | 北京市生态环境局 | |
| 504 | DB11/T 839—2017 | 行道树栽植与养护管理技术规范 | 北京市园林绿化局 | |
| 505 | DB11/T 842—2019 | 近自然森林经营技术规程 | 北京市园林绿化局 | |
| 506 | DB11/T 844—2011 | 独本菊栽培技术规程 | 北京市园林绿化局 | |
| 507 | DB11/T 845—2011 | 切花菊设施生产技术规程 | 北京市园林绿化局 | |
| 508 | DB11/T 846—2019 | 茶菊生产技术规程 | 北京市园林绿化局 | |
| 509 | DB11/ 847—2011 | 固定式燃气轮机大气污染物排放标准 | 北京市生态环境局 | |
| 510 | DB11/T 848—2023 | 压型金属板屋面工程施工质量验收标准 | 北京市住房和城乡建设委员会 | |
| 511 | DB11/T 849—2021 | 房屋结构检测与鉴定操作规程 | 北京市住房和城乡建设委员会 | 将条文说明第5.4.9条“根据《钢结构工程施工质量验收规范》GB 50205—2001 第5.2.6条的规定”更新为“根据《钢结构工程施工质量验收标准》GB 50205—2020 第5.2.7条的规定” |
| 512 | DB11/T 850—2011 | 建筑墙体用腻子应用技术规程 | 北京市住房和城乡建设委员会 | |
| 513 | DB11/T 851—2021 | 聚脲防水涂料应用技术规程 | 北京市住房和城乡建设委员会 | |
| 514 | DB11/T 852—2019 | 有限空间作业安全技术规范 | 北京市应急管理局 | （1）将规范性引用文件中的“GB/T 11651 个体防护装备选用规范”更新为“GB 39800.1 个体防护装备配备规范 第1部分：总则”。<br>（2）将正文中的“GB/T 11651”更新为“GB 39800.1” |
| 515 | DB11/T 853—2012 | 封闭式停车场安全技术防范通用要求 | 北京市公安局 | |
| 516 | DB11/T 854—2023 | 占道作业交通安全设施设置技术要求 | 北京市公安局 | |
| 517 | DB11/T 855—2012 | 安全技术防范系统维护通用要求 | 北京市公安局 | |
| 518 | DB11/T 856—2012 | 门牌、楼牌 设置规范 | 北京市公安局 | |

续表

| 序号 | 标准号 | 标准名称 | 行业主管部门 | 备注 |
| --- | --- | --- | --- | --- |
| 519 | DB11/T 857—2012 | 车用压缩天然气纤维缠绕气瓶使用与定期检查要求 | 北京市市场监督管理局 | |
| 520 | DB11/T 860—2020 | 生活垃圾填埋场运行评价规范 | 北京市城市管理委员会 | |
| 521 | DB11/T 861—2020 | 生活垃圾转运站运行评价规范 | 北京市城市管理委员会 | |
| 522 | DB11/T 864—2020 | 园林绿化种植土壤技术要求 | 北京市园林绿化局 | |
| 523 | DB11/T 865—2020 | 藤本月季养护规程 | 北京市园林绿化局 | |
| 524 | DB11/T 866—2012 | 盆栽凤梨生产技术规程 | 北京市园林绿化局 | |
| 525 | DB11/T 867.1—2012 | 蔬菜采后处理技术规程　第1部分：根菜类 | 北京市农业农村局 | |
| 526 | DB11/T 867.2—2012 | 蔬菜采后处理技术规程　第2部分：叶菜类 | 北京市农业农村局 | |
| 527 | DB11/T 867.3—2012 | 蔬菜采后处理技术规程　第3部分：花菜类 | 北京市农业农村局 | |
| 528 | DB11/T 867.4—2012 | 蔬菜采后处理技术规程　第4部分：茄果类 | 北京市农业农村局 | |
| 529 | DB11/T 867.5—2012 | 蔬菜采后处理技术规程　第5部分：瓜类 | 北京市农业农村局 | |
| 530 | DB11/T 867.6—2012 | 蔬菜采后处理技术规程　第6部分：豆类 | 北京市农业农村局 | |
| 531 | DB11/T 867.7—2012 | 蔬菜采后处理技术规程　第7部分：其他类 | 北京市农业农村局 | |
| 532 | DB11/T 868—2012 | 生鲜乳贮运技术规范 | 北京市农业农村局 | |
| 533 | DB11/T 869—2012 | 兽医病理解剖生物安全控制技术规范 | 北京市农业农村局 | |
| 534 | DB11/T 871—2012 | 鱼类增殖放流技术规范 | 北京市农业农村局 | |
| 535 | DB11/T 872—2012 | 匙吻鲟鱼卵孵化及苗种培育技术规范 | 北京市农业农村局 | |
| 536 | DB11/T 873—2021 | 食用玫瑰花生产技术规程 | 北京市农业农村局 | |
| 537 | DB11/T 874—2020 | 杀虫灯使用技术规范 | 北京市农业农村局 | |
| 538 | DB11/T 875—2017 | 体育场所安全运营管理规范 滑雪场所 | 北京市体育局 | |
| 539 | DB11/T 880—2020 | 电动汽车充电站运营管理规范 | 北京市城市管理委员会 | |

续表

| 序号 | 标准号 | 标准名称 | 行业主管部门 | 备注 |
| --- | --- | --- | --- | --- |
| 540 | DB11/T 882—2023 | 房屋建筑安全评估技术规程 | 北京市住房和城乡建设委员会 | |
| 541 | DB11/T 883—2023 | 建筑弱电工程施工及验收规范 | 北京市住房和城乡建设委员会 | |
| 542 | DB11/T 884—2012 | 公路护栏设置规范 | 北京市交通委员会 | |
| 543 | DB11/T 885—2012 | 高速公路命名和编号规则 | 北京市交通委员会 | |
| 544 | DB11/T 886—2012 | 综合客运枢纽智能化系统技术要求 | 北京市交通委员会 | |
| 545 | DB11/T 887—2012 | 设施西瓜蜜蜂授粉技术规范 | 北京市园林绿化局 | |
| 546 | DB11/T 888—2012 | 菜田有机废弃物无害化处理技术规范 | 北京市农业农村局 | 将规范性引用文件及正文中的“NY 525—2002”更新为“NY/T 525—2021” |
| 547 | DB11/T 889.1—2012 | 文物建筑修缮工程操作规程　第1部分：瓦石作 | 北京市文物局 | |
| 548 | DB11/T 889.2—2013 | 文物建筑修缮工程操作规程　第2部分：木作 | 北京市文物局 | |
| 549 | DB11/T 889.3—2014 | 文物建筑修缮工程操作规程　第3部分：油作 | 北京市文物局 | |
| 550 | DB11/T 889.4—2013 | 文物建筑修缮工程操作规程　第4部分：彩画作 | 北京市文物局 | |
| 551 | DB11/T 889.5—2022 | 文物建筑修缮工程操作规程　第5部分：裱作 | 北京市文物局 | |
| 552 | DB11/ 890—2012 | 城镇污水处理厂水污染物排放标准 | 北京市生态环境局 | （1）规范性引用文件中“GB 6920 水质 pH 值的测定　玻璃电极法”更新为“HJ 1147 水质 pH 值的测定　电极法”、“GB 11890 水质　苯系物的测定　气相色谱法”更新为“HJ 1067 水质苯系物的测定　顶空/气相色谱法”、“GB 11914”更新为“HJ 828”、“GB 13194 水质　硝基苯、硝基甲苯、硝基氯苯、二硝基甲苯的测定　气相色谱法”更新为“HJ 648 水质　硝基苯类化合物的测定　液液萃取/固相萃取-气相色谱法”、“GB/T 16488—1996 水质　石油类和动植物油的测定　红外光度 |

续表

| 序号 | 标准号 | 标准名称 | 行业主管部门 | 备注 |
|---|---|---|---|---|
| 552 | DB11/ 890—2012 | 城镇污水处理厂水污染物排放标准 | 北京市生态环境局 | 法”更新为“HJ 637 水质 石油类和动植物油类的测定 红外分光光度法”、“HJ/T 91—2002 地表水和污水监测技术规范”更新为“HJ 91.1—2019 污水监测技术规范”、“HJ/T 347 水质 粪大肠菌群的测定 多管发酵法和滤膜法(试行)”更新为“HJ 347.1 水质 粪大肠菌群的测定 滤膜法”和“HJ 347.2 水质 粪大肠菌群的测定 多管发酵法”。<br>(2)5.3 中“污染物的采样与监测应按 HJ/T 91—2002 有关规定执行”更新为“污染物的采样与监测应按 HJ 91.1 有关规定执行”。<br>(3)表 4 序号 1 中“GB/T 6920—1986”更新为“HJ 1147”,序号 38-44“GB 11890” 更新为“HJ 1067”,序号 2“GB 11914”更新为“HJ 828”,序号 59 和 60“GB 13194”更新为“HJ 648”,序号 5 和 6“GB/T 16488—1996”更新为“HJ 637”,序号 12“HJ/T 347”更新为“HJ 347.1” |
| 553 | DB11/ 891—2020 | 居住建筑节能设计标准 | 北京市规划和自然资源委员会 | |
| 554 | DB11/T 892—2012 | 电梯主要部件判废技术要求 | 北京市市场监督管理局 | (1)将规范性引用文件中的“GB 7588—2003 电梯制造与安装安全规范”更新为“GB/T 7588.1—2020 电梯制造与安装安全规范 第 1 部分:乘客电梯和载货电梯、GB/T 7588.2—2020 电梯制造与安装安全规范 第 2 部分:电梯部件的设计原则、计算和检验”;“GB/T 10058—2009”更新为“GB/T 10058—2023”。<br>(2)将正文 4.1.3 中的“制动力矩和响应时间无法满足 GB 7588—2003 中 12.4.2 要求”更新为“制动力矩和响应时间无法满足 GB/T 7588.1—2020 中 5.9.2.2.2 要求”; |

续表

| 序号 | 标准号 | 标准名称 | 行业主管部门 | 备注 |
| --- | --- | --- | --- | --- |
| 554 | DB11/T 892—2012 | 电梯主要部件判废技术要求 | 北京市市场监督管理局 | 4.1.4 中的“绳槽磨损造成曳引力不足，无法满足 GB 7588—2003 中 9.3 要求”更新为“绳槽磨损造成曳引力不足，无法满足 GB/T 7588.1—2020 中 5.5.3 要求”；<br>4.5.1 中的“层门、轿门严重变形，不符合 GB 7588—2003 中 8.6.3 的要求”更新为“层门、轿门严重变形，不符合 GB/T 7588.1—2020 中 5.3.1.4 的要求”；<br>4.5.1 中的“层门、轿门的强度不符合 GB 7588—2003 中 7.2.3 的要求”更新为“层门、轿门的强度不符合 GB/T 7588.1—2020 中 5.3.5.3 的要求”；<br>4.5.2 中的“开关门时间达不到 GB/T 10058—2009 中 3.3.4 的规定”更新为“开关门时间达不到 GB/T 10058—2023 中 4.3.4 的要求”；<br>4.5.3 中的“地坎变形，不能保证地坎与门扇之间间隙达到 GB 7588—2003 中 8.6.3 的要求”更新为“地坎变形，不能保证地坎与门扇之间间隙达到 GB/T 7588.1—2020 中 5.3.1.4 的要求”；<br>4.6.3 中的“限速器动作时，限速器绳的张力达不到 GB 7588—2003 中 9.9.4 的要求”更新为“限速器动作时，限速器绳的张力达不到 GB/T 7588.1—2020 中 5.6.2.2.1.1 的要求”；<br>4.6.3 中的“限速器电气动作速度和机械动作速度不能符合 GB 7588—2003 中 9.9.1 和 9.9.3 的要求”更新为“限速器电气动作速度和机械动作速度不能符合 GB/T 7588.1—2020 中 5.6.2.2.1.1 的要求”； |

续表

| 序号 | 标准号 | 标准名称 | 行业主管部门 | 备注 |
|---|---|---|---|---|
| 554 | DB11/T 892—2012 | 电梯主要部件判废技术要求 | 北京市市场监督管理局 | 4.6.8.2 中的“柱塞锈蚀或复位弹簧失效，缓冲器复位不能满足 GB 7588—2003 中 F5.3.2.6.2 的要求”更新为“柱塞锈蚀或复位弹簧失效，缓冲器复位不能满足 GB/T 7588.2—2020 中 5.5.3.1.6.2 的要求”；<br>4.7.1 中的“控制柜内电线、电缆严重破损，电气绝缘不满足 GB 7588—2003 中 13.1.3 的要求”更新为“控制柜内电线、电缆严重破损，电气绝缘不满足 GB/T 7588.1—2020 中 5.10.1.3.1 的要求”；<br>4.7.1 中的“控制柜绝缘电阻不满足 GB 7588—2003 中 13.1.3 的要求”更新为“控制柜绝缘电阻不满足 GB/T 7588.1—2020 中 5.10.1.3.1 的要求”；<br>4.7.2 中的“绝缘电阻不满足 GB 7588—2003 中 13.1.3 的要求”更新为“绝缘电阻不满足 GB/T 7588.1—2020 中 5.10.1.3.1 的要求” |
| 555 | DB11/T 893—2021 | 地质灾害危险性评估技术规范 | 北京市规划和自然资源委员会 | |
| 556 | DB11/T 896—2020 | 苹果生产技术规程 | 北京市园林绿化局 | |
| 557 | DB11/T 897—2020 | 葡萄生产技术规程 | 北京市园林绿化局 | |
| 558 | DB11/T 898—2020 | 盆栽小菊栽培技术规程 | 北京市园林绿化局 | |
| 559 | DB11/T 899—2019 | 盆栽蝴蝶兰栽培技术规程 | 北京市园林绿化局 | |
| 560 | DB11/T 900—2012 | 兽用生物制品冷链技术规范 | 北京市农业农村局 | |
| 561 | DB11/T 901—2012 | 动物防疫员免疫操作技术规范 | 北京市农业农村局 | |
| 562 | DB11/T 903—2012 | 金鱼鉴赏规范 | 北京市农业农村局 | |

续表

| 序号 | 标准号 | 标准名称 | 行业主管部门 | 备注 |
| --- | --- | --- | --- | --- |
| 563 | DB11/T 904—2012 | 土池规模化培育轮虫技术规范 | 北京市农业农村局 | （1）将规范性引用文件中的“GB/T 18407.4 农产品安全质量无公害水产品产地环境要求”更新为“NY/T 5361 无公害农产品 淡水养殖产地环境条件”。（2）将正文中的“GB/T 18407.4”更新为“NY/T 5361” |
| 564 | DB11/T 905—2012 | 草莓种苗 | 北京市农业农村局 | |
| 565 | DB11/T 906—2012 | 农作物品种鉴定试验规程通则 | 北京市农业农村局 | |
| 566 | DB11/T 907.1—2012 | 蔬菜作物品种鉴定试验规程　第1部分：茄果类 | 北京市农业农村局 | |
| 567 | DB11/T 907.2—2016 | 蔬菜作物品种鉴定试验规程　第2部分：瓜类 | 北京市农业农村局 | |
| 568 | DB11/T 907.3—2016 | 蔬菜作物品种鉴定试验规程　第3部分：菜用豆类 | 北京市农业农村局 | |
| 569 | DB11/T 913—2012 | 外墙夹心保温设计规程 | 北京市规划和自然资源委员会 | 将引用标准名录及正文中的“《混凝土结构加固设计规范》GB 50367—2006”更新为“《混凝土结构加固设计规范》GB 50367”、“《混凝土小型空心砌块和混凝土砖砌筑砂浆》JC 860-2008”更新为“《混凝土小型空心砌块和混凝土砖砌筑砂浆》JC 860” |
| 570 | DB11/ 914—2012 | 铸锻工业大气污染物排放标准 | 北京市生态环境局 | （1）将规范性引用文件中的“GB/T 15432”更新为“HJ 1263”。（2）将7.3.3中“GB/T 15432”更新为“HJ 1263” |
| 571 | DB11/T 915—2012 | 穿越城市轨道交通设施检测评估及监测技术规范 | 北京市交通委员会 | |
| 572 | DB11/T 916—2012 | 废胎橡胶沥青路用技术要求 | 北京市交通委员会 | |
| 573 | DB11/T 917—2012 | 安全防范工程企业质量管理通用要求 | 北京市公安局 | |
| 574 | DB11/T 918—2021 | 印章制作技术规范 | 北京市公安局 | |
| 575 | DB11/T 919—2012 | 番茄嫁接苗生产技术规程 | 北京市农业农村局 | |

续表

| 序号 | 标准号 | 标准名称 | 行业主管部门 | 备注 |
| --- | --- | --- | --- | --- |
| 576 | DB11/T 920—2012 | 甜(辣)椒嫁接苗生产技术规程 | 北京市农业农村局 | |
| 577 | DB11/T 921—2012 | 保护性耕作　小麦玉米轮作技术规范 | 北京市农业农村局 | |
| 578 | DB11/T 922—2012 | 秀珍菇生产技术规程 | 北京市农业农村局 | (1)将规范性引用文件中的“GB 4285 农药安全使用标准”更新为“NY/T 393 绿色食品农药使用准则”、“GB 9687 食品包装用聚乙烯成型品卫生标准”更新为“GB 4806.7 食品安全国家标准　食品接触用塑料材料及制品”。<br>(2)将正文中的“GB 4285 ”更新为“NY/T 393”、“GB 9687”更新为“GB 4806.7” |
| 579 | DB11/T 923—2012 | 冬油菜栽培技术规程 | 北京市农业农村局 | |
| 580 | DB11/T 924—2022 | 观赏鱼养殖技术规范 | 北京市农业农村局 | |
| 581 | DB11/T 925—2012 | 小麦主要病虫草害防治技术规范 | 北京市农业农村局 | (1)将规范性引用文件中的“GB 4285 农药安全使用标准”更新为“NY/T 393 绿色食品农药使用准则”。<br>(2)将正文中的“GB 4285”更新为“NY/T 393” |
| 582 | DB11/T 928—2020 | 苹果矮砧栽培技术规程 | 北京市园林绿化局 | |
| 583 | DB11/T 930—2012 | 平原地区森林生态体系建设技术规程　景观生态林 | 北京市园林绿化局 | |
| 584 | DB11/T 932—2021 | 数字化城市管理信息系统部件和事件处置 | 北京市城市管理委员会 | |
| 585 | DB11/T 933—2012 | 儿童福利机构儿童日常生活照料技术规范 | 北京市民政局 | |
| 586 | DB11/T 934—2012 | 儿童福利机构婴幼儿早期发展干预技术规范 | 北京市民政局 | |
| 587 | DB11/T 935—2012 | 单井循环换热地能采集井工程技术规范 | 北京市水务局 | |
| 588 | DB11/T 936.1—2020 | 节水评价规范　第1部分：通则 | 北京市水务局 | |
| 589 | DB11/T 936.2—2020 | 节水评价规范　第2部分：机关 | 北京市水务局 | |

续表

| 序号 | 标准号 | 标准名称 | 行业主管部门 | 备注 |
| --- | --- | --- | --- | --- |
| 590 | DB11/T 936.3—2020 | 节水评价规范　第 3 部分：工业企业 | 北京市水务局 | |
| 591 | DB11/T 936.4—2021 | 节水评价规范　第 4 部分：街道、社区和居民小区 | 北京市水务局 | |
| 592 | DB11/T 936.5—2021 | 节水评价规范　第 5 部分：公共建筑 | 北京市水务局 | |
| 593 | DB11/T 936.6—2021 | 节水评价规范　第 6 部分：学校 | 北京市水务局 | |
| 594 | DB11/T 936.7—2021 | 节水评价规范　第 7 部分：宾馆 | 北京市水务局 | |
| 595 | DB11/T 936.8—2022 | 节水评价规范　第 8 部分：医院 | 北京市水务局 | |
| 596 | DB11/T 936.9—2020 | 节水评价规范　第 9 部分：洗车场所 | 北京市水务局 | |
| 597 | DB11/T 936.10—2020 | 节水评价规范　第 10 部分：公用纺织品洗涤服务企业 | 北京市水务局 | |
| 598 | DB11/T 936.11—2021 | 节水评价规范　第 11 部分：游泳场馆 | 北京市水务局 | |
| 599 | DB11/T 936.12—2021 | 节水评价规范　第 12 部分：人工滑雪场 | 北京市水务局 | |
| 600 | DB11/T 936.13—2020 | 节水评价规范　第 13 部分：公园 | 北京市园林绿化局 | |
| 601 | DB11/T 936.14—2021 | 节水评价规范　第 14 部分：乡镇、村庄 | 北京市水务局 | |
| 602 | DB11/T 936.15—2022 | 节水评价规范　第 15 部分：零售 | 北京市水务局 | |
| 603 | DB11/T 936.16—2022 | 节水评价规范　第 16 部分：区 | 北京市水务局 | |
| 604 | DB11/T 936.17—2022 | 节水评价规范　第 17 部分：产业园区 | 北京市水务局 | |
| 605 | DB11/T 936.18—2023 | 节水评价规范　第 18 部分：数据中心 | 北京市水务局 | |
| 606 | DB11/T 937—2021 | 企业知识产权管理规范 | 北京市知识产权局 | |
| 607 | DB11/ 938—2022 | 绿色建筑设计标准 | 北京市规划和自然资源委员会 | |

续表

| 序号 | 标准号 | 标准名称 | 行业主管部门 | 备注 |
| --- | --- | --- | --- | --- |
| 608 | DB11/T 939—2012 | 温拌沥青路面施工及验收规程 | 北京市住房和城乡建设委员会 | |
| 609 | DB11/ 940—2012 | 基坑工程内支撑技术规程 | 北京市住房和城乡建设委员会 | |
| 610 | DB11/T 941—2021 | 无机纤维喷涂工程技术规程 | 北京市住房和城乡建设委员会 | |
| 611 | DB11/T 942—2012 | 居住建筑供热计量施工质量验收规程 | 北京市住房和城乡建设委员会 | |
| 612 | DB11/T 944—2022 | 地面工程防滑施工及验收规程 | 北京市住房和城乡建设委员会 | |
| 613 | DB11/T 945.1—2023 | 建设工程施工现场安全防护、场容卫生及消防保卫标准　第1部分：通则 | 北京市住房和城乡建设委员会 | |
| 614 | DB11/ 946—2013 | 轻型汽车（点燃式）污染物排放限值及测量方法（北京Ⅴ阶段） | 北京市生态环境局 | |
| 615 | DB11/T 947—2013 | 机动车维修场所职业卫生技术规范 | 北京市卫生健康委员会 | |
| 616 | DB11/T 948.1—2013 | 电梯运行安全监测信息管理系统技术规范　第1部分：系统总体结构 | 北京市市场监督管理局 | |
| 617 | DB11/T 948.2—2013 | 电梯运行安全监测信息管理系统技术规范　第2部分：电梯基础信息与数据格式 | 北京市市场监督管理局 | |
| 618 | DB11/T 948.3—2013 | 电梯运行安全监测信息管理系统技术规范　第3部分：采集设备编码规则 | 北京市市场监督管理局 | |
| 619 | DB11/T 948.4—2013 | 电梯运行安全监测信息管理系统技术规范　第4部分：采集设备和平台的通信协议与数据格式 | 北京市市场监督管理局 | |
| 620 | DB11/T 948.5—2013 | 电梯运行安全监测信息管理系统技术规范　第5部分：传输网络要求 | 北京市市场监督管理局 | |

续表

| 序号 | 标准号 | 标准名称 | 行业主管部门 | 备注 |
| --- | --- | --- | --- | --- |
| 621 | DB11/T 948.6—2013 | 电梯运行安全监测信息管理系统技术规范　第 6 部分：监测数据存储要求 | 北京市市场监督管理局 | |
| 622 | DB11/T 948.7—2013 | 电梯运行安全监测信息管理系统技术规范　第 7 部分：图像子系统技术要求 | 北京市市场监督管理局 | |
| 623 | DB11/T 948.8—2013 | 电梯运行安全监测信息管理系统技术规范　第 8 部分：采集设备技术要求 | 北京市市场监督管理局 | |
| 624 | DB11/T 948.9—2013 | 电梯运行安全监测信息管理系统技术规范　第 9 部分：电梯运行数据格式与输出要求 | 北京市市场监督管理局 | (1)将规范性引用文件中的“GB 7588—2003 电梯制造与安装安全规范”、“GB 21240—2007 液压电梯制造与安装安全规范”更新为“GB/T 7588.1—2020 电梯制造与安装安全规范　第 1 部分：乘客电梯和载货电梯”；“GB/T 24475—2009”更新为“GB/T 24475”；“GB/T 24476—2009 电梯、自动扶梯和自动人行道数据监视和记录规范”更新为“GB/T 24476 电梯物联网　企业应用平台基本要求”。<br>(2)将术语和定义中的“GB 7588—2003、GB 16899—2011、GB 21240—2007、GB/T 24475—2009、GB/T 24476—2009”更新为“GB/T 7588.1—2020、GB 16899—2011、GB/T 24475、GB/T 24476”。<br>(3)将正文 6.2 表 7 中的“指电梯在规定的时间内没有到达下一楼层的开门区域。详见 GB 7588—2003 12.10”更新为“指电梯在规定的时间内没有到达下一楼层的开门区域。详见 GB/T 7588.1—2020 5.9.2.7 和 5.9.3.10” |

续表

| 序号 | 标准号 | 标准名称 | 行业主管部门 | 备注 |
|---|---|---|---|---|
| 625 | DB11/T 948.10—2013 | 电梯运行安全监测信息管理系统技术规范　第10部分：采集设备安装验收规范 | 北京市市场监督管理局 | （1）将规范性引用文件中的“GB 7588—2003 电梯制造与安装安全规范”、“GB 21240—2007 液压电梯制造与安装安全规范”更新为“GB/T 7588.1—2020 电梯制造与安装安全规范　第1部分：乘客电梯和载货电梯”；“GB/T 10058—2009”更新为“GB/T 10058—2023”。（2）将术语和定义中的“GB 7588—2003、GB 16899—2011、GB 21240—2007”更新为“GB/T 7588.1—2020、GB 16899—2011”。（3）将正文4.1中的“采集设备的工作条件应符合GB/T 10058—2009中3.2的要求”更新为“采集设备的工作条件应符合GB/T 10058—2023中4.2的要求”；4.2.9中的“验收用检验器具与试验载荷应符合GB/T 10058—2009规定的精度要求”更新为“验收用检验器具与试验载荷应符合GB/T 10058—2023规定的精度要求” |
| 626 | DB11/T 948.11—2013 | 电梯运行安全监测信息管理系统技术规范　第11部分：平台技术要求 | 北京市市场监督管理局 | |
| 627 | DB11/T 948.12—2013 | 电梯运行安全监测信息管理系统技术规范　第12部分：系统信息安全规范 | 北京市市场监督管理局 | |
| 628 | DB11/T 948.13—2013 | 电梯运行安全监测信息管理系统技术规范　第13部分：平台维护要求 | 北京市市场监督管理局 | |
| 629 | DB11/T 950—2022 | 水利工程施工资料管理规程 | 北京市水务局 | |
| 630 | DB11/T 951—2013 | 苹果蠹蛾检疫防治技术规程 | 北京市园林绿化局 | |
| 631 | DB11/T 952—2013 | 黄连木尺蠖监测与防治技术规程 | 北京市园林绿化局 | |

续表

| 序号 | 标准号 | 标准名称 | 行业主管部门 | 备注 |
| --- | --- | --- | --- | --- |
| 632 | DB11/T 953—2013 | 林业碳汇计量监测技术规程 | 北京市园林绿化局 | |
| 633 | DB11/T 955—2013 | 花卉产品等级　切花菊 | 北京市园林绿化局 | |
| 634 | DB11/T 960—2013 | 梅花鹿胚胎移植技术规程 | 北京市农业农村局 | |
| 635 | DB11/T 961—2013 | 梅花鹿人工授精技术规程 | 北京市农业农村局 | |
| 636 | DB11/T 962—2021 | 硬头鳟养殖技术规范 | 北京市农业农村局 | |
| 637 | DB11/T 963—2021 | 电力管道建设技术规范 | 北京市城市管理委员会 | |
| 638 | DB11/ 964—2013 | 车用压燃式、气体燃料点燃式发动机与汽车排气污染物限值及测量方法（台架工况法） | 北京市生态环境局 | |
| 639 | DB11/ 965—2017 | 重型汽车排气污染物排放限值及测量方法（车载法第IV、V阶段） | 北京市生态环境局 | |
| 640 | DB11/T 966—2013 | 切花红掌设施栽培技术规程 | 北京市园林绿化局 | |
| 641 | DB11/T 967—2013 | 塑料排水检查井应用技术规程 | 北京市住房和城乡建设委员会 | |
| 642 | DB11/T 968—2021 | 预制混凝土构件质量检验标准 | 北京市住房和城乡建设委员会 | |
| 643 | DB11/T 969—2016 | 城镇雨水系统规划设计暴雨径流计算标准 | 北京市规划和自然资源委员会 | |
| 644 | DB11/T 970—2013 | 装配式剪力墙住宅建筑设计规程 | 北京市规划和自然资源委员会 | |
| 645 | DB11/T 971—2013 | 重点建设工程施工现场治安防范系统规范 | 北京市公安局 | |
| 646 | DB11/T 972—2013 | 保险营业场所风险等级与安全防范要求 | 北京市公安局 | |
| 647 | DB11/T 974—2019 | 固定资产投资项目节能报告编制技术规范 | 北京市发展和改革委员会 | |
| 648 | DB11/T 975—2021 | 冷水机组节能监测 | 北京市发展和改革委员会 | |
| 649 | DB11/T 978—2023 | 服务业清洁生产审核报告编制技术规范 | 北京市发展和改革委员会 | |

续表

| 序号 | 标准号 | 标准名称 | 行业主管部门 | 备注 |
|---|---|---|---|---|
| 650 | DB11/T 979—2013 | 乙烯单位产品能源消耗限额 | 北京市经济和信息化局 | |
| 651 | DB11/T 980—2013 | 高压聚乙烯单位产品能源消耗限额 | 北京市经济和信息化局 | |
| 652 | DB11/T 981—2013 | 原油加工能源消耗限额 | 北京市经济和信息化局 | |
| 653 | DB11/T 982—2022 | 液晶显示器件单位产品能源消耗限额 | 北京市经济和信息化局 | |
| 654 | DB11/T 983—2022 | 制造数控机床单位产品能源消耗限额 | 北京市经济和信息化局 | |
| 655 | DB11/T 986—2013 | 居住建筑供热计量技术要求 | 北京市城市管理委员会 | |
| 656 | DB11/T 987—2013 | 鲟鱼种质鉴定规范 | 北京市农业农村局 | |
| 657 | DB11/T 988—2013 | 柳枝稷栽培技术规程 | 北京市园林绿化局 | |
| 658 | DB11/T 989—2022 | 园林绿化工程竣工图编制规范 | 北京市园林绿化局 | |
| 659 | DB11/T 990—2013 | 榆叶梅繁殖与栽培养护技术规程 | 北京市园林绿化局 | |
| 660 | DB11/T 991—2013 | 果园生草技术规程 | 北京市园林绿化局 | |
| 661 | DB11/T 992—2021 | 地理标志产品　昌平草莓 | 北京市知识产权局 | |
| 662 | DB11/ 994—2021 | 平战结合人民防空工程设计规范 | 北京市规划和自然资源委员会 | |
| 663 | DB11/ 995—2013 | 城市轨道交通工程设计规范 | 北京市规划和自然资源委员会 | 将引用标准名录及正文中的“GB 50045《高层民用建筑设计防火规范》”更新为“GB 55037《建筑设计防火规范》”“GB 10070《城市区域环境振动标准》”更新为“GB 3096《声环境质量标准》” |
| 664 | DB11/ 996—2013 | 城乡规划用地分类标准 | 北京市规划和自然资源委员会 | |
| 665 | DB11/T 998—2022 | 基础测绘成果质量检查验收技术规程 | 北京市规划和自然资源委员会 | |
| 666 | DB11/T 999—2021 | 城镇道路建筑垃圾再生路面基层施工与质量验收规范 | 北京市住房和城乡建设委员会 | |

续表

| 序号 | 标准号 | 标准名称 | 行业主管部门 | 备注 |
| --- | --- | --- | --- | --- |
| 667 | DB11/T 1000.1—2020 | 企业产品标准编写指南 第 1 部分：标准的结构和通用内容的编写 | 北京市市场监督管理局 | |
| 668 | DB11/T 1000.2—2021 | 企业产品标准编写导则 第 2 部分：主要技术内容的编写 | 北京市市场监督管理局 | |
| 669 | DB11/T 1001—2016 | 企业标准制定原则和程序 | 北京市市场监督管理局 | |
| 670 | DB11/ 1003—2022 | 装配式剪力墙结构设计规程 | 北京市规划和自然资源委员会 | |
| 671 | DB11/T 1004—2023 | 房屋建筑使用安全检查评定技术规程 | 北京市住房和城乡建设委员会 | |
| 672 | DB11/T 1005—2021 | 公共建筑室内温度节能监测标准 | 北京市住房和城乡建设委员会 | |
| 673 | DB11/T 1006—2013 | 民用建筑能效测评标识标准 | 北京市住房和城乡建设委员会 | |
| 674 | DB11/T 1007—2013 | 公共建筑能源审计技术通则 | 北京市住房和城乡建设委员会 | |
| 675 | DB11/T 1008—2013 | 建筑太阳能光伏系统安装及验收规程 | 北京市住房和城乡建设委员会 | |
| 676 | DB11/T 1009—2013 | 供热系统节能改造技术规程 | 北京市城市管理委员会 | |
| 677 | DB11/T 1010—2019 | 信息化项目软件开发费用测算规范 | 北京市经济和信息化局 | |
| 678 | DB11/T 1011—2013 | 市内邮件寄递服务规范 | 北京市邮政管理局 | |
| 679 | DB11/T 1013—2022 | 绿化种植分项工程施工工艺规程 | 北京市园林绿化局 | |
| 680 | DB11/T 1014—2021 | 液氨使用与储存安全技术规范 | 北京市应急管理局 | |
| 681 | DB11/T 1017—2022 | 乘用车单位产品综合能源消耗限额 | 北京市经济和信息化局 | |
| 682 | DB11/T 1019—2022 | 重型载货汽车、大客车单位产品综合能源消耗限额 | 北京市经济和信息化局 | |
| 683 | DB11/T 1021—2013 | 奶牛电子耳标技术规范 | 北京市农业农村局 | |

续表

| 序号 | 标准号 | 标准名称 | 行业主管部门 | 备注 |
| --- | --- | --- | --- | --- |
| 684 | DB11/ 1022—2013 | 简易自动喷水灭火系统设计规程 | 北京市规划和自然资源委员会 | |
| 685 | DB11/ 1023—2013 | 疏散用门安全控制与报警逃生门锁系统设计、施工及验收规程 | 北京市规划和自然资源委员会 | 将引用标准名录及正文中的“GA 503”更新为“XF 503” |
| 686 | DB11/T 1024—2022 | 消防安全疏散标志设置标准 | 北京市规划和自然资源委员会 | |
| 687 | DB11/ 1025—2013 | 自然排烟系统设计、施工及验收规范 | 北京市规划和自然资源委员会 | |
| 688 | DB11/ 1026—2013 | 吸气式感烟火灾探测报警系统设计、施工及验收规范 | 北京市规划和自然资源委员会 | |
| 689 | DB11/ 1027—2013 | 防火玻璃框架系统设计、施工及验收规范 | 北京市规划和自然资源委员会 | 将引用标准名录中的“GA 533”更新为“XF 533” |
| 690 | DB11/T 1028—2021 | 居住建筑门窗工程技术规范 | 北京市住房和城乡建设委员会 | |
| 691 | DB11/T 1029—2021 | 混凝土矿物掺合料应用技术规程 | 北京市住房和城乡建设委员会 | |
| 692 | DB11/T 1030—2021 | 装配式混凝土结构工程施工与质量验收规程 | 北京市住房和城乡建设委员会 | |
| 693 | DB11/T 1031—2013 | 低层蒸压加气混凝土承重建筑技术规程 | 北京市住房和城乡建设委员会 | |
| 694 | DB11/T 1032—2013 | 医疗废物一次性包装箱 | 北京市生态环境局 | |
| 695 | DB11/T 1033—2013 | 工业射线探伤辐射安全和防护分级管理要求 | 北京市生态环境局 | |
| 696 | DB11/T 1034.1—2013 | 交通噪声污染缓解工程技术规范　第1部分：隔声窗措施 | 北京市生态环境局 | |
| 697 | DB11/T 1034.2—2013 | 交通噪声污染缓解工程技术规范　第2部分：声屏障措施 | 北京市生态环境局 | |
| 698 | DB11/T 1035—2013 | 城市轨道交通能源消耗评价方法 | 北京市交通委员会 | |
| 699 | DB11/T 1036—2013 | 公共汽电车能源消耗评价方法 | 北京市交通委员会 | |

续表

| 序号 | 标准号 | 标准名称 | 行业主管部门 | 备注 |
| --- | --- | --- | --- | --- |
| 700 | DB11/T 1037—2013 | 营运货车合理用能指南 | 北京市交通委员会 | |
| 701 | DB11/T 1038—2022 | 在用汽车喷烤漆房安全使用综合评价规范 | 北京市交通委员会 | |
| 702 | DB11/T 1039—2013 | 电子不停车收费系统电子标签应用技术规范 | 北京市交通委员会 | |
| 703 | DB11/T 1040—2022 | 工业企业清洁生产审核报告编制技术规范 | 北京市经济和信息化局 | |
| 704 | DB11/T 1041—2013 | 政务办公终端安全管理规范 | 北京市经济和信息化局 | |
| 705 | DB11/T 1044—2013 | 地震应急避难场所运行管理规范 | 北京市地震局 | |
| 706 | DB11/T 1045—2020 | 白皮松育苗技术规程 | 北京市园林绿化局 | |
| 707 | DB11/T 1046—2013 | 百合种球繁育技术规程 | 北京市园林绿化局 | |
| 708 | DB11/T 1047—2022 | 果品等级　鲜食枣 | 北京市园林绿化局 | |
| 709 | DB11/T 1048—2013 | 花卉产品等级　盆栽凤梨 | 北京市园林绿化局 | |
| 710 | DB11/T 1049—2020 | 花卉产品等级　切花百合 | 北京市园林绿化局 | |
| 711 | DB11/T 1050—2021 | 梨小食心虫监测与防治技术规程 | 北京市园林绿化局 | |
| 712 | DB11/T 1051—2013 | 沙地桑树栽培技术规程 | 北京市园林绿化局 | |
| 713 | DB11/T 1052—2022 | 主要花坛花卉种苗产品等级 | 北京市园林绿化局 | |
| 714 | DB11/ 1054—2013 | 水泥工业大气污染物排放标准 | 北京市生态环境局 | (1)将规范性引用文件中的“GB/T 15432”更新为“HJ 1263”。<br>(2)将表4序号1中的“GB/T 15432”更新为“HJ 1263” |

续表

| 序号 | 标准号 | 标准名称 | 行业主管部门 | 备注 |
|---|---|---|---|---|
| 715 | DB11/ 1055—2013 | 防水卷材行业大气污染物排放标准 | 北京市生态环境局 | (1)规范性引用文件中“GB/T 14675 空气质量　恶臭的测定　三点比较式臭袋法”更新为“HJ 1262 环境空气和废气臭气的测定　三点比较式臭袋法”、“GB/T 15432 环境空气　总悬浮颗粒物的测定 重量法”更新为“HJ 1263 环境空气　总悬浮颗粒物的测定　重量法”、“GB/T 15439 环境空气　苯并[a]芘的测定 高效液相色谱法”更新为“HJ 956 环境空气　苯并[a]芘的测定　高效液相色谱法”。<br>(2)将表5中序号4的“GB/T 15432”更新为“HJ 1263”、“GB/T 14675”更新为“HJ 1262”、表5中序号3“GB/T 15439”更新为“HJ 956” |
| 716 | DB11/ 1056—2013 | 固定式内燃机大气污染物排放标准 | 北京市生态环境局 | |
| 717 | DB11/T 1058—2023 | 主题酒店等级划分与评定规范 | 北京市文化和旅游局 | |
| 718 | DB11/T 1059—2014 | 设施草莓蜜蜂授粉技术规范 | 北京市园林绿化局 | |
| 719 | DB11/T 1061—2014 | 电波水流量测验规程 | 北京市水务局 | |
| 720 | DB11/T 1062—2022 | 人员疏散掩蔽标志设计与设置 | 北京市国防动员办公室 | |
| 721 | DB11/T 1063—2014 | 供热系统节能运行管理技术规程 | 北京市城市管理委员会 | |
| 722 | DB11/T 1064—2014 | 数字化城市管理信息系统地理空间数据获取与更新 | 北京市城市管理委员会 | |
| 723 | DB11/T 1065—2014 | 城市基础地理信息　矢量数据要素分类与代码 | 北京市规划和自然资源委员会 | |
| 724 | DB11/ 1066—2014 | 供热计量设计技术规程 | 北京市规划和自然资源委员会 | |
| 725 | DB11/ 1067—2014 | 城市轨道交通土建工程设计安全风险评估规范 | 北京市规划和自然资源委员会 | |

续表

| 序号 | 标准号 | 标准名称 | 行业主管部门 | 备注 |
|---|---|---|---|---|
| 726 | DB11/T 1068—2022 | 下凹桥区雨水调蓄排放设计标准 | 北京市规划和自然资源委员会 | |
| 727 | DB11/T 1069—2014 | 民用建筑信息模型设计标准 | 北京市规划和自然资源委员会 | |
| 728 | DB11/T 1070—2014 | 市政基础设施工程质量检验与验收标准 | 北京市住房和城乡建设委员会 | |
| 729 | DB11/T 1071—2014 | 排水管（渠）工程施工质量检验标准 | 北京市住房和城乡建设委员会 | |
| 730 | DB11/T 1072—2014 | 城市桥梁工程施工质量检验标准 | 北京市住房和城乡建设委员会 | |
| 731 | DB11/T 1073—2014 | 城市道路工程施工质量检验标准 | 北京市住房和城乡建设委员会 | |
| 732 | DB11/T 1074—2014 | 建筑结构长城杯工程质量评审标准 | 北京市住房和城乡建设委员会 | |
| 733 | DB11/T 1075—2014 | 建筑长城杯工程质量评审标准 | 北京市住房和城乡建设委员会 | |
| 734 | DB11/T 1076—2023 | 居住建筑装饰装修工程质量验收标准 | 北京市住房和城乡建设委员会 | |
| 735 | DB11/T 1077—2020 | 建筑垃圾运输车辆标识、监控和密闭技术要求 | 北京市城市管理委员会 | |
| 736 | DB11/T 1078.1—2014 | 人民防空工程防护设备安装技术规程　第1部分：人防门 | 北京市国防动员办公室 | |
| 737 | DB11/T 1079—2014 | 泡沫水泥保温板外墙外保温工程施工技术规程 | 北京市住房和城乡建设委员会 | |
| 738 | DB11/T 1080—2014 | 硬泡聚氨酯复合板现抹轻质砂浆外墙外保温工程施工技术规程 | 北京市住房和城乡建设委员会 | |
| 739 | DB11/T 1082—2014 | 工业γ射线移动探伤安全防范要求 | 北京市公安局 | |
| 740 | DB11/T 1083—2014 | 耕地地力评价技术规程 | 北京市农业农村局 | |
| 741 | DB11/T 1085—2022 | 梨生产技术规范 | 北京市园林绿化局 | |
| 742 | DB11/T 1087—2014 | 公共建筑装饰工程质量验收标准 | 北京市住房和城乡建设委员会 | |

续表

| 序号 | 标准号 | 标准名称 | 行业主管部门 | 备注 |
| --- | --- | --- | --- | --- |
| 743 | DB11/T 1088—2014 | 生态清洁小流域施工质量评定规范 | 北京市水务局 | |
| 744 | DB11/T 1089—2014 | 林业碳汇项目审定与核证技术规范 | 北京市园林绿化局 | |
| 745 | DB11/T 1090—2023 | 观赏灌木修剪规范 | 北京市园林绿化局 | |
| 746 | DB11/T 1091—2014 | 设施茄果类蔬菜熊蜂授粉技术规程 | 北京市园林绿化局 | |
| 747 | DB11/T 1092—2014 | 紫薇繁殖与栽培养护技术规程 | 北京市园林绿化局 | |
| 748 | DB11/T 1093—2014 | 液化天然气汽车箱式橇装加注装置安全技术要求 | 北京市市场监督管理局 | |
| 749 | DB11/T 1094—2023 | 商品交易场所公平秤设置与管理规范 | 北京市市场监督管理局 | |
| 750 | DB11/T 1095—2014 | 旅行社服务网点服务要求 | 北京市文化和旅游局 | |
| 751 | DB11/T 1096—2014 | 白酒单位产品能源消耗限额 | 北京市经济和信息化局 | |
| 752 | DB11/T 1097—2014 | 矮丛苔草栽培技术规程 | 北京市园林绿化局 | |
| 753 | DB11/T 1098—2014 | 种植业生态农业园区评价规范 | 北京市农业农村局 | |
| 754 | DB11/T 1099—2014 | 林业生态工程生态效益评价技术规程 | 北京市园林绿化局 | |
| 755 | DB11/T 1100—2023 | 城市附属绿地设计规范 | 北京市园林绿化局 | |
| 756 | DB11/T 1101—2022 | 商品肉鸡养殖场（小区）疫病防治技术规范 | 北京市农业农村局 | |
| 757 | DB11/T 1102—2014 | 城市轨道交通工程规划核验测量规程 | 北京市规划和自然资源委员会 | |
| 758 | DB11/T 1103—2014 | 泡沫玻璃板建筑保温工程施工技术规程 | 北京市住房和城乡建设委员会 | |
| 759 | DB11/T 1104—2014 | 地面辐射供暖工程防水施工和验收规程 | 北京市住房和城乡建设委员会 | |

续表

| 序号 | 标准号 | 标准名称 | 行业主管部门 | 备注 |
| --- | --- | --- | --- | --- |
| 760 | DB11/T 1105—2014 | 建筑外遮阳工程施工及验收规程 | 北京市住房和城乡建设委员会 | (1)将引用标准名录中的“GB 50011 建筑抗震设计规范”更新为“GB 55002 建筑与市政工程抗震通用规范”。<br>(2)将正文中的“GB 50011”更新为“GB 55002” |
| 761 | DB11/T 1106—2014 | 建筑墙体砌块结构自保温施工和验收规程 | 北京市住房和城乡建设委员会 | |
| 762 | DB11/T 1107—2014 | 生活垃圾焚烧厂运行管理规范 | 北京市城市管理委员会 | |
| 763 | DB11/T 1108—2014 | 地类认定规范 | 北京市规划和自然资源委员会 | |
| 764 | DB11/T 1109—2014 | 公共自行车智能化服务系统技术要求 | 北京市交通委员会 | |
| 765 | DB11/T 1112—2014 | 高速公路边坡绿化设计、施工及养护技术规范 | 北京市园林绿化局 | |
| 766 | DB11/T 1113—2014 | 古树名木健康快速诊断技术规程 | 北京市园林绿化局 | |
| 767 | DB11/T 1115—2014 | 城市建设工程地下水控制技术规范 | 北京市规划和自然资源委员会 | |
| 768 | DB11/T 1116—2014 | 城市道路空间规划设计规范 | 北京市规划和自然资源委员会 | |
| 769 | DB11/T 1117—2014 | 玻璃棉板外墙外保温施工技术规程 | 北京市住房和城乡建设委员会 | |
| 770 | DB11/T 1118—2022 | 城镇污水处理能源消耗限额 | 北京市水务局 | |
| 771 | DB11/T 1119—2020 | 餐厨垃圾生化处理能源消耗限额 | 北京市城市管理委员会 | |
| 772 | DB11/T 1120—2014 | 生活垃圾生化处理能源消耗限额 | 北京市城市管理委员会 | |
| 773 | DB11/T 1121—2014 | 养老机构社会工作服务规范 | 北京市民政局 | |
| 774 | DB11/T 1122—2020 | 养老机构老年人健康档案技术规范 | 北京市民政局 | |
| 775 | DB11/T 1123—2023 | 公共职业介绍和职业指导服务规范 | 北京市人力资源和社会保障局 | |

续表

| 序号 | 标准号 | 标准名称 | 行业主管部门 | 备注 |
|---|---|---|---|---|
| 776 | DB11/T 1127—2022 | 万寿菊生产技术规程 | 北京市园林绿化局 | |
| 777 | DB11/T 1128—2014 | 竹子栽培养护技术规程 | 北京市园林绿化局 | |
| 778 | DB11/T 1129—2014 | 生物防治产品应用技术规程 杨扇舟蛾颗粒体病毒 | 北京市园林绿化局 | |
| 779 | DB11/T 1130—2014 | 公共建筑空调制冷系统节能运行管理技术规程 | 北京市住房和城乡建设委员会 | |
| 780 | DB11/T 1131—2014 | 公共建筑设备运行节能监控技术规程 | 北京市住房和城乡建设委员会 | |
| 781 | DB11/T 1132—2014 | 建设工程施工现场生活区设置和管理规范 | 北京市住房和城乡建设委员会 | |
| 782 | DB11/T 1133—2014 | 人工砂应用技术规程 | 北京市住房和城乡建设委员会 | |
| 783 | DB11/T 1134—2014 | 高压电力用户安全用电规范 | 北京市城市管理委员会 | |
| 784 | DB11/T 1135—2014 | 供热管线有限空间高温高湿作业安全技术规程 | 北京市城市管理委员会 | |
| 785 | DB11/T 1136—2023 | 城镇燃气管道翻转内衬修复工程施工及验收规程 | 北京市城市管理委员会 | |
| 786 | DB11/T 1137—2022 | 清洁生产评价指标体系 印刷业 | 北京市经济和信息化局 | |
| 787 | DB11/T 1138—2023 | 清洁生产评价指标体系 木质家具制造业 | 北京市经济和信息化局 | |
| 788 | DB11/T 1139—2023 | 数据中心能源效率限额 | 北京市经济和信息化局 | |
| 789 | DB11/T 1140—2014 | 儿童福利机构常见病患儿养护技术规范 | 北京市民政局 | |
| 790 | DB11/T 1141—2014 | 儿童福利机构儿童意外伤害防范技术规范 | 北京市民政局 | |
| 791 | DB11/T 1142—2014 | 文物建筑雷电防护技术规范 开放段长城 | 北京市气象局 | |
| 792 | DB11/T 1143—2023 | 园林铺地工程施工规程 | 北京市园林绿化局 | |
| 793 | DB11/T 1144—2014 | 盆栽春石斛兰栽培技术规程 | 北京市园林绿化局 | |

续表

| 序号 | 标准号 | 标准名称 | 行业主管部门 | 备注 |
| --- | --- | --- | --- | --- |
| 794 | DB11/T 1145—2014 | 花卉产品等级　红掌 | 北京市园林绿化局 | |
| 795 | DB11/T 1146—2022 | 花卉产品等级　盆栽菊花 | 北京市园林绿化局 | |
| 796 | DB11/T 1149—2022 | 沥青混合料单位产品能源消耗限额 | 北京市经济和信息化局 | |
| 797 | DB11/T 1150—2019 | 供暖系统运行能源消耗限额 | 北京市城市管理委员会、北京市经济和信息化局 | |
| 798 | DB11/T 1151—2015 | 合成洗涤剂单位产品能源消耗限额 | 北京市经济和信息化局 | |
| 799 | DB11/T 1156—2021 | 工业企业清洁生产审核技术通则 | 北京市生态环境局、北京市发展和改革委员、北京市经济和信息化局 | |
| 800 | DB11/T 1157—2015 | 清洁生产评价指标体系　石油炼制业 | 北京市经济和信息化局 | |
| 801 | DB11/T 1159—2022 | 商场、超市能源消耗限额 | 北京市商务局 | |
| 802 | DB11/T 1160—2015 | 商场、超市合理用能指南 | 北京市商务局 | |
| 803 | DB11/T 1161—2015 | 电梯节能监测 | 北京市市场监督管理局 | |
| 804 | DB11/T 1162.1—2015 | 公共交通安全防范技术要求　第1部分：公共汽电车安全防范系统 | 北京市公安局 | （1）将规范性引用文件中的“GB/T 18380.3 电缆在火焰条件下的燃烧试验　第3部分：成束电线或电缆的燃烧试验方法”更新为“GB/T 18380.31 电缆和光缆在火焰条件下的燃烧试验　第31部分：垂直安装的成束电线电缆火焰垂直蔓延试验　试验装置”；将正文中的“GB/T 18380.3”更新为“GB/T 18380.31”。 |

续表

| 序号 | 标准号 | 标准名称 | 行业主管部门 | 备注 |
|---|---|---|---|---|
| 804 | DB11/T 1162.1—2015 | 公共交通安全防范技术要求　第1部分：公共汽电车安全防范系统 | 北京市公安局 | （2）将规范性引用文件中的“JT/T 766—2009 北斗卫星导航系统船舶检测终端技术要求”更新为“JT/T 766.1—2019 北斗卫星导航系统船载终端　第1部分：技术要求”；将“8.3.3.4 北斗通信”中的“若车载终端采用北斗通信系统，应符合 JT/T 766—2009 中 4.4.2.1.3、4.4.2.2.2、4.4.2.3 和 4.4.2.4 的要求”更新为“若车载终端采用北斗通信系统，应符合 JT/T 766.1—2019 北斗卫星导航系统船载终端　第1部分：技术要求中 6.1.2、6.2.2.2、6.2.6 和 6.2.4 的要求” |
| 805 | DB11/T 1162.2—2015 | 公共交通安全防范技术要求　第2部分：公交场站安全防范系统 | 北京市公安局 | |
| 806 | DB11/T 1163—2022 | 公交专用道设置规范 | 北京市交通委员会 | |
| 807 | DB11/T 1164.1—2020 | 城市轨道交通自动售检票系统技术规范　第1部分：系统结构及功能 | 北京市交通委员会 | |
| 808 | DB11/T 1164.2—2020 | 城市轨道交通自动售检票系统技术规范　第2部分：接口数据格式 | 北京市交通委员会 | |
| 809 | DB11/T 1164.3—2020 | 城市轨道交通自动售检票系统技术规范　第3部分：数据传输 | 北京市交通委员会 | |
| 810 | DB11/T 1164.4—2023 | 轨道交通联网收费系统技术要求　第4部分：操作界面 | 北京市交通委员会 | |
| 811 | DB11/T 1164.5—2023 | 城市轨道交通自动售检票系统技术规范　第5部分：车票处理单元 | 北京市交通委员会 | |
| 812 | DB11/T 1164.6—2023 | 城市轨道交通自动售检票系统技术规范　第6部分：票卡 | 北京市交通委员会 | |

续表

| 序号 | 标准号 | 标准名称 | 行业主管部门 | 备注 |
|---|---|---|---|---|
| 813 | DB11/T 1164.7—2020 | 城市轨道交通自动售检票系统技术规范　第7部分：终端 | 北京市交通委员会 | |
| 814 | DB11/T 1164.8—2020 | 城市轨道交通自动售检票系统技术规范　第8部分：检测 | 北京市交通委员会 | |
| 815 | DB11/T 1164.9—2020 | 城市轨道交通自动售检票系统技术规范　第9部分：技术指标体系 | 北京市交通委员会 | |
| 816 | DB11/T 1165.1—2015 | 收费公路联网收费系统　第1部分：系统构成及硬件技术要求 | 北京市交通委员会 | |
| 817 | DB11/T 1165.2—2015 | 收费公路联网收费系统　第2部分：基础数据元和编码规则 | 北京市交通委员会 | |
| 818 | DB11/T 1165.3—2023 | 收费公路联网收费系统　第3部分：通行介质技术要求与数据格式 | 北京市交通委员会 | |
| 819 | DB11/T 1165.4—2023 | 收费公路联网收费系统　第4部分：拆分与结算 | 北京市交通委员会 | |
| 820 | DB11/T 1165.5—2019 | 收费公路联网收费系统　第5部分：清分结算规则 | 北京市交通委员会 | |
| 821 | DB11/T 1165.6—2019 | 收费公路联网收费系统　第6部分：数据通信接口 | 北京市交通委员会 | |
| 822 | DB11/T 1165.7—2019 | 收费公路联网收费系统　第7部分：数据库设计 | 北京市交通委员会 | |
| 823 | DB11/T 1165.8—2019 | 收费公路联网收费系统　第8部分：信息安全 | 北京市交通委员会 | |
| 824 | DB11/T 1165.9—2019 | 收费公路联网收费系统　第9部分：应用软件技术要求 | 北京市交通委员会 | |
| 825 | DB11/T 1166—2015 | 城市轨道交通运营安全管理规范 | 北京市交通委员会 | |
| 826 | DB11/T 1167—2015 | 城市轨道交通设施结构检测技术规程 | 北京市交通委员会 | |
| 827 | DB11/T 1168—2015 | 城市轨道交通桥梁支座更换技术规程 | 北京市交通委员会 | |

续表

| 序号 | 标准号 | 标准名称 | 行业主管部门 | 备注 |
|---|---|---|---|---|
| 828 | DB11/T 1169—2015 | 岩沥青改性沥青路面施工技术规范 | 北京市交通委员会 | |
| 829 | DB11/T 1170—2015 | 公路沿线非公路标志设置规范 | 北京市交通委员会 | |
| 830 | DB11/T 1171—2015 | 粮食仓库仓储管理规范 | 北京市粮食和物资储备局 | |
| 831 | DB11/T 1172—2015 | 河流、流域名称代码 | 北京市水务局 | |
| 832 | DB11/T 1173—2015 | 山区河流水文地貌评价导则 | 北京市水务局 | |
| 833 | DB11/T 1174—2015 | 山区河流生态监测技术导则 | 北京市水务局 | |
| 834 | DB11/T 1175—2015 | 园林绿地工程建设规范 | 北京市园林绿化局 | |
| 835 | DB11/T 1176—2015 | 花卉产品等级　月季 | 北京市园林绿化局 | |
| 836 | DB11/T 1178—2015 | 地铁车辆段、停车场区域建设敏感建筑物项目环境噪声与振动控制规范 | 北京市生态环境局 | |
| 837 | DB11/T 1179—2015 | 社会服务一卡通（北京通）卡片技术规范 | 北京市经济和信息化局 | |
| 838 | DB11/T 1180—2023 | 清洁生产评价指标体系　汽车整车制造业 | 北京市经济和信息化局 | |
| 839 | DB11/T 1182—2015 | 专利代理机构等级评定规范 | 北京市知识产权局 | |
| 840 | DB11/T 1183—2015 | 牌匾标识设置规范 | 北京市城市管理委员会 | |
| 841 | DB11/T 1184—2015 | 城市绿地土壤施肥技术规程 | 北京市园林绿化局 | |
| 842 | DB11/T 1185—2015 | 彩色马蹄莲设施栽培技术规程 | 北京市园林绿化局 | |
| 843 | DB11/T 1186—2015 | 枣疯病综合防治技术规程 | 北京市园林绿化局 | |
| 844 | DB11/T 1187—2015 | 自然保护区珍稀濒危树种监测技术规程 | 北京市园林绿化局 | |
| 845 | DB11/T 1188—2022 | 农业标准化基地等级划分与评定规范 | 北京市农业农村局 | |

续表

| 序号 | 标准号 | 标准名称 | 行业主管部门 | 备注 |
|---|---|---|---|---|
| 846 | DB11/T 1189—2015 | 地理标志产品　张家湾葡萄(张湾葡萄) | 北京市知识产权局 | |
| 847 | DB11/T 1190.1—2015 | 古建筑结构安全性鉴定技术规范　第1部分：木结构 | 北京市文物局 | |
| 848 | DB11/T 1190.2—2018 | 古建筑结构安全性鉴定技术规范　第2部分：石质构件 | 北京市文物局 | |
| 849 | DB11/T 1191.1—2018 | 实验室危险化学品安全管理规范　第1部分：工业企业 | 北京市应急管理局 | |
| 850 | DB11/T 1191.2—2018 | 实验室危险化学品安全管理规范　第2部分：普通高等学校 | 北京市应急管理局 | |
| 851 | DB11/T 1192—2015 | 工作场所防暑降温技术规范 | 北京市卫生健康委员会 | |
| 852 | DB11/T 1193—2015 | 用人单位职业病危害现状评价导则 | 北京市卫生健康委员会 | |
| 853 | DB11/T 1194—2015 | 高处悬吊作业企业安全生产管理规范 | 北京市应急管理局 | (1)将规范性引用文件中的“GB 19154—2003”更新为“GB 19154—2017”、“GB 19155—2003”更新为“GB 19155—2017”。<br>(2)将正文5.1.3中的“应符合GB 19155—2003的要求”更新为“应符合GB/T 19155—2017的要求”、5.1.8中的“应符合GB 19155—2003中9.3的规定”更新为“应符合GB/T 19155—2017中15.2.8的规定”、5.1.9中的“应符合GB 19154—2003中9.4的规定”更新为“应符合GB/T 19154—2017中15.2.8.3的规定” |
| 854 | DB11/T 1195—2015 | 固定污染源监测点位设置技术规范 | 北京市生态环境局 | (1)规范性引用文件中的“GB/T 18284 快速响应矩阵码”更新为“HJ 1297 排污单位污染物排放口二维码标识技术规范”。<br>(2)将正文中的“GB/T 18284”更新为“HJ 1297” |

续表

| 序号 | 标准号 | 标准名称 | 行业主管部门 | 备注 |
|---|---|---|---|---|
| 855 | DB11/T 1196—2015 | 公共租赁住房内装设计模数协调标准 | 北京市规划和自然资源委员会 | |
| 856 | DB11/T 1197—2015 | 住宅全装修设计标准 | 北京市规划和自然资源委员会 | |
| 857 | DB11/T 1198—2015 | 公共建筑节能评价标准 | 北京市住房和城乡建设委员会 | |
| 858 | DB11/T 1199—2015 | 农村既有单层住宅建筑综合改造技术规程 | 北京市住房和城乡建设委员会 | |
| 859 | DB11/T 1200—2023 | 超长大体积混凝土结构跳仓法技术规程 | 北京市住房和城乡建设委员会 | |
| 860 | DB11/ 1201—2023 | 印刷工业大气污染物排放标准 | 北京市生态环境局 | |
| 861 | DB11/ 1202—2015 | 木质家具制造业大气污染物排放标准 | 北京市生态环境局 | （1）将规范性引用文件中的“GB/T 15432 环境空气　总悬浮颗粒物的测定　重量法”更新为“HJ 1263 环境空气　总悬浮颗粒物的测定　重量法”、“HJ/T 38 固定污染源排气中非甲烷总烃的测定　气相色谱法”更新为“HJ 38 固定污染源废气　总烃、甲烷和非甲烷总烃的测定　气相色谱法”。（2）将表5序号4中的“GB/T 15432”更新为“HJ 1263” |
| 862 | DB11/ 1203—2015 | 火葬场大气污染物排放标准 | 北京市生态环境局 | |
| 863 | DB11/T 1205—2015 | 工业用能单位能源审计报告编制与审核技术规范 | 北京市发展和改革委员会 | |
| 864 | DB11/T 1206—2015 | 非工业用能单位能源审计报告编制与审核技术规范 | 北京市发展和改革委员会 | |
| 865 | DB11/T 1207—2015 | 交通运输业用能单位能源审计报告编制及审核技术规范 | 北京市发展和改革委员会 | |
| 866 | DB11/T 1208—2020 | 固定资产投资项目节能监察技术核查报告编制规范 | 北京市发展和改革委员会 | |
| 867 | DB11/T 1209—2015 | 固定资产投资项目节能评估后评价技术规范 | 北京市发展和改革委员会 | |
| 868 | DB11/T 1210—2015 | 工业照明设备运行节能监测 | 北京市发展和改革委员会 | |

续表

| 序号 | 标准号 | 标准名称 | 行业主管部门 | 备注 |
| --- | --- | --- | --- | --- |
| 869 | DB11/T 1211—2023 | 中央空调系统运行节能监测 | 北京市发展和改革委员会 | |
| 870 | DB11/T 1212—2021 | 板式换热器运行节能监测 | 北京市发展和改革委员会 | |
| 871 | DB11/T 1213—2015 | 自来水单位产量能源消耗限额 | 北京市水务局 | |
| 872 | DB11/T 1214—2015 | 平原地区造林项目碳汇核算技术规程 | 北京市园林绿化局 | |
| 873 | DB11/T 1215—2015 | 经济型酒店设施与服务规范 | 北京市文化和旅游局 | |
| 874 | DB11/T 1216—2015 | 旅游饭店温泉设施与服务规范 | 北京市文化和旅游局 | |
| 875 | DB11/T 1217—2021 | 养老机构老年人生活照料操作规范 | 北京市民政局 | |
| 876 | DB11/T 1218—2019 | 体育场所安全运营管理规范 游泳场所 | 北京市体育局 | |
| 877 | DB11/T 1219—2015 | 文物艺术品元数据规范 | 北京市文物局 | |
| 878 | DB11/T 1219.2—2019 | 文物艺术品数据元规范 第 2 部分：书画 | 北京市文物局 | |
| 879 | DB11/T 1219.3—2022 | 文物艺术品数据元规范 第 3 部分：陶瓷 | 北京市文物局 | |
| 880 | DB11/T 1220—2015 | 西伯利亚鲟全人工繁殖技术规范 | 北京市农业农村局 | |
| 881 | DB11/T 1221—2015 | 哲罗鲑苗种培育与养殖技术规范 | 北京市农业农村局 | |
| 882 | DB11/ 1222—2015 | 居住区无障碍设计规程 | 北京市规划和自然资源委员会 | （1）将条文说明 4.1.1、5.1.1、5.1.2 中的“《城市居住区规划设计规范》（GB 50180—93）”更新为“《城市居住区规划设计标准》（GB 50180）”。（2）将条文说明 5.1.1 中的“《城市绿地分类标准》CJJ/T 85—2002”更新为“《城市绿地分类标准》（CJJ/T 85）”。 |

续表

| 序号 | 标准号 | 标准名称 | 行业主管部门 | 备注 |
| --- | --- | --- | --- | --- |
| 882 | DB11/ 1222—2015 | 居住区无障碍设计规程 | 北京市规划和自然资源委员会 | (3)将条文说明7.1.2中的“JGJ 49”更新为“GB 51039”;“《养老设施建筑设计规范》GB50867”更新为“《老年人照料设施建筑设计标准》(JGJ 450)”;“《老年人居住建筑设计标准》GB/T 50340,《老年人建筑设计规范》JGJ 122”更新为“《老年人居住建筑设计规范》(GB 50340)” |
| 883 | DB11/T 1223—2015 | 大型公共建筑用电分项监测技术规程 | 北京市住房和城乡建设委员会 | |
| 884 | DB11/ 1226—2015 | 工业涂装工序大气污染物排放标准 | 北京市生态环境局 | (1)将规范性引用文件中的“GB/T 15432 环境空气　总悬浮颗粒物的测定　重量法”更新为“HJ 1263 环境空气　总悬浮颗粒物的测定 重量法”。<br>(2)将表3序号4中的“GB/T 15432 ”更新为“HJ 1263” |
| 885 | DB11/ 1227—2023 | 汽车制造业大气污染物排放标准 | 北京市生态环境局 | |
| 886 | DB11/ 1228—2015 | 汽车维修业大气污染物排放标准 | 北京市生态环境局 | |
| 887 | DB11/T 1229—2015 | 加油加气站非油品设施安全设置管理要求 | 北京市应急管理局 | (1)将规范性引用文件中的“GB 50222—1995”更新为“GB 50222—2017”。<br>(2)将正文中的4.2.5“b)罩棚装饰、装修材料的燃烧性能等级,不应低于GB 50222—1995规定的B级”更新为“b)罩棚装饰、装修材料的燃烧性能等级,不应低于GB 50222—2017规定的B1级” |
| 888 | DB11/T 1230—2015 | 射击场设置与安全要求 | 北京市公安局 | 将规范性引用文件中的“GB 50395—2007 视频安防监控系统工程设计规范”更新为“GB 50395 视频安防监控系统工程设计规范”、“GA 1016—2012　枪支(弹药)库室风险等级划分与安全防范要求”更新为“GA 1016 枪支(弹药)库室风险等级划分与安全防范要求” |

续表

| 序号 | 标准号 | 标准名称 | 行业主管部门 | 备注 |
|---|---|---|---|---|
| 889 | DB11/T 1231—2015 | 燃气工业锅炉节能监测 | 北京市发展和改革委员会 | |
| 890 | DB11/T 1233—2015 | 供暖节能气象等级 | 北京市气象局 | |
| 891 | DB11/T 1234—2022 | 生活垃圾焚烧处理能源消耗限额 | 北京市城市管理委员会 | |
| 892 | DB11/T 1235—2015 | 城市交通综合调查技术规程 | 北京市交通委员会 | |
| 893 | DB11/T 1236—2015 | 轨道交通接驳设施设计技术指南 | 北京市交通委员会 | |
| 894 | DB11/T 1237—2015 | 污水源热泵系统设计规范 | 北京市水务局 | |
| 895 | DB11/T 1238—2015 | 健康体检体征数据元规范 | 北京市卫生健康委员会 | |
| 896 | DB11/T 1239—2015 | 药品信息代码规范 | 北京市卫生健康委员会 | |
| 897 | DB11/T 1240—2015 | 医学实验室质量与技术要求 | 北京市卫生健康委员会 | |
| 898 | DB11/T 1241—2015 | 家具标识标注通则 | 北京市市场监督管理局 | |
| 899 | DB11/T 1242—2023 | “北京礼物”旅游商品店基本要求及评定 | 北京市文化和旅游局 | |
| 900 | DB11/T 1243—2015 | 观赏海棠繁育与栽培技术规范 | 北京市园林绿化局 | |
| 901 | DB11/T 1244—2023 | 国槐育苗技术规程 | 北京市园林绿化局 | |
| 902 | DB11/ 1245—2015 | 建筑防火涂料（板）工程设计、施工与验收规程 | 北京市规划和自然资源委员会 | |
| 903 | DB11/T 1246—2015 | 城市地下联系隧道防火设计规范 | 北京市规划和自然资源委员会 | |
| 904 | DB11/T 1247—2015 | 公共建筑电气设备节能运行管理技术规程 | 北京市住房和城乡建设委员会 | |
| 905 | DB11/T 1248—2015 | 公共建筑给水排水系统节能运行管理技术规程 | 北京市住房和城乡建设委员会 | |
| 906 | DB11/T 1249—2015 | 居住建筑节能评价技术规范 | 北京市住房和城乡建设委员会 | |

续表

| 序号 | 标准号 | 标准名称 | 行业主管部门 | 备注 |
| --- | --- | --- | --- | --- |
| 907 | DB11/T 1250—2023 | 危险化学品企业分装作业安全管理规范 | 北京市应急管理局 | |
| 908 | DB11/T 1251—2015 | 金属非金属矿山建设生产安全规范 | 北京市应急管理局 | |
| 909 | DB11/T 1252—2023 | 尾矿库建设与运行安全管理规范 | 北京市应急管理局 | |
| 910 | DB11/T 1253—2022 | 地埋管地源热泵系统工程技术规范 | 北京市发展和改革委员会 | |
| 911 | DB11/T 1254—2022 | 再生水热泵系统工程技术规范 | 北京市发展和改革委员会 | |
| 912 | DB11/T 1255—2015 | 工业用能单位能源管控中心建设指南 | 北京市发展和改革委员会 | |
| 913 | DB11/T 1256—2015 | 非工业用能单位能源管控中心建设指南 | 北京市发展和改革委员会 | |
| 914 | DB11/T 1257—2015 | 清洁生产评价指标体系　商务楼宇 | 北京市发展和改革委员会 | |
| 915 | DB11/T 1258—2015 | 清洁生产评价指标体系　洗衣业 | 北京市发展和改革委员会 | |
| 916 | DB11/T 1259—2015 | 清洁生产评价指标体系　医疗机构 | 北京市发展和改革委员会 | |
| 917 | DB11/T 1260—2015 | 清洁生产评价指标体系　住宿餐饮业 | 北京市发展和改革委员会 | |
| 918 | DB11/T 1261—2015 | 清洁生产评价指标体系　沐浴业 | 北京市发展和改革委员会 | |
| 919 | DB11/T 1262—2015 | 清洁生产评价指标体系　环境及公共设施管理业 | 北京市发展和改革委员会 | |
| 920 | DB11/T 1263—2023 | 清洁生产评价指标体系　交通运输业 | 北京市发展和改革委员会 | |
| 921 | DB11/T 1264—2023 | 清洁生产评价指标体系　高等院校 | 北京市发展和改革委员会 | |
| 922 | DB11/T 1265—2015 | 清洁生产评价指标体系　汽车维修及拆解业 | 北京市发展和改革委员会 | |
| 923 | DB11/T 1266—2015 | 清洁生产评价指标体系　商业零售业 | 北京市发展和改革委员会 | |
| 924 | DB11/T 1267—2021 | 高等学校能源消耗定额 | 北京市教育委员会、北京市机关事务管理局 | |

续表

| 序号 | 标准号 | 标准名称 | 行业主管部门 | 备注 |
| --- | --- | --- | --- | --- |
| 925 | DB11/T 1268—2023 | 文化场馆能源消耗定额 | 北京市文化和旅游局 | |
| 926 | DB11/T 1269—2015 | 营运客车能源计量器具功能及数据采集规范 | 北京市交通委员会 | |
| 927 | DB11/T 1270—2015 | 出租汽车合理用能指南 | 北京市交通委员会 | |
| 928 | DB11/T 1271—2015 | 城市道路大修工程质量检验规范 | 北京市交通委员会 | |
| 929 | DB11/T 1272—2015 | 实时公交信息服务系统数据交换及信息质量要求 | 北京市交通委员会 | |
| 930 | DB11/T 1273—2015 | LED 交通诱导显示屏技术要求 | 北京市公安局 | |
| 931 | DB11/T 1274—2015 | LED 广告屏应用技术规范 | 北京市城市管理委员会 | |
| 932 | DB11/T 1275—2020 | 燃具连接用软管应用技术规程 | 北京市城市管理委员会 | |
| 933 | DB11/T 1276—2015 | 地下工程建设中城镇排水设施保护技术规程 | 北京市水务局 | |
| 934 | DB11/T 1277—2015 | 排水管道功能等级评定 | 北京市水务局 | |
| 935 | DB11/T 1278—2015 | 污染场地挥发性有机物调查与风险评估技术导则 | 北京市生态环境局 | |
| 936 | DB11/T 1279—2015 | 污染场地修复工程环境监理技术导则 | 北京市生态环境局 | |
| 937 | DB11/T 1280—2021 | 建设用地土壤污染修复方案编制导则 | 北京市生态环境局 | |
| 938 | DB11/T 1281—2015 | 污染场地修复后土壤再利用环境评估导则 | 北京市生态环境局 | |
| 939 | DB11/T 1282—2022 | 数据中心节能设计规范 | 北京市经济和信息化局 | |
| 940 | DB11/T 1284—2015 | 葡萄酒生产管理数据元规范 | 北京市经济和信息化局 | |
| 941 | DB11/T 1285—2015 | 物联网感知设备通用信息安全技术要求 | 北京市经济和信息化局 | |
| 942 | DB11/T 1286—2015 | 城市安全运行和应急管理　物联基础信息及编码规范 | 北京市经济和信息化局 | |

续表

| 序号 | 标准号 | 标准名称 | 行业主管部门 | 备注 |
|---|---|---|---|---|
| 943 | DB11/T 1287—2015 | 城市安全运行和应急管理　物联信息接入规范 | 北京市经济和信息化局 | |
| 944 | DB11/T 1288—2015 | 电子政务信息安全监控数据规范 | 北京市经济和信息化局 | |
| 945 | DB11/T 1289—2015 | 信息技术　灾难恢复系统成本效益评估规范 | 北京市经济和信息化局 | |
| 946 | DB11/T 1290—2015 | 居民健康档案基本数据集 | 北京市卫生健康委员会 | |
| 947 | DB11/T 1291—2023 | 卫生应急一次性防护用品使用规范 | 北京市卫生健康委员会 | |
| 948 | DB11/T 1292—2015 | 公共卫生应急队伍组建通则 | 北京市卫生健康委员会 | |
| 949 | DB11/T 1293.1—2015 | 卫生应急最小工作单元装备技术要求　第1部分：通则 | 北京市卫生健康委员会 | |
| 950 | DB11/T 1293.2—2015 | 卫生应急最小工作单元装备技术要求　第2部分：传染病暴发处置类 | 北京市卫生健康委员会 | （1）将规范性引用文件中的“GB 21147 个体防护装备　防护鞋”更新为“AQ 6106 足部防护　食品和医药工业防护靴”。<br>（2）将正文5.1.1表1中的“符合GB 21147 个体防护装备　防护靴的要求”更新为“符合AQ 6106 足部防护　食品和医药工业防护靴的要求” |
| 951 | DB11/T 1293.3—2015 | 卫生应急最小工作单元装备技术要求　第3部分：化学中毒处置类 | 北京市卫生健康委员会 | |
| 952 | DB11/T 1293.4—2015 | 卫生应急最小工作单元装备技术要求　第4部分：核与辐射事故处置类 | 北京市卫生健康委员会 | （1）将规范性引用文件中的“GB 21147 个体防护装备　防护鞋的要求”更新为“AQ 6106 足部防护 食品和医药工业防护靴”。<br>（2）将正文中的“GB 21147”更新为“AQ 6106” |
| 953 | DB11/T 1295—2022 | 宾馆、饭店合理用能指南 | 北京市文化和旅游局 | |
| 954 | DB11/T 1296—2021 | 体育场馆能源消耗定额 | 北京市体育局、北京市机关事务管理局 | |

续表

| 序号 | 标准号 | 标准名称 | 行业主管部门 | 备注 |
| --- | --- | --- | --- | --- |
| 955 | DB11/T 1297—2023 | 城市绿地节水技术规范 | 北京市园林绿化局 | |
| 956 | DB11/T 1298—2015 | 公园数据元规范 | 北京市园林绿化局 | |
| 957 | DB11/T 1299—2015 | 柳蜷叶蜂监测与防治技术规程 | 北京市园林绿化局 | |
| 958 | DB11/T 1300—2015 | 湿地恢复与建设技术规程 | 北京市园林绿化局 | |
| 959 | DB11/T 1301—2015 | 湿地监测技术规程 | 北京市园林绿化局 | (1)将规范性引用文件中的“GB/T 6920—1986 水质　pH值的测定　玻璃电极法”更新为“GB/T 6920 水质　pH值的测定　玻璃电极法”、“GB/T 17135—1997”更新为“GB/T 17135”、“MT/T 633—1996 地下水动态长期监测技术规范”更新为“MT/T 633 地下水动态长期观测技术规范”。<br>(2)将正文中的“GB/T 6920—1986”更新为“GB/T 6920”、“GB/T 17135—1997”更新为“GB/T 17135” |
| 960 | DB11/T 1302—2018 | 芒属和荻属植物栽培技术规程 | 北京市园林绿化局 | |
| 961 | DB11/T 1303—2015 | 花卉产品等级 马蹄莲 | 北京市园林绿化局 | |
| 962 | DB11/T 1304—2015 | 森林文化基地建设导则 | 北京市园林绿化局 | |
| 963 | DB11/T 1305—2015 | 大白菜机械通风贮藏技术规程 | 北京市农业农村局 | |
| 964 | DB11/T 1307—2015 | 菌糠育苗基质制作生产技术规程 | 北京市农业农村局 | |
| 965 | DB11/T 1308—2023 | 农作物气象灾害等级　冬小麦 | 北京市气象局 | |
| 966 | DB11/ 1309—2015 | 社区养老服务设施设计标准 | 北京市规划和自然资源委员会 | |
| 967 | DB11/ 1310—2015 | 装配式框架及框架 - 剪力墙结构设计规程 | 北京市规划和自然资源委员会 | |

续表

| 序号 | 标准号 | 标准名称 | 行业主管部门 | 备注 |
|---|---|---|---|---|
| 968 | DB11/T 1311—2015 | 污染场地勘察规范 | 北京市规划和自然资源委员会 | |
| 969 | DB11/T 1312—2015 | 预制混凝土构件质量控制标准 | 北京市住房和城乡建设委员会 | |
| 970 | DB11/T 1313—2015 | 薄抹灰外墙外保温用聚合物水泥砂浆应用技术规程 | 北京市住房和城乡建设委员会 | (1)将引用标准名录中的“DB11/T 1079—2014”更新为“DB11/T 1079”;“《保温板薄抹灰外墙外保温施工技术规程》DB11/T 584—2013”更新为“《薄抹灰外墙外保温工程技术规程》DB11/T 584—2022”;“《滚动轴承　钢球》GB/T 308”更新为“《滚动轴承球　第1部分:钢球》GB/T 308.1”。<br>(2)将正文中的“DB11/T 1079—2014”更新为“DB11/T 1079”;“《滚动轴承　钢球》GB/T 308”更新为“《滚动轴承球　第1部分:钢球》GB/T 308.1”;将正文5.2.3中的“《保温板薄抹灰外墙外保温施工技术规程》DB11/T 584—2013”更新为“《薄抹灰外墙外保温工程技术规程》DB11/T 584—2022”;将正文5.3.1中的“《保温板薄抹灰外墙外保温施工技术规程》DB11/T 584—2013中表6.3.5的规定”更新为“《薄抹灰外墙外保温工程技术规程》DB11/T 584—2022中表7.3.5的规定” |
| 971 | DB11/T 1314—2015 | 混凝土外加剂应用技术规程 | 北京市住房和城乡建设委员会 | |
| 972 | DB11/T 1315—2020 | 绿色建筑工程验收规范 | 北京市住房和城乡建设委员会 | |
| 973 | DB11/ 1316—2016 | 城市轨道交通工程建设安全风险技术管理规范 | 北京市住房和城乡建设委员会 | |
| 974 | DB11/T 1317—2016 | 地铁人民防空工程维护管理技术规程 | 北京市国防动员办公室 | |

续表

| 序号 | 标准号 | 标准名称 | 行业主管部门 | 备注 |
|---|---|---|---|---|
| 975 | DB11/T 1319—2016 | 排污单位自行监测实验室建设及运行管理技术规范 | 北京市生态环境局 | (1)将规范性引用文件中的"HJ/T 91 地表水和污水监测技术规范"更新为"HJ 91.1 污水监测技术规范"。<br>(2)将正文 5.2.2.3 和 5.2.4.2 中的"HJ/T 91"更新为"HJ 91.1" |
| 976 | DB11/T 1320—2023 | 危险场所电气防爆安全检测技术规范 | 北京市应急管理局 | |
| 977 | DB11/T 1321—2016 | 境外人员基础信息通用数据规范 | 北京市公安局 | |
| 978 | DB11/T 1322.1—2017 | 安全生产等级评定技术规范　第 1 部分：总则 | 北京市应急管理局 | |
| 979 | DB11/T 1322.2—2017 | 安全生产等级评定技术规范　第 2 部分：安全生产通用要求 | 北京市应急管理局 | (1)将规范性引用文件中的"JGJ 16 民用建筑电气设计规范"更新为"GB 51348 民用建筑电气设计标准"、"TSG T7004 电梯监督检验和定期检验规则—液压电梯""TSG T7005 电梯监督检验和定期检验规则—自动扶梯和自动人行道"和"TSG T7006 电梯监督检验和定期检验规则—杂物电梯"更新为"TSG T7001 电梯监督检验和定期检验规则"。<br>(2)将正文中的"JGJ 16"更新为"GB 51348"、"TSG T7004"和"TSG T7005"及"TSG T7006"更新为"TSG T7001" |
| 980 | DB11/T 1322.3—2017 | 安全生产等级评定技术规范　第 3 部分：加油站 | 北京市应急管理局 | |
| 981 | DB11/T 1322.4—2017 | 安全生产等级评定技术规范　第 4 部分：石油库 | 北京市应急管理局 | |
| 982 | DB11/T 1322.5—2017 | 安全生产等级评定技术规范　第 5 部分：危险化学品经营企业 | 北京市应急管理局 | |
| 983 | DB11/T 1322.6—2017 | 安全生产等级评定技术规范　第 6 部分：食品制造企业 | 北京市应急管理局 | |

续表

| 序号 | 标准号 | 标准名称 | 行业主管部门 | 备注 |
|---|---|---|---|---|
| 984 | DB11/T 1322.7—2017 | 安全生产等级评定技术规范　第7部分：饮料制造企业 | 北京市应急管理局 | |
| 985 | DB11/T 1322.8—2017 | 安全生产等级评定技术规范　第8部分：纺织企业 | 北京市应急管理局 | |
| 986 | DB11/T 1322.9—2017 | 安全生产等级评定技术规范　第9部分：服装制造加工企业 | 北京市应急管理局 | |
| 987 | DB11/T 1322.10—2017 | 安全生产等级评定技术规范　第10部分：木材加工企业 | 北京市应急管理局 | （1）将规范性文件中“GB/T 11651 个体防护装备选用规范”更新为“GB 39800.1 个体防护装备配备规范　第1部分：总则”、“AQ/T 4251 木材加工企业职业病危害防治技术规范”更新为“WS/T 735 木材加工企业职业病危害防治技术规范”、“GA 654”更新为“XF 654”、“GA 1131”更新为“XF 1131”、“TSG G0001 锅炉安全技术监察规程”更新为“TSG 11 锅炉安全技术规程”。<br>（2）将正文中的“GB/T 11651”更新为“GB 39800.1”、“AQ/T 4251”更新为“WS/T 735”、“GA 654”更新为“XF 654”、“GA 1131”更新为“XF 1131”、“TSG G0001”更新为“TSG 11” |
| 988 | DB11/T 1322.11—2017 | 安全生产等级评定技术规范　第11部分：家具制造企业 | 北京市应急管理局 | |
| 989 | DB11/T 1322.12—2017 | 安全生产等级评定技术规范　第12部分：纸制品制造企业 | 北京市应急管理局 | |
| 990 | DB11/T 1322.13—2017 | 安全生产等级评定技术规范　第13部分：机械制造企业 | 北京市应急管理局 | |

续表

| 序号 | 标准号 | 标准名称 | 行业主管部门 | 备注 |
| --- | --- | --- | --- | --- |
| 991 | DB11/T 1322.14—2017 | 安全生产等级评定技术规范　第 14 部分：汽车制造企业 | 北京市应急管理局 | （1）将规范性文件中“GB/T 11651 个体防护装备选用规范”和“GB/T 29510 个体防护装备配备基本要求”更新为“GB 39800.1 个体防护装备配备规范 第 1 部分：总则”、“AQ 4212 焊接工艺防尘防毒技术规范”更新为“WS 706 焊接工艺防尘防毒技术规范”、“AQ/T 4227 汽车制造企业职业危害防护技术规程”更新为“WS/T 728 汽车制造企业职业危害防护技术规程”。<br>（2）将正文中的“GB/T 11651”和“GB/T 29510”更新为“GB 39800.1”、“AQ 4212”更新为“WS 706” |
| 992 | DB11/T 1322.15—2017 | 安全生产等级评定技术规范　第 15 部分：仓储企业 | 北京市应急管理局 | |
| 993 | DB11/T 1322.16—2017 | 安全生产等级评定技术规范　第 16 部分：印刷企业 | 北京市应急管理局 | |
| 994 | DB11/T 1322.17—2018 | 安全生产等级评定技术规范　第 17 部分：机动车维修企业 | 北京市交通委员会 | |
| 995 | DB11/T 1322.18—2016 | 安全生产等级评定技术规范　第 18 部分：燃气供应企业 | 北京市城市管理委员会 | |
| 996 | DB11/T 1322.19—2017 | 安全生产等级评定技术规范　第 19 部分：环卫从业单位 | 北京市城市管理委员会 | |
| 997 | DB11/T 1322.20—2017 | 安全生产等级评定技术规范　第 20 部分：科研单位 | 北京市应急管理局 | |
| 998 | DB11/T 1322.21—2017 | 安全生产等级评定技术规范　第 21 部分：烟草制品企业 | 北京市应急管理局 | |
| 999 | DB11/T 1322.22—2017 | 安全生产等级评定技术规范　第 22 部分：日化产品制造企业 | 北京市应急管理局 | |

续表

| 序号 | 标准号 | 标准名称 | 行业主管部门 | 备注 |
|---|---|---|---|---|
| 1000 | DB11/T 1322.23—2017 | 安全生产等级评定技术规范　第23部分：建材企业 | 北京市应急管理局 | |
| 1001 | DB11/T 1322.24—2017 | 安全生产等级评定技术规范　第24部分：冶金企业 | 北京市应急管理局 | |
| 1002 | DB11/T 1322.25—2017 | 安全生产等级评定技术规范　第25部分：有色企业 | 北京市应急管理局 | |
| 1003 | DB11/T 1322.26—2019 | 安全生产等级评定技术规范　第26部分：酒类制造企业 | 北京市应急管理局 | |
| 1004 | DB11/T 1322.27—2018 | 安全生产等级评定技术规范　第27部分：煤矿 | 北京市应急管理局 | |
| 1005 | DB11/T 1322.28—2018 | 安全生产等级评定技术规范　第28部分：金属非金属矿山（露天） | 北京市应急管理局 | |
| 1006 | DB11/T 1322.29—2018 | 安全生产等级评定技术规范　第29部分：金属非金属矿山（地下） | 北京市应急管理局 | （1）将规范性引用文件中的“GB/T 11651 个体防护装备选用规范”和“GB/T 29510 个体防护装备配备基本要求”更新为“GB 39800.1 个体防护装备配备规范　第1部分：总则”、“GBZ 2 工作场所有害因素职业接触限制”更新为“GBZ 2.1 工作场所有害因素职业接触限值　第1部分：化学有害因素”。<br>（2）将正文中的“3.9.1 劳动防护用品的配置应符合 GB/T 11651 和 GB/T 29510 的规定”更新为“3.9.1 劳动防护用品的配置应符合 GB 39800.1 的规定” |
| 1007 | DB11/T 1322.30—2018 | 安全生产等级评定技术规范　第30部分：尾矿库 | 北京市应急管理局 | （1）将规范性引用文件中的“AQ2006 尾矿库安全技术规程”更新为“GB 39496 尾矿库安全规程”。<br>（2）将正文中的“AQ2006”更新为“GB 39496” |
| 1008 | DB11/T 1322.31—2019 | 安全生产等级评定技术规范　第31部分：瓶装工业气体经营企业 | 北京市应急管理局 | |

续表

| 序号 | 标准号 | 标准名称 | 行业主管部门 | 备注 |
|---|---|---|---|---|
| 1009 | DB11/T 1322.32—2019 | 安全生产等级评定技术规范　第32部分：烟花爆竹经营（批发）企业 | 北京市应急管理局 | |
| 1010 | DB11/T 1322.33—2018 | 安全生产等级评定技术规范　第33部分：危险化学品生产企业 | 北京市应急管理局 | （1）将规范性引用文件中的“GB 11651 个体防护装备选用规范”更新为“GB 39800.1 个体防护装备配备规范　第1部分：总则”。（2）将正文中的“GB/T 11651”更新为“GB 39800.1” |
| 1011 | DB11/T 1322.34—2019 | 安全生产等级评定技术规范第34部分：小规模单位 | 北京市应急管理局 | 将规范性引用文件及正文中的“GA 1131”更新为“XF 1131” |
| 1012 | DB11/T 1322.35—2018 | 安全生产等级评定技术规范　第35部分：医药制造企业 | 北京市应急管理局 | |
| 1013 | DB11/T 1322.36—2017 | 安全生产等级评定技术规范　第36部分：公共汽电车客运企业 | 北京市交通委员会 | |
| 1014 | DB11/T 1322.37—2018 | 安全生产等级评定技术规范　第37部分：旅游客运企业 | 北京市交通委员会 | |
| 1015 | DB11/T 1322.38—2017 | 安全生产等级评定技术规范　第38部分：省际客运企业 | 北京市交通委员会 | |
| 1016 | DB11/T 1322.39—2018 | 安全生产等级评定技术规范　第39部分：出租汽车客运企业 | 北京市交通委员会 | |
| 1017 | DB11/T 1322.40—2018 | 安全生产等级评定技术规范　第40部分：道路货物运输企业 | 北京市交通委员会 | |
| 1018 | DB11/T 1322.41—2017 | 安全生产等级评定技术规范第41部分：汽车客运站 | 北京市交通委员会 | |
| 1019 | DB11/T 1322.42—2017 | 安全生产等级评定技术规范　第42部分：水域游船单位 | 北京市交通委员会 | |
| 1020 | DB11/T 1322.43—2017 | 安全生产等级评定技术规范　第43部分：汽车租赁企业 | 北京市交通委员会 | |
| 1021 | DB11/T 1322.44—2018 | 安全生产等级评定技术规范　第44部分：供热单位 | 北京市城市管理委员会 | |

续表

| 序号 | 标准号 | 标准名称 | 行业主管部门 | 备注 |
|---|---|---|---|---|
| 1022 | DB11/T 1322.45—2018 | 安全生产等级评定技术规范　第45部分：城市照明设施施工维护单位 | 北京市城市管理委员会 | |
| 1023 | DB11/T 1322.46—2018 | 安全生产等级评定技术规范　第46部分：户外广告设施设置和运行维护单位 | 北京市城市管理委员会 | |
| 1024 | DB11/T 1322.48—2018 | 安全生产等级评定技术规范　第48部分：沼气站 | 北京市农业农村局 | |
| 1025 | DB11/T 1322.49—2018 | 安全生产等级评定技术规范　第49部分：星级饭店 | 北京市文化和旅游局 | |
| 1026 | DB11/T 1322.50—2018 | 安全生产等级评定技术规范　第50部分：A级旅游景区 | 北京市文化和旅游局 | |
| 1027 | DB11/T 1322.51—2018 | 安全生产等级评定技术规范　第51部分：旅行社 | 北京市文化和旅游局 | |
| 1028 | DB11/T 1322.52—2018 | 安全生产等级评定技术规范　第52部分：游泳场所 | 北京市体育局 | |
| 1029 | DB11/T 1322.53—2018 | 安全生产等级评定技术规范　第53部分：滑雪场所 | 北京市体育局 | |
| 1030 | DB11/T 1322.54—2018 | 安全生产等级评定技术规范　第54部分：潜水场所 | 北京市体育局 | |
| 1031 | DB11/T 1322.55—2018 | 安全生产等级评定技术规范　第55部分：攀岩场所 | 北京市体育局 | |
| 1032 | DB11/T 1322.56—2018 | 安全生产等级评定技术规范　第56部分：医疗卫生机构 | 北京市卫生健康委员会 | |
| 1033 | DB11/T 1322.57—2019 | 安全生产等级评定技术规范　第57部分：电子通信制造企业 | 北京市应急管理局 | （1）将规范性引用文件中的“GB 11651 个体防护装备选用规范”更新为“GB 39800.1 个体防护装备配备规范　第1部分：总则”、“GB 13495 消防安全标志”更新为“GB 13495.1 消防安全标志　第1部分：标志”、“GB 50494 城镇燃气技术规范”更新为“GB 55009 燃气工程项目规范”、“AQ 4201”更新为“WS 701”、“GA 1131”更新为“XF 1131”。 |

续表

| 序号 | 标准号 | 标准名称 | 行业主管部门 | 备注 |
|---|---|---|---|---|
| 1033 | DB11/T 1322.57—2019 | 安全生产等级评定技术规范　第57部分：电子通信制造企业 | 北京市应急管理局 | （2）将正文中的“GB 11651”更新为“GB 39800.1”、“GB 13495”更新为“GB 13495.1”、“GB 13955”更新为“GB/T 13955”、“GB 16754”更新为“GB/T 16754”、“GB 50494”更新为“GB 55009”、“AQ 4201”更新为“WS 701”、“GA 1131”更新为“XF 1131” |
| 1034 | DB11/T 1322.58—2018 | 安全生产等级评定技术规范　第58部分：社会旅馆 | 北京市文化和旅游局 | |
| 1035 | DB11/T 1322.59—2018 | 安全生产等级评定技术规范　第59部分：乡村旅游经营单位 | 北京市文化和旅游局 | |
| 1036 | DB11/T 1322.60—2018 | 安全生产等级评定技术规范　第60部分：交通基础设施养护企业 | 北京市交通委员会 | |
| 1037 | DB11/T 1322.61—2018 | 安全生产等级评定技术规范　第61部分：公路工程施工企业 | 北京市交通委员会 | |
| 1038 | DB11/T 1322.62—2019 | 安全生产等级评定技术规范　第62部分：供电企业 | 北京市城市管理委员会 | |
| 1039 | DB11/T 1322.63—2019 | 安全生产等级评定技术规范　第63部分：燃气和水力发电企业 | 北京市城市管理委员会 | |
| 1040 | DB11/T 1322.64—2019 | 安全生产等级评定技术规范第64部分：城镇供水厂 | 北京市水务局 | |
| 1041 | DB11/T 1322.65—2019 | 安全生产等级评定技术规范　第65部分：城镇污水处理厂（再生水厂） | 北京市水务局 | |
| 1042 | DB11/T 1322.66—2019 | 安全生产等级评定技术规范　第66部分：水利施工企业 | 北京市水务局 | |
| 1043 | DB11/T 1322.67—2019 | 安全生产等级评定技术规范　第67部分：农机专业合作社 | 北京市农业农村局 | |
| 1044 | DB11/T 1322.68—2019 | 安全生产等级评定技术规范　第68部分：设施蔬菜生产企业及专业合作社 | 北京市农业农村局 | |

续表

| 序号 | 标准号 | 标准名称 | 行业主管部门 | 备注 |
| --- | --- | --- | --- | --- |
| 1045 | DB11/T 1322.69—2019 | 安全生产等级评定技术规范 第69部分：畜禽养殖场 | 北京市农业农村局 | |
| 1046 | DB11/T 1322.70—2019 | 安全生产等级评定技术规范 第70部分：水产养殖企业 | 北京市农业农村局 | |
| 1047 | DB11/T 1322.71—2018 | 安全生产等级评定技术规范 第71部分：社会福利机构 | 北京市民政局 | |
| 1048 | DB11/T 1322.72—2019 | 安全生产等级评定技术规范 第72部分：饲料生产企业 | 北京市农业农村局 | |
| 1049 | DB11/T 1322.73—2019 | 安全生产等级评定技术规范 第73部分：畜禽定点屠宰企业 | 北京市农业农村局 | |
| 1050 | DB11/T 1322.74—2020 | 安全生产等级评定技术规范 第74部分：兽药生产企业 | 北京市农业农村局 | |
| 1051 | DB11/T 1322.75—2018 | 安全生产等级评定技术规范 第75部分：快递及邮政服务企业 | 北京市邮政管理局 | |
| 1052 | DB11/T 1322.76—2018 | 安全生产等级评定技术规范 第76部分：园林绿化施工单位 | 北京市园林绿化局 | |
| 1053 | DB11/T 1322.77—2018 | 安全生产等级评定技术规范 第77部分：公园风景名胜区 | 北京市园林绿化局 | |
| 1054 | DB11/T 1322.78—2018 | 安全生产等级评定技术规范 第78部分：野生动物养殖场所 | 北京市园林绿化局 | |
| 1055 | DB11/T 1322.79—2019 | 安全生产等级评定技术规范 第79部分：殡葬服务机构 | 北京市民政局 | |
| 1056 | DB11/T 1322.80—2019 | 安全生产等级评定技术规范 第80部分：粮食仓库 | 北京市粮食和物资储备局 | |
| 1057 | DB11/T 1322.81—2019 | 安全生产等级评定技术规范 第81部分：歌舞娱乐场所 | 北京市文化和旅游局 | |

续表

| 序号 | 标准号 | 标准名称 | 行业主管部门 | 备注 |
| --- | --- | --- | --- | --- |
| 1058 | DB11/T 1322.82—2019 | 安全生产等级评定技术规范　第 82 部分：营业性演出场所 | 北京市文化和旅游局 | |
| 1059 | DB11/T 1322.83—2019 | 安全生产等级评定技术规范　第 83 部分：电影放映场所 | 北京市应急管理局 | （1）将规范性引用文件中的“GB/T 29510 个体防护装备配备基本要求”更新为“GB 39800.1 个体防护装备配备规范　第 1 部分：总则”、“GA 654”更新为“XF 654”。<br>（2）将正文中的“GB/T 29510”更新为“GB 39800.1”、“GA 654”更新为“XF 654” |
| 1060 | DB11/T 1322.84—2019 | 安全生产等级评定技术规范　第 84 部分：出版物批发零售企业 | 北京市应急管理局 | |
| 1061 | DB11/T 1322.85—2019 | 安全生产等级评定技术规范　第 85 部分：地热矿泉水企业 | 北京市应急管理局 | （1）将规范性引用文件中的“GB/T 11651 个体防护装备选用规范”和“GB/T 29510 个体防护装备配备基本要求”更新为“GB 39800.1 个体防护装备配备规范　第 1 部分：总则”、“GB 16330 饮用天然矿泉水厂卫生规范”更新为“GB 19304 食品安全国家标准 包装饮用水生产卫生规范”、“GA 1131”更新为“XF 1131”。<br>（2）将正文中的“GB/T 11651”和“GB/T 29510”更新为“GB 39800.1”、“GB 16330”更新为“GB 19304”、“GA 1131”更新为“XF 1131” |
| 1062 | DB11/T 1322.86—2019 | 安全生产等级评定技术规范　第 86 部分：金属非金属矿产资源地质勘探单位 | 北京市应急管理局 | |
| 1063 | DB11/T 1322.87—2019 | 安全生产等级评定技术规范　第 87 部分：金属非金属矿山采掘施工企业 | 北京市应急管理局 | |

续表

| 序号 | 标准号 | 标准名称 | 行业主管部门 | 备注 |
|---|---|---|---|---|
| 1064 | DB11/T 1322.88—2019 | 安全生产等级评定技术规范　第88部分：石油钻井工程技术服务企业 | 北京市应急管理局 | （1）将规范性引用文件中的“GB/T 11651 个体防护装备选用规范”和“GB/T 29510 个体防护装备配备基本要求”更新为“GB 39800.1 个体防护装备配备规范 第1部分：总则”。（2）将正文中的“GB/T 11651”和“GB/T 29510”更新为“GB 39800.1” |
| 1065 | DB11/T 1322.89—2019 | 安全生产等级评定技术规范　第89部分：人民防空工程和普通地下室 | 北京市国防动员办公室 | |
| 1066 | DB11/T 1322.90—2020 | 安全生产等级评定技术规范　第90部分：化工企业 | 北京市应急管理局 | （1）将规范性引用文件中的“GA 1131”更新为“XF 1131”、“TSG 0001 锅炉安全技术监察规程”更新为“TSG 11 锅炉安全技术规程”。（2）将正文中的“GA 1131”更新为“XF 1131”、“TSG 001”更新为“TSG 11” |
| 1067 | DB11/T 1322.91—2021 | 安全生产等级评定技术规范　第91部分：综合管廊运营单位 | 北京市城市管理委员会 | |
| 1068 | DB11/T 1322.92—2022 | 安全生产等级评定技术规范　第92部分：商业零售经营单位 | 北京市应急管理局 | |
| 1069 | DB11/T 1323—2016 | 出租小客车计价器功能要求 | 北京市交通委员会 | |
| 1070 | DB11/T 1324—2016 | 放射诊疗建设项目职业病危害放射防护评价规范 | 北京市卫生健康委员会 | |
| 1071 | DB11/T 1325—2016 | 健康促进学校评定规范 | 北京市卫生健康委员会 | |
| 1072 | DB11/T 1326—2016 | 中小学校晨午检规范 | 北京市卫生健康委员会 | |
| 1073 | DB11/T 1327—2016 | 文物建筑修缮工程施工控制规范 | 北京市文物局 | |
| 1074 | DB11/T 1328—2016 | 饲料生产企业检验化验室技术规范 | 北京市农业农村局 | |

续表

| 序号 | 标准号 | 标准名称 | 行业主管部门 | 备注 |
|---|---|---|---|---|
| 1075 | DB11/T 1329—2023 | 肉鸽养殖技术规范 | 北京市农业农村局 | |
| 1076 | DB11/T 1330—2016 | 生物防治产品应用技术规程 大唼蜡甲 | 北京市园林绿化局 | |
| 1077 | DB11/T 1331—2016 | 梨密植早果高效栽培技术规程 | 北京市园林绿化局 | |
| 1078 | DB11/T 1332—2016 | 奶牛机械挤奶操作规范 | 北京市农业农村局 | |
| 1079 | DB11/T 1333—2016 | 体育生活化社区建设规范 | 北京市体育局 | |
| 1080 | DB11/T 1334—2016 | 高等学校合理用能指南 | 北京市发展和改革委员会 | |
| 1081 | DB11/T 1335—2016 | 体育场馆合理用能指南 | 北京市发展和改革委员会 | |
| 1082 | DB11/T 1336—2016 | 文化场馆合理用能指南 | 北京市发展和改革委员会 | |
| 1083 | DB11/T 1337—2016 | 政府机关合理用能指南 | 北京市发展和改革委员会 | |
| 1084 | DB11/T 1338—2016 | 医院合理用能指南 | 北京市发展和改革委员会 | |
| 1085 | DB11/ 1339—2016 | 住宅区及住宅管线综合设计标准 | 北京市规划和自然资源委员会 | 将引用标准名录中的“《民用建筑电气设计规范》JGJ16”更新为“《民用建筑电气设计标准》GB 51348” |
| 1086 | DB11/T 1340—2022 | 居住建筑节能工程施工质量验收规程 | 北京市住房和城乡建设委员会 | |
| 1087 | DB11/T 1341—2016 | 城市地下交通联系隧道施工技术规程 | 北京市住房和城乡建设委员会 | （1）将正文 5.4.3-1 中的“《超长大体积混凝土结构跳仓法技术规程》DB11/T 1200—2015”更新为“《超长大体积混凝土结构跳仓法技术规程》DB11/T 1200”。<br>（2）将附录 A.1.1 中的“《建筑工程资料管理规程》DB11/T 695—2009”更新为“《建筑工程资料管理规程》DB11/T 695”，“《市政基础设施工程资料管理规程》DB11/T 808—2011”更新为“《市政基础设施工程资料管理规程》DB11/T 808”。 |

续表

| 序号 | 标准号 | 标准名称 | 行业主管部门 | 备注 |
|---|---|---|---|---|
| 1087 | DB11/T 1341—2016 | 城市地下交通联系隧道施工技术规程 | 北京市住房和城乡建设委员会 | (3)将附录B.1中的“《市政基础设施工程资料管理规程》DB11/T 808—2011表C7-1-2”更新为“《市政基础设施工程资料管理规程》DB11/T 808”；将附录B.2中的“《城镇道路工程施工质量检验标准》DBJ 01-11”更新为“《城市道路工程施工质量检验标准》DB11/T 1073”；“《市政基础设施工程资料管理规程》DB11/T 808—2011 表C7-1-2”更新为“《市政基础设施工程资料管理规程》DB11/T 808”；“《建筑工程资料管理规程》DB11/T 695—2009表C7-4”更新为“《建筑工程资料管理规程》DB11/T 695”；将附录B.4中的“《市政基础设施工程资料管理规程》DB11/T 808—2011表C7-1-2”更新为“《市政基础设施工程资料管理规程》DB11/T 808”；将附录B.5中的“《建筑工程资料管理规程》DB11/T 695—2009表C7-4”更新为“《建筑工程资料管理规程》DB11/T 695” |
| 1088 | DB11/T 1342—2016 | 玻璃纤维增强筋支护技术规程 | 北京市住房和城乡建设委员会 | |
| 1089 | DB11/T 1343—2016 | 建筑内外墙涂料施工及验收规程 | 北京市住房和城乡建设委员会 | |
| 1090 | DB11/T 1344—2016 | 信息安全等级保护检查规范 | 北京市公安局 | |
| 1091 | DB11/T 1345—2016 | 城市轨道交通运营设备维修管理规范 | 北京市交通委员会 | |
| 1092 | DB11/T 1346—2016 | 工业企业清洁生产审核物料平衡技术导则 | 北京市经济和信息化局 | |
| 1093 | DB11/T 1347—2016 | 地下管线周边土体病害评估防治规范 | 北京市城市管理委员会 | |
| 1094 | DB11/T 1348—2016 | 天然气环卫作业车辆运行管理技术要求 | 北京市城市管理委员会 | |

续表

| 序号 | 标准号 | 标准名称 | 行业主管部门 | 备注 |
|---|---|---|---|---|
| 1095 | DB11/T 1349—2016 | 城市照明节能管理规程 | 北京市城市管理委员会 | |
| 1096 | DB11/T 1350—2016 | 文物建筑修缮工程验收规范 | 北京市文物局 | |
| 1097 | DB11/T 1351—2016 | 林木采种基地建设技术规程 | 北京市园林绿化局 | |
| 1098 | DB11/T 1352—2023 | 主要花坛花卉种苗生产技术规程 | 北京市园林绿化局 | |
| 1099 | DB11/T 1353—2016 | 养老机构图形符号与标志使用及设置规范 | 北京市民政局 | |
| 1100 | DB11/T 1355—2016 | 低温作业和冷水作业职业卫生技术规范 | 北京市卫生健康委员会 | |
| 1101 | DB11/T 1356—2016 | 金属制品业职业卫生技术规范 | 北京市卫生健康委员会 | （1）将规范性引用文件中的“GB/T 11651 个体防护装备选用规范”和“GB/T 29510 个体防护装备配备基本要求”更新为“GB 39800.1 个体防护装备配备规范　第1部分：总则”、“AQ 4214”更新为“WS 706”。（2）将正文中的“GB/T 11651”、“GB/T 29510”更新为“GB 39800.1”、“AQ 4214”更新为“WS 706” |
| 1102 | DB11/T 1357—2016 | 综合档案馆档案数字资源管理规范 | 中共北京市委办公厅（北京市档案局） | |
| 1103 | DB11/T 1358—2016 | 黄栌景观林养护技术规程 | 北京市园林绿化局 | |
| 1104 | DB11/T 1359—2016 | 平原生态公益林养护技术导则 | 北京市园林绿化局 | |
| 1105 | DB11/T 1360—2016 | 农业机械作业规范　自走式小麦联合收割机 | 北京市农业农村局 | |
| 1106 | DB11/T 1361—2016 | 农业机械作业规范　自走式玉米收获机 | 北京市农业农村局 | |
| 1107 | DB11/T 1362—2023 | 地名规划编制标准 | 北京市规划和自然资源委员会 | |
| 1108 | DB11/T 1363—2016 | 塑料排（蓄）水板施工技术规程 | 北京市住房和城乡建设委员会 | |
| 1109 | DB11/T 1364—2016 | 预拌砂浆清洁生产技术规程 | 北京市住房和城乡建设委员会 | |

续表

| 序号 | 标准号 | 标准名称 | 行业主管部门 | 备注 |
|---|---|---|---|---|
| 1110 | DB11/T 1365—2023 | 公共租赁住房建设标准 | 北京市住房和城乡建设委员会 | |
| 1111 | DB11/T 1366—2016 | 可拆除锚杆技术规程 | 北京市住房和城乡建设委员会 | |
| 1112 | DB11/T 1367—2016 | 固定污染源废气　甲烷/总烃/非甲烷总烃的测定　便携式氢火焰离子化检测器法 | 北京市生态环境局 | |
| 1113 | DB11/T 1368—2016 | 实验室危险废物污染防治技术规范 | 北京市生态环境局 | |
| 1114 | DB11/T 1369—2016 | 低碳经济开发区评价技术导则 | 北京市生态环境局 | |
| 1115 | DB11/T 1370—2016 | 低碳企业评价技术导则 | 北京市生态环境局 | |
| 1116 | DB11/T 1371—2016 | 低碳社区评价技术导则 | 北京市生态环境局 | |
| 1117 | DB11/T 1372—2016 | 自然灾害和事故灾难类预警信息发布流程 | 北京市气象局 | |
| 1118 | DB11/T 1373—2016 | 沥青路面抗车辙技术规范 | 北京市交通委员会 | |
| 1119 | DB11/T 1374—2016 | 公路动态车辆称重设备技术要求及检验方法 | 北京市交通委员会 | |
| 1120 | DB11/T 1375—2021 | 街巷环境卫生质量要求 | 北京市城市管理委员会 | |
| 1121 | DB11/T 1376—2016 | 农村生活污水人工湿地处理工程技术规范 | 北京市水务局 | |
| 1122 | DB11/T 1377.1—2016 | 残障儿童康复机构服务规范　第1部分：通则 | 北京市残疾人联合会 | |
| 1123 | DB11/T 1377.2—2016 | 残障儿童康复机构服务规范　第2部分：孤独症儿童康复机构 | 北京市残疾人联合会 | |
| 1124 | DB11/T 1377.3—2016 | 残障儿童康复机构服务规范　第3部分：听障儿童康复机构 | 北京市残疾人联合会 | |
| 1125 | DB11/T 1378—2023 | 北京油鸡饲养管理技术规程 | 北京市农业农村局 | |
| 1126 | DB11/T 1379—2016 | 花卉产品等级　观赏蕨种苗及盆栽产品 | 北京市园林绿化局 | |
| 1127 | DB11/T 1380—2016 | 观赏荷花栽培技术规程 | 北京市园林绿化局 | |
| 1128 | DB11/T 1381—2016 | 葡萄设施栽培技术规程 | 北京市园林绿化局 | |

续表

| 序号 | 标准号 | 标准名称 | 行业主管部门 | 备注 |
| --- | --- | --- | --- | --- |
| 1129 | DB11/T 1382—2022 | 空气源热泵系统应用技术规程 | 北京市住房和城乡建设委员会 | |
| 1130 | DB11/T 1383—2016 | 外墙外保温防火隔离带技术规程 | 北京市住房和城乡建设委员会 | |
| 1131 | DB11/T 1384—2016 | 室内钢索支吊架施工规程 | 北京市住房和城乡建设委员会 | |
| 1132 | DB11/ 1385—2017 | 有机化学品制造业大气污染物排放标准 | 北京市生态环境局 | |
| 1133 | DB11/T 1386—2017 | 建筑垃圾再生骨料能源消耗限额 | 北京市城市管理委员会 | |
| 1134 | DB11/T 1387—2017 | 小型液化天然气瓶（组）供气系统技术规范 | 北京市城市管理委员会 | |
| 1135 | DB11/T 1388—2017 | 通断时间面积法供热计量系统技术规范 | 北京市城市管理委员会 | （1）将规范性引用文件及正文中的“GB/T 4208—2008”更新为“GB/T 4208—2017”、“GB/T 13927—2008”更新为“GB/T 13927—2022”。（2）将规范性引用文件中的“GB/T 14536.1—2008 家用和类似用途电自动控制器　第1部分：通用要求”更新为“GB/T 14536.1—2022 电自动控制器　第1部分：通用要求”，将正文中的“GB 14536.1—2008”更新为“GB 14536.1—2022” |
| 1136 | DB11/T 1389—2017 | 供热计量系统监控管理数据项及编码规范 | 北京市城市管理委员会 | |
| 1137 | DB11/T 1390.1—2017 | 环卫车辆功能要求　第1部分：生活垃圾运输车辆 | 北京市城市管理委员会 | |
| 1138 | DB11/T 1390.2—2017 | 环卫车辆功能要求　第2部分：粪便运输车辆 | 北京市城市管理委员会 | |
| 1139 | DB11/T 1390.3—2017 | 环卫车辆功能要求　第3部分：餐厨垃圾运输车辆 | 北京市城市管理委员会 | |
| 1140 | DB11/T 1390.4—2018 | 环卫车辆功能要求　第4部分：餐厨废弃油脂运输车辆 | 北京市城市管理委员会 | |
| 1141 | DB11/T 1393—2017 | 大型活动志愿服务管理规范 | 共青团北京市委员会 | |

续表

| 序号 | 标准号 | 标准名称 | 行业主管部门 | 备注 |
|---|---|---|---|---|
| 1142 | DB11/T 1394—2017 | 生猪养殖场粪便处理技术要求 | 北京市农业农村局 | |
| 1143 | DB11/T 1395—2017 | 畜禽场消毒技术规范 | 北京市农业农村局 | |
| 1144 | DB11/T 1397—2017 | 鱼类口服抗菌药物选用技术规程 | 北京市农业农村局 | |
| 1145 | DB11/T 1398—2017 | 丁香繁殖与栽培技术规程 | 北京市园林绿化局 | |
| 1146 | DB11/T 1399—2017 | 城市道路与管线地下病害探测及评价技术规范 | 北京市规划和自然资源委员会 | |
| 1147 | DB11/T 1400—2017 | 危险化学品常压储罐安全管理规范 | 北京市应急管理局 | |
| 1148 | DB11/T 1401—2017 | 太阳能光伏发电系统数据采集及传输系统技术条件 | 北京市发展和改革委员会 | |
| 1149 | DB11/T 1402—2017 | 太阳能光伏在线监测系统接入规范 | 北京市发展和改革委员会 | |
| 1150 | DB11/T 1403—2017 | 火葬场二噁英类污染防治技术规范 | 北京市生态环境局 | |
| 1151 | DB11/T 1404—2017 | 高等学校低碳校园评价技术导则 | 北京市生态环境局 | |
| 1152 | DB11/T 1405—2017 | 清洁生产评价指标体系 肉制品加工业 | 北京市发展和改革委员会 | |
| 1153 | DB11/T 1406—2017 | 农业企业清洁生产审核报告编制技术规范 | 北京市发展和改革委员会 | |
| 1154 | DB11/T 1407—2017 | 农业企业清洁生产审核技术通则 | 北京市发展和改革委员会 | |
| 1155 | DB11/T 1408—2017 | 用能单位能源计量器具现场评价导则 | 北京市发展和改革委员会 | |
| 1156 | DB11/T 1409—2017 | 能源计量数据采集系统数据传输协议 | 北京市发展和改革委员会 | |
| 1157 | DB11/T 1410—2017 | 宾馆饭店单位综合能源消耗限额 | 北京市发展和改革委员会 | |

续表

| 序号 | 标准号 | 标准名称 | 行业主管部门 | 备注 |
| --- | --- | --- | --- | --- |
| 1158 | DB11/T 1411—2017 | 节能监测服务平台建设规范 | 北京市发展和改革委员会 | (1)将规范性引用文件中的"GB 9254 信息技术设备的无线电骚扰限值和测量方法"更新为"GB/T 9254.1 信息技术设备、多媒体设备和接收机　电磁兼容　第 1 部分：发射要求"、"DB11/T 976—2013 用能单位能效对标指南"更新为"DB11/T 1557 能效对标实施规范"。<br>(2)将正文中的"GB 9254"更新为"GB/T 9254.1"、"DB11/T 976—2013"更新为"DB11/T 1557" |
| 1159 | DB11/T 1412—2017 | 区域规划节能评估技术规范 | 北京市发展和改革委员会 | |
| 1160 | DB11/T 1413—2023 | 民用建筑能耗标准 | 北京市住房和城乡建设委员会 | |
| 1161 | DB11/T 1414—2017 | 清洁生产方案产生与效益计算技术要求 | 北京市发展和改革委员会 | |
| 1162 | DB11/T 1415—2017 | 清洁生产绩效验收技术要求 | 北京市发展和改革委员会 | |
| 1163 | DB11/T 1416—2017 | 温室气体排放核算指南 生活垃圾焚烧企业 | 北京市生态环境局 | |
| 1164 | DB11/T 1417—2017 | 用能单位能源计量数据采集终端设备技术要求 | 北京市发展和改革委员会 | |
| 1165 | DB11/T 1418—2017 | 低碳产品评价技术通则 | 北京市生态环境局 | |
| 1166 | DB11/T 1419—2017 | 通用用能设备碳排放评价技术规范 | 北京市生态环境局 | |
| 1167 | DB11/T 1420—2017 | 低碳建筑(运行)评价技术导则 | 北京市生态环境局 | |
| 1168 | DB11/T 1421—2017 | 温室气体排放核算指南　设施农业企业 | 北京市生态环境局 | |
| 1169 | DB11/T 1422—2017 | 温室气体排放核算指南　畜牧养殖企业 | 北京市生态环境局 | |
| 1170 | DB11/T 1423—2017 | 低碳小城镇评价技术导则 | 北京市生态环境局 | |
| 1171 | DB11/T 1424—2017 | 信息化项目软件运维费用测算规范 | 北京市经济和信息化局 | |

续表

| 序号 | 标准号 | 标准名称 | 行业主管部门 | 备注 |
|---|---|---|---|---|
| 1172 | DB11/T 1425—2017 | 信息技术 软件项目测量元 | 北京市经济和信息化局 | |
| 1173 | DB11/T 1426—2017 | 汽车维修业污染防治技术规范 | 北京市生态环境局 | |
| 1174 | DB11/T 1428—2023 | 城镇污水处理厂污泥处理能源消耗限额 | 北京市水务局 | |
| 1175 | DB11/T 1429—2017 | 动物养殖场消毒效果评价规范 | 北京市农业农村局 | |
| 1176 | DB11/T 1430—2017 | 古树名木雷电防护技术规范 | 北京市园林绿化局 | |
| 1177 | DB11/T 1431—2017 | 桃树根癌病综合防治技术规程 | 北京市园林绿化局 | |
| 1178 | DB11/T 1432—2017 | 生物防治产品应用技术规程 舞毒蛾核型多角体病毒 | 北京市园林绿化局 | |
| 1179 | DB11/T 1433—2017 | 栾树育苗技术规程 | 北京市园林绿化局 | |
| 1180 | DB11/T 1434—2017 | 园林地被建植与管理技术规程 | 北京市园林绿化局 | |
| 1181 | DB11/T 1435—2017 | 园林给排水分项工程施工工艺规程 | 北京市园林绿化局 | |
| 1182 | DB11/T 1436—2022 | 海绵城市集雨型绿地工程设计规范 | 北京市园林绿化局 | |
| 1183 | DB11/T 1437—2017 | 森林固碳增汇经营技术规程 | 北京市园林绿化局 | |
| 1184 | DB11/T 1438—2017 | 地理标志产品 北寨红杏 | 北京市知识产权局 | |
| 1185 | DB11/T 1439—2017 | 建筑智能化系统工程设计规范 | 北京市规划和自然资源委员会 | （1）将正文 9.6.2 中的“同轴电缆应满足现行行业标准《有线电视系统物理发泡聚乙烯绝缘同轴电缆入网技术条件和测量方法》GY/T 135 和《有线电视系统竹节式聚乙烯绝缘同轴电缆入网技术条件和测量方法》GY/T 136 的要求”更新为“同轴电缆应满足现行行业标准《有线电视系统物理发泡聚乙烯绝缘同轴电缆入网技术条件和测量方法》GY/T 135 的要求”。 |

续表

| 序号 | 标准号 | 标准名称 | 行业主管部门 | 备注 |
|---|---|---|---|---|
| 1185 | DB11/T 1439—2017 | 建筑智能化系统工程设计规范 | 北京市规划和自然资源委员会 | （2）将正文 9.12.1，10.1.1，14.2.9，18.1.1 中的“《民用建筑电气设计规范》JGJ16”更新为“《民用建筑电气设计标准》GB 51348”。<br>（3）将正文 18.3.2 第 9 款中的“应满足《通信管道与通道工程设计规范》GB 50373—2006 第 3.0.3、6.0.1、6.0.2 条等规定”更新为“应满足《通信管道与通道工程设计标准》GB 50373 的规定”。<br>（4）将引用标准目录中的“《民用建筑电气设计规范》JGJ16”更新为“《民用建筑电气设计标准》GB 51348”。<br>（5）将条文说明 17.4.1 中的“《民用建筑电气设计规范》JGJ16”更新为“《民用建筑电气设计标准》GB 51348”。<br>（6）将条文说明 20.1.5 中的“《低压电气装置第 4-44 部分：安全防护 - 电压骚扰和电磁骚扰的防护》（GB 16895.10—2010/IEC 60364—4-44：2007）”更新为“《低压电气装置第 4-44 部分：安全防护 - 电压骚扰和电磁骚扰防护》（GB 16895.10）” |
| 1186 | DB11/T 1440—2017 | 市政基础设施专业规划负荷计算标准 | 北京市规划和自然资源委员会 | |
| 1187 | DB11/T 1441—2017 | 地理国情信息内容与指标 | 北京市规划和自然资源委员会 | |
| 1188 | DB11/T 1442—2017 | 地理国情信息内业采集与编辑技术规程 | 北京市规划和自然资源委员会 | |
| 1189 | DB11/T 1443—2017 | 地理国情信息外业调查与核查技术规程 | 北京市规划和自然资源委员会 | |
| 1190 | DB11/ 1444—2017 | 城市轨道交通隧道工程注浆技术规程 | 北京市住房和城乡建设委员会 | |
| 1191 | DB11/T 1445—2017 | 民用建筑工程室内环境污染控制规程 | 北京市住房和城乡建设委员会 | |

续表

| 序号 | 标准号 | 标准名称 | 行业主管部门 | 备注 |
|---|---|---|---|---|
| 1192 | DB11/T 1446—2017 | 回弹法、超声回弹综合法检测泵送混凝土抗压强度技术规程 | 北京市住房和城乡建设委员会 | |
| 1193 | DB11/T 1447—2017 | 建筑预制构件接缝密封防水施工技术规程 | 北京市住房和城乡建设委员会 | (1)将引用标准名录中的“GB/T 13477.3—2002”更新为“GB/T 13477.3—2017”、“GB/T 16422.2—2014”更新为“GB/T 16422—2022”。(2)将正文4.0.1续表1中的挤出性试验方法“GB/T 13477.3—2002第7.2条”更新为“GB/T 13477.3—2017第8.2条”、4.0.1续表1中的适用期试验方法“GB/T 13477.3—2002第7.3条”更新为“GB/T 13477.3—2017第8.3条”、A.0.3中第2条“GB/T 16422.2—2014中第4.2条的规定。”更新为“GB/T 16422.2—2022中第5.2条的规定”、A.0.3中第3条“GB/T 16422.2—2014中第4.3名的规定”更新为“GB/T 16422.2—2022中第5.3名的规定”、A.0.3中第4条“GB/T 16422.2—2014中第4.4条的规定”更新为“GB/T 16422.2—2022中第5.4条的规定”、A.0.3中第5条“GB/T 16422.2—2014中第4.5条的规定”更新为“GB/T 16422.2—2022中第5.5条的规定” |
| 1194 | DB11/T 1448—2017 | 城市轨道交通工程资料管理规程 | 北京市住房和城乡建设委员会 | |
| 1195 | DB11/T 1449—2017 | 铝合金阻隔防爆材料清洗安全技术规范 | 北京市应急管理局 | |
| 1196 | DB11/ 1450—2017 | 管道燃气用户安全巡检技术规程 | 北京市城市管理委员会 | |
| 1197 | DB11/T 1451—2017 | 地下管线现状及竣工数据汇交标准 | 北京市规划和自然资源委员会 | |
| 1198 | DB11/T 1452—2017 | 地下管线数据库建设标准 | 北京市规划和自然资源委员会 | |

续表

| 序号 | 标准号 | 标准名称 | 行业主管部门 | 备注 |
| --- | --- | --- | --- | --- |
| 1199 | DB11/T 1453—2017 | 地下管线信息管理技术规程 | 北京市规划和自然资源委员会 | |
| 1200 | DB11/T 1455—2017 | 电动汽车充电基础设施规划设计标准 | 北京市规划和自然资源委员会 | (1)将引用标准名录中的“《民用建筑电气设计规范》JGJ 16”更新为“《民用建筑电气设计标准》GB 51348”。(2)将条文说明 4.3.3 中的“《汽车加油加气站设计与施工规范》GB 50156—2012”更新为“《汽车加油加气加氢站技术标准》GB 50156”、“11.3 充电设施”更新为“13.3 充电设施” |
| 1201 | DB11/T 1456—2017 | 热电联产(燃气)单位产品能源消耗限额 | 北京市经济和信息化局 | |
| 1202 | DB11/T 1457—2017 | 实验动物运输规范 | 北京市科学技术委员会、中关村科技园区管理委员会 | |
| 1203 | DB11/T 1458—2017 | 实验动物生产与实验安全管理技术规范 | 北京市科学技术委员会、中关村科技园区管理委员会 | (1)将规范性引用文件中的“GB 14922.2 实验动物微生物学等级及监测”更新为“GB 14922 实验动物微生物、寄生虫学等级及监测”、“GB 19258 紫外线杀菌灯”更新为“ GB 28235 紫外线消毒器卫生要求”。(2)将正文 17.4 部分“使用紫外线消毒时，紫外线空气消毒器的安装、使用、检验应符合 GB 28235 和 GB 19258 的要求”更新为“使用紫外线消毒时，紫外线空气消毒器的安装、使用、检验应符合 GB 28235 的要求” |
| 1204 | DB11/T 1466—2017 | 社区管理与服务规范 | 北京市民政局、中共北京市委组织部 | |
| 1205 | DB11/T 1467—2017 | 农产品质量安全快速检测实验室基本要求 | 北京市农业农村局 | |
| 1206 | DB11/T 1468.1—2017 | 农用机井智能计量设施规范　第 1 部分 安装 | 北京市水务局 | |
| 1207 | DB11/T 1468.2—2017 | 农用机井智能计量设施规范　第 2 部分 现场校验 | 北京市水务局 | |

续表

| 序号 | 标准号 | 标准名称 | 行业主管部门 | 备注 |
|---|---|---|---|---|
| 1208 | DB11/T 1468.3—2017 | 农用机井智能计量设施规范　第3部分 远程监测和评价 | 北京市水务局 | |
| 1209 | DB11/T 1469—2017 | 建设工程施工现场安全防护、场容卫生及消防保卫标准　第2部分：防护设施 | 北京市住房和城乡建设委员会 | |
| 1210 | DB11/T 1470—2022 | 钢筋套筒灌浆连接技术规程 | 北京市住房和城乡建设委员会 | |
| 1211 | DB11/T 1471—2017 | 高等学校碳排放管理规范 | 北京市教育委员会 | |
| 1212 | DB11/T 1472—2017 | 安防监控中心值机服务规范 | 北京市公安局 | |
| 1213 | DB11/T 1473—2017 | 文物建筑安全监测规范 | 北京市文物局 | |
| 1214 | DB11/T 1474—2017 | 水源保护林改造技术规程 | 北京市园林绿化局 | |
| 1215 | DB11/ 1475—2017 | 重型汽车排气污染物排放限值及测量方法（OBD法第IV、V阶段） | 北京市生态环境局 | |
| 1216 | DB11/ 1476—2017 | 重型车氮氧化物快速检测方法及排放限值 | 北京市生态环境局 | |
| 1217 | DB11/T 1477—2017 | 供热管网改造技术规程 | 北京市城市管理委员会 | |
| 1218 | DB11/T 1478—2017 | 生产经营单位安全生产风险评估规范 | 北京市应急管理局 | |
| 1219 | DB11/T 1479—2017 | 人员密集场所应急疏散演练导则 | 北京市应急管理局 | |
| 1220 | DB11/T 1480—2017 | 生产安全事故应急避难场所分级管理规范 | 北京市应急管理局 | |
| 1221 | DB11/T 1481—2017 | 生产经营单位生产安全事故应急预案评审规范 | 北京市应急管理局 | |
| 1222 | DB11/T 1482—2017 | 城市轨道交通综合救援应用技术规范 | 北京市消防救援总队 | |
| 1223 | DB11/T 1483—2017 | 小型消防站建设规范 | 北京市消防救援总队 | |
| 1224 | DB11/T 1484—2017 | 固定污染源废气挥发性有机物监测技术规范 | 北京市生态环境局 | （1）将规范性引用文件中的“HJ/T 39 固定污染源排气中氯苯类的测定气相色谱法”更新为“HJ 1079 固定污染源废气　氯苯类化合物的测定　气相色谱法”。<br>（2）将附录B中的“HJ/T 39”更新为“HJ 1079” |

续表

| 序号 | 标准号 | 标准名称 | 行业主管部门 | 备注 |
|---|---|---|---|---|
| 1225 | DB11/T 1485—2017 | 餐饮业　颗粒物的测定　手工称重法 | 北京市生态环境局 | |
| 1226 | DB11/T 1486—2017 | 轨道交通节能技术规范 | 北京市交通委员会 | |
| 1227 | DB11/T 1487—2017 | 营运货车能源计量器具功能及数据采集规范 | 北京市交通委员会 | |
| 1228 | DB11/ 1488—2018 | 餐饮业大气污染物排放标准 | 北京市生态环境局 | |
| 1229 | DB11/T 1489—2017 | 中医药文化旅游基地设施与服务要求 | 北京市文化和旅游局 | |
| 1230 | DB11/T 1490—2017 | 人民防空工程防护设备安装工程验收技术规程 | 北京市国防动员办公室 | |
| 1231 | DB11/T 1492—2017 | 城镇排水管道结构等级评定 | 北京市水务局 | |
| 1232 | DB11/T 1493—2017 | 城镇道路雨水口技术规范 | 北京市水务局 | |
| 1233 | DB11/T 1494—2017 | 城镇二次供水技术规程 | 北京市水务局 | |
| 1234 | DB11/T 1495—2017 | 村庄生活污水收集与处理技术规程 | 北京市水务局 | |
| 1235 | DB11/T 1496—2017 | 健康体检服务规范 | 北京市卫生健康委员会 | |
| 1236 | DB11/T 1497—2017 | 学校及托幼机构饮水设备使用维护规范 | 北京市卫生健康委员会 | |
| 1237 | DB11/T 1498—2017 | 卫生应急样本采集技术规范 | 北京市卫生健康委员会 | |
| 1238 | DB11/T 1499—2017 | 节水型苗圃建设规范 | 北京市园林绿化局 | |
| 1239 | DB11/T 1500—2017 | 自然保护区建设和管理规范 | 北京市园林绿化局 | |
| 1240 | DB11/T 1501—2017 | 平原森林节水保育技术规程 | 北京市园林绿化局 | |
| 1241 | DB11/T 1502—2017 | 节水型林地、绿地建设规程 | 北京市园林绿化局 | |
| 1242 | DB11/T 1503—2017 | 湿地生态质量评估规范 | 北京市园林绿化局 | |
| 1243 | DB11/T 1504—2017 | 特种设备作业人员培训机构服务规范 | 北京市市场监督管理局 | |
| 1244 | DB11/ 1505—2022 | 城市综合管廊工程设计规范 | 北京市规划和自然资源委员会 | |
| 1245 | DB11/T 1506—2017 | 盾构始发与接收切割玻璃纤维筋混凝土围护结构技术规程 | 北京市住房和城乡建设委员会 | |
| 1246 | DB11/T 1507—2017 | 多层建筑单排配筋混凝土剪力墙结构技术规程 | 北京市住房和城乡建设委员会 | 将引用标准名录及正文中的“DB11/T 803 再生混凝土结构设计规程”更新为“JGJ/T 443 再生混凝土结构技术标准” |

续表

| 序号 | 标准号 | 标准名称 | 行业主管部门 | 备注 |
|---|---|---|---|---|
| 1247 | DB11/T 1508—2017 | 非固化橡胶沥青防水涂料施工技术规程 | 北京市住房和城乡建设委员会 | |
| 1248 | DB11/T 1509—2018 | 公路工程设计导则 | 北京市交通委员会 | |
| 1249 | DB11/T 1510—2018 | 城市轨道交通运营线路安全评价规范 | 北京市交通委员会 | |
| 1250 | DB11/T 1512—2018 | 园林绿化废弃物资源化利用规范 | 北京市园林绿化局 | |
| 1251 | DB11/T 1513—2018 | 城市绿地鸟类栖息地营造及恢复技术规范 | 北京市园林绿化局 | |
| 1252 | DB11/T 1514—2018 | 低效果园改造技术规范 | 北京市园林绿化局 | |
| 1253 | DB11/T 1515—2018 | 养老服务驿站设施设备配置规范 | 北京市民政局 | |
| 1254 | DB11/T 1516—2018 | 古建筑类博物馆合理用能指南 | 北京市文物局 | |
| 1255 | DB11/T 1517—2018 | 博物馆服务规范 | 北京市文物局 | |
| 1256 | DB11/T 1518—2018 | 人民防空工程战时通风系统验收技术规程 | 北京市国防动员办公室 | |
| 1257 | DB11/T 1519—2018 | 清洁生产评价指标体系　啤酒制造业 | 北京市经济和信息化局 | |
| 1258 | DB11/T 1520—2022 | 在用电梯安全风险评估规范 | 北京市市场监督管理局 | |
| 1259 | DB11/T 1521—2018 | 焊接绝热气瓶定期检验与评定 | 北京市市场监督管理局 | |
| 1260 | DB11/T 1522—2018 | 群体伤院内检伤标识应用规范 | 北京市卫生健康委员会 | |
| 1261 | DB11/T 1523—2018 | 疫苗流通管理基本数据集 | 北京市卫生健康委员会 | |
| 1262 | DB11/T 1524—2018 | 地质灾害治理工程实施技术规范 | 北京市规划和自然资源委员会 | |
| 1263 | DB11/T 1525—2018 | 居住建筑新风系统技术规程 | 北京市住房和城乡建设委员会 | |
| 1264 | DB11/T 1526—2018 | 地下连续墙施工技术规程 | 北京市住房和城乡建设委员会 | |
| 1265 | DB11/T 1527—2018 | 预拌砂浆单位产品综合能源消耗限额 | 北京市住房和城乡建设委员会 | |

续表

| 序号 | 标准号 | 标准名称 | 行业主管部门 | 备注 |
| --- | --- | --- | --- | --- |
| 1266 | DB11/T 1529—2018 | 油品运输罐泄漏应急处置规范 | 北京市应急管理局 | (1)将规范性引用文件中的“GB/T 11651 个体防护装备选用规范”更新为“GB 39800.1 个体防护装备配备规范　第1部分：总则、GB 39800.2 个体防护装备配备规范　第2部分：石油、化工、天然气”。<br>(2)将正文中的“GB/T 11651”更新为“GB 39800.1 和 GB 39800.2” |
| 1267 | DB11/T 1530—2018 | 危险化学品气瓶追溯技术规范 | 北京市应急管理局 | |
| 1268 | DB11/T 1531—2018 | 园区低碳运行管理通则 | 北京市生态环境局 | |
| 1269 | DB11/T 1532—2018 | 社区低碳运行管理通则 | 北京市生态环境局 | |
| 1270 | DB11/T 1533—2018 | 企业低碳运行管理通则 | 北京市生态环境局 | |
| 1271 | DB11/T 1534—2018 | 建筑低碳运行管理通则 | 北京市生态环境局 | |
| 1272 | DB11/T 1535—2018 | 供热管网节能监测 | 北京市发展和改革委员会 | |
| 1273 | DB11/T 1536—2018 | 水泵节能监测 | 北京市发展和改革委员会 | |
| 1274 | DB11/T 1537—2018 | 风机节能监测 | 北京市发展和改革委员会 | |
| 1275 | DB11/T 1538—2018 | 分体式空气调节器节能监测 | 北京市发展和改革委员会 | |
| 1276 | DB11/T 1541—2018 | 绿色住宿企业评价规范 | 北京市文化和旅游局 | (1)将规范性引用文件中的“GB 12021.3”更新为“GB 21455”、“DB11/ 554.11 公共生活取水定额第11部分：星级以下宾馆”更新为“DB11/T 1764.25 用水定额第25部分：宾馆和乡村民宿”。<br>(2)将正文中的“GB 12021.3”更新为“GB 21455”，5.1.2 中“星级饭店取水量指标达到 DB11/T 1260—2015 中Ⅱ级及以上基准值要求，星级以下宾馆和社会旅馆等住宿企业取水量指标满足 DB11/ 554.11 取水定额要求”更新为“宾馆用水量指标达到 DB11/T 1764.25 用水定额要求” |

续表

| 序号 | 标准号 | 标准名称 | 行业主管部门 | 备注 |
|---|---|---|---|---|
| 1277 | DB11/T 1542—2018 | 营运客车能源计量器具检测规范 | 北京市市场监督管理局 | |
| 1278 | DB11/T 1543—2018 | 环境监测机构监测质量管理技术规范 | 北京市生态环境局 | （1）将规范性引用文件中“HJ/T 91 地表水和污水监测技术规范”更新为“HJ 91.1 污水监测技术规范”和“HJ 91.2 地表水环境质量监测技术规范”。（2）将正文 5.1.2.1 和 5.2.1 中的“HJ/T 91”更新为“HJ 91.1、HJ 91.2” |
| 1279 | DB11/T 1544—2018 | 清洁生产评价指标体系　集成电路制造业 | 北京市经济和信息化局 | |
| 1280 | DB11/T 1545—2018 | 机构编制基础数据规范 | 中共北京市委机构编制委员会办公室 | |
| 1281 | DB11/T 1546—2018 | 自动气象站数据交换格式规范 | 北京市气象局 | |
| 1282 | DB11/T 1547—2018 | 主要林木害虫监测调查技术规程 | 北京市园林绿化局 | |
| 1283 | DB11/T 1548—2018 | 朱顶红栽培技术规程 | 北京市园林绿化局 | |
| 1284 | DB11/T 1549—2018 | 养老机构康复辅助器具配置基本要求 | 北京市民政局 | |
| 1285 | DB11/T 1550—2018 | 残疾人社区康复站服务规范 | 北京市残疾人联合会 | |
| 1286 | DB11/T 1551—2018 | 城市综合客运枢纽服务管理规范 | 北京市交通委员会 | |
| 1287 | DB11/T 1552—2018 | 绿色生态示范区规划设计评价标准 | 北京市规划和自然资源委员会 | 将条文说明中的“《城市生活垃圾分类标志》GB/T 19095—2003”更新为“《生活垃圾分类标志》GB/T 19095” |
| 1288 | DB11/T 1553—2018 | 居住建筑室内装配式装修工程技术规程 | 北京市住房和城乡建设委员会 | |
| 1289 | DB11/T 1554—2018 | 非医疗机构放射性作业职业病危害防护管理规范 | 北京市卫生健康委员会 | |
| 1290 | DB11/T 1555—2018 | 小城镇低碳运行管理通则 | 北京市生态环境局 | |
| 1291 | DB11/T 1556—2018 | 建筑业能源审计报告编写指南 | 北京市发展和改革委员会 | |

续表

| 序号 | 标准号 | 标准名称 | 行业主管部门 | 备注 |
|---|---|---|---|---|
| 1292 | DB11/T 1557—2018 | 能效对标实施规范 | 北京市发展和改革委员会 | |
| 1293 | DB11/T 1558—2018 | 碳排放管理体系建设实施效果评价指南 | 北京市生态环境局 | |
| 1294 | DB11/T 1559—2018 | 碳排放管理体系实施指南 | 北京市生态环境局 | |
| 1295 | DB11/T 1560—2018 | 水泥窑协同处置废物能源消耗增加值限额 | 北京市经济和信息化局 | |
| 1296 | DB11/T 1561—2018 | 农业有机废弃物（畜禽粪便）循环利用项目碳减排量核算指南 | 北京市农业农村局 | |
| 1297 | DB11/T 1562—2018 | 农田土壤固碳核算技术规范 | 北京市农业农村局 | |
| 1298 | DB11/T 1563—2018 | 农业企业（组织）温室气体排放核算和报告通则 | 北京市农业农村局 | |
| 1299 | DB11/T 1564—2018 | 种植农产品温室气体排放核算指南 | 北京市农业农村局 | |
| 1300 | DB11/T 1565—2018 | 畜牧产品温室气体排放核算指南 | 北京市农业农村局 | |
| 1301 | DB11/T 1566—2018 | 环境空气和废气　三甲苯的测定　活性炭吸附/二硫化碳解吸-气相色谱法 | 北京市生态环境局 | |
| 1302 | DB11/T 1567—2018 | 森林疗养基地建设技术导则 | 北京市园林绿化局 | |
| 1303 | DB11/T 1568—2018 | 草莓采收贮运及冻藏技术规范 | 北京市农业农村局 | |
| 1304 | DB11/T 1570—2018 | 甜瓜设施栽培技术规程 | 北京市农业农村局 | |
| 1305 | DB11/T 1571—2018 | 设施蔬菜土壤栽培节水灌溉施肥技术规程 | 北京市农业农村局 | |
| 1306 | DB11/T 1572—2022 | 微耕机安全运行技术规范 | 北京市农业农村局 | |
| 1307 | DB11/T 1573—2018 | 养老机构评价指标计算方法 | 北京市民政局 | |
| 1308 | DB11/T 1574—2018 | 公共职业介绍和公共职业指导服务评价规范 | 北京市人力资源和社会保障局 | |
| 1309 | DB11/T 1575—2018 | 专用排水设施技术规范 | 北京市水务局 | |
| 1310 | DB11/T 1576—2018 | 城市综合管廊运行维护规范 | 北京市城市管理委员会 | |
| 1311 | DB11/T 1577—2018 | 行政处罚数据规范 | 北京市司法局 | |
| 1312 | DB11/T 1578—2018 | 医疗机构危险化学品安全管理规范 | 北京市应急管理局 | |

续表

| 序号 | 标准号 | 标准名称 | 行业主管部门 | 备注 |
| --- | --- | --- | --- | --- |
| 1313 | DB11/T 1579—2018 | 生产安全事故应急预案实施情况评估规范 | 北京市应急管理局 | |
| 1314 | DB11/T 1580—2018 | 生产经营单位安全生产应急资源调查规范 | 北京市应急管理局 | |
| 1315 | DB11/T 1581—2018 | 生产经营单位应急能力评估规范 | 北京市应急管理局 | |
| 1316 | DB11/T 1582—2018 | 高危行业企业应急装备配备规范 | 北京市应急管理局 | |
| 1317 | DB11/T 1583—2018 | 生产安全事故应急演练实施与评估细则 | 北京市应急管理局 | |
| 1318 | DB11/T 1584—2018 | 有限空间中毒和窒息事故勘查作业规范 | 北京市应急管理局 | （1）将规范性文件中的“DB11/852.2 地下有限空间作业安全技术规范 第2部分：气体检测与通风”和“DB11/ 852.3 地下有限空间作业安全技术规范 第3部分：防护设备设施配置”更新为“DB11/T 852《有限空间作业安全技术规范》”。<br>（2）将正文中的“DB11/852.2”、“DB11/852.3”更新为“DB11/T 852” |
| 1319 | DB11/T 1585—2018 | 建筑结构强震动观测技术规范 | 北京市地震局 | |
| 1320 | DB11/T 1587—2018 | 公共场所雷电风险等级划分 | 北京市气象局 | |
| 1321 | DB11/T 1588—2018 | 公共场所气象灾害警示标志设置规范 | 北京市气象局 | |
| 1322 | DB11/T 1589—2021 | 气象灾害风险调查技术规范 通则 | 北京市气象局 | |
| 1323 | DB11/T 1589.1—2023 | 气象灾害风险调查技术规范 第1部分：暴雨 | 北京市气象局 | |
| 1324 | DB11/T 1589.2—2021 | 气象灾害风险调查技术规范 第2部分：大风 | 北京市气象局 | |
| 1325 | DB11/T 1589.3—2021 | 气象灾害风险调查技术规范 第3部分：冰雹 | 北京市气象局 | |
| 1326 | DB11/T 1589.4—2021 | 气象灾害风险调查技术规范 第4部分：冷冻 | 北京市气象局 | |

续表

| 序号 | 标准号 | 标准名称 | 行业主管部门 | 备注 |
|---|---|---|---|---|
| 1327 | DB11/T 1589.5—2021 | 气象灾害风险调查技术规范　第5部分：雷电 | 北京市气象局 | |
| 1328 | DB11/T 1590—2018 | 道路超薄罩面施工技术规范 | 北京市交通委员会 | |
| 1329 | DB11/T 1591—2018 | 城市道路日常养护作业规程 | 北京市交通委员会 | |
| 1330 | DB11/T 1592—2018 | 城市桥梁日常养护作业规程 | 北京市交通委员会 | |
| 1331 | DB11/T 1593—2018 | 城镇排水管道维护技术规程 | 北京市水务局 | |
| 1332 | DB11/T 1594—2018 | 城镇排水管道检查技术规程 | 北京市水务局 | |
| 1333 | DB11/T 1595—2018 | 生态清洁小流域初步设计编制规范 | 北京市水务局 | |
| 1334 | DB11/T 1596—2018 | 公园绿地改造技术规范 | 北京市园林绿化局 | |
| 1335 | DB11/T 1597—2018 | 文物建筑勘察设计文件编制规范 | 北京市文物局 | |
| 1336 | DB11/T 1598.1—2018 | 居家养老服务规范　第1部分：通则 | 北京市民政局 | |
| 1337 | DB11/T 1598.2—2019 | 居家养老服务规范　第2部分：助餐服务 | 北京市民政局 | |
| 1338 | DB11/T 1598.3—2019 | 居家养老服务规范　第3部分：助医服务 | 北京市民政局 | |
| 1339 | DB11/T 1598.4—2018 | 居家养老服务规范　第4部分：助洁服务 | 北京市民政局 | |
| 1340 | DB11/T 1598.5—2018 | 居家养老服务规范　第5部分：助浴服务 | 北京市民政局 | |
| 1341 | DB11/T 1598.6—2018 | 居家养老服务规范　第6部分：助急服务 | 北京市民政局 | |
| 1342 | DB11/T 1598.7—2019 | 居家养老服务规范　第7部分：康复服务 | 北京市民政局 | |
| 1343 | DB11/T 1598.8—2020 | 居家养老服务规范　第8部分：呼叫服务 | 北京市民政局 | |
| 1344 | DB11/T 1598.9—2019 | 居家养老服务规范　第9部分：精神慰藉服务 | 北京市民政局 | |
| 1345 | DB11/T 1598.10—2020 | 居家养老服务规范　第10部分：信息采集与档案管理 | 北京市民政局 | |
| 1346 | DB11/T 1598.11—2021 | 居家养老服务规范　第11部分：服务满意度测评 | 北京市民政局 | |

续表

| 序号 | 标准号 | 标准名称 | 行业主管部门 | 备注 |
|---|---|---|---|---|
| 1347 | DB11/T 1598.12—2021 | 居家养老服务规范　第12部分：巡视探访服务 | 北京市民政局 | |
| 1348 | DB11/T 1599—2018 | 政务部门信息安全应急预案编制指南 | 北京市经济和信息化局 | |
| 1349 | DB11/T 1600—2018 | 萱草生产栽培技术规程 | 北京市园林绿化局 | |
| 1350 | DB11/T 1601—2018 | 毛白杨繁育技术规程 | 北京市园林绿化局 | |
| 1351 | DB11/T 1602—2018 | 生物防治产品应用技术规程 白蜡吉丁肿腿蜂 | 北京市园林绿化局 | |
| 1352 | DB11/T 1603—2018 | 睡莲栽培技术规程 | 北京市园林绿化局 | |
| 1353 | DB11/T 1604—2018 | 园林绿化用地土壤质量提升技术规程 | 北京市园林绿化局 | |
| 1354 | DB11/T 1605—2018 | 鸟类多样性及栖息地质量评价技术规程 | 北京市园林绿化局 | |
| 1355 | DB11/T 1606—2018 | 绿色雪上运动场馆评价标准 | 北京市规划和自然资源委员会 | （1）将条文说明5.2.13中的“《水嘴用水效率限定值及用水效率等级》GB 25501—2010、《坐便器用水效率限定值及用水效率等级》GB 25502—2010、《小便器用水效率限定值及用水效率等级》GB 28377—2012、《淋浴器用水效率限定值及用水效率等级》GB 28378—2012、《便器冲洗阀用水效率限定值及用水效率等级》GB 28379—2012”更新为“《水嘴水效限定值及水效等级》GB 25501、《坐便器水效限定值及水效等级》GB 25502、《小便器水效限定值及水效等级》GB 28377、《淋浴器水效限定值及水效等级》GB 28378、《便器冲洗阀水效限定值及水效等级》GB 28379”。<br>（2）将条文说明7.1.6中的“《城市供水水质测定系列标准》CJ/T 141～CJ/T 150”更新为“《城镇供水水质标准检验方法》CJ/T 141” |
| 1356 | DB11/T 1607—2018 | 建筑物通信基站基础设施设计规范 | 北京市规划和自然资源委员会 | |

续表

| 序号 | 标准号 | 标准名称 | 行业主管部门 | 备注 |
| --- | --- | --- | --- | --- |
| 1357 | DB11/T 1608—2018 | 预拌盾构注浆料应用技术规程 | 北京市住房和城乡建设委员会 | |
| 1358 | DB11/T 1609—2018 | 预拌喷射混凝土应用技术规程 | 北京市住房和城乡建设委员会 | |
| 1359 | DB11/T 1610—2018 | 民用建筑信息模型深化设计建模细度标准 | 北京市住房和城乡建设委员会 | |
| 1360 | DB11/T 1611—2018 | 建筑工程组合铝合金模板施工技术规范 | 北京市住房和城乡建设委员会 | |
| 1361 | DB11/ 1612—2019 | 农村生活污水处理设施水污染物排放标准 | 北京市生态环境局 | |
| 1362 | DB11/T 1613—2019 | 非居民用燃气计量系统设计施工验收规范 | 北京市城市管理委员会 | |
| 1363 | DB11/T 1614—2019 | 农村公路技术状况评定规范 | 北京市交通委员会 | |
| 1364 | DB11/T 1615—2019 | 园林绿化科普标识设置规范 | 北京市园林绿化局 | |
| 1365 | DB11/T 1616—2019 | 农产品温室气体排放核算通则 | 北京市农业农村局 | |
| 1366 | DB11/T 1617—2019 | 大型公共建筑制冷能耗限额 | 北京市发展和改革委员会 | |
| 1367 | DB11/T 1618—2019 | 能效领跑者评价导则 | 北京市发展和改革委员会 | |
| 1368 | DB11/T 1619—2019 | 空气压缩机节能监测 | 北京市发展和改革委员会 | |
| 1369 | DB11/T 1621—2019 | 企业物流装备标准化评价规范 | 北京市商务局 | |
| 1370 | DB11/T 1622—2019 | 食品冷链宅配服务规范 | 北京市商务局 | |
| 1371 | DB11/T 1623—2019 | 玉簪栽培技术规程 | 北京市园林绿化局 | |
| 1372 | DB11/ 1624—2019 | 电动自行车停放场所防火设计标准 | 北京市规划和自然资源委员会 | |
| 1373 | DB11/T 1625—2019 | 场地形成工程勘察设计技术规程 | 北京市规划和自然资源委员会 | |
| 1374 | DB11/T 1626—2019 | 建设工程第三方监测技术规程 | 北京市规划和自然资源委员会 | |
| 1375 | DB11/T 1627—2019 | 建筑日照计算参数标准 | 北京市规划和自然资源委员会 | |

续表

| 序号 | 标准号 | 标准名称 | 行业主管部门 | 备注 |
|---|---|---|---|---|
| 1376 | DB11/T 1628—2019 | 钢管混凝土顶升法施工技术规程 | 北京市住房和城乡建设委员会 | （1）将引用标准名录中的“JG/T 5094 混凝土搅拌运输车”更新为“GB/T 26408 混凝土搅拌运输车”。（2）将正文中的“JG/T 5094 混凝土搅拌运输车”更新为“GB/T 26408 混凝土搅拌运输车” |
| 1377 | DB11/T 1629—2019 | 投标施工组织设计编制规程 | 北京市住房和城乡建设委员会 | |
| 1378 | DB11/T 1630—2019 | 城市综合管廊工程施工及质量验收规范 | 北京市住房和城乡建设委员会 | |
| 1379 | DB11/ 1631—2019 | 电子工业大气污染物排放标准 | 北京市生态环境局 | |
| 1380 | DB11/T 1632—2019 | 农村家庭用户天然气管道工程技术规范 | 北京市城市管理委员会 | |
| 1381 | DB11/T 1633—2019 | 纯电动出租小客车运行技术要求 | 北京市交通委员会 | |
| 1382 | DB11/T 1634—2019 | 沥青路面厂拌冷再生技术规范 | 北京市交通委员会 | |
| 1383 | DB11/T 1635—2019 | 车用液化天然气热值技术要求 | 北京市交通委员会 | |
| 1384 | DB11/T 1636—2019 | 雷电防护装置日常维护规程 | 北京市气象局 | |
| 1385 | DB11/T 1637—2019 | 城市森林营建技术导则 | 北京市园林绿化局 | |
| 1386 | DB11/T 1638—2019 | 数据中心能效监测与评价技术导则 | 北京市发展和改革委员会 | |
| 1387 | DB11/T 1639—2019 | 地源热泵系统节能监测 | 北京市发展和改革委员会 | |
| 1388 | DB11/T 1640—2019 | 冷库系统节能监测 | 北京市发展和改革委员会 | |
| 1389 | DB11/T 1641—2019 | 非工业领域节能量审核指南 | 北京市发展和改革委员会 | |
| 1390 | DB11/T 1642—2019 | 工业领域节能量审核指南 | 北京市发展和改革委员会 | |
| 1391 | DB11/T 1643—2023 | 民用建筑供暖通风与空气调节用气象参数 | 北京市气象局 | |
| 1392 | DB11/T 1644—2019 | 测土配方施肥节能减碳效果评价规范 | 北京市农业农村局 | |

续表

| 序号 | 标准号 | 标准名称 | 行业主管部门 | 备注 |
| --- | --- | --- | --- | --- |
| 1393 | DB11/T 1645—2019 | 医疗行为关键控制点编码规范 | 北京市卫生健康委员会 | |
| 1394 | DB11/T 1646—2019 | 核医学从业人员放射防护规范 | 北京市卫生健康委员会 | |
| 1395 | DB11/T 1647—2019 | 新生儿转运技术规范 | 北京市卫生健康委员会 | |
| 1396 | DB11/T 1648—2019 | 樱桃砧木组培快繁技术规程 | 北京市园林绿化局 | |
| 1397 | DB11/T 1649—2019 | 建设工程规划核验测量成果检查验收技术规程 | 北京市规划和自然资源委员会 | |
| 1398 | DB11/T 1650—2019 | 工业开发区循环化技术规范 | 北京市发展和改革委员会 | |
| 1399 | DB11/T 1651—2019 | 污水源热泵供热系统节能监测 | 北京市发展和改革委员会 | |
| 1400 | DB11/T 1652—2019 | 空气源热泵节能监测 | 北京市发展和改革委员会 | |
| 1401 | DB11/T 1653—2019 | 供暖系统能耗指标体系 | 北京市城市管理委员会 | |
| 1402 | DB11/T 1654—2019 | 信息安全技术　网络安全事件应急处置规范 | 北京市公安局 | |
| 1403 | DB11/T 1655—2019 | 危险化学品企业装置设施拆除安全管理规范 | 北京市应急管理局 | （1）将规范性引用文件中的“GB/T 11651 个体防护装备选用规范”更新为“GB 39800.1 个体防护装备配备规范　第 1 部分：总则、GB 39800.2 个体防护装备配备规范　第 2 部分：石油、化工、天然气”。<br>（2）将正文中的“GB/T 11651”更新为“GB 39800.1 和 GB 39800.2” |
| 1404 | DB11/T 1656—2019 | 电梯应急呼叫及应急照明系统技术要求 | 北京市市场监督管理局 | |
| 1405 | DB11/T 1657—2019 | 生产安全事故隐患排查治理信息系统 数据元规范 | 北京市应急管理局 | |
| 1406 | DB11/T 1658—2019 | 生态再生水厂评价指标体系 | 北京市水务局 | |
| 1407 | DB11/T 1659—2019 | 果园微灌工程技术规范 | 北京市水务局 | |
| 1408 | DB11/T 1660—2019 | 森林体验教育基地评定导则 | 北京市园林绿化局 | |
| 1409 | DB11/T 1661—2019 | 畜牧业生态农业园区评价规范 | 北京市农业农村局 | |

续表

| 序号 | 标准号 | 标准名称 | 行业主管部门 | 备注 |
|---|---|---|---|---|
| 1410 | DB11/T 1662—2019 | 露地蔬菜微(喷)灌施肥技术规程 | 北京市农业农村局 | |
| 1411 | DB11/T 1663—2019 | 工厂化循环水养殖系统技术规范 | 北京市农业农村局 | |
| 1412 | DB11/T 1664—2019 | 主要果树害虫监测调查技术规程 | 北京市园林绿化局 | |
| 1413 | DB11/T 1665—2019 | 超低能耗居住建筑设计标准 | 北京市规划和自然资源委员会 | |
| 1414 | DB11/ 1666—2019 | 城市综合客运交通枢纽设计规范 | 北京市规划和自然资源委员会 | (1)将引用标准名录及正文中的“《民用建筑电气设计规范》JGJ 16”更新为“《民用建筑电气设计标准》GB 51348”。<br>(2)将条文说明6.2.12中的“本条是参照国家标准《城镇燃气设计规范》GB 50028—2006的第10.5.7条以及《锅炉房设计规范》GB 50041—2008的第15.3.7条的相关要求制定的，均是国家标准的强制性条文”更新为“本条参照国家标准《城镇燃气设计规范》GB 50028及《锅炉房设计标准》GB 50041的相关要求制定” |
| 1415 | DB11/T 1667—2019 | 建设工程造价数据存储标准 | 北京市住房和城乡建设委员会 | |
| 1416 | DB11/T 1668—2019 | 轻钢现浇轻质内隔墙技术规程 | 北京市住房和城乡建设委员会 | |
| 1417 | DB11/T 1669—2019 | 城市综合管廊智慧运营管理系统技术规范 | 北京市城市管理委员会 | |
| 1418 | DB11/T 1670—2019 | 城市综合管廊设施设备编码规范 | 北京市城市管理委员会 | |
| 1419 | DB11/T 1671—2019 | 户用并网光伏发电系统电气安全设计技术要求 | 北京市发展和改革委员会 | |
| 1420 | DB11/T 1672—2019 | 户用并网光伏发电系统建设工程评价技术规范 | 北京市发展和改革委员会 | |
| 1421 | DB11/T 1673—2019 | 海绵城市建设效果监测与评估规范 | 北京市水务局 | |
| 1422 | DB11/T 1674—2019 | 地理国情普查与监测成果质量检查验收技术规程 | 北京市规划和自然资源委员会 | |

续表

| 序号 | 标准号 | 标准名称 | 行业主管部门 | 备注 |
| --- | --- | --- | --- | --- |
| 1423 | DB11/T 1675—2019 | 地理国情信息基本统计技术规程 | 北京市规划和自然资源委员会 | |
| 1424 | DB11/T 1676—2019 | 地理国情信息外业调绘底图制作技术规程 | 北京市规划和自然资源委员会 | |
| 1425 | DB11/T 1677—2019 | 地质灾害监测技术规范 | 北京市规划和自然资源委员会 | |
| 1426 | DB11/T 1678—2019 | 城市轨道交通广告设施设置规范 | 北京市交通委员会 | |
| 1427 | DB11/T 1679—2019 | 收费公路路产巡查处置技术规范 | 北京市交通委员会 | |
| 1428 | DB11/T 1680—2019 | 混凝土桥面防水粘结层快速施工技术规范 | 北京市交通委员会 | |
| 1429 | DB11/T 1681—2019 | 城市轨道交通视频监视系统技术规范 | 北京市交通委员会 | |
| 1430 | DB11/T 1682—2019 | 城市轨道交通视频监视系统测试规范 | 北京市交通委员会 | |
| 1431 | DB11/T 1683—2019 | 城市轨道交通乘客信息系统技术规范 | 北京市交通委员会 | |
| 1432 | DB11/T 1684—2019 | 城市轨道交通乘客信息系统测试规范 | 北京市交通委员会 | |
| 1433 | DB11/T 1685—2019 | 天然草坪足球场场地设计与建造技术规范 | 北京市体育局 | |
| 1434 | DB11/T 1686—2019 | 天然－人造混合草坪足球场场地设计与建造技术规范 | 北京市体育局 | |
| 1435 | DB11/T 1687—2019 | 人造草坪足球场场地设计与建造技术规范 | 北京市体育局 | |
| 1436 | DB11/T 1688—2019 | 天然草坪足球场场地养护与管理技术规范 | 北京市体育局 | |
| 1437 | DB11/T 1689—2019 | 文物建筑抗震鉴定技术规范 | 北京市文物局 | |
| 1438 | DB11/T 1690—2019 | 矿山植被生态修复技术规范 | 北京市园林绿化局 | |
| 1439 | DB11/T 1691—2019 | 腾退空间园林绿化建设规范 | 北京市园林绿化局 | |
| 1440 | DB11/T 1692—2019 | 城市树木健康诊断技术规程 | 北京市园林绿化局 | |
| 1441 | DB11/T 1693—2019 | 餐厨垃圾收集运输节能规范 | 北京市城市管理委员会 | |

续表

| 序号 | 标准号 | 标准名称 | 行业主管部门 | 备注 |
| --- | --- | --- | --- | --- |
| 1442 | DB11/T 1694—2019 | 生活垃圾收集运输节能规范 | 北京市城市管理委员会 | |
| 1443 | DB11/T 1697—2019 | 动力锂离子蓄电池制造业绿色工厂评价要求 | 北京市经济和信息化局 | |
| 1444 | DB11/T 1698—2019 | “警保联动”巡查车辆标识要求 | 北京市公安局 | |
| 1445 | DB11/T 1699—2019 | 在用氨制冷压力管道 X 射线数字成像检测技术要求 | 北京市市场监督管理局 | |
| 1446 | DB11/T 1700—2019 | 洗染企业等级划分与评定 | 北京市商务局 | |
| 1447 | DB11/T 1701—2019 | 静脉用药集中调配规范 | 北京市卫生健康委员会 | |
| 1448 | DB11/T 1702—2019 | 生活饮用水样品采集技术规范 | 北京市卫生健康委员会 | |
| 1449 | DB11/T 1703—2019 | 口腔综合治疗台水路消毒技术规范 | 北京市卫生健康委员会 | |
| 1450 | DB11/T 1704—2019 | 中小学生体育与健康课运动负荷监测与评价 | 北京市体育局 | |
| 1451 | DB11/T 1705—2019 | 农业机械作业规范　青饲料收获机 | 北京市农业农村局 | |
| 1452 | DB11/ 1706—2019 | 文物建筑防火设计规范 | 北京市规划和自然资源委员会 | (1)将引用标准名录中的“GA1151”更新为“XF1151”、“《民用建筑电气设计规范》JGJ16”更新为“《民用建筑电气设计标准》GB51348”。<br>(2)将正文中的“GA 1151”更新为“XF 1151” |
| 1453 | DB11/T 1707—2019 | 有轨电车工程设计规范 | 北京市规划和自然资源委员会 | |
| 1454 | DB11/T 1708—2019 | 施工工地扬尘视频监控和数据传输技术规范 | 北京市住房和城乡建设委员会 | |
| 1455 | DB11/T 1709—2019 | 装配式建筑设备与电气工程施工质量及验收规程 | 北京市住房和城乡建设委员会 | |
| 1456 | DB11/T 1710—2019 | 智慧工地技术规程 | 北京市住房和城乡建设委员会 | |
| 1457 | DB11/T 1711—2019 | 建设工程造价技术经济指标采集标准 | 北京市住房和城乡建设委员会 | |

续表

| 序号 | 标准号 | 标准名称 | 行业主管部门 | 备注 |
| --- | --- | --- | --- | --- |
| 1458 | DB11/T 1712—2020 | 城市综合管廊监控与报警系统安装工程施工规范 | 北京市住房和城乡建设委员会 | |
| 1459 | DB11/T 1713—2020 | 城市综合管廊工程资料管理规程 | 北京市住房和城乡建设委员会 | |
| 1460 | DB11/T 1714—2020 | 城市轨道交通工程动态验收技术规范 | 北京市交通委员会 | |
| 1461 | DB11/T 1715—2020 | 城市轨道交通安全保护区测量技术规范 | 北京市交通委员会 | |
| 1462 | DB11/T 1716—2020 | 城市轨道交通全自动运行线路试运行基本条件 | 北京市交通委员会 | |
| 1463 | DB11/T 1717—2020 | 动物实验管理与技术规范 | 北京市科学技术委员会、中关村科技园区管理委员会 | |
| 1464 | DB11/T 1718.1—2020 | 丝织文物清洁规范　第1部分：物理清洁 | 北京市文物局 | |
| 1465 | DB11/T 1718.2—2020 | 丝织文物清洁规范　第2部分：化学清洁 | 北京市文物局 | |
| 1466 | DB11/T 1719—2020 | 地下工程建设期间排水设施监测技术规程 | 北京市水务局 | |
| 1467 | DB11/T 1720—2020 | 城市雨水管渠流量监测基本要求 | 北京市水务局 | |
| 1468 | DB11/T 1721—2020 | 水生生物调查技术规范 | 北京市水务局 | |
| 1469 | DB11/T 1722—2020 | 水生态健康评价技术规范 | 北京市水务局 | |
| 1470 | DB11/T 1723—2020 | 养老机构心理咨询服务规范 | 北京市民政局 | |
| 1471 | DB11/T 1724—2020 | 淡水养殖水体常用微生态制剂使用技术规范 | 北京市农业农村局 | |
| 1472 | DB11/T 1725—2020 | 蔬菜病虫害全程绿色防控技术规程 | 北京市农业农村局 | |
| 1473 | DB11/T 1726—2020 | 市政基础设施岩土工程勘察规范 | 北京市规划和自然资源委员会 | |
| 1474 | DB11/T 1727—2020 | 火灾后钢结构损伤评估技术规程 | 北京市住房和城乡建设委员会 | |
| 1475 | DB11/T 1728—2020 | 海绵城市道路系统工程施工及质量验收规范 | 北京市住房和城乡建设委员会 | |

续表

| 序号 | 标准号 | 标准名称 | 行业主管部门 | 备注 |
|---|---|---|---|---|
| 1476 | DB11/T 1729.1—2020 | 道路停车动态监测和电子收费管理系统技术要求 第1部分：外场设备 | 北京市交通委员会 | |
| 1477 | DB11/T 1729.2—2020 | 道路停车动态监测和电子收费管理系统技术要求 第2部分：数据交换 | 北京市交通委员会 | |
| 1478 | DB11/T 1729.3—2020 | 道路停车动态监测和电子收费管理系统技术要求 第3部分：车位检测设备测试 | 北京市交通委员会 | |
| 1479 | DB11/T 1730—2020 | 公共汽电车场站绿色评价指标体系 | 北京市交通委员会 | |
| 1480 | DB11/T 1731—2020 | 公路用建筑垃圾再生材料施工与验收规范 | 北京市交通委员会 | |
| 1481 | DB11/T 1732—2020 | 矿山地质环境恢复治理工程技术规程 | 北京市规划和自然资源委员会 | |
| 1482 | DB11/T 1733—2020 | 绿地保育式生物防治技术规程 | 北京市园林绿化局 | |
| 1483 | DB11/T 1734—2020 | 实验动物福利伦理审查技术规范 | 北京市科学技术委员会、中关村科技园区管理委员会 | |
| 1484 | DB11/T 1735—2020 | 地铁正线周边建设敏感建筑物项目环境振动控制规范 | 北京市生态环境局 | |
| 1485 | DB11/T 1736—2020 | 实验室挥发性有机物污染防治技术规范 | 北京市生态环境局 | |
| 1486 | DB11/T 1737—2020 | 城市轨道交通牵引电能车载计量器具功能要求 | 北京市交通委员会 | |
| 1487 | DB11/T 1738—2020 | 胡同游服务规范 | 北京市文化和旅游局 | |
| 1488 | DB11/T 1739—2020 | 共享农园建设与管理规范 | 北京市农业农村局 | |
| 1489 | DB11/ 1740—2020 | 住宅设计规范 | 北京市规划和自然资源委员会 | （1）将正文10.2.7条中的“《设备及管道保冷技术通则》GB/T 11790”更新为“《设备及管道绝热技术通则》GB/T 4272”。 |

续表

| 序号 | 标准号 | 标准名称 | 行业主管部门 | 备注 |
|---|---|---|---|---|
| 1489 | DB11/ 1740—2020 | 住宅设计规范 | 北京市规划和自然资源委员会 | （2）将条文说明6.1.9条中的“《建筑设计防火规范》（GB 50016）5.5.30”更新为“《建筑防火通用规范》（GB 50037）7.1.4”。<br>（3）将条文说明11.6.2条中的“《建筑设计防火规范》GB 50016中8.4.1”更新为“《建筑防火通用规范》（GB 50037）8.3.2”。<br>（4）将条文说明11.6.3条中的“《建筑设计防火规范》GB 50016中10.1.5”更新为“《建筑防火通用规范》（GB 50037）10.1.4” |
| 1490 | DB11/ 1741—2020 | 城市基础设施工程人民防空防护设计标准 | 北京市规划和自然资源委员会 | |
| 1491 | DB11/T 1742—2020 | 海绵城市规划编制与评估标准 | 北京市规划和自然资源委员会 | |
| 1492 | DB11/T 1743—2020 | 海绵城市建设设计标准 | 北京市规划和自然资源委员会 | |
| 1493 | DB11/T 1744—2020 | 城市轨道交通车站安检设计标准 | 北京市规划和自然资源委员会 | |
| 1494 | DB11/T 1745—2020 | 建筑工程施工技术管理规程 | 北京市住房和城乡建设委员会 | |
| 1495 | DB11/T 1746—2020 | 钢结构住宅技术规程 | 北京市规划和自然资源委员会 | |
| 1496 | DB11/T 1747—2020 | 新型冠状病毒肺炎现场流行病学调查工作指南 | 北京市卫生健康委员会 | |
| 1497 | DB11/T 1748—2020 | 物体表面新型冠状病毒样本采集技术规范 | 北京市卫生健康委员会 | |
| 1498 | DB11/T 1749.1—2020 | 呼吸道传染病疫情防控消毒技术规范　第1部分：通用要求 | 北京市卫生健康委员会 | |
| 1499 | DB11/T 1749.2—2020 | 呼吸道传染病疫情防控消毒技术规范　第2部分：集中隔离医学观察场所 | 北京市卫生健康委员会 | |
| 1500 | DB11/T 1749.3—2020 | 呼吸道传染病疫情防控消毒技术规范　第3部分：中小学校 | 北京市卫生健康委员会 | |

续表

| 序号 | 标准号 | 标准名称 | 行业主管部门 | 备注 |
|---|---|---|---|---|
| 1501 | DB11/T 1749.4—2020 | 呼吸道传染病疫情防控消毒技术规范　第4部分：公共场所 | 北京市卫生健康委员会 | |
| 1502 | DB11/T 1749.5—2020 | 呼吸道传染病疫情防控消毒技术规范　第5部分：重大会议场所 | 北京市卫生健康委员会 | |
| 1503 | DB11/T 1749.6—2020 | 呼吸道传染病疫情防控消毒技术规范　第6部分：救护车辆 | 北京市卫生健康委员会 | |
| 1504 | DB11/T 1749.7—2020 | 呼吸道传染病疫情防控消毒技术规范　第7部分：农贸市场 | 北京市卫生健康委员会 | 规范性引用文件及正文中的“GB/T 21720—2008”更新为“GB/T 21720—2022” |
| 1505 | DB11/T 1750—2020 | 航空医疗救护服务规范 | 北京市卫生健康委员会 | |
| 1506 | DB11/T 1751—2020 | 自然灾害卫生应急健康风险快速评估技术规范 | 北京市卫生健康委员会 | |
| 1507 | DB11/T 1752—2020 | 乡村民宿服务要求及评定 | 北京市文化和旅游局 | |
| 1508 | DB11/T 1753—2020 | 乡村民宿建筑消防安全规范 | 北京市消防救援总队 | |
| 1509 | DB11/T 1754—2020 | 老年人能力综合评估规范 | 北京市民政局、北京市卫生健康委员会 | |
| 1510 | DB11/T 1755—2020 | 城镇再生水厂恶臭污染治理工程技术导则 | 北京市水务局 | |
| 1511 | DB11/T 1756—2020 | 体育场所安全运营管理规范 滑冰场所 | 北京市体育局 | |
| 1512 | DB11/T 1757—2020 | 滑雪场所等级划分与评定 | 北京市体育局 | |
| 1513 | DB11/T 1758—2020 | 草花组合景观营建及管护技术规程 | 北京市园林绿化局 | |
| 1514 | DB11/T 1759—2020 | 全株玉米青贮饲料分级技术规范 | 北京市农业农村局 | |
| 1515 | DB11/T 1760—2020 | 肉鸽人工孵化技术操作规程 | 北京市农业农村局 | |
| 1516 | DB11/ 1761—2020 | 步行和自行车交通环境规划设计标准 | 北京市规划和自然资源委员会 | |

续表

| 序号 | 标准号 | 标准名称 | 行业主管部门 | 备注 |
| --- | --- | --- | --- | --- |
| 1517 | DB11/ 1762—2020 | 城市轨道交通车辆基地上盖综合利用工程设计防火标准 | 北京市规划和自然资源委员会 | |
| 1518 | DB11/T 1763—2020 | 干线公路附属设施用地方标准准 | 北京市规划和自然资源委员会 | |
| 1519 | DB11/T 1764.1—2022 | 用水定额　第1部分：粮食作物 | 北京市农业农村局 | |
| 1520 | DB11/T 1764.2—2021 | 用水定额　第2部分：蔬菜和中药材 | 北京市农业农村局 | |
| 1521 | DB11/T 1764.3—2023 | 用水定额　第3部分：果树 | 北京市园林绿化局 | |
| 1522 | DB11/T 1764.4—2022 | 用水定额　第4部分：畜牧业 | 北京市农业农村局 | |
| 1523 | DB11/T 1764.5—2022 | 用水定额　第5部分：水产养殖 | 北京市农业农村局 | |
| 1524 | DB11/T 1764.6—2023 | 用水定额　第6部分：城市绿地 | 北京市园林绿化局 | |
| 1525 | DB11/T 1764.7—2021 | 用水定额　第7部分：液晶显示器件 | 北京市经济和信息化局、北京市水务局 | |
| 1526 | DB11/T 1764.8—2021 | 用水定额　第8部分：集成电路 | 北京市经济和信息化局、北京市水务局 | |
| 1527 | DB11/T 1764.9—2022 | 用水定额　第9部分：化学药制剂和生物制品 | 北京市经济和信息化局、北京市水务局 | |
| 1528 | DB11/T 1764.10—2023 | 用水定额　第10部分：仓储 | 北京市水务局 | |
| 1529 | DB11/T 1764.11—2023 | 用水定额　第11部分：数据中心 | 北京市经济和信息化局、北京市水务局 | |
| 1530 | DB11/T 1764.12—2022 | 用水定额　第12部分：饮料 | 北京市经济和信息化局、北京市水务局 | |
| 1531 | DB11/T 1764.13—2021 | 用水定额　第13部分：白酒和啤酒 | 北京市经济和信息化局、北京市水务局 | |

续表

| 序号 | 标准号 | 标准名称 | 行业主管部门 | 备注 |
|---|---|---|---|---|
| 1532 | DB11/T 1764.14—2022 | 用水定额　第14部分：建筑施工 | 北京市水务局 | |
| 1533 | DB11/T 1764.15—2021 | 用水定额　第15部分：整车制造 | 北京市经济和信息化局、北京市水务局 | |
| 1534 | DB11/T 1764.16—2021 | 用水定额　第16部分：中成药 | 北京市经济和信息化局、北京市水务局 | |
| 1535 | DB11/T 1764.17—2021 | 用水定额　第17部分：预拌混凝土 | 北京市水务局 | |
| 1536 | DB11/T 1764.18—2020 | 用水定额　第18部分：水泥 | 北京市经济和信息化局、北京市水务局 | |
| 1537 | DB11/T 1764.19—2020 | 用水定额　第19部分：乳制品 | 北京市经济和信息化局、北京市水务局 | |
| 1538 | DB11/T 1764.20—2020 | 用水定额　第20部分：调味品与发酵制品 | 北京市经济和信息化局、北京市水务局 | |
| 1539 | DB11/T 1764.21—2022 | 用水定额　第21部分：屠宰及肉制品加工 | 北京市经济和信息化局、北京市水务局 | |
| 1540 | DB11/T 1764.22—2020 | 用水定额　第22部分：焙烤食品 | 北京市经济和信息化局、北京市水务局 | |
| 1541 | DB11/T 1764.23—2022 | 用水定额　第23部分：冷轧钢带 | 北京市经济和信息化局、北京市水务局 | |
| 1542 | DB11/T 1764.24—2022 | 用水定额　第24部分：印刷品 | 北京市经济和信息化局、北京市水务局 | |
| 1543 | DB11/T 1764.25—2022 | 用水定额　第25部分：宾馆和乡村民宿 | 北京市水务局 | |
| 1544 | DB11/T 1764.26—2022 | 用水定额　第26部分：学校 | 北京市水务局 | |
| 1545 | DB11/T 1764.27—2022 | 用水定额　第27部分：医院 | 北京市卫生健康委员会 | |

续表

| 序号 | 标准号 | 标准名称 | 行业主管部门 | 备注 |
| --- | --- | --- | --- | --- |
| 1546 | DB11/T 1764.28—2021 | 用水定额　第28部分：机关 | 北京市机关事务管理局、北京市水务局 | |
| 1547 | DB11/T 1764.29—2021 | 用水定额　第29部分：写字楼 | 北京市水务局 | |
| 1548 | DB11/T 1764.30—2020 | 用水定额　第30部分：洗车 | 北京市水务局 | |
| 1549 | DB11/T 1764.31—2021 | 用水定额　第31部分：零售 | 北京市水务局、北京市商务局 | |
| 1550 | DB11/T 1764.32—2021 | 用水定额　第32部分：餐饮 | 北京市商务局 | |
| 1551 | DB11/T 1764.33—2021 | 用水定额　第33部分：沐浴 | 北京市水务局 | |
| 1552 | DB11/T 1764.34—2021 | 用水定额　第34部分：人工滑雪场 | 北京市水务局 | |
| 1553 | DB11/T 1764.35—2020 | 用水定额　第35部分：高尔夫球场 | 北京市水务局 | |
| 1554 | DB11/T 1764.36—2021 | 用水定额　第36部分：游泳场馆 | 北京市体育局、北京市水务局 | |
| 1555 | DB11/T 1764.37—2021 | 用水定额　第37部分：博物馆 | 北京市水务局 | |
| 1556 | DB11/T 1764.38—2023 | 用水定额　第38部分：体育场馆 | 北京市体育局、北京市水务局 | |
| 1557 | DB11/T 1764.39—2021 | 用水定额　第39部分：地铁站 | 北京市交通委员会 | |
| 1558 | DB11/T 1764.40—2020 | 用水定额　第40部分：客运站 | 北京市交通委员会 | |
| 1559 | DB11/T 1764.41—2021 | 用水定额　第41部分：火车站 | 北京市水务局 | |
| 1560 | DB11/T 1764.42—2020 | 用水定额　第42部分：居民生活 | 北京市水务局 | |
| 1561 | DB11/T 1764.43—2021 | 用水定额　第43部分：洗涤 | 北京市商务局、北京市水务局 | |
| 1562 | DB11/T 1764.44—2022 | 用水定额　第44部分：理发、美容和足疗 | 北京市水务局 | |

续表

| 序号 | 标准号 | 标准名称 | 行业主管部门 | 备注 |
| --- | --- | --- | --- | --- |
| 1563 | DB11/T 1765—2020 | 工业废水回用工程运行管理规范 | 北京市经济和信息化局、北京市水务局 | |
| 1564 | DB11/T 1766—2020 | 工业浓盐水处理技术规范 | 北京市经济和信息化局、北京市水务局 | |
| 1565 | DB11/T 1767—2020 | 再生水利用指南　第1部分：工业 | 北京市水务局 | |
| 1566 | DB11/T 1767.2—2022 | 再生水利用指南　第2部分：空调冷却 | 北京市水务局 | |
| 1567 | DB11/T 1767.3—2022 | 再生水利用指南　第3部分：市政杂用 | 北京市水务局 | |
| 1568 | DB11/T 1767.4—2021 | 再生水利用指南　第4部分：景观环境 | 北京市水务局 | |
| 1569 | DB11/T 1768—2020 | 建筑水表配置规范 | 北京市水务局 | |
| 1570 | DB11/T 1769—2020 | 用水单位水计量与统计管理规范 | 北京市水务局 | |
| 1571 | DB11/T 1770—2020 | 民用冷却塔节水管理规范 | 北京市水务局 | |
| 1572 | DB11/T 1771—2020 | 地源热泵系统运行技术规范 | 北京市发展和改革委员会 | |
| 1573 | DB11/T 1772—2020 | 地源热泵系统评价技术规范 | 北京市发展和改革委员会 | |
| 1574 | DB11/T 1773—2022 | 分布式光伏发电工程技术规范 | 北京市发展和改革委员会 | |
| 1575 | DB11/T 1774—2020 | 建筑新能源应用设计规范 | 北京市发展和改革委员会 | |
| 1576 | DB11/T 1775—2020 | 供热采暖系统水处理规程 | 北京市城市管理委员会 | |
| 1577 | DB11/T 1776—2020 | 水利工程绿色施工规范 | 北京市水务局 | |
| 1578 | DB11/T 1777—2020 | 人民防空工程维护技术规程 | 北京市国防动员办公室 | |
| 1579 | DB11/T 1778—2020 | 美丽乡村绿化美化技术规程 | 北京市园林绿化局 | |
| 1580 | DB11/T 1779—2020 | 浅山区造林技术规程 | 北京市园林绿化局 | |
| 1581 | DB11/T 1780—2020 | 山区森林质量提升技术规程 | 北京市园林绿化局 | |
| 1582 | DB11/T 1781—2020 | 二氧化碳排放核算和报告要求 电力生产业 | 北京市生态环境局 | |

续表

| 序号 | 标准号 | 标准名称 | 行业主管部门 | 备注 |
|---|---|---|---|---|
| 1583 | DB11/T 1782—2020 | 二氧化碳排放核算和报告要求　水泥制造业 | 北京市生态环境局 | |
| 1584 | DB11/T 1783—2020 | 二氧化碳排放核算和报告要求　石油化工生产业 | 北京市生态环境局 | |
| 1585 | DB11/T 1784—2020 | 二氧化碳排放核算和报告要求　热力生产和供应业 | 北京市生态环境局 | |
| 1586 | DB11/T 1785—2020 | 二氧化碳排放核算和报告要求　服务业 | 北京市生态环境局 | |
| 1587 | DB11/T 1786—2020 | 二氧化碳排放核算和报告要求　道路运输业 | 北京市生态环境局 | |
| 1588 | DB11/T 1787—2020 | 二氧化碳排放核算和报告要求　其他行业 | 北京市生态环境局 | |
| 1589 | DB11/T 1788—2020 | 技术转移服务人员能力规范 | 北京市科学技术委员会、中关村科技园区管理委员会 | |
| 1590 | DB11/T 1789—2020 | 餐饮服务单位餐饮服务场所布局设置规范 | 北京市市场监督管理局 | |
| 1591 | DB11/T 1790—2020 | 餐饮服务单位餐饮用具使用管理规范 | 北京市市场监督管理局 | |
| 1592 | DB11/T 1791—2020 | 餐饮服务单位从业人员健康管理规范 | 北京市市场监督管理局 | |
| 1593 | DB11/T 1792—2020 | 大型活动接待服务实施指南 | 北京市文化和旅游局 | |
| 1594 | DB11/T 1793—2020 | 体医融合机构服务规范 | 北京市卫生健康委员会 | |
| 1595 | DB11/T 1794—2020 | 医疗机构临床用血技术规范 | 北京市卫生健康委员会 | |
| 1596 | DB11/T 1795—2020 | 声源定位测试质量控制规范 | 北京市卫生健康委员会 | |
| 1597 | DB11/T 1796—2020 | 文物建筑三维信息采集技术规程 | 北京市文物局 | |
| 1598 | DB11/T 1797—2020 | 食品生产企业质量提升指南 | 北京市市场监督管理局 | |
| 1599 | DB11/T 1798—2020 | 规模化鸡场粪污处理技术规范 | 北京市农业农村局 | |
| 1600 | DB11/T 1799—2020 | 生猪养殖场生物安全规范 | 北京市农业农村局 | |

续表

| 序号 | 标准号 | 标准名称 | 行业主管部门 | 备注 |
|---|---|---|---|---|
| 1601 | DB11/T 1800—2020 | 规模化苗圃生产与管理规范 | 北京市园林绿化局 | |
| 1602 | DB11/T 1801—2020 | 木本香薷栽培技术规程 | 北京市园林绿化局 | |
| 1603 | DB11/T 1802—2020 | 果树水肥一体化技术规程 | 北京市园林绿化局 | |
| 1604 | DB11/T 1803—2020 | 春季开花木本植物花期延迟技术规程 | 北京市园林绿化局 | |
| 1605 | DB11/T 1804—2020 | 实验动物　繁育与遗传监测 | 北京市科学技术委员会、中关村科技园区管理委员会 | |
| 1606 | DB11/T 1805—2020 | 实验动物　病理学诊断规范 | 北京市科学技术委员会、中关村科技园区管理委员会 | |
| 1607 | DB11/T 1806—2020 | 实验动物　寄生虫检测 | 北京市科学技术委员会、中关村科技园区管理委员会 | |
| 1608 | DB11/T 1807—2020 | 实验动物　环境条件 | 北京市科学技术委员会、中关村科技园区管理委员会 | |
| 1609 | DB11/T 1808—2020 | 实验动物　配合饲料养分与卫生要求 | 北京市科学技术委员会、中关村科技园区管理委员会 | |
| 1610 | DB11/T 1809—2020 | 实验动物　微生物检测 | 北京市科学技术委员会、中关村科技园区管理委员会 | |
| 1611 | DB11/T 1810—2020 | 装配式抗震支吊架施工质量验收规范 | 北京市住房和城乡建设委员会 | |
| 1612 | DB11/T 1811—2020 | 厨房、厕浴间防水技术规程 | 北京市住房和城乡建设委员会 | （1）将引用标准名录中的“DB11/ 3005”更新为“DB11/ 1983”。<br>（2）将正文中 3.0.3“DB11/ 3005”更新为“DB11/ 1983”。<br>（3）将条文说明中 3.0.3，4.2.3，4.2.4，4.2.5，4.2.6，6.1.6“DB11/ 3005”更新为“DB11/ 1983” |
| 1613 | DB11/T 1812—2020 | 既有玻璃幕墙安全性检测与鉴定技术规程 | 北京市住房和城乡建设委员会 | |
| 1614 | DB11/T 1813—2020 | 公共建筑机动车停车配建指标 | 北京市规划和自然资源委员会 | |

续表

| 序号 | 标准号 | 标准名称 | 行业主管部门 | 备注 |
| --- | --- | --- | --- | --- |
| 1615 | DB11/T 1814—2020 | 城市道路平面交叉口红线展宽和切角规划设计规范 | 北京市规划和自然资源委员会 | |
| 1616 | DB11/T 1815.1—2021 | 地下工程建设中管线保护技术规程　第1部分：供热管线 | 北京市城市管理委员会 | |
| 1617 | DB11/T 1816—2021 | 大型活动志愿者服务规范 | 共青团北京市委员会 | |
| 1618 | DB11/T 1817—2021 | 灌注式半柔性路面铺装层设计与施工技术规范 | 北京市交通委员会 | |
| 1619 | DB11/T 1818—2021 | 地下再生水厂运行及安全管理规范 | 北京市水务局 | |
| 1620 | DB11/T 1819—2021 | 环境空气颗粒物网格化监测评价技术规范 | 北京市生态环境局 | |
| 1621 | DB11/T 1820—2021 | 街区层面控制性详细规划环境影响评价技术指南 | 北京市生态环境局 | |
| 1622 | DB11/T 1821—2021 | 建设项目环境影响评价技术指南 生物药品制品制造 | 北京市生态环境局 | |
| 1623 | DB11/T 1822—2021 | 水库型水源涵养区治理和监测技术指南 | 北京市水务局 | |
| 1624 | DB11/T 1823—2021 | 山区水土保持生态修复与监测技术指南 | 北京市水务局 | |
| 1625 | DB11/T 1824—2021 | 森林消防综合应急救援队伍装备使用和维护规范 | 北京市应急管理局 | |
| 1626 | DB11/T 1825—2021 | 森林消防综合应急救援基础能力建设规范 | 北京市应急管理局 | |
| 1627 | DB11/T 1826—2021 | 森林消防综合应急救援队伍训练规范 | 北京市应急管理局 | |
| 1628 | DB11/T 1827—2021 | 粉尘防爆安全管理规范 | 北京市应急管理局 | |
| 1629 | DB11/T 1828—2021 | 文物保护工程资料管理规程 | 北京市文物局 | |
| 1630 | DB11/T 1829—2021 | 生产建设项目水土保持遥感信息应用技术规范 | 北京市水务局 | |
| 1631 | DB11/T 1830—2021 | 休闲农业园区等级划分与评定 | 北京市农业农村局 | |
| 1632 | DB11/T 1831—2021 | 装配式建筑评价标准 | 北京市住房和城乡建设委员会 | |

续表

| 序号 | 标准号 | 标准名称 | 行业主管部门 | 备注 |
|---|---|---|---|---|
| 1633 | DB11/T 1832.1—2021 | 建筑工程施工工艺规程 第1部分：地基基础工程 | 北京市住房和城乡建设委员会 | |
| 1634 | DB11/T 1832.2—2023 | 建筑工程施工工艺规程 第2部分：防水工程 | 北京市住房和城乡建设委员会 | |
| 1635 | DB11/T 1832.3—2021 | 建筑工程施工工艺规程 第3部分：混凝土结构工程 | 北京市住房和城乡建设委员会 | |
| 1636 | DB11/T 1832.4—2021 | 建筑工程施工工艺规程 第4部分：砌体结构工程 | 北京市住房和城乡建设委员会 | |
| 1637 | DB11/T 1832.5—2023 | 建筑工程施工工艺规程 第5部分：钢结构工程 | 北京市住房和城乡建设委员会 | |
| 1638 | DB11/T 1832.6—2023 | 建筑工程施工工艺规程 第6部分：木结构工程 | 北京市住房和城乡建设委员会 | |
| 1639 | DB11/T 1832.7—2022 | 建筑工程施工工艺规程 第7部分：建筑地面工程 | 北京市住房和城乡建设委员会 | |
| 1640 | DB11/T 1832.8—2022 | 建筑工程施工工艺规程 第8部分：门窗工程 | 北京市住房和城乡建设委员会 | |
| 1641 | DB11/T 1832.9—2022 | 建筑工程施工工艺规程 第9部分：屋面工程 | 北京市住房和城乡建设委员会 | |
| 1642 | DB11/T 1832.10—2022 | 建筑工程施工工艺规程 第10部分：装饰装修工程 | 北京市住房和城乡建设委员会 | |
| 1643 | DB11/T 1832.11—2022 | 建筑工程施工工艺规程 第11部分：幕墙工程 | 北京市住房和城乡建设委员会 | |
| 1644 | DB11/T 1832.12—2022 | 建筑工程施工工艺规程 第12部分：保温工程 | 北京市住房和城乡建设委员会 | |
| 1645 | DB11/T 1832.13—2022 | 建筑工程施工工艺规程 第13部分：给水与排水工程 | 北京市住房和城乡建设委员会 | |
| 1646 | DB11/T 1832.14—2022 | 建筑工程施工工艺规程 第14部分：供暖工程 | 北京市住房和城乡建设委员会 | |
| 1647 | DB11/T 1832.15—2022 | 建筑工程施工工艺规程 第15部分：通风与空调安装工程 | 北京市住房和城乡建设委员会 | |
| 1648 | DB11/T 1832.16—2023 | 建筑工程施工工艺规程 第16部分：新能源系统工程 | 北京市住房和城乡建设委员会 | |
| 1649 | DB11/T 1832.17—2021 | 建筑工程施工工艺规程 第17部分：电气动力安装工程 | 北京市住房和城乡建设委员会 | |

续表

| 序号 | 标准号 | 标准名称 | 行业主管部门 | 备注 |
| --- | --- | --- | --- | --- |
| 1650 | DB11/T 1832.18—2021 | 建筑工程施工工艺规程 第18部分：照明系统工程 | 北京市住房和城乡建设委员会 | |
| 1651 | DB11/T 1832.19—2023 | 建筑工程施工工艺规程 第19部分：弱电系统工程 | 北京市住房和城乡建设委员会 | |
| 1652 | DB11/T 1832.20—2022 | 建筑工程施工工艺规程 第20部分：电梯系统工程 | 北京市住房和城乡建设委员会 | |
| 1653 | DB11/T 1832.21—2023 | 建筑工程施工工艺规程 第21部分：装配式混凝土结构工程 | 北京市住房和城乡建设委员会 | |
| 1654 | DB11/T 1832.22—2023 | 建筑工程施工工艺规程 第22部分：装配式装修工程 | 北京市住房和城乡建设委员会 | |
| 1655 | DB11/T 1833—2021 | 建筑工程施工安全操作规程 | 北京市住房和城乡建设委员会 | |
| 1656 | DB11/T 1834—2021 | 城市道路工程施工技术规程 | 北京市住房和城乡建设委员会 | |
| 1657 | DB11/T 1835—2021 | 给水排水管道工程施工技术规程 | 北京市住房和城乡建设委员会 | |
| 1658 | DB11/T 1836—2021 | 城市桥梁工程施工技术规程 | 北京市住房和城乡建设委员会 | |
| 1659 | DB11/T 1837—2021 | 幕墙工程施工过程模型细度标准 | 北京市住房和城乡建设委员会 | |
| 1660 | DB11/T 1838—2021 | 建筑电气工程施工过程模型细度标准 | 北京市住房和城乡建设委员会 | |
| 1661 | DB11/T 1839—2021 | 建筑给水排水及供暖工程施工过程模型细度标准 | 北京市住房和城乡建设委员会 | |
| 1662 | DB11/T 1840—2021 | 现浇混凝土结构工程和砌体结构工程施工过程模型细度标准 | 北京市住房和城乡建设委员会 | |
| 1663 | DB11/T 1841—2021 | 通风与空调工程施工过程模型细度标准 | 北京市住房和城乡建设委员会 | |
| 1664 | DB11/T 1842—2021 | 市政基础设施工程门式和桥式起重机安全应用技术规程 | 北京市住房和城乡建设委员会 | |
| 1665 | DB11/T 1843—2021 | 盾构法隧道修复加固工程施工质量验收规范 | 北京市住房和城乡建设委员会 | |
| 1666 | DB11/T 1844—2021 | 既有工业建筑民用化绿色改造评价标准 | 北京市住房和城乡建设委员会 | |

续表

| 序号 | 标准号 | 标准名称 | 行业主管部门 | 备注 |
| --- | --- | --- | --- | --- |
| 1667 | DB11/T 1845—2021 | 钢结构工程施工过程模型细度标准 | 北京市住房和城乡建设委员会 | |
| 1668 | DB11/T 1846—2021 | 施工现场装配式路面技术规程 | 北京市住房和城乡建设委员会 | |
| 1669 | DB11/T 1847—2021 | 电梯井道作业平台技术规程 | 北京市住房和城乡建设委员会 | |
| 1670 | DB11/T 1848—2021 | 全钢大模板应用技术规程 | 北京市住房和城乡建设委员会 | |
| 1671 | DB11/T 1849—2021 | 农村街坊路清扫保洁质量与作业要求 | 北京市城市管理委员会 | |
| 1672 | DB11/T 1850—2021 | 社会心理服务站点服务规范 | 北京市民政局 | |
| 1673 | DB11/T 1851—2021 | 大型活动场地临时性建（构）筑物防雷技术要求 | 北京市气象局 | |
| 1674 | DB11/T 1852—2021 | 农村地区生活污水处理设施水量水质实时监控技术导则 | 北京市水务局 | |
| 1675 | DB11/T 1853—2021 | 废弃电器电子产品回收企业评价规范 | 北京市发展和改革委员会 | |
| 1676 | DB11/T 1854—2021 | 公共建筑室内照明系统节能监测 | 北京市发展和改革委员会 | |
| 1677 | DB11/T 1855—2021 | 固定资产投资项目节能审查验收技术规范 | 北京市发展和改革委员会 | |
| 1678 | DB11/T 1856—2021 | 清洁生产评价指标体系　互联网零售和快递业 | 北京市发展和改革委员会 | |
| 1679 | DB11/T 1857—2021 | 清洁生产评价指标体系　电力、热力生产和供应业 | 北京市发展和改革委员会 | |
| 1680 | DB11/T 1858—2021 | 用能单位能源利用状况报告编制规范 | 北京市发展和改革委员会 | |
| 1681 | DB11/T 1859—2021 | 快递绿色包装使用与评价规范 | 北京市邮政管理局 | |
| 1682 | DB11/T 1860—2021 | 电子信息产品碳足迹核算指南 | 北京市生态环境局 | |
| 1683 | DB11/T 1861—2021 | 企事业单位碳中和实施指南 | 北京市生态环境局 | |
| 1684 | DB11/T 1862—2021 | 大型活动碳中和实施指南 | 北京市生态环境局 | |
| 1685 | DB11/T 1863—2021 | 医疗机构保洁服务规范 | 北京市卫生健康委员会 | |

续表

| 序号 | 标准号 | 标准名称 | 行业主管部门 | 备注 |
|---|---|---|---|---|
| 1686 | DB11/T 1864—2021 | 医疗机构临床营养技术导则 | 北京市卫生健康委员会 | |
| 1687 | DB11/T 1865—2021 | 医务人员传染病个人防护技术规范 | 北京市卫生健康委员会 | |
| 1688 | DB11/T 1866—2023 | 重症医学数据集　患者数据 | 北京市卫生健康委员会 | |
| 1689 | DB11/T 1867.1—2021 | “北京民生一卡通”技术规范　第1部分：卡片 | 北京市人力资源和社会保障局 | |
| 1690 | DB11/T 1867.2—2021 | “北京民生一卡通”技术规范　第2部分：二维码通用要求 | 北京市经济和信息化局 | |
| 1691 | DB11/T 1867.3—2021 | “北京民生一卡通”技术规范　第3部分：使用环境要求 | 北京市经济和信息化局 | |
| 1692 | DB11/T 1868—2021 | 旅馆业人证核验技术要求 | 北京市公安局 | |
| 1693 | DB11/T 1869—2021 | 池塘养殖通用技术规范 | 北京市农业农村局 | |
| 1694 | DB11/T 1870—2021 | 畜禽养殖粪肥还田利用技术规范 | 北京市农业农村局 | |
| 1695 | DB11/T 1871—2021 | 建筑工程轮扣式钢管脚手架安全技术规程 | 北京市住房和城乡建设委员会 | |
| 1696 | DB11/T 1872—2021 | 给水与排水工程施工安全技术规程 | 北京市住房和城乡建设委员会 | |
| 1697 | DB11/T 1873—2021 | 装配式低层住宅轻钢框架－组合墙结构技术标准 | 北京市住房和城乡建设委员会 | |
| 1698 | DB11/T 1874—2021 | 道路工程施工安全技术规程 | 北京市住房和城乡建设委员会 | |
| 1699 | DB11/T 1875—2021 | 市政工程施工安全操作规程 | 北京市住房和城乡建设委员会 | |
| 1700 | DB11/T 1876—2021 | 城市道路照明设施运行维护规范 | 北京市城市管理委员会 | |
| 1701 | DB11/T 1877—2021 | 生态环境质量评价技术规范 | 北京市生态环境局 | |
| 1702 | DB11/T 1878—2021 | 鸟类生态廊道设计与建设规范 | 北京市园林绿化局 | |
| 1703 | DB11/T 1879—2021 | 生产安全事故应急救援评估指南 | 北京市应急管理局 | |
| 1704 | DB11/T 1880—2021 | 自动驾驶地图特征定位数据技术规范 | 北京市规划和自然资源委员会 | |

续表

| 序号 | 标准号 | 标准名称 | 行业主管部门 | 备注 |
| --- | --- | --- | --- | --- |
| 1705 | DB11/T 1881—2021 | 大规格容器苗培育技术规程 | 北京市园林绿化局 | |
| 1706 | DB11/T 1882—2021 | 城市轨道交通车站工程施工质量验收标准 | 北京市住房和城乡建设委员会 | |
| 1707 | DB11/T 1883—2021 | 非透光幕墙保温工程技术规程 | 北京市住房和城乡建设委员会 | |
| 1708 | DB11/T 1884—2021 | 供热与燃气管道工程施工安全技术规程 | 北京市住房和城乡建设委员会 | |
| 1709 | DB11/T 1885—2021 | 桥梁工程施工安全技术规程 | 北京市住房和城乡建设委员会 | |
| 1710 | DB11/T 1886—2021 | 市域（郊）铁路轨道工程施工质量验收规范 | 北京市住房和城乡建设委员会 | |
| 1711 | DB11/T 1887—2021 | 索结构工程施工质量验收标准 | 北京市住房和城乡建设委员会 | |
| 1712 | DB11/T 1888—2021 | 海绵城市雨水控制与利用工程施工及验收标准 | 北京市住房和城乡建设委员会 | |
| 1713 | DB11/ 1889—2021 | 站城一体化工程消防安全技术标准 | 北京市规划和自然资源委员会 | |
| 1714 | DB11/T 1890—2021 | 城市轨道交通工程信息模型设计交付标准 | 北京市规划和自然资源委员会 | |
| 1715 | DB11/T 1891—2021 | 建（构）筑物与应急设施地震安全韧性建设指南 | 北京市地震局 | |
| 1716 | DB11/T 1892—2021 | 大型活动可持续性评价指南 | 北京市发展和改革委员会 | |
| 1717 | DB11/T 1893—2021 | 电力储能系统建设运行规范 | 北京市城市管理委员会 | |
| 1718 | DB11/T 1894—2021 | 10kV 及以下配电网设施配置技术规范 | 北京市城市管理委员会 | |
| 1719 | DB11/T 1895—2021 | 城市地下空间资源地质评估标准 | 北京市规划和自然资源委员会 | |
| 1720 | DB11/T 1896—2021 | 突发性地质灾害应急调查规范 | 北京市规划和自然资源委员会 | |
| 1721 | DB11/T 1897—2021 | 城市轨道交通广播系统技术规范 | 北京市交通委员会 | |
| 1722 | DB11/T 1898—2021 | 城市综合客运枢纽运营服务评价规范 | 北京市交通委员会 | |
| 1723 | DB11/T 1899—2021 | 互联网租赁自行车系统技术与服务规范 | 北京市交通委员会 | |

续表

| 序号 | 标准号 | 标准名称 | 行业主管部门 | 备注 |
|---|---|---|---|---|
| 1724 | DB11/T 1900—2021 | 退役军人服务中心（站）服务与运行规范 | 北京市退役军人事务局 | |
| 1725 | DB11/T 1901—2021 | 政务服务事项编码及要素规范 | 北京市政务服务管理局 | |
| 1726 | DB11/T 1902—2021 | 政务服务中心服务与管理规范 | 北京市政务服务管理局 | |
| 1727 | DB11/T 1903—2021 | 大型群众性活动场馆安全技术防范基本要求 | 北京市公安局 | |
| 1728 | DB11/T 1904—2021 | 剧毒、易制爆危险化学品电子追踪管理规范 | 北京市公安局 | |
| 1729 | DB11/T 1905—2021 | 大型群众性活动消防安全规范 | 北京市消防救援总队 | |
| 1730 | DB11/T 1906—2021 | 自然灾害调查评估指南 | 北京市应急管理局 | |
| 1731 | DB11/T 1907—2021 | 专业应急救援队伍能力建设规范　突发环境事件 | 北京市应急管理局 | （1）将规范性引用文件中的“GBZ 2 工业场所有害因素职业接触限值”更新为“GBZ 2.1 工作场所有害因素职业接触限值 第1部分：化学有害因素”。<br>（2）将正文中的“GBZ 2”更新为“GBZ 2.1” |
| 1732 | DB11/T 1908—2021 | 专业应急救援队伍能力建设规范　危险化学品 | 北京市应急管理局 | |
| 1733 | DB11/T 1909—2021 | 专业应急救援队伍能力建设规范　道路桥梁 | 北京市应急管理局 | |
| 1734 | DB11/T 1910—2021 | 专业应急救援队伍能力建设规范　电网 | 北京市应急管理局 | |
| 1735 | DB11/T 1911—2021 | 专业应急救援队伍能力建设规范　防汛排水 | 北京市应急管理局 | |
| 1736 | DB11/T 1912—2021 | 专业应急救援队伍能力建设规范　供热 | 北京市应急管理局 | |
| 1737 | DB11/T 1913—2021 | 专业应急救援队伍能力建设规范　燃气 | 北京市应急管理局 | |
| 1738 | DB11/T 1914—2021 | 专业应急救援队伍能力建设规范　建筑工程施工现场 | 北京市应急管理局 | |
| 1739 | DB11/T 1915—2021 | 专业应急救援队伍能力建设规范　水域 | 北京市应急管理局 | |

续表

| 序号 | 标准号 | 标准名称 | 行业主管部门 | 备注 |
|---|---|---|---|---|
| 1740 | DB11/T 1916—2021 | 专业应急救援队伍能力建设规范　通信保障 | 北京市应急管理局 | |
| 1741 | DB11/T 1917.1—2021 | 城市码编码与应用规范　第1部分：标识 | 北京市经济和信息化局 | |
| 1742 | DB11/T 1917.2—2021 | 城市码编码与应用规范　第2部分：城市二维码 | 北京市经济和信息化局 | |
| 1743 | DB11/T 1918—2021 | 政务数据分级与安全保护规范 | 北京市经济和信息化局 | |
| 1744 | DB11/T 1919—2021 | 政务数据汇聚共享规范 | 北京市经济和信息化局 | |
| 1745 | DB11/T 1920—2021 | 行政检查数据规范 | 北京市司法局 | |
| 1746 | DB11/T 1921—2021 | 行政强制数据规范 | 北京市司法局 | |
| 1747 | DB11/T 1922—2021 | 文物三维数字化技术规范　器物 | 北京市文物局 | |
| 1748 | DB11/T 1923—2021 | 集体用餐配送单位布局设置与加工配送管理规范 | 北京市市场监督管理局 | |
| 1749 | DB11/T 1924—2021 | 网络餐饮服务餐饮安全管理规范 | 北京市市场监督管理局 | |
| 1750 | DB11/T 1925—2021 | 旅行社地接服务规范 | 北京市文化和旅游局 | |
| 1751 | DB11/T 1926—2021 | 道路尘负荷车载移动监测与评价技术规范 | 北京市生态环境局 | |
| 1752 | DB11/T 1927—2021 | 建设项目环境影响评价技术指南　医疗机构 | 北京市生态环境局 | |
| 1753 | DB11/T 1928—2021 | 小微湿地修复技术规程 | 北京市园林绿化局 | |
| 1754 | DB11/T 1929—2021 | 肠道传染病疫源地消毒技术规范 | 北京市卫生健康委员会 | |
| 1755 | DB11/T 1930—2021 | 放射工作人员健康检查染色体畸变和微核检测质量控制规范 | 北京市卫生健康委员会 | |
| 1756 | DB11/T 1931—2021 | 公共游泳场所卫生技术规范 | 北京市卫生健康委员会 | |
| 1757 | DB11/T 1932—2021 | 接种单位等级划分　常规接种 | 北京市卫生健康委员会 | |
| 1758 | DB11/T 1933—2021 | 人乳库建立与运行规范 | 北京市卫生健康委员会 | |

续表

| 序号 | 标准号 | 标准名称 | 行业主管部门 | 备注 |
|---|---|---|---|---|
| 1759 | DB11/T 1934—2021 | 医院处方评价规范 | 北京市卫生健康委员会 | |
| 1760 | DB11/T 1935—2021 | 服务业用水单位水平衡测试导则 | 北京市水务局 | |
| 1761 | DB11/T 1936—2021 | 供水企业节水管理规范 | 北京市水务局 | |
| 1762 | DB11/T 1937—2021 | 河道水环境维护和河道绿地管护分级作业规范 | 北京市水务局 | |
| 1763 | DB11/T 1938—2021 | 引调水隧洞监测技术导则 | 北京市水务局 | |
| 1764 | DB11/T 1939—2021 | 捕食性天敌繁育及释放技术规范 | 北京市农业农村局 | |
| 1765 | DB11/T 1940—2021 | 旱作谷子轻简化生产技术规程 | 北京市农业农村局 | |
| 1766 | DB11/T 1941—2021 | 农田生态景观建设规范 | 北京市农业农村局 | |
| 1767 | DB11/T 1942—2021 | 银杏养护技术规程 | 北京市园林绿化局 | |
| 1768 | DB11/T 1943—2021 | 施工节水技术规范 | 北京市住房和城乡建设委员会 | |
| 1769 | DB11/T 1944—2021 | 市政基础设施工程暗挖施工安全技术规程 | 北京市住房和城乡建设委员会 | |
| 1770 | DB11/T 1945—2021 | 屋面防水技术标准 | 北京市住房和城乡建设委员会 | |
| 1771 | DB11/T 1946—2021 | 智慧工地评价标准 | 北京市住房和城乡建设委员会 | |
| 1772 | DB11/T 1947—2021 | 国土空间分区规划计算机辅助制图标准 | 北京市规划和自然资源委员会 | |
| 1773 | DB11/T 1948—2021 | 国土空间详细规划计算机辅助制图标准 | 北京市规划和自然资源委员会 | |
| 1774 | DB11/T 1949—2021 | 乡镇国土空间规划计算机辅助制图标准 | 北京市规划和自然资源委员会 | |
| 1775 | DB11/ 1950—2021 | 公共建筑无障碍设计标准 | 北京市规划和自然资源委员会 | |
| 1776 | DB11/T 1951—2021 | 建筑物名称规划标准 | 北京市规划和自然资源委员会 | |
| 1777 | DB11/T 1952—2022 | 地理国情监测技术规程 | 北京市规划和自然资源委员会 | |
| 1778 | DB11/T 1953—2022 | 成品粮储藏技术规范 | 北京市粮食和物资储备局 | |

续表

| 序号 | 标准号 | 标准名称 | 行业主管部门 | 备注 |
|---|---|---|---|---|
| 1779 | DB11/T 1954—2022 | 用水管理信息系统基础信息分类和编码规范 | 北京市水务局 | |
| 1780 | DB11/T 1955—2022 | 古建筑维护与加固技术规范 石结构 | 北京市文物局 | |
| 1781 | DB11/T 1956—2022 | 地热动态监测规范 | 北京市规划和自然资源委员会 | |
| 1782 | DB11/T 1957—2022 | 博物馆与科技馆能源消耗定额 | 北京市机关事务管理局、北京市文物局、北京市科学技术协会 | |
| 1783 | DB11/T 1958—2022 | 党政机关能源消耗定额 | 北京市机关事务管理局 | |
| 1784 | DB11/T 1959—2022 | 装配式建筑预制混凝土构件能源消耗限额 | 北京市住房和城乡建设委员会 | |
| 1785 | DB11/T 1960—2022 | 残疾人基础信息数据元规范 | 北京市残疾人联合会 | |
| 1786 | DB11/T 1961—2022 | 软件和信息化项目运行评价指标体系 | 北京市经济和信息化局 | |
| 1787 | DB11/T 1962—2022 | 食用林产品质量安全追溯元数据 | 北京市园林绿化局 | |
| 1788 | DB11/T 1963—2022 | 即时检验血气分析质量控制技术规范 | 北京市卫生健康委员会 | |
| 1789 | DB11/T 1964—2022 | 老年友善医疗机构评定技术规范 | 北京市卫生健康委员会 | |
| 1790 | DB11/T 1965—2022 | 医疗机构出院患者用药指导服务规范 | 北京市卫生健康委员会 | |
| 1791 | DB11/T 1966—2022 | 中小学生健康监测技术要求 | 北京市卫生健康委员会 | |
| 1792 | DB11/T 1967—2022 | 暂不开发利用受污染建设用地风险管控指南 | 北京市生态环境局 | |
| 1793 | DB11/T 1968—2022 | 中央厨房布局设置与管理规范 | 北京市市场监督管理局 | |
| 1794 | DB11/T 1969—2022 | 生猪养殖场建设规范 | 北京市农业农村局 | |
| 1795 | DB11/T 1970—2022 | 牡丹繁殖与栽培技术规程 | 北京市园林绿化局 | |
| 1796 | DB11/T 1971—2022 | 超低能耗居住建筑节能工程施工技术规程 | 北京市住房和城乡建设委员会 | |

续表

| 序号 | 标准号 | 标准名称 | 行业主管部门 | 备注 |
|---|---|---|---|---|
| 1797 | DB11/T 1972—2022 | 城市轨道交通工程冻结法施工技术规范 | 北京市住房和城乡建设委员会 | |
| 1798 | DB11/T 1973—2022 | 城市轨道交通工程施工模型细度标准 | 北京市住房和城乡建设委员会 | |
| 1799 | DB11/T 1974—2022 | 既有居住区综合管廊工程施工技术规程 | 北京市住房和城乡建设委员会 | |
| 1800 | DB11/T 1975—2022 | 建筑垃圾再生产品应用技术规程 | 北京市住房和城乡建设委员会 | |
| 1801 | DB11/T 1976—2022 | 建筑施工安全体验技术规程 | 北京市住房和城乡建设委员会 | |
| 1802 | DB11/T 1977—2022 | 绿色村庄评价标准 | 北京市住房和城乡建设委员会 | |
| 1803 | DB11/T 1978—2022 | 智慧小区建设技术规程 | 北京市住房和城乡建设委员会 | |
| 1804 | DB11/T 1979—2022 | 住宅厨卫排气道系统应用技术标准 | 北京市住房和城乡建设委员会 | |
| 1805 | DB11/T 1980—2022 | 市域（郊）轨道交通设计规范 | 北京市规划和自然资源委员会 | |
| 1806 | DB11/T 1981—2022 | 线性区域通信基站基础设施设计规范 | 北京市规划和自然资源委员会 | |
| 1807 | DB11/T 1982—2022 | 岩土工程信息模型设计标准 | 北京市规划和自然资源委员会 | |
| 1808 | DB11/ 1983—2022 | 建筑类涂料与胶粘剂挥发性有机化合物含量限值标准 | 北京市生态环境局 | |
| 1809 | DB11/T 1984—2022 | 小学能源消耗定额 | 北京市机关事务管理局、北京市教育委员会 | |
| 1810 | DB11/T 1985—2022 | 幼儿园能源消耗定额 | 北京市机关事务管理局、北京市教育委员会 | |
| 1811 | DB11/T 1986—2022 | 中学能源消耗定额 | 北京市机关事务管理局、北京市教育委员会 | |
| 1812 | DB11/T 1987—2022 | 用水单位节水量计算导则 | 北京市水务局 | |
| 1813 | DB11/T 1988—2022 | 城市轨道交通线路设施检测技术规范 | 北京市交通委员会 | |

续表

| 序号 | 标准号 | 标准名称 | 行业主管部门 | 备注 |
| --- | --- | --- | --- | --- |
| 1814 | DB11/T 1989—2022 | 园林绿化生态系统监测网络建设规范 | 北京市园林绿化局、北京市生态环境局 | |
| 1815 | DB11/T 1990—2022 | 中医养生保健机构服务基本要求 | 北京市卫生健康委员会 | |
| 1816 | DB11/T 1991—2022 | 职业健康检查技术规范 | 北京市卫生健康委员会 | |
| 1817 | DB11/T 1992.1—2022 | 食品生产企业质量管理规范　第1部分：运动营养食品 | 北京市市场监督管理局 | |
| 1818 | DB11/T 1992.5—2023 | 食品生产企业质量管理规范　第5部分：冷链即食食品 | 北京市市场监督管理局 | |
| 1819 | DB11/T 1993—2022 | 鱼菜共生生态种养技术规范 | 北京市农业农村局 | |
| 1820 | DB11/T 1994—2022 | 百合林下栽培技术规程 | 北京市园林绿化局 | |
| 1821 | DB11/T 1995—2022 | 花卉交易服务规范 | 北京市园林绿化局 | |
| 1822 | DB11/T 1996—2022 | 仁果类水果采后处理技术规范 | 北京市园林绿化局 | |
| 1823 | DB11/T 1997—2022 | 智慧小区评价标准 | 北京市住房和城乡建设委员会 | |
| 1824 | DB11/T 1998—2022 | 既有公共建筑节能绿色化改造技术规程 | 北京市住房和城乡建设委员会 | |
| 1825 | DB11/T 1999—2022 | 既有建筑改造保温系统拆除与回收技术规范 | 北京市住房和城乡建设委员会 | |
| 1826 | DB11/T 2000—2022 | 建筑工程消防施工质量验收规范 | 北京市住房和城乡建设委员会 | |
| 1827 | DB11/T 2001—2022 | 建筑施工现场应急预案编制规程 | 北京市住房和城乡建设委员会 | |
| 1828 | DB11/T 2002—2022 | 农村住宅清洁供暖技术规程 | 北京市住房和城乡建设委员会 | |
| 1829 | DB11/T 2003—2022 | 蒸压加气混凝土墙板系统应用技术规程 | 北京市住房和城乡建设委员会 | |
| 1830 | DB11/T 2004—2022 | 装配式建筑施工安全技术规范 | 北京市住房和城乡建设委员会 | |
| 1831 | DB11/T 2005—2022 | 预应力混凝土结构技术规程 | 北京市住房和城乡建设委员会 | |

续表

| 序号 | 标准号 | 标准名称 | 行业主管部门 | 备注 |
| --- | --- | --- | --- | --- |
| 1832 | DB11/T 2006—2022 | 既有建筑加固改造工程勘察技术标准 | 北京市规划和自然资源委员会 | |
| 1833 | DB11/ 2007—2022 | 城镇污水处理厂大气污染物排放标准 | 北京市生态环境局 | |
| 1834 | DB11/T 2008—2022 | 聚醚型聚氨酯混凝土路面铺装设计与施工技术规范 | 北京市交通委员会 | |
| 1835 | DB11/T 2009.1—2022 | 城市轨道交通综合无线通信系统技术规范　第 1 部分：总体要求 | 北京市交通委员会 | |
| 1836 | DB11/T 2010—2022 | 救灾物资储备管理规范 | 北京市粮食和物资储备局 | |
| 1837 | DB11/T 2011—2022 | 厨余有机废弃物制备土壤调理剂技术规范 | 北京市农业农村局 | |
| 1838 | DB11/T 2012—2022 | 淡水鱼养殖质量安全控制规范 | 北京市农业农村局 | |
| 1839 | DB11/T 2013—2022 | 蔬菜生产质量安全控制规范 | 北京市农业农村局 | |
| 1840 | DB11/T 2014—2022 | 畜禽养殖质量安全控制规范 | 北京市农业农村局 | |
| 1841 | DB11/T 2015—2022 | 畜禽屠宰质量安全控制规范 | 北京市农业农村局 | |
| 1842 | DB11/T 2016—2022 | 文物建筑雷电防护装置检测规范 | 北京市气象局 | |
| 1843 | DB11/T 2017—2022 | 射频电磁辐射车载巡测技术规范 | 北京市生态环境局 | |
| 1844 | DB11/T 2018—2022 | 餐厨垃圾运输车辆称重系统技术规范 | 北京市市场监督管理局 | |
| 1845 | DB11/T 2019—2022 | 能源计量器具配备和管理规范 数据中心 | 北京市市场监督管理局 | |
| 1846 | DB11/T 2020—2022 | 高质量团体标准评价规范 | 北京市市场监督管理局 | |
| 1847 | DB11/T 2021—2022 | 12345 市民服务热线服务与管理规范 | 北京市政务服务管理局 | |
| 1848 | DB11/T 2022—2022 | 河湖水质一体化监测技术规范 | 北京市水务局 | |
| 1849 | DB11/T 2023—2022 | 鱼类贝类环境 DNA 识别技术规范 | 北京市水务局 | |
| 1850 | DB11/T 2024—2022 | 公共体育设施分类与配置指南 | 北京市体育局 | |

续表

| 序号 | 标准号 | 标准名称 | 行业主管部门 | 备注 |
| --- | --- | --- | --- | --- |
| 1851 | DB11/T 2025—2022 | 军队离休退休干部服务管理机构服务与运行规范 | 北京市退役军人事务局 | |
| 1852 | DB11/T 2026—2022 | 专病临床研究数据元　精神疾病 | 北京市卫生健康委员会 | |
| 1853 | DB11/T 2027—2022 | 地质灾害现场应急救援技术规范 | 北京市应急管理局 | |
| 1854 | DB11/T 2028—2022 | 街道（乡镇）救援队伍应急行动指南 地震 | 北京市应急管理局 | |
| 1855 | DB11/T 2029—2022 | 森林体验指数评价技术规范 | 北京市园林绿化局 | |
| 1856 | DB11/T 2030—2022 | 沙枣育苗技术规程 | 北京市园林绿化局 | |
| 1857 | DB11/T 2031—2022 | 建筑信息模型与工程验收资料数据交互标准 | 北京市住房和城乡建设委员会 | |
| 1858 | DB11/T 2032—2022 | 工程建设项目多测合一技术规程 | 北京市规划和自然资源委员会 | |
| 1859 | DB11/T 2033—2022 | 餐厨垃圾源头减量操作要求 | 北京市城市管理委员会 | |
| 1860 | DB11/T 2034—2022 | 汽车加气站安全运行技术规程 | 北京市城市管理委员会 | |
| 1861 | DB11/T 2035—2022 | 供暖民用建筑室温无线采集系统技术要求 | 北京市城市管理委员会 | |
| 1862 | DB11/T 2036—2022 | 分布式光伏发电系统电气安全技术规范 | 北京市发展和改革委员会 | |
| 1863 | DB11/T 2037—2022 | 光伏建筑一体化设计要求 | 北京市发展和改革委员会 | |
| 1864 | DB11/T 2038—2022 | 中深层地热供热技术规范 井下换热 | 北京市发展和改革委员会 | |
| 1865 | DB11/T 2039—2022 | 中深层地热供热技术规范 水热 | 北京市发展和改革委员会 | |
| 1866 | DB11/T 2040—2022 | 信息安全技术　灯光秀系统网络安全防护规范 | 北京市公安局 | |
| 1867 | DB11/T 2041—2022 | 自动驾驶地图数据规范 | 北京市规划和自然资源委员会 | |
| 1868 | DB11/T 2042—2022 | 自然资源航空航天遥感数据、成果和应用规范 | 北京市规划和自然资源委员会 | |
| 1869 | DB11/T 2043—2022 | 突发性地质灾害监测站点运行规程 | 北京市规划和自然资源委员会 | |

续表

| 序号 | 标准号 | 标准名称 | 行业主管部门 | 备注 |
| --- | --- | --- | --- | --- |
| 1870 | DB11/T 2044—2022 | 突发性地质灾害排查规范 | 北京市规划和自然资源委员会 | |
| 1871 | DB11/T 2045—2022 | 城市轨道交通牵引能耗限额及计算方法 | 北京市交通委员会 | |
| 1872 | DB11/T 2046.1—2022 | 智慧停车系统技术要求 第1部分：总则 | 北京市交通委员会 | |
| 1873 | DB11/T 2046.2—2022 | 智慧停车系统技术要求 第2部分：停车场（库）外场设备 | 北京市交通委员会 | |
| 1874 | DB11/T 2046.3—2022 | 智慧停车系统技术要求 第3部分：停车场（库）管理模块 | 北京市交通委员会 | |
| 1875 | DB11/T 2046.4—2022 | 智慧停车系统技术要求 第4部分：数据规范及质量评估 | 北京市交通委员会 | |
| 1876 | DB11/T 2047—2022 | 目录区块链技术规范 | 北京市经济和信息化局 | |
| 1877 | DB11/T 2048—2022 | 信息消费体验中心服务规范 | 北京市经济和信息化局 | |
| 1878 | DB11/T 2049—2022 | 政务大数据安全技术框架 | 北京市经济和信息化局 | |
| 1879 | DB11/T 2050—2022 | 自动驾驶车辆封闭试验场地技术要求 | 北京市经济和信息化局 | |
| 1880 | DB11/T 2051—2022 | 自然人综合数据元规范 | 北京市经济和信息化局 | |
| 1881 | DB11/T 2052—2022 | 绿色数据中心评价指标与方法 | 北京市经济和信息化局 | |
| 1882 | DB11/T 2053—2022 | 精神障碍社区康复服务与管理规范 | 北京市民政局 | |
| 1883 | DB11/T 2054—2022 | 养老机构失智老年人照护服务规范 | 北京市民政局 | |
| 1884 | DB11/T 2055—2022 | 养老机构数据元规范 | 北京市民政局 | |
| 1885 | DB11/T 2056—2022 | 环境空气总悬浮颗粒物网格化监测技术规范 | 北京市生态环境局 | |
| 1886 | DB11/T 2057—2022 | 二氧化碳排放核算和报告要求 民用航空运输业 | 北京市生态环境局 | |

续表

| 序号 | 标准号 | 标准名称 | 行业主管部门 | 备注 |
| --- | --- | --- | --- | --- |
| 1887 | DB11/T 2058—2022 | 建设项目环境影响评价技术指南 汽车维修 | 北京市生态环境局 | |
| 1888 | DB11/T 2059—2022 | 生态产品总值核算技术规范 | 北京市生态环境局、北京市统计局 | |
| 1889 | DB11/T 2060—2022 | 服务业单位用水审计技术导则 | 北京市水务局 | |
| 1890 | DB11/T 2061—2022 | 种植业节水灌溉管理规范 | 北京市水务局 | |
| 1891 | DB11/T 2062—2022 | 全民健身示范街道建设规范 | 北京市体育局 | |
| 1892 | DB11/T 2063—2022 | 体育特色乡镇建设规范 | 北京市体育局 | |
| 1893 | DB11/T 2064—2022 | 急救工作站配置规范 | 北京市卫生健康委员会 | |
| 1894 | DB11/T 2065—2022 | 临床生物样本库基本安全要求 | 北京市卫生健康委员会 | |
| 1895 | DB11/T 2066—2022 | 农贸市场环境卫生管理规范 | 北京市卫生健康委员会 | |
| 1896 | DB11/T 2067—2022 | 主题公园服务规范 | 北京市文化和旅游局 | |
| 1897 | DB11/T 2068—2022 | 政务服务综合窗口人员能力与服务规范 | 北京市政务服务管理局 | |
| 1898 | DB11/T 2069—2022 | 生产安全事故调查与分析技术规范 | 北京市应急管理局 | |
| 1899 | DB11/T 2070—2022 | 应急物资信息采集规范 | 北京市应急管理局 | |
| 1900 | DB11/T 2071—2022 | 自然灾害应急期集中安置人员救助要求 | 北京市应急管理局 | |
| 1901 | DB11/T 2072—2022 | 栎属植物苗木繁育与栽培技术规程 | 北京市园林绿化局 | |
| 1902 | DB11/T 2073—2022 | 沥青路面厂拌热再生技术规范 | 北京市住房和城乡建设委员会 | |
| 1903 | DB11/T 2074—2022 | 城镇排水防涝系统数学模型构建与应用技术规程 | 北京市规划和自然资源委员会 | |
| 1904 | DB11/ 2075—2022 | 建筑工程减隔震技术规程 | 北京市规划和自然资源委员会 | |
| 1905 | DB11/ 2076—2022 | 民用建筑节水设计标准 | 北京市规划和自然资源委员会 | |

续表

| 序号 | 标准号 | 标准名称 | 行业主管部门 | 备注 |
|---|---|---|---|---|
| 1906 | DB11/T 2077—2023 | 城市副中心　新型电力系统 10kV 及以下配电网设施配置技术规范 | 北京市城市副中心管委会 | |
| 1907 | DB11/T 2078—2023 | 建筑垃圾消纳处置场所设置运行规范 | 北京市城市管理委员会 | |
| 1908 | DB11/T 2079—2023 | 电动自行车充电设施运营管理服务规范 | 北京市城市管理委员会 | |
| 1909 | DB11/T 2080—2023 | 建设项目环境影响评价技术指南 集成电路制造 | 北京市生态环境局 | |
| 1910 | DB11/T 2081—2023 | 道路工程混凝土结构表层渗透防护技术规范 | 北京市交通委员会 | |
| 1911 | DB11/T 2082—2023 | 公路除雪融雪作业技术规程 | 北京市交通委员会 | |
| 1912 | DB11/T 2083—2023 | 城市轨道交通疏散平台技术规范 | 北京市交通委员会 | |
| 1913 | DB11/T 2084—2023 | 城市热岛强度等级 | 北京市气象局 | |
| 1914 | DB11/T 2085—2023 | 农村污水处理厂站运行维护技术规程 | 北京市水务局 | |
| 1915 | DB11/T 2086—2023 | 儿童早期发展健康服务规范 | 北京市卫生健康委员会 | |
| 1916 | DB11/T 2087—2023 | 古建筑砖石结构现场勘查技术规范 | 北京市文物局 | |
| 1917 | DB11/T 2088—2023 | 高密植桃园建设及管理技术规程 | 北京市园林绿化局 | |
| 1918 | DB11/T 2089—2023 | 毛梾苗木繁育与栽培技术规程 | 北京市园林绿化局 | |
| 1919 | DB11/T 2090—2023 | 主要切花产品销售地处理技术规程 | 北京市园林绿化局 | |
| 1920 | DB11/T 2091—2023 | 生态保育小区建设指南 | 北京市园林绿化局 | |
| 1921 | DB11/T 2092—2023 | 食用林产品质量安全追溯导则 | 北京市园林绿化局 | |
| 1922 | DB11/T 2093—2023 | 森林经营方案编制技术导则 | 北京市园林绿化局 | |
| 1923 | DB11/T 2094—2023 | 生物防治产品人工繁育及应用技术规程 花绒寄甲光肩星天牛生物型 | 北京市园林绿化局 | |
| 1924 | DB11/T 2095—2023 | 主要坚果等级划分 | 北京市园林绿化局 | |

续表

| 序号 | 标准号 | 标准名称 | 行业主管部门 | 备注 |
| --- | --- | --- | --- | --- |
| 1925 | DB11/T 2096—2023 | 城市轨道交通工程盾构法施工技术规程 | 北京市住房和城乡建设委员会 | |
| 1926 | DB11/T 2097—2023 | 城市轨道交通工程明挖法施工技术规程 | 北京市住房和城乡建设委员会 | |
| 1927 | DB11/T 2098—2023 | 城市轨道交通工程施工安全检查与评价规范 | 北京市住房和城乡建设委员会 | |
| 1928 | DB11/T 2099—2023 | 市域（郊）铁路工程施工质量验收标准　土建工程 | 北京市住房和城乡建设委员会 | |
| 1929 | DB11/T 2100—2023 | 承插型盘扣式钢管脚手架安全选用技术规程 | 北京市住房和城乡建设委员会 | |
| 1930 | DB11/ 2101—2023 | 健康建筑设计标准 | 北京市规划和自然资源委员会 | 将条文说明中的“《设备及管道保冷技术通则》GB/T 11790”更新为“《设备及管道绝热技术通则》GB/T 4272” |
| 1931 | DB11/T 2102—2023 | 乡村地区交通设施规划设计标准 | 北京市规划和自然资源委员会 | 将引用标准名录及正文中的“《公路隧道设计规范》JTG 3370”更新为“《公路隧道设计规范　第一册 土建工程》JTG 3370.1” |
| 1932 | DB11/T 2103.1—2023 | 社会单位和重点场所消防安全管理规范　第1部分：通则 | 北京市消防救援总队 | |
| 1933 | DB11/T 2103.2—2023 | 社会单位和重点场所消防安全管理规范　第2部分：养老机构 | 北京市消防救援总队、北京市民政局 | |
| 1934 | DB11/T 2103.3—2023 | 社会单位和重点场所消防安全管理规范　第3部分：社区养老服务驿站 | 北京市消防救援总队、北京市民政局 | |
| 1935 | DB11/T 2103.4—2023 | 社会单位和重点场所消防安全管理规范　第4部分：大型商业综合体 | 北京市消防救援总队 | |
| 1936 | DB11/T 2103.5—2023 | 社会单位和重点场所消防安全管理规范　第5部分：城市轨道交通工程施工现场 | 北京市消防救援总队 | |
| 1937 | DB11/T 2103.6—2023 | 社会单位和重点场所消防安全管理规范　第6部分：密室逃脱类场所 | 北京市消防救援总队 | |

续表

| 序号 | 标准号 | 标准名称 | 行业主管部门 | 备注 |
|---|---|---|---|---|
| 1938 | DB11/T 2104—2023 | 消防控制室火警处置规范 | 北京市消防救援总队 | |
| 1939 | DB11/T 2105—2023 | 特定地域单元生态产品价值核算评估及应用指南 | 北京市发展和改革委员会 | |
| 1940 | DB11/T 2106.1—2023 | 供热系统智能化改造技术规程 第1部分：热源、热网和热力站 | 北京市城市管理委员会 | |
| 1941 | DB11/T 2106.2—2023 | 供热系统智能化改造技术规程 第2部分：热用户 | 北京市城市管理委员会 | |
| 1942 | DB11/T 2107—2023 | 供热系统智能化数据采集及通信规范 | 北京市城市管理委员会 | |
| 1943 | DB11/T 2108—2023 | 居民用户室内供暖系统改造规范 | 北京市城市管理委员会 | |
| 1944 | DB11/T 2109—2023 | 生活垃圾焚烧厂运行评价规范 | 北京市城市管理委员会 | |
| 1945 | DB11/T 2110—2023 | 保安服务规范 医院 | 北京市公安局 | |
| 1946 | DB11/T 2111—2023 | 信息系统运行维护服务 用户单位实施要求 | 北京市经济和信息化局 | |
| 1947 | DB11/T 2112—2023 | 城市道路空间非机动车停车设施设置规范 | 北京市交通委员会 | |
| 1948 | DB11/T 2113—2023 | 城镇排水泵站运行与维护技术规程 | 北京市水务局 | |
| 1949 | DB11/T 2114—2023 | 水利工程施工质量验收管理规程 | 北京市水务局 | |
| 1950 | DB11/T 2115—2023 | 机械式停车设备使用管理和维护保养安全技术规范 | 北京市市场监督管理局 | |
| 1951 | DB11/T 2116—2023 | 农村集体聚餐餐饮加工管理导则 | 北京市市场监督管理局 | |
| 1952 | DB11/T 2117—2023 | 专项体检服务规范 征兵体检 | 北京市卫生健康委员会 | |
| 1953 | DB11/T 2118—2023 | 社区卫生服务机构老年健康教育服务规范 | 北京市卫生健康委员会 | |
| 1954 | DB11/T 2119—2023 | 文化旅游体验基地评定规范 | 北京市文化和旅游局 | |
| 1955 | DB11/T 2120—2023 | 古建筑安全防范技术规范 | 北京市文物局 | |
| 1956 | DB11/T 2121—2023 | 槭属植物苗木繁育与栽培技术规程 | 北京市园林绿化局 | |

续表

| 序号 | 标准号 | 标准名称 | 行业主管部门 | 备注 |
| --- | --- | --- | --- | --- |
| 1957 | DB11/T 2122—2023 | 榉属植物苗木繁育与栽培技术规程 | 北京市园林绿化局 | |
| 1958 | DB11/T 2123—2023 | 核果类水果采后处理技术规范 | 北京市园林绿化局 | |
| 1959 | DB11/T 2124—2023 | 污泥产品林地施用技术规范 | 北京市园林绿化局、北京市水务局 | |
| 1960 | DB11/T 2125—2023 | 主要树种母树林营建技术规程 | 北京市园林绿化局 | |
| 1961 | DB11/T 2126—2023 | 城市轨道交通结构工程检测技术标准 | 北京市住房和城乡建设委员会 | |
| 1962 | DB11/T 2127—2023 | 民用建筑工程竣工验收模型细度标准 | 北京市住房和城乡建设委员会 | |
| 1963 | DB11/T 2128—2023 | 预制混凝土夹心保温外墙板应用技术规程 | 北京市住房和城乡建设委员会 | |
| 1964 | DB11/T 2129—2023 | 站城一体化工程规划设计标准 | 北京市规划和自然资源委员会 | |
| 1965 | DB11/T 2130—2023 | 可回收物体系建设管理规范 | 北京市城市管理委员会 | |
| 1966 | DB11/T 2131—2023 | 租赁车辆安全防范系统技术要求 | 北京市公安局 | |
| 1967 | DB11/T 2132—2023 | 养老志愿服务管理规范 | 北京市民政局 | |
| 1968 | DB11/T 2133—2023 | 中小企业信用建设与管理规范 | 北京市经济和信息化局 | |
| 1969 | DB11/T 2134—2023 | 中小微企业信用融资服务平台建设指南 | 北京市经济和信息化局 | |
| 1970 | DB11/T 2135—2023 | 信用管理咨询服务规范 | 北京市经济和信息化局 | |
| 1971 | DB11/T 2136—2023 | 婴幼儿托育机构服务规范 | 北京市卫生健康委员会 | |
| 1972 | DB11/T 2137—2023 | 宫颈癌筛查质量控制技术规范 | 北京市卫生健康委员会 | |
| 1973 | DB11/T 2138—2023 | 旅行社信用评价规范 | 北京市文化和旅游局 | |
| 1974 | DB11/T 2139—2023 | 职业信用评价规范　导游 | 北京市文化和旅游局 | |
| 1975 | DB11/T 2140—2023 | 聚乙烯管道热熔接头微波检测质量控制要求 | 北京市市场监督管理局 | |

续表

| 序号 | 标准号 | 标准名称 | 行业主管部门 | 备注 |
| --- | --- | --- | --- | --- |
| 1976 | DB11/T 2141—2023 | 应急避难场所　分级和分类 | 北京市应急管理局 | |
| 1977 | DB11/T 2142—2023 | 应急避难场所　场址及配套设施 | 北京市应急管理局 | |
| 1978 | DB11/T 2143—2023 | 应急避难场所　评估导则 | 北京市应急管理局 | |
| 1979 | DB11/T 2144—2023 | 残疾人温馨家园等级划分与评定规范 | 北京市残疾人联合会 | |
| 1980 | DB11/T 2145—2023 | 残疾人温馨家园服务规范 | 北京市残疾人联合会 | |
| 1981 | DB11/T 2146—2023 | 韭菜生产技术规程 | 北京市农业农村局 | |
| 1982 | DB11/T 2147—2023 | 连栋玻璃温室建造技术规范 | 北京市农业农村局 | |
| 1983 | DB11/T 2148—2023 | 连栋温室主要果类蔬菜生产技术规程 | 北京市农业农村局 | |
| 1984 | DB11/T 2149—2023 | 设施渔业养殖场建设与生产技术规范 | 北京市农业农村局 | |
| 1985 | DB11/T 2150—2023 | 水培叶菜生产技术规程 | 北京市农业农村局 | |
| 1986 | DB11/T 2151—2023 | 主要豆类蔬菜生产技术规程 | 北京市农业农村局 | |
| 1987 | DB11/T 2152—2023 | 钢架塑料大棚建造技术规范 | 北京市农业农村局 | |
| 1988 | DB11/T 2153—2023 | 主要树种立木材积表 | 北京市园林绿化局 | |
| 1989 | DB11/T 2154—2023 | 城市轨道交通工程浅埋暗挖法施工技术规程 | 北京市住房和城乡建设委员会 | |
| 1990 | DB11/T 2155—2023 | 建设工程消防验收现场检查评定规程 | 北京市住房和城乡建设委员会 | |
| 1991 | DB11/T 2156—2023 | 城市副中心　商业秘密保护指南 | 北京城市副中心管理委员会 | |
| 1992 | DB11/T 2157—2023 | 网格化城市管理系统　单元网格划分 | 北京市城市管理委员会 | |
| 1993 | DB11/T 2158—2023 | 餐饮外卖、商超领域限塑评价指南 | 北京市发展和改革委员会 | |
| 1994 | DB11/T 2159—2023 | 产业园区清洁生产审核技术导则 | 北京市发展和改革委员会 | |
| 1995 | DB11/T 2160—2023 | 电动汽车公用充电站能源消耗限额 | 北京市发展和改革委员会 | |
| 1996 | DB11/T 2161—2023 | 废弃电器电子产品溯源技术要求 | 北京市发展和改革委员会 | |
| 1997 | DB11/T 2162—2023 | 废弃电器电子产品回收规范 | 北京市发展和改革委员会 | |

续表

| 序号 | 标准号 | 标准名称 | 行业主管部门 | 备注 |
|---|---|---|---|---|
| 1998 | DB11/T 2163—2023 | 固定资产投资项目节能审查事中评价规范 | 北京市发展和改革委员会 | |
| 1999 | DB11/T 2164—2023 | 清洁生产评价指标体系　生活垃圾焚烧业 | 北京市发展和改革委员会 | |
| 2000 | DB11/T 2165—2023 | 数据中心合理用能指南 | 北京市发展和改革委员会 | |
| 2001 | DB11/T 2166—2023 | 自动驾驶地图质量规范 | 北京市规划和自然资源委员会 | |
| 2002 | DB11/T 2167—2023 | 虚拟现实智能型汽车驾驶培训系统技术要求 | 北京市交通委员会 | |
| 2003 | DB11/T 2168—2023 | 政务数据溯源信息技术要求 | 北京市经济和信息化局 | |
| 2004 | DB11/T 2169—2023 | 政务云平台建设技术要求 | 北京市经济和信息化局 | |
| 2005 | DB11/T 2170—2023 | 智慧城市　实体时空标识编码规范 | 北京市经济和信息化局、北京市规划和自然资源委员会 | |
| 2006 | DB11/T 2171.1—2023 | 粮食节约减损规范　第1部分：储存环节 | 北京市粮食和物资储备局 | |
| 2007 | DB11/T 2171.2—2023 | 粮食节约减损规范　第2部分：运输环节 | 北京市粮食和物资储备局 | |
| 2008 | DB11/T 2171.3—2023 | 粮食节约减损规范　第3部分：加工环节 | 北京市粮食和物资储备局 | |
| 2009 | DB11/T 2172—2023 | 农村住宅空气源热泵供暖系统节能运行技术规程 | 北京市农业农村局 | |
| 2010 | DB11/T 2173—2023 | 兽医生物安全二级实验室安全技术管理规范 | 北京市农业农村局 | |
| 2011 | DB11/T 2174—2023 | 挥发性有机物车载移动监测与评价技术规范 | 北京市生态环境局 | |
| 2012 | DB11/T 2175—2023 | 生态质量监测网络建设技术规范 | 北京市生态环境局 | |
| 2013 | DB11/T 2176—2023 | 能源计量器具配备和管理规范　电子器件制造业 | 北京市市场监督管理局 | |
| 2014 | DB11/T 2177—2023 | 能源计量器具配备和管理规范　地源热泵系统 | 北京市市场监督管理局 | |
| 2015 | DB11/T 2178—2023 | 城市河道边坡水土保持技术规范 | 北京市水务局 | |

续表

| 序号 | 标准号 | 标准名称 | 行业主管部门 | 备注 |
|---|---|---|---|---|
| 2016 | DB11/T 2179—2023 | 河湖水系海绵城市建设技术规范 | 北京市水务局 | |
| 2017 | DB11/T 2180—2023 | 水生态修复技术导则 | 北京市水务局 | |
| 2018 | DB11/T 2181—2023 | 水务物联感知数据传输与接入技术导则 | 北京市水务局 | |
| 2019 | DB11/T 2182—2023 | 青少年体育培训机构服务规范 | 北京市体育局 | |
| 2020 | DB11/T 2183—2023 | 体育场馆全民健身服务通则 | 北京市体育局 | |
| 2021 | DB11/T 2184—2023 | 烈士纪念设施保护单位服务与管理规范 | 北京市退役军人事务局 | |
| 2022 | DB11/T 2185—2023 | 古建筑木结构现场勘查技术规范 | 北京市文物局 | |
| 2023 | DB11/T 2186—2023 | 安全评价机构服务规范 | 北京市应急管理局 | |
| 2024 | DB11/T 2187—2023 | 安全生产培训机构服务规范 | 北京市应急管理局 | |
| 2025 | DB11/T 2188—2023 | 防汛隐患排查治理规范　城镇房屋 | 北京市应急管理局 | |
| 2026 | DB11/T 2189—2023 | 防汛隐患排查治理规范　城镇内涝 | 北京市应急管理局、北京市水务局 | |
| 2027 | DB11/T 2190—2023 | 防汛隐患排查治理规范　旅游景区 | 北京市应急管理局、北京市文化和旅游局 | |
| 2028 | DB11/T 2191—2023 | 防汛隐患排查治理规范　山洪和地质灾害 | 北京市应急管理局、北京市水务局 | |
| 2029 | DB11/T 2192—2023 | 防汛隐患排查治理规范　市政基础设施 | 北京市应急管理局 | |
| 2030 | DB11/T 2193—2023 | 防汛隐患排查治理规范　水利工程 | 北京市应急管理局、北京市水务局 | |
| 2031 | DB11/T 2194—2023 | 防汛隐患排查治理规范　在建工程 | 北京市应急管理局 | |
| 2032 | DB11/T 2195—2023 | 生产经营单位安全生产台账基础数据元规范 | 北京市应急管理局 | |
| 2033 | DB11/T 2196—2023 | 危险化学品全流程追溯管理技术规范 | 北京市应急管理局 | |
| 2034 | DB11/T 2197—2023 | 自然灾害预警信息社会传播要求 | 北京市应急管理局 | |

续表

| 序号 | 标准号 | 标准名称 | 行业主管部门 | 备注 |
| --- | --- | --- | --- | --- |
| 2035 | DB11/T 2198—2023 | 拂子茅属观赏草繁育栽培与管护技术规程 | 北京市园林绿化局 | |
| 2036 | DB11/T 2199—2023 | 果品产地采样技术规范 | 北京市园林绿化局 | |
| 2037 | DB11/T 2200—2023 | 林木采伐技术规程 | 北京市园林绿化局 | |
| 2038 | DB11/T 2201—2023 | 森林资源专项调查技术规程 | 北京市园林绿化局 | |
| 2039 | DB11/T 2202—2023 | 生态型宿根植物容器苗繁育技术规程 | 北京市园林绿化局 | |
| 2040 | DB11/T 2203—2023 | 苔草无土草毯繁育建植与管护技术规程 | 北京市园林绿化局 | |
| 2041 | DB11/T 2204—2023 | 房屋建筑和市政基础设施电气工程施工质量验收标准 | 北京市住房和城乡建设委员会 | |
| 2042 | DB11/T 2205—2023 | 建筑垃圾再生回填材料应用技术规程 | 北京市住房和城乡建设委员会 | |
| 2043 | DB11/T 2206—2023 | 建筑垃圾再生墙体材料应用技术规程 | 北京市住房和城乡建设委员会 | |
| 2044 | DB11/T 2207—2023 | 市政桥梁工程数字化建造标准 | 北京市住房和城乡建设委员会 | |
| 2045 | DB11/T 2208—2023 | 附着式升降脚手架安全技术标准 | 北京市住房和城乡建设委员会 | |
| 2046 | DB11/T 2209—2023 | 城市道路慢行系统、绿道与滨水慢行路融合规划设计标准 | 北京市规划和自然资源委员会 | |
| 2047 | DB11/T 2230—2023 | 城市综合客运交通枢纽低碳设计标准 | 北京市规划和自然资源委员会 | |
| 2048 | DB11/T 2231—2023 | 规划建设管理电子报审数据标准 | 北京市规划和自然资源委员会 | |
| 2049 | DB11/T 2232—2023 | 轨道交通车辆基地规划设计标准 | 北京市规划和自然资源委员会 | |
| 2050 | DB11/T 2233—2023 | 绿色城市轨道交通车站评价标准 | 北京市规划和自然资源委员会 | |
| 2051 | DB11/T 3001—2015 | 电子不停车收费系统　路侧单元应用技术规范 | 北京市交通委员会 | |
| 2052 | DB11/T 3002—2015 | 老年护理常见风险防控要求 | 北京市卫生健康委员会 | |
| 2053 | DB11/T 3003—2016 | 京津冀跨省市省级高速公路命名和编号规则 | 北京市交通委员会 | |

续表

| 序号 | 标准号 | 标准名称 | 行业主管部门 | 备注 |
|---|---|---|---|---|
| 2054 | DB11/T 3004—2016 | 道路货运站（场）经营服务规范 | 北京市交通委员会 | |
| 2055 | DB11/T 3006—2017 | 车用气瓶电子标签应用管理规范 | 北京市市场监督管理局 | |
| 2056 | DB11/T 3008.1—2018 | 人力资源服务规范　第1部分：通则 | 北京市人力资源和社会保障局 | |
| 2057 | DB11/T 3008.2—2018 | 人力资源服务规范　第2部分：求职招聘服务 | 北京市人力资源和社会保障局 | |
| 2058 | DB11/T 3008.3—2018 | 人力资源服务规范　第3部分：招聘洽谈会 | 北京市人力资源和社会保障局 | |
| 2059 | DB11/T 3008.4—2018 | 人力资源服务规范　第4部分：信息网络服务 | 北京市人力资源和社会保障局 | |
| 2060 | DB11/T 3008.5—2018 | 人力资源服务规范　第5部分：高级人才寻访 | 北京市人力资源和社会保障局 | |
| 2061 | DB11/T 3008.6—2018 | 人力资源服务规范　第6部分：职业指导服务 | 北京市人力资源和社会保障局 | |
| 2062 | DB11/T 3008.7—2018 | 人力资源服务规范　第7部分：素质测评服务 | 北京市人力资源和社会保障局 | |
| 2063 | DB11/T 3008.8—2018 | 人力资源服务规范　第8部分：培训服务 | 北京市人力资源和社会保障局 | |
| 2064 | DB11/T 3008.9—2018 | 人力资源服务规范　第9部分：人力资源管理咨询服务 | 北京市人力资源和社会保障局 | |
| 2065 | DB11/T 3008.10—2018 | 人力资源服务规范　第10部分：流动人员人事档案管理服务 | 北京市人力资源和社会保障局 | |
| 2066 | DB11/T 3008.11—2018 | 人力资源服务规范　第11部分：人力资源外包服务 | 北京市人力资源和社会保障局 | |
| 2067 | DB11/T 3008.12—2018 | 人力资源服务规范　第12部分：劳务派遣 | 北京市人力资源和社会保障局 | |
| 2068 | DB11/T 3009—2018 | 人力资源服务机构等级划分与评定 | 北京市人力资源和社会保障局 | |
| 2069 | DB11/T 3010—2018 | 冷链物流　冷库技术规范 | 北京市商务局 | |
| 2070 | DB11/T 3011—2018 | 冷链物流　运输车辆设备要求 | 北京市商务局 | |
| 2071 | DB11/T 3012—2018 | 冷链物流　温湿度要求与测量方法 | 北京市商务局 | |

续表

| 序号 | 标准号 | 标准名称 | 行业主管部门 | 备注 |
|---|---|---|---|---|
| 2072 | DB11/T 3013—2018 | 畜禽肉冷链物流操作规程 | 北京市商务局 | |
| 2073 | DB11/T 3014—2018 | 果蔬冷链物流操作规程 | 北京市商务局 | |
| 2074 | DB11/T 3015—2018 | 水产品冷链物流操作规程 | 北京市商务局 | |
| 2075 | DB11/T 3016—2018 | 低温食品储运温控技术要求 | 北京市商务局 | |
| 2076 | DB11/T 3017—2018 | 低温食品冷链物流履历追溯管理规范 | 北京市商务局 | |
| 2077 | DB11/T 3018—2018 | 高速公路服务区服务规范 | 北京市交通委员会 | |
| 2078 | DB11/T 3019—2018 | 高速公路收费站服务规范 | 北京市交通委员会 | |
| 2079 | DB11/T 3020—2018 | 京津冀高速公路智能管理与服务系统技术规范 | 北京市交通委员会 | |
| 2080 | DB11/T 3021—2019 | 京津冀旅游直通车服务规范 | 北京市文化和旅游局 | |
| 2081 | DB11/T 3022—2019 | 停车场电子不停车收费系统应用技术要求 | 北京市交通委员会 | |
| 2082 | DB11/T 3023—2019 | 公路养护作业安全设施设置规范 | 北京市交通委员会 | |
| 2083 | DB11/T 3024—2020 | 医学检验危急值获取与应用技术规范 | 北京市卫生健康委员会 | |
| 2084 | DB11/T 3025—2020 | 五米以下小型船舶检验技术规范 | 北京市交通委员会 | |
| 2085 | DB11/T 3026—2020 | 骨灰节地生态安葬规范 | 北京市民政局 | |
| 2086 | DB11/T 3027—2022 | 液氨贮存使用单位环境风险防控技术规范 | 北京市生态环境局 | |
| 2087 | DB11/T 3028—2022 | 古柏树养护与复壮技术规程 | 北京市园林绿化局 | |
| 2088 | DB11/T 3029—2022 | 园林绿化有机覆盖物应用技术规程 | 北京市园林绿化局 | |
| 2089 | DB11/T 3030—2022 | 客运索道运营使用管理和维护保养规范 | 北京市市场监督管理局 | |
| 2090 | DB11/T 3031—2022 | 大型游乐设施运营使用管理和维护保养规范 | 北京市市场监督管理局 | |
| 2091 | DB11/T 3032—2022 | 水利工程建设质量检测管理规范 | 北京市水务局 | |
| 2092 | DB11/T 3033—2022 | 精神卫生数据元规范 | 北京市卫生健康委员会 | |
| 2093 | DB11/T 3034—2023 | 建筑消防设施检测服务规范 | 北京市消防救援总队 | |

续表

| 序号 | 标准号 | 标准名称 | 行业主管部门 | 备注 |
| --- | --- | --- | --- | --- |
| 2094 | DB11/T 3035—2023 | 建筑消防设施维护保养技术规范 | 北京市消防救援总队 | |
| 2095 | DB11/T 3036—2023 | 京津冀自驾驿站服务规范 | 北京市文化和旅游局 | |
| 2096 | DB11/T 3037—2023 | 救助保护与儿童福利机构未成年人心理评估规范 | 北京市民政局 | |
| 2097 | DB11/T 3038—2023 | 高速公路入口称重检测工程建设导则 | 北京市交通委员会 | |
| 2098 | DB11/T 3039—2023 | 农产品批发市场食用农产品入场查验技术规范 | 北京市市场监督管理局 | |

注：以上地方标准文本可登录北京市市场监督管理局网站（scjgj.beijing.gov.cn）查阅。

# 北京市承担ISO、IEC有关TC、SC国际秘书处情况一览表

| 序号 | 组织 | TC/SC编号 | TC/SC中文名 | 国内承担单位 | 秘书处承担时间 |
|---|---|---|---|---|---|
| 1 | ISO | TC1 | 螺纹 | 中机生产力促进中心有限公司 | 2004年 |
| 2 | ISO | TC5 | 钢管 | 冶金工业信息标准研究院 | 2005年 |
| 3 | ISO | TC8 | 船舶与海洋技术 | 中国船舶集团有限公司综合技术经济研究院 | 2007年 |
| 4 | ISO | TC10/SC6 | 技术产品文件/机械工程文件 | 中机生产力促进中心有限公司 | 2005年 |
| 5 | ISO | TC11 | 锅炉及压力容器 | 中国特种设备检测研究院 | 2022年 |
| 6 | ISO | TC17/SC15 | 钢/铁路钢轨及其紧固件 | 冶金工业信息标准研究院 | 2003年 |
| 7 | ISO | TC17/SC17 | 钢/钢棒和钢丝产品 | 冶金工业信息标准研究院 | 1993年 |
| 8 | ISO | TC20/SC1 | 航空航天器/航空航天电气要求 | 中国航空综合技术研究所 | 1987年 |
| 9 | ISO | TC26 | 铜及铜合金 | 中国有色金属工业标准计量质量研究所 | 2007年 |
| 10 | ISO | TC34/SC4 | 食品/谷物与豆类 | 国家粮食和物资储备局标准质量中心 | 2006年 |
| 11 | ISO | TC34/SC6 | 食品/肉禽蛋鱼及其制品 | 中国商业联合会 | 2015年 |
| 12 | ISO | TC37 | 术语和其他语言及内容资源 | 中国标准化研究院 | 2008年 |
| 13 | ISO | TC37/SC1 | 原则与方法 | 中国标准化研究院 | 2007年 |
| 14 | ISO | TC38/SC2 | 纺织品/洗涤、整理和拒水试验 | 纺织工业标准化研究所 | 2010年 |
| 15 | ISO | TC41 | 带轮和带（包括V形带） | 中机生产力促进中心有限公司 | 2009年 |
| 16 | ISO | TC48/SC4 | 实验室设备/密度测量仪 | 北京市药品包装材料检验所 | 2019年 |
| 17 | ISO | TC52 | 薄壁金属容器 | 中国食品发酵工业研究院有限公司 | 2010年 |
| 18 | ISO | TC59/SC19 | 建筑和土木工程/装配式建筑 | 中国城市科学研究会 | 2021年 |
| 19 | ISO | TC59/SC20 | 建筑和土木工程/建筑和土木工程的韧性 | 中国建筑标准设计研究院有限公司 | 2023年 |
| 20 | ISO | TC61/SC2 | 塑料/机械性能 | 中石化（北京）化工研究院有限公司 | 2021年 |
| 21 | ISO | TC69/SC7 | 统计方法应用/六西格玛实施中统计及相关技术应用 | 中国标准化研究院 | 2008年 |
| 22 | ISO | TC79/SC5 | 轻金属及其合金/镁及铸造或锻造镁合金 | 中国有色金属工业标准计量质量研究所 | 2008年 |
| 23 | ISO | TC79/SC12 | 轻金属及其合金/铝土矿 | 中国有色金属工业标准计量质量研究所 | 2015年 |
| 24 | ISO | TC130 | 印刷技术 | 中国印刷技术协会 | 2012年 |
| 25 | ISO | TC132 | 铁合金 | 冶金工业信息标准研究院 | 2004年 |

续表

| 序号 | 组织 | TC/SC编号 | TC/SC 中文名 | 国内承担单位 | 秘书处承担时间 |
|---|---|---|---|---|---|
| 26 | ISO | TC135/SC9 | 无损检测 / 声发射检测 | 中国特种设备检测研究院 | 2017 年 |
| 27 | ISO | TC154 | 行政、商业和行业中的过程、数据元和文档 | 中国标准化研究院 | 2014 年 |
| 28 | ISO | TC156 | 金属和合金的腐蚀 | 冶金工业信息标准研究院 | 2008 年 |
| 29 | ISO | TC156/SC1 | 金属和合金的腐蚀 / 腐蚀控制工程全生命周期 | 中国腐蚀控制技术协会 | 2016 年 |
| 30 | ISO | TC180/SC4 | 太阳能 / 系统 – 热性能、可靠性和耐久性 | 中国标准化研究院 | 2017 年 |
| 31 | ISO | TC186 | 餐刀具、餐桌和装饰用金属中空器皿 | 中国标准化研究院 | 2007 年 |
| 32 | ISO | TC195 | 建筑施工机械与设备 | 北京建筑机械化研究院有限公司 | 2011 年 |
| 33 | ISO | TC202 | 微束分析 | 中国科学院化学研究所 | 1991 年 |
| 34 | ISO | TC232 | 教育服务 | 中国标准化研究院 | 2023 年 |
| 35 | ISO | TC255 | 沼气 | 农业农村部农业生态与资源保护总站 | 2010 年 |
| 36 | ISO | TC263 | 煤层气 | 中石油煤层气有限责任公司 | 2011 年 |
| 37 | ISO | TC266 | 仿生学 | 北京机械工业自动化研究所有限公司 | 2021 年 |
| 38 | ISO | TC289 | 品牌评价 | 中国品牌建设促进会 | 2014 年 |
| 39 | ISO | TC295 | 审计数据采集 | 审计署计算机技术中心 | 2015 年 |
| 40 | ISO | TC296 | 竹藤 | 国家林业和草原局国际竹藤中心 | 2015 年 |
| 41 | ISO | TC298 | 稀土 | 中国有色金属工业标准计量质量研究所 | 2015 年 |
| 42 | ISO | TC333 | 锂 | 中国有色金属工业标准计量质量研究所 | 2020 年 |
| 43 | ISO | TC336 | 实验室设计 | 惠诺德（北京）科技有限公司 | 2021 年 |
| 44 | ISO | TC341 | 供热管网 | 中国城市建设研究院有限公司 | 2022 年 |
| 45 | ISO | TC342 | 管理咨询 | 中国国际贸易促进委员会商业行业委员会 | 2023 年 |
| 46 | ISO | TC344 | 创新物流 | 中国物流与采购联合会 | 2023 年 |
| 47 | IEC | TC115 | 100kV 及以上高压直流输电 | 国家电网公司 | 2008 年 |
| 48 | IEC | TC 8/SC8A | 可再生能源接入电网 | 国家电网公司中国电力科学研究院 | 2013 年 |
| 49 | IEC | TC 8/SC8B | 分布式电力能源系统 | 国家电网公司中国电力科学研究院 | 2018 年 |
| 50 | IEC | TC129 | 电力机器人 | 国网山东省电力公司 | 2021 年 |
| 51 | ISO/IEC JTC1 | SC43 | 脑机接口 | 中国电子技术标准化研究院 | 2022 年 |

# 北京市承担ISO、IEC有关TC、SC主席情况一览表

| 序号 | 组织 | TC/SC 编号 | TC/SC 中文名 | 主席/副主席 | 中文姓名 | 任期时间 | 工作单位 |
|---|---|---|---|---|---|---|---|
| 1 | ISO | TC1 | 螺纹 | 主席 | 隰永才 | 2022-2024 | 中机生产力促进中心有限公司 |
| 2 | ISO | TC5 | 黑色金属管和金属配件 | 主席 | 侯捷 | 2022-2024 | 冶金工业信息标准研究院 |
| 3 | ISO | TC8 | 船舶与海洋技术 | 主席 | 李彦庆 | 2022-2024 | 中国船舶工业行业协会 |
| 4 | ISO | TC10/SC6 | 技术产品文件/机械工程文件 | 主席 | 王德成 | 2021-2023 | 中国机械科学研究总院集团有限公司 |
| 5 | ISO | TC11 | 锅炉及压力容器 | 主席 | 寿比南 | 2022-2027 | 中国特种设备检测研究院 |
| 6 | ISO | TC17/SC12 | 钢/连续轧制扁平材 | 主席 | 姜维 | 2024-2026 | 中国钢铁工业协会 |
| 7 | ISO | TC17/SC17 | 钢/盘条与钢丝 | 主席 | 张龙强 | 2022-2024 | 冶金工业信息标准研究院 |
| 8 | ISO | TC20/SC13 | 航空航天器/空间数据与信息传输系统 | 主席 | 周玉霞 | 2018-2023 | 中国航天标准化研究所 |
| 9 | ISO | TC20/SC18 | 航空航天器/材料 | 主席 | 孙东伟 | 2021-2024 | 中国航空综合技术研究所 |
| 10 | ISO | TC34/SC4 | 食品/谷物与豆类 | 主席 | 孙辉 | 2021-2026 | 国家粮食和物资储备局科学研究院 |
| 11 | ISO | TC34/SC19 | 食品/蜂产品 | 主席 | 徐锦忠 | 2022-2024 | 中国蜂产品协会 |
| 12 | ISO | TC38/SC23 | 纺织品/纤维和纱线 | 主席 | 马咏梅 | 2022-2023 | 中纺标检验认证股份有限公司 |
| 13 | ISO | TC41 | 带轮和带(包括V形带) | 主席 | 杜兵 | 2022-2024 | 中国机械科学研究总院集团有限公司 |
| 14 | ISO | TC48/SC4 | 实验室设备/密度测量仪 | 主席 | 许常红 | 2021-2023 | 中国计量科学研究院 |
| 15 | ISO | TC52 | 薄壁金属容器 | 主席 | 郑铁钢 | 2023-2025 | 中国食品发酵工业研究院有限公司 |
| 16 | ISO | TC59/SC19 | 建筑和土木工程/装配式建筑 | 主席 | 尹伯悦 | 2021-2026 | 中国城市科学研究会 |
| 17 | ISO | TC69/SC7 | 统计方法应用/六西格玛实施中统计及相关技术应用 | 主席 | 丁文兴 | 2023-2025 | 中国标准化研究院 |
| 18 | ISO | TC79/SC12 | 轻金属及其合金/铝土矿 | 主席 | 李子健 | 2022-2027 | 有色金属技术经济研究院有限责任公司 |
| 19 | ISO | TC96 | 起重机 | 主席 | 张强 | 2022-2024 | 北京起重运输机械设计研究院有限公司 |

续表

| 序号 | 组织 | TC/SC编号 | TC/SC 中文名 | 主席 / 副主席 | 中文姓名 | 任期时间 | 工作单位 |
|---|---|---|---|---|---|---|---|
| 20 | ISO | TC96/SC4 | 起重机 / 试验方法 | 主席 | 张喜军 | 2020-2025 | 北京起重运输机械设计研究院有限公司 |
| 21 | ISO | TC110/SC5 | 工业车辆 / 可持续性 | 主席 | 赵春晖 | 2021-2023 | 北京起重运输机械设计研究院有限公司 |
| 22 | ISO | TC130 | 印刷技术 | 主席 | 赵鹏飞 | 2021-2023 | 中国印刷科学技术研究院有限公司 |
| 23 | ISO | TC132 | 铁合金 | 主席 | 卢春生 | 2023-2027 | 冶金工业信息标准研究院 |
| 24 | ISO | TC135/SC9 | 无损检测 / 声发射检测 | 主席 | 沈功田 | 2023-2025 | 中国特种设备检测研究院 |
| 25 | ISO | TC137 | 鞋号标识和标记体系 | 主席 | 张伟娟 | 2023-2025 | 北京服装学院 |
| 26 | ISO | TC154 | 工商行政管理中的过程、数据资料和文件 | 主席 | 施煜 | 2022-2024 | 北京师范大学 |
| 27 | ISO | TC156 | 金属及合金的腐蚀 | 主席 | 冯超 | 2023-2025 | 冶金工业经济发展研究中心 |
| 28 | ISO | TC158 | 气体分析 | 主席 | 方向 | 2023-2025 | 中国计量科学研究院 |
| 29 | ISO | TC180/SC4 | 太阳能 / 系统 - 热性能、可靠性和耐久性 | 主席 | 何涛 | 2018-2023 | 中国建筑科学研究院有限公司 |
| 30 | ISO | TC195 | 建筑施工机械与设备 | 主席 | 李静 | 2023-2025 | 北京建筑机械化研究院有限公司 |
| 31 | ISO | TC202 | 微束分析 | 主席 | 赵江 | 2022-2024 | 中国科学院化学研究所 |
| 32 | ISO | TC255 | 沼气 | 主席 | 董仁杰 | 2022-2024 | 中国农业大学 |
| 33 | ISO | TC263 | 煤层气 | 主席 | 郭炳政 | 2024-2026 | 中石油煤层气有限责任公司 |
| 34 | ISO | TC269/SC2 | 铁路应用 / 机车车辆 | 主席 | 霍保世 | 2022-2028 | 中国国家铁路集团有限公司 |
| 35 | ISO | TC282/SC2 | 水再利用 / 城镇水回用 | 主席 | 刘书明 | 2023-2028 | 清华大学 |
| 36 | ISO | TC295 | 审计数据服务 | 主席 | 周维培 | 2015-2023 | 审计署计算机技术中心 |
| 37 | ISO | TC296 | 竹藤 | 主席 | 费本华 | 2015-2023 | 国家林业和草原局国际竹藤中心 |
| 38 | ISO | TC298 | 稀土 | 主席 | 马存真 | 2022-2024 | 中国有色金属工业标准计量质量研究所 |
| 39 | ISO | TC306 | 铸造机械 | 主席 | 娄延春 | 2023-2025 | 中国机械科学研究总院集团有限公司 |
| 40 | ISO | TC333 | 锂 | 主席 | 张江峰 | 2020-2025 | 中国有色金属工业标准计量质量研究所 |

续表

| 序号 | 组织 | TC/SC编号 | TC/SC 中文名 | 主席 / 副主席 | 中文姓名 | 任期时间 | 工作单位 |
|---|---|---|---|---|---|---|---|
| 41 | ISO | TC342 | 管理咨询 | 主席 | 姚歆 | 2023-2028 | 中国国际贸易促进委员会商业行业委员会 |
| 42 | ISO | TC344 | 创新物流 | 主席 | 何明珂 | 2023-2023 | 北京工商大学 |
| 43 | IEC | TC 122 | 特高压交流输电系统 | 主席 | 李博 | 2020-2026 | 中国电力科学研究院 |
| 44 | IEC | SC 46F | 射频和微波无源元件 | 主席 | 吴正平 | 2021-2024 | 中国电子技术标准化研究院 |
| 45 | ISO/IEC JTC1 | SC43 | 脑机接口 | 主席 | 余云涛 | 2022-2028 | 中国电子技术标准化研究院 |
| 46 | IEC | 46A | 同轴电缆 | 主席 | 吴正平 | 2023-2029 | 中国电子技术标准化研究院 |
| 47 | IEC | 34B | 灯头灯座 | 主席 | 张伟 | 2021-2027 | 国家电光源质量监督检验中心（北京） |
| 48 | IEC | 59N | 空气净化器性能 | 主席 | 马德军 | 2021-2029 | 中国家用电器研究院 |
| 49 | IEC | TC 61 | 家用和类似用途电器安全 | 副主席 | 马德军 | 2022-2025 | 中国家用电器研究院 |
| 50 | IEC | SyC AAL | 环境辅助生活系统委员会 | 主席 | 马德军 | 2023-2029 | 中国家用电器研究院 |
| 51 | IEC | SyC Smart Cities | 智慧城市系统委员会 | 副主席 | 孙维 | 2023-2026 | 市场监管总局标准技术司 |
| 52 | IEC | 65E | 企业系统中的设备与集成 | 副主席 | 丁露 | 2022-2025 | 机械工业仪器仪表综合技术经济研究所 |

# ISO 国内技术对口单位（北京地区）联系信息表

| 序号 | TC/SC 编号 | TC/SC 中文名 | 承担单位 | 联系人 | 电话 | 电子邮件 |
|---|---|---|---|---|---|---|
| 1 | TC1 | 螺纹 | 中机生产力促进中心有限公司 | 李晓滨 | 010-88301715 | lixiaobin-cn@263.net |
| 2 | TC2 | 紧固件 | 中机生产力促进中心有限公司 | 丁宝平 | 010-88301013 | dingbp@263.net |
| 3 | TC2/SC7 | 相关标准 | 中机生产力促进中心有限公司 | 丁宝平 | 010-88301013 | dingbp@263.net |
| 4 | TC2/SC11 | 米制外螺纹紧固件 | 中机生产力促进中心有限公司 | 陈艳玲 | 010-88301031 | dingbp@263.net |
| 5 | TC2/SC12 | 米制内螺纹紧固件 | 中机生产力促进中心有限公司 | 陈艳玲 | 010-88301031 | dingbp@263.net |
| 6 | TC2/SC13 | 非米制螺纹紧固件 | 中机生产力促进中心有限公司 | 陈艳玲 | 010-88301031 | dingbp@263.net |
| 7 | TC2/SC14 | 表面处理 | 中机生产力促进中心有限公司 | 陈艳玲 | 010-88301031 | dingbp@263.net |
| 8 | TC5 | 黑色金属管和金属配件 | 冶金工业信息标准研究院 | 侯捷 | 010-65254564 | houjie@cmisi.cn |
| 9 | TC5/SC1 | 钢管 | 冶金工业信息标准研究院 | 侯捷 | 010-65254564 | houjie@cmisi.cn |
| 10 | TC5/SC2 | 铸铁管，配件及其连接件 | 冶金工业信息标准研究院 | 侯捷 | 010-65254564 | houjie@cmisi.cn |
| 11 | TC5/SC5 | 螺纹的或平端的对焊管配件，螺纹，螺纹测量 | 中机生产力促进中心有限公司 | 李晓滨<br>王欣玲 | 010-88301715 | lixiaobin-cn@263.net |
| 12 | TC5/SC10 | 金属法兰及其连接 | 中机生产力促进中心有限公司 | 冯峰 | 010-88301134 | fengfeng@pcmi.com.cn |
| 13 | TC5/SC11 | 螺旋金属软管和连接件 | 冶金工业信息标准研究院 | 侯捷 | 010-65254564 | houjie@cmisi.cn |
| 14 | TC6 | 纸、纸板和纸浆 | 中国制浆造纸研究院有限公司 | 蔡慧 | 010-64778038 | bzh88@hotmail.com |
| 15 | TC6/SC2 | 纸张和纸板的测试方法与质量规范 | 中国制浆造纸研究院有限公司 | 蔡慧 | 010-64778038 | bzh88@hotmail.com |
| 16 | TC8 | 船舶与海洋技术 | 中国船舶集团有限公司综合技术经济研究院 | 郭娅 | 010-62120306 | cimtecstandard@126.com |

续表

| 序号 | TC/SC编号 | TC/SC 中文名 | 承担单位 | 联系人 | 电话 | 电子邮件 |
|---|---|---|---|---|---|---|
| 17 | TC8/SC1 | 海事安全 | 中国船舶集团有限公司综合技术经济研究院 | 郭娅 | 010-62120306 | cimtecstandard@126.com |
| 18 | TC8/SC2 | 海洋环境保护 | 中国船舶集团有限公司综合技术经济研究院 | 郭娅 | 010-62120306 | cimtecstandard@126.com |
| 19 | TC8/SC3 | 管系与机械 | 中国船舶集团有限公司综合技术经济研究院 | 郭娅 | 010-62120306 | cimtecstandard@126.com |
| 20 | TC8/SC6 | 航海与船舶操纵 | 中国船舶集团有限公司综合技术经济研究院 | 郭娅 | 010-62120306 | cimtecstandard@126.com |
| 21 | TC8/SC8 | 船舶设计 | 中国船舶集团有限公司综合技术经济研究院 | 郭娅 | 010-62120306 | cimtecstandard@126.com |
| 22 | TC8/SC11 | 联运与短途运输 | 中国船舶集团有限公司综合技术经济研究院 | 郭娅 | 010-62120306 | cimtecstandard@126.com |
| 23 | TC8/SC12 | 大型游艇 | 中国船舶集团有限公司综合技术经济研究院 | 郭娅 | 010-62120306 | cimtecstandard@126.com |
| 24 | TC10 | 技术产品文件 | 中机生产力促进中心有限公司 | 潘康华 | 010-88301716-606 | sactc146@163.com |
| 25 | TC10/SC1 | 通则 | 中机生产力促进中心有限公司 | 潘康华 | 010-88301716-606 | sactc146@163.com |
| 26 | TC10/SC6 | 机械工程文件 | 中机生产力促进中心有限公司 | 潘康华 | 010-88301716-606 | sactc146@163.com |
| 27 | TC10/SC8 | 建筑文件 | 中国建筑标准设计研究院有限公司 | 宋婕 | 010-68799191 | songjie0000@163.com |
| 28 | TC10/SC10 | 加工厂文件 | 中机生产力促进中心有限公司 | 潘康华 | 010-88301716-606 | sactc146@163.com |
| 29 | TC11 | 锅炉及压力容器 | 中国特种设备检测研究院 | 李军<br>曲小桃 | 010-59068010<br>010-59068928 | lijun@csei.org.cn |
| 30 | TC12 | 量值单位符号换算系数 | 中国计量科学研究院 | 李进源<br>郑华欣 | 010-82261849 | gaowei@nim.ac.cn<br>lijinyuan@nim.ac.cn |
| 31 | TC14 | 机器轴及附件 | 中机生产力促进中心有限公司 | 明翠新 | 010-88301713 | mingcuixin@sina.com |
| 32 | TC17 | 钢 | 冶金工业信息标准研究院 | 侯捷 | 010-65254564 | houjie@cmisi.cn |
| 33 | TC17/SC1 | 化学成份测定方法 | 钢铁研究总院 | 杨博<br>罗倩华 | 010-62182542 | yb060250@163.com |

续表

| 序号 | TC/SC 编号 | TC/SC 中文名 | 承担单位 | 联系人 | 电话 | 电子邮件 |
|---|---|---|---|---|---|---|
| 34 | TC17/SC3 | 结构用钢 | 冶金工业信息标准研究院 | 侯捷 | 010-65254564 | houjie@cmisi.cn |
| 35 | TC17/SC4 | 热处理及合金钢 | 冶金工业信息标准研究院 | 侯捷 | 010-65254564 | houjie@cmisi.cn |
| 36 | TC17/SC7 | 试验方法（机械试验和化学分析除外） | 钢铁研究总院 | 杨博<br>罗倩华 | 010-62182542 | yb060250@163.com |
| 37 | TC17/SC9 | 镀锡钢板和黑钢板 | 冶金工业信息标准研究院 | 侯捷 | 010-65254564 | houjie@cmisi.cn |
| 38 | TC17/SC10 | 压力用钢 | 冶金工业信息标准研究院 | 侯捷 | 010-65254564 | houjie@cmisi.cn |
| 39 | TC17/SC12 | 连续轧制扁平材 | 冶金工业信息标准研究院 | 侯捷 | 010-65254564 | houjie@cmisi.cn |
| 40 | TC17/SC15 | 钢轨及其紧固件 | 冶金工业信息标准研究院 | 侯捷 | 010-65254564 | houjie@cmisi.cn |
| 41 | TC17/SC16 | 钢筋混凝土与预应力混凝土用钢 | 冶金工业信息标准研究院 | 侯捷 | 010-65254564 | houjie@cmisi.cn |
| 42 | TC17/SC17 | 盘条与钢丝 | 冶金工业信息标准研究院 | 侯捷 | 010-65254564 | houjie@cmisi.cn |
| 43 | TC17/SC19 | 压力用钢管的交货技术条件 | 冶金工业信息标准研究院 | 侯捷 | 010-65254564 | houjie@cmisi.cn |
| 44 | TC17/SC20 | 一般交货技术条件，取样和机械检验方法 | 冶金工业信息标准研究院 | 侯捷 | 010-65254564 | houjie@cmisi.cn |
| 45 | TC18 | 锌和锌合金 | 中国有色金属工业标准计量质量研究所 | 宋冠禹 | 010-62220714 | songguanyu@cnsmq.com |
| 46 | TC19 | 优先数系 | 中机生产力促进中心有限公司 | 黄刚 | 010-88301031 | huanggang0116@gmail.com |
| 47 | TC20 | 航空与航天器 | 中国航空综合技术研究所 | 高丽稳 | 010-84380066 | gaolw@cape.avic.com<br>gaoliw@gmail.com |
| 48 | TC20/SC1 | 航空航天的电器要求 | 中国航空综合技术研究所 | 高丽稳 | 010-84380066 | gaolw@cape.avic.com<br>gaoliw@gmail.com |
| 49 | TC20/SC4 | 航天航空紧固件系统 | 中国航空综合技术研究所 | 高丽稳 | 010-84380066 | gaolw@cape.avic.com<br>gaoliw@gmail.com |
| 50 | TC20/SC6 | 标准大气 | 中国航空综合技术研究所 | 高丽稳 | 010-84380066 | gaolw@cape.avic.com<br>gaoliw@gmail.com |

续表

| 序号 | TC/SC编号 | TC/SC 中文名 | 承担单位 | 联系人 | 电话 | 电子邮件 |
|---|---|---|---|---|---|---|
| 51 | TC20/SC8 | 航空航天术语 | 中国航空综合技术研究所 | 高丽稳 | 010-84380066 | gaolw@cape.avic.com gaoliw@gmail.com |
| 52 | TC20/SC9 | 航空货运及地面设备 | 中国民航科学技术研究院 | 石红霞 | 010-64473357 | shihx@mail.castc.org.cn |
| 53 | TC20/SC10 | 航空航天液压系统及其组件 | 中国航空综合技术研究所 | 高丽稳 | 010-84380066 | gaolw@cape.avic.com gaoliw@gmail.com |
| 54 | TC20/SC13 | 空间数据与信息传输系统 | 中国航天标准化研究所 | 李琼 | 010-88108087 | std@ht708.com.cn |
| 55 | TC20/SC14 | 航天系统及其应用 | 中国航天标准化所 | 李琼 | 010-88108087 | std@ht708.com.cn |
| 56 | TC20/SC16 | 无人机系统 | 中国航空综合技术研究所 | 高丽稳 | 010-84380066 | gaolw@cape.avic.com gaoliw@gmail.com |
| 57 | TC20/SC17 | 机场基础设施 | 中国民航科学技术研究院 | 石红霞 | 010-64473357 | shihx@mail.castc.org.cn |
| 58 | TC20/SC18 | 材料 | 中国航空综合技术研究所 | 高丽稳 | 010-84380066 | gaolw@cape.avic.com gaoliw@gmail.com |
| 59 | TC21 | 消防设备 | 应急管理部消防救援局 | 胡锐 | 010-83932687 | hurui119@263.net |
| 60 | TC21/SC2 | 人力移动式灭火器 | 应急管理部消防救援局 | 胡锐 | 010-83932687 | hurui119@263.net |
| 61 | TC21/SC3 | 火灾探测和报警系统 | 应急管理部消防救援局 | 胡锐 | 010-83932687 | hurui119@263.net |
| 62 | TC21/SC5 | 喷水和喷雾灭火系统 | 应急管理部消防救援局 | 胡锐 | 010-83932687 | hurui119@263.net |
| 63 | TC21/SC6 | 灭火介质 | 应急管理部消防救援局 | 胡锐 | 010-83932687 | hurui119@263.net |
| 64 | TC21/SC8 | 气体灭火系统 | 应急管理部消防救援局 | 胡锐 | 010-83932687 | hurui119@263.net |
| 65 | TC21/SC11 | 烟雾和热控制系统及组件 | 应急管理部消防救援局 | 胡锐 | 010-83932687 | hurui119@263.net |
| 66 | TC23 | 农林拖拉机和机械 | 中国农业机械化科学研究院集团有限公司 | 张咸胜 | 010-64882636 | cnams@163.com |
| 67 | TC23/SC2 | 通用试验 | 中国农业机械化科学研究院集团有限公司 | 张咸胜 | 010-64882636 | cnams@163.com |
| 68 | TC23/SC3 | 操作者的舒适与安全 | 中国农业机械化科学研究院集团有限公司 | 张咸胜 | 010-64882636 | cnams@163.com |

续表

| 序号 | TC/SC编号 | TC/SC 中文名 | 承担单位 | 联系人 | 电话 | 电子邮件 |
|---|---|---|---|---|---|---|
| 69 | TC23/SC4 | 拖拉机 | 中国农业机械化科学研究院集团有限公司 | 张咸胜 | 010-64882636 | cnams@163.com |
| 70 | TC23/SC6 | 植物保护设备 | 中国农业机械化科学研究院集团有限公司 | 张咸胜 | 010-64882636 | cnams@163.com |
| 71 | TC23/SC7 | 收获和贮藏设备 | 中国农业机械化科学研究院集团有限公司 | 张咸胜 | 010-64882636 | cnams@163.com |
| 72 | TC23/SC14 | 操作控制，操作符号和其他显示，操作者手册 | 中国农业机械化科学研究院集团有限公司 | 张咸胜 | 010-64882636 | cnams@163.com |
| 73 | TC23/SC18 | 排灌设备和系统 | 中国农业机械化科学研究院集团有限公司 | 张咸胜 | 010-64882636 | cnams@163.com |
| 74 | TC23/SC19 | 农业电子 | 中国农业机械化科学研究院集团有限公司 | 张咸胜 | 010-64882636 | cnams@163.com |
| 75 | TC24 | 筛子、筛子及其他粒度分级方法 | 中机生产力促进中心有限公司 | 侯长革 | 010-88301101 | tc168@pcmi.com.cn |
| 76 | TC24/SC4 | 与筛分不同的其他粒度分级方法 | 中机生产力促进中心有限公司 | 侯长革 | 010-88301101 | tc168@pcmi.com.cn |
| 77 | TC24/SC8 | 试验筛、筛分和工业网 | 中机生产力促进中心有限公司 | 侯长革 | 010-88301101 | tc168@pcmi.com.cn |
| 78 | TC26 | 铜和铜合金 | 中国有色金属工业标准计量质量研究所 | 宋冠禹 | 010-62220714 | songguanyu@cnsmq.com |
| 79 | TC27 | 煤和焦炭 | 煤炭科学技术研究院有限公司 | 丁华 | 010-84264660 | tc42@bricc.cn |
| 80 | TC27/SC3 | 焦炭 | 冶金工业信息标准研究院 | 侯捷 | 010-65254564 | houjie@cmisi.cn |
| 81 | TC27/SC4 | 取样 | 煤炭科学技术研究院有限公司 | 皮中原<br>王秋湘 | 010-84264050<br>010-84262351 | wjzxiso@sina.com<br>mjzxiso@sina.com |
| 82 | TC27/SC5 | 分析方法 | 煤炭科学技术研究院有限公司 | 皮中原<br>王秋湘 | 010-84264050<br>010-84262351 | wjzxiso@sina.com<br>mjzxiso@sina.com |
| 83 | TC28 | 石油产品和润滑剂 | 中石化石油化工科学研究院有限公司 | 赵杰 | 010-82368779 | 156459719@qq.com |
| 84 | TC28/SC4 | 分类与规范 | 中石化石油化工科学研究院有限公司 | 赵杰 | 010-82368779 | 156459719@qq.com |
| 85 | TC28/SC5 | 轻烃类液体的测量 | 中石化石油化工科学研究院有限公司 | 赵杰 | 010-82368779 | 156459719@qq.com |

续表

| 序号 | TC/SC 编号 | TC/SC 中文名 | 承担单位 | 联系人 | 电话 | 电子邮件 |
|---|---|---|---|---|---|---|
| 86 | TC28/SC7 | 液体生物燃料 | 中石化石油化工科学研究院有限公司 | 赵杰 | 010-82368779 | 156459719@qq.com |
| 87 | TC30 | 封闭管道中流体流量测量 | 机械工业仪器仪表综合技术经济研究所 | 汪烁 | 010-63261385 | wangshuo@tc124.com |
| 88 | TC30/SC2 | 差压装置 | 机械工业仪器仪表综合技术经济研究所 | 汪烁 | 010-63261385 | wangshuo@tc124.com |
| 89 | TC30/SC5 | 速度和质量测量法 | 机械工业仪器仪表综合技术经济研究所 | 汪烁 | 010-63261385 | wangshuo@tc124.com |
| 90 | TC30/SC7 | 容积方法(包括水表) | 机械工业仪器仪表综合技术经济研究所 | 汪烁 | 010-63261385 | wangshuo@tc124.com |
| 91 | TC31 | 轮胎，轮辋和气门嘴 | 北京橡胶工业研究设计院有限公司 | 李淑环 | 010-51338162 | sac_tc19@126.com |
| 92 | TC31/SC3 | 乘用车轮胎和轮辋 | 北京橡胶工业研究设计院有限公司 | 李淑环 | 010-51338162 | sac_tc19@126.com |
| 93 | TC31/SC4 | 卡车和公共汽车轮胎和轮辋 | 北京橡胶工业研究设计院有限公司 | 李淑环 | 010-51338162 | sac_tc19@126.com |
| 94 | TC31/SC5 | 农用车轮胎和轮辋 | 北京橡胶工业研究设计院有限公司 | 李淑环 | 010-51338162 | sac_tc19@126.com |
| 95 | TC31/SC6 | 越野车轮胎的轮辋 | 北京橡胶工业研究设计院有限公司 | 李淑环 | 010-51338162 | sac_tc19@126.com |
| 96 | TC31/SC7 | 工业用轮胎和轮辋 | 北京橡胶工业研究设计院有限公司 | 李淑环 | 010-51338162 | sac_tc19@126.com |
| 97 | TC31/SC10 | 自行车，助力车，摩托车轮胎和轮辋 | 北京橡胶工业研究设计院有限公司 | 李淑环 | 010-51338162 | sac_tc19@126.com |
| 98 | TC34 | 食品 | 中国标准化研究院 | 云振宇 | 010-58811645 | yunzy@cnis.ac.cn |
| 99 | TC34/SC3 | 水果和蔬菜制品 | 中国食品发酵工业研究院有限公司 | 王晓龙 | 010-53218325 | 13810947211@163.com |
| 100 | TC34/SC4 | 谷物与豆类 | 国家粮食和物资储备局标准质量中心 | 张艳<br>祁潇哲<br>徐广超 | 010-58523778<br>010-58523777 | isotc34sc4@163.com |
| 101 | TC34/SC6 | 肉和肉制品 | 中国商业联合会商业标准中心 | 刘振宇 | 01065285240 | zhenyuliu808@163.com |
| 102 | TC34/SC9 | 微生物学 | 中国食品发酵工业研究院有限公司 | 王晓龙 | 010-53218325 | 13810947211@163.com |

续表

| 序号 | TC/SC编号 | TC/SC 中文名 | 承担单位 | 联系人 | 电话 | 电子邮件 |
|---|---|---|---|---|---|---|
| 103 | TC34/SC10 | 动物饲料 | 中国饲料工业协会 | 张雅惠 | 010-59191489 | qgslbwh@126.com |
| 104 | TC34/SC11 | 动植物油脂 | 国家粮食和物资储备局标准质量中心 | 张艳<br>祁潇哲<br>徐广超 | 010-58523778<br>010-58523777 | lybztc270@163.com |
| 105 | TC34/SC12 | 感官分析 | 中国标准化研究院 | 钟葵 | 010-57825133 | zhongkui@cnis.ac.cn |
| 106 | TC34/SC17 | 食品安全管理体系 | 中国标准化研究院 | 刘鹏 | 010-58811639 | liupeng@cnis.ac.cn |
| 107 | TC34/SC19 | 蜂产品 | 中国蜂产品协会 | 谭丽蕊 | 010-59361516 | beetlr@126.com |
| 108 | TC34/SC20 | 食物损失和浪费 | 中国标准化研究院 | 初侨 | 010-58811852 | chuqiao@cnis.ac.cn |
| 109 | TC36 | 摄影术 | 中国电影科学技术研究所 | 刘茂英 | 010-63245061 | lmy@crifst.ac.cn |
| 110 | TC37 | 语言和术语 | 中国标准化研究院 | 王海涛 | 010-58811709 | wanght@cnis.ac.cn |
| 111 | TC37/SC1 | 原则与方法 | 中国标准化研究院 | 王海涛 | 010-58811709 | wanght@cnis.ac.cn |
| 112 | TC37/SC2 | 术语工作流程和语言编码 | 中国标准化研究院 | 王海涛 | 010-58811709 | wanght@cnis.ac.cn |
| 113 | TC37/SC3 | 术语资源管理 | 中国标准化研究院 | 王海涛 | 010-58811709 | wanght@cnis.ac.cn |
| 114 | TC37/SC4 | 语言资源管理 | 中国标准化研究院 | 王海涛 | 010-58811709 | wanght@cnis.ac.cn |
| 115 | TC37/SC5 | 笔译、口译和相关技术 | 中国标准化研究院 | 王海涛 | 010-58811709 | wanght@cnis.ac.cn |
| 116 | TC38 | 纺织品 | 纺织工业标准化研究所 | 斯颖 | 010-65987258 | siying@gt.cn |
| 117 | TC38/SC1 | 染色纺织品和染料的试验 | 纺织工业标准化研究所 | 斯颖 | 010-65987258 | siying@gt.cn |
| 118 | TC38/SC2 | 清洗，整理和防水试验 | 纺织工业标准化研究所 | 斯颖 | 010-65987258 | siying@gt.cn |
| 119 | TC38/SC20 | 织物描述 | 纺织工业标准化研究所 | 斯颖 | 010-65987258 | siying@gt.cn |
| 120 | TC38/SC23 | 纤维和纱线 | 纺织工业标准化研究所 | 斯颖 | 010-65987258 | siying@gt.cn |

续表

| 序号 | TC/SC 编号 | TC/SC 中文名 | 承担单位 | 联系人 | 电话 | 电子邮件 |
|---|---|---|---|---|---|---|
| 121 | TC38/SC24 | 调湿大气和纺织织物物理试验 | 纺织工业标准化研究所 | 斯颖 | 010-65987258 | siying@gt.cn |
| 122 | TC39 | 机床 | 北京机床研究所有限公司 | 黄祖广 | 010-64739659 | sac_tc22@163.com |
| 123 | TC39/SC2 | 金属切削机床试验条件 | 北京机床研究所有限公司 | 黄祖广 | 010-64739659 | sac_tc22@163.com |
| 124 | TC39/SC6 | 机床噪声 | 北京机床研究所有限公司 | 黄祖广 | 010-64739659 | sac_tc22@163.com |
| 125 | TC39/SC8 | 夹工件轴和卡轴 | 北京机床研究所有限公司 | 黄祖广 | 010-64739659 | sac_tc22@163.com |
| 126 | TC39/SC10 | 机床安全 | 国家机床质量监督检验中心 | 张维 | 010-64739716-8029 | zwjcs@126.com |
| 127 | TC41 | 带轮和带（包括V形带） | 中机生产力促进中心有限公司 | 黄刚 | 010-88301031 | huanggang0116@gmail.com |
| 128 | TC41/SC4 | 同步带传动 | 中机生产力促进中心有限公司 | 黄刚<br>周玉洁 | 010-88301031 | huanggang@pcmi.com.cn<br>sactc428@126.com |
| 129 | TC43 | 声学 | 中科院声学所（声标委） | 吕亚东<br>徐欣 | 010-82547573 | cstca@mail.ioa.ac.cn |
| 130 | TC43/SC1 | 噪声 | 中科院声学所（声标委） | 吕亚东<br>徐欣 | 010-82547573 | cstca@mail.ioa.ac.cn |
| 131 | TC43/SC2 | 建筑声学 | 中科院声学所（声标委） | 吕亚东<br>徐欣 | 010-82547573 | cstca@mail.ioa.ac.cn |
| 132 | TC45/SC2 | 试验和分析 | 北京橡胶工业研究设计院有限公司 | 孙斯文 | 010-51338162 | 1041492317@qq.com |
| 133 | TC46 | 信息与文献 | 中国科学技术信息研究所 | 赵青 | 010-58882319 | tc46@istic.ac.cn |
| 134 | TC46/SC4 | 技术互操作 | 中国科学技术信息研究所 | 赵青 | 010-58882319 | tc46@istic.ac.cn |
| 135 | TC46/SC8 | 统计和绩效评估 | 中国科学技术信息研究所 | 赵青 | 010-58882319 | tc46@istic.ac.cn |
| 136 | TC46/SC9 | 识别与描述 | 中国科学技术信息研究所 | 赵青 | 010-58882319 | tc46@istic.ac.cn |
| 137 | TC46/SC10 | 文献存储要求和保存条件 | 中国科学技术信息研究所 | 赵青 | 010-58882319 | tc46@istic.ac.cn |
| 138 | TC46/SC11 | 档案 / 记录管理 | 中国科学技术信息研究所 | 赵青 | 010-58882319 | tc46@istic.ac.cn |

续表

| 序号 | TC/SC编号 | TC/SC 中文名 | 承担单位 | 联系人 | 电话 | 电子邮件 |
|---|---|---|---|---|---|---|
| 139 | TC47 | 化学 | 化工标准化所 | 魏静 | 010-84885997 | kate_chenbj@163.com |
| 140 | TC48 | 实验室设备 | 全国玻璃仪器标准化中心 | 袁春梅 | 010-50950474 | yuancm0909@163.com |
| 141 | TC48/SC4 | 密度测量仪 | 全国玻璃仪器标准化中心 | 袁春梅 | 010-50950474 | yuancm0909@163.com |
| 142 | TC51 | 单元货物搬运用托盘 | 中国物流与采购联合会 | 张晋姝 | 010-83775785 | zhangjinshu87@126.com |
| 143 | TC52 | 薄壁金属容器 | 中国食品发酵工业研究院有限公司 | 仇凯 | 010-53218326 | cnscff@263.net |
| 144 | TC58 | 气瓶 | 北京天海工业有限公司 | 张保国<br>王艳辉 | 010-62054232，<br>010-62366911 | wyhui0546@126.com |
| 145 | TC58/SC2 | 气瓶附件 | 北京天海工业有限公司 | 张保国<br>王艳辉 | 010-62054232，<br>010-62366911 | wyhui0546@126.com |
| 146 | TC58/SC3 | 气瓶设计 | 北京天海工业有限公司 | 张保国<br>王艳辉 | 010-62054232，<br>010-62366911 | wyhui0546@126.com |
| 147 | TC58/SC4 | 气瓶的操作要求 | 北京天海工业有限公司 | 张保国<br>王艳辉 | 010-62054232，<br>010-62366911 | wyhui0546@126.com |
| 148 | TC59 | 建筑和土木工程 | 中国建筑标准设计研究院有限公司 | 宋婕 | 010-68799191 | songjie0000@163.com |
| 149 | TC59/SC2 | 术语和语言的协调 | 中国建筑标准设计研究院有限公司 | 宋婕 | 010-68799191 | songjie0000@163.com |
| 150 | TC59/SC13 | 建筑和土木工程的信息组织和数字化，包含建筑信息模型（BIM） | 中国建筑标准设计研究院有限公司 | 宋婕 | 010-68799191 | songjie0000@163.com |
| 151 | TC59/SC14 | 设计寿命 | 中国建筑标准设计研究院有限公司 | 宋婕 | 010-68799191 | songjie0000@163.com |
| 152 | TC59/SC15 | 住宅性能描述的框架 | 中国建筑标准设计研究院有限公司 | 宋婕 | 010-68799191 | songjie0000@163.com |
| 153 | TC59/SC16 | 建筑环境的可访问性和可用性 | 中国建筑标准设计研究院有限公司 | 宋婕 | 010-68799191 | songjie0000@163.com |
| 154 | TC59/SC17 | 建筑和土木工程的可持续性 | 中国建筑标准设计研究院有限公司 | 宋婕 | 010-68799191 | songjie0000@163.com |
| 155 | TC59/SC18 | 工程采购 | 中国建筑标准设计研究院有限公司 | 宋婕 | 010-68799191 | songjie0000@163.com<br>songj@cbs.com.cn |

续表

| 序号 | TC/SC编号 | TC/SC 中文名 | 承担单位 | 联系人 | 电话 | 电子邮件 |
|---|---|---|---|---|---|---|
| 156 | TC59/SC19 | 装配式建筑 | 中国建筑标准设计研究院有限公司 | 宋婕 | 010-68799191 | songjie0000@163.com songj@cbs.com.cn |
| 157 | TC61/SC9 | 热塑性材料 | 中国石油化工股份有限公司北京燕山分公司树脂应用研究所 | 郑慧琴 | 010-69342465 | wangxl02.yssh@sinopec.com |
| 158 | TC61/SC10 | 泡沫塑料 | 轻工业塑料加工应用研究所 | 周迎鑫 刁晓倩 | 010-68983612，010-68985380 | zhouyingxin@btbu.edu.cn |
| 159 | TC61/SC11 | 制品 | 轻工业塑料加工应用研究所 | 周迎鑫 刁晓倩 | 010-68983612，010-68985380 | zhouyingxin@btbu.edu.cn |
| 160 | TC61/SC14 | 环境因素 | 轻工业塑料加工应用研究所 | 周迎鑫 刁晓倩 | 010-68983612，010-68985380 | zhouyingxin@btbu.edu.cn |
| 161 | TC67 | 包括低碳能源在内的石油和天然气工业 | 石油工业标准化研究所 | 丁飞 韩睿婧 | 010-83597689；010-83598937 | dingfei@petrochina.com.cn |
| 162 | TC67/SC3 | 钻井和完井液及井用水泥 | 中国石油集团工程技术研究院有限公司 | 张天怡 | 010-80162085 | zhangtydr@cnpc.com.cn |
| 163 | TC67/SC4 | 钻井及生产设备 | 石油工业标准化研究所 | 丁飞 韩睿婧 | 010-83597689；010-83598937 | dingfei@petrochina.com.cn |
| 164 | TC67/SC6 | 加工设备和系统 | 中国寰球工程有限公司 | 王勇 于焱 | 010-58676700 010-58676183 | wangyong1439-hqc@cnpc.com.cn |
| 165 | TC67/SC7 | 海洋结构 | 中海油研究总院有限责任公司 | 谭越 | 010-84525145 | tanyue2@cnooc.com.cn |
| 166 | TC67/SC8 | 北极作业 | 中海油研究总院有限责任公司 | 谭越 | 010-84525145 | tanyue2@cnooc.com.cn |
| 167 | TC67/SC9 | 液化天然气装置与设备 | 中海石油气电集团有限责任公司 | 程昊 | 010-84526513 | chenghao2@cnooc.com |
| 168 | TC68 | 金融服务 | 中国人民银行科技司 | 冯蕾 谢彦丽 | 010-66199078、010-83111239 | cfstc@pbc.gov.cn |
| 169 | TC68/SC2 | 安全 | 中国人民银行科技司 | 冯蕾 谢彦丽 | 010-66199078、010-83111239 | cfstc@pbc.gov.cn |
| 170 | TC68/SC8 | 参考数据 | 中国人民银行科技司 | 冯蕾 谢彦丽 | 010-66199078、010-83111239 | cfstc@pbc.gov.cn |
| 171 | TC68/SC9 | 信息交换 | 中国人民银行科技司 | 冯蕾 谢彦丽 | 010-66199078、010-83111239 | cfstc@pbc.gov.cn |
| 172 | TC69 | 统计方法应用 | 中国标准化研究院 | 张帆 | 010-58811680 | zhangfan@cnis.ac.cn |

续表

| 序号 | TC/SC编号 | TC/SC 中文名 | 承担单位 | 联系人 | 电话 | 电子邮件 |
|---|---|---|---|---|---|---|
| 173 | TC69/SC4 | 统计方法在过程管理中的应用 | 中国标准化研究院 | 张帆 | 010-58811680 | zhangfan@cnis.ac.cn |
| 174 | TC69/SC5 | 验收抽样 | 中国标准化研究院 | 张帆 | 010-58811680 | zhangfan@cnis.ac.cn |
| 175 | TC69/SC6 | 测量方法与结果 | 中国标准化研究院 | 张帆 | 010-58811680 | zhangfan@cnis.ac.cn |
| 176 | TC69/SC7 | 六西格玛实施中统计及相关技术应用 | 中国标准化研究院 | 张帆 | 010-58811680 | zhangfan@cnis.ac.cn |
| 177 | TC69/SC8 | 新技术和产品开发中统计和相关应用 | 中国标准化研究院 | 张帆 | 010-58811680 | zhangfan@cnis.ac.cn |
| 178 | TC71 | 混凝土，钢筋混凝土和预应力混凝土 | 中国建筑科学研究院建筑材料研究所 | 冷发光 | 010-64517275 何冷 010-64517940 | lengfaguang@126.com |
| 179 | TC71/SC1 | 混凝土试验方法 | 中国建筑科学研究院建筑材料研究所 | 冷发光 | 010-64517940 | lengfaguang@126.com |
| 180 | TC71/SC3 | 混凝土生产和混凝土建筑的施工 | 中国建筑科学研究院建筑材料研究所 | 冷发光 | 010-64517940 | lengfaguang@126.com |
| 181 | TC71/SC4 | 结构混凝土的性能要求 | 中国建筑科学研究院有限公司 | 黄小坤<br>姜波 | 010-64517505 | huangxiaokun@cabrtech.com;<br>xkhuang@sina.com |
| 182 | TC71/SC5 | 混凝土建筑的简化设计标准 | 建研院结构所 | 黄小坤 | 010-64517505 | huangxiaokun@cabrtech.com;<br>xkhuang@sina.com |
| 183 | TC71/SC6 | 混凝土构件非传统加固材料 | 建研院结构所 | 黄小坤 | 010-64517505 | huangxiaokun@cabrtech.com;<br>xkhuang@sina.com |
| 184 | TC71/SC7 | 混凝土结构维护与修复 | 建研院结构所 | 黄小坤 | 010-64517505 | huangxiaokun@cabrtech.com;<br>xkhuang@sina.com |
| 185 | TC71/SC8 | 混凝土和混凝土结构的环境管理 | 中国建筑科学研究院有限公司 | 耿相日<br>马静越 | 010-64517263 | gengxiangri@cabrtech.com<br>13439230169@126.com |
| 186 | TC72 | 纺织机械和干洗及工业洗衣机械 | 中国纺织机械协会 | 钱玉 | 010-58221177 转 614 | qianyu@ctma.net |

续表

| 序号 | TC/SC编号 | TC/SC 中文名 | 承担单位 | 联系人 | 电话 | 电子邮件 |
|---|---|---|---|---|---|---|
| 187 | TC72/SC1 | 粗纺，精纺，捻线和成绞机械及附件 | 中国纺织机械协会 | 钱玉 | 010-58221177 转 614 | qianyu@ctma.net |
| 188 | TC72/SC3 | 织物生产机械包括准备机械和附件 | 中国纺织机械协会 | 钱玉 | 010-58221177 转 614 | qianyu@ctma.net |
| 189 | TC72/SC4 | 染整机械和附件 | 中国纺织机械协会 | 钱玉 | 010-58221177 转 614 | qianyu@ctma.net |
| 190 | TC72/SC8 | 纺织机械的安全要求 | 中国纺织机械协会 | 钱玉 | 010-58221177 转 614 | qianyu@ctma.net |
| 191 | TC72/SC10 | 通用标准 | 中国纺织机械协会 | 钱玉 | 010-58221177 转 614 | qianyu@ctma.net |
| 192 | TC74 | 水泥和石灰 | 中国建材研究院水泥所 | 颜碧兰<br>刘晨 | 010-51167433<br>010-51167265 | iso74_1@sacvote.gov.cn |
| 193 | TC79 | 轻金属及其合金 | 中国有色金属工业标准计量质量研究所 | 宋冠禹 | 010-62220714 | songguanyu@cnsmq.com |
| 194 | TC79/SC2 | 阳极氧化处理的铝金属 | 中国有色金属工业标准计量质量研究所 | 宋冠禹 | 010-62220714 | songguanyu@cnsmq.com |
| 195 | TC79/SC4 | 非合金（精炼）铝锭 | 中国有色金属工业标准计量质量研究所 | 宋冠禹 | 010-62220714 | songguanyu@cnsmq.com |
| 196 | TC79/SC5 | 镁及铸造或锻造镁合金 | 中国有色金属工业标准计量质量研究所 | 宋冠禹 | 010-62220714 | songguanyu@cnsmq.com |
| 197 | TC79/SC6 | 锻造铝与铝合金 | 中国有色金属工业标准计量质量研究所 | 宋冠禹 | 010-62220714 | songguanyu@cnsmq.com |
| 198 | TC79/SC7 | 铝与铸铝合金 | 中国有色金属工业标准计量质量研究所 | 金海鹏 | 010-62497493 | jinhp@aliyun.com |
| 199 | TC79/SC9 | 代号 | 中国有色金属工业标准计量质量研究所 | 宋冠禹 | 010-62220714 | songguanyu@cnsmq.com |
| 200 | TC79/SC11 | 钛 | 中国有色金属工业标准计量质量研究所 | 宋冠禹 | 010-62220714 | songguanyu@cnsmq.com |
| 201 | TC79/SC12 | 铝土矿 | 中国有色金属工业标准计量质量研究所 | 宋冠禹 | 010-62220714 | songguanyu@cnsmq.com |
| 202 | TC82/SC7 | 矿山关闭和复垦管理 | 中国自然资源经济研究院 | 赵祺彬 | 010-61595831 | gtzy_zqb@126.com |
| 203 | TC83 | 运动和娱乐器材 | 北京中大华远认证中心有限公司 | 韦诗雨 | 010-68396678 | zdhy_jkb@163.com |

续表

| 序号 | TC/SC编号 | TC/SC 中文名 | 承担单位 | 联系人 | 电话 | 电子邮件 |
|---|---|---|---|---|---|---|
| 204 | TC83/SC4 | 滑雪板 | 北京中大华远认证中心有限公司 | 韦诗雨 | 010-68396678 | zdhy_jkb@163.com |
| 205 | TC83/SC6 | 武术 | 国家体育总局体育器材装备中心 | 侯亮 | 010-87183073 | tystandard@sport.gov.cn |
| 206 | TC85 | 核能、核技术和辐射防护 | 核工业标准化研究所 | 李筱珍 | 010-88828782 | lixiaozhen258@sohu.com |
| 207 | TC85/SC2 | 辐射防护 | 核工业标准化研究所 | 刘立坡 | 010-88828502 | lipoliu@163.com |
| 208 | TC85/SC5 | 核装置、工艺和技术 | 核工业标准化研究所 | 郭建新 | 010-88828748 | isni2011@sohu.com |
| 209 | TC85/SC6 | 反应堆技术 | 核工业标准化研究所 | 刘尚源 | 010-88828514 | shangyuanliu_isni@163.com |
| 210 | TC86 | 制冷和空气调节 | 中国制冷学会 | 肖杨 | 010-68715724 | car-bz@car.org.cn |
| 211 | TC86/SC6 | 空调器和热泵的试验与评定 | 中国建筑科学研究院空气调节研究所 | 李正 | 010-64693254 | lizhenghdf@163.com；lizheng@chinaibee.com |
| 212 | TC86/SC7 | 商业冷藏陈列柜的试验和评定 | 中国商业联合会商业标准中心 | 刘振宇 | 010-65285240 | zhenyuliu808@163.com |
| 213 | TC86/SC8 | 制冷剂和制冷润滑剂 | 北京化工研究院 | 郭燕玲<br>黄熠 | 010-59202521<br>010-59202329 | tc63sc9.bjhy@sinopec.com |
| 214 | TC87 | 软木 | 中国林业科学研究院 | 段新芳 | 010-62888324 | xfduan@caf.ac.cn |
| 215 | TC89 | 木基板材 | 林科院木材工业研究所 | 段新芳 | 010-62888324 | duanchitin@aliyun.com |
| 216 | TC89/SC1 | 纤维板 | 林科院木材工业研究所 | 段新芳 | 010-62888324 | duanchitin@aliyun.com |
| 217 | TC89/SC2 | 碎料板 | 林科院木材工业研究所 | 段新芳 | 010-62888324 | duanchitin@aliyun.com |
| 218 | TC89/SC3 | 胶合板 | 林科院木材工业研究所 | 段新芳 | 010-62888324 | duanchitin@aliyun.com |
| 219 | TC92 | 防火安全 | 应急管理部消防救援局 | 胡锐 | 010-83932687 | hurui119@263.net |
| 220 | TC92/SC1 | 火灾的发生和蔓延 | 应急管理部消防救援局 | 胡锐 | 010-83932687 | hurui119@263.net |
| 221 | TC92/SC2 | 耐火性能 | 应急管理部消防救援局 | 胡锐 | 010-83932687 | hurui119@263.net |

续表

| 序号 | TC/SC编号 | TC/SC 中文名 | 承担单位 | 联系人 | 电话 | 电子邮件 |
|---|---|---|---|---|---|---|
| 222 | TC92/SC3 | 受火灾威胁的人和环境 | 应急管理部消防救援局 | 胡锐 | 010-83932687 | hurui119@263.net |
| 223 | TC92/SC4 | 防火安全工程 | 应急管理部消防救援局 | 胡锐 | 010-83932687 | hurui119@263.net |
| 224 | TC93 | 淀粉(包括衍生物和副产品) | 中国商业联合会商业标准中心 | 刘振宇 | 01065285240 | zhenyuliu808@163.com |
| 225 | TC94 | 个人安全-个体防护装备 | 应急管理部国际交流合作中心 | 蔡忠 | 010-64463778 | chinata112@163.com |
| 226 | TC94/SC3 | 足部防护装备 | 应急管理部国际交流合作中心 | 蔡忠 | 010-64463778 | chinata112@163.com |
| 227 | TC94/SC6 | 眼面部防护装备 | 中国标准化研究院 | 蔡建奇 | 010-58811387 | guodh@cnis.ac.cn |
| 228 | TC94/SC13 | 防护服装 | 应急管理部国际交流合作中心 | 蔡忠 | 010-64463778 | caijq@cnis.ac.cn |
| 229 | TC94/SC14 | 消防员个人装备 | 应急管理部消防救援局 | 胡锐 | 010-83932687 | hurui119@263.net |
| 230 | TC94/SC15 | 呼吸防护装备 | 应急管理部国际交流合作中心 | 蔡忠 | 010-64463778 | chinata112@163.com |
| 231 | TC96 | 起重机 | 北京起重运输机械设计研究院有限公司 | 林夫奎 | 010-89659781 | wlbyjxgj@vip.163.com |
| 232 | TC96/SC2 | 术语 | 北京起重运输机械设计研究院有限公司 | 林夫奎 | 010-89659781 | wlbyjxgj@vip.163.com |
| 233 | TC96/SC3 | 绳的选择 | 北京起重运输机械设计研究院有限公司 | 林夫奎 | 010-89659781 | wlbyjxgj@vip.163.com |
| 234 | TC96/SC4 | 试验方法 | 北京起重运输机械设计研究院有限公司 | 林夫奎 | 010-89659781 | wlbyjxgj@vip.163.com |
| 235 | TC96/SC5 | 使用、操作和维护 | 北京起重运输机械设计研究院有限公司 | 林夫奎 | 010-89659781 | wlbyjxgj@vip.163.com |
| 236 | TC96/SC8 | 臂架起重机 | 北京起重运输机械设计研究院有限公司 | 林夫奎 | 010-89659781 | wlbyjxgj@vip.163.com |
| 237 | TC96/SC9 | 桥式和门式起重机 | 北京起重运输机械设计研究院有限公司 | 林夫奎 | 010-89659781 | wlbyjxgj@vip.163.com |
| 238 | TC96/SC10 | 设计原则与要求 | 北京起重运输机械设计研究院有限公司 | 林夫奎 | 010-89659781 | wlbyjxgj@vip.163.com |

续表

| 序号 | TC/SC 编号 | TC/SC 中文名 | 承担单位 | 联系人 | 电话 | 电子邮件 |
| --- | --- | --- | --- | --- | --- | --- |
| 239 | TC98 | 建筑结构设计基础 | 中国建筑科学研究院有限公司建筑结构研究所 | 陈凯<br>高迪 | 010-84280389-810 | chenkai@cabrtech.com |
| 240 | TC98/SC1 | 术语与符号 | 中国建筑科学研究院有限公司建筑结构研究所 | 陈凯<br>高迪 | 010-84280389-810 | chenkai@cabrtech.com |
| 241 | TC98/SC2 | 结构可靠性 | 中国建筑科学研究院有限公司建筑结构研究所 | 陈凯<br>高迪 | 010-84280389-810 | chenkai@cabrtech.com |
| 242 | TC98/SC3 | 荷载、力和其他作用 | 中国建筑科学研究院有限公司建筑结构研究所 | 陈凯<br>高迪 | 010-84280389-810 | chenkai@cabrtech.com |
| 243 | TC101 | 连续机械搬运设备 | 北京起重运输机械设计研究院有限公司 | 林夫奎 | 010-89659781 | wlbyjxgj@vip.163.com |
| 244 | TC102 | 铁矿石 | 冶金工业信息标准研究院 | 侯捷 | 010-65254564 | houjie@cmisi.cn |
| 245 | TC102/SC2 | 化学分析 | 冶金工业信息标准研究院 | 侯捷 | 010-65254564 | houjie@cmisi.cn |
| 246 | TC104 | 货运集装箱 | 交通运输部水运科学研究院 | 赵洁婷、<br>李继春 | 010-65290568 | iso104_china@wti.ac.cn |
| 247 | TC104/SC1 | 通用集装箱 | 交通运输部水运科学研究院 | 赵洁婷、<br>李继春 | 010-65290568 | iso104_china@wti.ac.cn |
| 248 | TC104/SC2 | 专用集装箱 | 交通运输部水运科学研究院 | 赵洁婷、<br>李继春 | 010-65290568 | iso104_china@wti.ac.cn |
| 249 | TC104/SC4 | 识别标志和通信 | 交通运输部水运科学研究院 | 赵洁婷、<br>李继春 | 010-65290568 | iso104_china@wti.ac.cn |
| 250 | TC105 | 钢丝绳 | 冶金工业信息标准研究院 | 侯捷 | 010-65254564 | houjie@cmisi.cn |
| 251 | TC106 | 牙科学 | 北京医科大学口腔医学院口腔医疗器械检验中心 | 张金 | 010-82195747 | sactc99@163.com |
| 252 | TC106/SC1 | 充填修复材料 | 北京医科大学口腔医学院口腔医疗器械检验中心 | 张金 | 010-82195747 | sactc99@163.com |
| 253 | TC106/SC2 | 义齿修复材料 | 北京医科大学口腔医学院口腔医疗器械检验中心 | 张金 | 010-82195747 | sactc99@163.com |
| 254 | TC106/SC3 | 术语 | 北京医科大学口腔医学院口腔医疗器械检验中心 | 张金 | 010-82195747 | sactc99@163.com |

续表

| 序号 | TC/SC 编号 | TC/SC 中文名 | 承担单位 | 联系人 | 电话 | 电子邮件 |
|---|---|---|---|---|---|---|
| 255 | TC106/SC4 | 牙科器械 | 北京医科大学口腔医学院口腔医疗器械检验中心 | 张金 | 010-82195747 | sactc99@163.com |
| 256 | TC106/SC6 | 牙科设备 | 北京医科大学口腔医学院口腔医疗器械检验中心 | 张金 | 010-82195747 | sactc99@163.com |
| 257 | TC106/SC7 | 口腔护理用品 | 北京医科大学口腔医学院口腔医疗器械检验中心 | 张金 | 010-82195747 | sactc99@163.com |
| 258 | TC106/SC8 | 牙科植入物 | 北京医科大学口腔医学院口腔医疗器械检验中心 | 张金 | 010-82195747 | sactc99@163.com |
| 259 | TC106/SC9 | 牙科 CAD/CAM 系统 | 北京医科大学口腔医学院口腔医疗器械检验中心 | 张金 | 010-82195747 | sactc99@163.com |
| 260 | TC108/SC4 | 处于振动冲击下的人体 | 航天医学工程研究所 | 刘洪涛 | 010-66362229 | iso108sc4_1@sacvote.gov.cn |
| 261 | TC110 | 工业车辆 | 北京起重运输机械设计研究院有限公司 | 林夫奎 | 010-89659781 | wlbyjxgj@vip.163.com |
| 262 | TC110/SC1 | 通用术语 | 北京起重运输机械设计研究院有限公司 | 林夫奎 | 010-89659781 | wlbyjxgj@vip.163.com |
| 263 | TC110/SC2 | 机动工业车辆安全 | 北京起重运输机械设计研究院有限公司 | 林夫奎 | 010-89659781 | wlbyjxgj@vip.163.com |
| 264 | TC110/SC4 | 越野叉车 | 北京起重运输机械设计研究院有限公司 | 林夫奎 | 010-89659781 | wlbyjxgj@vip.163.com |
| 265 | TC110/SC5 | 可持续性 | 北京起重运输机械设计研究院有限公司 | 林夫奎 | 010-89659781 | wlbyjxgj@vip.163.com |
| 266 | TC111 | 钢制圆环链、吊链、部件及附件 | 北京起重运输机械设计研究院有限公司 | 林夫奎 | 010-89659781 | wlbyjxgj@vip.163.com |
| 267 | TC111/SC1 | 链条及吊链 | 北京起重运输机械设计研究院有限公司 | 林夫奎 | 010-89659781 | wlbyjxgj@vip.163.com |
| 268 | TC111/SC3 | 部件及附件 | 北京起重运输机械设计研究院有限公司 | 林夫奎 | 010-89659781 | wlbyjxgj@vip.163.com |
| 269 | TC119 | 粉末冶金 | 中国有色金属工业标准计量质量研究所 | 宋冠禹 | 010-62220714 | songguanyu@cnsmq.com |

续表

| 序号 | TC/SC 编号 | TC/SC 中文名 | 承担单位 | 联系人 | 电话 | 电子邮件 |
|---|---|---|---|---|---|---|
| 270 | TC119/SC2 | 粉末的取样和试验方法（包括硬质合金粉末） | 钢铁研究总院 | 杨博<br>罗倩华 | 010-62182542 | yb060250@163.com |
| 271 | TC119/SC3 | 烧结金属材料的取样和试验方法（不包括硬质合金） | 钢铁研究总院 | 杨博<br>罗倩华 | 010-62182542 | yb060250@163.com |
| 272 | TC119/SC4 | 硬质合金的取样和试验方法 | 中国有色金属工业标准计量质量研究所 | 宋冠禹 | 010-62220714 | songguanyu@cnsmq.com |
| 273 | TC119/SC5 | 粉末冶金材料（不包括硬质金属）的规格 | 中国有色金属工业标准计量质量研究所 | 宋冠禹 | 010-62220714 | songguanyu@cnsmq.com |
| 274 | TC120 | 皮革 | 中国皮革制鞋研究院有限公司 | 桑军 | 010-64337789 | leathertc@163.com |
| 275 | TC120/SC1 | 原料皮．包括含浸酸皮 | 中国皮革制鞋研究院有限公司 | 桑军 | 010-64337789 | leathertc@163.com |
| 276 | TC120/SC2 | 鞣制革 | 中国皮革制鞋研究院有限公司 | 桑军 | 010-64337789 | leathertc@163.com |
| 277 | TC120/SC3 | 皮革制品 | 中国皮革制鞋研究院有限公司 | 桑军 | 010-64337789 | leathertc@163.com |
| 278 | TC122 | 包装 | 中国包装联合会 | 王利、朱静 | 010-65839059/65285139 | tc49baozhuang@163.com |
| 279 | TC122/SC3 | 包装方法、包裹和成组货物的性能要求和试验（按 ISO/TC122 要求） | 中国包装联合会 | 王利、朱静 | 010-65839059/65285139 | tc49baozhuang@163.com |
| 280 | TC122/SC4 | 包装与环境 | 中国出口商品包装研究所 | 刘天航 | 010-65909669 | JasperLiuCEPI@hotmail.com |
| 281 | TC123 | 滑动轴承 | 中机生产力促进中心有限公司 | 丁宝平 | 010-88301013 | dingbp@263.net |
| 282 | TC123/SC2 | 材料和润滑剂及其性能、特性试验方法和试验条件 | 中机生产力促进中心有限公司 | 丁宝平 | 010-88301013 | dingbp@263.net |
| 283 | TC123/SC3 | 尺寸、公差和尺寸结构细节 | 中机生产力促进中心有限公司 | 丁宝平 | 010-88301013 | dingbp@263.net |
| 284 | TC123/SC5 | 质量分析和保证 | 中机生产力促进中心有限公司 | 丁宝平 | 010-88301013 | dingbp@263.net |

续表

| 序号 | TC/SC编号 | TC/SC 中文名 | 承担单位 | 联系人 | 电话 | 电子邮件 |
|---|---|---|---|---|---|---|
| 285 | TC123/SC6 | 术语和通用项目 | 中机生产力促进中心有限公司 | 丁宝平 | 010-88301013 | dingbp@263.net |
| 286 | TC123/SC7 | 特殊型式的滑动轴承 | 中机生产力促进中心有限公司 | 丁宝平 | 010-88301013 | dingbp@263.net |
| 287 | TC123/SC8 | 滑动轴承的计算方法及其应用 | 中机生产力促进中心有限公司 | 丁宝平 | 010-88301013 | dingbp@263.net |
| 288 | TC130 | 印刷技术 | 中国印刷技术协会 | 李美芳<br>马智勇 | 010-59361241 | tc170_lmf@126.com<br>cntcps@vip.sina.com |
| 289 | TC131 | 流体传动系统 | 北京机械工业自动化研究所有限公司 | 罗经 | 010-82285320 | sactc3@riamb.ac.cn |
| 290 | TC131/SC1 | 符号、术语与分类 | 北京机械工业自动化研究所有限公司 | 罗经 | 010-82285320 | sactc3@riamb.ac.cn |
| 291 | TC131/SC2 | 泵、马达与整体传动 | 北京机械工业自动化研究所有限公司 | 罗经 | 010-82285320 | sactc3@riamb.ac.cn |
| 292 | TC131/SC3 | （液压、气动）缸 | 北京机械工业自动化研究所有限公司 | 罗经 | 010-82285320 | sactc3@riamb.ac.cn |
| 293 | TC131/SC4 | 管路附件 | 北京机械工业自动化研究所有限公司 | 罗经 | 010-82285320 | sactc3@riamb.ac.cn |
| 294 | TC131/SC5 | 控制元件 | 北京机械工业自动化研究所有限公司 | 罗经 | 010-82285320 | sactc3@riamb.ac.cn |
| 295 | TC131/SC6 | 污染控制 | 北京机械工业自动化研究所有限公司 | 罗经 | 010-82285320 | sactc3@riamb.ac.cn |
| 296 | TC131/SC7 | 密封装置 | 北京机械工业自动化研究所有限公司 | 罗经 | 010-82285320 | sactc3@riamb.ac.cn |
| 297 | TC131/SC8 | 元件测试 | 北京机械工业自动化研究所有限公司 | 罗经 | 010-82285320 | sactc3@riamb.ac.cn |
| 298 | TC131/SC9 | 系统与装置 | 北京机械工业自动化研究所有限公司 | 罗经 | 010-82285320 | sactc3@riamb.ac.cn |
| 299 | TC132 | 铁合金 | 冶金工业信息标准研究院 | 侯捷 | 010-65254564 | houjie@cmisi.cn |
| 300 | TC137 | 鞋号标识和标记体系 | 中国皮革制鞋研究院有限公司 | 畅文凯<br>孟红伟 | 010-64337769<br>010-64337769 | footweartc@163.com |
| 301 | TC138 | 输送流体用塑料管．管配件和阀门 | 轻工业塑料加工应用研究所 | 项爱民 | 010-68988056 | xaming@th.btbu.edu.cn |

续表

| 序号 | TC/SC编号 | TC/SC 中文名 | 承担单位 | 联系人 | 电话 | 电子邮件 |
|---|---|---|---|---|---|---|
| 302 | TC138/SC1 | 污水、废水和排水用塑料管和管配件 | 轻工业塑料加工应用研究所 | 项爱民 | 010-68988056 | xaming@th.btbu.edu.cn |
| 303 | TC138/SC2 | 供水用塑料管道和管配件 | 轻工业塑料加工应用研究所 | 项爱民 | 010-68988056 | xaming@th.btbu.edu.cn |
| 304 | TC138/SC3 | 工业用塑料管和管配件 | 轻工业塑料加工应用研究所 | 项爱民 | 010-68988056 | xaming@th.btbu.edu.cn |
| 305 | TC138/SC4 | 输送气体燃料用塑料管和管配件 | 轻工业塑料加工应用研究所 | 项爱民 | 010-68988056 | xaming@th.btbu.edu.cn |
| 306 | TC138/SC5 | 塑料管.管配件.阀门及其附件的一般性能-试验方法和基本规范 | 轻工业塑料加工应用研究所 | 项爱民 | 010-68988056 | xaming@th.btbu.edu.cn |
| 307 | TC138/SC6 | 各种用途的增强塑料管道和管配件 | 轻工业塑料加工应用研究所 | 项爱民 | 010-68988056 | xaming@th.btbu.edu.cn |
| 308 | TC138/SC7 | 塑料阀门和辅助设备 | 轻工业塑料加工应用研究所 | 项爱民 | 010-68988056 | xaming@th.btbu.edu.cn |
| 309 | TC138/SC8 | 非开挖修复用管道系统 | 轻工业塑料加工应用研究所 | 项爱民 | 010-68988056 | xaming@th.btbu.edu.cn |
| 310 | TC142 | 空气和其他气体的清洁设备 | 中国建筑科学研究院空气调节研究所 | 李正 | 010-64693254 | lizhenghdf@163.com；lizheng@chinaibee.com |
| 311 | TC145 | 图形符号 | 中国标准化研究院 | 陈永权 | 010-58811687 | chenyongquan@cnis.ac.cn |
| 312 | TC145/SC1 | 公共信息图形符号 | 中国标准化研究院 | 陈永权 | 010-58811687 | chenyongquan@cnis.ac.cn |
| 313 | TC145/SC2 | 安全识别、标志、形状、符号和颜色 | 中国标准化研究院 | 陈永权 | 010-58811687 | chenyongquan@cnis.ac.cn |
| 314 | TC145/SC3 | 设备用图形符号 | 中国标准化研究院 | 陈永权 | 010-58811687 | chenyongquan@cnis.ac.cn |
| 315 | TC146 | 空气质量 | 中国环境监测总站 | 王光、汪太明 | 010-84943044 | iso_china@cnemc.cn |
| 316 | TC146/SC1 | 固定源排出物 | 中国环境监测总站 | 王光、汪太明 | 010-84943044 | iso_china@cnemc.cn |
| 317 | TC146/SC2 | 工作场所的大气 | 中国环境监测总站 | 王光、汪太明 | 010-84943044 | iso_china@cnemc.cn |

续表

| 序号 | TC/SC编号 | TC/SC 中文名 | 承担单位 | 联系人 | 电话 | 电子邮件 |
|---|---|---|---|---|---|---|
| 318 | TC146/SC3 | 环境大气 | 中国环境监测总站 | 王光、汪太明 | 010-84943044 | iso_china@cnemc.cn |
| 319 | TC146/SC4 | 通用特性 | 中国环境监测总站 | 王光、汪太明 | 010-84943044 | iso_china@cnemc.cn |
| 320 | TC146/SC5 | 气象学 | 中国气象局 | 张潇潇 | 010-58995085 | zhangxiaoxiao@cma.gov.cn |
| 321 | TC147 | 水质 | 中国环境监测总站 | 王光、汪太明 | 010-84943044 | iso_china@cnemc.cn |
| 322 | TC147/SC1 | 术语 | 中国环境监测总站 | 王光、汪太明 | 010-84943044 | iso_china@cnemc.cn |
| 323 | TC147/SC2 | 物理.化学和生物化学方法 | 中国环境监测总站 | 王光、汪太明 | 010-84943044 | iso_china@cnemc.cn |
| 324 | TC147/SC4 | 微生物方法 | 中国环境监测总站 | 王光、汪太明 | 010-84943044 | iso_china@cnemc.cn |
| 325 | TC147/SC5 | 生物方法 | 中国环境监测总站 | 王光、汪太明 | 010-84943044 | iso_china@cnemc.cn |
| 326 | TC147/SC6 | 取样 | 中国环境监测总站 | 王光、汪太明 | 010-84943044 | iso_china@cnemc.cn |
| 327 | TC148 | 缝纫机 | 中国缝制机械协会 | 陈戟 | 010-87747826 | chenj@csma.org.cn |
| 328 | TC149 | 自行车 | 中国自行车协会 | 杨丽 | 010-67662159 | cbayangli@163.com |
| 329 | TC149/SC1 | 自行车及其主要组件 | 中国自行车协会 | 杨丽 | 010-67662159 | cbayangli@163.com |
| 330 | TC150/SC7 | 组织工程医疗产品 | 中国食品药品检定研究院 | 徐丽明 | 010-53852556 | xuliming@nifdc.org.cn |
| 331 | TC154 | 工商行政管理中的过程、数据资料和文件 | 中国标准化研究院 | 章建方 | 010-58811613 | zhangjf@cnis.ac.cn |
| 332 | TC155 | 镍和镍合金 | 中国有色金属工业标准计量质量研究所 | 宋冠禹 | 010-62220714 | songguanyu@cnsmq.com |
| 333 | TC156 | 金属及合金的腐蚀 | 冶金工业信息标准研究院 | 侯捷 | 010-65254564 | houjie@cmisi.cn |
| 334 | TC156/SC1 | 腐蚀控制工程全生命周期 | 中国腐蚀控制技术协会 | 李济克 | 010-64896250 | lijike@139.com |
| 335 | TC159 | 人类工效学 | 中国标准化研究院 | 冉令华 | 010-58811707 | ranlh@cnis.ac.cn |

续表

| 序号 | TC/SC编号 | TC/SC 中文名 | 承担单位 | 联系人 | 电话 | 电子邮件 |
|---|---|---|---|---|---|---|
| 336 | TC159/SC1 | 人类工效学指导原理 | 中国标准化研究院 | 冉令华 | 010-58811707 | ranlh@cnis.ac.cn |
| 337 | TC159/SC3 | 人类测量学与生物力学 | 中国标准化研究院 | 冉令华 | 010-58811707 | ranlh@cnis.ac.cn |
| 338 | TC159/SC4 | 人-装置相互作用的人类工效学 | 中国标准化研究院 | 冉令华 | 010-58811707 | ranlh@cnis.ac.cn |
| 339 | TC159/SC5 | 自然环境的人类工效学 | 中国标准化研究院 | 冉令华 | 010-58811707 | ranlh@cnis.ac.cn |
| 340 | TC162 | 门、窗和幕墙 | 中国建筑标准设计研究院有限公司 | 宋婕 | 010-68799191 | songjie0000@163.com |
| 341 | TC164 | 金属材料力学试验 | 冶金工业信息标准研究院 | 侯捷 | 010-65254564 | houjie@cmisi.cn |
| 342 | TC164/SC1 | 单轴向试验 | 冶金工业信息标准研究院 | 侯捷 | 010-65254564 | houjie@cmisi.cn |
| 343 | TC164/SC2 | 延伸试验 | 冶金工业信息标准研究院 | 侯捷 | 010-65254564 | houjie@cmisi.cn |
| 344 | TC164/SC3 | 硬度试验 | 冶金工业信息标准研究院 | 侯捷 | 010-65254564 | houjie@cmisi.cn |
| 345 | TC164/SC4 | 韧性试验 | 冶金工业信息标准研究院 | 侯捷 | 010-65254564 | houjie@cmisi.cn |
| 346 | TC167 | 钢和铝结构 | 冶金工业信息标准研究院 | 侯捷 | 010-65254564 | houjie@cmisi.cn |
| 347 | TC168 | 假肢与矫形器 | 中国康复辅助器具协会 | 张鹏程 | 010-65006320 | tc148@crda.com.cn |
| 348 | TC171 | 文件成像的应用 | 国家图书馆 | 王磊<br>樊亚宁 | 010-88544568 | qgwyb@nlc.cn |
| 349 | TC171/SC1 | 质量 | 国家图书馆 | 王磊<br>樊亚宁 | 010-88544568 | qgwyb@nlc.cn |
| 350 | TC171/SC2 | 应用问题 | 国家图书馆 | 王磊<br>樊亚宁 | 010-88544568 | qgwyb@nlc.cn |
| 351 | TC172/SC1 | 基础标准 | 中国兵器工业标准化研究所 | 刘瑜 | 010-68966030 | fengbin81164@163.com |
| 352 | TC172/SC3 | 光学材料和元件 | 中国兵器工业标准化研究所 | 刘瑜 | 010-68966030 | fengbin81164@163.com |
| 353 | TC172/SC4 | 望远镜 | 中国兵器工业标准化研究所 | 刘瑜 | 010-68966030 | fengbin81164@163.com |

续表

| 序号 | TC/SC编号 | TC/SC 中文名 | 承担单位 | 联系人 | 电话 | 电子邮件 |
|---|---|---|---|---|---|---|
| 354 | TC172/SC9 | 激光和光电系统 | 中国兵器工业标准化研究所 | 刘瑜 | 010-68966030 | fengbin81164@163.com |
| 355 | TC173 | 残疾人用的技术装置和辅助器 | 中国康复辅助器具协会 | 张鹏程 | 010-65006320 | tc148@crda.com.cn |
| 356 | TC173/SC1 | 轮椅 | 中国康复辅助器具协会 | 张鹏程 | 010-65006320 | tc148@crda.com.cn |
| 357 | TC173/SC2 | 分类和术语 | 中国康复辅助器具协会 | 张鹏程 | 010-65006320 | tc148@crda.com.cn |
| 358 | TC173/SC3 | 为使用人造瘘和排便失控者提供的装置 | 中国康复辅助器具协会 | 张鹏程 | 010-65006320 | tc148@crda.com.cn |
| 359 | TC173/SC7 | 感官功能受损人士辅助产品 | 中国康复辅助器具协会 | 张鹏程 | 010-65006320 | tc148@crda.com.cn |
| 360 | TC174 | 首饰和贵金属 | 国家首饰质量监督检验中心 | 高俊彩<br>李素青 | 010-64843499 | tc256@njc.com.cn |
| 361 | TC176 | 质量管理和质量保证 | 中国标准化研究院-质量 | 康键 | 010-58811734 | kangjian@cnis.ac.cn |
| 362 | TC176/SC1 | 概念和术语 | 中国标准化研究院-质量 | 康键 | 010-58811734 | kangjian@cnis.ac.cn |
| 363 | TC176/SC2 | 质量体系 | 中国标准化研究院-质量 | 康键 | 010-58811734 | kangjian@cnis.ac.cn |
| 364 | TC176/SC3 | 支撑技术 | 中国标准化研究院-质量 | 康键 | 010-58811734 | kangjian@cnis.ac.cn |
| 365 | TC180 | 太阳能 | 中国标准化研究院-资源环境研究分院 | 杨洁 | 010-58811580 | yangjie@cnis.ac.cn |
| 366 | TC180/SC1 | 气候-测量和数据 | 中国标准化研究院-资源环境研究分院 | 杨洁 | 010-58811580 | yangjie@cnis.ac.cn |
| 367 | TC180/SC4 | 系统-热性能、可靠性和耐久性 | 中国标准化研究院-资源环境研究分院 | 杨洁 | 010-58811580 | yangjie@cnis.ac.cn |
| 368 | TC181 | 玩具的安全 | 北京中轻联认证中心有限公司 | 张霞、<br>白炜玮 | 010-68396625 | ntcst@263.net.cn |
| 369 | TC183 | 铜铅锌镍精矿 | 中国有色金属工业标准计量质量研究所 | 宋冠禹 | 010-62220714 | songguanyu@cnsmq.com |
| 370 | TC184 | 自动化系统与集成 | 北京机械工业自动化研究所有限公司 | 黎晓东<br>杨书评<br>高雪芹 | 010-82285795 | lixd@riamb.ac.cn;<br>yangshp@riamb.ac.cn;<br>gaoxq@riamb.ac.cn |

续表

| 序号 | TC/SC编号 | TC/SC中文名 | 承担单位 | 联系人 | 电话 | 电子邮件 |
|---|---|---|---|---|---|---|
| 371 | TC184/SC1 | 物理设备控制 | 北京机械工业自动化研究所有限公司 | 黎晓东<br>杨书评<br>高雪芹 | 010-82285795 | lixd@riamb.ac.cn;<br>yangshp@riamb.ac.cn;<br>gaoxq@riamb.ac.cn |
| 372 | TC184/SC4 | 工业数据 | 中国标准化研究院 | 徐凯程 | 010-58811581 | xukc@cnis.ac.cn |
| 373 | TC184/SC5 | 企业系统和自动化应用的互操作、集成和体系结构 | 北京机械工业自动化研究所有限公司 | 黎晓东<br>杨书评<br>高雪芹 | 010-82285795 | lixd@riamb.ac.cn;<br>yangshp@riamb.ac.cn;<br>gaoxq@riamb.ac.cn |
| 374 | TC188/SC1 | 个人安全设备 | 中国船舶集团有限公司综合技术经济研究院 | 朱佳帅 | 010-62185025 | zhujiashuai@126.com |
| 375 | TC190 | 土壤质量 | 中国环境监测总站 | 王光 | 010-84943044 | iso_china@cnemc.cn |
| 376 | TC190/SC3 | 化学方法和土壤特性 | 中国环境监测总站 | 王光 | 010-84943044 | iso_china@cnemc.cn |
| 377 | TC190/SC4 | 生物方法 | 中国环境监测总站 | 王光 | 010-84943044 | iso_china@cnemc.cn |
| 378 | TC190/SC7 | 土壤和现场评定 | 中国环境监测总站 | 王光 | 010-84943044 | iso_china@cnemc.cn |
| 379 | TC191 | 哺乳动物捕捉机 | 国家林业和草原局林牧保护司 |  | 010-84238708 | liqiling@cnpvp.net |
| 380 | TC195 | 建筑施工机械与设备 | 北京建筑机械化研究院有限公司 | 刘双<br>周紫晗 | 010-84018386<br>010-84018107 | sactc328@163.com |
| 381 | TC195/SC1 | 混凝土施工机械与设备 | 北京建筑机械化研究院有限公司 | 刘双<br>周紫晗 | 010-84018386<br>010-84018107 | sactc328@163.com |
| 382 | TC195/SC2 | 路面操作机械与相关设备 | 北京建筑机械化研究院有限公司 | 刘双<br>周紫晗 | 010-84018386<br>010-84018107 | sactc328@163.com |
| 383 | TC195/SC3 | 钻孔及基础设备 | 北京建筑机械化研究院有限公司 | 刘双 | 010-84018386 | ustbliushuang@126.com |
| 384 | TC197 | 氢技术 | 中国标准化研究院 | 杨燕梅 | 010-58811860 | yangym@cnis.ac.cn |
| 385 | TC197/SC1 | 规模化氢能与水平能源系统 | 中国标准化研究院 | 杨燕梅 | 010-58811860 | yangym@cnis.ac.cn |
| 386 | TC199 | 机械安全 | 中机生产力促进中心有限公司 | 李勤 | 010-88301758 | sactc208@pcmi.com.cn |
| 387 | TC201 | 表面化学分析 | 中科院物理所（探标委） | 陆兴华 | 010-82648043 | xhlu@iphy.ac.cn |
| 388 | TC201/SC1 | 术语 | 中科院物理所（探标委） | 陆兴华 | 010-82648043 | xhlu@iphy.ac.cn |

续表

| 序号 | TC/SC编号 | TC/SC 中文名 | 承担单位 | 联系人 | 电话 | 电子邮件 |
|---|---|---|---|---|---|---|
| 389 | TC201/SC2 | 通用规程 | 中科院物理所（探标委） | 陆兴华 | 010-82648043 | xhlu@iphy.ac.cn |
| 390 | TC201/SC3 | 数据管理和处理 | 中国科学院物理研究所（探标委） | 陆兴华 | 010-82648043 | xhlu@iphy.ac.cn |
| 391 | TC201/SC4 | 比色法 | 中国科学院物理研究所（探标委） | 沈电洪 | 010-82649425 | dhshen@aphy.iphy.ac.cn |
| 392 | TC201/SC6 | 第二离子质谱测定法 | 中国科学院物理研究所（探标委） | 沈电洪 | 010-82649425 | dhshen@aphy.iphy.ac.cn |
| 393 | TC201/SC7 | X-射线光电子光谱学 | 中国科学院物理研究所（探标委） | 沈电洪 | 010-82649425 | dhshen@aphy.iphy.ac.cn |
| 394 | TC201/SC8 | 发光放电光谱学 | 中国科学院物理研究所（探标委） | 沈电洪 | 010-82649425 | dhshen@aphy.iphy.ac.cn |
| 395 | TC201/SC9 | 扫描探测显微镜检查法 | 中国科学院物理研究所（探标委） | 沈电洪 | 010-82649425 | dhshen@aphy.iphy.ac.cn |
| 396 | TC201/SC10 | x射线反射测定（XRR）和x射线荧光（XRF）分析 | 中国科学院物理研究所（探标委） | 陆兴华 | 010-82648043 | xhlu@iphy.ac.cn |
| 397 | TC202 | 微束分析 | 中国科学院化学研究所 | 刘芬 | 010-62553516 | fenliu@iccas.ac.cn |
| 398 | TC202/SC1 | 术语 | 中国科学院化学研究所 | 刘芬 | 010-62553516 | fenliu@iccas.ac.cn |
| 399 | TC202/SC2 | 电子探针微量分析 | 中国科学院化学研究所 | 刘芬 | 010-62553516 | fenliu@iccas.ac.cn |
| 400 | TC202/SC3 | 电子分析显微镜 | 中国科学院化学研究所 | 刘芬 | 010-62553516 | fenliu@iccas.ac.cn |
| 401 | TC202/SC4 | 扫描电子显微镜 | 中国科学院化学研究所 | 刘芬 | 010-62553516 | fenliu@iccas.ac.cn |
| 402 | TC204 | 运输信息和管理系统 | 交通部公路所国家智能交通系统工程技术研究中心 | 焦伟赟 | 010-62079526-234 | jwy@itsc.cn |
| 403 | TC205 | 建筑物环境设计 | 建研院物理所 | 孙立新 | 010-64518079 | cabrsunlx@163.com |
| 404 | TC207 | 环境管理 | 中国标准化研究院 - 资源环境研究分院 | 徐秉声<br>黄进 | 010-58811782<br>010-58811712 | xubsh@cnis.ac.cn<br>huangjin@cnis.ac.cn |
| 405 | TC207/SC1 | 环境管理系统 | 中国标准化研究院 - 资源环境研究分院 | 黄进 | 010-58811712 | huangjin@cnis.ac.cn |
| 406 | TC207/SC2 | 环境审核和相关环境调查 | 中国标准化研究院 - 资源环境研究分院 | 黄进 | 010-58811712 | huangjin@cnis.ac.cn |

续表

| 序号 | TC/SC编号 | TC/SC 中文名 | 承担单位 | 联系人 | 电话 | 电子邮件 |
|---|---|---|---|---|---|---|
| 407 | TC207/SC3 | 环境标志 | 中国标准化研究院 - 资源环境研究分院 | 黄进 | 010-58811712 | huangjin@cnis.ac.cn |
| 408 | TC207/SC4 | 环境绩效评价 | 中国标准化研究院 - 资源环境研究分院 | 黄进 | 010-58811712 | huangjin@cnis.ac.cn |
| 409 | TC207/SC5 | 生命周期评价 | 中国标准化研究院 - 资源环境研究分院 | 蔺昊欣 | 010-58811503 | linhx@cnis.ac.cn |
| 410 | TC207/SC7 | 温室气体和应对气候变化管理及相关活动 | 中国标准化研究院 - 资源环境研究分院 | 刘玫、孙亮 | 010-58811715、010-58811573 | liumei@cnis.ac.cn；sunliangn@cnis.ac.cn |
| 411 | TC209 | 洁净室和有关受控环境 | 中国标准化协会 | 郝胤博 夏薇佳 | 010-68483900 | hyb@china-cas.org |
| 412 | TC210 | 医疗器械质量管理和通用要求 | 北京国医械华光认证有限公司 | 王婷婷 | 010-62368716 | TingtingWang0615@hotmail.com |
| 413 | TC211 | 地理信息 / 数字地理 | 国家基础地理信息中心 | 郭建坤 | 010-63881115 | guojk@ngcc.cn |
| 414 | TC212 | 临床实验室测试和体外诊断系统 | 北京市医疗器械检验研究院（北京市医用生物防护装备检验研究中心） | 邹迎曙 | 010-57901397 | sac_tc136@188.com |
| 415 | TC213 | 产品几何技术规范 | 中机生产力促进中心有限公司 | 潘康华 | 010-88301740 | sactc146@163.com |
| 416 | TC214 | 升降工作平台 | 北京建筑机械化研究院有限公司 | 尹文静、刘双 | 010-84018464 010-84018086 | sactc335@163.com |
| 417 | TC215 | 健康信息学 | 中国标准化研究院 - 高新技术 | 任冠华 | 010-58811605 | rengh@cnis.ac.cn, guanhua_ren@126.com |
| 418 | TC216 | 鞋类 | 中国皮革制鞋研究院有限公司 | 畅文凯 孟红伟 | 010-64337769 010-64337769 | footweartc@163.com |
| 419 | TC218 | 木材 | 中国林业科学研究院 - 木材工业研究所 | 虞华强 | 010-62889404 | mcbz@caf.ac.cn |
| 420 | TC221 | 土工合成材料 | 中国产业用纺织品行业协会 | 杨耀林 | 010-85229483 | foreignaffairs@cnita.org.cn |
| 421 | TC222 | 个人理财规划 | 中国人民银行科技司 | 冯雷、谢彦丽 | 010-66799078、010-83111239 | cfstc@pbc.gov.cn |
| 422 | TC225 | 市场、民意和社会调查 | 中国标准化研究院质量所 | 冯卫 | 010-58811681 | fengw@cnis.ac.cn |
| 423 | TC226 | 原铝生产用原材料 | 中国有色金属工业标准计量质量研究所 | 宋冠禹 | 010-62220714 | songguanyu@cnsmq.com |

续表

| 序号 | TC/SC编号 | TC/SC 中文名 | 承担单位 | 联系人 | 电话 | 电子邮件 |
|---|---|---|---|---|---|---|
| 424 | TC227 | 弹簧 | 机械科学研究院生产力促进中心标准与检测技术中心 | 余方、程鹏 | 010-88301117 | sactc235@163.com |
| 425 | TC228 | 旅游服务 | 文化和旅游部 | 王卉 | 010-59882138 | ttcc@cnta.gov.cn |
| 426 | TC229 | 纳米技术 | 国家纳米科学中心 | 高洁 | 010-82545599 | gaoj@nanoctr.cn |
| 427 | TC232 | 教育和学习服务 | 中国标准化研究院 | 程永红 | 010-58811710 | chengyh@cnis.ac.cn |
| 428 | TC241 | 道路交通安全系统 | 交通运输部公路科学研究院 | 矫成武 | 010-82019588-9654 | cw.jiao@rioh.cn |
| 429 | TC249 | 中医药 | 中国中医科学院中医临床基础医学研究所 | 史楠楠、刘玉祁 | 010-64093295 | akihabara@126.com |
| 430 | PC250 | 活动可持续性管理 | 中国标准化研究院 | 赵巍巍 | 010-58811564 | zhaoww@cnis.ac.cn |
| 431 | TC251 | 资产管理 | 中国标准化研究院 - 高新技术与信息标准化研究所 | 高昂 | 010-58811107<br>010-58811553 | gaoang@cnis.ac.cn<br>sungz@cnis.ac.cn |
| 432 | TC254 | 游乐设施安全 | 中国特种设备检测研究院 | 张勇 | 010-59068278 | erpcn@yeah.net |
| 433 | TC255 | 沼气 | 农业部农业生态与资源保护总站 | 崔雪<br>董保成 | 010-85866002<br>010-59196390 | isotc255@126.com |
| 434 | TC260 | 人力资源管理 | 中国职业经理人协会 | 古斯特<br>张欢鑫 | 010-68179330 | ccpityx@163.com |
| 435 | TC261 | 增材制造 | 中机生产力促进中心有限公司 | 薛莲 | 010-88301513 | am_standard@163.com |
| 436 | TC262 | 风险管理 | 中国标准化研究院 | 陆小伟 | 010-58811670 | luxw@cnis.ac.cn |
| 437 | TC263 | 煤层气 | 中联煤层气国家工程研究中心有限公司 | 吴仕贵 | 010-63593675/82493381 | wusg@nccbm.com.cn |
| 438 | TC265 | 二氧化碳捕集、运输及地质封存 | 中国标准化研究院 - 资源环境研究分院 | 刘玫、孙亮 | 010-58811537 | sunliang@cnis.ac.cn |
| 439 | TC266 | 仿生学 | 北京机械工业自动化研究所有限公司 | 黎晓东<br>杨书评<br>高雪芹 | 010-82285795 | lixd@riamb.ac.cn;<br>yangshup@riamb.ac.cn;<br>gaoxq@riamb.ac.cn |
| 440 | TC267 | 设施管理 | 中机生产力促进中心有限公司 | 张利民 | 010-88301706 | zhanglimin@pcmi.com.cn |
| 441 | TC268 | 社区可持续发展 | 中国标准化研究院 | 杨锋 | 010-58811692 | yangfeng@cnis.ac.cn |

续表

| 序号 | TC/SC编号 | TC/SC 中文名 | 承担单位 | 联系人 | 电话 | 电子邮件 |
|---|---|---|---|---|---|---|
| 442 | TC268/SC1 | 城市智能基础设施计量 | 中国城市科学研究会 | 姜栋 | 010-68010386 | jiangdong@scitylab.org |
| 443 | TC269 | 铁路应用 | 中国铁道科学研究院集团有限公司 | 刘剑 | 010-51893915 | 13601265536@263.net |
| 444 | TC269/SC1 | 基础设施 | 中国铁道科学研究院集团有限公司铁道建筑研究所 | 宁娜 | 010-51874087 | ningna@rails.cn |
| 445 | TC269/SC2 | 机车车辆 | 中国铁道科学研究院集团有限公司机车车辆研究所 | 李青颖 | 010-51893837 | liqingying1992@163.com |
| 446 | TC269/SC3 | 运营和服务 | 中国铁道科学研究院集团有限公司标准计量研究所 | 尚迪 | 010-51874429 | di_shang_cars@163.com |
| 447 | TC270 | 塑料橡胶机械 | 北京橡胶工业研究设计院有限公司 | 何成 | 010-51338018 | sac-tc71@126.com |
| 448 | TC274 | 灯光和照明 | 北京半导体照明科技促进中心 | 阮军 | 010-82388280，010-82388282 | ruanjun@china-led.net |
| 449 | TC275 | 污泥污水回收循环处理和处置 | 中国标准化研究院 - 资源环境研究分院 | 黄进 | 010-58811712 | huangjin@cnis.ac.cn |
| 450 | TC276 | 生物技术 | 中国食品发酵工业研究院有限公司 | 王晓龙 | 010-53218325 | 13810947211@163.com |
| 451 | TC279 | 创新管理 | 国家知识产权局 | 马鸿雅 | 010-62086560 | tc279_china2@126.com |
| 452 | TC281 | 微细气泡技术 | 中国科学院过程工程研究所 | 李兆军 | 010-62521688 | zjli@ipe.ac.cn |
| 453 | TC282 | 水再利用 | 中国标准化研究院 - 资源环境研究分院 | 张晓昕、黄进 | 010-58811654<br>010-58811712 | zhangxx@cnis.ac.cn<br>huangjin@cnis.ac.cn |
| 454 | TC282/SC1 | 再生水灌溉利用 | 清华大学 | 陈卓 | 010-62794005 | zhuochen@mail.tsinghua.edu.cn |
| 455 | TC282/SC2 | 城镇水回用 | 中国标准化研究院 - 资源环境研究分院 | 张晓昕、黄进 | 010-58811654<br>010-58811712 | zhangxx@cnis.ac.cn<br>huangjin@cnis.ac.cn |
| 456 | TC283 | 职业健康及安全管理 | 中国标准化研究院 | 陈元桥 | 010-58811795 | chenyq@cnis.ac.cn |
| 457 | TC285 | 清洁炉灶和清洁炊事解决方案 | 农业部农业生态与资源保护总站 | 董保成 | 010-59196395 | nycdong@126.com |

续表

| 序号 | TC/SC编号 | TC/SC 中文名 | 承担单位 | 联系人 | 电话 | 电子邮件 |
|---|---|---|---|---|---|---|
| 458 | TC287 | 木材及木制品可持续进程 | 中国林业科学研究院 | 胡延杰 | 010-62888856 | yanjie@caf.ac.cn |
| 459 | TC289 | 品牌评价 | 中国品牌建设促进会 | 吕安然 | 010-64522699；010-64522697 | lvar@ccbd.org.cn |
| 460 | TC290 | 在线信誉 | 中国标准化研究院（TC290） | 周莉 | 010-58811731 | zhouli@cnis.ac.cn |
| 461 | TC291 | 家用燃气烹饪器具 | 中国五金制品协会 | 柳润峰 | 010-84379121 | liurunfeng@sina.com |
| 462 | TC292 | 安全和弹性 | 中国标准化研究院 | 张超 | 010-58811291 | zhangchao@cnis.ac.cn |
| 463 | TC292/SC1 | 应急管理 | 中国标准化研究院 | 张超 | 010-58811291 | zhangchao@cnis.ac.cn |
| 464 | TC295 | 审计数据服务 | 审计署计算机技术中心 | 魏薇<br>吕天阳 | 010-50992387<br>010-50992327 | w77441@163.com<br>lvty@audit.gov.cn |
| 465 | TC296 | 竹藤 | 国际竹藤中心 | 宫俊琛 | 010-84789955 | isotc296@icbr.ac.cn |
| 466 | TC297 | 废物收集及运输管理 | 中国物流与采购联合会 | 郝皓<br>李红梅 | 010-68392282 | Ttslhm8000@sina.com<br>haohao@sspu.edu.cn |
| 467 | TC298 | 稀土 | 中国有色金属工业标准计量质量研究所 | 吴艳华 | 010-62622231 | wuyanhua@cnsmq.com |
| 468 | TC299 | 机器人和机器人装备 | 北京机械工业自动化研究所有限公司 | 黎晓东<br>杨书评<br>高雪芹 | 010-82285795 | lixd@riamb.ac.cn;<br>yangshup@riamb.ac.cn;<br>gaoxq@riamb.ac.cn |
| 469 | TC300 | 固体回收燃料 | 中国恩菲工程技术有限公司 | 王欢 | 010-63936898 | wanghuan@enfi.com.cn |
| 470 | TC301 | 能源管理与能源节约 | 中国标准化研究院 - 资源环境研究分院 | 丁晴 | 010-58811740 | dingqing@cnis.ac.cn |
| 471 | TC304 | 医疗机构管理 | 国家卫生健康委卫生发展研究中心 | 张玲 | 010-88385880 | zhangling@nhei.cn |
| 472 | TC307 | 区块链和分布式记账技术 | 中国电子技术标准化研究院 | 刘亭杉 | 010-64102804 | tc307@cesi.cn |
| 473 | TC312 | 卓越服务 | 中国标准化研究院 | 曹俐莉 | 010-58811704 | caoll@cnis.ac.cn |
| 474 | TC314 | 老龄社会 | 中国标准化研究院 | 曹俐莉 | 010-58811704 | caoll@cnis.ac.cn |
| 475 | TC315 | 间接温控冷藏配送服务：具有中间转移的冷藏包裹陆上运输 | 中国物流与采购联合会 | 王晓晓 | 010-83775853 | wxx@lenglian.org.cn |
| 476 | PC317 | 消费者保护：消费品和服务的隐私策略 | 中国标准化研究院 | 侯非 | 010-58811541 | houfei@cnis.ac.cn |

续表

| 序号 | TC/SC编号 | TC/SC 中文名 | 承担单位 | 联系人 | 电话 | 电子邮件 |
|---|---|---|---|---|---|---|
| 477 | TC322 | 可持续金融 | 中国标准化研究院 | 李鹏程 | 010-58811716 | lipch@cnis.ac.cn |
| 478 | TC323 | 循环经济 | 中国标准化研究院 | 高东峰 | 010-58811127 | gaodf@cnis.ac.cn |
| 479 | TC324 | 共享经济 | 国家市场监管总局发展研究中心 | 丁月 | 010-82261479 | yuet_ting@163.com |
| 480 | TC326 | 食品机械 | 中国农业机械化科学研究院集团有限公司 | 万丽娜 | 010-64882509 | spjx2020@163.com |
| 481 | TC327 | 天然石材 | 中材人工晶体研究院有限公司 | 周俊兴 | 010-65493320 | csqtc2008@sina.com |
| 482 | TC328 | 合成石材 | 中国石材协会 | 田静 | 010-88084175 | csmia@chinastone.cn |
| 483 | PC329 | 消费者事件调查 | 中国标准化研究院 | 刘霞 | 010-58811749 | liuxia@cnis.ac.cn |
| 484 | TC331 | 生物多样性 | 中国标准化研究院 | 吴琦 | 010-58811653 | wuqi@cnis.ac.cn |
| 485 | TC332 | 金融机构和商业组织的安全设备 | 公安部第一研究所 | 马洋 | 010-68775396 | firetc113@163.com |
| 486 | TC333 | 锂 | 中国有色金属工业标准计量质量研究所 | 宋冠宇<br>崔岩 | 010-62220714<br>010-62225125 | songguanyu@cnsmq.com<br>cuiyan@cnsmq.com |
| 487 | PC335 | 增加消费者对在线条款和条件的理解的指南 | 中国标准化研究院 | 王蒙湘 | 010-58811327 | wangmx@cnis.ac.cn |
| 488 | TC336 | 实验室设计 | 惠诺德（北京）科技有限公司 | 朱晓峰 | 010-64611168 | qian.gu@respect-lab.com;<br>336@respect-lab.com |
| 489 | PC337 | 性别平等 | 中国标准化协会 | 夏薇佳 | 010-68483900 | xwj@china-cas.org |
| 490 | TC338 | 女性卫生用品 | 中国制浆造纸研究院有限公司 | 刘俊杰 | 010-64778009 | bzh88@hotmail.com |
| 491 | TC340 | 天然气加气站 | 中国石油规划总院（北京中陆咨询有限公司） | 黄粪 | 18500363160 | huangyan922@petrochina.com.cn |
| 492 | TC341 | 供热管网 | 中国城市建设研究院有限公司 | 杨健 | 010-57365270 | yang_jian328@163.com |
| 493 | TC342 | 管理咨询 | 中国国际贸易促进委员会商业行业委员会 | 崔宁 | 010-66094072 | ccpitning@163.com |
| 494 | PC343 | 联合国可持续发展目标管理体系——对任何组织的要求 | 中国检验认证（集团）有限公司 | 吴杨 | 010-83884680 | wuy@ccic.com |
| 495 | TC344 | 创新物流 | 中国物流与采购联合会 | 金蕾 | 010-83775625 | bzb1311@163.com |

# IEC国内技术对口单位（北京地区）联系信息表

| 序号 | TC/SC编号 | TC/SC中文名 | 承担单位 | 联系人 | 电话 | 电子邮件 | |
|---|---|---|---|---|---|---|---|
| 1 | TC1 | 术语 | 中机生产力促进中心 | 李婧 | 010-88301224 | sactc232@163.com | 北京 |
| 2 | TC3 | 文件、图形符号和技术信息表示 | 中机生产力促进中心 | 高永梅<br>徐元凤 | 010-88301727（高）<br>010-68171344-827（徐） | gaoym26@163.com（高）<br>xyf_ceeia@126.com（徐） | 北京 |
| 3 | SC3C | 设备用图形符号 | 机械工业北京电工技术经济研究所 | 徐元凤 | 010-68171344-827 | xyf_ceeia@126.com | 北京 |
| 4 | SC3D | 产品特性和分类及其标识 | 中国电子技术标准化研究院 | 李韻栞<br>周雪宁 | 010-64102619 | liyunqin@188.com（李）<br>zhouxuening@cesi-jssx.com（周） | 北京 |
| 5 | TC8 | 电能供应的系统方面 | 中国电力企业联合会 | 王茁 | 010-63414308 | wangzhuo@cec.org.cn | 北京 |
| 6 | SC8A | 可再生能源接入电网 | 中国电力科学研究院有限公司 | 张占奎 | 010-82814098 | zkzhang@epri.sgcc.com.cn | 北京 |
| 7 | SC8B | 分布式电力能源系统 | 中国电力科学研究院有限公司 | 马文媛 | 010-82813408 | mawenyuan@epri.sgcc.com.cn | 北京 |
| 8 | TC11 | 架空线路 | 中国电力科学研究院有限公司 | 周立宪 | 010-58387037 | zlx@epri.sgcc.com.cn | 北京 |
| 9 | TC18 | 船舶及移动式和固定式近海设施电气设备技术委员会 | 中国船舶工业综合技术经济研究院 | 郭娅 | 010-62120306 | cimtecstandard@126.com | 北京 |
| 10 | SC 21A | 含碱性或其他非酸性电解质的蓄电池和电池组 | 第18研究所<br>中国电子技术标准化研究院 | 刘浩杰<br>王晓冬 | 010-64102208 | wangxd@cesi.cn | 北京 |
| 11 | TC25 | 量和单位 | 中国计量科学研究院 | 李进源 | 010-64525205 | lijinyuan@nim.ac.cn | 北京 |
| 12 | TC29 | 电声学 | 中国电子科技集团公司第三研究所 | 崔键 | 010-59570244 | austin.cui@hotmail.com | 北京 |
| 13 | TC34 | 照明 | 国家电光源质量监督检验中心（北京） | 张伟 | 010-67708989转4103 | zhangwei@nltc.cn | 北京 |
| 14 | SC34A | 光源 | 国家电光源质量监督检验中心（北京） | 张伟 | 010-67708989转4103 | zhangwei@nltc.cn | 北京 |
| 15 | SC34B | 灯头和灯座 | 国家电光源质量监督检验中心（北京） | 张伟 | 010-67708989转4103 | zhangwei@nltc.cn | 北京 |

续表

| 序号 | TC/SC编号 | TC/SC 中文名 | 承担单位 | 联系人 | 电话 | 电子邮件 | |
|---|---|---|---|---|---|---|---|
| 16 | SC34C | 灯用附件 | 国家电光源质量监督检验中心（北京） | 张伟 | 010-67708989转 4103 | zhangwei@nltc.cn | 北京 |
| 17 | TC40 | 电子设备用电阻器和电容器 | 中国电子技术标准化研究院 | 刘学孔 | 010-64102760 | liuxk@cesi.cn | 北京 |
| 18 | TC44 | 机械电气安全 | 北京机床研究所有限公司 | 薛瑞娟 | 010-64739627-8056 | sac_tc231@163.com | 北京 |
| 19 | TC45 | 核仪器仪表 | 核工业标准化研究所 | 肖晨 | 010-88821429 | xcccom@vip.sina.com | 北京 |
| 20 | SC45A | 核设施用仪控电系统 | 核工业标准化研究所 | 肖晨 | 010-88821429 | xcccom@vip.sina.com | 北京 |
| 21 | SC45B | 辐射防护用核仪器仪表 | 核工业标准化研究所 | 肖晨 | 010-88821429 | xcccom@vip.sina.com | 北京 |
| 22 | SC46F | 射频和微波无源元件 | 中国电子技术标准化研究院 | 杨帆 | 010-64102778 | yangfan1@cesi.cn | 北京 |
| 23 | SC47A | 集成电路 | 中国电子技术标准化研究院 | 王琪 | 010-64102768 | wangqi@cesi.cn | 北京 |
| 24 | SC47D | 半导体器件封装 | 中国电子技术标准化研究院 | 李锟 | 010-64102765 | likun@cesi.cn | 北京 |
| 25 | SC47F | MEMS 分技术委员会 | 中国电子技术标准化研究院 | 刘若冰 | 010-64102753 | liurb@cesi.cn | 北京 |
| 26 | SC48D | 电气和电子设备机械结构 | 机械工业北京电工技术经济研究所 | 李剑侠 | 010-68212343-623 | 13501233366@139.com | 北京 |
| 27 | TC49 | 频率控制、选择和探测用压电、介电与静电器件及相关材料 | 中国电子元件行业协会 | 章怡 | 010-88706046 | zhyi@chinapcac.org | 北京 |
| 28 | TC59 | 家用和类似用途电器性能 | 中国家用电器研究院 | 吴蒙 | 010-63150307 | wum@cheari.com | 北京 |
| 29 | SC59A | 电动洗碗机 | 中国家用电器研究院 | 吴蒙 | 010-63150307 | wum@cheari.com | 北京 |
| 30 | SC59D | 家用和类似用途洗衣机 | 中国家用电器研究院 | 吴蒙 | 010-63150307 | wum@cheari.com | 北京 |
| 31 | SC59F | 表面清洁器具 | 中国家用电器研究院 | 吴蒙 | 010-63150307 | wum@cheari.com | 北京 |
| 32 | SC59K | 家用和类似用途烹饪电器性能 | 中国家用电器研究院 | 吴蒙 | 010-63150307 | wum@cheari.com | 北京 |
| 33 | SC59M | 家用和类似用途制冷器具性能 | 中国家用电器研究院 | 吴蒙 | 010-63150307 | wum@cheari.com | 北京 |

续表

| 序号 | TC/SC编号 | TC/SC 中文名 | 承担单位 | 联系人 | 电话 | 电子邮件 | |
|---|---|---|---|---|---|---|---|
| 34 | SC59N | 家用和类似用途空气净化器 | 中国家用电器研究院<br>珠海格力电器股份有限公司 | 吴蒙<br>张华 | 010-63150308<br>吴 | wum@cheari.com 吴 | 北京<br>广东 |
| 35 | TC61 | 家用和类似用途电器安全 | 中国家用电器研究院 | 吴蒙 | 010-63150307 | wum@cheari.com | 北京 |
| 36 | SC61B | 家用和商用微波器具安全 | 中国家用电器研究院 | 吴蒙 | 010-63150307 | wum@cheari.com | 北京 |
| 37 | SC61C | 家用和商用制冷器具安全 | 中国家用电器研究院 | 吴蒙 | 010-63150307 | wum@cheari.com | 北京 |
| 38 | SC61D | 家用和类似用途空调器 | 中国家用电器研究院 | 吴蒙 | 010-63150307 | wum@cheari.com | 北京 |
| 39 | SC62C | 放射治疗、核医学、放射剂量学设备 | 北京市医疗器械检验研究院 | 冯健 | 010-57901445 | fengjian@bimt.org.cn | 北京 |
| 40 | TC64 | 电气装置和电击防护 | 中机中电设计研究院 | 陈彤 | 010-68798058 | chentong@cneec.com.cn | 北京 |
| 41 | TC65 | 工业过程测量、控制和自动化 | 机械工业仪器仪表综合技术经济研究所 | 汪烁 | 010-63261385 | wangshuo@tc124.com | 北京 |
| 42 | SC65A | 系统方面 | 机械工业仪器仪表综合技术经济研究所 | 汪烁 | 010-63261385 | wangshuo@tc124.com | 北京 |
| 43 | SC65B | 测量和控制设备 | 机械工业仪器仪表综合技术经济研究所 | 汪烁 | 010-63261385 | wangshuo@tc124.com | 北京 |
| 44 | SC65C | 工业网络 | 机械工业仪器仪表综合技术经济研究所 | 汪烁 | 010-63261385 | wangshuo@tc124.com | 北京 |
| 45 | SC65E | 企业系统中的设备和集成 | 机械工业仪器仪表综合技术经济研究所 | 汪烁 | 010-63261385 | wangshuo@tc124.com | 北京 |
| 46 | TC66 | 测量控制和实验室电气设备的安全 | 中国电子技术标准化研究院 | 郭建宇 | 010-64102188 | guojiany@cesi.cn | 北京 |
| 47 | TC73 | 短路电流 | 中国电力科学研究院有限公司 | 张玉红 | 010-82813118 | 940908834@qq.com | 北京 |
| 48 | TC76 | 光辐射安全和激光设备 | 中国电子科技集团公司第十一研究所 | 戚燕 | 010-84321498 | mishuchu@tc284.com | 北京 |
| 49 | TC79 | 警报和电子安全系统 | 公安部一所 | 马洋 | 010-68775396 | firetc113@163.com | 北京 |
| 50 | TC81 | 雷电防护 | 中国标准化协会 | 姚喜梅 | 010-68485356 | yxmycc@126.com | 北京 |

续表

| 序号 | TC/SC 编号 | TC/SC 中文名 | 承担单位 | 联系人 | 电话 | 电子邮件 | |
|---|---|---|---|---|---|---|---|
| 51 | TC82 | 太阳光伏能源系统 | 中国电子技术标准化研究院 | 斐会川 | 100-64102898 | peihc@cesi.cn | 北京 |
| 52 | TC90 | 超导电性 | 中国科学院物理所 | 史越 | 010-82649165 | sac_tc265@iphy.ac.cn | 北京 |
| 53 | TC91 | 电子装联技术 | 中国电子技术标准化研究院 | 薛超 | 010-64102763 | xuechao@cesi.cn | 北京 |
| 54 | TC94 | 有或无电气继电器 | 中国电子技术标准化研究院 | 王珏 | 010-64102775 | wangjue@cesi.cn | 北京 |
| 55 | TC97 | 机场照明和航空灯标电力设施 | 中国民用航空局 | 吕青 | 010-64092804 | lvqing@caac.gov.cn | 北京 |
| 56 | TC100 | 音频、视频及多媒体系统与设备 | 中国电子技术标准化研究院 | 赵晓莺 | 010-64102361-31 | zhaoxy@cesi.cn | 北京 |
| 57 | TC101 | 静电学 | 中国电子技术标准化研究院 | 蔡利花 | 010-64102219 | cailh@cesi.cn | 北京 |
| 58 | TC103 | 无线电发射设备 | 中国电子技术标准化研究院 | 曾洁琪 | 010-64102351 | zengjq@cesi.cn | 北京 |
| 59 | TC105 | 燃料电池技术 | 机械工业北京电工技术经济研究所 | 张亮 | 010-63704407-831 | zhl_ceeia@126.com | 北京 |
| 60 | TC106 | 照射人体有关电、磁和电磁领域评定方法 | 中国计量科学研究院 | 武彤 | 010-64224092 | wut@nim.ac.cn | 北京 |
| 61 | TC107 | 航空电子过程管理技术委员会 | 中国航空综合技术研究所 | 姜昱 | 010-84142018 | avic_cape_jiangyu@163.com | 北京 |
| 62 | TC108 | 音视频、信息技术和通信技术领域内电子设备的安全技术委员会 | 中国电子技术标准化研究院 | 王莹 | 010-64102199 | wangying@cesi.cn | 北京 |
| 63 | TC110 | 电子显示技术委员会 | 中国电子技术标准化研究院 | 王飞霞 | 010-64102750 | wangfx@cesi.cn | 北京 |
| 64 | TC111 | 电工电子产品与系统的环境标准化 | 中国质量认证中心 | 骆明非 | 010-83886247 | luomingfei@cqc.com.cn | 北京 |
| 65 | TC112 | 电气绝缘材料与系统的评估与鉴别 | 机械工业北京电工技术经济研究所 | 刘亚丽 | 010-68212310 | yali81@126.com | 北京 |
| 66 | TC113 | 电子产品与系统纳米技术 | 国家纳米科学中心 | 高洁 | 010-82545672 | gaoj@nanoctr.cn | 北京 |

续表

| 序号 | TC/SC编号 | TC/SC 中文名 | 承担单位 | 联系人 | 电话 | 电子邮件 | |
|---|---|---|---|---|---|---|---|
| 67 | TC115 | 100kV 以上高压直流输电 | 中国电力科学研究院有限公司 | 谷琛 | 010-82813353 | guchen@epri.sgcc.com.cn | 北京 |
| 68 | TC117 | 太阳能光热电厂 | 中国大唐集团新能源科学技术研究院有限公司 | 刘颖黎 | 010-81130767 | liuyingli_cdt@126.com | 北京 |
| 69 | TC119 | 印刷电子 | 中国电子技术标准化研究院 | 曹可蔚 | 010-64102278 | caokw@cesi.cn | 北京 |
| 70 | TC120 | 电力储能 | 中国电力科学研究院有限公司 | 胡娟 | 010-82813436 | juanhoo@epri.sgcc.com.cn | 北京 |
| 71 | TC122 | 特高压交流输电系统 | 中国电力科学研究院有限公司 | 闫晔 | 010-82814462 | yanye@epri.sgcc.com.cn | 北京 |
| 72 | TC123 | 电力系统资产管理技术委员会 | 国网经济技术研究院有限公司 | 孔娟<br>季哲伊 | 010-66602920（季） | kongjuan1601@126.com（孔）<br>J18600342527@163.com（季） | 北京 |
| 73 | TC124 | 可穿戴电子设备和技术 | 中国电子技术标准化研究院 | 黄冠 | 010-64102619 | huangguan@cesi.cn | 北京 |
| 74 | TC125 | 人员电气运输设备 | 北京机械工业自动化研究所有限公司 | 孙逊 | 010-82285794 | 41860043@qq.com | 北京 |
| | | | 上海电器科学研究院 | 邢琳 | 021-62574990 | xingl@seari.com.cn | 北京 |
| 75 | PC128 | 电力设置安装与维护 | 国家电网公司交流建设分公司 | 倪向萍 | 010-63411132 | xiangping-ni@sgcc.com.cn | 北京 |
| 76 | JTC1 | 信息技术 | 中国电子技术标准化研究院 | 蔺芳 | 010-64102857 | linfang@cesi.cn | 北京 |
| 77 | JTC1/SC2 | 编码字符集 | 中国电子技术标准化研究院 | 陈壮 | 010-64102866 | chenzh-zhuang@163.com | 北京 |
| 78 | JTC1/SC6 | 系统间远程通信和信息交换 | 中国电子技术标准化研究院 | 王婷 | 010-64102829 | wangting1@cesi.cn | 北京 |
| 79 | JTC1/SC7 | 软件与系统工程 | 中国电子技术标准化研究院 | 张旸旸 | 010-64102815 | zhangyy@cesi.cn | 北京 |
| 80 | JTC1/SC17 | 卡及身份识别安全设备 | 中国电子技术标准化研究院 | 曹国顺 | 010-64102826 | caogs@cesi.cn | 北京 |
| 81 | JTC1/SC22 | 程序设计语言、环境和系统软件接口 | 中国电子技术标准化研究院 | 苗宗利 | 010-64102852 | miaozl@cesi.cn | 北京 |
| 82 | JTC1/SC23 | 信息交换和存储用数字记录媒体 | 中国电子技术标准化研究院 | 张展新 | 64102856 | zhangzx@cesi.cn | 北京 |

续表

| 序号 | TC/SC 编号 | TC/SC 中文名 | 承担单位 | 联系人 | 电话 | 电子邮件 | |
|---|---|---|---|---|---|---|---|
| 83 | JTC1/SC24 | 计算机图形和图像处理及环境数据表示 | 中国电子技术标准化研究院 | 耿一丹 | 010-64102359 | gengyd@cesi.cn | 北京 |
| 84 | JTC1/SC25 | 信息技术设备互联 | 中国电子技术标准化研究院 | 刘洋 | 010-64102827 | liuyang8@cesi.cn | 北京 |
| 85 | JTC1/SC27 | 信息安全、网络安全与隐私保护 | 中国电子技术标准化研究院 | 林阳荟 | 010-64102731 | linyhc@cesi.cn | 北京 |
| 86 | JTC1/SC28 | 办公设备 | 中国电子技术标准化研究院 | 张展新 | 010-64102858 | chenhai@cesi.cn | 北京 |
| 87 | JTC1/SC29 | 音频、图像、多媒体和超媒体信息编码 | 中国电子技术标准化研究院 | 李婧欣 | 64102361-19 | lijingxin@cesi.cn | 北京 |
| 88 | JTC1/SC31 | 自动化数据捕捉 | 中国物品编码中心 | 董晓文 | 010-84295545 | dongxw@ancc.org.cn | 北京 |
| 89 | JTC1/SC32 | 数据管理与交换 | 中国电子技术标准化研究院 | 汪睿棋 | 010-64102858 | wangrq@cesi.cn | 北京 |
| 90 | JTC1/SC34 | 文件格式和处理语言 | 中国电子技术标准化研究院 | 方春燕 | 010-64102859 | fangcy@cesi.cn | 北京 |
| 91 | JTC1/SC35 | 用户界面 | 中国电子技术标准化研究院 | 徐洋 | 010-64102850 | xuyang@cesi.cn | 北京 |
| 92 | JTC1/SC36 | 学习、教育和培训用信息技术 | 中国电子技术标准化研究院 | 蔺芳 | 010-64102857 | linfang@cesi.cn | 北京 |
| 93 | JTC1/SC37 | 生物特征识别 | 中国电子技术标准化研究院 | 刘倩颖 | 010-64102833 | liuqy@cesi.cn | 北京 |
| 94 | JTC1/SC38 | 云计算和分布式平台 | 中国电子技术标准化研究院 | 王志鹏 | 010-64102816 | wangzp@cesi.cn | 北京 |
| 95 | JTC1/SC39 | 信息技术和数据中心的可持续性 | 中国电子技术标准化研究院 | 刘宇 | 010-64102280 | liuyu@cesi.cn | 北京 |
| 96 | JTC1/SC40 | IT 服务管理和 IT 治理 | 中国电子技术标准化研究院 | 栗卓越 | 010-64102812 | lizy@cesi.cn | 北京 |
| 97 | JTC1/SC41 | 物联网与数字孪生 | 中国电子技术标准化研究院 | 雷根 | 010-64102793 | leigen@cesi.cn | 北京 |
| 98 | JTC1/SC42 | 人工智能 | 中国电子技术标准化研究院 | 孙宁 | 010-64102858 | sunning@cesi.cn | 北京 |
| 99 | JTC1/SC43 | 脑机接口 | 中国电子技术标准化研究院 | 余云涛 | 010-64102851 | 7littlefish@163.com | 北京 |

续表

| 序号 | TC/SC 编号 | TC/SC 中文名 | 承担单位 | 联系人 | 电话 | 电子邮件 | |
|---|---|---|---|---|---|---|---|
| 100 | CISPR/A | 无线电干扰测量和统计方法 | 中国电子技术标准化研究院 | 崔强 | 010-64102225 | cuiqiang@cesi.cn | 北京 |
| 101 | CISPR/H | 无线电业务保护 | 国家无线电监测中心 | 黄嘉 | 010-68009080 | ferrero.huang@srrc.org.cn | 北京 |
| 102 | CISPR/I | 信息技术设备、多媒体设备和接收机的电磁兼容 | 中国电子技术标准化研究院 | 李焕然 | 010-6402217 | lihr@cesi.cn | 北京 |
| 103 | SyC AAL | 积极辅助生活 | 中国家用电器研究院 | 吴蒙 | 010-63150307 | wum@cheari.com | 北京 |
| 104 | SyC Smart Energy | 智慧能源 | 中国电力企业联合会 | 李治甫 | 010-63414376 | lizhifu@cec.org.cn | 北京 |
| 105 | Syc Smart manu-tacure | 智能制造系统委员会 | 机械工业仪器仪表综合技术经济研究所 | 汪烁<br>高杰<br>丁露 | 010-63261385 | wangshuo@tc124.com | 北京 |
| 106 | Syc COMM | 通信技术和构架 | 中国电子技术标准化研究院牵头之江实验室担任副组长单位 | 雷根 | 010-64102793 | leigen@cesi.cn | 北京 |

# 在京全国专业标准化技术委员会名录

| 序号 | TC编号 | TC名称 | SC编号 | SC名称 | 是否属于高精尖 | 负责专业范围 | 秘书处所在单位 | 秘书处通讯地址 | 邮政编码 |
|---|---|---|---|---|---|---|---|---|---|
| 1 | 1 | 电压电流等级和频率 | | | 1 | 电压电流等级和频率 | 中机生产力促进中心有限公司 | 北京市海淀区首体南路2号 | 100044 |
| 2 | 3 | 液压气动 | | | 1 | 液压、气动 | 北京机械工业自动化研究所有限公司 | 北京市西城区德胜门外教场口一号1号楼 | 100120 |
| 3 | 3 | 液压气动 | 1 | 液压传动和控制 | 1 | 液压 | 北京机械工业自动化研究所有限公司 | 北京市西城区德胜门外教场口一号 | 100120 |
| 4 | 3 | 液压气动 | 2 | 气压传动和控制 | 1 | 气压传动和控制 | 北京机械工业自动化研究所有限公司 | 北京市西城区德胜门外教场口一号 | 100120 |
| 5 | 3 | 液压气动 | 5 | 连接件 | 1 | 液压、气动系统的连接件等 | 北京机械工业自动化研究所有限公司 | 北京市西城区德胜门外教场口一号 | 100120 |
| 6 | 3 | 液压气动 | 6 | 泵与马达 | 1 | 液压泵、液压马达等 | 北京机械工业自动化研究所有限公司 | 北京市西城区德胜门外教场口一号1号楼 | 100120 |
| 7 | 3 | 液压气动 | 7 | 缸 | 1 | 液压缸、气缸等 | 北京机械工业自动化研究所有限公司 | 北京市西城区德胜门外教场口1号 | 100120 |
| 8 | 4 | 信息与文献 | | | 2 | 信息和文献 | 中国科学技术信息研究所 | 北京市复兴路15号 | 100038 |
| 9 | 4 | 信息与文献 | 2 | 书面语言转写 | 1 | | 教育部语言文字信息管理司 | 北京市西单大木仓胡同37号 | 100816 |
| 10 | 4 | 信息与文献 | 4 | 自动化 | 2 | 计算机在信息情报文献中的应用 | 中国科学技术信息研究所 | 北京市复兴路15号 | 100038 |
| 11 | 4 | 信息与文献 | 9 | 识别与描述 | 2 | 用于信息组织和内容产业的信息标识、描述和相应的元数据及模型的标准化 | 国家图书馆 | 北京市海淀区中关村南大街33号国家图书馆 | 100081 |

续表

| 序号 | TC 编号 | TC 名称 | SC 编号 | SC 名称 | 是否属于高精尖 | 负责专业范围 | 秘书处所在单位 | 秘书处通讯地址 | 邮政编码 |
|---|---|---|---|---|---|---|---|---|---|
| 12 | 4 | 信息与文献 | 10 | 档案（文件）管理 | 1 | 纸质和电子等形式的文献、文件和档案，在形成、整理等全生命周期管理过程中的原则性要求等 | 国家档案局政策法规研究司 | 北京市西城区阜成门外大街29号 | 100037 |
| 13 | 6 | 集装箱 | | | 1 | 集装箱 | 交通运输部水运科学研究院 | 北京市海淀区西土城路8号 | 100088 |
| 14 | 7 | 人类工效学 | | | 1 | 人类工效学 | 中国标准化研究院 | 北京市海淀区知春路4号 | 100191 |
| 15 | 10 | 医用电器 | 3 | 放射治疗、核医学和放射剂量学设备 | 2 | 放射治疗设备、核医学设备和放射剂量仪器 | 北京市医疗器械检验研究院（北京市医用生物防护装备检验研究中心） | 北京市通州区光机电一体化产业基地兴光二街7号 | 101111 |
| 16 | 12 | 海洋船 | 3 | 船舶基础 | 1 | 船舶基础 | 中国船舶集团有限公司综合技术经济研究院 | 北京市海淀区学院南路70号 | 100081 |
| 17 | 12 | 海洋船 | 8 | 计算机应用 | 2 | 船舶设计、建造及系统和设备计算机应用等 | 中国船舶工业综合技术经济研究院/武昌造船厂 | 北京市海淀区学院南路70号船舶标准化技术研究与制定中心 | 100081 |
| 18 | 15 | 塑料 | 1 | 石化塑料树脂产品 | 1 | 石化塑料及树脂 | 中国石油化工股份有限公司北京燕山分公司树脂应用研究所 | 北京市房山区燕东路8号 | 102500 |
| 19 | 16 | 量和单位 | | | 1 | 量和单位 | 中国计量科学研究院 | 北京市北三环东路18号 | 100029 |
| 20 | 17 | 声学 | | | 1 | 声学 | 中国科学院声学研究所 | 北京市北四环西路21号 | 100190 |
| 21 | 17 | 声学 | 1 | 声学基础 | 1 | 声学基础 | 中国科学院声学研究所 | 北京市北四环西路21号 | 100190 |

续表

| 序号 | TC编号 | TC名称 | SC编号 | SC名称 | 是否属于高精尖 | 负责专业范围 | 秘书处所在单位 | 秘书处通讯地址 | 邮政编码 |
|---|---|---|---|---|---|---|---|---|---|
| 22 | 17 | 声学 | 3 | 建筑声学 | 1 | 建筑声学 | 中国建筑科学研究院建筑物理研究所 | 北京市北三环东路30号 | 100013 |
| 23 | 17 | 声学 | 4 | 超、水声 | 1 | 超、水声 | 中国科学院声学研究所 | 北京市北四环西路21号 | 100190 |
| 24 | 19 | 轮胎轮辋 | | | 1 | 轮胎轮辋、气门嘴 | 北京橡胶工业研究设计院 | 北京市海淀区阜石路甲19号 | 100143 |
| 25 | 19 | 轮胎轮辋 | 1 | 汽车工农业机械轮胎轮辋 | 1 | 汽车、工农业机械轮胎轮辋 | 北京橡胶工业研究设计院 | 北京市海淀区阜石路甲19号 | 100143 |
| 26 | 20 | 能源基础与管理 | | | 2 | 节能以及能源方面的通用性、综合性的基础和管理等专业领域 | 中国标准化研究院 | 北京市海淀区知春路4号 | 100191 |
| 27 | 20 | 能源基础与管理 | 3 | 能源管理与节能评估 | 1 | 主要负责能源管理体系、能源管理工具、能源绩效评估、节能量评估等领域国家标准制修订工作 | 中国标准化研究院 | 北京市海淀区知春路4号1012室 | 100191 |
| 28 | 20 | 能源基础与管理 | 4 | 合理用电 | 1 | 电力方面的合理利用、耗电设备经济运行技术要求、节电评价、管理监测方法、耗电定额编制等等专业领域 | 中国标准化研究院 | 北京市海淀区知春路4号 | 100191 |
| 29 | 20 | 能源基础与管理 | 5 | 省能材料应用技术 | 2 | 有关省能的隔热、保温、润滑、载能、导能、传输等材料性能管理和应用技术要求以及资源综合利用等专业领域 | 建筑材料工业技术监督研究中心 | 北京市朝阳区管庄东里北楼405室 | 100024 |
| 30 | 20 | 能源基础与管理 | 6 | 新能源和可再生能源 | 2 | 新能源和可再生能源等专业领域标准化工作 | 中国标准化研究院 | 北京市海淀区知春路4号 | 100191 |

续表

| 序号 | TC编号 | TC名称 | SC编号 | SC名称 | 是否属于高精尖 | 负责专业范围 | 秘书处所在单位 | 秘书处通讯地址 | 邮政编码 |
|---|---|---|---|---|---|---|---|---|---|
| 31 | 20 | 能源基础与管理 | 8 | 节能技术与信息 | 2 | 节能技术及设备认定与测评、节能技术潜力测算方法、节能信息、节能标记、节能信息识别、公众信息传递模式和平台等 | 中国标准化研究院 | 北京市海淀区知春路4号 | 100191 |
| 32 | 20 | 能源基础与管理 | 10 | 建材行业能源管理 | 1 | 建材领域能源的基础、管理、试验方法 | 中国建筑材料联合会 | 北京市海淀区三里河路11号南配楼二层 | 100836 |
| 33 | 20 | 能源基础与管理 | 12 | 特种设备节能 | 1 | 锅炉、压力容器、压力管道、电梯、起重机械、客运索道、大型游乐设施、场（厂）内机动车等八大类特种设备和设施的能效测试、能效评价节能管理及节能新技术、新工艺、新方法等 | 中国特种设备安全与节能促进会 | 北京市朝阳区北三环东路26号2层 | 100013 |
| 34 | 21 | 统计方法应用 | | | 1 | 统计方法应用等专业领域 | 中国标准化研究院 | 北京市海淀区知春路4号 | 100088 |
| 35 | 22 | 金属切削机床 | | | 1 | 金属切削机床、附件、功能部件等专业领域 | 北京机床研究所有限公司 | 顺义区天竺空港工业区a区天柱西路22号标准研究中心 | 100102 |
| 36 | 22 | 金属切削机床 | 2 | 铣床 | 1 | 铣床等专业领域 | 北京北一机床股份有限公司 | 北京市顺义区双河大街16号 | 101300 |
| 37 | 22 | 金属切削机床 | 10 | 功能部件 | 1 | 负责全国机床用功能部件等专业领域标准化工作 | 北京机床研究所有限公司 | 北京市朝阳区望京路4号 | 100102 |
| 38 | 22 | 金属切削机床 | 13 | 机床安全 | 1 | 机床安全 | 国家机床质量监督检验中心 | 北京市朝阳区望京路4号 | 100102 |
| 39 | 23 | 电声学 | | | 1 | 负责全国电声学领域中助听器、声级计、测量传声器、听力计、测量用人耳和人头模拟器和其他电声测量仪器等专业领域标准化工作 | 中国电子科技集团公司第三研究所 | 北京市朝阳区酒仙桥北路乙7号 | 100015 |

续表

| 序号 | TC编号 | TC名称 | SC编号 | SC名称 | 是否属于高精尖 | 负责专业范围 | 秘书处所在单位 | 秘书处通讯地址 | 邮政编码 |
|---|---|---|---|---|---|---|---|---|---|
| 40 | 25 | 电气安全 | | | 1 | 负责电气安全标准化领域的工作 | 中国电器工业协会 | 北京市丰台区南四环西路188号12区30号楼 | 100070 |
| 41 | 27 | 电气信息结构、文件编制和图形符号 | | | 1 | 负责全国电气信息结构、文件编制和图形符号等专业领域标准化工作 | 中机生产力促进中心有限公司 | 北京市海淀区首体南路2号 | 100044 |
| 42 | 27 | 电气信息结构、文件编制和图形符号 | 3 | 电气设备用图形符号 | 1 | 负责全国电气设备用图形符号等专业领域标准化工作 | 机械工业北京电工技术经济研究所、江苏省电力试验研究院有限公司 | 北京市丰台区南四环西路188号12区30号楼 | 100070 |
| 43 | 28 | 信息技术 | | | 2 | 负责全国信息采集、表示、处理、传输、交换、表述、管理、组织、存储和检索的系统和工具的规范、设计和研制等专业领域标准化工作 | 中国电子技术标准化研究院 | 北京市东城区安定门东大街1号 | 100007 |
| 44 | 28 | 信息技术 | 2 | 字符集与编码 | 1 | 负责全国信息技术领域信息交换用字符集和其编码表示及控制功能标准化工作 | 中国电子技术标准化研究院 | 北京市东城区安定门东大街1号 | 100007 |
| 45 | 28 | 信息技术 | 6 | 数据通讯 | 2 | 负责全国信息技术领域远程通信、局域网和OSI的1～3层的标准化工作 | 中国电子技术标准化研究院 | 北京市东城区安定门东大街1号 | 100007 |
| 46 | 28 | 信息技术 | 7 | 软件与系统工程 | 2 | 负责全国信息技术领域软件产品和系统工程方面的过程、支持工具以及支持技术的标准化工作 | 中国电子技术标准化研究院 | 北京市东城区安定门东大街1号 | 100007 |

续表

| 序号 | TC 编号 | TC 名称 | SC 编号 | SC 名称 | 是否属于高精尖 | 负责专业范围 | 秘书处所在单位 | 秘书处通讯地址 | 邮政编码 |
|---|---|---|---|---|---|---|---|---|---|
| 47 | 28 | 信息技术 | 17 | 卡及身份识别安全设备 | 1 | 主要负责身份识别和相关文件、卡、安全设备和令牌，以及其在行业间应用和国际交换中使用的相关接口等领域国家标准制修订工作 | 中国电子技术标准化研究院 | 北京安定门东大街1号 | 100007 |
| 48 | 28 | 信息技术 | 22 | 程序设计语言 | 1 | 程序设计语言和系统软件接口的标准 | 中国电子技术标准化研究院 | 北京市东城区安定门东大街1号 | 100007 |
| 49 | 28 | 信息技术 | 23 | 光盘 | 1 | 负责全国信息技术领域信息处理系统间媒体和信息交换用的盒式光盘的标准化工作 | 中国电子技术标准化研究院 | 北京市东城区安定门东大街1号 | 100007 |
| 50 | 28 | 信息技术 | 24 | 计算机图形图像处理及环境数据表示 | 2 | 计算机图形、图像处理及环境数据表示 | 中国电子技术标准化研究院 | 北京市东城区安定门东大街1号 | 100007 |
| 51 | 28 | 信息技术 | 25 | 信息技术设备互连 | 2 | 信息技术设备互连 | 中国电子技术标准化研究院 | 北京市东城区安定门东大街1号 | 100007 |
| 52 | 28 | 信息技术 | 28 | 办公机器、外围设备和耗材 | 1 | 负责全国信息技术领域各种与信息技术产品有关的办公机器、各种计算机外围设备、电源、机房及机房设备、信息设备用消耗材料和字形的标准化工作 | 中国电子技术标准化研究院 | 北京市东城区安定门东大街1号 | 100007 |
| 53 | 28 | 信息技术 | 29 | 多媒体 | 1 | 负责全国信息技术领域制定静态图象、动态图象、超媒体数据的压缩编码的标准化工作 | 中国电子技术标准化研究院 | 北京市亦庄经济技术开发区同济南路8号 | 100176 |

续表

| 序号 | TC编号 | TC名称 | SC编号 | SC名称 | 是否属于高精尖 | 负责专业范围 | 秘书处所在单位 | 秘书处通讯地址 | 邮政编码 |
|---|---|---|---|---|---|---|---|---|---|
| 54 | 28 | 信息技术 | 31 | 自动识别与数据采集技术 | 2 | 负责全国信息技术领域条码、射频等自动识别与数据采集技术、应用等专业领域标准化工作 | 中国物品编码中心 | 北京市东城区安定门外大街138号皇城国际B座3-6层 | 100011 |
| 55 | 28 | 信息技术 | 35 | 用户界面 | 1 | 信息系统用户界面，包括键盘与输入接口、图形用户交互界面、移动设备用户接口与界面、特殊需求用户界面、用户界面对象作用和属性、远程交互用户界面 | 中国电子技术标准化研究院 | 北京市东城区安定门东大街1号 | 100007 |
| 56 | 28 | 信息技术 | 36 | 教育技术 | 1 | 负责远程教育领域的标准化工作 | 清华大学 | 北京市海淀区清华大学 | 100084 |
| 57 | 28 | 信息技术 | 37 | 生物特征识别 | 2 | 生物特征识别，包括生物特征识别的公共文档框架、应用程序接口、数据交换格式、轮廓、评估准则的应用、性能测试等 | 中国电子技术标准化研究院 | 北京市东城区安定门东大街1号 | 100007 |
| 58 | 28 | 信息技术 | 38 | 云计算和分布式平台 | 1 | 负责云计算和分布式平台、服务计算和中间件领域的国家标准制修订工作 | 中国电子技术标准化研究院 | 北京市东城区安定门东大街1号 | 100007 |
| 59 | 28 | 信息技术 | 39 | 信息技术与可持续发展 | 2 | 信息技术相关的资源利用效率和支持可持续发展等领域的国家标准制修订工作 | 中国电子技术标准化研究院 | 北京市东城区安定门东大街1号 | 100007 |
| 60 | 28 | 信息技术 | 40 | 信息技术服务 | 2 | 信息技术服务等领域的国家标准制修订工作 | 中国电子技术标准化研究院 | 北京市安定门东大街1号 | 100007 |
| 61 | 28 | 信息技术 | 41 | 物联网 | 2 | 物联网体系架构、术语、数据处理、互操作、传感器网络、测试与评估等物联网基础和共性技术 | 中国电子技术标准化研究院 | 北京市安定门东大街1号 | 100007 |

续表

| 序号 | TC编号 | TC名称 | SC编号 | SC名称 | 是否属于高精尖 | 负责专业范围 | 秘书处所在单位 | 秘书处通讯地址 | 邮政编码 |
|---|---|---|---|---|---|---|---|---|---|
| 62 | 28 | 信息技术 | 42 | 人工智能 | 2 | 人工智能基础、技术、风险管理、可信赖、治理、产品及应用等人工智能领域 | 中国电子技术标准化研究院 | 北京东城区安定门东大街1号 | 100007 |
| 63 | 28 | 信息技术 | 43 | 脑机接口 | 2 | 脑机接口基础和关键技术、系统与设备、产品研发、安全伦理等 | 中国电子技术标准化研究院 | 北京市东城区安定门东大街1号中国电子技术标准化研究院 | 100007 |
| 64 | 30 | 核仪器仪表 | | | 1 | 负责全国核仪器仪表等专业领域标准化工作 | 核工业标准化研究所 | 北京市阜成路43号 | 100048 |
| 65 | 30 | 核仪器仪表 | 1 | 通用核仪器和辐射探测器 | 1 | 负责全国通用核仪器、核探测器、勘探采矿用核仪器、放射性同位素应用仪器等专业领域标准化工作 | 核工业标准化研究所 | 北京市海淀区阜成路43号 | 100048 |
| 66 | 30 | 核仪器仪表 | 2 | 反应堆仪表 | 1 | 负责全国核反应堆及核电厂的核测量系统、控制系统、安全系统、安全及电力系统、事故监测系统和破损元件控测定位系统等专业领域标准化工作 | 核工业标准化研究所 | 北京市海淀区阜成路43号 | 100048 |
| 67 | 30 | 核仪器仪表 | 3 | 辐射防护仪器 | 1 | 负责全国环境辐射监测、核设施厂区内外监测、人员监测和核设施排出物监测等所用设备和系统等专业领域标准化工作 | 核工业标准化研究所 | 北京市海淀区阜成路43号100048 | 100048 |

续表

| 序号 | TC编号 | TC名称 | SC编号 | SC名称 | 是否属于高精尖 | 负责专业范围 | 秘书处所在单位 | 秘书处通讯地址 | 邮政编码 |
|---|---|---|---|---|---|---|---|---|---|
| 68 | 31 | 气瓶 | | | 1 | 负责全国无缝气瓶、焊接气瓶、液化石油气瓶、溶解乙炔气瓶、气瓶附件等产品标准、气瓶设计、术语及气瓶检验等专业领域标准化工作 | 北京天海工业有限公司 | 北京市朝阳区惠新南里6号天建大厦315 | 100029 |
| 69 | 34 | 电工电子设备结构综合 | | | 1 | 负责全国电工、电子及仪表方面结构包括总体设计导则、结构尺寸系列、色彩造型、人体工程导则、模拟符号以及各种开关柜、控制柜、屏、台等产品及通用件、零部件等专业领域标准化工作 | 机械工业北京电工技术经济研究所 | 北京市丰台区南四环西路188号12区30号楼 | 100070 |
| 70 | 35 | 橡胶与橡胶制品 | 2 | 通用试验方法 | 1 | 负责全国橡胶物理和化学试验方法等专业领域标准化工作 | 北京橡胶工业研究设计院 | 北京市海淀区阜石路甲19号 | 100143 |
| 71 | 35 | 橡胶与橡胶制品 | 7 | 橡胶杂品 | 1 | 负责全国橡胶杂品等专业领域标准化工作 | 北京华腾检测认证有限公司 | 北京市朝阳区化工路6号院2号楼206室 | 100124 |
| 72 | 37 | 农作物种子 | | | 1 | 负责全国农作物种子专业领域标准化工作 | 全国农业技术推广服务中心 | 北京市朝阳区麦子店街20号 | 100026 |
| 73 | 37 | 农作物种子 | 1 | 原种生产技术规程 | 1 | 负责全国农作物种子生产技术规程专业领域标准化工作 | 全国农业技术推广服务中心 | 北京市朝阳区麦子店街20号 | 100026 |
| 74 | 37 | 农作物种子 | 2 | 种子分级 | 1 | 负责全国农作物种子质量专业领域标准化工作 | 全国农业技术推广服务中心 | 北京市朝阳区麦子店街20号 | 100026 |
| 75 | 37 | 农作物种子 | 3 | 种子包装贮藏运输 | 1 | 负责全国种子加工、包装、贮藏和运输等专业领域标准化工作 | 全国农业技术推广服务中心 | 北京市朝阳区麦子店街20号 | 100026 |

续表

| 序号 | TC编号 | TC名称 | SC编号 | SC名称 | 是否属于高精尖 | 负责专业范围 | 秘书处所在单位 | 秘书处通讯地址 | 邮政编码 |
|---|---|---|---|---|---|---|---|---|---|
| 76 | 37 | 农作物种子 | 4 | 种子检验技术规程 | 1 | 负责全国种子检验技术规程专业领域标准化工作 | 全国农业技术推广服务中心 | 北京市朝阳区麦子店街20号 | 100026 |
| 77 | 38 | 微束分析 | | | 2 | 负责全国电子探针、扫描电镜、电子显微镜、离子探针等一类微束原位的分析领域本身的标准化工作，也包括所涉及的重要的相关学科，如高新材料、微电子材料与加工及生命生物科学中以微束分析为主要研究工具的有关的标准化工作，如纳米材料、亚微米材料、薄膜材料等分析测定及相关的材料标准等专业领域标准化工作 | 中国科学院化学研究所 | 北京中关村北一街2号 | 100190 |
| 78 | 38 | 微束分析 | 2 | 表面化学分析 | 1 | 负责全国表面分析的微束分析的标准化工作，包括仪器规格、操作、样品处理、数据处理、定量和定性分析和实验结果报告的协调，确立统一的术语、推荐操作规程、参考材料和参考数据等 | 中国科学院物理研究所 | 北京中关村北一街2号 | 100190 |
| 79 | 39 | 纤维增强塑料 | | | 2 | 负责全国纤维增强塑料（复合材料）包括结构复合材料、功能复合材料、先进高性能复合材料等专业领域标准化工作 | 北京玻璃钢研究设计院有限公司 | 北京市海淀区板井路69号世纪金源商务中心12Fb | 100097 |

续表

| 序号 | TC编号 | TC名称 | SC编号 | SC名称 | 是否属于高精尖 | 负责专业范围 | 秘书处所在单位 | 秘书处通讯地址 | 邮政编码 |
|---|---|---|---|---|---|---|---|---|---|
| 80 | 41 | 木材 | | | 1 | 负责全国木材等专业领域（包括木材基础、原木、锯材、结构用木材等）标准化工作 | 中国林业科学研究院木材工业研究所 | 北京市海淀区香山路中国林科院木材所 | 100091 |
| 81 | 41 | 木材 | 1 | 基础标准 | 1 | 负责全国木材性质、木材干燥、木材保护基础等专业领域标准化工作 | 中国林业科学研究院木材工业研究所 | 北京市海淀区香山路中国林科院木材所 | 100091 |
| 82 | 41 | 木材 | 4 | 结构用木材 | 1 | 关于结构应用的木材、其他木基产品和相关的木质纤维材料等 | 中国林业科学研究院木材工业研究所 | 北京市海淀区香山路东小府2号中国林科院木材所 | 100091 |
| 83 | 42 | 煤炭 | | | 1 | 负责全国煤炭分类、分级、术语、测试方法、检验规则，工业用煤炭产品技术条件等专业领域标准化工作 | 煤炭科学技术研究院有限公司 | 北京市和平里青年沟路5号1号楼306 | 100013 |
| 84 | 42 | 煤炭 | 1 | 煤炭检测 | 1 | 负责全国煤炭、型炭及水煤浆分析实验方法、煤炭测试专用仪器设备等专业领域的标准化工作 | 煤炭科学技术研究院有限公司 | 北京市朝阳区和平里青年沟路5号1号楼200号房间 | 100013 |
| 85 | 42 | 煤炭 | 2 | 煤质与资源评价 | 1 | 负责全国煤炭分类和分级、煤炭产品质量、各种工业用煤质量、煤加工产品试验方法、煤田地质勘探等专业领域标准化工作 | 煤炭科学技术研究院有限公司 | 北京市朝阳区和平里青年沟路5号1号楼306 | 100013 |
| 86 | 46 | 家用电器 | | | 1 | 负责全国家用和类似用途电器安全、性能、安装和维修等专业领域标准化工作 | 中国家用电器研究院 | 北京市西城区月坛北小街6号 | 100053 |

续表

| 序号 | TC编号 | TC名称 | SC编号 | SC名称 | 是否属于高精尖 | 负责专业范围 | 秘书处所在单位 | 秘书处通讯地址 | 邮政编码 |
|---|---|---|---|---|---|---|---|---|---|
| 87 | 46 | 家用电器 | 1 | 制冷空调器具 | 1 | 负责全国家用制冷空调器具等专业领域标准化工作 | 中国家用电器研究院 | 北京市西城区月坛北小街6号 | 100053 |
| 88 | 46 | 家用电器 | 2 | 清洁器具 | 1 | 负责全国各种类型洗衣机、干洗机、甩干机、地板擦洗机（干、湿）、地板擦光机、地板上光机、打蜡机、吸尘器等家用清洁器专业领域标准化工作 | 中国家用电器研究院 | 北京市西城区月坛北小街6号 | 100037 |
| 89 | 46 | 家用电器 | 3 | 厨房器具 | 1 | 负责全国家用厨房器具如电饭锅、烤箱、洗碟机、面包片烤箱、微波灶、电磁灶、电灶（电炉）、吸油烟机、电动食品制备机等专业领域标准化工作 | 中国家用电器研究院 | 北京市西城区月坛北小街6号 | 100037 |
| 90 | 46 | 家用电器 | 7 | 商用电气饮食加工服务设备 | 1 | 负责全国商用电气饮食加工服务设备安全和性能等专业领域标准化工作 | 北京市服务机械研究所有限公司 | 北京市昌平区沙河镇路庄村（于善街西口） | 102206 |
| 91 | 46 | 家用电器 | 10 | 家用电器噪声 | 1 | 各种家用电器（电冰箱、空调器、洗衣机等）的噪声值及测试方法 | 中国家用电器研究院 | 北京市西城区月坛北小街6号 | 100037 |
| 92 | 46 | 家用电器 | 12 | 家用电器布线及安装 | 1 | 家用电器布线技术要求及各种家用电器（电冰箱、空调器、洗衣机等）的安装规范 | 中国家用电器研究院 | 北京市西城区月坛北小街6号 | 100037 |
| 93 | 46 | 家用电器 | 13 | 保健和类似器具 | 1 | 具有保健及类似功能的家用电器 | 中国家用电器研究院 | 北京市西城区月坛北小街6号 | 100037 |
| 94 | 47 | 印制电路 |  |  | 2 | 负责全国印制电路，表面安装，互联技术等专业领域标准化工作 | 中国电子技术标准化研究院 | 北京市安定门东大街1号北京1101信箱 | 100007 |

续表

| 序号 | TC编号 | TC名称 | SC编号 | SC名称 | 是否属于高精尖 | 负责专业范围 | 秘书处所在单位 | 秘书处通讯地址 | 邮政编码 |
|---|---|---|---|---|---|---|---|---|---|
| 95 | 48 | 塑料制品 | | | 1 | 负责全国塑料制品等专业领域标准化工作 | 轻工业塑料加工应用研究所 | 北京市海淀区阜成路11号北京工商大学（东校区）耕耘楼9907室 | 100048 |
| 96 | 48 | 塑料制品 | 2 | 泡沫塑料 | 1 | 负责全国塑料制品等专业领域标准化工作 | 轻工业塑料加工应用研究所 | 北京市海淀区阜成路11号 | 100048 |
| 97 | 48 | 塑料制品 | 3 | 塑料管材、管件及阀门 | 1 | 负责全国塑料制品等专业领域标准化工作 | 轻工业塑料加工应用研究所 | 北京市海淀区阜成路11号 | 100048 |
| 98 | 49 | 包装 | | | 1 | 负责全国包装专业的基础标准、方法标准、包装容器和包装材料的综合标准等专业领域标准化工作 | 中国包装联合会 | 北京市朝阳区建国路99号中服大厦10层 | 100020 |
| 99 | 49 | 包装 | 2 | 袋 | 1 | 负责全国包装袋等专业领域标准化工作 | 建筑材料工业技术监督研究中心 | 北京市朝阳区管庄东里北楼 | 100024 |
| 100 | 49 | 包装 | 9 | 玻璃容器 | 1 | 负责全国玻璃容器等专业领域标准化工作 | 北京市药品包装材料检验所 | 北京市西城区水车胡同13号 | 100035 |
| 101 | 49 | 包装 | 10 | 包装与环境 | 1 | 包装的环境基础标准（术语、标志、方法等）、包装的环境评价、与环境有关的包装中有害物质控制和验证等 | 中国出口商品包装研究所 | 北京市朝阳区白家庄东里42号院2号楼3层 | 100026 |
| 102 | 53 | 机械振动、冲击与状态监测 | 3 | 振动测量仪器的使用和校准 | 1 | 负责全国振动冲击测量仪器设备等专业领域标准化工作 | 中国计量科学研究院 | 北京北三环东路18号 | 100029 |
| 103 | 58 | 核能 | | | 1 | 负责全国核能包括核能名词术语、辐射防护、反应堆技术、放射性同位素和核燃料技术等专业领域标准化工作 | 核工业标准化研究所 | 北京市海淀区阜城路43号 | 100048 |

续表

| 序号 | TC编号 | TC名称 | SC编号 | SC名称 | 是否属于高精尖 | 负责专业范围 | 秘书处所在单位 | 秘书处通讯地址 | 邮政编码 |
|---|---|---|---|---|---|---|---|---|---|
| 104 | 58 | 核能 | 2 | 辐射防护 | 1 | 负责全国辐射安全与相关核安全等专业领域标准化工作 | 核工业标准化研究所 | 北京市海淀区阜城路43号 | 100048 |
| 105 | 58 | 核能 | 3 | 反应堆技术 | 1 | 负责全国反应堆安全法规、安全导则、管理导则、通用基础标准、核反应堆系统设计与建造标准、核反应堆系统调试、运行、维修、设备在役检查和退役规范等专业领域标准化工作 | 核工业标准化研究所 | 北京市海淀区阜城路43号 | 100048 |
| 106 | 58 | 核能 | 4 | 放射性同位素 | 1 | 负责全国放射性同位素的一般通用基础标准、质量管理标准、安全标准、包装、运输、储存标准及放射性安全检验、分析测量标准等专业领域标准化工作 | 核工业标准化研究所 | 北京市海淀区阜城路43号 | 100048 |
| 107 | 58 | 核能 | 5 | 核燃料技术 | 1 | 负责全国核燃料技术包括核燃料循环设施的核安全法规，导则；核燃料产品及配套标准、热核材料及配套标准、放射性废物处理的有关工艺规定及标准、与核燃料有关的其他材料的标准、核燃料系统的民品产品及其配套标准、核燃料产品的主要设备标准等专业领域标准化工作 | 核工业标准化研究所 | 北京市海淀区阜城路43号 | 100048 |

续表

| 序号 | TC编号 | TC名称 | SC编号 | SC名称 | 是否属于高精尖 | 负责专业范围 | 秘书处所在单位 | 秘书处通讯地址 | 邮政编码 |
|---|---|---|---|---|---|---|---|---|---|
| 108 | 58 | 核能 | 6 | 核聚变 | 1 | 核聚变反应堆安全导则、通用基础、系统设计、设备、建造、调试、运行和退役等 | 核工业标准化研究所 | 北京市海淀区阜成路43号 | 100037 |
| 109 | 59 | 图形符号 | | | 1 | 负责全国公用性图形符号和图形符号的基础性综合标准化工作 | 中国标准化研究院 | 北京市海淀区知春路4号 | 100191 |
| 110 | 59 | 图形符号 | 1 | 城市导向 | 1 | 城市公共信息导向系统中导向要素、图形元素及系统设置 | 中国标准化研究院 | 海淀区知春路4号 | 100191 |
| 111 | 62 | 语言与术语 | | | 1 | 负责全国术语标准化工作 | 中国标准化研究院 | 北京市海淀区知春路4号 | 100088 |
| 112 | 62 | 语言与术语 | 1 | 术语学理论与应用 | 1 | 负责全国术语学理论标准化工作 | 全国科学技术名词审定委员会事务中心 | 北京市东城区东皇城根北街16号 | 100717 |
| 113 | 62 | 语言与术语 | 2 | 辞书编纂 | 1 | 负责全国术语学在辞书编纂专业领域的标准化工作 | 商务印书馆 | 北京王府井大街36号商务印书馆 | 100710 |
| 114 | 62 | 语言与术语 | 3 | 计算机辅助术语工作 | 1 | 负责全国计算机辅助术语的建库和术语的自动发现等专业领域标准化工作 | 北京大学 | 北京市大兴区金苑路24号 | 102600 |
| 115 | 63 | 化学 | | | 1 | 负责全国化学品等专业领域标准化工作 | 中国石油和化学工业联合会 | 北京市朝阳区安慧里四区16号楼 | 100723 |
| 116 | 63 | 化学 | 2 | 有机化工 | 1 | 负责全国有机化工产品等专业领域标准化工作 | 中国石油化工股份有限公司北京化工研究院 | 北京市北三环东路14号 | 100013 |
| 117 | 63 | 化学 | 3 | 化学试剂 | 1 | 负责全国化学试剂等专业领域标准化工作 | 北京化学试剂研究所有限责任公司 | 北京市大兴区安定镇工业开发区街1号华腾化工园区 | 102607 |

续表

| 序号 | TC编号 | TC名称 | SC编号 | SC名称 | 是否属于高精尖 | 负责专业范围 | 秘书处所在单位 | 秘书处通讯地址 | 邮政编码 |
|---|---|---|---|---|---|---|---|---|---|
| 118 | 63 | 化学 | 9 | 制冷剂 | 1 | 制冷剂的技术特性和检测方法 | 中国石油化工股份有限公司北京化工研究院 | 北京市朝阳区北三环东路14号 | 100013 |
| 119 | 64 | 食品工业 | | | 1 | 负责全国食品工业等专业领域标准化工作 | 中轻食品工业管理中心 | 北京市西城区阜外大街乙22号 | 100833 |
| 120 | 64 | 食品工业 | 2 | 罐头 | 1 | 负责全国罐头制品等专业领域标准化工作 | 中国食品发酵工业研究院有限公司 | 北京市朝阳区酒仙桥中路24号院6号楼 | 100015 |
| 121 | 64 | 食品工业 | 5 | 工业发酵 | 1 | 负责全国工业发酵等专业领域标准化工作 | 中国食品发酵工业研究院 | 北京市朝阳区酒仙桥中路24号院6号楼525室 | 100015 |
| 122 | 66 | 人造板机械 | | | 1 | 负责全国刨花板、中纤板、胶合板生产线和机械设备；人造板表面装饰生产设备；制材生产线机械设备；板式家具生产线设备；细木工板生产设备；人造板生产用刀具设备；竹胶合板生产线及竹材加工设备；层压材生产设备；地板（含实木、强化、复合地板）生产线设备；新型人造板设备等专业领域标准化工作 | 中国林业科学研究院木材工业研究所 | 北京市海淀区香山路东小府1号院木工楼525室 | 100091 |
| 123 | 71 | 橡胶塑料机械 | | | 1 | 负责全国橡胶炼胶、硫化、压延、挤出、成型等设备和塑料炼塑、压延、挤出、注射、喷塑、压力、真空、中空泡沫成型、编织设备机械等专业领域标准化工作 | 北京橡胶工业研究设计院有限公司 | 北京市海淀区阜石路甲19号 | 100143 |

续表

| 序号 | TC编号 | TC名称 | SC编号 | SC名称 | 是否属于高精尖 | 负责专业范围 | 秘书处所在单位 | 秘书处通讯地址 | 邮政编码 |
|---|---|---|---|---|---|---|---|---|---|
| 124 | 71 | 橡胶塑料机械 | 1 | 橡胶机械 | 1 | 负责全国橡胶炼胶、硫化、压延、挤出、成型等设备和塑料炼塑、压延、挤出、注射、喷塑、压力、真空、中空泡沫成型、编织设备机械等专业领域标准化工作 | 北京橡胶工业研究设计院有限公司 | 北京市海淀区阜石路甲19号 | 100143 |
| 125 | 74 | 锻压 | | | 1 | 负责全国热锻、冷锻、冲压等成形工艺技术及工艺装备（模具除外）、工艺机械化配套技术及锻压安全、环保卫生等专业领域标准化工作 | 中国机械总院集团北京机电研究所有限公司 | 北京海淀区学清路18号 北京机电研究所7层行业中心全国锻压标准化技术委员会 | 100083 |
| 126 | 75 | 热处理 | | | 1 | 负责全国热处理基础通用，试验方法，质量控制，工艺材料，化学热处理及其热处理工艺技术等专业领域标准化工作 | 中国机械总院集团北京机电研究所有限公司 | 北京市海淀区学清路18号 | 100083 |
| 127 | 76 | 饲料工业 | | | 1 | 负责全国饲料标准化工作 | 全国畜牧总站、中国饲料工业协会 | 北京市朝阳区麦子店街20号楼527室 | 100026 |
| 128 | 76 | 饲料工业 | 2 | 宠物饲料 | 1 | 宠物饲料、宠物专用饲料原料、宠物专用饲料添加剂等 | 中国农业科学院饲料研究所 | 北京市海淀区中关村南大街12号中国农业科学院饲料研究所 | 100081 |
| 129 | 79 | 无线电干扰 | 1 | 无线电干扰测量方法和统计方法 | 2 | 负责全国无线电干扰测量仪器、辅助设备及通用测量方法的标准化及研究干扰测量结果的统计分析中所用抽样方法以及干扰测量与信号接收效果间的相互关系等专业领域标准化工作 | 中国电子技术标准化研究院 | 北京亦庄经济开发区同济南路8号 | 100176 |

续表

| 序号 | TC编号 | TC名称 | SC编号 | SC名称 | 是否属于高精尖 | 负责专业范围 | 秘书处所在单位 | 秘书处通讯地址 | 邮政编码 |
|---|---|---|---|---|---|---|---|---|---|
| 130 | 79 | 无线电干扰 | 7 | 信息技术设备、多媒体设备和接收机的电磁兼容 | 2 | 负责全国信息技术设备、多媒体设备和接收机的干扰和抗扰度限值和测量方法等专业领域标准化工作 | 工业和信息化部电子工业标准化研究所 | 北京市亦庄经济技术开发区同济南路8号 | 100176 |
| 131 | 79 | 无线电干扰 | 8 | 无线电业务保护 | 1 | 负责全国无线电业务保护等专业领域标准化工作 | 国家无线电监测中心 | 北京市西城区北礼士路80号 | 100037 |
| 132 | 83 | 电子业务 | | | 2 | 负责全国EDI，开放式EDI，基于纸质的文件格式，行政、商业、运输业、工业领域业务工作电子化涉及的数据元与代码、数据结构化技术、电子文档格式（交换结构）、业务过程、数据维护与管理、消息服务、关键支撑技术等专业领域标准化工作 | 中国标准化研究院 | 北京市海淀区知春路4号 | 100191 |
| 133 | 85 | 紧固件 | | | 1 | 负责全国紧固件和紧固连接的术语和定义，尺寸和公差，机械、物理性能和功能特性，表面处理，试验方法，验收和质量程序，紧固系统/连接设计和计算，装配方法，装配/连接资质（包括紧固系统、装配工具及人员资质）等方面的标准化工作；所涉及的产品为螺栓、螺柱、螺母、螺钉、木螺钉、自攻螺钉、销、垫圈、铆钉、挡圈、组合件和连接副，以及其他（如焊钉）等十二大类（不包括航空航天专用紧固件）专业领域的国家标准制修订工作 | 中机生产力促进中心有限公司 | 北京市海淀区首体南路2号 | 100044 |

续表

| 序号 | TC编号 | TC名称 | SC编号 | SC名称 | 是否属于高精尖 | 负责专业范围 | 秘书处所在单位 | 秘书处通讯地址 | 邮政编码 |
|---|---|---|---|---|---|---|---|---|---|
| 134 | 86 | 文献影像技术 | | | 1 | 负责全国文件的输入、输出质量、记录、存储和使用文件影像的实现、检验和质量控制方法、文件影像工作流程应用、制作和使用信息所需设备涉及的应用要求和质量标准、相关的术语等专业领域标准化工作 | 国家图书馆 | 北京市海淀区中关村南大街33号 | 100081 |
| 135 | 86 | 文献影像技术 | 1 | 质量 | 1 | 负责文献缩微制品及电子影像的质量检测与加工、产品、设备的控制程序，交换方式与保存问题等领域的标准化工作 | 北京国图文化发展有限责任公司 | 北京市海淀区中关村南大街33号 | 100081 |
| 136 | 86 | 文献影像技术 | 4 | 缩微摄影技术应用 | 1 | | 国家图书馆 | 北京市海淀区中关村南大街33号 | 100081 |
| 137 | 86 | 文献影像技术 | 5 | 电子影像技术应用 | 1 | | 国家图书馆 | 北京市海淀区中关村南大街33号 | 100081 |
| 138 | 86 | 文献影像技术 | 6 | 技术绘图应用 | 1 | | 国家档案局档案科学技术研究所 | 北京市西城区永安路106号 | 100050 |
| 139 | 86 | 文献影像技术 | 7 | 一般问题 | 1 | 负责词汇与文献成像技术的合法许可问题等领域的标准化工作 | 中国人民大学信息资源管理学院 | 北京市海淀区中关村大街59号 | 100872 |
| 140 | 90 | 太阳光伏能源系统 | | | 2 | 负责全国太阳光伏能源系统等专业领域标准化工作 | 中国电子技术标准化研究院 | 北京市东城区安定门东大街1号 | 100007 |
| 141 | 93 | 自然资源与国土空间规划 | | | 1 | 负责地质矿产、地质灾害、国土空间规划、自然资源调查、土地利用等领域国家标准制修订工作 | 中国自然资源经济研究院 | 北京市259信箱 | 101149 |

续表

| 序号 | TC编号 | TC名称 | SC编号 | SC名称 | 是否属于高精尖 | 负责专业范围 | 秘书处所在单位 | 秘书处通讯地址 | 邮政编码 |
|---|---|---|---|---|---|---|---|---|---|
| 142 | 93 | 自然资源与国土空间规划 | 1 | 地质矿产调查评价 | 1 | 负责区域地质调查、海洋地质调查技术标准，包括主要目标、对象、内容、技术工作程序、技术工艺、方法及装备、成果质量管理等；地质调查、勘查、评价、规划、管理等国家标准制修订工作 | 中国地质调查局发展研究中心 | 北京西城区西四阜内大街64号 | 100812 |
| 143 | 93 | 自然资源与国土空间规划 | 2 | 地质灾害防治 | 1 | 负责地质灾害调查、评价、监测及地质灾害防治工程勘察、设计、施工及监理、岩溶地质等国家标准制修订工作 | 中国地质环境监测院 | 北京市海淀区大慧寺路20号 | 100081 |
| 144 | 93 | 自然资源与国土空间规划 | 3 | 勘查技术与实验测试 | 1 | 负责地质勘查技术方法，包括地球物理勘查、地球化学勘查、探矿工程；有关术语、代码、符号、图示、图例及制图方法；地质矿产实验测试基础、技术和质量管理；地质矿产化学成分分析、物理特性测量、物理化学特性测量、同位素地质实验等国家标准制修订工作 | 国家地质实验测试中心 | 北京市西城区百万庄大街26号国家地质实验测试中心 | 100037 |
| 145 | 93 | 自然资源与国土空间规划 | 4 | 国土空间规划 | 1 | 负责国土空间规划、资源环境承载能力和国土空间开发适宜性评价等国家标准制修订工作 | 中国国土勘测规划院 | 北京市西城区冠英园37号 | 100037 |

续表

| 序号 | TC编号 | TC名称 | SC编号 | SC名称 | 是否属于高精尖 | 负责专业范围 | 秘书处所在单位 | 秘书处通讯地址 | 邮政编码 |
|---|---|---|---|---|---|---|---|---|---|
| 146 | 93 | 自然资源与国土空间规划 | 5 | 土地资源利用 | 1 | 负责土地节约集约利用考核评价、地下空间开发利用、土地资源分等定级、价格评估、土地市场管理等国家标准制修订工作 | 中国国土勘测规划院 | 北京市西城区冠英园西区37号 | 100035 |
| 147 | 93 | 自然资源与国土空间规划 | 6 | 自然资源调查监测 | 1 | 负责土地资源调查、评价、规划技术要求，土地分类标准，土地评价指标体系与技术要求等领域的国家及行业标准制修订工作 | 中国国土勘测规划院 | 北京市西城区冠英院西区37号 | 100035 |
| 148 | 93 | 自然资源与国土空间规划 | 7 | 保护与修复 | 1 | 负责土地资源整治分类、规划、评价、项目管理技术要求，土地资源保护相关技术要求等领域的国家及行业标准制修订工作 | 自然资源部国土整治中心 | 北京市西城区冠英园西区37号 | 100035 |
| 149 | 93 | 自然资源与国土空间规划 | 8 | 矿产资源利用 | 1 | 负责矿产资源勘查规范、储量动态管理技术要求，矿产资源规划、工艺矿物学与选冶试验、技术经济评价、开发与节约集约利用技术、绿色矿山、古生物化石保护、地质资料管理等国家标准制修订工作 | 自然资源部矿产资源储量评审中心 | 北京市西城区冠英园西区37号 | 100035 |
| 150 | 96 | 石油钻采设备和工具 | | | 1 | 负责陆地和海洋石油天然气（包含非常规油气）勘探开发（物探、钻井、采油采气和油气储运等工程）用设备、工具及其材料等专业领域的标准化工作 | 中国石油天然气股份有限公司勘探开发研究院石油工业标准化研究所 | 北京市海淀区学院路20号院910信箱； | 100083 |

续表

| 序号 | TC编号 | TC名称 | SC编号 | SC名称 | 是否属于高精尖 | 负责专业范围 | 秘书处所在单位 | 秘书处通讯地址 | 邮政编码 |
|---|---|---|---|---|---|---|---|---|---|
| 151 | 99 | 口腔材料和器械设备 | | | 2 | 负责全国口腔材料和器械设备等专业领域标准化工作 | 北京大学口腔医学院 | 北京市海淀区中关村南大街22号 | 100081 |
| 152 | 100 | 安全防范报警系统 | | | 1 | 负责全国安全防范报警系统、产品等专业领域标准化工作 | 公安部第一研究所 | 北京市海淀区首体南路1号 | 100048 |
| 153 | 100 | 安全防范报警系统 | 2 | 人体生物特征识别应用 | 1 | 负责安全防范报警系统中以人体生物特征识别应用为主要内容的产品、应用系统以及测试检验等领域标准化工作 | 公安部第一研究所 | 北京海淀区首都体育馆南路1号 | 100048 |
| 154 | 101 | 轻工机械 | 1 | 皮革机械 | 1 | 负责全国皮革机械等专业领域标准化工作 | 中国皮革制鞋研究院有限公司 | 北京市朝阳区将台西路18号 | 100015 |
| 155 | 103 | 光学和光子学 | 5 | 光学材料和元件 | 2 | 光学材料和元件（包括光学玻璃、红外材料及以光学玻璃和红外材料做基材而衍生的涂覆材料等光学材料和元件，不包括其他光学功能薄膜材料） | 中国兵器工业标准化研究所 | 北京市8914信箱 | 100089 |
| 156 | 103 | 光学和光子学 | 6 | 电子光学系统 | 1 | 电子光学系统 | 中国兵器工业标准化研究所 | 北京8914信箱 | 100089 |
| 157 | 108 | 螺纹 | | | 1 | 负责全国普通螺纹、管螺纹、梯形螺纹及量规、管件螺纹等专业领域标准化工作 | 中机生产力促进中心有限公司 | 北京市海淀区首体南路2号 | 100044 |
| 158 | 109 | 机器轴与附件 | | | 1 | 负责全国轴伸、键与键槽、花键、联轴器、离合器、制动器、涨套及其他无键联结件等专业领域标准化工作 | 中机生产力促进中心有限公司 | 北京市海淀区首体南路2号702室 | 100044 |

续表

| 序号 | TC编号 | TC名称 | SC编号 | SC名称 | 是否属于高精尖 | 负责专业范围 | 秘书处所在单位 | 秘书处通讯地址 | 邮政编码 |
|---|---|---|---|---|---|---|---|---|---|
| 159 | 110 | 外科植入物和矫形器械 | 3 | 组织工程医疗器械产品 | 2 | 组织工程医疗器械产品 | 中国食品药品检定研究院 | 北京市大兴区生物医药产业基地华佗路31号 | 102629 |
| 160 | 112 | 个体防护装备 | | | 1 | 负责全国开展生产过程中劳动者使用的个体防护装备，人群集体防护装备以及装备附带装置等专业领域标准化工作 | 应急管理部国际交流合作中心 | 北京市东城区和平里北街21号 | 100013 |
| 161 | 112 | 个体防护装备 | 1 | 眼面部防护 | 1 | 眼面部防护（不包括医用防护产品） | 中国标准化研究院、丹阳市检验检测中心 | 北京市海淀区知春路4号 | 100088 |
| 162 | 112 | 个体防护装备 | 2 | 头部防护装备 | 1 | 安全生产和应急管理领域头部和听力防护装备 | 军事科学院系统工程研究院军需工程技术研究所和北京市劳动保护科学研究所联合承担 | 北京市东城区禄米仓69号二室 | 100010 |
| 163 | 112 | 个体防护装备 | 3 | 呼吸防护装备 | 1 | 安全生产和应急管理领域呼吸防护装备 | 中国安全生产科学研究院和军事科学院防化研究院联合承担 | 北京市朝阳区惠新西街17号714室，北京市海淀区花园北路35号西楼 | 100191 |
| 164 | 112 | 个体防护装备 | 4 | 防护服装 | 1 | 安全生产和应急管理领域防护服装 | 北京市劳动保护科学研究所和军事科学院系统工程研究院军需工程技术研究所联合承担 | 北京市西城区陶然亭路55号 | 100054 |
| 165 | 112 | 个体防护装备 | 7 | 坠落防护装备 | 1 | 安全生产和应急管理领域坠落防护装备 | 北京市劳动保护科学研究所和中国安全生产科学研究院联合承担 | 北京市西城区陶然亭路55号 | 100054 |

续表

| 序号 | TC编号 | TC名称 | SC编号 | SC名称 | 是否属于高精尖 | 负责专业范围 | 秘书处所在单位 | 秘书处通讯地址 | 邮政编码 |
|---|---|---|---|---|---|---|---|---|---|
| 166 | 113 | 消防 | | | 1 | 负责全国消防等专业领域标准化工作 | 应急管理部消防救援局 | 北京市西城区广安门南街70号 | 100054 |
| 167 | 113 | 消防 | 9 | 消防管理 | 1 | 负责全国消防管理等专业领域标准化工作 | 应急管理部消防救援局 | 北京市西城区广安门南街70号 | 100054 |
| 168 | 113 | 消防 | 10 | 灭火救援 | 1 | 火灾扑救技战术、灭火预案、消防应急救援、消防站建设、装备配备及队伍管理等 | 应急管理部消防救援局 | 北京市西城区广安门南街70号 | 100054 |
| 169 | 113 | 消防 | 14 | 消防通信 | 1 | 消防通信 | 应急管理部消防救援局 | 北京市西城区广安门南街70号 | 100054 |
| 170 | 114 | 汽车 | 9 | 安全玻璃 | 1 | 负责全国汽车用安全玻璃类别，技术要求及性能试验方法，特别侧重于汽车安全性能等专业领域标准化工作 | 中国建筑材料科学研究总院有限公司 | 北京市朝阳区管庄东里1号中国建材院内中空玻璃实验室对面白楼203室 | 100024 |
| 171 | 114 | 汽车 | 13 | 挂车 | 1 | 负责全国挂车及汽车列车的连接尺寸及连接件的技术要求和试验方法等专业领域标准化工作 | 交通运输部公路科学研究院 | 北京市海淀区西土城路8号 | 100088 |
| 172 | 114 | 汽车 | 22 | 客车 | 1 | 负责全国客车及专用装置的基础标准等专业领域标准化工作 | 中国公路车辆机械有限公司 | 北京市东城区和平里东街航星科技园8号楼9层西侧 | 100023 |
| 173 | 115 | 林草种子 | | | 1 | 林木和草的种质资源、品种选育、种苗生产、质量检验 | 中国林业科学院林业研究所 | 北京市海淀区香山路东小府1号 | 100091 |
| 174 | 118 | 标准样品 | | | 1 | 负责全国国家标准样品的研复制工作 | 中国标准化协会 | 北京市海淀区增光路33号中国标协写字楼 | 100048 |
| 175 | 118 | 标准样品 | 1 | 环境标准样品 | 1 | 负责全国水质常规监测分析、大气监测、土壤监测、废渣、生物监测分析、放射性环境、有机污染物等有关的标准样品的标准化工作 | 生态环境部环境发展中心环境标准样品研究所 | 北京市朝阳区育慧南路1号 | 100029 |

续表

| 序号 | TC编号 | TC名称 | SC编号 | SC名称 | 是否属于高精尖 | 负责专业范围 | 秘书处所在单位 | 秘书处通讯地址 | 邮政编码 |
|---|---|---|---|---|---|---|---|---|---|
| 176 | 118 | 标准样品 | 2 | 冶金 | 1 | 负责全国冶金标准样品的标准化工作 | 冶金工业信息标准研究院 | 北京市东城区灯市口大街74号 | 100730 |
| 177 | 118 | 标准样品 | 3 | 有色金属 | 1 | 负责全国有色金属产品分析用标准样品的标准化工作 | 中国有色金属工业标准计量质量研究所 | 北京市海淀区苏州街31号八层 有色标准所 | 100080 |
| 178 | 118 | 标准样品 | 8 | 建筑材料 | 1 | 水泥及其制品、玻璃及玻璃纤维、砖瓦及建筑砌块、陶瓷、石材、防水材料、复合材料、装饰装修材料、石灰和石膏制品等建筑材料 | 中国国检测试控股集团股份有限公司 | 朝阳区管庄东里1号 国检集团大楼 | 100024 |
| 179 | 118 | 标准样品 | 9 | 皮革和制鞋 | 1 | 负责皮革和鞋类相关专业领域国家标准样品研复制工作 | 中国皮革制鞋研究院有限公司 | 北京市朝阳区将台西路18号皮革大厦505室 | 100015 |
| 180 | 118 | 标准样品 | 10 | 石油化工 | 1 | 石油化工标准样品 | 中国石油和化学工业联合会 | 北京朝阳区亚运村安慧里四区十六号楼510 | 100723 |
| 181 | 119 | 制冷 |  |  | 1 | 负责全国制冷通用基础标准、商用冷冻设备等专业领域标准化工作 | 中国制冷学会 | 北京市海淀区阜成路67号银都大厦10层 | 100142 |
| 182 | 119 | 制冷 | 2 | 术语和定义 | 1 | 术语和定义 | 华商国际工程有限公司 | 北京市丰台区右安门外大街99号华商科技大厦后院小二楼二层 | 100069 |
| 183 | 119 | 制冷 | 7 | 冷藏柜 | 1 | 商用冷冻设备（原为商用冷冻、冷藏陈列柜） | 华商国际工程有限公司 | 北京市丰台区右安门外大街99号华商科技大厦后楼二层 | 100069 |
| 184 | 124 | 工业过程测量控制和自动化 |  |  | 2 | 负责全国工业过程测量和控制（即工业自动化仪表）等专业领域标准化工作 | 机械工业仪器仪表综合技术经济研究所 | 北京市广安门外大街甲397号 | 100055 |

续表

| 序号 | TC编号 | TC名称 | SC编号 | SC名称 | 是否属于高精尖 | 负责专业范围 | 秘书处所在单位 | 秘书处通讯地址 | 邮政编码 |
|---|---|---|---|---|---|---|---|---|---|
| 185 | 124 | 工业过程测量控制和自动化 | 4 | 工业通信（现场总线）及系统 | 2 | 负责全国工业通信及系统等专业领域标准化工作 | 机械工业仪器仪表综合技术经济研究所 | 北京市广安门外大街甲397号 | 100055 |
| 186 | 124 | 工业过程测量控制和自动化 | 5 | 可编程序控制器及系统 | 2 | 负责全国可编程序控制器及系统等专业领域标准化工作 | 北京机械工业自动化研究所有限公司 | 北京市德胜门外教场口1号 | 100120 |
| 187 | 124 | 工业过程测量控制和自动化 | 6 | 分析仪器 | 1 | 负责物质成分、化学结构和物理特性的分析测量仪器及仪器的测量技术领域国家标准制修订工作 | 中国仪器仪表行业协会 | 北京西城区百万庄大街16号1号楼6层 | 100037 |
| 188 | 124 | 工业过程测量控制和自动化 | 10 | 系统及功能安全 | 2 | 工业过程测量和控制系统中的电气/电子/可编程电子安全相关系统的功能安全、仪表安全等，包括：工作条件（包括EMC）、系统评估方法、功能安全等 | 机械工业仪器仪表综合技术经济研究所 | 北京广安门外大街甲397号 | 100055 |
| 189 | 125 | 教育装备 | | | 1 | 负责全国教学中使用的实物和模象直观教学器具等专业领域标准化工作 | 教育部教育技术与资源发展中心（中央电化教育馆） | 北京市海淀区中关村大街35号 | 100080 |
| 190 | 129 | 船舶舾装 | 1 | 救生设备 | 1 | 负责全国海洋船舶救生设备，包括救生艇、救生筏救生衣、救生圈、吊艇架救生属具，各种火焰信号等专业领域标准化工作 | 中国船舶集团有限公司综合技术经济研究院 | 北京市海淀区学院南路70号 | 100081 |
| 191 | 130 | 内河船与水路运输 | | | 1 | 负责全国内河船与水路运输管理与服务，技术与产品领域标准化工作 | 交通运输部水运科学研究院 | 北京市海淀区西土城路8号 | 100088 |

续表

| 序号 | TC编号 | TC名称 | SC编号 | SC名称 | 是否属于高精尖 | 负责专业范围 | 秘书处所在单位 | 秘书处通讯地址 | 邮政编码 |
|---|---|---|---|---|---|---|---|---|---|
| 192 | 131 | 劳动定额定员 | | | 1 | 负责全国各行业及地方劳动定额定员专业领域标准化工作 | 中国劳动和社会保障科学研究院 | 北京市朝阳区惠新西街17号 | 100029 |
| 193 | 131 | 劳动定额定员 | 8 | 铁路工程劳动定额定员 | 1 | 负责全国铁路工程以及与铁路工程有关的劳动定额定员专业领域标准化工作 | 中国铁路工程总公司 | 北京市海淀区复兴路69号中国中铁大厦B901 | 100055 |
| 194 | 136 | 医用临床检验实验室和体外诊断系统 | | | 2 | 负责全国临床实验室质量管理、参考系统、体外诊断产品等专业领域标准化工作 | 北京市医疗器械检验研究院（北京市医用生物防护装备检验研究中心） | 北京市通州区光机电一体化产业基地兴光二街7号 | 101111 |
| 195 | 137 | 船用机械 | | | 1 | 船用柴油机、汽轮机、燃气轮机、热气机及其附件和轴系；船用管系及附件、船舶辅机（船用风机、泵、压缩机、制冷设备、空调机、分离机等）、甲板机械（锚机、舵机、绞车、起重设备等）、锅炉及压力容器（船用主、辅锅炉、热交换器等）、船用液压气动元件（包括液压、气动系统、泵、马达、各类控制阀、缸、蓄能器、管接头及其附件）、船舶防污染设备、船舶消防设备、各类隔振元件及装置的标准化研究及咨询、服务 | 中国船舶工业综合技术经济研究院 | 北京市海淀区学院南路70号 | 100081 |

续表

| 序号 | TC编号 | TC名称 | SC编号 | SC名称 | 是否属于高精尖 | 负责专业范围 | 秘书处所在单位 | 秘书处通讯地址 | 邮政编码 |
|---|---|---|---|---|---|---|---|---|---|
| 196 | 137 | 船用机械 | 3 | 管系附件 | 1 | 船舶管路附件综合、船用阀门、船用闸阀与旋塞、船用通风附件、船用管件、船内通信及遥控与操纵附件的标准化研究、咨询及服务工作 | 中国船舶工业综合技术经济研究院 | 北京市海淀区学院南路70号 | 100081 |
| 197 | 137 | 船用机械 | 8 | 船舶消防 | 1 | 船用消防设备及其重要零部件、船用消防系统、船用灭火介质、船舶消防安全管理 | 中国船舶工业综合技术经济研究院 | 北京市海淀区学院南路70号 | 100081 |
| 198 | 141 | 造纸工业 | | | 1 | 负责全国造纸工业等专业领域标准化工作 | 中国制浆造纸研究院有限公司 | 北京市朝阳区望京启阳路4号中轻大厦 | 100102 |
| 199 | 141 | 造纸工业 | 5 | 生活用纸和纸板 | 1 | 负责全国生活用纸、纸板和纸制品等专业领域标准化工作 | 中国制浆造纸研究院有限公司 | 北京市朝阳区望京启阳路4号中轻大厦 | 100102 |
| 200 | 143 | 暖通空调及净化设备 | | | 1 | 负责全国建筑物内使用的供暖、通风、空调、净化设备（不包括：带制冷机的空调机、通用的风机、环保用的消烟除尘设备以及交通运输和其他特殊场合使用的暖通空调设备）及相关检测技术、处理技术、节能调试和运行评价等专业领域的国家标准制修订工作 | 中国建筑科学研究院有限公司 | 北京市北三环东路30号空调所 | 100013 |
| 201 | 143 | 暖通空调及净化设备 | 4 | 空调和制冷 | 1 | 风机、盘管、过滤设备、组合式空调器等中央空调的末端设备（不含冷源） | 国家空调设备质量监督检验中心 | 北京市北三环东路30号 | 100013 |

续表

| 序号 | TC编号 | TC名称 | SC编号 | SC名称 | 是否属于高精尖 | 负责专业范围 | 秘书处所在单位 | 秘书处通讯地址 | 邮政编码 |
|---|---|---|---|---|---|---|---|---|---|
| 202 | 143 | 暖通空调及净化设备 | 6 | 空气净化 | 1 | 建筑物内使用的空气净化设备和系统，及相关检测技术、处理技术等（不涉及家用和类似用途空气净化器）相关产品 | 中国建筑科学研究院空气调节研究所 | 北京市北三环东路30号 | 100013 |
| 203 | 144 | 烟草 | 2 | 农业 | 1 | 负责全国烟叶标准化工作 | 中国烟叶公司 | 北京市广安门外大街9号 | 100055 |
| 204 | 144 | 烟草 | 3 | 烟草机械 | 1 | 负责全国烟草机械标准化工作 | 中国烟草机械集团有限责任公司 | 北京市西城区广安门外大街9号10层 | 100055 |
| 205 | 144 | 烟草 | 5 | 工程建设 | 1 | 负责全国烟草行业工程建设标准化工作 | 国家烟草专卖局发展计划司 | 北京西城区月坛南街55号 | 100045 |
| 206 | 146 | 技术产品文件 | | | 1 | 负责全国与制造业有关的技术产品文件，包括设计文件、工艺文件、管理方面的文件以及手工文件和计算机的产品文件等专业领域标准化工作 | 机械科学研究院 | 北京市海淀区首体南路2号 | 100044 |
| 207 | 146 | 技术产品文件 | 1 | CAD制图 | 1 | 负责全国与制造业有关的CAD制图等专业领域标准化工作 | 机械科学研究院 | 北京市海淀区首体南路2号 | 100044 |
| 208 | 146 | 技术产品文件 | 2 | 工艺文件与技术信息 | 1 | 装备制造业领域所有类型的工艺文件及相关技术信息，包括在产品寿命周期的整个过程中手工或计算机产生的工艺文件和工艺信息集合 | 中机生产力促进中心有限公司 | 北京市海淀区首体南路2号 | 100044 |
| 209 | 146 | 技术产品文件 | 3 | 通用规则 | 1 | 机械产品全生命周期技术文件管理、机械产品文件表示和数据管理的基本原则 | 北京科新纪元信息技术有限公司 | 北京市西城区西直门南大街16号西楼510 | 100035 |

续表

| 序号 | TC编号 | TC名称 | SC编号 | SC名称 | 是否属于高精尖 | 负责专业范围 | 秘书处所在单位 | 秘书处通讯地址 | 邮政编码 |
|---|---|---|---|---|---|---|---|---|---|
| 210 | 148 | 残疾人康复和专用设备 | | | 1 | 负责全国残疾人康复和专用设备等专业领域标准化工作 | 中国康复辅助器具协会 | 北京市朝阳区广渠路42号院3号楼 | 100020 |
| 211 | 148 | 残疾人康复和专用设备 | 1 | 轮椅车 | 1 | 手动轮椅车、机动轮椅车及电动轮椅等 | 中国康复器具协会/佛山市质量和标准化研究院 | 亦庄荣华中路1号 | 100176 |
| 212 | 150 | 工艺美术 | | | 1 | 地毯、漆工艺品、花画工艺品、雕塑工艺品、金属工艺品、印染织绣工艺品、编织工艺品、民间民族工艺品等工艺美术领域 | 中国轻工业联合会 | 阜外大街乙22号 | 100833 |
| 213 | 150 | 工艺美术 | 1 | 地毯 | 1 | 地毯等 | 北京中轻联认证中心有限公司 | 北京市西城区阜成门外大街乙22号 | 100833 |
| 214 | 151 | 质量管理和质量保证 | | | 1 | 负责全国质量管理和质量保证等专业领域标准化工作 | 中国标准化研究院 | 北京市海淀区知春路4号 | 100191 |
| 215 | 152 | 缝制机械 | | | 1 | 负责全国缝纫机等专业领域标准化工作 | 中国缝制机械协会 | 北京市朝阳区百子湾路16号百子园5C—706 | 100022 |
| 216 | 153 | 电子测量仪器 | | | 1 | 负责全国电子测量仪器、系统（硬件和软件）及附件，电子医疗仪器，电子应用仪器和教学仪器等专业领域标准化工作 | 中国电子技术标准化研究院 | 北京市安定门东大街1号（北京市经济技术开发区同济南路8号） | 100007 |
| 217 | 155 | 自行车 | | | 1 | 负责全国自行车、电动自行车、汽油机助力自行车等专业领域标准化工作 | 中国自行车协会 | 北京市丰台区顺三条21号嘉业大厦二期1号楼16层 | 100079 |
| 218 | 156 | 水产 | | | 1 | 负责全国水产标准化工作 | 中国水产科学研究院 | 北京市丰台区永定路南里青塔村150号 | 100141 |

续表

| 序号 | TC编号 | TC名称 | SC编号 | SC名称 | 是否属于高精尖 | 负责专业范围 | 秘书处所在单位 | 秘书处通讯地址 | 邮政编码 |
|---|---|---|---|---|---|---|---|---|---|
| 219 | 156 | 水产 | 11 | 水产养殖病害防治 | 1 | 水产养殖动植物病害防治管理、技术及用品等 | 全国水产技术推广总站 | 北京市朝阳区麦子店街18号楼703室 | 100125 |
| 220 | 157 | 渔船 | | | 1 | 责渔船和渔船专用配套装备设计建造、使用、安全管理和污染防治 | 全国水产技术推广总站 | 北京朝阳区麦子店街18号楼811 | 100125 |
| 221 | 159 | 自动化系统与集成 | | | 2 | 面向产品设计、采购、制造和运输、支持、维护、销售过程及相关服务的自动化系统与集成领域的标准化工作。包括信息系统、工业及特定非工业环境中的固定和移动机器人技术、自动化技术、控制软件技术及系统集成技术 | 北京机械工业自动化研究所有限公司 | 北京市西城区教场口1号 | 100120 |
| 222 | 159 | 自动化系统与集成 | 1 | 物理设备控制 | 2 | 负责全国物理设备控制等专业领域标准化工作 | 北京机床研究所有限公司 | 北京市顺义区天竺开发区A区天柱西路22号 | 100102 |
| 223 | 159 | 自动化系统与集成 | 4 | 工业数据 | 2 | 负责全国工业数据交换和产品信息数据库等专业领域标准化工作 | 中国标准化研究院 | 北京市海淀区知春路4号中国标准化研究院高新技术与信息标准化所 | 100191 |
| 224 | 159 | 自动化系统与集成 | 5 | 体系结构、通信和集成框架 | 2 | 负责全国体系结构和通信过程等专业领域标准化工作 | 北京机械工业自动化研究所有限公司 | 北京市西城区教场口1号 | 100120 |
| 225 | 165 | 电子设备用阻容元件 | | | 1 | 负责全国电阻器、电位器、固定电容器、可变电容器、真空电容器、电阻网络、电容网络、无源敏感元件等专业领域标准化工作 | 中国电子技术标准化研究院 | 北京市东城区安定门东大街1号 | 100007 |

续表

| 序号 | TC编号 | TC名称 | SC编号 | SC名称 | 是否属于高精尖 | 负责专业范围 | 秘书处所在单位 | 秘书处通讯地址 | 邮政编码 |
|---|---|---|---|---|---|---|---|---|---|
| 226 | 166 | 电子设备用机电元件 | | | 1 | 负责全国电子设备低频连接器及开关等专业领域标准化工作 | 中国电子技术标准化研究院 | 北京市1101信箱 | 100007 |
| 227 | 167 | 电真空器件 | | | 2 | 负责全国真空电子器件等专业领域标准化工作 | 中国电子技术标准化研究院 | 北京市东城区安定门东大街1号 | 100007 |
| 228 | 168 | 颗粒表征与分检及筛网 | | | 1 | 用于固体或液体状态下颗粒分检的设备和方法（含筛网筛分）的标准化工作。具体包括：颗粒（含粉体）相关的表征、加工及分检的方法，以及相关的样品制备、样品（工艺用）及设备的标准化工作；筛分方法及设备标准化工作；筛网及其制品的尺寸、公差、机械性能、试验方法、验收程序和设备等的标准化工作。（原为 “负责全国筛网、筛分和其他颗粒分检方法等专业领域标准化工作 ”） | 中机生产力促进中心有限公司 | 北京市海淀区首体南路2号 | 100044 |
| 229 | 168 | 颗粒表征与分检及筛网 | 1 | 颗粒 | 1 | 颗粒学名词术语、颗粒分级与测定，颗粒基本形态、特性及对环境影响风险评估，颗粒在各行业应用 | 国家纳米科学中心 | 北京中关村北一条11号国家纳米科学中心 | 100190 |
| 230 | 170 | 印刷 | | | 1 | 负责全国印刷技术等专业领域标准化工作 | 中国印刷技术协会 | 北京市西城区太平街6号富力摩根中心E817 | 100050 |

续表

| 序号 | TC编号 | TC名称 | SC编号 | SC名称 | 是否属于高精尖 | 负责专业范围 | 秘书处所在单位 | 秘书处通讯地址 | 邮政编码 |
|---|---|---|---|---|---|---|---|---|---|
| 231 | 170 | 印刷 | 2 | 网版印刷 | 1 | 网版印刷领域，包括网印术语、网印过程控制、网印原辅材料适性、网印产品质量要求、网印领域检测方法、网印领域安全与环境要求等 | 中国印刷技术协会 | 北京市西城区太平街6号富力摩根中心D座709室 | 100050 |
| 232 | 174 | 五金制品 | | | 1 | 负责全国五金制品等专业领域标准化工作 | 中国五金制品协会 | 北京市朝阳区百子湾路16号百子园5号楼C座903室 | 100105 |
| 233 | 174 | 五金制品 | 3 | 建筑五金 | 1 | 负责全国建设五金等专业领域标准化工作 | 中国五金制品协会 | 北京市朝阳区百子湾路16号百子园5号楼C座903室 | 100105 |
| 234 | 178 | 玻璃仪器 | | | 1 | 负责全国玻璃仪器等专业领域标准化工作 | 北京市药品包装材料检验所 | 北京市西城区水车胡同13号 | 100035 |
| 235 | 179 | 刑事技术 | | | 1 | 负责全国毒物分析、法医检验、文件检验、痕迹检验、物证照相、录相、物理检验、指纹检验、刑事信息、警犬等专业领域标准化工作 | 公安部物证鉴定中心 | 北京市西城区木樨地南里17号公安部物证鉴定中心 | 100038 |
| 236 | 179 | 刑事技术 | 1 | 毒物分析 | 1 | 负责全国毒物分析等专业领域标准化工作 | 公安部物证鉴定中心 | 北京市西城区木樨地南里17号 | 100038 |
| 237 | 179 | 刑事技术 | 2 | 刑事信息 | 1 | 负责全国刑事犯罪信息、术语、代码、数据库等专业领域标准化工作 | 公安部刑事侦查局 | 北京市东城区东长安街14号 | 100741 |
| 238 | 179 | 刑事技术 | 3 | 指纹检验 | 1 | 负责全国指纹检验等专业领域标准化工作 | 公安部鉴定中心 | 北京市3817信箱 | 100038 |

续表

| 序号 | TC编号 | TC名称 | SC编号 | SC名称 | 是否属于高精尖 | 负责专业范围 | 秘书处所在单位 | 秘书处通讯地址 | 邮政编码 |
|---|---|---|---|---|---|---|---|---|---|
| 239 | 179 | 刑事技术 | 4 | 理化检验 | 1 | 负责全国理化检验等专业领域标准化工作 | 公安部物证鉴定中心 | 北京市3817信箱 | 100038 |
| 240 | 179 | 刑事技术 | 5 | 刑事照相、录像 | 1 | 负责全国刑事照相、录像等专业领域标准化工作 | 公安部物证鉴定中心 | 北京市3817信箱 | 100038 |
| 241 | 179 | 刑事技术 | 6 | 法医检验 | 1 | 负责全国法医检验等专业领域标准化工作 | 公安部物证鉴定中心 | 北京市3817信箱 | 100038 |
| 242 | 179 | 刑事技术 | 7 | 电子物证检验 | 1 | 电子物证检验 | 公安部物证鉴定中心 | 北京市3817信箱 | 100038 |
| 243 | 179 | 刑事技术 | 8 | 刑事技术产品 | 1 | 刑事技术产品 | 公安部物证鉴定中心 | 北京市3817信箱 | 100038 |
| 244 | 179 | 刑事技术 | 9 | 痕迹检验 | 1 | 刑事技术痕迹检验（足迹、工痕、枪弹痕迹、爆炸痕迹和其他痕迹） | 公安部物证鉴定中心 | 西城区木樨地南里17号 | 100038 |
| 245 | 179 | 刑事技术 | 10 | 文件检验 | 1 | 文件检验 | 公安部物证鉴定中心 | 北京市3817信箱十九处 | 100038 |
| 246 | 180 | 金融 | | | 2 | 负责全国银行、证券、保险等专业领域标准化工作 | 中国人民银行科技司 | 北京市西城区成方街32号 | 100800 |
| 247 | 180 | 金融 | 1 | 保险 | 2 | | 中国银行保险监督管理委员会 | 北京市西城区金融大街15号鑫茂大厦 | 100033 |
| 248 | 180 | 金融 | 2 | 印制 | 1 | 负责全国印钞、造币、银行机具、贵金属金银类等专业领域标准化工作 | 中国印钞造币总公司 | 北京市西城区西直门外大街甲143号凯旋大厦 | 100044 |
| 249 | 180 | 金融 | 4 | 证券 | 2 | 负责全国证券行业标准化工作 | 中证信息技术服务有限责任公司 | 北京市西城区金融大街4号金益大厦3层 | 100033 |
| 250 | 182 | 频率控制和选择用压电器件 | | | 2 | 负责全国频率控制和选择用压电谐振器、滤波器、振荡器、鉴频器；石英晶体材料，声表面波材料及器件，介电材料及器件等专业领域标准化工作 | 中国电子元件行业协会 | 北京市石景山路23号中础大厦B座710室 | 100049 |

续表

| 序号 | TC编号 | TC名称 | SC编号 | SC名称 | 是否属于高精尖 | 负责专业范围 | 秘书处所在单位 | 秘书处通讯地址 | 邮政编码 |
|---|---|---|---|---|---|---|---|---|---|
| 251 | 183 | 钢 | | | 1 | 负责全国钢产品及其配套的试验方法等专业领域标准化工作 | 冶金工业信息标准研究院 | 北京市东城区灯市口大街74号 | 100730 |
| 252 | 183 | 钢 | 1 | 钢管 | 1 | 负责全国钢管标准等专业领域标准化工作 | 冶金工业信息标准研究院 | 北京市东城区灯市口大街74号 | 100730 |
| 253 | 183 | 钢 | 2 | 基础 | 1 | 负责全国钢基础标准等专业领域标准化工作 | 冶金工业信息标准研究院 | 北京市东城区灯市口大街74号 | 100730 |
| 254 | 183 | 钢 | 3 | 盘条及钢丝 | 1 | 负责全国盘条和钢丝等专业领域标准化工作 | 冶金工业信息标准研究院 | 北京东城区灯市口74号 | 100730 |
| 255 | 183 | 钢 | 4 | 力学及工艺性能试验方法 | 1 | 负责全国金属力学及工艺试验方法等专业领域标准化工作 | 冶金工业信息标准研究院 | 北京市东城区灯市口大街74号 | 100730 |
| 256 | 183 | 钢 | 5 | 钢铁及合金化学成份测定 | 1 | 负责全国钢铁及合金化学成分测定方法等专业领域标准化工作 | 钢铁研究总院 | 北京市海淀区学院南路76号 | 100081 |
| 257 | 183 | 钢 | 6 | 钢板钢带 | 1 | 工程结构用钢板及钢带，包括普通碳素结构钢、低合金高强钢、耐候钢、热轧冷轧板带、涂镀板带、复合钢板、电工钢片、电磁铁、各种专用板 | 冶金工业信息标准研究院 | 北京市东城区灯市口大街74号 | 100730 |
| 258 | 183 | 钢 | 7 | 钢筋混凝土用钢 | 1 | 普通混凝土用热轧钢筋、冷轧钢筋、钢筋网，预应混凝土用钢丝、钢绞线、淬火回火用钢丝、钢筋 | 冶金工业信息标准研究院 | 北京东城灯市口大街74号 | 100730 |
| 259 | 183 | 钢 | 8 | 型钢 | 1 | 型钢 | 冶金工业信息标准研究院 | 北京东城灯市口大街74号 | 100730 |

续表

| 序号 | TC编号 | TC名称 | SC编号 | SC名称 | 是否属于高精尖 | 负责专业范围 | 秘书处所在单位 | 秘书处通讯地址 | 邮政编码 |
|---|---|---|---|---|---|---|---|---|---|
| 260 | 183 | 钢 | 9 | 铸铁管 | 1 | 铸铁管，包括灰口铸铁和球墨铸铁管 | 冶金工业信息标准研究院 | 北京市东城区灯市口大街74号 | 100730 |
| 261 | 183 | 钢 | 10 | 特殊合金 | 1 | 高温合金、耐蚀合金、精密合金等各类特殊合金 | 冶金工业信息标准研究院 | 北京市东城区灯市口大街75号 | 100730 |
| 262 | 183 | 钢 | 11 | 金属和合金的腐蚀 | 1 | 金属及其合金的腐蚀和化学性能方法 | 冶金工业信息标准研究院 | 北京市东城区灯市口大街74号 | 100730 |
| 263 | 183 | 钢 | 14 | 金相检验方法 | 1 | 金相检验 | 首钢总公司首钢技术研究院 | 北京石景山杨庄大街69号北京首钢技术研究院检测中心 | 100043 |
| 264 | 183 | 钢 | 15 | 炭素材料 | 1 | 炭素材料（不包括机械电机用的电炭制品）等 | 冶金工业信息标准研究院 | 北京市东城区灯市口大街74号 | 100730 |
| 265 | 183 | 钢 | 16 | 特殊钢 | 2 | 特殊钢领域，包括：不锈钢、耐热钢、合金工具钢、高速工具钢、碳素工具钢、模具钢、非调质钢、易切削钢、冷墩钢、齿轮钢、合金结构钢、弹簧钢、优质碳素结构钢等 | 冶金工业信息标准研究院 | 北京市东城区灯市口大街76号 | 100730 |
| 266 | 183 | 钢 | 17 | 冶金非金属矿产品 | 1 | 冶金用非金属矿产品 | 冶金工业信息标准研究院 | 北京市东城区灯市口大街74号 | 100730 |
| 267 | 183 | 钢 | 18 | 冶金固废资源 | 1 | 负责冶金固废资源领域国家标准制修订工作 | 冶金工业信息标准研究院 | 北京市东城区灯市口大街74号 | 100730 |
| 268 | 183 | 钢 | 19 | 钢产品无损检测 | 1 | 钢产品无损检测 | 冶金工业信息标准研究院 | 北京市东城区灯市口大街74号 | 100730 |
| 269 | 184 | 水泥 |  |  | 1 | 负责全国通用水泥、专用水泥和特种水泥等产品标准、水泥可偿还测试方法和仪器、水泥生产工艺热工标定控制标准、工业废渣在水泥厂中应用等专业领域标准化工作 | 中国建筑材料科学研究总院有限公司 | 北京市朝阳区管庄东里1号中国建材研究院东楼215 | 100024 |

续表

| 序号 | TC编号 | TC名称 | SC编号 | SC名称 | 是否属于高精尖 | 负责专业范围 | 秘书处所在单位 | 秘书处通讯地址 | 邮政编码 |
|---|---|---|---|---|---|---|---|---|---|
| 270 | 190 | 电子设备用高频电缆及连接器 | 1 | 微波无源元件 | 2 | 负责全国射频连接器专业领域标准化工作 | 中国电子技术标准化研究院 | 北京市东城区安定门东大街1号 | 100007 |
| 271 | 192 | 印刷机械 | | | 1 | 负责全国印前、印中、印后辅助加工以及与此相关的机械设备等专业领域标准化工作 | 中国印刷科学技术研究院有限公司 | 北京市海淀区翠微路2号 | 100036 |
| 272 | 192 | 印刷机械 | 1 | 丝网印刷设备 | 1 | 丝网机械和网印器材 | 北京高科印刷机械研究所有限公司 | 北京市丰台区造甲街南里5号 | 100070 |
| 273 | 193 | 耐火材料 | 1 | 基础 | 1 | 负责全国耐火材料基础等专业领域标准化工作 | 冶金工业信息标准研究院 | 北京东城区灯市口大街74号 | 100730 |
| 274 | 197 | 水泥制品 | 1 | 生态混凝土制品 | 1 | 非建筑用生态混凝土制品 | 中国建筑砌块协会 | 北京市西城区展览馆路12号金泰华云B座303室 | 100044 |
| 275 | 198 | 人造板 | | | 1 | 负责全国人造板标准化工作 | 中国林业科学研究院木材工业研究所 | 北京市海淀区东小府2号院 | 100091 |
| 276 | 201 | 农业机械 | | | 1 | 负责全国农业机械（包括耕作机械、种植机械、植保机械、收获机械、场上作业机械、农副产品加工机械、排灌机械、畜牧机械、饲料加工机械、养殖机械和割草机械，不包括草坪机械）等专业领域标准化工作 | 中国农业机械化科学研究院集团有限公司 | 北京市德胜门外北沙滩1号 | 100083 |
| 277 | 201 | 农业机械 | 1 | 植保与清洗机械 | 1 | 负责全国植保与清洗机械等专业领域标准化工作 | 中国农业机械化科学研究院集团有限公司 | 北京市德胜门外北沙滩1号 | 100083 |

续表

| 序号 | TC编号 | TC名称 | SC编号 | SC名称 | 是否属于高精尖 | 负责专业范围 | 秘书处所在单位 | 秘书处通讯地址 | 邮政编码 |
|---|---|---|---|---|---|---|---|---|---|
| 278 | 201 | 农业机械 | 2 | 农业机械化 | 1 | 负责全国农业机械化等专业领域标准化工作 | 农业农村部农业机械化总站 | 北京市朝阳区东三环南路96号农丰大厦1407室 | 100021 |
| 279 | 201 | 农业机械 | 4 | 排灌设备和系统 | 1 | 农业排灌和节水灌溉设备及系统 | 中国农业机械化科学研究院集团有限公司 | 北京市德胜门外北沙滩1号37信箱 | 100083 |
| 280 | 201 | 农业机械 | 5 | 耕种和施肥机械 | 1 | 农田建设、耕整、种植、施肥和中耕机械 | 中国农业机械化科学研究院集团有限公司 | 北京德胜门外北沙滩1号32信箱 | 100083 |
| 281 | 201 | 农业机械 | 6 | 农业电子 | 2 | 精准农业装备、自动化、智能化领域 | 中国农业机械化科学研究院集团有限公司 | 北京市朝阳区北沙滩1号中国农机院25信箱 | 100083 |
| 282 | 202 | 架空线路 | | | 1 | 负责全国电力线路、施工、运行等专业领域标准化工作 | 中国电力科学研究院有限公司 | 北京市海淀区清河小营东路15号 | 100055 |
| 283 | 203 | 半导体设备和材料 | | | 2 | 半导体设备和材料 | 中国电子技术标准化研究院 | 北京市东城区安定门东大街1号 | 100007 |
| 284 | 203 | 半导体设备和材料 | 2 | 材料 | 2 | 半导体材料 | 中国有色金属工业标准计量质量研究所 | 北京市海淀区苏州街31号8层 | 100080 |
| 285 | 203 | 半导体设备和材料 | 3 | 封装 | 2 | 封装 | 中国电子技术标准化研究院 | 北京市大兴区同济南路8号 | 100007 |
| 286 | 203 | 半导体设备和材料 | 4 | 微光刻 | 2 | 微光刻术语等基础通用，掩模基片、掩模版及光致抗蚀剂等关键材料的产品规范和检测方法，微光刻图形数据处理技术、光学光刻与电子束光刻工艺等微光刻关键工艺规范，光掩模制造与光刻工艺相关设备及部件等 | 中国科学院微电子研究所 | 北京市朝阳区北土城西路3号 | 100029 |

续表

| 序号 | TC编号 | TC名称 | SC编号 | SC名称 | 是否属于高精尖 | 负责专业范围 | 秘书处所在单位 | 秘书处通讯地址 | 邮政编码 |
|---|---|---|---|---|---|---|---|---|---|
| 287 | 205 | 建筑物电气装置 | | | 1 | 负责全国建筑物电气装置等专业领域标准化工作 | 中机中电设计研究院有限公司 | 北京市海淀区首都体育馆南路9号中国电工大厦8楼809室 | 100048 |
| 288 | 207 | 环境管理 | | | 1 | 负责全国环境管理等专业领域标准化工作 | 中国标准化研究院 | 北京市海淀区知春路4号 | 100191 |
| 289 | 207 | 环境管理 | 1 | 环境管理体系 | 1 | 环境管理体系及环境绩效评价领域 | 中国标准化研究院 | 北京市海淀区知春路4号 | 100191 |
| 290 | 207 | 环境管理 | 5 | 生命周期评价 | 1 | 生命周期评价 | 中国标准化研究院 | 北京市海淀区知春路4号 | 100191 |
| 291 | 207 | 环境管理 | 6 | 环境意识设计 | 1 | 环境意识设计，产品设计阶段生态设计、环保材料使用（不包括电工电子产品与系统领域） | 中国标准化研究院 | 北京市海淀区知春路4号1007室 | 100191 |
| 292 | 208 | 机械安全 | | | 1 | 负责全国机械安全基础标准（A类）、通用标准（B类）和专用机械安全标准（C类）等专业领域标准化工作 | 中机生产力促进中心有限公司 | 北京市海淀区首体南路2号 | 100044 |
| 293 | 209 | 纺织品 | | | 1 | 负责全国纺织品等专业领域标准化工作 | 纺织工业标准化研究所 | 北京市朝阳区延静里中街3号纺科院东侧小三楼206室 | 100025 |
| 294 | 209 | 纺织品 | 1 | 基础标准 | 1 | 负责全国纺织品基础等专业领域标准化工作 | 纺织工业标准化研究所 | 北京市朝阳区延静里中街3号纺科院东侧小三楼204室 | 100025 |
| 295 | 209 | 纺织品 | 7 | 产业用纺织品 | 1 | 负责全国产业用纺织品等专业领域标准化工作 | 纺织工业标准化研究所 | 北京市朝阳区延静里中街3号小三楼205 | 100025 |
| 296 | 210 | 旅游 | | | 1 | 负责全国旅游标准化工作 | 文化和旅游部旅游质量监督管理所 | 北京市建国门内大街甲9号 | 100740 |

续表

| 序号 | TC编号 | TC名称 | SC编号 | SC名称 | 是否属于高精尖 | 负责专业范围 | 秘书处所在单位 | 秘书处通讯地址 | 邮政编码 |
|---|---|---|---|---|---|---|---|---|---|
| 297 | 214 | 饮食服务业 | | | 1 | 负责全国饭店（不包括旅游饭店）、餐饮、美容美发、洗衣、沐浴、照相、修理、印章刻字等专业领域标准化工作 | 中国饭店协会 | 北京市西城区车公庄大街五栋大楼A2-601 | 100834 |
| 298 | 215 | 纺织机械与附件 | | | 1 | 负责全国纺织机械与附件等专业领域标准化工作 | 中国纺织机械协会 | 北京市朝阳区曙光西里甲1号东域大厦（第三置业）A座601室 | 100028 |
| 299 | 215 | 纺织机械与附件 | 3 | 非织造布机械 | 1 | 非织造布机械 | 中国纺织机械协会 | 北京市朝阳区曙光西里甲1号第三置业A座601 | 100028 |
| 300 | 217 | 有或无电气继电器 | | | 2 | 负责全国有或无电气继电器——电磁继电器、固体继电器、混合继电器、时间继电器、真空继电器、恒温继电器、斩波器、干簧继电器、水银湿簧继电器等专业领域标准化工作 | 中国电子技术标准化研究院 | 北京市安定门东大街1号 | 100007 |
| 301 | 218 | 防伪 | | | 1 | 负责全国防伪等专业领域标准化工作 | 中国防伪行业协会 | No18, North 3rd Ringroad, Beijing, China | 100045 |
| 302 | 221 | 医疗器械质量管理和通用要求 | | | 1 | 负责全国医疗器械质量管理和通用要求等专业领域标准化工作 | 中国食品药品检定研究院、北京国医械华光认证有限公司 | 北京市大兴区生物医药产业基地华佗路31号院（西区）医疗器械标准管理研究所/北京市东城区安定门外大街甲88号中联大厦第五层 | 100011 |

续表

| 序号 | TC编号 | TC名称 | SC编号 | SC名称 | 是否属于高精尖 | 负责专业范围 | 秘书处所在单位 | 秘书处通讯地址 | 邮政编码 |
|---|---|---|---|---|---|---|---|---|---|
| 303 | 223 | 交通工程设施（公路） | | | 1 | 负责全国公路交通工程设施等专业领域标准化工作 | 交通运输部公路科学研究院 | 北京市海淀区西土城路8号 | 100088 |
| 304 | 224 | 照明电器 | | | 1 | 负责全国照明电器等专业领域 | 北京电光源研究所有限公司 | 北京市朝阳区大北窑厂坡村甲3号 | 100022 |
| 305 | 224 | 照明电器 | 1 | 电光源及其附件 | 1 | 全国电光源及其附件等专业领域 | 北京电光源研究所有限公司 | 北京市朝阳区大北窑厂坡村甲3号 | 100022 |
| 306 | 224 | 照明电器 | 4 | 照明基础 | 1 | 照明基础 | 北京电光源研究所有限公司 | 北京市朝阳区大北窑厂坡村甲3号 | 100022 |
| 307 | 225 | 地震 | | | 1 | 负责全国地震专用仪器仪表、地震监测技术和方法、地震信息处理和代码、地震技术术语、符号、代号和制图方法、地震安全性评价、地震应急技术要求等专业领域 | 中国地震局地球物理研究所 | 北京市海淀区民族学院南路5号 | 100081 |
| 308 | 227 | 起重机械 | | | 1 | 负责全国各类起重机、轻小型起重设备、起重吊钩、圆环链及附件等专业领域 | 北京起重运输机械设计研究院有限公司 | 北京市东城区雍和宫大街52号 | 100007 |
| 309 | 227 | 起重机械 | 1 | 塔式起重机 | 1 | 塔式起重机 | 北京建筑机械化研究院有限公司 | 北京市东城区安定门内方家胡同21号 | 100007 |
| 310 | 227 | 起重机械 | 3 | 桥式和门式起重机 | 1 | 桥式和门式起重机 | 北京起重运输机械设计研究院有限公司 | 北京市东城区雍和宫大街52号 | 100007 |
| 311 | 227 | 起重机械 | 4 | 臂架起重机 | 1 | 臂架起重机 | 交通运输部水运科学研究院 | 北京市海淀区西土城路8号 | 100088 |
| 312 | 227 | 起重机械 | 5 | 停车设备 | 1 | 停车设备领域 | 北京起重运输机械设计研究院有限公司 | 北京市雍和宫大街52号 | 100007 |

续表

| 序号 | TC编号 | TC名称 | SC编号 | SC名称 | 是否属于高精尖 | 负责专业范围 | 秘书处所在单位 | 秘书处通讯地址 | 邮政编码 |
|---|---|---|---|---|---|---|---|---|---|
| 313 | 227 | 起重机械 | 6 | 电气与智能化 | 2 | 起重机械专业技术领域中电气与智能化 | 北京起重运输机械设计研究院有限公司 | 雍和宫大街52号北京起重运输机械设计研究院有限公司 | 100007 |
| 314 | 229 | 稀土 | | | 1 | 负责全国稀土矿、稀土冶炼产品、加工产品和应用产品等专业领域标准化工作 | 中国有色金属工业标准计量质量研究所 | 北京海淀区苏州街31号8层 | 100080 |
| 315 | 230 | 地理信息 | | | 1 | 负责自然资源领域信息化、测绘地理信息、卫星应用等领域国家标准制修订工作 | 国家基础地理信息中心 | 北京市海淀区莲花池西路28号中国测绘创新基地1116室 | 100830 |
| 316 | 230 | 地理信息 | 1 | 信息化 | 1 | 负责自然资源领域信息化国家标准制修订工作 | 自然资源部信息中心 | 北京市海淀区莲花池西路28号中国测绘大厦 | 100830 |
| 317 | 230 | 地理信息 | 3 | 卫星应用 | 2 | 负责自然资源调查监测、地质调查、矿产勘查、地质环境遥感、测绘与地理信息、海洋调查与监测等领域的卫星应用国家标准制修订工作 | 自然资源部国土卫星遥感应用中心 | 北京市海淀区紫竹院百胜村1号 | 100048 |
| 318 | 231 | 工业机械电气系统 | | | 1 | 负责全国工业机械电气系统等专业领域标准化工作 | 北京机床研究所有限公司 | 北京市顺义区天竺空港工业区a区天柱西路22号标准研究中心 | 100102 |
| 319 | 231 | 工业机械电气系统 | 1 | 纺织机械电气系统 | 1 | 纺织机械电气系统 | 中国纺织机械协会 | 朝阳区曙光西里甲1号东域大厦(第三置业)A座601室 | 100028 |
| 320 | 231 | 工业机械电气系统 | 2 | 机床电气系统 | 1 | 机床电气系统 | 北京机床研究所有限公司 | 北京市朝阳区望京路4号 | 100102 |

续表

| 序号 | TC编号 | TC名称 | SC编号 | SC名称 | 是否属于高精尖 | 负责专业范围 | 秘书处所在单位 | 秘书处通讯地址 | 邮政编码 |
|---|---|---|---|---|---|---|---|---|---|
| 321 | 231 | 工业机械电气系统 | 4 | 缝制机械电气系统 | 1 | 缝制机械电气系统 | 中国缝制机械协会 | 北京市朝阳区百子湾路16号百子园5C-706 | 100022 |
| 322 | 232 | 电工术语 | | | 1 | 负责全国电工术语等专业领域标准化工作 | 中机生产力促进中心有限公司 | 北京市海淀区首体南路2号 | 100044 |
| 323 | 233 | 地名 | | | 1 | 负责全国地名等专业领域标准化工作 | 民政部地名研究所 | 北京市西城区广安门南街48号中彩大厦403室 | 100054 |
| 324 | 234 | 低速汽车 | | | 1 | 负责全国农用运输车、农用运输车零部件及其配套产品等专业领域标准化工作 | 中国农业机械化科学研究院 | 北京市朝阳区德外北沙滩一号37信箱 | 100083 |
| 325 | 235 | 弹簧 | | | 1 | 负责全国弹簧领域标准化工作 | 中机生产力促进中心有限公司 | 北京市海淀区首体南路2号724室 | 100044 |
| 326 | 236 | 滑动轴承 | | | 1 | 负责全国滑动轴承名词术语及符号、设计及计算方法、材料及润滑剂、表面处理、检测、试验失效分析及可靠性、质量分析及保证等专业领域标准化工作 | 中机生产力促进中心有限公司 | 北京市海淀区首体南路2号 | 100044 |
| 327 | 237 | 管路附件 | | | 1 | 负责全国管法兰、垫片及其连接件；管螺纹及螺纹测量；管件及管接头；管道支吊架；管道过滤器、混合器、蓄能器等；管道补偿器、波形膨胀节、金属软管及其连接；其他管道附件等专业领域标准化工作 | 中机生产力促进中心有限公司 | 北京市首体南路2号 | 100044 |

续表

| 序号 | TC编号 | TC名称 | SC编号 | SC名称 | 是否属于高精尖 | 负责专业范围 | 秘书处所在单位 | 秘书处通讯地址 | 邮政编码 |
| --- | --- | --- | --- | --- | --- | --- | --- | --- | --- |
| 328 | 239 | 广播电影电视 | | | 2 | 负责全国广播电视专业技术、节目制作与播出工艺、节目覆盖网、技术系统特性与测量、专用计算机应用、维护管理、专用产品、国际电信联盟无线电通信中声音广播业务和电视广播业务等专业领域标准化工作 | 国家广播电影电视总局广播电视规划院 | 北京市复兴门外大街2号 | 100866 |
| 329 | 239 | 广播电影电视 | 1 | 广播电视中心 | 1 | 负责全国声音广播（广播电台）和电视广播（电视台）专业领域标准化工作 | 国家广播电影电视总局广播电视规划院 | 北京市复兴门外大街3号 | 100867 |
| 330 | 239 | 广播电影电视 | 2 | 无线传输与覆盖 | 2 | 无线传输与覆盖 | 国家广播电影电视总局广播电视规划院 | 北京市复兴门外大街4号 | 100868 |
| 331 | 239 | 广播电影电视 | 3 | 有线广播电视 | 1 | 有线广播电视 | 国家广播电影电视总局广播电视规划院 | 北京市复兴门外大街2号 | 100866 |
| 332 | 240 | 产品几何技术规范 | | | 1 | 负责全国产品几何技术规范（GPS）等专业领域标准化工作，即宏观和表面结构等检验原则、测量器具和校准要求，尺寸几何测量的不确定度 | 中机生产力促进中心有限公司 | 北京市海淀区首体南路2号机械院713室 | 100044 |
| 333 | 242 | 音频、视频及多媒体系统与设备 | | | 1 | 负责全国音视频及多媒体技术专业领域标准化工作 | 中国电子技术标准化研究院 | 北京市安定门东大街1号 | 100007 |
| 334 | 243 | 有色金属 | | | 1 | 负责全国有色金属矿、冶炼产品、加工产品及其辅助材料等专业领域标准化工作 | 中国有色金属工业标准计量质量研究所 | 北京市海淀区苏州街31号8层 | 100080 |

续表

| 序号 | TC编号 | TC名称 | SC编号 | SC名称 | 是否属于高精尖 | 负责专业范围 | 秘书处所在单位 | 秘书处通讯地址 | 邮政编码 |
|---|---|---|---|---|---|---|---|---|---|
| 335 | 243 | 有色金属 | 1 | 轻金属 | 1 | 负责全国有色轻金属（铝、镁等）的矿产品、冶炼产品及其副产品、加工产品等专业领域标准化工作 | 中国有色金属工业标准计量质量研究所 | 北京市苏州街31号8层 | 100080 |
| 336 | 243 | 有色金属 | 2 | 重金属 | 1 | 负责全国有色重金属（铜、铅、锌、锡、镍、钴、锑、镉、铋等）的矿产品、冶炼产品及其副产品、加工产品等专业领域标准化工作 | 中国有色金属工业标准计量质量研究所 | 北京市苏州街31号8层 | 100080 |
| 337 | 243 | 有色金属 | 3 | 稀有金属 | 1 | 负责全国稀有轻金属和稀有高熔点金属的矿产品、冶炼产品及其副产品、加工产品等专业领域标准化工作 | 中国有色金属工业标准计量质量研究所 | 北京市苏州街31号8层 | 100080 |
| 338 | 243 | 有色金属 | 4 | 粉末冶金 | 1 | 负责全国粉末冶金及硬质合金产品等专业领域标准化工作 | 中国有色金属工业标准计量质量研究所 | 北京市苏州街31号8层 | 100080 |
| 339 | 243 | 有色金属 | 5 | 贵金属 | 1 | 负责全国贵金属及其合金冶炼、加工产品及其分析、检测方法等专业领域标准化工作 | 中国有色金属工业标准计量质量研究所 | 北京市苏州街31号8层 | 100080 |
| 340 | 246 | 电磁兼容 | 3 | 大功率暂态现象 | 1 | 电磁领域中大功率暂态现象 | 中国电力科学研究院有限公司 | 湖北省武汉市洪山区珞喻路143号 | 430074 |
| 341 | 247 | 汽车维修 |  |  | 1 | 汽车维修等 | 交通运输部公路科学研究院 | 北京市海淀区西土城路8号院 | 100088 |
| 342 | 248 | 医疗器械生物学评价 | 1 | 纳米医疗器械生物学评价 | 2 | 纳米医疗器械生物学评价领域 | 中国食品药品检定研究院 | 北京市大兴区华佗路31号 | 102629 |

续表

| 序号 | TC编号 | TC名称 | SC编号 | SC名称 | 是否属于高精尖 | 负责专业范围 | 秘书处所在单位 | 秘书处通讯地址 | 邮政编码 |
|---|---|---|---|---|---|---|---|---|---|
| 343 | 250 | 索道与游乐设施 | | | 1 | 索道、游艺机及游乐设施的设计、制造、安装、检验与运营管理等 | 中国特种设备检测研究院 | 北京市朝阳区和平街西苑2号楼A717 | 100029 |
| 344 | 251 | 危险化学品管理 | | | 1 | 危险化学品的包装、贮存、运输和经销等 | 中国石油和化学工业联合会 | 北京市朝阳区亚运村安慧里4区16号化工大厦907 | 100723 |
| 345 | 251 | 危险化学品管理 | 1 | 化学品毒性检测 | 1 | 欧盟REACH(关于化学品注册、评估、授权与限制的法规)相关标准化工作 | 中国检验检疫科学研究院/上海市检测中心/广东省微生物研究所 | 北京市朝阳区高碑店北路甲1号 | 100123 |
| 346 | 252 | 皮革工业 | | | 1 | 皮、毛及其制品等 | 中国皮革制鞋研究院有限公司 | 北京市朝阳区将台西路18号 | 100015 |
| 347 | 252 | 皮革工业 | 1 | 箱包 | 1 | 箱包、腰带、票夹及其专用配件(不包括特种行业专用的箱包、腰带产品) | 中国皮革协会 | 北京市西直门外大街18号金贸大厦C2座701室 | 100044 |
| 348 | 253 | 玩具 | | | 1 | 玩具等 | 北京中轻联认证中心有限公司 | 北京市西城区阜外大街乙22号 | 100833 |
| 349 | 256 | 首饰 | | | 1 | 首饰等 | 北京国首珠宝首饰检测有限公司 | 北京市朝阳区大屯路甲2号 | 100101 |
| 350 | 258 | 雷电防护 | | | 1 | 雷电防护等 | 中国标准化协会 | 北京市海淀区增光路33号中国标协写字楼 | 100048 |
| 351 | 260 | 信息安全 | | | 1 | 国内信息安全 | 中国电子技术标准化研究院 | 北京市东城区安定门东大街1号 | 100007 |

续表

| 序号 | TC编号 | TC名称 | SC编号 | SC名称 | 是否属于高精尖 | 负责专业范围 | 秘书处所在单位 | 秘书处通讯地址 | 邮政编码 |
|---|---|---|---|---|---|---|---|---|---|
| 352 | 261 | 认证认可 | | | 1 | 认证认可 | 中国认证认可协会 | 北京市安外大街56号 | 100011 |
| 353 | 261 | 认证认可 | 1 | 实验室认可 | 1 | 实验室认证认可相关的基础标准、管理标准和能力保证标准（不含实验室仪器及设备） | 中国合格评定国家认可中心 | 北京市东城区南花市大街8号 | 100062 |
| 354 | 262 | 锅炉压力容器 | | | 1 | 压力容器及受压元件、板壳、换热设备、$50m^3$以上球形储罐和玻璃钢压力容器的设计制造，检验与验收标准、规范规程、型谱等专业领域标准化工作，以及电站锅炉、工业锅炉、余热锅炉、水处理设备及其辅助设备等 | 中国特种设备检测研究院 | 北京市朝阳区北三环东路26号三层 | 100029 |
| 355 | 262 | 锅炉压力容器 | 6 | 在役承压设备 | 1 | 在役承压设备 | 中国特种设备检测研究院 | 北京市朝阳区和平街西苑2号B516 | 100029 |
| 356 | 262 | 锅炉压力容器 | 7 | 锅炉传热介质 | 1 | 锅炉水处理、在用有机热载体、金属熔盐（不含金属熔盐质量标准、锅炉水质及污垢和腐蚀产物检测方法标准和药剂产品标准） | 中国锅炉与锅炉水处理协会 | 北京市朝阳区和平街西苑2号D座5楼 | 100029 |
| 357 | 263 | 竹藤 | | | 1 | 与竹、藤有关的专业领域标准化工作 | 国际竹藤中心 | 北京市朝阳区望京阜通东大街8号 | 100102 |

续表

| 序号 | TC编号 | TC名称 | SC编号 | SC名称 | 是否属于高精尖 | 负责专业范围 | 秘书处所在单位 | 秘书处通讯地址 | 邮政编码 |
|---|---|---|---|---|---|---|---|---|---|
| 358 | 264 | 服务 | | | 2 | 服务方面的基础国家标准的制修订工作（包括服务术语、服务标准化指南、服务分类等）；新兴服务领域中的专业服务国家标准的制修订工作（包括律师服务、广告服务、咨询服务、市场研究与调查服务、保安服务、会议服务等）；社会公共服务国家标准的制修订工作（健康护理服务、社区服务、物业管理服务、教育培训服务等）以及与保护消费者有关的国家标准制修订工作 | 中国标准化研究院 | 北京市海淀区知春路4号 | 100191 |
| 359 | 264 | 服务 | 1 | 心理咨询服务 | 1 | 心理咨询业技术、服务、管理等 | 中国标准化研究院 | 北京市海淀区知春路4号 | 100088 |
| 360 | 264 | 服务 | 2 | 清洁服务 | 1 | 清洁服务业技术、服务、管理等 | 中国标准化研究院 | 北京市海淀区知春路4号 | 100088 |
| 361 | 265 | 超导 | | | 2 | 超导技术 | 中科院物理所 | 北京市海淀区中关村南三街8号 | 100190 |
| 362 | 267 | 物流信息管理 | | | 1 | 物流信息基础、物流信息系统、物流信息安全、物流信息应用等 | 中国物品编码中心 | 北京市东城区安定门外大街138号皇城国际B座501室 | 100011 |
| 363 | 268 | 智能运输系统 | | | 2 | 智能运输系统 | 交通运输部公路科学研究院 | 北京市海淀区西土城路8号 | 100088 |
| 364 | 269 | 物流 | | | 1 | 物流基础、物流技术、物流管理和物流服务等领域的标准化工作 | 中国物流与采购联合会 | 北京市丰台区丽泽路16号院2号楼铭丰大厦11层1108室 | 100036 |

续表

| 序号 | TC编号 | TC名称 | SC编号 | SC名称 | 是否属于高精尖 | 负责专业范围 | 秘书处所在单位 | 秘书处通讯地址 | 邮政编码 |
|---|---|---|---|---|---|---|---|---|---|
| 365 | 269 | 物流 | 1 | 物流作业 | 1 | 物流领域中物流作业通用及专用规范等 | 中国仓储与配送协会 | 北京市西城区广安门外大街168号1栋朗琴国际B座1605A | 100055 |
| 366 | 269 | 物流 | 2 | 托盘 | 1 | 物流系统中货物搬运用托盘 | 中国物流与采购联合会托盘专业委员会 | 北京市丰台区丽泽路16号院2号楼铭丰大厦1217室 | 100005 |
| 367 | 269 | 物流 | 5 | 冷链物流 | 1 | 物流领域中冷链物流技术、服务、管理等 | 中国物流技术协会 | 北京市西城区月坛北街25号2号楼2236房间 | 100834 |
| 368 | 269 | 物流 | 7 | 医药物流 | 1 | 药品、医疗器械等医药物流领域 | 中国物流与采购联合会 | 北京市丰台区丽泽路16号院2号楼11层1110 | 100073 |
| 369 | 270 | 粮油 | | | 1 | 粮油 | 国家粮食和物资储备局标准质量中心 | 北京市西城区月坛北街25号院国家粮食和物资储备局 | 100834 |
| 370 | 270 | 粮油 | 1 | 原粮及制品 | 1 | 原粮及制品等 | 国家粮食和物资储备局科学研究院 | 北京市西城区百万庄大街11号粮科大厦 | 100037 |
| 371 | 271 | 植物检疫 | | | 1 | 植物检疫 | 中国检验检疫科学研究院 | 北京市亦庄经济技术开发区荣华南路11号 | 100176 |
| 372 | 271 | 植物检疫 | 1 | 农业植物检疫 | 1 | 农业植物检疫 | 全国农业技术推广服务中心 | 北京市麦子店街20号楼730室 | 100125 |
| 373 | 271 | 植物检疫 | 3 | 进出境植物检疫 | 1 | 进出境植物检疫 | 中国检验检疫科学研究院植物检疫研究所 | 北京市大兴亦庄荣华南路11号中国检科院 | 100176 |
| 374 | 273 | 生态环境监测方法 | | | 1 | 水、土壤、空气环境、生态环境监测等领域的监测方法（不包括气象学、噪声和电磁辐射等领域的监测方法） | 中国环境监测总站 | 北京市朝阳区安外大羊坊8号院乙 | 100012 |

续表

| 序号 | TC编号 | TC名称 | SC编号 | SC名称 | 是否属于高精尖 | 负责专业范围 | 秘书处所在单位 | 秘书处通讯地址 | 邮政编码 |
|---|---|---|---|---|---|---|---|---|---|
| 375 | 274 | 畜牧业 | | | 1 | 一、畜、禽、蜂及特种经济动物品种与种质资源、饲养与管理、养殖环境；二、动物产品质量、分级、加工、安全（包括物理性、化学性、生物性安全因素）；三、畜牧养殖设施（不包括畜牧机械）、兽医器械；四、草种、草产品、草原建设和生态保护 | 全国畜牧总站 | 北京朝阳区麦子店街20号527室 | 100125 |
| 376 | 275 | 环保产业 | | | 1 | 一、环保设备，主要包括水污染防治设备、大气污染防治设备、噪声污染防治设备、固体废弃物处理设备、污染监测设备等；二、资源循环利用（不包括电子电器产品资源循环利用），主要包括废渣、废水（液）、废气、余热余压的循环利用等；三、环保服务，主要包括环境污染治理的运营、管理和评价等 | 中国标准化研究院 | 北京市海淀区知春路4号 | 100191 |
| 377 | 275 | 环保产业 | 1 | 环境保护机械 | 1 | 烟气脱硫及成套设备、城市生活垃圾处理成套设备、工业固体废弃物处理处置设备等 | 中机生产力促进中心有限公司 | 北京市海淀区首体南路2号 | 100044 |
| 378 | 277 | 植物新品种测试 | | | 1 | 大田作物、林业植物、果树和花卉、蔬菜等植物新品种测试及新技术在植物新品种测试中的应用等 | 农业农村部科技发展中心 | 北京经济技术开发区荣华南路甲18号科技大厦203室 | 100176 |

续表

| 序号 | TC编号 | TC名称 | SC编号 | SC名称 | 是否属于高精尖 | 负责专业范围 | 秘书处所在单位 | 秘书处通讯地址 | 邮政编码 |
|---|---|---|---|---|---|---|---|---|---|
| 379 | 278 | 轨道交通电气设备与系统 | 2 | 通信信号 | 2 | 轨道交通电气设备与系统范围内通信信号 | 北京全路通信信号研究设计院集团有限公司 | 北京市丰台区南四环西路汽车博物馆南路1号 | 100070 |
| 380 | 278 | 轨道交通电气设备与系统 | 3 | 牵引供电 | 1 | 轨道交通电气设备与系统范围内牵引供电 | 中铁电气化局集团有限公司 | 北京市丰台区万寿路南口金家村1号院 | 100036 |
| 381 | 279 | 纳米技术 | | | 2 | 纳米技术领域的基础性国家标准（包括纳米尺度测量、纳米尺度加工、纳米尺度材料、纳米尺度器件、纳米尺度生物医药等方面的术语、方法和安全性要求等），不包括产品标准 | 国家纳米科学中心 | 北京中关村北一条11号 | 100080 |
| 382 | 279 | 纳米技术 | 1 | 纳米材料 | 2 | 全国纳米材料标准的规划和协调，纳米材料基础标准（名词术语、基本方法等）的制修订，除已有归口技术委员会之外的纳米材料 | 冶金工业信息标准研究院 | 北京市灯市口大街74号 | 100730 |
| 383 | 279 | 纳米技术 | 2 | 纳米检测技术 | 2 | 纳米检测技术 | 中国计量科学研究院 | 北京市北三环东路18号中国计量科学研究院1号楼 | 100029 |
| 384 | 280 | 石油产品和润滑剂 | | | 1 | 石油产品和润滑剂（包括：燃料油、润滑剂、石油蜡类、石油沥青、合成油脂）及石油产品静态计量和轻烃计量、润滑油换油指标等 | 中国石油化工股份有限公司石油化工科学研究院 | 北京市海淀区学院路18号21分箱 | 100083 |

续表

| 序号 | TC编号 | TC名称 | SC编号 | SC名称 | 是否属于高精尖 | 负责专业范围 | 秘书处所在单位 | 秘书处通讯地址 | 邮政编码 |
|---|---|---|---|---|---|---|---|---|---|
| 385 | 280 | 石油产品和润滑剂 | 1 | 石油燃料和润滑剂 | 1 | 石油燃料和润滑剂、添加剂 | 中国石油化工股份有限公司石油化工科学研究院 | 北京市海淀区学院路18号石油化工科学研究院北京914信箱 | 100083 |
| 386 | 280 | 石油产品和润滑剂 | 2 | 石油静态和轻烃计量 | 1 | 石油及石油产品静态计量和轻烃计量 | 中国石油化工股份有限公司石油化工科学研究院 | 北京市海淀区学院路18号石油化工科学研究院北京914信箱19分箱 | 100083 |
| 387 | 281 | 实验动物 | | | 1 | 实验动物 | 中国医学科学院医学实验动物研究所 | 北京市朝阳区潘家园南里五号 | 100021 |
| 388 | 282 | 花卉 | | | 1 | 花卉 | 中国花卉协会 | 北京市朝阳区阜通东大街12号宝能中心A座9层 | 100102 |
| 389 | 284 | 光辐射安全和激光设备 | | | 1 | 激光基础技术、激光器件和材料、激光设备、激光应用及相关领域 | 中国电子科技集团公司第十一研究所 | 北京市朝阳区酒仙桥路2号798艺术区（11所） | 100015 |
| 390 | 286 | 标准化原理与方法 | | | 1 | 标准化原理和方法等 | 中国标准化研究院 | 北京市海淀区知春路4号 | 100191 |
| 391 | 286 | 标准化原理与方法 | 1 | 标准化评价 | 1 | 标准制修订评价、标准实施效益评价、标准化组织评价 | 中国标准化研究院 | 北京市海淀区知春路4号 | 100191 |
| 392 | 287 | 物品编码 | | | 1 | 商品、产品、服务、资产、物资等物品的分类编码、标识编码和属性编码，物品品种编码，单件物品编码的国家标准制修订工作；全国物品编码的管理与服务及物品编码相关载体技术等方面的国家标准制修订工作 | 中国物品编码中心 | 北京市东城区安定门外大街138号皇城国际B座501室 | 100011 |

续表

| 序号 | TC编号 | TC名称 | SC编号 | SC名称 | 是否属于高精尖 | 负责专业范围 | 秘书处所在单位 | 秘书处通讯地址 | 邮政编码 |
|---|---|---|---|---|---|---|---|---|---|
| 393 | 287 | 物品编码 | 1 | 农产品食品编码 | 1 | 农产品食品编码 | 中国物品编码中心/广东省标准化研究院/河南省标准化和质量研究院 | 北京市东城区安定门外大街138号皇城国际B座5层508房间 | 100011 |
| 394 | 288 | 安全生产 | | | 1 | 矿山安全、粉尘防爆、涂装作业安全、化学品安全、烟花爆竹安全、工矿商贸安全（不包括已有安全生产主管部门的行业）以及有关综合性的安全生产等领域国家标准制修订工作，不包括相关领域产品的国家标准制修订工作 | 中国安全生产科学研究院 | 北苑路32号 | 100012 |
| 395 | 288 | 安全生产 | 1 | 煤矿安全 | 1 | 煤矿安全领域 | 中国煤炭工业协会 | 北京和平里街21号 | 100013 |
| 396 | 288 | 安全生产 | 2 | 非煤矿山安全 | 1 | 非煤矿山安全领域标准制修订工作 | 中国安全生产科学研究院矿山安全技术研究所 | 北京市朝阳区北苑路32号甲1号安全大厦 | 100012 |
| 397 | 288 | 安全生产 | 3 | 化学品安全 | 1 | 化学品安全 | 中国化学品安全协会 | 北京市朝阳区北三环东路19号中国蓝星大厦8层816 | 100013 |
| 398 | 288 | 安全生产 | 4 | 烟花爆竹安全 | 1 | 烟花爆竹安全 | 中国烟花爆竹协会 | 朝阳区北苑路30号文化创意大厦 | 0 |
| 399 | 288 | 安全生产 | 7 | 防尘防毒 | 1 | 防尘防毒 | 中国职业安全健康协会 | 北京市东城区和平里9区甲4号A507 | 100013 |
| 400 | 288 | 安全生产 | 9 | 工贸安全 | 1 | 建材、机械、轻工、纺织、烟草、商贸安全生产 | 中国安全生产科学研究院 | 北京市朝阳区北苑路32号院甲1号楼安全大厦中国安科院工业所 | 100012 |

续表

| 序号 | TC编号 | TC名称 | SC编号 | SC名称 | 是否属于高精尖 | 负责专业范围 | 秘书处所在单位 | 秘书处通讯地址 | 邮政编码 |
|---|---|---|---|---|---|---|---|---|---|
| 401 | 288 | 安全生产 | 10 | 石油天然气开采安全 | 1 | 石油天然气勘探、开发生产、油气管道储运及技术服务中的安全管理和安全技术等 | 中国石油集团安全环保技术研究院有限公司 | 北京市昌平区中国石油科技创新基地A12地块A座 | 102206 |
| 402 | 289 | 文物保护 | | | 1 | 不可移动文物、可移动文物、文物调查与考古发掘、文物保护、博物馆及其信息化和信息建设领域国家标准制修订工作 | 中国文化遗产研究院 | 北京市朝阳区北四环东路高原街2号（中国文化遗产研究院 文标委秘书处） | 100029 |
| 403 | 289 | 文物保护 | 1 | 文物保护专用设施 | 1 | 文物调查与考古发掘、文物保护、文物修复、文物风险管理、文物展陈、文物传承利用等专用工具、装具、装备及系统等 | 机械工业仪器仪表综合技术经济研究所 | 北京市西城区广安门外大街甲397号 | 100055 |
| 404 | 290 | 城市轨道交通 | | | 2 | 城市轨道交通领域国家标准制修订工作，具体领域包括地铁、轻轨、有轨电车及其他新型城市有轨客运交通系统的车辆、供电系统、通信系统、信号系统、通风和空调系统、给排水和消防系统、防灾监控报警系统（FAS）、设备自动监控系统（BAS）、自动售检票系统（AFC）、屏蔽门（安全门）系统、以及维修、检测、救援设备等 | 中国城市规划设计研究院 | 北京市海淀区三里河路9号建设部北配楼409房间（中规院） | 100037 |

续表

| 序号 | TC编号 | TC名称 | SC编号 | SC名称 | 是否属于高精尖 | 负责专业范围 | 秘书处所在单位 | 秘书处通讯地址 | 邮政编码 |
|---|---|---|---|---|---|---|---|---|---|
| 405 | 291 | 体育用品 | | | 1 | 体育用品的基础、管理、通用国家标准制修订工作，以及目前除轻工、石油化工、纺织等行业所归口管理以外的体育用品领域的产品标准制修订工作，同时，负责体育用品标准化的组织、协调 | 中国体育用品业联合会 | 北京东城区法华南里17号楼A座四层 | 100763 |
| 406 | 292 | 人力资源服务 | | | 1 | 人才及人力资源服务 | 人力资源和社会保障部全国人才流动中心 | 北京市海淀区西三环北路87号国际财经中心商业四层全国人才流动中心 | 100089 |
| 407 | 295 | 盐业 | | | 1 | 制盐，不包括食用盐卫生标准 | 中国盐业集团有限公司 | 北京市丰台区莲花池南里25号中盐大厦 | 100055 |
| 408 | 297 | 电工电子产品与系统的环境 | | | 1 | 电工电子产品与系统的环境保护及可回收利用 | 中国质量认证中心 | 北京南四环西路188号9区中国质量认证中心产品六部 | 100070 |
| 409 | 297 | 电工电子产品与系统的环境 | 1 | 材料声明 | 1 | 电工电子产品环境领域材料声明 | 中国质量认证中心 | 北京南四环西路188号9区中国质量认证中心技术处 | 100070 |
| 410 | 297 | 电工电子产品与系统的环境 | 2 | 环境设计 | 1 | 电工电子产品环境领域环境设计 | 中国电器工业协会 | 北京市丰台区南四环西路188号12区30号楼 | 100070 |
| 411 | 297 | 电工电子产品与系统的环境 | 3 | 有害物质检测方法 | 1 | 电工电子产品环境领域有害物质检测 | 中国电子技术标准化研究院 | 北京市东城区安定门东大街1号 | 100007 |

续表

| 序号 | TC编号 | TC名称 | SC编号 | SC名称 | 是否属于高精尖 | 负责专业范围 | 秘书处所在单位 | 秘书处通讯地址 | 邮政编码 |
|---|---|---|---|---|---|---|---|---|---|
| 412 | 297 | 电工电子产品与系统的环境 | 4 | 回收利用 | 1 | 电工电子产品环境领域回收利用 | 中国质量认证中心 | 北京南四环西路188号9区中国质量认证中心产品六部 | 100070 |
| 413 | 297 | 电工电子产品与系统的环境 | 5 | 环境评价 | 1 | 电工电子产品与系统的环境评价 | 中国标准化研究院 | 北京市海淀区知春路4号1007 | 100088 |
| 414 | 298 | 珠宝玉石 | | | 1 | 珠宝玉石，包括首饰中用的珠宝玉石的鉴定 | 国家珠宝玉石首饰检验集团有限公司 | 北京市东城区北三环东路36号 环球贸易中心C座22-23层 | 100013 |
| 415 | 301 | 电气绝缘材料与绝缘系统评定 | | | 1 | 电气绝缘材料与电气绝缘系统的评定以及相关测试方法 | 机械工业北京电工技术经济研究所 | 北京市丰台区南四环西路188号12区30号楼 | 100070 |
| 416 | 305 | 制鞋 | | | 1 | 鞋类，不包括胶鞋 | 中国皮革制鞋研究院有限公司 | 北京市朝阳区将台西路18号皮革大厦517 | 100015 |
| 417 | 307 | 应急管理与减灾救灾 | | | 1 | 负责减灾救灾与综合性应急管理领域国家标准制修订工作，包括应急管理术语符号和标记分类、风险监测和管控、应急预案、现场救援和应急指挥、水旱灾害应急、地震地质灾害应急、应急救援装备和信息化、救灾物资、事故灾害调查、教育培训等标准化工作 | 应急管理部国家减灾中心 | 北京市朝阳区广百东路6号院 | 100124 |
| 418 | 309 | 氢能 | | | 2 | 氢能 | 中国标准化研究院 | 北京市海淀区知春路4号 | 100191 |

续表

| 序号 | TC编号 | TC名称 | SC编号 | SC名称 | 是否属于高精尖 | 负责专业范围 | 秘书处所在单位 | 秘书处通讯地址 | 邮政编码 |
|---|---|---|---|---|---|---|---|---|---|
| 419 | 310 | 风险管理 | | | 1 | 风险管理的术语、方法、指南等相关基础，风险识别、风险分析、风险评估等风险管理技术，以及公司治理、业务持续管理、合同、人力资源管理、外购管理、公共政策制定等典型活动的风险管理 | 中国标准化研究院 | 北京市海淀区知春路4号中标院质量分院 | 100191 |
| 420 | 312 | 空间科学及其应用 | | | 2 | 空间科学术语、符号和代号，工程管理、接口、空间科学及其应用、实验工程技术与管理 | 中国科学院空间应用工程与技术中心 | 北京市海淀区邓庄南路9号 | 100094 |
| 421 | 313 | 食品质量控制与管理 | | | 1 | 食品质量控制领域的基础性、综合性、通用性标准化工作 | 中国标准化研究院 | 北京市海淀区知春路4号 | 100191 |
| 422 | 314 | 社会救助 | | | 1 | 社会救助机构管理、规范、服务等 | 当代社会服务研究院 | 北京东城区东安门大街55号王府世纪418 | 100006 |
| 423 | 315 | 社会福利服务 | | | 1 | 社会福利机构服务质量、环境 | 民政部社会福利中心 | 北京市西城区白广路七号院民政部社会福利中心3410室 | 100053 |
| 424 | 317 | 铁矿石与直接还原铁 | | | 1 | 铁矿石与直接还原铁 | 冶金工业信息标准研究院 | 北京市东城区灯市口大街74号 | 100730 |
| 425 | 318 | 生铁及铁合金 | | | 1 | 生铁、铁合金 | 冶金工业信息标准研究院 | 北京市东城区灯市口大街74号 | 100730 |
| 426 | 318 | 生铁及铁合金 | 1 | 化学分析 | 1 | 铁合金化学分析方法 | 冶金工业信息标准研究院 | 北京市东城区灯市口大街74号 | 100730 |
| 427 | 318 | 生铁及铁合金 | 2 | 锰矿石与铬矿石 | 1 | 锰矿石与铬矿石产品、取制样、物理检验、化学分析等 | 冶金工业信息标准研究院 | 北京市东城区灯市口大街74号 | 100730 |

续表

| 序号 | TC编号 | TC名称 | SC编号 | SC名称 | 是否属于高精尖 | 负责专业范围 | 秘书处所在单位 | 秘书处通讯地址 | 邮政编码 |
|---|---|---|---|---|---|---|---|---|---|
| 428 | 319 | 洁净室及相关受控环境 | | | 1 | 洁净室及相关受控环境 | 中国标准化协会 | 北京市海淀区增光路33号 | 100048 |
| 429 | 320 | 市场、民意和社会调查 | | | 1 | 市场、民意与社会调查的相关组织及其职业行为 | 中国标准化研究院 | 北京市海淀区知春路4号 | 100191 |
| 430 | 321 | 电力设备状态维修与在线监测 | | | 1 | 变压器、开关等电力设备安全运行维修试验及在线监测技术 | 中国电力科学研究院有限公司 | 北京海淀区清河小营东路15号中国电力科学研究院有限公司 | 100192 |
| 431 | 324 | 高压直流输电工程 | | | 1 | 高压直流输电系统的调试、运行、绝缘配合、检修、安全评价，直流设备的运行、安装、验收 | 中国电力科学研究院有限公司 | 北京清河小营东路15号中国电力科学院高压所 | 100192 |
| 432 | 327 | 遥感技术 | | | 2 | 遥感技术术语，对地观测数据数传与接收，对地观测存档数据，对地观测数据与产品，波谱段评价、规范，标准定标、真实性检验规范，波谱测试规范，遥感试验规范 | 中国科学院空天信息创新研究院 | 北京市海淀区邓庄南路9号 | 100094 |
| 433 | 328 | 建筑施工机械与设备 | | | 1 | 包括基础施工设备、混凝土机械、道路施工与养护设备、骨料加工机械和设备、钢筋加工设备和模板、装修和维护用高处作业吊篮和擦窗机等设备、其他常用机械与设备 | 北京建筑机械化研究院有限公司 | 北京市东城区安定门内大街方家胡同21号 | 100007 |

续表

| 序号 | TC编号 | TC名称 | SC编号 | SC名称 | 是否属于高精尖 | 负责专业范围 | 秘书处所在单位 | 秘书处通讯地址 | 邮政编码 |
|---|---|---|---|---|---|---|---|---|---|
| 434 | 328 | 建筑施工机械与设备 | 2 | 基础施工设备 | 1 | 包括打桩设备、连续墙设备、成桩设备、地基夯实设备和锚固设备 | 北京建筑机械化研究院有限公司 | 北京市东城区安定门内方家胡同21号 | 100007 |
| 435 | 331 | 连续搬运机械 | | | 1 | 输送机械、给料机械、装卸机械及液力偶合器等液力传动机械 | 北京起重运输机械设计研究院有限公司 | 北京市东城区雍和宫大街52号北京起重运输机械设计研究院有限公司东楼一层标准工作部 | 100007 |
| 436 | 332 | 工业车辆 | | | 1 | 机动工业车辆、非机动工业车辆、工业车辆用车轮和脚轮 | 北京起重运输机械设计研究院有限公司 | 北京市东城区雍和宫大街52号 | 100007 |
| 437 | 334 | 土方机械 | 1 | 安全和机器性能的试验方法 | 1 | 土方机械安全和机器性能的试验方法 | 中机科（北京）车辆检测工程研究院有限公司 | 北京延庆东外大街55号 | 102100 |
| 438 | 335 | 升降工作平台 | | | 1 | 包括移动式升降工作平台和一般升降工作平台 | 北京建筑机械化研究院有限公司 | 北京市东城区安定门内方家胡同21号 | 100007 |
| 439 | 336 | 微机电技术 | | | 2 | 关键尺寸在微米量级内的机电一体化装置的制造加工、设计、集成、可靠性评价以及检测等共性技术 | 中机生产力促进中心有限公司 | 北京市海淀区首体南路2号 | 100044 |
| 440 | 337 | 绿色制造技术 | | | 2 | 装备制造业领域绿色设计方法、绿色制造工艺规划、绿色机加工工艺、自修复与再制造等共性技术 | 中机生产力促进中心有限公司 | 北京市海淀区首体南路2号机械科学研究总院707室 | 100044 |
| 441 | 338 | 测量、控制和实验室电器设备安全 | | | 1 | 测量、控制和实验室电器设备及仪器的安全 | 机械工业仪器仪表综合技术经济研究所 | 北京西城区广外大街甲397号 | 100055 |

续表

| 序号 | TC编号 | TC名称 | SC编号 | SC名称 | 是否属于高精尖 | 负责专业范围 | 秘书处所在单位 | 秘书处通讯地址 | 邮政编码 |
|---|---|---|---|---|---|---|---|---|---|
| 442 | 338 | 测量、控制和实验室电器设备安全 | 1 | 医用设备 | 1 | 测量、控制和实验室电器设备中的医用设备 | 北京市医疗器械检验研究院（北京市医用生物防护装备检验研究中心） | 北京市通州区光机电一体化产业基地兴光二街7号 | 101111 |
| 443 | 341 | 审计信息化 | | | 1 | 会计核算软件及企业资源计划（ERP）软件的会议核算部分，包括术语、数据格式、数据交换、业务流程、信息安全、管理和决策 | 审计署计算机技术中心 | 北京市丰台区金中都南街17号 | 100073 |
| 444 | 342 | 燃料电池及液流电池 | | | 2 | 燃料电池及液流电池的术语、性能、通用要求及试验方法等 | 机械工业北京电工技术经济研究所 | 北京市丰台区南四环西路188号12区30号楼 | 100070 |
| 445 | 343 | 项目管理 | | | 1 | 项目管理的术语、构建框架、构建要素、编写方法、计划、认识体系 | 中国标准化协会 | 北京市海淀区增光路33号中国标协写字楼 | 100048 |
| 446 | 345 | 气象防灾减灾 | | | 1 | 气象灾害监测、预警和防御 | 国家气象中心 | 北京中关村南大街46号国家气象中心 | 100081 |
| 447 | 345 | 气象防灾减灾 | 1 | 气象应用服务 | 1 | 负责公众气象服务、专业气象服务、预警发布传播服务和气象服务质量评估等领域的国家标准制修订工作 | 中国气象局公共气象服务中心 | 北京海淀中关村南大街46号气象科技大楼A座801 | 100081 |
| 448 | 346 | 气象基本信息 | | | 1 | 气象数据管理、档案管理、气象计算机网络 | 国家气象信息中心 | 北京市海淀区中关村南大街46号 | 100081 |

续表

| 序号 | TC编号 | TC名称 | SC编号 | SC名称 | 是否属于高精尖 | 负责专业范围 | 秘书处所在单位 | 秘书处通讯地址 | 邮政编码 |
|---|---|---|---|---|---|---|---|---|---|
| 449 | 347 | 卫星气象与空间天气 | | | 1 | 气象卫星业务运行及卫星数据监测、传输、交换等，以及空间天气监测、预测、预警 | 国家卫星气象中心 | 北京市海淀区中关村南大街46号 | 100081 |
| 450 | 347 | 卫星气象与空间天气 | 1 | 气象卫星数据 | 1 | 气象卫星数据接收、卫星频率及空间电磁环境、卫星测控、卫星数据、卫星数据存储归档、资料处理 | 国家卫星气象中心 | 北京市海淀区中关村南大街46号 | 100081 |
| 451 | 347 | 卫星气象与空间天气 | 2 | 气象遥感应用 | 1 | 气象卫星遥感监测及应用技术 | 国家卫星气象中心 | 北京海淀区中关村南大街46号国家卫星气象中心 | 100081 |
| 452 | 347 | 卫星气象与空间天气 | 3 | 空间天气监测预警 | 1 | 空间天气监测、预警和地基监测、天基监测、空间天气监测仪器数据格式 | 国家卫星气象中心 | 北京市海淀区中关村南大街46号 | 100081 |
| 453 | 351 | 公共安全基础 | | | 1 | 公共安全基础性、通用性和综合性要求（不涉及公安等行业领域） | 中国标准化研究院 | 北京市海淀区知春路4号 | 100191 |
| 454 | 351 | 公共安全基础 | 1 | 安全管理体系 | 1 | 安全管理体系中与体系基础、体系制度、体系风险、专项技术以及安全促进相关的基础性、通用性国家标准 | 中国特种设备检测研究院 | 北京市朝阳区和平街西苑2号赛福特大厦A座505 | 100029 |
| 455 | 352 | 中文新闻信息 | | | 1 | 中文新闻信息采集、编辑、生成、发布、交换、表示、安全、组织、存储、检索和评估反馈过程 | 新华通讯社通信技术局 | 北京市宣武门西大街57号 | 100803 |

续表

| 序号 | TC编号 | TC名称 | SC编号 | SC名称 | 是否属于高精尖 | 负责专业范围 | 秘书处所在单位 | 秘书处通讯地址 | 邮政编码 |
|---|---|---|---|---|---|---|---|---|---|
| 456 | 353 | 信息分类与编码 | | | 1 | 信息分类与编码领域国家标准制修订工作，具体包括区域、场所、地点、人力资源、自然资源与环境、时间和计量单位、语言、文字、符号、经济结构与经济指标、社会福利、社会保障、公共卫生和劳动安全、行政管理、文献、专利、标准、档案等方面的信息分类编码国家标准制修订工作，不包括产品、服务、机构方面的信息分类编码以及条码形式的有关区域、场所和地点标识方面 | 中国标准化研究院 | 北京市海淀区知春路4号 | 100191 |
| 457 | 354 | 殡葬 | | | 1 | 殡葬设备、服务 | 中国殡葬协会 | 北京市西城区白广路7号东楼3219 | 100053 |
| 458 | 355 | 石油天然气 | | | 1 | 石油地质、石油物探、石油钻井、测井、油气田开发、采油采气、油气储运、油气计量及分析方法、石油管材、海洋石油工程、安全生产、环境保护 | 中国石油天然气股份有限公司勘探开发研究院 | 北京市海淀区学院路20号 | 100083 |
| 459 | 355 | 石油天然气 | 1 | 液化天然气 | 1 | 液化天然气 | 中海石油气电集团有限责任公司 | 北京市朝阳区太阳宫南大街6号院中海油大厦C座1215 | 100028 |
| 460 | 355 | 石油天然气 | 3 | 石油地质勘探 | 1 | 石油及天然气地质勘探技术规范、评价方法及油气储量评价与计算，探井试油测试、地质录井、地质实验方法 | 中国石油勘探开发研究院科技文献中心 | 北京市海淀区学院路20号910信箱中国石油勘探开发研究院科技文献中心 | 100083 |

续表

| 序号 | TC编号 | TC名称 | SC编号 | SC名称 | 是否属于高精尖 | 负责专业范围 | 秘书处所在单位 | 秘书处通讯地址 | 邮政编码 |
| --- | --- | --- | --- | --- | --- | --- | --- | --- | --- |
| 461 | 355 | 石油天然气 | 4 | 钻井工程 | 1 | 石油天然气钻井工程的钻井设计、钻前工程、钻井工艺、钻井设备配套技术、钻井工程技术管理、钻井井下故障处理、特殊工艺井工艺、固井工程与工艺的技术领域 | 中国石油集团钻井工程技术研究院 | 北京市昌平区沙河中石油科技园A34地块 | 100083 |
| 462 | 355 | 石油天然气 | 6 | 油气田开发 | 1 | 石油天然气开发的油气层物理分析、提高采收率、油气田（藏）描述及评价、油气田开发方案设计、油气田开发管理、油气田开发经济分析评价、海上油气田开发方案设计领域 | 中国石油化工股份有限公司石油勘探开发研究院 | 北京市海淀区学院路31号 | 100083 |
| 463 | 356 | 制药装备 | | | 2 | 制药装备及配套机械 | 中国制药装备行业协会 | 北京市丰台区草桥欣园一区4号 | 100068 |
| 464 | 358 | 白酒 | | | 1 | 白酒 | 中国食品发酵工业研究院有限公司 | 北京市朝阳区酒仙桥中路24号院6号楼 | 100015 |
| 465 | 360 | 森林可持续经营与森林认证 | | | 1 | 森林可持续经营和森林认证 | 国家林业和草原局科技发展中心 | 北京市东城区和平里东街18号 | 100714 |
| 466 | 365 | 荒漠化防治 | | | 1 | 荒漠化防治术语、荒漠分类与编目、荒漠化调查与规划、荒漠化监测与评价、荒漠化防治技术、荒漠资源保护与利用、荒漠生态系统管理 | 中国林业科学研究院 | 北京市海淀区颐和园后中国林科院荒漠化研究所 | 100091 |

续表

| 序号 | TC编号 | TC名称 | SC编号 | SC名称 | 是否属于高精尖 | 负责专业范围 | 秘书处所在单位 | 秘书处通讯地址 | 邮政编码 |
|---|---|---|---|---|---|---|---|---|---|
| 467 | 366 | 拍卖 | | | 1 | 拍卖基础、拍卖程序、拍卖企业资质评定 | 中国拍卖协会 | 北京市朝阳区北辰东路8号院北辰汇园大厦H座A2511室 | 100101 |
| 468 | 370 | 森林资源 | | | 1 | 森林资源术语和分类、森林资源监测评价、森林经营、林地管理、林木采伐及运输、森林资源监督、森林资源评估等 | 国家林业和草原局调查规划设计院 | 北京市东城区和平里七区24号楼 | 100714 |
| 469 | 371 | 乐器 | | | 1 | 乐器产品领域（不含乐器维修、保养等服务领域） | 北京乐器研究所 | 北京市朝阳区南新园西路甲6号 | 100122 |
| 470 | 374 | 质量监管重点产品检验方法 | | | 1 | 在国家质量监管重点产品中缺失及急需的检验方法 | 中检华纳质量技术中心 | 北京市北京经济技术开发区荣华南路15号院2号楼506 | 100176 |
| 471 | 375 | 糖果和巧克力 | | | 1 | 糖果和巧克力等 | 中国商业联合会 | 北京市东城区东四西大街46号 | 100711 |
| 472 | 380 | 生物基材料及降解制品 | | | 2 | 降解制品及生物基材料等 | 轻工业塑料加工应用研究所 | 北京海淀区阜成路11号耕耘楼10层 | 100048 |
| 473 | 381 | 腐蚀控制 | | | 1 | 阴极保护、阳极保护、设备和管道用缓蚀剂应用等防腐蚀技术；防腐蚀衬里、防腐蚀地坪、玻璃鳞片应用等防腐蚀施工技术等（不包括建筑施工和船舶行业） | 中国腐蚀控制技术协会 | 北京市朝阳区亚运村小营路9号亚运豪庭C座509 | 100101 |
| 474 | 383 | 饮食加工设备 | | | 1 | 直接与食品接触饮食加工设备，包括超市、餐馆、食品店、面包房、肉食店等商业企业、医院、工矿企业单位的食堂用面类饮食加工机械、蔬菜加工机械、肉类饮食加工机械、清洗消毒设备等饮食加工设备 | 北京市服务机械研究所有限公司 | 北京市昌平区沙河镇路庄村（于善街西口） | 102206 |

续表

| 序号 | TC编号 | TC名称 | SC编号 | SC名称 | 是否属于高精尖 | 负责专业范围 | 秘书处所在单位 | 秘书处通讯地址 | 邮政编码 |
|---|---|---|---|---|---|---|---|---|---|
| 475 | 385 | 营造林 | | | 1 | 林地评价、育苗、造林、森林抚育、低质林改造、森林管护及森林更新、森林培育等全过程等 | 国家林业和草原局林草调查规划院 | 北京东城区和平里七区24号楼 | 100714 |
| 476 | 386 | 林业和草原信息 | | | 1 | 林草业信息采集、传输、加工、服务及应用等 | 北京林业大学 | 北京市海淀区清华东路35号北京林业大学西配楼208 | 100083 |
| 477 | 388 | 剧场 | | | 1 | 舞台音响、灯光及专业设备的应用；剧场基础及服务等 | 中国艺术科技研究所 | 北京市东城区雍和宫大街戏楼胡同1号柏林寺院内 | 100007 |
| 478 | 388 | 剧场 | 1 | 舞台机械 | 1 | 舞台机械 | 中国艺术科技研究所/中国特种设备检测研究院 | 北京市广渠门南小街领行国际1号楼2单元20层 | 100061 |
| 479 | 389 | 图书馆 | | | 1 | 图书馆管理、服务，图书馆古籍善本的收藏、定级、维修、保护，图书馆环境等 | 国家图书馆 | 北京市海淀区中关村南大街33号 | 100081 |
| 480 | 390 | 文化馆 | | | 1 | 文化馆技术、服务、管理等 | 中国文化馆协会 | 北京市西城区文津街7号临琼楼 | 100034 |
| 481 | 391 | 网络文化 | | | 1 | 网络文化产品和服务，包括网络音乐、网络表演、短视频、电子竞技等 | 中国互联网上网服务行业协会 | 北京市东城区后永康胡同17号东雍创业谷B座 | 100007 |
| 482 | 392 | 文化娱乐 | | | 1 | 歌舞娱乐、游戏游艺等娱乐场所的设备、技术、服务与管理 | 中国文化娱乐行业协会 | 北京市朝阳区朝外大街26号朝阳MEN大厦B座1603室 | 100010 |
| 483 | 393 | 社会艺术水平考级服务 | | | 1 | 社会艺术水平考级工作技术、服务、管理等 | 中央音乐学院 | 北京市西城区鲍家街43号中央音乐学院办公楼625 | 100031 |

续表

| 序号 | TC编号 | TC名称 | SC编号 | SC名称 | 是否属于高精尖 | 负责专业范围 | 秘书处所在单位 | 秘书处通讯地址 | 邮政编码 |
|---|---|---|---|---|---|---|---|---|---|
| 484 | 394 | 文化艺术资源 | | | 1 | 文化艺术资源收集、整理、保护、开发、数字化等 | 文化部民族民间文艺发展中心 | 北京市东城区雍和宫大街戏楼胡同一号柏林寺 | 100012 |
| 485 | 397 | 食品直接接触材料及制品 | | | 1 | 以纸、金属、陶瓷、搪瓷、塑料、橡胶、玻璃等为原料生产的，直接与食品接触的材料及制品，包括食品包装和餐饮用容器及工具（除金属餐饮用器具）等（IEC涉及的产品除外） | 中国轻工业联合会综合业务部 | 北京市西城区阜外大街乙22号 | 100833 |
| 486 | 397 | 食品直接接触材料及制品 | 3 | 纸制品 | 1 | 以纸为原料生产的食品包装和餐饮用器具 | 中国制浆造纸研究院有限公司 | 北京市朝阳区望京启阳路4号中轻大厦 | 100102 |
| 487 | 397 | 食品直接接触材料及制品 | 5 | 金属制品 | 1 | 以金属为原料生产的食品包装 | 中国食品发酵工业研究院有限公司 | 北京市朝阳区酒仙桥中路24号院6号楼 | 100015 |
| 488 | 397 | 食品直接接触材料及制品 | 6 | 塑料制品 | 1 | 以塑料为主要原料生产的食品包装和餐饮用器具 | 轻工业塑料加工应用研究所 | 北京市海淀区阜成路11号耕耘楼10层06房间 | 100048 |
| 489 | 398 | 调味品 | | | 1 | 调味品（味精、食糖和食盐除外） | 中国调味品协会 | 北京市海淀区复兴路47号天行建商务大厦605 | 100036 |
| 490 | 399 | 肉禽蛋制品 | | | 1 | 禽畜肉制品门类（腌腊制品类、酱卤制品类、熏烧制品类、干制品类、油炸制品类）和蛋制品门类（再制蛋类、蛋粉类、冰全蛋类、蛋黄类）等 | 中国商业联合会 | 北京市东城区东四西大街46号 | 100711 |

续表

| 序号 | TC编号 | TC名称 | SC编号 | SC名称 | 是否属于高精尖 | 负责专业范围 | 秘书处所在单位 | 秘书处通讯地址 | 邮政编码 |
|---|---|---|---|---|---|---|---|---|---|
| 491 | 399 | 肉禽蛋制品 | 1 | 畜肉制品 | 1 | 畜肉制品领域 | 中国肉类食品综合研究中心/江苏雨润肉类产业集团有限公司/河南双汇投资发展股份有限公司 | 北京市丰台区洋桥70号 | 100068 |
| 492 | 402 | 太阳能 |  |  | 1 | 太阳能热水系统、太阳房、太阳灶、太阳能产品、太阳能集热器、元件等太阳能热利用等 | 中国标准化研究院 | 北京市海淀区知春路4号 | 100191 |
| 493 | 407 | 棉花加工 |  |  | 1 | 棉花加工成套设备安装、棉花加工自动化信息传输、棉副产品精深加工技术、棉花加工机械安全使用等 | 中国棉花协会棉花加工分会 | 北京市西城区宣武门外大街甲1号环球财讯中心B座6层 | 100052 |
| 494 | 415 | 产品回收利用基础与管理 |  |  | 1 | 产品回收利用基础与管理（不涉及具体的电工电子产品回收利用标准），包括术语、分类、图形符号、识别标志、统计指标及统计信息系统、计算方法、回收利用技术、环境要求、管理规范和评价指标体系等 | 中国标准化研究院 | 北京市海淀区知春路4号 | 100191 |
| 495 | 416 | 林业生物质材料 |  |  | 1 | 以林业植物原料为主制造加工的材料以及生物质原料经化学、生物加工制成的材料等 | 中国林业科学研究院木材工业研究所 | 北京市海淀区东小府2号院 | 100091 |
| 496 | 421 | 生物芯片 |  |  | 2 | 生物芯片的基础、产相关产品及检测方法 | 生物芯片北京国家工程研究中心 | 北京市昌平区生命科学园路18号 | 102206 |

续表

| 序号 | TC编号 | TC名称 | SC编号 | SC名称 | 是否属于高精尖 | 负责专业范围 | 秘书处所在单位 | 秘书处通讯地址 | 邮政编码 |
|---|---|---|---|---|---|---|---|---|---|
| 497 | 423 | 设备监理工程咨询 | | | 1 | 设备监理工程咨询 | 中国设备监理协会 | 北京市朝阳区北三环东路18号院6号楼3层 | 100045 |
| 498 | 424 | 短路电流计算 | | | 1 | 短路电流的计算方法及其热效应和机械效应 | 中国电力科学研究院有限公司 | 北京市清河小营东路15号中国电力科学研究院系统所 | 100192 |
| 499 | 425 | 宇航技术及其应用 | | | 2 | 主要负责航天产品设计工程和生产，航天产品接口、集成与试验，卫星应用、运行与地面支持设备，航天项目管理，航天材料与工艺、空间环境、空间碎片、空间数据与信息传输等领域国家标准制修订工作 | 中国航天标准化研究所 | 北京市丰台区小屯路89号 | 100071 |
| 500 | 425 | 宇航技术及其应用 | 1 | 空间环境 | 2 | 空间环境 | 中国科学院国家空间科学中心 | 北京市海淀区中关村南二条1号 | 101049 |
| 501 | 425 | 宇航技术及其应用 | 2 | 宇航电子 | 2 | 宇航电子产品及其设计、制造、测试试验、研制管理等 | 中国航天电子技术研究院 | 北京市海淀区丰滢东路1号 | 100094 |
| 502 | 425 | 宇航技术及其应用 | 3 | 空间数据与信息传输 | 2 | 空间数据与信息传输（包括空间数据与信息传输基础标准、空间链路标准、空间网络标准、航天器接口标准、任务操作与信息管理标准、交互支持标准等） | 中国航天标准化研究所 | 北京市丰台区小屯路89号 | 100071 |

续表

| 序号 | TC编号 | TC名称 | SC编号 | SC名称 | 是否属于高精尖 | 负责专业范围 | 秘书处所在单位 | 秘书处通讯地址 | 邮政编码 |
|---|---|---|---|---|---|---|---|---|---|
| 503 | 425 | 宇航技术及其应用 | 4 | 航天总装测试与试验 | 2 | 航天总装、测试与试验 | 北京卫星环境工程研究所 | 北京市海淀区友谊路104号院 | 100094 |
| 504 | 425 | 宇航技术及其应用 | 5 | 空间碎片 | 2 | 空间碎片的监测、预警、防护和减缓等 | 中国科学院国家天文台 | 北京市朝阳区大屯路甲20号 | 100101 |
| 505 | 425 | 宇航技术及其应用 | 6 | 航天材料与工艺 | 2 | 航天材料与工艺 | 中国航天标准化研究所 | 北京市丰台区小屯路89号航天标准大厦 | 100071 |
| 506 | 426 | 智能建筑及居住区数字化 | | | 2 | 智能建筑物数字化系统 | 中外建设信息有限责任公司/机械工业仪器仪表综合技术经济研究所 | 北京海淀区三里河路7号新疆大厦B座12层 | 100044 |
| 507 | 426 | 智能建筑及居住区数字化 | 1 | 智慧居住区 | 2 | 居住小区内基础设施的数字化技术应用、智能家居系统、智能化系统管理与服务平台技术要求 | 中关村乐家智慧居住区产业技术联盟 | 北京朝阳区常意路4号常楹大厦1号楼8层 | 100024 |
| 508 | 427 | 航空电子过程管理 | | | 2 | 航空电子过程管理 | 中国航空综合技术研究所 | 北京市朝阳区京顺路7号 | 100028 |
| 509 | 428 | 带轮与带 | | | 1 | 带轮和带（包括V带传动、同步带传动、平带传动和输送带等）的设计、配合尺寸和试验方法，以及相应的互换性、质量要求和试验方法 | 中机生产力促进中心有限公司 | 北京市海淀区首体南路2号 | 100044 |
| 510 | 428 | 带轮与带 | 2 | 同步带传动 | 1 | 同步带的设计、配合尺寸和试验方法，以及相应的互换性、质量要求和试验方法等 | 中机生产力促进中心有限公司 | 北京市海淀区首体南路2号 | 100044 |

续表

| 序号 | TC编号 | TC名称 | SC编号 | SC名称 | 是否属于高精尖 | 负责专业范围 | 秘书处所在单位 | 秘书处通讯地址 | 邮政编码 |
|---|---|---|---|---|---|---|---|---|---|
| 511 | 434 | 城镇给水排水 | | | 1 | 城镇给水排水的取水设备、给水排水输送设施与设备、给水排水调节设备，给水排水用户的产品、设备、器材，城镇给水排水分户计量仪器、器具、计算核算，城镇给水排水设备、设施维护、保养，城镇给水排水运行、管理、服务，城镇污水处理厂污水再生利用水质，以及污泥处置（不含塑料管材、管件和阀门）等 | 中国建筑金属结构协会 | 北京市海淀区车公庄西路8号 | 100037 |
| 512 | 435 | 航空器 | | | 2 | 民用飞机、民用直升机和其他民用飞行器综合、总体、气动、结构、动力装置、燃油系统、液压系统、气动系统、飞行控制、电气系统、航电系统、生命保障系统、环境控制系统、客舱设备、货运系统标准以及产品支援、基础、零部件、工装工艺和材料标准等 | 中国航空综合技术研究所 | 北京市朝阳区京顺路7号 | 100028 |
| 513 | 435 | 航空器 | 1 | 无人驾驶航空器系统 | 2 | 民用无人驾驶航空器系统（不含飞行机器人）设计、制造、交付、运行、维护、管理 | 中国航空综合技术研究所、国家空管法规标准研究中心 | 北京市朝阳区京顺路7号 | 100028 |

续表

| 序号 | TC编号 | TC名称 | SC编号 | SC名称 | 是否属于高精尖 | 负责专业范围 | 秘书处所在单位 | 秘书处通讯地址 | 邮政编码 |
|---|---|---|---|---|---|---|---|---|---|
| 514 | 435 | 航空器 | 3 | 航空器数据定义与管理 | 2 | 航空器产品全寿命周期过程中研制、生产、试验检测、保障、管理等各类活动中数据的定义和管理等 | 中国航空综合技术研究所 | 北京市朝阳区京顺路7号 | 100028 |
| 515 | 438 | 批发与零售市场 | | | 1 | 批发与零售领域的基础标准、技术、管理、服务和环境与安全等 | 中国商业联合会 | 北京市东城区东四西大街46号 | 100711 |
| 516 | 439 | 连锁经营 | | | 1 | 连锁经营企业基本设施、营运管理等 | 中国连锁经营协会 | 北京市西城区阜外大街22号外经贸大厦811室 | 100037 |
| 517 | 440 | 二手货 | | | 1 | 二手货即旧货收购、销售、租赁与寄卖的基础术语、技术要求、管理与服务规范，包括术语、分类、识别标识、鉴定评估、翻新与拆零、评价指标、信息、追溯及流通秩序等 | 中国旧货业协会 | 北京市西城区月坛北小街4号 | 100834 |
| 518 | 442 | 节水 | | | 1 | 工业、农业、城镇生活、非常规水资源利用等全社会用水领域节水的基础、方法、管理、技术、产品 | 中国标准化研究院 | 北京市海淀区知春路4号 | 100191 |
| 519 | 443 | 教育服务 | | | 1 | 义务教育和国家正规高等教育之外的涉及市场化经营的辅助教育服务 | 中国标准化研究院 | 北京市海淀区知春路4号 | 100088 |
| 520 | 446 | 电网运行与控制 | | | 1 | 电网运行与控制 | 国家电力调度通信中心 | 北京市西城区西长安街86号国家电力调度通信中心 | 100031 |

续表

| 序号 | TC编号 | TC名称 | SC编号 | SC名称 | 是否属于高精尖 | 负责专业范围 | 秘书处所在单位 | 秘书处通讯地址 | 邮政编码 |
|---|---|---|---|---|---|---|---|---|---|
| 521 | 447 | 工业玻璃和特种玻璃 | | | 1 | 工业玻璃和特种玻璃(不包括建筑玻璃和汽车用安全玻璃)等 | 中国建筑材料科学研究总院有限公司 | 北京市朝阳区管庄东里1号 | 100024 |
| 522 | 448 | 建筑幕墙门窗 | | | 1 | 建筑幕墙、门、窗 | 中国建筑科学研究院有限公司、中国建筑标准设计研究院有限公司 | 北京市朝阳区北三环东路30号 中国建筑科学研究院环能院门窗中心 | 100013 |
| 523 | 449 | 城镇风景园林 | | | 1 | 城镇风景园林及设施,包括城市公园、城镇园林绿化、城市风景名胜、国家园林城市等的分类、评定、保护、监测和管理(不含旅游服务) | 中国城市建设研究院有限公司 | 北京市西城区德胜门外大街36号凯旋大厦C座 | 100120 |
| 524 | 452 | 建筑节能 | | | 1 | 建筑节能产品、材料、建筑节能管理、评价及方法等 | 中国建筑科学研究院有限公司 | 北京市朝阳区北三环东路30号中国建筑科学研究院环能院 | 100013 |
| 525 | 454 | 建筑构配件 | | | 1 | 建筑构配件(不包括墙体屋面材料、装饰装修材料、水泥制品、建筑玻璃等) | 中国建筑标准设计研究院有限公司 | 北京海淀首体南路9号主语国际5号楼7层 | 100048 |
| 526 | 455 | 城镇供热 | | | 1 | 城镇供热系统(不含锅炉、暖通空调) | 中国城市建设研究院有限公司 | 北京市西城区德胜门外大街36号德胜凯旋大厦A座 | 100120 |
| 527 | 456 | 体育 | | | 1 | 体育基础、竞技活动、设施设备(不含运动器材制造)、场所等 | 国家体育总局体育器材装备中心 | 北京市东城区体育馆路3号 | 100763 |
| 528 | 456 | 体育 | 1 | 设施设备 | 1 | 体育设施设备的技术、产品、性能要求、检测方法等(不含运动器材制造) | 中体产业集团股份有限公司 | 北京市东城区体育馆路11号5层 | 100176 |

续表

| 序号 | TC编号 | TC名称 | SC编号 | SC名称 | 是否属于高精尖 | 负责专业范围 | 秘书处所在单位 | 秘书处通讯地址 | 邮政编码 |
|---|---|---|---|---|---|---|---|---|---|
| 529 | 458 | 混凝土 | | | 1 | 混凝土 | 中国建筑科学研究院有限公司 | 北京市北三环东路30号 | 100013 |
| 530 | 459 | 能量系统 | | | 1 | 能量系统的统计、分析方法、评价、用能单位能量系统综合利用方法、评价指标、能量系统的优化 | 中国标准化研究院 | 北京市海淀区知春路4号 | 100191 |
| 531 | 460 | 石材 | | | 1 | 石材基础、方法等 | 中材人工晶体研究院有限公司/北京中材人工晶体研究院有限公司 | 北京市朝阳区东坝红松园1号 | 100018 |
| 532 | 461 | 人工晶体 | | | 2 | 人工晶体(医用除外) | 中材人工晶体有限公司/东海县产品质量监督检验所/中材人工晶体研究院 | 北京733信箱 | 100018 |
| 533 | 462 | 邮政业 | | | 1 | 邮政领域基础、安全、管理、服务及相关技术等领域 | 国家邮政局发展研究中心 | 北京市西城区北礼士路甲8号 | 100868 |
| 534 | 463 | 产品缺陷与安全管理 | | | 1 | 产品缺陷与安全管理等 | 中国标准化研究院 | 北京市海淀区知春路4号 | 100191 |
| 535 | 464 | 航空运输 | | | 2 | 航空运输(公共航空运输和通用航空运输)安全、保障和服务,包括航空运输飞行安全、地面安全、航空安保、货运安全、设施与设备、应急救援、空中交通服务、航空电信、航空情报、航空气象、旅客及行李运输、航空货邮运输、通航作业、危险品航空运输、绿色航空飞行和绿色机场等 | 中国民航科学技术研究院 | 北京市朝阳区西坝河北里甲24号 | 100028 |

续表

| 序号 | TC编号 | TC名称 | SC编号 | SC名称 | 是否属于高精尖 | 负责专业范围 | 秘书处所在单位 | 秘书处通讯地址 | 邮政编码 |
|---|---|---|---|---|---|---|---|---|---|
| 536 | 465 | 建材装备 | | | 1 | 水泥、水泥制品、轻质装饰装修、玻璃工业及深加工、墙材工业、建筑陶瓷、玻璃纤维等领域技术装备，不包括矿山机械 | 中国建材机械工业协会、中国中材国际工程股份有限公司 | 北京朝阳区望京北路16号中材国际大厦2层 中国建材机械工业协会 | 100102 |
| 537 | 465 | 建材装备 | 1 | 陶瓷机械 | 1 | 陶瓷机械 | 中国建材机械工业协会、佛山市顺德区质量技术监督标准与编码所 | 北京朝阳区望京北路16号中材国际大厦 | 100102 |
| 538 | 466 | 特殊食品 | | | 1 | 负责特殊食品领域国家标准制修订工作 | 中国食品发酵工业研究院有限公司 | 北京市朝阳区酒仙桥中路24号院6号楼621 | 100015 |
| 539 | 467 | 蔬菜 | | | 1 | 蔬菜 | 中国农业科学研究院蔬菜研究所 | 北京中关村南大街12号 | 100081 |
| 540 | 468 | 湿地保护 | | | 1 | 湿地保护 | 国家林业和草原局调查规划设计院 | 北京东城区和平里东街18号 | 100714 |
| 541 | 468 | 湿地保护 | 1 | 水生生物湿地保护管理 | 1 | 水生生物湿地保护 | 中国水产科学研究院 | 北京市丰台区永定路南青塔村150号 | 100141 |
| 542 | 469 | 煤化工 | | | 1 | 煤化工转化技术用原料及工艺、煤炭为原料化学品、炼焦及煤焦化产品、煤化工产品检测方法等领域（不含醇醚燃料领域） | 煤炭科学技术研究院有限公司、国家煤及煤化工产品质量监督检验中心、西南化工研究设计院有限公司、冶金工业信息标准研究院 | 北京朝阳和平里青年沟路5号煤科院1号楼306 | 100013 |
| 543 | 469 | 煤化工 | 1 | 煤转化 | 1 | 煤化工转化技术用原料及工艺 | 煤炭科学技术研究院有限公司 | 北京市朝阳区和平里青年沟路5号 | 100013 |

续表

| 序号 | TC编号 | TC名称 | SC编号 | SC名称 | 是否属于高精尖 | 负责专业范围 | 秘书处所在单位 | 秘书处通讯地址 | 邮政编码 |
|---|---|---|---|---|---|---|---|---|---|
| 544 | 469 | 煤化工 | 3 | 炼焦化学 | 1 | 炼焦及煤焦化产品 | 冶金工业信息标准研究院 | 北京市东城区灯市口大街74号 | 100730 |
| 545 | 470 | 社会信用 | | | 1 | 社会信用 | 中国标准化研究院 | 北京市海淀区知春路4号 | 100191 |
| 546 | 470 | 社会信用 | 1 | 质量信用 | 1 | 质量信用评价方法、质量信用等级规范、质量信用从业人员职业资格及认定、质量信用管理体系规范及实施指南、质量信用满意度测评规范、质量信用评价机构准则等 | 中国标准化研究院 | 北京市海淀区知春路4号 | 100088 |
| 547 | 470 | 社会信用 | 2 | 商业信用 | 1 | 商业信用术语、商业企业信用等级评定规范、商业信用评定人员执业资格、商业信用评定机构职业规范 | 中国商业联合会 | 北京市东城区东四西大街46号 | 100711 |
| 548 | 471 | 酿酒 | | | 1 | 饮料酒（不包括白酒） | 中国食品发酵工业研究院有限公司 | 北京市朝阳区酒仙桥中路24号院6号楼 | 100015 |
| 549 | 472 | 饮料 | | | 1 | 饮料 | 中国食品发酵工业研究院有限公司 | 北京市朝阳区酒仙桥中路24号院6号楼 | 100015 |
| 550 | 474 | 社会保险 | | | 1 | 养老保险、失业保险、医疗保险、工伤保险、生育保险等社会保险服务、评价、管理等 | 人力资源和社会保障部社会保险事业管理中心 | 北京市东城区安定门外大街138号皇城国际社保中心 | 100011 |
| 551 | 475 | 针灸 | | | 1 | 针灸术语、操作、临床研究、常见疾病诊疗及针灸器具 | 中国中医科学院针灸研究所 | 北京市东城区东直门内南小街16号 | 100700 |
| 552 | 476 | 中西医结合 | | | 1 | 中西医结合诊疗术语、诊疗指南和疗效评价等 | 中国中西医结合学会 | 北京市东直门内南小街16号中国中医科学院内 | 100700 |

续表

| 序号 | TC编号 | TC名称 | SC编号 | SC名称 | 是否属于高精尖 | 负责专业范围 | 秘书处所在单位 | 秘书处通讯地址 | 邮政编码 |
|---|---|---|---|---|---|---|---|---|---|
| 553 | 477 | 中药 | | | 1 | 中药材、中药饮片的研制、开发、生产、质量和安全控制、检测技术、评价技术 | 中国中药协会 | 北京市东城区夕照寺街东玖大厦B座三层 | 100061 |
| 554 | 478 | 中医 | | | 1 | 中医临床各科(内科、风湿病、骨伤科、周围血管病、耳鼻喉科、肛肠、眼科、皮肤科、男科、外科、老年病、儿科、推拿、妇科、急诊、感染病、肿瘤、糖尿病、针刀医学、艾滋病、亚健康、络病、护理等)以及中医药基础、应用等技术 | 中华中医药学会 | 北京市朝阳区樱花园东街甲4号 | 100029 |
| 555 | 479 | 中药材种子(种苗) | | | 1 | 中药材种子(种苗) | 中国中医科学院中药研究所(中药资源中心) | 北京市东城区东直门内南小街16号 | 100700 |
| 556 | 481 | 仪器分析测试 | | | 1 | 与仪器分析测试相关的分离与前处理设备、特种试剂、通用检验与分析方法及实验室信息管理和数据系统等 | 中国分析测试协会 | 北京市海淀区紫竹院路31号嘉慧园1615室 | 100089 |
| 557 | 483 | 保健服务 | | | 2 | 保健服务等 | 北京国康健康服务研究院 | 北京市海淀区四季青镇巨山路西杉创意园(中间建筑)5区6号楼1单元 | 100049 |
| 558 | 485 | 通信 | | | 2 | 通信网络、系统和设备的性能要求、通信基本协议和相关测试方法等 | 中国通信标准化协会 | 北京市海淀区花园北路52号 | 100191 |
| 559 | 486 | 科技平台 | | | 1 | 国家科技基础条件平台建设、管理和服务等 | 国家科技基础条件平台中心 | 北京市海淀区北蜂窝中路3号国家科技基础条件平台中心 | 100038 |

续表

| 序号 | TC编号 | TC名称 | SC编号 | SC名称 | 是否属于高精尖 | 负责专业范围 | 秘书处所在单位 | 秘书处通讯地址 | 邮政编码 |
|---|---|---|---|---|---|---|---|---|---|
| 560 | 487 | 光电测量 | | | 2 | 光电测量系统名词术语、通用技术、应用技术、光电器件、光电材料特性、光电系统性能参数的校准与测量方法，还包括光电器件与光电测量系统的光学要求、环境要求、机械要求与安全性要求，光电测量系统功能接口等 | 中国科学院空天信息创新研究院 | 北京市海淀区邓庄南路9号 | 100094 |
| 561 | 488 | 焙烤制品 | 1 | 糕点 | 1 | 糕点 | 中国商业联合会 | 北京市东城区东四西大街46号 | 100010 |
| 562 | 489 | 国际货运代理 | | | 1 | 国际货运代理行业术语、作业规范、岗位资质及国际货运代理企业资质与等级评定 | 中国国际货运代理协会 | 北京市朝阳区北苑路176号隆宝宸商务大厦601 | 100101 |
| 563 | 492 | 口腔护理用品 | 2 | 牙刷 | 1 | 牙刷 | 北京市轻工产品质量监督检验一站、倍加洁集团股份有限公司 | 北京市丰台区角门东里79号 | 100068 |
| 564 | 498 | 休闲 | | | 1 | 传统特色休闲方式开发与保护，现代休闲创意与服务，主题休闲俱乐部服务，休闲节庆活动，休闲咨询服务等 | 北京同和时代旅游规划设计院 | 北京市朝阳区雅宝路10号凯威大厦1006室 | 100020 |
| 565 | 499 | 物流仓储设备 | | | 1 | 物流仓储设备 | 北京起重运输机械设计研究院有限公司、南京市质量发展与先进技术应用研究院、南京音飞储存设备（集团）股份有限公司、江苏六维智能物流装备股份有限公司 | 北京市东城区雍和宫大街52号 | 100007 |

续表

| 序号 | TC编号 | TC名称 | SC编号 | SC名称 | 是否属于高精尖 | 负责专业范围 | 秘书处所在单位 | 秘书处通讯地址 | 邮政编码 |
|---|---|---|---|---|---|---|---|---|---|
| 566 | 500 | 语言文字 | | | 1 | 国家通用语言文字、少数民族语言文字、盲文手语、外国语言文字应用以及语言文字信息化等 | 教育部语言文字应用研究所 | 北京市东城区朝阳门南小街51号 | 100010 |
| 567 | 501 | 果品 | | | 1 | | 全国农业技术推广服务中心 | 北京市朝阳区麦子店街20号楼 | 100125 |
| 568 | 502 | 职业经理人考试测评 | | | 1 | 职业经理人考试测评 | 职业经理研究中心 | 北京市西城区百万庄北街6号经易大厦 | 100037 |
| 569 | 505 | 出版物发行 | | | 1 | 出版物流通领域，包括出版物发行术语、发行物流技术、作业流程和作业规范、书业服务、书业管理等 | 中国书刊发行业协会 | 北京市东城区先晓胡同10号 | 100010 |
| 570 | 507 | 气象仪器与观测方法 | | | 1 | 气象仪器、技术装备和观测方法等 | 中国气象局气象探测中心 | 北京海淀中关村南大街46号 | 100081 |
| 571 | 508 | 消费品安全 | | | 1 | 消费品安全通用基础领域 | 中国标准化研究院 | 北京市海淀区知春路4号 | 100191 |
| 572 | 513 | 纤维 | | | 1 | 棉花、毛、绒、茧丝、麻类纤维 | 中国纤维质量监测中心 | 北京市东城区安定门东大街5号 | 100007 |
| 573 | 514 | 文具运动器材 | | | 1 | 除制笔及零件外的文教办公用品（不包括教学仪器），各类运动器材及配件 | 中国文教体育用品协会 | 北京市西城区阜外大街乙22号 | 100083 |
| 574 | 515 | 沼气 | | | 1 | 沼气 | 农业农村部农业生态与资源保护总站 | 北京市朝阳区麦子店街24号楼13层 | 100125 |
| 575 | 516 | 屠宰加工 | | | 1 | 负责兽医食品卫生质量及检验、畜禽屠宰厂（场）建设、屠宰厂（场）分级，屠宰车间和流水线设计、畜禽屠宰及加工技术、屠宰加工流程及工艺、屠宰及肉制品加工设施设备、无害化处理设备及工艺技术、非食用动物产品加工处理等领域的国家标准制修订工作 | 中国动物疫病预防控制中心（农业农村部屠宰技术中心） | 北京市朝阳区麦子店街20号楼421室 | 100125 |

续表

| 序号 | TC编号 | TC名称 | SC编号 | SC名称 | 是否属于高精尖 | 负责专业范围 | 秘书处所在单位 | 秘书处通讯地址 | 邮政编码 |
|---|---|---|---|---|---|---|---|---|---|
| 576 | 517 | 农产品购销 | | | 1 | 农产品交易技术规程、购销、包装及储运 | 全国城市农贸中心联合会 | 北京市丰台区广安路9号院国投财富广场5号楼12A | 100055 |
| 577 | 520 | 洗染 | | | 1 | 洗染行业的基础性标准，包括行业术语、定义、分类以及基础设施、设备、洗染用品等的技术要求，安全及实验方法等相关标准的制定 | 中国商业联合会 | 北京市东城区东四西大街46号院 | 100010 |
| 578 | 521 | 道路运输 | | | 1 | 客货运输管理的运输企业、运输从业人员、运输生产组织及运输场建设等管理方面的技术要求；道路运输装备和产品的使用要求、运输作业及监管装备要求等 | 交通运输部公路科学研究院 | 北京市海淀区西土城路8号院 | 100088 |
| 579 | 523 | 森林草原防火 | | | 1 | 森林草原火灾预防和早期处理（包括森林草原防火设施与装备、森林草原防火技术、森林草原防火管理及森林草原防火基础和综合类） | 国家林业和草原局林草调查规划院 | 北京市东城区和平里东街18号4号楼 | 100714 |
| 580 | 524 | 会计信息化 | | | 1 | 企事业单位会计信息化、企事业单位内部控制信息化、会计监督信息化、会计师事务所审计及监管信息化和会计信息安全等 | 财政部会计准则委员会 | 北京市西城区三里河南三巷3号 | 100820 |
| 581 | 525 | 计量器具管理 | | | 1 | 计量器具使用和管理（不包括全国量具量仪标准化技术委员会和全国产品几何技术规范标准化技术委员会工作范围） | 中国计量协会 | 北京市朝阳区农展馆北路农业部北办公区22号楼5层 | 100125 |

续表

| 序号 | TC编号 | TC名称 | SC编号 | SC名称 | 是否属于高精尖 | 负责专业范围 | 秘书处所在单位 | 秘书处通讯地址 | 邮政编码 |
|---|---|---|---|---|---|---|---|---|---|
| 582 | 526 | 实验室仪器及设备 | | | 1 | 动力测试仪器、试验箱及气候环境试验设备、实验室离心机、应变测量仪器、噪声测量仪器、实验室高压釜等实验室仪器与装置 | 机械工业仪器仪表综合技术经济研究所 | 北京市广外大街甲397号 | 100055 |
| 583 | 527 | 新闻出版 | | | 1 | 书、报、刊、音像电子出版物、数字出版物和网络出版物（不含科技档案、科技报告、学位论文、会议论文文献、非正式出版物及相关文献数据库产品和网络服务系统、ISO/TC46有关国际标准） | 中国新闻出版研究院 | 北京市丰台区三路居路97号 | 100073 |
| 584 | 529 | 城市客运 | | | 1 | 公共汽车、电车和轨道交通运营，出租汽车、轮渡及水上旅游客运，城市客运枢纽场站和其他客运附属服务设施 | 交通运输部科学研究院 | 北京市朝阳区惠新里240号 | 100029 |
| 585 | 530 | 港口 | | | 1 | 港口安全、管理、作业、服务等 | 交通运输部水运科学研究院 | 北京市海淀区西土城路8号院 | 100088 |
| 586 | 530 | 港口 | 1 | 疏浚装备 | 1 | 疏浚专用装备及仪器设备 | 中国交通建设股份有限公司 | 北京德胜门外大街85号 | 100088 |
| 587 | 532 | 品牌评价 | | | 1 | 品牌价值、品牌价值测算、品牌培育领域的基础类、通用技术类及实施应用类标准 | 中国品牌建设促进会 | 北京市朝阳区北三环东路18号6号楼 | 100013 |
| 588 | 534 | 慈善事业和社会工作 | | | 1 | 慈善事业、社会工作（不包括社会救助、社会福利）、志愿服务等 | 中国社会工作学会 | 朝阳区建国门南大街6号 | 100721 |

续表

| 序号 | TC编号 | TC名称 | SC编号 | SC名称 | 是否属于高精尖 | 负责专业范围 | 秘书处所在单位 | 秘书处通讯地址 | 邮政编码 |
|---|---|---|---|---|---|---|---|---|---|
| 589 | 536 | 动漫游戏产业 | | | 2 | 动漫游戏产业 | 北京邮电大学 | 北京市海淀区西土城路10号 | 100876 |
| 590 | 537 | 城市公共设施服务 | | | 1 | 城市公共设施服务 | 北京市标准化研究院 | 北京市东城区和平里东街20号院标准大厦409 | 100013 |
| 591 | 538 | 人工影响天气 | | | 1 | 作业安全、作业条件监测、作业实施、作业装备及催化剂、地面作业点基础设施建设、业务系统建设等 | 中国气象局人工影响天气中心 | 北京海淀中关村南大街46号 | 100081 |
| 592 | 539 | 农业气象 | | | 1 | 农业气象术语、监测、预报、评估和灾害，农业气候资源，生态气象监测评估等 | 国家气象中心 | 北京海淀中关村南大街46号 | 100081 |
| 593 | 540 | 气候与气候变化 | | | 1 | 气候与气候变化资料采集处理、诊断预测、影响评估以及气候监测指标、气候可行性论证、气候资源评价及开发利用等 | 中国气象局国家气候中心 | 北京海淀中关村南大街46号气候科技大楼701房间 | 100081 |
| 594 | 540 | 气候与气候变化 | 1 | 大气成分观测预报预警服务 | 1 | 大气成分观测、预报、预警与服务等 | 中国气象局气象探测中心 | 北京市海淀区中关村南大街46号 | 100081 |
| 595 | 540 | 气候与气候变化 | 2 | 风能太阳能气候资源 | 1 | 风能太阳能气候资源 | 中国气象局公共气象服务中心 | 北京海淀中关村南大街46号 | 100081 |
| 596 | 541 | 伴侣动物（宠物） | | | 1 | 伴侣动物疾病防控、诊疗，伴侣动物寄养、训导，伴侣动物饲养管理等 | 北京市动物疫病预防控制中心、中国畜牧业协会 | 北京市大兴区生物医药基地祥瑞大街19号 | 100107 |
| 597 | 542 | 创新方法 | | | 1 | 创新方法组织评价、项目评价、人员能力评估及其认定、评价方法等 | 创新方法研究会/中国标准化研究院 | 北京市海淀区玉渊潭南路8号/北京市海淀区知春路4号1018室 | 100038 |

续表

| 序号 | TC编号 | TC名称 | SC编号 | SC名称 | 是否属于高精尖 | 负责专业范围 | 秘书处所在单位 | 秘书处通讯地址 | 邮政编码 |
|---|---|---|---|---|---|---|---|---|---|
| 598 | 543 | 通信服务 | | | 2 | 信息通信服务领域 | 中国通信标准化协会 | 北京市海淀区花园北路52号 | 100191 |
| 599 | 544 | 北斗卫星导航 | | | 2 | 与北斗卫星导航系统相关的基础（技术体制、术语、时空基准、技术管理等）、系统建设（工程总体、卫星系统、地面运控系统、运载火箭系统、发射场系统、测控系统等，不包括宇航通用技术）、运行维护（运行管理、评估、维修、退役等）、应用（产品、服务、应用基础设施、信息交换、质量与测试检验等）领域的国家标准和国家军用标准制修订工作 | 中国卫星导航工程中心、中国航天标准化研究所 | 北京市5131信箱11号/北京市丰台区小屯路89号 | 100094 |
| 600 | 547 | 电子显示器件 | | | 2 | 负责电子显示及相关部件领域的标准，包括术语和定义、符号、额定值和特性、测试方法、质量评价要求、相关试验方法，及可靠性等领域的标准化工作 | 中国电子技术标准化研究院 | 北京市安定门东大街1号 | 100007 |
| 601 | 548 | 碳排放管理 | | | 2 | 碳排放管理术语、统计、监测，区域碳排放清单编制方法，企业、项目层面的碳排放核算与报告，低碳产品、碳捕获与碳储存等低碳技术与设备，碳中和与碳汇等领域 | 中国标准化研究院/中国质量认证中心 | 北京市海淀区知春路4号 | 100191 |

续表

| 序号 | TC编号 | TC名称 | SC编号 | SC名称 | 是否属于高精尖 | 负责专业范围 | 秘书处所在单位 | 秘书处通讯地址 | 邮政编码 |
|---|---|---|---|---|---|---|---|---|---|
| 602 | 549 | 智能电网用户接口 | | | 2 | 智能电网用户接口领域 | 中国电力科学研究院有限公司 | 北京市海淀区清河小营东路15号 | 100192 |
| 603 | 550 | 电力储能 | | | 2 | 电力储能技术领域 | 中国电力科学研究院有限公司 | 北京市海淀区清河小营东路15号 | 100192 |
| 604 | 553 | 新闻出版信息 | | | 1 | 出版专业领域信息化 | 新闻出版总署信息中心 | 北京市西城区西长安街5号 | 100806 |
| 605 | 554 | 知识管理 | | | 2 | 知识产权管理(创造、运用、保护、管理)、传统知识保护和管理、组织知识管理等 | 中国标准化研究院、国家知识产权局知识产权运用促进司 | 北京市海淀区知春路4号、北京市西土城路6号 | 100088 |
| 606 | 554 | 知识管理 | 1 | 地理标志 | 2 | 地理标志产品保护相关 | 中国标准化研究院、中国标准化协会 | 北京市海淀区知春路4号 | 100191 |
| 607 | 560 | 物业服务 | | | 1 | 负责物业服务领域国家标准制修订工作 | 中国物业管理协会 | 北京市海淀区三里河路13号中建大厦B座9003 | 100088 |
| 608 | 561 | 警用装备 | | | 1 | 警用装备 | 公安部第一研究所 | 北京市首体南路1号 | 100048 |
| 609 | 562 | 增材制造 | | | 2 | 增材制造术语和定义、工艺方法、测试方法、质量评价、软件系统及相关技术服务等 | 中机生产力促进中心有限公司 | 北京市海淀区首体南路2号 | 100044 |
| 610 | 564 | 微电网与分布式电源并网 | | | 2 | 微电网及分布式电源并网的规则设计、运行维护、调度控制和试验检测等 | 中国电力科学研究院有限公司 | 北京市海淀区清河小营东路15号 | 100192 |
| 611 | 565 | 太阳能光热发电 | | | 1 | 太阳能光热发电技术和设备 | 中国大唐集团新能源科学技术研究院有限公司 | 北京市石景山区银河大街6号院1号楼B座 | 100040 |

续表

| 序号 | TC编号 | TC名称 | SC编号 | SC名称 | 是否属于高精尖 | 负责专业范围 | 秘书处所在单位 | 秘书处通讯地址 | 邮政编码 |
|---|---|---|---|---|---|---|---|---|---|
| 612 | 566 | 感官分析 | | | 1 | 感官分析基础、方法、环境室与人员管理、辅助器具和应用等领域基础通用 | 中国标准化研究院 | 北京市昌平区永安路36号中国标准化研究院实验中心 | 102200 |
| 613 | 567 | 城市可持续发展 | | | 1 | 城市可持续发展管理体系、要求、指南和相关领域国家标准（不含城市建设标准）制修订工作 | 中国标准化研究院 | 北京市海淀区知春路4号 | 100191 |
| 614 | 568 | 科普服务 | | | 1 | 科普基础设施设备、科普展教品、科普服务质量与评价、数字科技馆、科学素质测评 | 中国科学技术馆 | 北京市朝阳区北辰东路5号 | 100012 |
| 615 | 569 | 特高压交流输电 | | | 1 | 电压800kV以上的交流系统（包括规划、设计、技术要求、可靠性、建设、调试、运行检修等） | 中国电力科学研究院有限公司 | 海淀区清河小营东路15号中国电科院 | 100192 |
| 616 | 570 | 载人航天 | | | 2 | 载人航天领域技术基础、工程研制建设（总体技术、航天员、应用有效载荷、航天器、运载火箭、测控通信、发射与回收）、应用与服务（运营管理、任务实施、在轨服务、成果推广）等 | 中国航天科技集团有限公司第五研究院第五一二研究所 | 北京市海淀区友谊路104号中国空间技术研究院东门（北京市9622信箱） | 100094 |
| 617 | 571 | 综合交通运输 | | | 1 | 两种及以上运输方式协调衔接和共同使用（包括综合客运枢纽、综合货运枢纽、复合通道及交叉设施、旅客联程运输、货物多式联运衔接、运载单元、专用载运工具、快速转运设备、换乘换装设备以及统计、评价、安全应急与信息化等） | 交通运输部科学研究院 | 北京市朝阳区惠新里240号 | 100029 |

续表

| 序号 | TC编号 | TC名称 | SC编号 | SC名称 | 是否属于高精尖 | 负责专业范围 | 秘书处所在单位 | 秘书处通讯地址 | 邮政编码 |
|---|---|---|---|---|---|---|---|---|---|
| 618 | 573 | 信息化和工业化融合管理 | | | 2 | 信息化和工业化融合管理等 | 国家工业信息安全发展研究中心（工业和信息化部电子第一研究所） | 北京市石景山区鲁谷路35号 | 100040 |
| 619 | 577 | 爆炸物品公共安全管理 | | | 1 | 负责爆破作业安全管理与安全技术，爆破安全监测与测试技术，爆炸物品的购买、运输、使用和储存、销毁（不含生产、经营环节）安全管理，爆炸物品示踪与安检领域国家标准制修订工作 | 公安部治安管理局 | 北京市东城区东长安街14号 | 100741 |
| 620 | 580 | 科技评估 | | | 2 | 科技政策评估、科技计划评估、科技项目评估、科技成果评估、区域科技创新评估、科技机构与基地评估、科技人才评估、科技经费评估、科技绩效与影响评估 | 科技部科技评估中心 | 北京市海淀区皂君庙乙7号 | 100081 |
| 621 | 581 | 设施管理 | | | 1 | 设施管理术语定义、管理体系要求、设施管理方法、设施管理产业化服务等领域国家标准制修订工作（不含公共基础设施、物业管理和农业设施） | 中机生产力促进中心有限公司 | 北京市海淀区首体南路2号704室 | 100044 |
| 622 | 582 | 卫生检疫 | | | 1 | 卫生检疫 | 海关总署国际检验检疫标准与技术法规研究中心 | 北京市东城区和平里东街20号院3号楼 | 100013 |

续表

| 序号 | TC编号 | TC名称 | SC编号 | SC名称 | 是否属于高精尖 | 负责专业范围 | 秘书处所在单位 | 秘书处通讯地址 | 邮政编码 |
|---|---|---|---|---|---|---|---|---|---|
| 623 | 583 | 资产管理 | | | 1 | 资产管理术语、管理体系要求、资产管理信息与数据、资产管理业务与方法、资产管理技术服务 | 中国标准化研究院 | 北京市海淀区知春路4号 | 100191 |
| 624 | 584 | 微细气泡技术 | | | 2 | 微细气泡技术（涵盖术语与通则、包括但不限于液体介质中微细气泡的表征与应用，特别关注尺度小于100微米的人工制造微细气泡） | 国家纳米科学中心 | 北京中关村北一条11号国家纳米科学中心 | 100190 |
| 625 | 586 | 化学纤维 | | | 2 | 化学纤维（不包括碳纤维、玻璃纤维、陶瓷纤维、玄武岩纤维等无机纤维材料和增强纤维、纤维增强塑料（复合材料）及其制品） | 中国化学纤维工业协会 | 北京市朝阳区朝阳门北大街18号7层709室 | 100020 |
| 626 | 587 | 共享经济 | | | 2 | 共享经济 | 国家市场监督管理总局发展研究中心 | 北京市海淀区马甸东路9号 | 100088 |
| 627 | 588 | 电子产品安全 | | | 1 | 音频、视频、信息技术和通信技术领域内电子产品整机安全、关键零部件安全及其测试方法等电子产品安全 | 工业和信息化部电子工业标准化研究院 | 北京市大兴经济技术开发区同济南路8号 | 100176 |
| 628 | 589 | 核安全 | | | 1 | 核动力厂安全、研究堆安全、核燃料循环安全、核材料安全、放射性废物安全等 | 生态环境部核与辐射安全中心、核工业标准化研究所 | 北京市房山区长阳镇知兴东路9号、北京市海淀区阜成路43号 | 100048 |
| 629 | 590 | 区块链和分布式记账技术 | | | 2 | 区块链和分布式记账技术领域基础标准、业务和应用标准、过程和方法标准、可信和互操作标准、信息安全标准等 | 中国电子技术标准化研究院 | 北京市东城区安定门东大街1号 | 100007 |

续表

| 序号 | TC编号 | TC名称 | SC编号 | SC名称 | 是否属于高精尖 | 负责专业范围 | 秘书处所在单位 | 秘书处通讯地址 | 邮政编码 |
|---|---|---|---|---|---|---|---|---|---|
| 630 | 591 | 机器人 | | | 2 | 机器人领域国家标准制修订工作（不包括玩具、无人驾驶航空器） | 北京机械工业自动化研究所有限公司 | 北京市西城区德胜门外教场口1号 | 100120 |
| 631 | 593 | 电力系统电网资产管理 | | | 1 | 电力系统电网资产管理基础（电力资产分类、电力资产基础数据）、电力系统电网资产管理业务（寿命周期成本核算、资产管理策略）、电力系统电网资产管理绩效（电力资产运行绩效、电力资产投资绩效）等 | 国网经济技术研究院有限公司 | 昌平区未来科学城北区国家电网办公区 | 102209 |
| 632 | 594 | 行政管理和服务 | | | 1 | 行政审批、政务服务、政务公开、监管执法、政务热线、数字政府管理、营商环境建设等方面基础通用、服务规范、评价准则 | 中国标准化研究院 | 北京市海淀区知春路4号 | 100191 |
| 633 | 594 | 行政管理和服务 | 1 | 行政管理 | 1 | 行政审批、政务公开、数字政府治理、其他行政权力事项等方面基础通用、业务分类、标准化工作指南、事项管理、流程管理等 | 中国标准化研究院 | 北京市海淀区知春路4号 | 100191 |
| 634 | 594 | 行政管理和服务 | 2 | 政务服务 | 1 | 政务服务平台建设和管理、现场人员设备管理、安全应急管理、政务服务事项规范和分类、线上线下政务服务事项办理、公共服务提供、政务数据服务、公共资源交易等 | 中国行政体制改革研究会 | 北京市海淀区长春桥路6号中央党校（国家行政学院） | 100086 |

续表

| 序号 | TC编号 | TC名称 | SC编号 | SC名称 | 是否属于高精尖 | 负责专业范围 | 秘书处所在单位 | 秘书处通讯地址 | 邮政编码 |
|---|---|---|---|---|---|---|---|---|---|
| 635 | 595 | 日用杂品 | | | 1 | 家用卫生杀虫用品、燃香类产品、伞及防雨类产品、刷类及清洁用具产品（不包括牙刷）、民用装饰镜产品、衣架类产品、日用草木编织品等日用杂品 | 北京市轻工产品质量监督检验一站 | 北京市丰台区角门东里79号 | 100068 |
| 636 | 595 | 日用杂品 | 1 | 家用卫生杀虫用品 | 1 | 家用防虫、防鼠、净化居室环境等卫生制品 | 北京市轻工产品质量监督检验一站 | 北京市丰台区角门东里79号 | 100068 |
| 637 | 595 | 日用杂品 | 2 | 伞及防雨品 | 1 | 手持式伞、固定式伞，穿戴式防雨品及交通工具用防雨品等 | 北京市轻工产品质量监督检验一站 | 北京市丰台区角门东里79号 | 100068 |
| 638 | 596 | 眼视光 | | | 1 | 眼视光领域的管理、术语、产品和仪器设备、检验方法及服务等 | 中国眼镜协会 | 北京市宣武门外大街28号富卓大厦B座505 | 100000 |
| 639 | 597 | 静电 | | | 2 | 静电原理、静电模拟模型、静电试验方法、静电防护、静电控制等静电技术基础性 | 中国电子技术标准化研究院 | 北京市经济技术开发区同济南路8号 | 100176 |
| 640 | 598 | 仿生学 | | | 2 | 仿生学（包括仿生材料、工艺、产品等全生命周期过程涉及的技术和方法等） | 北京机械工业自动化研究所有限公司 | 北京市西城区德外大街教场口1号院 | 100120 |
| 641 | 599 | 集成电路 | | | 2 | 集成电路设备、半导体集成电路、膜集成和混合膜集成电路、微波集成电路、电路模块、集成电路芯片及知识产权模块（IP核）、集成电路微电子机械系统（MEMS）等产品的设计、生产和应用 | 中国电子技术标准化研究院 | 北京市东城区安定门东大街1号 | 100007 |

续表

| 序号 | TC编号 | TC名称 | SC编号 | SC名称 | 是否属于高精尖 | 负责专业范围 | 秘书处所在单位 | 秘书处通讯地址 | 邮政编码 |
|---|---|---|---|---|---|---|---|---|---|
| 642 | 601 | 蜂产品 | | | 1 | 蜂产品 | 中国蜂产品协会 | 太平街6号富力摩根中心D座508 | 100050 |
| 643 | 602 | 空中交通管理 | | | 1 | 空中交通管理领域标准化工作，包含基础通用、国家空域管理、空中交通流量管理、空中交通服务、航空电信（通信、导航、监视、飞行校验）、航空气象、人员管理、数据及自动化等 | 中国民航科学技术研究院、中国人民解放军93209部队 | 北京市朝阳区西坝河北里甲24号 | 100028 |
| 644 | 604 | 电影 | | | 1 | 电影 | 中国电影科学技术研究所 | 北京市海淀区科学院南路44号 | 100086 |
| 645 | SWG17 | 机关事务管理 | | | 1 | 机关国有资产管理、公务用车管理、办公用房管理、人防工程管理、职工住宅建设与管理、公共机构节能、公务接待、后勤服务、政府集中采购、机关事务管理信息化 | 中国标准化研究院、国家机关事务管理局政策法规司 | 北京市海淀区知春路4号 | 100191 |
| 646 | SWG19 | 律师服务 | | | 1 | 律师服务基础（包括服务术语、服务标准化指南、服务分类等）；律师服务具体业务（包括提供民事、刑事、行政、经济等方面具体法律服务）；律师管理（包括实习律师管理、执业律师管理、律师事务所管理等） | 中华全国律师协会 | 浙江省宁波市鄞州区海晏北路371号甬商紫荆汇办公楼27层 | 315000 |

续表

| 序号 | TC编号 | TC名称 | SC编号 | SC名称 | 是否属于高精尖 | 负责专业范围 | 秘书处所在单位 | 秘书处通讯地址 | 邮政编码 |
|---|---|---|---|---|---|---|---|---|---|
| 647 | SWG 20 | 财政信息化 | | | 1 | 财政领域信息化的标准规范，包括财政项目库、预算编制、预算执行、账务处理、决算管理、政府综合财务报告、债务管理、非税收入及其他环节的管理要素、业务流程、业务规则以及相关信息化建设管理等 | 财政部信息网络中心 | 北京市丰台区西四环南路27号 | 100071 |
| 648 | SWG 22 | 设备结构健康监测 | | | 1 | 设备结构健康监测、健康诊断、损伤识别、损伤预测以及健康管理等 | 中国特种设备检测研究院 | 北京市朝阳区和平街西苑2号C322室 | 100029 |
| 649 | SWG 23 | 农业社会化服务 | | | 1 | 农业投入品供应服务、种子繁育推广服务、农业生产服务、农业技术推广服务、动植物疫病防控服务、农产品质量安全服务、农产品流通服务、农业信息服务、农村产权管理 | 中国标准化研究院 | 北京市海淀区知春路4号 | 100191 |
| 650 | SWG 24 | 民用爆炸物品 | | | 1 | 民用爆炸物品术语、分类、命名、标志标识，民用爆炸物品产品及检测方法，生产、储存、销售、销毁过程安全生产、节能与综合利用，生产安全检测与测试技术，生产（含生产过程运输）专用设备，生产场所安全设计等方面以及民用爆炸物品生产、销售环节涉及的其他方面 | 中国兵器工业标准化研究所 | 北京市海淀区车道沟十号院 | 100089 |

续表

| 序号 | TC 编号 | TC 名称 | SC 编号 | SC 名称 | 是否属于高精尖 | 负责专业范围 | 秘书处所在单位 | 秘书处通讯地址 | 邮政编码 |
|---|---|---|---|---|---|---|---|---|---|
| 651 | SWG 25 | 食品营养健康管理 | | | 2 | 食品营养健康管理领域基础类、操作规范及指南类和检验及评价方法类等 | 中国卫生监督协会 | 北京市西城区新康街 2 号 | 100022 |
| 652 | SWG 26 | 医疗装备产业与应用 | | | 2 | 医疗装备领域关键材料和关键零部件、信息化和集成、先进制造和服务等 | 机械工业仪器仪表综合技术经济研究所 | 广安门外大街甲 397 | 100055 |
| 653 | SWG 29 | 标准数字化 | | | 2 | 标准数字化基础通用、建模与实现共性技术、应用技术等 | 中国标准化研究院 | 海淀区知春路 4 号 | 100191 |
| 654 | SWG 31 | 工业设计基础 | | | 1 | 工业设计领域术语定义、通用原则、流程与方法、质量评价等基础通用 | 中国标准化研究院 | 北京市海淀区知春路 4 号 | 100088 |
| 655 | SWG 33 | 技术性贸易措施影响评估与服务 | | | 1 | 技术性贸易措施影响评估的通用要求、活动管理、技术方法、应用方向、服务内容等 | 中国标准化研究院 | 北京市海淀区知春路 4 号 | 100191 |
| 656 | SWG 34 | 生物表型 | | | 1 | 生物表型术语定义及分类、队列群体、语言等基础标准，生物表型（组）精准测量和计量标准，生物表型图谱、表型功能、数据工具和生物表型数据集质量标准等 | 中国计量科学研究院 | 北京市朝阳区北三环东路 18 号 | 100029 |
| 657 | SWG 35 | 智能技术社会应用与评估基础 | | | 1 | 智能技术社会应用中的基础、通用、原则、测试方法、优化方法和效果评估等 | 清华大学和中国标准化研究院 | 北京市海淀区清华大学明理楼 422 室；北京市海淀区知春路 4 号中国标准化研究院 | 100084 |

# 北京市专业标准化技术委员会名录

| 序号 | 名称 | 秘书处承担单位 | 成立时间 | 地址 | 邮编 |
|---|---|---|---|---|---|
| 1 | 北京市建筑材料标准化技术委员会 | 北京金隅集团有限责任公司 | 1989年12月4日 | 北京市西城宣武门西大街甲129号配楼A座金隅大厦A416室 | 100031 |
| 2 | 北京市化工标准化技术委员会 | 北京化学工业协会 | 1990年3月29日 | 北京市丰台区宋庄路73号院甲2号楼B104 | 100079 |
| 3 | 北京市能源标准化技术委员会 | 北京节能环保中心 | 1990年4月19日 | 北京市通州区运河东大街55号院4号楼4716 | 101101 |
| 4 | 北京市仪器仪表标准化技术委员会 | 北京京仪集团有限责任公司 | 1991年5月14日 | 北京市朝阳区建国路93号万达广场9号楼1813 | 100022 |
| 5 | 北京市农业标准化技术委员会 | 北京市优质农产品产销服务站 | 2002年12月23日 | 北京市朝阳区北苑路88号 | 100010 |
| 6 | 北京市汽车标准化技术委员会 | 北京汽车集团有限公司 | 2005年1月5日 | 北京市朝阳区东三环南路25号 | 100021 |
| 7 | 北京市人力资源服务标准化技术委员会 | 北京人力资源服务行业协会 | 2006年12月14日 | 北京市东城区安定门外大街185号京宝大厦310 | 100011 |
| 8 | 北京市特种设备专业标准化技术委员会 | 北京市特种设备检测中心 | 2006年12月14日 | 北京市朝阳区惠新东街3号 | 100029 |
| 9 | 北京市信息化标准化技术委员会 | 太极计算机股份有限公司 | 2009年5月25日 | 北京市海淀区北四环中路211号软件楼3层 | 100083 |
| 10 | 北京市体育标准化技术委员会 | 北京市体育设施管理中心 | 2009年11月3日 | 北京市丰台区光彩北路10号108房间 | 100075 |
| 11 | 北京市城市管理标准化技术委员会 | 北京市城市管理研究院 | 2009年11月3日 | 北京市朝阳区尚家楼甲48号 | 100028 |
| 12 | 北京市交通标准化技术委员会 | 北京交通工程学会 | 2011年5月26日 | 北京市丰台区岳各庄阅园一区7号楼902 | 100071 |
| 13 | 北京市新能源和可再生能源标准化技术委员会 | 北京节能环保中心 | 2012年8月7日 | 北京市通州区运河东大街55号院4号楼4628 | 101101 |
| 14 | 北京市园林绿化标准化技术委员会 | 北京林学会 | 2013年11月13日 | 北京市西城区裕民中路8号院北楼202 | 100029 |
| 15 | 北京市气象标准化技术委员会 | 北京市气候中心 | 2013年12月24日 | 北京市海淀区紫竹院路44号 | 100089 |

续表

| 序号 | 名称 | 秘书处承担单位 | 成立时间 | 地址 | 邮编 |
| --- | --- | --- | --- | --- | --- |
| 16 | 北京市应急管理标准化技术委员会 | 北京市安全生产联合会 | 2014年11月5日 | 北京市朝阳区惠新里3号A座2层 | 100029 |
| 17 | 北京市实验动物标准化技术委员会 | 北京市实验动物管理办公室 | 2014年11月14日 | 北京市通州区宏安街9号，北京市实验动物管理办公室（实验动物标准化技术委员会秘书处） | 101100 |
| 18 | 北京市公共卫生标准化技术委员会 | 北京市疾病预防控制中心 | 2019年1月17日 | 北京市东城区和平里中街16号 | 100013 |
| 19 | 北京市养老服务标准化技术委员会 | 北京养老行业协会 | 2019年2月22日 | 北京市东城区东四西大街36号 | 100010 |
| 20 | 北京市社会信用标准化技术委员会 | 中关村企业信用促进会 | 2019年7月23日 | 北京市海淀区北三环西路43号青云当代大厦1004室 | 100098 |
| 21 | 北京市数字经济标准化技术委员会 | 北京市数字经济促进中心、中国电子技术标准化研究院 | 2022年6月21日 | 北京市东城区安定门东大街1号 | 100007 |
| 22 | 北京市氢能质量标准化技术委员会 | 北京市产品质量监督检验研究院 | 2022年7月7日 | 北京市顺义区顺兴路9号；北京市大兴区丰远街9号大兴国际氢能示范区 | 101300；100162 |
| 23 | 北京市预制菜质量标准化技术委员会 | 北京市食品检验研究院（北京市食品安全监控和风险评估中心） | 2023年5月11日 | 北京市海淀区丰德东路17号 | 100094 |

# 2023年标准补助项目名单

附件1

## 2023年实施首都标准化战略参与国际标准组织补助资金项目名单

| 国际标准组织名称 | TC（SC）编号 | 申请单位 |
|---|---|---|
| ISO/TC 341 Heat supply network<br>（国际标准化组织　供热管网技术委员会） | ISO/TC 341 | 中国城市建设研究院有限公司 |

附件2

## 2023年实施首都标准化战略创制标准海外示范应用补助资金项目名单

| 标准名称 | 标准号 | 应用国家 | 申请单位 |
|---|---|---|---|
| 国际多边绿色建筑评价标准 | T/CECS 1149—2022 | "一带一路"共建国家 | 中国建筑科学研究院有限公司 |

附件3

## 2023年实施首都标准化战略标准化试点示范活动补助资金项目名单

| 序号 | 试点（示范）项目名称 | 申请单位 |
|---|---|---|
| 1 | 北京地面公共交通运营服务标准化试点 | 北京公共交通控股（集团）有限公司 |
| 2 | 北京欢乐谷文化娱乐主题公园服务标准化试点 | 北京世纪华侨城实业有限公司 |
| 3 | 北京市平谷区大兴庄镇农村综合改革标准化试点 | 北京淼淼天成环保科技有限公司 |
| 4 | 海淀区国家高新技术产业标准化试点 | 北京市海淀区市场监督管理局 |
| 5 | 科学国际旅行社北京科教研学旅游线路服务标准化试点 | 科学国际旅行社有限责任公司 |
| 6 | 国家生态节约型宿根植物生产标准化示范区 | 北京花乡花木集团有限公司 |
| 7 | 北京中关村科技园（石景山）基于产业服务载体的科技创新产业服务标准化试点 | 北京创业公社产业运营管理股份有限公司 |
| 8 | 北京金融科技安全产业园服务标准化试点 | 北京市房山区金融发展促进中心 |
| 9 | 国家高效乳肉兼用牛良种繁育标准化示范区 | 北京市北务广峰养殖场 |
| 10 | 国家蔬菜产业链质量控制标准化示范区 | 北京天安农业发展有限公司 |
| 11 | 国家蜂业标准化区域服务与推广平台项目 | 北京京纯养蜂专业合作社 |
| 12 | 国家一年两熟葡萄栽培标准化示范区 | 北京金粟种植专业合作社 |
| 13 | 北京龙庆峡旅游景区服务标准化试点 | 北京龙庆峡旅游发展有限公司 |

附件 4

## 2023 年实施首都标准化战略标准制修订补助资金项目名单

| 序号 | 标准名称 | 标准号 | 申请单位 |
| --- | --- | --- | --- |
| 1 | 信息安全技术　工业控制系统信息安全防护能力成熟度模型，信息安全技术　关键信息基础设施安全保护要求 | GB/T 41400—2022，GB/T 39204—2022 | 中国电子技术标准化研究院 |
| 2 | 物联网 针对电子标签系统（ELS）的物联网应用 | ISO/IEC 30169：2022 | |
| 3 | 健康信息学—针灸表达的语义分类结构　第 6 部分：针刺效应 | ISO/TS 16843—6：2022 | 中国中医科学院中医药信息研究所 |
| 4 | 起重机械安全评估规范　通用要求 | GB/T 41510—2022 | 北京起重运输机械设计研究院有限公司 |
| 5 | 建筑工程施工工艺规程　第 7 部分至第 15 部分、第 20 部分 | DB11/T 1832.7～1832.15—2022、1832.20—2022 | 北京城建科技促进会 |
| 6 | 地面工程防滑施工及验收规程 | DB11/T 944—2022 | |
| 7 | 机器人制造数字化车间装备互联互通和互操作规范 | GB/T 41256—2022 | 机械工业仪器仪表综合技术经济研究所 |
| 8 | 低影响开发雨水控制利用 设施运行与维护规范 | GB/T 42111—2022 | 北京建筑大学 |
| 9 | 热喷涂用高纯氧化铝粉末 | YS/T 1565—2022 | 矿冶科技集团有限公司 |
| 10 | 共享经济　数字平台资源供给者审核指南 | ISO/TS 42502 | 中国国际贸易促进委员会商业行业委员会 |
| 11 | 公路水路安全应急资源分类与代码，公路水路安全应急处置交换信息 | JT/T 1420—2022，JT/T 1419—2022 | 北京市智慧交通发展中心（北京市机动车调控管理事务中心） |
| 12 | 生物技术　生物样本库　人和小鼠多能干细胞通用要求 | ISO 24603：2022 | 中国科学院动物研究所 |
| 13 | 柔性显示器件　第 2 部分：基本额定值和特性 | IEC 62715—2：2022 | 京东方科技集团股份有限公司 |
| 14 | 空间系统 — 微振动试验 | ISO 24411 | 北京卫星环境工程研究所 |
| 15 | 超低能耗居住建筑节能工程施工技术规程 | DB11/T 1971—2022 | 北京住总集团有限责任公司 |
| 16 | 政务服务综合窗口人员能力与服务规范 | DB11/T 2068—2022 | 北京外企人力资源服务有限公司 |
| 17 | 工业用缝纫机　计算机控制多头绗绣机，工业用缝纫机　计算机控制鞋帮缝纫机，工业用缝纫机　计算机控制被芯缝纫系统 | QBT 4176—2022，QBT 5718—2022，QBT 5720—2022 | 北京大豪科技股份有限公司 |
| 18 | 《京菜　艾窝窝烹饪技术规范》等 52 项团体标准 | T/BJCA 001—2022 至 T/BJCA 052—2022 | 北京烹饪协会 |

续表

| 序号 | 标准名称 | 标准号 | 申请单位 |
|---|---|---|---|
| 19 | 生物技术　高通量测序　第1部分：核酸和库的准备 | ISO 20397—1：2022 | 中国食品发酵工业研究院有限公司 |
| 20 | 创业孵化服务机构创业导师服务规范，创业孵化服务机构公共技术平台服务规范，创业孵化服务机构早期投资服务规范 | T/BJFH 001—2022，T/BJFH 002—2022，T/BJFH 003—2022 | 北京创业孵育协会 |
| 21 | 城市轨道交通线路设施检测技术规范 | DB11/T 1988—2022 | 北京城建勘测设计研究院有限责任公司 |
| 22 | 消防安全疏散标志设置标准 | DB11/T 1024—2022 | 建研防火科技有限公司 |
| 23 | 无机水合盐相变材料循环寿命测试方法 | JC/T 2657—2022 | 中国建筑材料科学研究总院有限公司 |
| 24 | 装配式建筑施工安全技术规范 | DB11/T 2004—2022 | 中建一局集团建设发展有限公司 |
| 25 | 电动自行车充电设施技术规范，电动自行车用锂离子动力电池组技术规范 | T/BBIA 7—2022，T/BBIA 4—2022 | 北京市自行车电动车行业协会 |
| 26 | 绿色村庄评价标准 | DB11/T 1977—2022 | 中国建筑科学研究院有限公司 |
| 27 | 农业社会化服务　生鲜农产品电子商务交易服务规范 | GB/T 41714—2022 | 中国标准化研究院 |
| 28 | 体外诊断检验系统　核酸扩增法检测严重急性呼吸系统综合征冠状病毒2（SARS-CoV-2）的要求及建议 | ISO/TS 5798：2022 | |
| 29 | 绿色设计产品评价技术规范 视频会议设备 | YD/T 4050—2022 | 中国信息通信研究院 |
| 30 | 移动终端图像及视频防抖性能技术要求和测试方法 | YD/T 4066—2022 | |
| 31 | 管理和控制操作架构 | ITU—T G.7716 | |
| 32 | 信息技术　自动识别与数据获取技术　第16部分：用于空中接口通信的ECDSA-ECDH密码套件安全服务 | ISO/IEC 29167—16：2022 | 中关村无线网络安全产业联盟 |
| 33 | 信息技术　情感计算用户界面　第1部分：模型 | ISO/IEC 30150—1：2022 | 中国科学院软件研究所 |
| 34 | 太阳能　地面不同接收条件下的太阳光谱辐照度　第1部分：大气质量1.5的法向太阳直接辐照度和半球向太阳辐照度 | ISO 9845：1—2022 | 中国气象局气象探测中心 |
| 35 | 超导电性　第22-3部分：超导条带光子探测器 暗计数率 | IEC 61788—22—3：2022 Ed.1.0 | 中国科学院物理研究所 |
| 36 | 智能视频监控系统的架构 | ITU—T H.626.5 | 北京中盾安全科技集团有限公司 |
| 37 | 公共安全视频监控联网系统信息传输、交换、控制技术要求 | GB/T 28181—2022 | |

续表

| 序号 | 标准名称 | 标准号 | 申请单位 |
| --- | --- | --- | --- |
| 38 | 生活垃圾焚烧渗沥液处理及回用技术导则 | ISO 24297：2022 | 中国恩菲工程技术有限公司 |
| 39 | 基于 REST 的管理系统实现一致性声明文稿定义指南 | ITU—T X.786 | 北京邮电大学 |
| 40 | 瘦肉型猪肉质量分级 | GB/T 42069—2022 | 中国农业科学院农业质量标准与检测技术研究所（农业农村部农产品质量标准研究中心） |
| 41 | 汽车驾驶培训模拟器 | JT/T 378—2022 | 交通运输部公路科学研究所 |
| 42 | 道路交通气象环境　埋入式路面状况检测器 | JT/T 715—2022 | |
| 43 | 执法记录仪接入移动警务系统技术要求 | GA/T 1987—2022 | 公安部第一研究所 |
| 44 | 河湖水质一体化监测技术规范 | DB11/T 2022—2022 | 芯视界（北京）科技有限公司 |
| 45 | 信息化和工业化融合　数字化转型　价值效益参考模型 | GB/T 23011—2022 | 北京国信数字化转型技术研究院 |
| 46 | 栎属植物苗木繁育与栽培技术规程 | DB11/T 2072—2022 | 北京林业大学 |
| 47 | 质量分级及“领跑者”标准评价要求 卷筒料印刷品质量检测系统 | T/CPF 0032—2022 / T/CSTE 0050—2022 | 凌云光技术股份有限公司 |
| 48 | 振动台选择指南　第 4 部分：多轴环境试验设备 | ISO 10813—4：2022 | 北京强度环境研究所 |
| 49 | 生态节约型宿根植物容器播种繁育技术规程 | T/BJZMXH 504—2022 | 北京花乡花木集团有限公司 |
| 50 | 居家、社区老年医疗护理员服务标准 | WS/T 803—2022 | 中国老年医学学会 |
| 51 | 老年宜居环境整合服务指南 | T/CAS 603—2022 | 北京正河山标准化咨询事务所（有限合伙） |
| 52 | 信息化和工业化融合管理体系　供应链数字化管理指南 | GB/T 23050—2022 | 国家工业信息安全发展研究中心 |
| 53 | 丛状元宝枫苗木培育技术规程 | T/BJZMXH 502—2021 | 北京京林园林集团有限公司 |
| 54 | 乔木双容器育苗技术规范 | T/BJZMXH 501—2021 | 北京京彩弘景生态建设有限公司 |
| 55 | 刻蚀机用硅电极及硅环 | GB/T 41652—2022 | 有研半导体硅材料股份公司 |
| 56 | 城市和社区可持续发展　商务区 ISO 37101 本地实施指南 | ISO 37108：2022 | 北京未来科学城发展集团有限公司 |
| 57 | 城市治理与服务数字化管理框架与数据 | ISO 37170 | 中外建设信息有限责任公司 |
| 58 | 植物生态修复工程绿色施工技术规范 | T/BJZMXH 1402—2022 | 燕赵园林景观工程有限公司北京分公司 |
| 59 | 工业自动化系统与集成　机床数控系统　第 1 部分：通用技术要求，工业自动化系统与集成　机床数控系统　第 2 部分：系统集成要求 | ISO 23218—1：2022，ISO 23218—2：2022 | 北京机床研究所有限公司 |

# 2023年北京市在建国家级服务业标准化试点项目名单

| 序号 | 项目名称 | 承担单位 | 参加单位 | 保证单位 | 项目批次 | 备注 |
|---|---|---|---|---|---|---|
| 1 | 北京市海淀区和熹会老年公寓养老服务标准化试点 | 北京市海淀区和熹会老年公寓 | 北京市民政局 |  | 2021年度（2021年6月-2023年6月） | 已完成 |
| 2 | 北京市诚和敬驿站养老服务标准化试点 | 北京诚和敬驿站养老服务有限公司 | 北京市民政局 | 北京市朝阳区市场监督管理局 | 2021年度（2021年6月-2023年6月） | 已完成 |
| 3 | 北京市第二儿童福利院养教服务标准化试点 | 北京市第二儿童福利院 | 北京市民政局 | 北京市顺义区市场监督管理局 | 2021年度（2021年6月-2023年6月） | 已完成 |
| 4 | 北京市八宝山殡仪馆殡仪服务标准化试点 | 北京市八宝山殡仪馆 | 北京市民政局 | 北京市石景山区市场监督管理局 | 2021年度（2021年6月-2023年6月） | 已完成 |
| 5 | 北京市金融科技产业联盟金融科技创新服务标准化试点 | 北京金融科技产业联盟 | 中国人民银行营业管理部、北京市地方金融监督管理局 |  | 2021年度（2021年6月-2023年6月） | 已完成 |
| 6 | 望京小街/万科时代中心商业服务标准化试点 | 北京万旌企业管理有限公司 | 北京市朝阳区人民政府 | 北京市朝阳区市场监督管理局 | 2021年度（2021年6月-2023年6月） | 已完成 |
| 7 | 美团互联网+旅游服务标准化试点 | 北京三快在线科技有限公司 | 北京市文化和旅游局 | 北京市海淀区文化和旅游局、北京市海淀区市场监督管理局 | 2021年度（2021年6月-2023年6月） | 已完成 |
| 8 | 北京欢乐谷旅游服务标准化试点 | 北京世纪华侨城实业有限公司 | 北京市文化和旅游局 | 北京市朝阳区市场监督管理局，北京市朝阳区文化和旅游局 | 2022年度（2022年12月-2024年12月） | 在建 |
| 9 | 泰康之家（北京）投资有限公司养老服务标准化试点 | 泰康之家（北京）投资有限公司 | 北京市民政局 | 北京市昌平区市场监督管理局，北京市昌平区民政局 | 2022年度（2022年12月-2024年12月） | 在建 |
| 10 | 国联汽车动力电池研究院有限责任公司动力电池检测服务标准化试点 | 国联汽车动力电池研究院有限责任公司 | 北京市经济和信息化局 | 北京市怀柔区市场监督管理局 | 2022年度（2022年12月-2024年12月） | 在建 |

# 2023 年北京市国家级服务业标准化示范项目名单

| 序号 | 项目名称 | 承担单位 | 推荐单位 | 项目批次 |
|---|---|---|---|---|
| 1 | 北京西城区行政服务标准化示范项目 | 北京市西城区人民政府 | 北京市政务中心筹备办公室 | 2015-2016 年度示范 |
| 2 | 北京第一社会福利院养老服务标准化示范 | 北京市第一社会福利院 | 北京市民政局 | 2015-2016 年度示范 |
| 3 | 北京汽车博物馆科教文化旅游服务标准化示范 | 北京汽车博物馆 | 北京市文化和旅游局 | 2016-2017 年度示范 |
| 4 | 北京亦庄生物医药园工业物业服务标准化示范 | 北京亦庄置业有限公司 | 北京经济技术开发区管理委员会、北京市大兴区市场监督管理局 | 2016-2017 年度示范 |
| 5 | 北京北辰实业股份有限公司国家会议中心会展服务标准化示范 | 北京北辰实业股份有限公司国家会议中心 | 北京奥林匹克公园管理委员会、北京市朝阳区市场监督管理局 | 2018-2019 年度示范 |
| 6 | 北京基金小镇基金机构服务标准化示范项目 | 北京市房山区基金小镇发展促进中心 | 北京市房山区人民政府 | 2022 年度示范 |

# 2023 年北京市通过验收及在建社会管理和公共服务综合标准化试点名单

| 序号 | 项目名称 | 承担单位 | 参加单位 | 保证单位 | 业务指导单位 | 项目批次 | 区 / 市 | 备注 |
|---|---|---|---|---|---|---|---|---|
| 1 | 北京房山智慧政务服务标准化试点 | 北京市房山区政务服务管理局 | 北京市房山区市场监督管理局 | 北京市房山区人民政府 | 北京市政务服务管理局 | 第七批（2021 年 3 月至 2023 年 3 月） | 房山 | 通过验收 |
| 2 | 北京天竺综合保税区跨境贸易便利化标准化试点 | 北京天竺综合保税区管理委员会 | 北京市顺义区市场监督管理局 | 北京市顺义区人民政府 | 北京市商务局 | 第七批（2021 年 3 月至 2023 年 3 月） | 顺义 | 通过验收 |
| 3 | 北京宣武医院精准放射治疗服务标准化试点 | 首都医科大学宣武医院、北京市计量检测科学研究院 | 北京丰泰新材料检测研究院有限公司 | 北京市卫生健康委员会 | 北京市卫生健康委员会 | 第七批（2021 年 3 月至 2023 年 3 月） | 市卫生健康委 | 正在建设 |
| 4 | 首都医科大学附属北京地坛医院传染病医疗服务标准化试点 | 首都医科大学附属北京地坛医院 | | 北京市卫生健康委员会 | 北京市卫生健康委员会 | 第八批 | 市卫生健康委 | 正在建设 |

续表

| 序号 | 项目名称 | 承担单位 | 参加单位 | 保证单位 | 业务指导单位 | 项目批次 | 区/市 | 备注 |
|---|---|---|---|---|---|---|---|---|
| 5 | 北京市地铁运营有限公司城市轨道交通智慧化运营服务标准化试点 | 北京市地铁运营有限公司 | 北京市西城区市场监管局、北京市智慧交通发展中心、北京城建设计发展集团股份有限公司 | 北京市交通委员会 | 北京市交通委员会 | 第九批（2023年5月至2025年5月） | 市交通委 | 正在建设 |
| 6 | 中国国际贸易促进委员会商业行业委员会营商环境监测与企业综合服务标准化试点 | 中国国际贸易促进委员会商业行业委员会 | 北京市西城区市场监管局 | 中国国际贸易促进委员会商业行业委员会 | 中国国际贸易促进委员会商业行业委员会 | 第九批（2023年5月至2025年5月） | 西城 | 正在建设 |
| 7 | 首都医科大学附属北京世纪坛医院高原病风险筛查和适应性体检服务标准化试点 | 首都医科大学附属北京世纪坛医院 | 北京市海淀区市场监督管理局 | 北京市卫生健康委员会 | 北京市卫生健康委员会 | 2023年度（2023年6月至2025年6月） | 海淀 | 正在建设 |
| 8 | 北京市东方公证处公证服务标准化试点 | 北京市东方公证处 | 北京市东城区司法局、北京市东城区市场监管局 | 北京市东城区人民政府 | 北京市司法局 | 2023年度（2023年5月至2025年5月） | 东城 | 正在建设 |
| 9 | 北京市西城区行政复议接待咨询服务与案件办理服务标准化试点 | 北京市西城区司法局 |  | 北京市西城区人民政府 | 北京市司法局 | 2023年度（2023年5月至2025年5月） | 西城 | 正在建设 |
| 10 | 北京法大法庭科学技术鉴定研究所司法鉴定服务标准化试点 | 北京法大法庭科学技术鉴定研究所 | 中国政法大学证据科学研究院 | 北京司法鉴定业协会 | 北京市司法局 | 2023年度（2023年5月至2025年5月） | 市司法局 | 正在建设 |

# 2023年北京市在建农业标准化示范区和农村综改试点项目明细表

| 序号 | 项目名称 | 承担单位 | 参加单位 | 领域类别 | 区域 | 类别 | 下达时间 |
|---|---|---|---|---|---|---|---|
| 1 | 国家园林绿化苗木种质资源保护与繁育标准化示范区 | 北京安海弋园林吉建工程有限公司 | 北京园林绿化局、大兴区安定镇、大兴区林业保护站 | 种质资源保护与繁育 | 大兴 | 1类 | 2022年12月30日 |
| 2 | 国家西甜瓜高效工厂化育苗标准化示范区 | 北京四季阳坤农业科技发展有限公司 | 大兴区农业农村局、庞各庄镇政府 | 种质资源保护与繁育 | 大兴 | 1类 | 2022年12月30日 |
| 3 | 国家数字桃园标准化示范区 | 北京金果丰果品产销专业合作社 | 北京土壤学会、平谷区园林绿化局、峪口镇政府 | 数字（智慧）农业 | 平谷 | 1类 | 2022年12月30日 |
| 4 | 国家蛋种鸡物联网养殖标准化示范区 | 北京沃德辰龙生物科技股份有限公司 | 平谷区农业农村局、华都峪口禽业有限公司、峪口镇政府 | 数字（智慧）农业 | 平谷 | 二类 | 2022年12月30日 |
| 5 | 北京市平谷区农村综合改革标准化示范区（农村户用光伏建设） | 平谷区刘家店镇人民政府、北京能源学会 | 节能环保中心、北京平谷区市场监管局、燃气能源发展有限公司 | 农村基础设施建设 | 平谷 | 无分类 | 2022年12月30日 |
| 6 | 国家肉鸽良种繁育标准化示范区 | 北京优帝鸽业有限公司 | 北京市顺义区市场监管局、顺义区农业农村局 | 种质资源保护与繁育 | 顺义 | 二类 | 2022年12月30日 |
| 7 | 怀柔区农村综合改革（农业社会化服务） | 北京老栗树聚源德种植专业合作社 | 北京市园林绿化局、怀柔渤海镇人民政府 | 农业社会化服务 | 怀柔 | 无分类 | 2022年12月30日 |

## 2023年北京市在建国家级消费品标准化试点项目名单

| 序号 | 项目名称 | 承担单位 | 推荐单位 | 保证单位 | 项目批次 | 备注 |
|---|---|---|---|---|---|---|
| 1 | 国家家用电器消费品标准化试点（智能健康家居） | 中国家用电器研究院 | 北京市市场监督管理局 | 北京市西城区市场监督管理局 | 第二批（2021年12月至2023年12月） | 完成初验 |
| 2 | 国家服装服饰产品标准化试点（鞋） | 中国皮革制鞋研究院有限公司 | 北京市市场监督管理局 | 北京市朝阳区市场监督管理局 | 第二批（2021年12月至2023年12月） | 完成初验 |
| 3 | 国家服装服饰产品标准化试点（内衣） | 爱慕股份有限公司 | 北京市市场监督管理局 | 北京市朝阳区市场监督管理局 | 第二批（2021年12月至2023年12月） | 完成初验 |
| 4 | 国家消费类电子产品标准化试点（智能轻型移动载人产品） | 纳恩博（北京）科技有限公司 | 北京市市场监督管理局 | 北京市海淀区市场监督管理局 | 第二批（2021年12月至2023年12月） | 完成初验 |
| 5 | 国家消费类电子产品标准化试点（电子计算机及其部件） | 联想（北京）有限公司 | 北京市市场监督管理局 | 北京市海淀区市场监督管理局 | 第二批（2021年12月至2023年12月） | 完成初验 |
| 6 | 国家文教体育休闲用品标准化试点（户外产品） | 探路者控股集团股份有限公司 | 北京市市场监督管理局 | 北京市昌平区市场监督管理局 | 第二批（2021年12月至2023年12月） | 完成初验 |

## 2023年北京市通过验收国家基本公共服务标准化试点项目名单

| 序号 | 试点项目名称 | 试点类型 | 承担单位 |
|---|---|---|---|
| 1 | 通武廊医疗卫生协调联动基本公共服务标准化试点 | 区域协调联动试点 | 北京市通州区人民政府 |
| 2 | 北京市西城区巡视探访基本公共服务标准化专项试点 | 专项试点 | 北京市西城区人民政府 |
| 3 | 北京市丰台区养老服务基本公共服务标准化专项试点 | 专项试点 | 北京市丰台区人民政府 |

# 2023 年度北京市获全国评选的企业标准“领跑者”名单

| 序号 | 行业/领域 | 产品/服务名称 | 企业名称 | 标准号 | 标准名称 |
|---|---|---|---|---|---|
| 1 | 护理机构服务 | 调理保健 | 北京市五指生足部反射区保健中心有限公司白云桥店 | Q/WZS 001—2023 | 五指生调理保健机构服务 |
| 2 | | 调理保健 | 北京华夏良子健康管理有限公司朝阳分公司 | Q/HXLZ 001—2023 | 调理保健 |
| 3 | | 母婴保健 | 北京丽之选家政服务有限公司 | Q/WGYZ 001—2023 | 月子中心服务 |
| 4 | | 健康管理保健服务 | 北京慧养道健康管理服务有限公司 | Q/110108H2021001 | 健康管理服务规范 |
| 5 | 物流服务 | 药品冷链运输服务 | 北京映急医药冷链科技有限公司 | Q/YJYY 001—2023 | 药品冷链运输服务 |
| 6 | | 食品冷链综合物流服务 | 北京优鲜配冷链科技有限公司 | Q/YXP 001—2023 | 食品冷链综合物流服务 |
| 7 | | 药品冷链综合物流服务 | 科园信海（北京）医疗用品贸易有限公司 | Q/KYMY 001—2022 | 药品冷链综合物流服务 |
| 8 | | 食品冷链综合物流服务 | 北京五环顺通供应链管理有限公司 | Q/WHST 001—2023 | 食品冷链综合物流服务 |
| 9 | | 药品冷链综合物流服务 | 国药物流有限责任公司 | Q/GYWL | 药品冷链综合物流服务 |
| 10 | 印刷 | 三片罐 | 奥瑞金科技股份有限公司 | Q/HRORG 0008—2022 | 镀锡或镀铬薄钢板圆形三片食品罐 |
| 11 | | 红牛彩印铁 | 奥瑞金科技股份有限公司 | Q/HRORG 0009—2023 | 镀锡薄钢板印刷品 |
| 12 | | 金属奶粉罐 | 奥瑞金科技股份有限公司 | Q/HRORG 0010—2023 | 金属奶粉罐 |
| 13 | | 铝易开盖三片罐 | 奥瑞金科技股份有限公司 | Q/HRORG 0011—2023 | 铝易开盖三片罐 |
| 14 | 环境保护专用设备 | 饮用水用压力式中空纤维超滤 | 北京赛诺膜技术有限公司 | Q/LSH 02—2023 | 立升牌中空纤维膜组件 |
| 15 | | 工业反渗透膜元件 | 北京碧水源膜科技有限公司 | Q/HRBSY 0009—2021 | 工业反渗透膜元件 |
| 16 | | 村镇膜法污水处理一体化装备 | 北京碧水源膜科技有限公司 | Q/HRBSY 0027—2022 | 村镇膜法污水处理一体化装备 |

续表

| 序号 | 行业/领域 | 产品/服务名称 | 企业名称 | 标准号 | 标准名称 |
|---|---|---|---|---|---|
| 17 | 环境保护专用设备 | 村镇膜法供水一体化装备 | 北京碧水源膜科技有限公司 | Q/HRBSY 0028—2022 | 村镇膜法供水一体化装备 |
| 18 | | 阵列膜生物反应器组器 | 北京碧水源膜科技有限公司 | Q/HRBSY 0008—2021 | 阵列膜生物反应器组器 |
| 19 | | V-MBRU 膜生物反应器组器 | 北京碧水源膜科技有限公司 | Q/HRBSY 0026—2021 | V-MBRU 膜生物反应器组器 |
| 20 | | S-MBRU 膜生物反应器组器 | 北京碧水源膜科技有限公司 | Q/HRBSY 0025—2021 | S-MBRU 膜生物反应器组器 |
| 21 | | 家用纳滤膜元件 | 北京碧水源膜科技有限公司 | Q/HRBSY 0014—2021 | 家用纳滤膜元件 |
| 22 | | 工业纳滤膜元件 | 北京碧水源膜科技有限公司 | Q/HRBSY 0015—2023 | 工业纳滤膜元件 |
| 23 | | 超滤膜 | 北京碧水源膜科技有限公司 | Q/HRBSY 0006—2021 | 水处理 UF 系列超滤膜 |
| 24 | 质检技术服务 | 二手车鉴定评估服务 | 华奥致远二手车鉴定评估（北京）有限公司 | Q/BJHA 0801—2023 | 华奥致远二手车检测标准及产品认证标准 |
| 25 | | 二手车鉴定评估服务 | 北京精真估信息技术有限公司 | Q/BJJZG S001—2020 | 精真估二手车鉴定评估技术规范 |
| 26 | | 二手车技术鉴定及诊断服务 | 中质研（北京）标准化服务有限公司 | Q/ZZY 0925—2023 | 二手车技术状况鉴定及诊断服务规范 |
| 27 | 汽车及零配件批发 | 汽车零配件批发服务 | 北京汽广行信息技术有限公司 | Q/JDQC 0902—2023 | 汽车零配件批发服务 |
| 28 | | 汽车零配件批售服务 | 统一石油化工有限公司 | Q/DX TYS 0275—2023 | 汽车零配件批售服务 |
| 29 | 汽车零配件零售 | 汽车零配件零售服务 | 北京汽广行信息技术有限公司 | Q/ZJGCL 10—2023 | 汽车零配件零售服务 |
| 30 | | 汽车零配件零售服务 | 统一石油化工有限公司 | Q/DX TYS 0273—2023 | 汽车零配件零售服务 |
| 31 | 印刷专用设备 | 卷筒料印刷品质量检测系统 | 凌云光技术股份有限公司 | Q/HDLUS 001—2022 | 卷筒料印刷品质量检测系统 |
| 32 | | 压电式喷墨可变信息赋码系统 | 北京欣健隆科技有限公司 | Q/BJXJL 001—2022 | 压电式喷墨可变信息赋码系统 |

续表

| 序号 | 行业/领域 | 产品/服务名称 | 企业名称 | 标准号 | 标准名称 |
| --- | --- | --- | --- | --- | --- |
| 33 | 针织或钩针编织服装 | 高品质针织睡衣 | 爱慕股份有限公司 | Q/CYAMN 0044—2023 | 高品质针织睡衣 |
| 34 | 旧货零售 | 转转官方验服务 | 北京转转精神科技有限责任公司 | Q/BJZZ 001—2023 | 二手（旧）手机经营服务规范 |
| 35 | 家用电力器具 | 干衣机和洗干一体机 | 小米通讯技术有限公司 | Q/MI 69—2023 | 干衣机和洗干一体机 |
| 36 | 节能技术推广服务 | 公共机构 合同能源管理服务 | 北京观天执行科技股份有限公司 | Q/GTZX 001—2023 | 公共机构合同能源管理服务要求 |
| 37 | 再生物资回收与批发 | 废旧纺织品回收服务 | 北京思迪环保科技服务有限公司 | Q/GRACER 001—2023 | 废旧纺织品回收利用管理规范 |
| 38 | 复印和胶印设备 | 北人书刊机系列产品 | 北人智能装备科技有限公司 | Q/BRZN J50—2022 | 卷筒纸平版印刷机质量内控要求 |

注：数据截至 2023 年 12 月 31 日。

## 2023 年北京市百城千业万企对标达标提升专项行动各区情况

| 区 | 企业数 | 企业名称 | 对标数量 | 产品分类 |
| --- | --- | --- | --- | --- |
| 东城 | 3 | 北京尼康眼镜有限公司 | 2 | 眼镜镜片 |
| | | 北京市千叶珠宝股份有限公司 | 1 | 金 |
| | | 北京长江脉医药科技有限责任公司 | 2 | 洗涤产品 |
| 西城 | 2 | 北京利仁科技股份有限公司 | 1 | 家用类似用途电器 |
| | | 北京菜市口百货股份有限公司 | 1 | 金 |
| 朝阳 | 3 | 北京四良科技有限公司 | 1 | 有机土壤调理剂 |
| | | 正大投资股份有限公司 | 1 | 包装机 |
| | | 元气森林（北京）食品科技集团有限公司 | 1 | 软饮料 |
| 海淀 | 3 | 北京小闲科技有限公司 | 1 | 洗涤产品 |
| | | 北京绿伞科技股份有限公司 | 4 | 洗涤产品 |
| | | 小米通讯技术有限公司 | 1 | 空气净化器 |
| 丰台 | 2 | 普润德百目通（北京）科技有限公司 | 1 | 化妆品 |
| | | 北京瑞济善健康科技有限公司 | 1 | 化妆品 |
| 石景山 | 1 | 首钢集团有限公司 | 2 | 钢铁 |

续表

| 区 | 企业数 | 企业名称 | 对标数量 | 产品分类 |
|---|---|---|---|---|
| 门头沟 | 3 | 北京图创机电设备有限公司 | 1 | 电梯维护服务 |
| | | 北京达顺机电工程有限公司 | 1 | 电梯维护服务 |
| | | 北京本乡良实面业有限责任公司 | 1 | 小麦粉 |
| 房山 | 1 | 维客纳（北京）进出口贸易有限公司 | 1 | 内衣 |
| 顺义 | 1 | 北京抱朴再生环保科技有限公司 | 1 | 服装 |
| 大兴 | 24 | 北京百嘉宜食品有限公司 | 1 | 即食或热谷类食品 |
| | | 北京威铭制衣有限公司 | 1 | 上衣 |
| | | 北京方仕工贸有限公司 | 1 | 上衣 |
| | | 北京一手店食品有限公司 | 1 | 即食或热谷类食品 |
| | | 北冰洋（北京）饮料食品有限公司 | 1 | 软饮料 |
| | | 北京京茂香源科技发展有限公司 | 1 | 即食或热谷类食品 |
| | | 沁海（北京）食品有限公司 | 1 | 即食或热谷类食品 |
| | | 北京斯利安健康科技有限公司 | 1 | 即食或热谷类食品 |
| | | 北京京铁列车服务有限公司 | 1 | 即食或热谷类食品 |
| | | 北京百事可乐饮料有限公司 | 1 | 软饮料 |
| | | 北京市宗洋制衣集团 | 1 | 上衣 |
| | | 北京蜜蜂堂生物医药股份有限公司 | 1 | 蜂蜜 |
| | | 北京亿安嘉诚机电设备有限公司 | 1 | 电梯维护服务 |
| | | 广州南联航空食品有限公司北京分公司 | 1 | 即食或热谷类食品 |
| | | 中粮丰通（北京）食品有限公司 | 1 | 即食或热谷类食品 |
| | | 北京祥益斋科技发展有限公司 | 1 | 即食或热谷类食品 |
| | | 北京东方雪制衣有限公司 | 1 | 上衣 |
| | | 北京义利面包食品有限公司 | 1 | 即食或热谷类食品 |
| | | 北京金凤成祥商贸有限公司 | 1 | 即食或热谷类食品 |
| | | 北京市荣鑫源食品有限公司 | 1 | 即食或热谷类食品 |
| | | 北京康惠食品有限公司 | 1 | 即食或热谷类食品 |
| | | 柏瑞润兴（北京）科技发展有限公司 | 1 | 阀门 |
| | | 北京市美丹食品有限公司 | 1 | 新鲜蛋糕或馅饼或甜点 |
| | | 北京中石油润滑油有限公司 | 1 | 机油 |
| 昌平 | 15 | 北京北方机动车检测场有限公司 | 1 | 汽车或轿车 |
| | | 北京恒安顺机动车检测有限公司 | 2 | 汽车或轿车 |
| | | 北京宏远南口机动车检测场 | 3 | 汽车或轿车 |

续表

| 区 | 企业数 | 企业名称 | 对标数量 | 产品分类 |
|---|---|---|---|---|
| 昌平 | 15 | 北京市朝开小关汽车检测有限公司 | 2 | 汽车或轿车 |
| | | 北京金峰盛机动车检测中心有限公司 | 1 | 汽车或轿车 |
| | | 中宇汽车服务中心 | 1 | 汽车或轿车 |
| | | 北京聚博春有机蔬菜种植园有限公司 | 1 | 草莓 |
| | | 北京康寿草莓专业合作社 | 4 | 水果和蔬菜加工服务，草莓 |
| | | 北京盟固利新材料科技有限公司 | 1 | 锂电池 |
| | | 北京平仁农业发展有限公司 | 7 | 水果和蔬菜加工服务，草莓，黑木耳、银耳、香菇 |
| | | 北京祥云兴隆农业科技发展有限公司 | 2 | 水果和蔬菜加工服务，黑木耳、银耳、香菇 |
| | | 北京兴奥草莓专业合作社 | 4 | 水果和蔬菜加工服务，草莓 |
| | | 北京兴隆源百合种植专业合作社 | 1 | 草莓 |
| | | 北京兴农鼎力农业科技有限公司 | 1 | 草莓 |
| | | 北京银黄绿色农业生态园有限公司 | 1 | 草莓 |
| 怀柔 | 1 | 北京御冠香食品有限公司 | 1 | 微加工、无添加剂牛肉 |
| 密云 | 2 | 今麦郎饮品股份有限公司 | 2 | 矿泉水或矿物质水，包装容器类 |
| | | 北京五联中玻玻璃有限公司 | 1 | 钢化玻璃 |
| 延庆 | 1 | 金果园老农（北京）食品股份有限公司 | 5 | 果酱或果冻或果脯，水果和蔬菜加工服务，整个坚果仁或种子 |
| 合计 | 62 | | 90 | |

备注：数据截至 2023 年 12 月 31 日（大兴区数据含经开区数据）。

# 索 引

## 说 明

一、本索引为主题索引。

二、索引原则上按汉语拼音顺序排列，具体排列规律如下：以数字开头的款目，排在最前面；以英文字母打头的款目，列于其次；汉字款目则按首字的音序、音调依次排列；首字相同时，则以第二个字排序，并依次类推。

三、索引款目后的数字表示内容所在的页码，数字后的拉丁字母（a、b）表示栏别（即版面为左、右栏）。

**B**



**D**

**T**



**W**



**X**



**Y**



**Z**

# 后　记

一、《北京标准化年鉴》是一部反映北京市标准化工作的综合性资料工具书和史料文献，由北京市市场监督管理局、首都标准化委员会办公室组织编纂。

二、《北京标准化年鉴》从2011年开始，逐年编纂。本年鉴收录了2023年北京市标准化工作发生的重大事件和最新情况，为更好地开展北京市标准化工作提供可参考的依据和有价值的资料，为了解和研究北京市的标准化发展提供最新的消息，为开展交流合作和对外宣传提供基础资料。

三、本年鉴设有特载、大事记、综述、科技创新、生态环境、资源节约、规划建设、城市管理、公共服务、公共安全、农业农村、区标准化、标准化政策文件、附录、索引等15个一级栏目。

四、本年鉴采用综述和条目两种体裁，选入本年鉴的文章及条目均由各相关单位确定的专人负责撰写或提供，并经所在单位主要负责人审核。

五、本年鉴中国务院组成部门、北京市政府部门的简称均按有关文件规定使用规范简称。

六、本年鉴反映2023年1月1日至2023年12月31日期间北京市标准化工作情况（部分内容依据实际情况时限略有前后延伸），凡文内“年内”“是年”“全年”一律指2023年，涉及其他年份的事件均表明年份。

七、限于编者水平有限，本年鉴肯定存在疏漏、错误之处，诚请广大读者给予批评、指正。

《北京标准化年鉴》编辑部

2024年8月